预应力混凝土管桩的抗震性能及新进展

刘春原　张振拴　母焕胜　著

人民交通出版社

内 容 提 要

本书针对国家标准图集《先张法预应力混凝土管桩》(10G409)适用范围中关于“抗震设防烈度为8度且建筑场地类别是Ⅲ、Ⅳ类时慎用”的规定，全面、系统地分析了预应力混凝土管桩的抗震性能及其工程应用，体现了作者多年来关于预应力混凝土管桩基础抗震性能的研究成果。

本书内容丰富，叙述全面，概念清晰，图文并茂，可供土建、水利、交通、铁道等土木建筑工程领域，特别是从事预应力混凝土管桩产品制造或同类工程设计、施工、科研、管理的工程技术人员及高等院校相关专业师生参考。

图书在版编目(CIP)数据

预应力混凝土管桩的抗震性能及新进展 / 刘春原，张振拴，母焕胜著. —北京：人民交通出版社，2013.4
ISBN 978-7-114-10443-5

Ⅰ. ①预… Ⅱ. ①刘… ②张… ③母… Ⅲ. ①高强度预应力混凝土管桩—抗震性能—研究 Ⅳ. ①TU473.1

中国版本图书馆CIP数据核字(2013)第044216号

书　　名：预应力混凝土管桩的抗震性能及新进展
著 作 者：刘春原　张振拴　母焕胜
责任编辑：刘永芬
出版发行：人民交通出版社
地　　址：(100011)北京市朝阳区安定门外外馆斜街3号
网　　址：http://www.ccpress.com.cn
销售电话：(010)59757973
总 经 销：人民交通出版社发行部
经　　销：各地新华书店
印　　刷：北京市密东印刷有限公司
开　　本：787×1092　1/16
印　　张：26
字　　数：636千
版　　次：2013年5月　第1版
印　　次：2013年5月　第1次印刷
书　　号：ISBN 978-7-114-10443-5
定　　价：78.00元

序

基于现行设计规范和理论，按照竖向承载力设计的管桩基础，在高地震烈度地区，建筑场地类别是Ⅲ、Ⅳ类时，基础的水平刚度决定着预应力混凝土管桩(PHC)基础的抗震风险能力。

过去的30年也是我国国民经济和土木工程飞速发展的时期，预应力混凝土管桩(PHC)在各个工程领域都得到广泛的应用。预应力混凝土管桩(PHC)的实践先于理论，经验先于科技，但是使用广泛、规模宏大不等同于技术先进。感性的经验毕竟是有局限性和区域性的，有待上升到普遍性并应有揭示其机理的理论。我国在这一领域的科学研究和技术创新还很不够，技术的掌握还不够普及，不少工程的设计和修建存在着盲目性，有的工程甚至是在蛮干，工程事故频发，因而普及和提高预应力混凝土管桩(PHC)基础抗震安全理论研究及应用技术水平成为当务之急。

这本书一方面介绍和总结了预应力混凝土管桩(PHC)的基本知识、理论和技术，另一方面也结合作者在工程实践中的体会和经验，分析了不少工程案例，这是十分宝贵的。该书是我国有关预应力混凝土管桩(PHC)工程的一本内容丰富、系统深入、图文并茂、密切结合实际的著作。这对于预应力混凝土管桩(PHC)工程的科学研究和工程设计都有重要的参考价值。

作者在预应力混凝土管桩(PHC)抗震设计领域工作多年，对于预应力混凝土管桩(PHC)的抗震理论和技术有深刻和全面的了解，也在科学研究方面取得了突出的成果。在工程实践中注意监测、勤于思考、总结提高，在实践中进行了 一些创造性的探索。

我国正兴起新一轮经济建设的热潮，我欣喜地看到本书的研究成果，相信本书的出版将对我国预应力混凝土管桩(PHC)抗震理论和工程技术的发展起到积极的促进作用，提出了各种预应力混凝土桩基结构的抗震安全的控制技术措施，有利于指导工程建设的实践。

本书内容丰富，图文并茂，概念清晰，可供土建、交通、水利、铁道领域的专业人才、教师、学生参考应用。这是我很愿意为本书作序的主要原因。

中国工程院院士 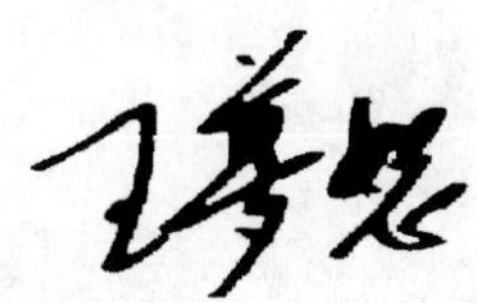

序

中国工程院院士

前　言

预应力混凝土管桩作为预制桩的一种可靠桩型在工程建设中广泛应用。自20世纪20年代W. R. Hume提出离心法制作混凝土制品理论后，预应力混凝土管桩得到了快速发展，这种具有高强度空心结构的新型桩体材料，依靠其特有的稳定质量和对土的摩擦与挤密作用，单桩承载力效果更加明显，大大促进了预应力混凝土管桩的广泛应用和发展。但是，由于预应力混凝土管桩本身的特殊工程性质以及预应力混凝土管桩基础抗震作用机理的复杂性，其设计计算理论还不是很成熟。

本书作者结合多年来在预应力混凝土管桩抗震性能方面的研究成果，采用足尺构件试验和现场试验相结合，振动台试验、数值分析与理论分析、工程实体相结合的研究思路，以理论分析和设计计算为基础，以实际应用与推广为宗旨，对预应力混凝土管桩的工程特性以及预应力混凝土管桩基础抗震结构的设计计算理论、作用机理、工作特性与施工技术进行了系统研究。全书结构体系合理，内容充实、新颖、实用，体现了作者一些新的观点和认识，写作上注重脉络清晰，论理有据。

全书共分10章，首先针对预应力混凝土管桩(PHC)的破坏形态进行足尺抗弯和抗剪承载力试验，论证了在水平荷载作用正常使用状态下预应力混凝土管桩(PHC)的破坏形态是压弯破坏，而不是剪切破坏；接着针对高地震烈度地区预应力混凝土管桩(PHC)单桩及多桩基础进行振动台试验，确定了在地震作用下预应力混凝土管桩(PHC)桩身弯矩最大值位置为距离桩顶5～6倍的桩径处，此处为管桩在抗震设计时的危险截面；其次校核了在地震作用下预应力混凝土管桩(PHC)基础的地基刚度，在高地震烈度区桩身弯矩的最大值已接近或超过管桩允许极限弯矩值；当预应力混凝土管桩在强震软土区使用时，不仅会造成开裂破坏，而且也无法保证在罕遇地震下管桩基础的水平刚度；校核了当总体安全系数值定为2.0，最不利的荷载效应比为2.5时，管桩目标可靠度指标仅为3.41。明确提出，在抗震设防烈度为8度且建筑场地类别为Ⅲ、Ⅳ类地区时，对预应力混凝土管桩(PHC)基础的设计原则是竖向承载力设计，并进行抗弯承载力验算，在此类地区建议使用大直径的预应力混凝土管桩(PHC)，以加强预应力混凝土管桩(PHC)基础的水平刚度。

本书绪论由刘春原撰写；第2章、第3章和第4章由刘永超、刘春原撰写；第5章和第6章由杨树标、张振拴、梁玉国撰写；第7章由刘春原、母焕胜撰写；第8章由刘春原、梁玉国撰写；第9章由刘春原、沈振元撰写；第10章由刘春原、张振拴撰写。刘春原、张振拴对书稿进行了初审和修改，最后由刘春原统稿完成。

本书的研究成果得到了河北省自然科学基金委员会、河北省交通运输厅和河北省住房与城乡建设厅科技计划项目的资助，在此表示衷心的感谢。

感谢天津市建城地基基础工程有限公司、河北省电力设计院、河北冶金建设集团勘察设计有限公司、河北省邯郸市金地工程勘察公司、河北建华管桩有限公司、唐山唐曹高速公路有限公司、中国兵器工业北方勘察设计研究院等单位提供的许多宝贵资料。同时感谢李兵、李光明、孙东坤 韩明峰、马玉彬、唐伟、李尚飞、李荣华、安新正、沈金生等研究生在本书的编排、整理和校阅过程中付出的辛勤劳动。

在本书编写和出版过程中，中国工程院王梦恕院士给予了精心的指导，并为本书作序。在此表示衷心的感谢。

由于作者水平有限，书中疏漏和不当之处在所难免，敬请读者批评指正。

最后，对参阅文献的作者和相关网站，致以衷心的谢意。

2013 年 1 月于天津

目　录

第1章 绪 论

预应力混凝土管桩基础是深入到地下土(岩)层的隐蔽工程,其主要作用是将上部结构的荷载传递到深层较硬的土(岩)层上,保证建(构)筑物的稳定。近年来,随着国民经济建设的迅速发展,越来越多的工程项目采用预应力混凝土管桩基础,以满足建(构)筑物对桩基础承载力和变形,以及抗震性能的要求,保证建(构)筑物安全和正常使用。预应力混凝土管桩的质量和安全性直接决定着建设项目的安全和使用。

预应力混凝土管桩生产工艺采用先张法预应力张拉、离心成型、蒸汽养护和高压蒸养,使混凝土桩身强度等级达到C80以上,提高了耐久性;采用高强度钢筋和预应力工艺的预应力混凝土管桩具有高抗裂性和较强的抗弯刚度,在运输过程及施打使用时均能保持桩身的完好;对持力层起伏变化较大的地质条件适应性强,一般情况下软土、黏性土、粉土、沙土及全风化岩体等地层条件均可采用;质量可靠,拥有完善的质量保证和质量管理体系,使产品质量稳定;因经济性能好,承载力高,降低了桩基础成本,且施工快、工期短、可接桩,达到各种不同设计桩长的要求。从国家和地方规范的发展和新规范的修编中就可以看出国内在预应力混凝土管桩方面的进展和发展趋势。

1.1 国内外预应力混凝土管桩应用技术的研究现状

1.1.1 发展历程

从国外管桩的发展来看,研究预应力混凝土管桩最早始于1915年。澳大利亚W. R. Hume发明了离心密实混凝土的成型方法,很快用来制造环形管桩。从1920年澳大利亚发明了离心法制作混凝土制品,1925年日本引进这种技术并于1934年开始制造离心混凝土管桩(RC),到1962年开发预应力混凝土离心管桩(PC),刚开始以先张法和后张法同时生产PC管桩,后来以先张法为主[1]。

从国外的应用和研究成果来看,日本是当今世界对预应力混凝土管桩的研究、设计、施工、应用技术领先的国家,对预应力混凝土管桩的作用机理等方面研究最系统、最全面[1,2]。日本现在各种基础都大量使用管桩,无论是市内建设还是市外建设,在用桩上都有一套完整的施工方法支持。从开发到现在已有90多年的历史,目前管桩已朝着全面取代传统实心桩和钻孔灌注桩的方向发展。这也是20世纪90年代日本管桩产量急剧上升的原因。另外,美国、加拿大、意大利、英国、荷兰、德国、新西兰、俄罗斯也是较早开始研究和较多应用混凝土管桩的国家。

我国1944年开始生产混凝土离心管桩(RC),到20世纪90年代末期研究成功预应力钢筋管桩，即采用后张法对桩身混凝土施加预应力。20世纪60年代，铁道部丰台桥梁厂曾使用少量混凝土离心管桩，并开始研制PC管桩，1984年广东省构件公司、广东省基础公司和广东省建筑科学研究所合作研制成功新型接桩形式的PC管桩，将以往桩接头法兰接口连接改为焊接连接。1987年交通部第三航务工程局从日本引进全套预应力高强混凝土管桩生产线，桩直径为600～1000mm。1987-1994年，国家建材局苏州混凝土水泥制品研究院在有关科研院所的合作下，通过对引进管桩生产线的消化吸收，自主开发了国产化的PHC① 管桩生产线。20世纪80年代后期，宁波的管桩厂在有关研究院所的合作下，针对我国沿海地区淤泥软土层较多的特点，通过对PC管桩的改造，开发了PTC管桩，主要规格为直径300～600mm。90年代初期，我国预应力混凝土管桩主要是应用在沿海及沿江流域，当时广东省、浙江省、江苏省及上海等省市应用比较广泛。经过近30年的快速发展，预应力管桩生产企业从90年代的10余家到目前的500余家。迄今为止我国是全球生产应用预应力混凝土管桩最多的国家，目前年生产各种规格型号的预应力混凝土管桩近3亿米，应用近2.6亿米，产值350亿元，形成产业链产值达到700亿人民币，在我国地基基础工程总产值中占有比较大的份额[3]。预应力混凝土管桩已被广泛应用到高层建筑、民用住宅、公用工程、大跨度桥梁、高速公路、港口、码头等工程中，预应力混凝土管桩的科研和应用推广已经成为工程界的热点。

1.1.2 研究现状

预应力混凝土管桩作为预制桩的一种应用最广的可靠桩型，国内重点研究了管桩的竖向承载性能和单桩极限承载力。确定承载力最可靠的方法是静力荷载试验法[4]，目前比较常用的公式有两类：一是以土的物理力学指标和大量的试桩资料为依据，经统计分析建立桩侧和桩端阻力与土类指标之间的关系；另一类是以土的力学性能指标如土的标准贯入击数为依据。我国、欧洲及美国的地基基础规范均采用第一类公式。影响管桩承载力的因素很多，如工程地质条件，可以通过试验或经验参数获得；如桩的偏斜，因开挖和挤土等原因，管桩易产生倾斜现象，因桩周土的水平运动，桩与土之间产生的水平压力导致桩身产生水平挠曲和弯矩，致使桩偏斜，预应力管桩偏斜后，其极限承载力要低于垂直桩的极限承载力，偏斜预应力管桩的承载力减小程度不仅与其偏斜的程度有关，还与其所处的土层性质、入土桩长、桩与承台布置等均有一定的关系；如桩的裂缝，因各种原因管桩易出现裂缝，裂缝的存在势必影响到桩基竖向永久性受荷特性，影响桩基工程的安全使用；如偏心荷载，竖向荷载的偏心是预应力混凝土管桩产生弯曲荷载的重要原因，荷载的偏心也势必影响桩的竖向承载力。

预应力混凝土管桩的抗弯和抗剪性能是影响其承载能力的主要指标。调研资料表明，管桩在抗震方面有很大的优势。日本属于多地震岛国，在管桩抗震方面也积累了大量经验。1995年1月17日日本南部阪神强烈地震后，日本管桩及电杆协会对地震建筑物的基础进行调查，发现建筑物的基础除了使用管桩以外均出现了不同程度的破坏，尤其是现场灌注桩破坏率很高[1]。管桩具有稳定性好的特点，尤其是预应力高强管桩，以其为基础的建筑物可抗6～8级地震。1999年9月21日在台湾南投、台中地区发生7.6级大地震，震源10km左右。这次地震后，台湾也对建筑物破坏进行了调查研究，基础方面的调查得出与日本同样的结论。所

① PHC：预应力高强混凝土管桩。

以，目前在台湾地区，管桩已经成为建筑基础的首选桩型。2008 年 5 月 12 日发生的汶川大地震，对建筑物的破坏程度，需要我们重新审视现代建筑结构的抗震设计性能的重要性[5]，因此，研究管桩的抗震性能意义重大。为解决管桩的高强度和抗震性问题，美国与新西兰开发出振动成型的实心混凝土钢管桩，其力学和抗震性能均优于管桩，但是造价偏高，只有在重要工程中可以取代管桩。

随着我国工程技术的迅速发展，大陆架浅海石油的勘探和开发技术的进步以及陆上地下车库、高层建筑的发展，使得管桩基础不仅要承受巨大的竖向载荷，还要承受水平载荷和抗拔力。

预制桩的发展与各种施工机械发展是相辅相成、相互促进的，这是桩基工程发展的前提和保障。1765 年英国人瓦特发明了蒸汽机，而后在预制桩还尚未开发前，JamesNasmyth 就发明了打木桩的蒸汽锤，于 1845 年首次在美国海军的德文港码头建设上使用。1938 年德国的 Delmag 公司首先开发了柴油打桩机，1934 年前苏联开发了打板桩用的机械振动打桩机。由于日本对于环境保护要求很高，早已经不允许用柴油锤打击的方法沉桩，所有的沉桩基本都采取钻孔植入法，或者采用中掘静压法沉桩[6]。为了克服打击法、振动法产生的噪声、废气对环境的影响，近年来又发明了静压法、预钻孔法、中掘工法等先进的施工技术。我国从日本引进了管桩生产制造技术，现在预应力混凝土管桩的生产无论从产品性能和产量上都走到了世界前列，配套应用技术日趋完善，如何选择适合的工艺既能满足工艺要求又能有效提高各种结构性能指标是亟待解决的重要问题。

1.1.3　发展趋势[7]

管桩是一种预应力高强结构构件，其受力特点为竖向承载性能较高，但受拉及承受水平荷载作用时具有脆性破坏形态。为提高水平承载性能并提高抗震能力，现在各地区重点研究增加非预应力筋的复式配筋高强管桩，用于高抗震区以及承受水平力为主的支护结构中，满足不同地区的场地特性要求。

从管桩的发展和节能、节材、降耗及循环经济发展的需要出发，并结合日本管桩的发展历程，我国管桩的发展应鼓励 PHC 管桩生产，限制 PC 管桩生产，在软土及腐蚀性土区域应逐渐淘汰 PTC 管桩(包括保护层不满足规范要求的管桩和离心方桩部分桩型)，研究新桩型，提高桩的承载力，发挥建筑材料的性能，响应国家节能减排的号召。

推广管桩生产的非压蒸养护技术，少用高温高压蒸气养护工艺手段，降低管桩生产中的蒸汽养护能耗，同时也有利于管桩混凝土耐久性的提高，开发蒸气养护的高温废水、废气的余热利用技术，开发管桩蒸汽养护节能降耗技术，推广窑式蒸汽养护工艺和其他节能养护工艺技术，逐渐限制、淘汰管桩坑式养护方式。

开发管桩清洁生产工艺技术，推广混凝土离心作业中形成的大量废浆的循环综合利用技术，开发管桩生产的低噪声生产工艺，特别是开发高速、低噪声的管桩离心装备，推广节能电机和对现有普通电机的变频改造，如对管桩大功率离心设备电动机的变频改造及起重设备电机的变频改造等。

在国家有关政府部门的协调和资助下，组织高校、科研部门及管桩生产、设计、施工等单位分工协作，开展对管桩耐久性的系统研究。

管桩现有的焊接连接方式在施工质量有保证的情况下，是一种可靠的接桩方式。但因施工管理中存在人为因素等各种影响，管桩接桩节点的连接质量仍然是管桩最易出现质量隐患的薄弱环节。近年来，管桩的机械连接方式是提高管桩连接强度的发展趋势。

1.2 预应力混凝土管桩的技术特性

管桩产品从无标生产，发展到今天拥有较完善的国家和地区标准体系，拥有国家标准《先张法预应力混凝土管桩》(GB13476)[8]、国家建筑标准设计图集《预应力混凝土管桩》(10G409)[9]，各地区编制了适合区域地质条件的地方规程[10-16]和地方图集[17-20]，这一发展历程经历了近20年。按不同的设计要求需选择不同的管桩类型和技术特性指标。

1.2.1 预应力混凝土管桩的分类

根据不同的承载特性有多种不同的分类形式，国家标准《先张法预应力混凝土管桩》(GB13476)中按管桩外径分为：300mm、(350mm)、400mm、(450mm)、500mm、(550mm)、600mm、800mm和1000mm，新修订的版本增加了1200mm、1300mm、1400mm等规格[21]，说明管桩开始往大直径大承载力方向发展，以适应港口、码头和高层建筑的需要。

管桩按抗弯性能或混凝土有效预压应力值分为A型、AB型、B型和C型。管桩的抗弯性能应符合相关的规定；A型、AB型、B型和C型管桩的混凝土有效预压应力值分别为4.0N/mm^2、6.0N/mm^2、8.0N/mm^{2}和10.0N/mm^2，管桩混凝土有效预压应力值公式中预应力钢筋的弹性模量、混凝土收缩系数、混凝土徐变系数、预应力钢筋的松弛系数，有效预压应力的计算值应在各自规定值的±5%范围内，不同的有效预压应力满足不同受力特性的需要。

管桩按桩端底部的桩尖(靴)形式可分为十字型、圆锥型和开口型，前两种属于封口型，后一种属于闭口型。采用封口型桩尖的管桩承载力主要由桩周的侧摩阻力及桩端的端阻力组成，采用开口型桩靴的管桩则在沉桩过程中桩身下部有土塞作用，挤土效应较弱，对周围建筑物及环境影响小，具有较好的环保性能。

1.2.2 预应力混凝土管桩材料要求

1)细集料

原标准规定细集料宜采用洁净的天然硬质中粗砂，细度模数宜为2.3～3.4，其质量应符合《建筑用砂》(GB/T14684)的规定；新修订的标准规定细集料宜采用洁净的天然硬质中粗砂或人工砂时，细度模数宜为2.5～3.2(采用人工砂时，细度模数可为2.5～3.5)，质量应符合《建筑用砂》(GB/T14684)的有关规定，且砂的含泥量不大于1%，氯离子含量不大于0.01%，硫化物及硫酸盐含量不大于0.5%。

2)粗集料

国家标准规定粗集料应采用碎石，其最大粒径应不大于25mm，且应不超过钢筋净距的3/4，质量应符合《建筑用卵石、碎石》(GB/T14685)的规定；新修订标准规定的粗集料宜采用碎石或破碎的卵石，其最大粒径不应大于25mm且不得超过钢筋净距的3/4，质量应符合《建筑用卵石、碎石》(GB/T14685)的有关规定,且含泥量不大于0.5%,硫化物及硫酸盐含量不大于0.5%。考虑到耐久性及一些特殊工程的要求,这次修订增加了对有抗冻、抗渗或其他特殊要求的管桩所使用的集料的定性要求。

3)掺和料

国家标准规定掺和料不得对管桩产生有害影响,使用前必须进行试验验证;新修订标准要求掺和料宜采用矿渣微粉或硅砂粉、粉煤灰等,质量要求应符合《先张法预应力混凝土管桩》(GB13476)的有关规定和《预应力高强混凝土管桩用硅砂粉》(JC/T950)中表1的有关规定,矿渣粉的质量不低于《用于水泥和混凝土中的粒化高炉矿渣粉》(GB/T18046)中表1中S95级的有关规定,粉煤灰的质量不低于《用于水泥和混凝土中的粉煤灰》(GB/T1596)中Ⅱ级F类的有关规定,并规定当采用其他品种的掺和料时,应通过试验鉴定,确认符合管桩混凝土质量要求时方可使用。

4)端板

端板性能应符合《先张法预应力混凝土用端板》(JC/T947)的规定,材质应采用Q235B,其厚度不小于表1-1。桩套箍材质的性能应符合(GB/T700)中Q235的规定,端板以及端板与承台的连接是受力构件的最薄弱环节,细化端板要求即是满足节点强度的要求。

端板厚度要求　　表1-1

钢棒直径(mm)	7.1	9.0	10.7	12.6
端板最小厚度(mm)	16	18	20	24

5)管桩配筋

国家标准《先张法预应力混凝土管桩》(GB13476)规定预应力钢筋应沿桩圆周均匀配置,最小配筋率不得低于0.4%,并不得少于6根;且预应力筋最小配筋面积应大于表1-2中的规定。螺旋筋的直径应根据管桩的规格确定,桩外径450mm以下,螺旋筋的直径应不小于4mm;桩外径500~600mm,螺旋筋的直径应不小于5mm;桩外径800~1000mm,螺旋筋的直径应不小于6mm,螺距最大不超过110mm。管桩两端螺旋筋的长度范围为1000~1500mm,螺距范围为40~60mm。螺旋筋的螺距偏差不得超过±10mm;新修订标准要求螺旋筋的螺距:管桩两端2000mm范围内为45mm,其余为80mm,螺旋筋的螺距偏差为±5mm。

6)混凝土保护层厚度

国家标准要求预应力筋的混凝土保护层厚度不得小于25mm;新修订标准要求预应力钢筋的混凝土保护层应符合《混凝土结构设计规范》(GB50010)的有关规定,其厚度不得小于40mm,外径300mm管桩的混凝土保护层厚度不得小于25mm。这种调整是为了适应对管桩防腐和耐久性的要求,满足新版工业防腐规范的要求[22]。

7)强度指标

国标要求放张预应力筋时,预应力混凝土管桩的混凝土抗压强度不得低于35MPa,预应力高强混凝土管桩的混凝土抗压强度不得低于40MPa;新修订标准要求放张预应力筋时,管桩的混凝土抗压强度不得低于45MPa。新标准对管桩的抗弯、抗拉等各项力学指标的确定也给出相应指标。

管桩的基本尺寸

表 1-2

外径 D(mm)	型号	壁厚 t(mm)	长度 L(m)	预应力钢筋最小配筋面积(mm²)	外径 D(mm)	型号	壁厚 t(mm)	长度 L(m)	预应力钢筋最小配筋面积(mm²)
		PC、PHC					PC、PHC		
300	A	70	7～11	240	700	A	130	7～15	1170
	AB			384		AB			1664
	B			512		B			2340
	C			720		C			3250
400	A	95	7～12	400	800	A	110	7～30	1350
	AB			640		AB			1875
	B		7～13	900		B			2700
	C			1170		C			3750
500	A	100	7～14	704		A	130	7～30	1440
	AB		7～15	990		AB			2000
	B			1375		B			2880
	C			1625		C			4000
	A	125	7～14	768	1000	A	130	7～30	2048
	AB		7～15	1080		AB			2880
	B			1500		B			4000
	C			1875		C			4928
600	A	110	7～15	896	1200	A	150	7～30	2700
	AB			1260		AB			3750
	B			1750		B			5625
	C			2125		C			6930
	A	130	7～15	1024	1300	A	150	7～30	3000
	AB			1440		AB			4320
	B			2000		B			6000
	C			2500		C			7392
700	A	110	7～15	1080	1400	A	150	7～30	3125
	AB			1536		AB			4500
	B			2160		B			6250
	C			3000		C			7700

注：根据供需双方协议，也可生产其他规格、型号、长度的管桩。

1.3 预应力混凝土管桩力学性能研究

预应力混凝土管桩作为一种地基处理及桩基础形式，从 20 世纪初产生到现在已经在各种建筑基础中得到广泛地应用，并发挥着巨大的作用。工程界一直致力于研究其竖向受压和受拉性能、水平抗力和抗剪性能，并加强研究在高地震区使用管桩的可能性和技术特性，并通过多种手段提高桩的承载力，在管桩开发和应用方面取得较大进步[23]。

1.3.1 竖向承载性能研究

确定预应力混凝土管桩的竖向承载性能和单桩极限承载力，最可靠的方法是静力荷载试验法。

目前国内外均采用注浆法提高预应力混凝土管桩的竖向承载力。注浆(Injection Grout)又称为灌浆(Grouting)，它是一种利用液压、气压或电化学原理，通过注浆管把浆液注入地层中，浆液以填充、渗透和挤密等方式赶走土颗粒间或岩石裂隙中的水分和空气后占据其位置，经人工控制一定时间后，浆液将原来松散的土粒或裂隙胶结成一个整体，形成一个结构新、强度大、防水性能好和化学稳定性良好的"结石体"。注浆法是高压喷射、注浆、化学注浆的统称，在我国煤炭、冶金、水电、建筑、交通和铁道等部门都有广泛使用，并取得了良好的效果[24]。为叙述方便，将以挤密方式把浆液材料通过注浆管加压挤入的方式叫做"注浆"，而将以充填方式的注浆叫做"灌浆"。注浆的加固目的有以下几方面：增加地基土的不透水性，防止流沙、钢板桩渗水、坝基漏水和隧道开挖时涌水，以及改善地下工程的开挖条件；防止桥墩和边坡护岸的冲刷；整治塌方滑坡，处理路基病害；提高地基土的承载力，减少地基的沉降和不均匀沉降；采用托换技术，对古建筑的地基进行加固。

国外有关灌浆和管桩的研究，早在 20 世纪 90 年代在日本已有管桩扩径的方法[25-27]。有关文献中介绍的几种日本管桩工法大都涉及管桩就位后桩底注浆技术的应用。日本在 STJ 施工法[28]，Testifying Systematic Rotary Method 工法[29]，H・F・O(High Frectional Organization)[30]、Kneading Wall Method[31] 和 High Reliability Vibration and Noise Free Pile Driving Method 工法[32] 及 Cement-Milk Method[33] 等，都是通过各种不同工法来实现从桩端注入，在沉桩过程中起助沉作用，采用挖掘液和地基改良剂改良桩周土的状态，以实现桩的扩径、扩底。这些扩底方法有的需配合专用的打桩机械[34,35]，有的需有特制的钢制桩尖相配合。这些工法改善了管桩的受力性能，在不增加管桩长度的情况下，提高了管桩的承载力[36,37]，扩大了管桩的适用土层范围，改善了管桩的施工难易程度，从而也使管桩的工作机理和桩土共同作用机理等发生了变化。

国内采用灌浆法提高管桩承载力的方法源于钻孔灌注桩，在众多提高混凝土灌注桩承载力的施工方法中，形成扩径、扩底的施工方法有多种，如爆扩法、支盘桩法和挖孔法以及灌注桩后注浆法[38-48]等。其中灌注桩后注浆法是目前最常用的一种。灌注桩后注浆施工技术是在灌注桩施工后，在桩底或桩侧进行高压注浆，使桩底面积增大的同时桩周土得到加固，从而提高灌注桩单桩承载力。

近年来我国在灌注桩后注浆工作机理方面的研究已取得不少研究成果[49]，通过注浆的扩底和扩径以及浆液与地层发生填充、置换、挤密等物理变化，改善桩底、桩周的受力条件，提高单桩的承载力。

工程应用方面，Bruce 研究了大直径钻孔桩后注浆对桩基承载力的影响[50]，Fleming 对桩底注浆提高承载力有关问题进行了研究[51]，薛韬分析了桩侧钻孔注浆法[52]，刘金砺、祝经成提出了一套桩侧压力注浆的装置[53]，沈保汉对桩侧注浆方法进行了综合评述[54]，傅旭东等研制开发了由袖阀管和注浆管组成的桩侧压力注浆装置等[55]。

黄吉龙、陈锦剑[56]采用数值方法建立了桩端后注浆灌注桩桩土体系分析模型，并对某工程注浆前后的钻孔灌注桩的承载性能进行了数值模拟，结果计算值与实测值较吻合，验证了该方法的有效性。按照该模型模拟单桩静载试验，对均质土层中的后注浆钻孔灌注桩的承载性能进行了模拟分析，结果表明：注浆量以及注浆体强度对承载力的影响存在一定范围；桩长的变化也影响注浆量对承载力的贡献；桩侧翻浆高度以及桩侧摩阻力提高对承载力影响显著；承载力随着桩侧翻浆高度和侧摩阻力的提高而线性增加。

朱伟、闫思泉[57]通过工程实例，对比分析了普通灌注桩承载力与后压浆法灌注桩承载力差异的原因，其一为通过后压浆法技术提高了灌注桩的侧摩阻力，其二为通过后压浆法技术提高了桩基的桩端承载力，并得出了通过后压浆法技术可以达到减小桩长、缩短工期、节约投资的结论。后压浆法的钻孔灌注桩与普通钻孔灌注桩相比，单桩轴向受压承载力提高了约40%，提高效果显著。

通过大量的灌注桩后注浆工程试验，灌注桩单桩承载力与注浆前相比最大能提高30%～70%。这种方法已逐渐成为一种提高高层建筑用钻孔桩承载力的有效方法，并被编入文献[58]，成为国内灌注桩施工的通用标准。

管桩和灌注桩两者的沉桩方式、工作机理有所不同。就目前沉桩方式看，桩端闭口管桩有挤土效应，桩端开口管桩有土塞效应[59]，而灌注桩没有这两种效应，灌注桩底有沉渣而管桩无沉渣，且无论是开口管桩还是闭口管桩，沉桩后对桩侧土、桩端土都有不同程度的挤密作用。在管桩工程中，采用后注浆后，形成桩底扩大、桩径加粗的管桩，增大了桩的受力面积，提高了桩的承载力。另外桩周土的物理力学性能和原状土相比，将发生较大变化。首先在沉桩过程中桩周土的物理力学性能指标已经发生了变化，在注浆后桩周土将发生二次变化，其工作机理比灌注桩桩周土的工作机理的变化更趋复杂。而预应力管桩后注浆扩底、扩径技术以及注浆管桩工作机理的研究工作还处于探索阶段。

由于管桩沉桩和注浆过程的复杂性，研究人员正在寻找量化分析的办法，试验研究是较直接的研究方法之一。Banerjee[60]、刘祖德[61]、周健[62]和王士恩[63]等利用模型槽室内试验进行了一系列试验，得出了一些有益的结果。由于试验模型是按现场情况成比例缩小的，所得结果也与实际情况相差较大，还有待工程实践验证。

国内多采取挤土施工工艺提高管桩单桩承载力，通过挤土提高桩侧摩阻力，通过选择合理的土质设计参数和施工方法减少烂桩[64]等措施来保证桩的施工质量，使桩的承载力得到充分发挥[65]。但对桩周土的工程特性、桩周土物理力学特性指标和孔隙水压力变化即固结特性以及桩土共同作用工作机理等尚未见系统全面的研究资料。

黄建华、张玉淡[66]从后压浆技术的概念及其作用机理分析入手，结合实际桩基工程中后压浆技术的应用与现场检测，探讨后压浆技术在管桩工程事故处理和加固等方面的作用和效果。通过注浆前后试验结果对比，阐明后压浆技术能提高持力层地基承载力及桩侧摩阻力，改善桩身质量和桩的荷载传递性能，使桩基综合承载力大幅度提高，并缩短工期。岑伟超、李晖等[67]利用后注浆技术处理缺陷管桩，得到了注浆可提高管桩承载力的结论。

孔清华、吴才德[68]采用管桩结合注浆技术，在管桩的桩端注入浆液，增加桩的净有效截面积，可以提高其轴向抗压能力和侧向受荷能力。同时，桩底后注浆使桩底尺寸扩大、桩端阻力增加，从而使桩的承载力提高。研究预应力混凝土管桩结合桩底后注浆技术可以较大幅度减少桩数、减少沉桩挤土影响，具有较好的社会价值和经济价值。

1.3.2 抗剪承载力性能研究

一方面预应力混凝土管桩在地下水丰富地区以及高层或高耸结构在水平地震力、风荷载等作用下，建(构)筑物受到整体浮力或者倾覆力矩作用，使得预应力混凝土管桩不仅要承受巨大的竖向荷载，还要承受水平荷载和抗拔力；另一方面在水平地震波作用下，建筑物底部剪力通过承台传至桩基，桩基顶部与承台连接处受到水平力的作用，所以，在基础承受水平力或浮力状态下的管桩抗拉性能也是管桩结构性能的主要指标。

预应力混凝土管桩基础是一种装配式结构体系，它是预应力混凝土管桩就位后通过后浇

 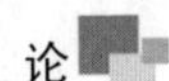

填芯混凝土或端板焊筋与承台相连的一种受力体系。由于装配式结构的节点连接可靠性差，往往难以满足反复荷载下的受力要求，在地震区的使用受到限制。

引起管桩受水平力的因素很多，诸如吊车运行、风荷载、偏心受荷和地震力等。大部分受水平力作用的荷载是多种因素的组合，各类因素中以地震力影响和破坏力最大。近几十年来，世界相继发生了多次大地震，如 1989 年美国 Loma Prieta 地震（M7.0）、1994 年美国 Northridge 地震（M6.7）、1995 年日本阪神地震（M7.2）、1999 年土耳其伊比米特地震（M7.4）、1999 年台湾集集地震（M7.6）和 2008 年四川汶川地震（M8.0）等[69]。各个国家的抗震设计规范对建（构）筑物、桥梁的基础抗震设计均进行了规定。基础设计不当会导致建筑结构在地震中发生剪断、变形过大等，有时甚至在承台底部直接剪断破坏。基础设计需要考虑的因素除了基础形式的选择以外，还包括结构的抗弯强度、抗剪强度、桩基础连接部分的细部构造、锚固构造等方面。日本是多地震国家，在规范方面做的工作最为细致，技术也较为先进。有关地震作用的分析是相当复杂的问题，影响基础抗震受力性能的最主要因素是在抵抗水平力状态下的桩身抗剪强度，国内外有这方面的研究成果。

张星宇、柳炳康等[70]研究了在地震作用下，预应力混凝土管桩桩顶受到的水平剪力作用，提出在管桩上部埋入钢筋、浇筑一段混凝土与承台相连，可以改善其抗剪性能。他们在试验的基础上对预应力管桩的抗剪承载力进行了研究，并对填芯混凝土在抗剪承载力中的作用进行了探讨。研究表明，填芯混凝土提高了管桩的抗剪承载力，改善了管桩的脆性性能，为管桩抗剪承载力计算提供了试验基础及理论依据。

夏春、董腾飞[71]研究和分析了螺旋箍筋对预应力高性能混凝土管桩（PHC）力学性能的影响，由试验及理论计算可知，螺旋箍筋能使管桩混凝土的强度、塑性、延性及抗震性能有明显改善；并提出了螺旋箍筋提高管桩混凝土强度及承载力的计算公式，为管桩的设计及研究提供了理论及计算依据。

阮起楠[72]借鉴了国外有关规范，对管桩的抗震设计作了探讨，分析各种技术条件，得出预应力混凝土管桩用于抗震烈度 7 度以下的一般地区建筑工程是没有问题的，但是对于抗震烈度 8 度以上，或者虽以 8 度设防，但属甲、乙类重要构筑物则应对管桩基础作抗震设计，对管桩本身也应作特殊设计。

阮起楠[73]对按抗剪强度设计预应力混凝土管桩基础进行了探讨，介绍了地震学基本知识、抗震桩基础设计一般步骤、抗剪管桩设计等内容。

富文权[74]结合桩的震害实例，介绍和讨论了螺旋钢筋对混凝土的约束效应，研究了桩体在螺旋筋约束下的抗弯抗震韧性，在分析了 PC 管桩在抗震上存在的问题后提出了抗震设防需填实管桩、增配箍筋的建议。

顾祥林[75]根据美国房屋混凝土规范的有关抗剪强度设计条款以及国内外现有的试验资料，分析了圆形截面柱在地震力作用下的抗剪性能，并结合国内相关规范的特点，给出地震作用下圆形截面柱的抗剪计算公式，可供设计人员参考。张志强[76]介绍了昆明“湖畔之梦”工程中引进混凝土管桩所面临的问题，结合与预制方桩的比较，针对昆明 8 度抗震设防及滇池湖畔饱和非均匀性软土地基薄壁管桩（PTC）桩基抗震进行了专门验算，为解决地方标准对高烈度区限制管桩应用问题进行了探索与尝试，提出了相关设计建议。

尽管国内外对这个问题从不同方面进行了一些研究，有的从理论推导方面，有的从试验角度总结出一些经验公式，取得了部分成果。但是针对管桩而言，混凝土设计规范没有环形截面的计算公式[77]，有关管桩的国家规范、图集以及各地方图集均未明确管桩不同情况下的抗剪承载力计算公式。

1.3.3 抗拔承载力性能研究

近年来，随着国民经济的高速发展，促使城市建设高歌猛进，高层及超高层建筑不断涌现，基础埋置越来越深，同时，作为车库等功能的广场式建筑的纯地下室部分、裙房或相对独立的地下结构物(如下沉式广场、地下车库、地下铁道等)的开发和利用越来越广泛，由此，地下结构物的抗浮问题日益突出，桩基础的抗拔设计成为解决地下工程结构物抗浮经常面临的问题。因地下水浮力作用或抗浮措施不当而造成地下工程的破坏，在国内已有不少实例，如武汉果品公司舵落口地下冷库，海军航空兵上海市大场地下机库，银川市、承德市的少数人防工程等都因地下水浮力的作用造成不同程度的破坏。在我国沿海地区曾出现过多起因地下水浮力而导致地下室破坏的事故。在这些事故中，有的地下室底板隆起，导致底板破坏；有的地下建筑物整体浮起，导致梁柱节点处开裂及底板破坏等。

国内外关于管桩抗浮的研究和文献资料并不多，技术人员通常对抗浮设计感到困惑，主要原因之一是有关的设计规范、规程中未提出明确的设计标准或设计依据，在具体应用时尚存在很多问题，引起很多争议。

文献[77]对混凝土构件的承载能力分为承载能力极限状态和正常使用极限状态两种情况，并对预应力混凝土结构的正常使用状态的裂缝控制分为 3 个等级，列出了控制条件，控制等级为一、二级的裂缝控制宽度为 0，而三级控制宽度为 0.2mm。

文献[58]对抗拔桩的设计基本原则进行了规定，列出了抗拔桩的承载能力验算条件，并根据正常使用极限状态规定了裂缝控制等级，根据环境类别及水、土对钢筋的腐蚀、钢筋种类对腐蚀的敏感性和荷载作用时间等因素确定抗拔的裂缝控制等级。

汪加蔚、裘涛等[78]对预应力混凝土管桩桩身的抗拉强度、管桩钢接头焊缝抗拉强度及填芯混凝土抗拉强度进行了研究，对 3 种试验结果进行了分析，提出了管桩抗拉承载力设计值和管桩抗拉承载能力的计算公式。

王离[79]结合广东省标准对抗拔管桩单桩竖向承载力的确定以及抗拔管桩桩身结构、接头、桩头、桩头与承台的连接作了较详细的研究，提出了质量保证措施，给出了供抗拔管桩制作、设计、施工的参考要点。

叶文英、李礼仁等[80]通过一个工程试验的研究对预应力混凝土管桩的抗拔性能进行分析，得出抗拔管桩受力性能取决于混凝土的有效预压应力的结论，抗拔管桩宜选用有效预应力高的桩型；桩顶插筋有可能致受力不均匀而产生桩的屈服或断裂现象，应考虑适当增加插筋。

李先平、张雷顺等[81]对预应力混凝土管桩与桩帽连接接点抗拔性能进行了原型试验研究，提出了在实际工程中应采用的桩帽和承台的连接方式。

王洪国、范浩等[82]以某工程为实例对预应力管桩作为抗拔桩设计作了介绍，并对桩头与承台连接节点设计进行了阐述，将预应力混凝土管桩作为抗压桩兼作抗拔桩，当水位低水浮力小时，作为抗压桩，当水位高水浮力大时，作为抗拔桩。桩顶可用机械截桩，大大地缩减了人工剃桩头钢筋的工期，而且有效地保护了桩身不被凿坏，采用桩芯内插筋与桩承台的连接构造形式，桩芯混凝土应选用具有微膨胀性能的混凝土浇筑，桩芯浇筑长度和外加剂掺量可根据抗拔承载力和施工经验及试验数据进行调整，以达到最佳经济和工期效果。

王振领、林拥军等[83]对新老混凝土结合面抗剪性能进行了试验研究,针对6组共18个Z形抗剪试件的新老混凝土结合面进行了全过程抗剪试验,考察了新老混凝土结合面不同处理方法对其抗剪性能的影响。试验结果表明,结合面的不同处理方法对其抗剪性能影响较大,涂刷水泥净浆的效果远好于直接浇筑新混凝土和涂刷界面剂,植入抗剪钢筋能显著提高结合面抗剪性能,该研究成果对管桩灌芯有一定的参考意义。

文献[84-86]根据各地区的工程地质特性和工程特点,细致规定了抗拔管桩的承载力性能、桩身强度、桩身抗裂性能、灌芯构造等。

研究抗拔管桩受力性能的最主要问题是其承载力确定,影响其承载力的因素包括:桩身的抗拉承载力、桩土共同作用下的桩承载力和桩与承台的连接强度和构造。

1.4 预应力混凝土管桩抗震性能研究

预应力混凝土管桩在水平地震荷载作用下,预应力混凝土管桩可以将所承受的地震荷载归结为桩身受弯产生的弯矩,承台传递来的剪力,上部结构振动引起的竖向力。预应力混凝土管桩自20世纪使用以来,已经在绝大多数国家使用,我国自20世纪60年代开始使用预应力混凝土管桩,积累了大量的工程使用经验。

学者们在1948年日本福井地震、1952年日本十胜冲地震中就发现,位于软土地基中的桩基础常常导致上部结构与支承结构过大的不均匀沉陷[87]。到了20世纪六七十年代,日本发生了宫城地震与新泻地震,学者经研究发现,预应力混凝土管桩在地震中会出现剪切或弯剪破坏,桩头附近的剪切和压坏以及弯曲变形破坏为预应力混凝土管桩的主要破坏形式[88]。20世纪90年代中期,部分学者又对日本兵库县南部地区进行了震后调查,发现更多回填土地基上的预应力混凝土管桩发生了破坏,但其上部结构除了下陷与倾斜之外没有任何损害,桩基的头部也没有发生任何形式的损坏,桩基破坏可能发生在地下某一位置处[89]。在阪神大地震后,通过对大量预应力混凝土管桩基础震害的调查与分析,学者们将预应力混凝土管桩的破坏形式分为非液化地基破坏与液化地基破坏。液化地基破坏由于过程太过复杂,至今仍然无法用数学、力学知识表明其过程[88]。

为了能更好地研究预应力混凝土管桩的抗震性能,使理论计算联系实际工程,近年来学术界提出了许多方法研究桩基的抗震性能。这些方法大致可以归纳为解析方法、离散模型方法、试验方法和数值方法4类[87]。

(1)解析方法。这种方法通常以线弹性或黏弹性均匀连续介质中的三维波传播理论为基础确定地基反力。这类方法能正确地表示几何阻尼和土层的共振现象,但是无法反映桩—土界面上的几何非线性行为。

(2)离散模型方法。这种方法起源于Winkle地基梁模型,是将桩视为埋置于土介质中的梁,忽略土的连续性而将桩周土的阻抗效应用分布的相互独立的弹簧或阻尼器代替,因而可以考虑土体沿深度的变化以及材料的非线性性质。但它存在着一定的局限性,如弹簧和阻尼器系数的取值以及参振土体体积或质量的确定等,不能详细描述土中应力波的传播、土体屈服破坏的发展过程和桩—土界面上的破坏等复杂的物理现象。

(3)试验方法。由于研究预应力混凝土管桩抗震性能问题的复杂性,理论分析往往不能真正地解释问题的本质，因此，近年来越来越多的试验研究得到重视。试验研究方法通常包括真实场地工程的现场试验、实验室离心机模型试验、实验室振动台模型试验[90]。

在真实场地中进行大比例模型的测试，是一种直观而通用的验证理论概念及计算模型的有效方法，在近几年广泛使用。试验场地和真实场地环境非常接近，但由于分析中涉及过多影响因素而难以分析辨别主因，且这种类型的试验规模一般比较庞大，试验费用高，试验周期长，在人力、物力、资金不充足的情况下难以开展。因此，结合实际情况，在研究预应力混凝土管桩抗震性能时，现场的大比例模型试验并不通用。实验室进行模型试验才是研究分析的最佳途径。

离心机试验通过使用离心机来实现，试验装置主要由悬臂和附加质量块组成。试验时通过悬臂旋转产生离心加速度，这就能给试验试件加载可变的重力场。但离心机只能进行一维的振动试验，且必须使用很小的比例尺寸，试验结果也容易失真。国内由于试验设备不足等原因，使用离心机进行抗震试验的研究还很少，大多采用振动台试验进行研究。

振动台试验在研究预应力混凝土管桩抗震性能上有着突出的优势，这种试验方法在国内外已大量使用，积累了丰富的试验理论和试验测试经验。振动台试验不但可以进行一维方向的测试，而且还能进行二维、三维甚至多维地震波的模拟，在模型的缩尺比例上也更自由。这样看来，对于预应力混凝土管桩的抗震研究，无论是考虑模型的缩尺比例、试验设备的实际情况还是试验的可行性，振动台试验都是首选。

(4)数值方法。相对于传统的试验测试方法，数值方法是抗震领域中一种新兴的解决问题的方法。近年来随着计算机技术的迅速发展，数值方法在分析解决问题时得到了越来越广泛的应用。广泛使用的数值方法主要包括有限元法、边界元法及其耦合方法。其中有限元法相对比较成熟，得到了广泛应用，目前已由简单的线性分析发展至复杂的非线性分析，由平面分析发展至三维分析。边界元方法只需对预应力混凝土管桩与土体交接界面进行离散，同时将管桩离散为梁柱单元，但这类方法一般仅适用于线性分析，迄今尚未能应用于非线性分析。

1.4.1 振动台模型试验分析研究

1969 年，Kubo[90]在日本首先进行了桩—土—结构的振动台模型试验研究，他所用的模型箱固定在振动台上，模型土使用砂土和油的混合物以模拟软土场地，桩身最大弯曲应力在桩顶处，沿着桩身向下减小。

1991 年，Kobayashi、Yao 和 Yoshida[91]通过试验探讨了桩土系统动力响应分析中桩土间的相对滑移和相对分离以及桩周土的非线性变形特性等复杂的物理过程；Nomura、Shamoto 和 Tokimatsu[92]对可液化土中的桩土相互作用效应进行了振动台模型试验研究。

20 世纪 90 年代中期，在 Loma 地震和阪神大地震之后，欧美和日本等国加强了地震方面的研究，进行了一大批振动台试验。在大量的研究分析后发现，试验容器采用剪切型的土箱或刚性箱时对于实际场地的模拟效果比较好。如 Futaki[90]等进行挡土墙的振动台试验时，使用剪切盒作为容器，模拟无限土体边界时得到了很好的还原。

1997 年，Makris[93]等在砂箱里采用干沙材料进行了单桩的振动台试验，根据试验测得的位移传递函数和单桩上的应变谱验证了 Winkler 动力模型的合理性。

1998 年，为了探索振动台试验模型的边界效应，P. J. Meymand[94]在加州大学伯克利分校进行的桩—土—上部结构的振动台试验中，使用了橡胶材料制作的圆筒形模型箱，目的是为了模拟出无限边界的效果。试验进行了单桩与群桩等的研究。D. W. Wilson[95]在加州大学戴维斯分校测试了桩—土—上部结构在液化沙和软黏土中的反应情况，分析了单桩与不同数量群桩在强震下的动力反应情况。

2001年，陈跃庆等[90]在同济大学进行了结构—地基—桩的动力相互作用体系振动台试验研究，在试验中采用了柔性容器作为土体的容器，允许土体作层状剪切变形，并通过桩基、箱基的一系列试验，证明这种设计能够消除波动反射的影响；楼梦麟和王文剑等[96]通过振动台模型试验，探讨了桩—土相互作用对结构动力特性和地震反应的影响，研究表明，桩—土相互作用使结构体系的自振频率降低、阻尼增大、结构顶部的加速度反应和结构底部的应变反应减小。

2008年，陈国兴[97]在进行地铁车站结构大型振动台试验时在模型箱内放置了聚苯乙烯塑料泡沫板，通过试验发现减小了振动方向上刚性边界的模型箱效应。

2011年，吴薪柳[98]以地下空间结构为原型借助振动台试验开展了结构—桩—土的地震反应规律分析，得出了桩应变中间大于两边的结论。

1.4.2 数值模拟分析研究

1976年，Blaney、Kausel 和 Roesset[87]用一致边界矩阵模拟波的辐射效应，对横向荷载作用下的端承桩进行了有限元计算与分析，同时利用轴对称有限元方法对桩的动力特性进行了三维分析。

1977年，Berger、Mahin 和 Pyke[99]利用有限元程序 ALUSH 对地震荷载作用下的桩土体系进行了数值分析，模拟了桩土之间的各种接触单元。

1981年，Angelides 和 Roesset[100]利用发展的非线性有限元程序对桩土体系的动力相互作用特性进行了分析计算。

1995年，姜忻良[101]用样条有限元法分析了承受建筑物荷载的桩基和土体，分析了相邻建筑物的相互作用，用半解析无限元模拟桩基周围半无限土体。

1996年，张崇文[102]在有限层和有限元两种方法的基础上，提出了一种求解桩土相互作用体系动力非线性反应的动力层元分析模型，通过理论分析，将半空间问题转化为准二维平面问题。

1997年，赵振东[103]将混凝土桩假定为线弹性材料，桩周土体假定为弹塑性材料，利用滑移面单元模拟桩土间的相对滑移和相对分离，用一个三维显式有限元模型描述桩—土系统，对施加于桩顶的侧向脉冲动荷载作用下桩的非线性动力特性进行了分析。

1999年，雷国辉[104]利用有限元方法对单桩的锤击贯入过程进行了数值模拟，得到了沉桩引起的土体动应力反应峰值，并以此作为土的前期固结应力，进行了使用期中的桩—土共同作用分析，探讨了桩基的承载特性，从而考虑了沉桩过程在桩土共同作用分析中的影响。

2001年，肖晓春[105]对横向荷载作用下的单桩和群桩分别用协调单元和非协调单元进行了有限元模拟计算，分析结果表明，非协调单元能够较好地模拟水平荷载下柔性桩的变形和力学特性。

2006年，王平[87]以 ANSYS 软件为平台，对群桩基础进行了在竖向静载作用下的数值模拟分析;对群桩模型同时施加竖向静载及水平动载,进行了地震作用下的桩土体系的动力分析。

2011 年,刘宁[106]进行了预应力混凝土管桩水平承载力现场试验,并进行了数值模拟,得出了桩身弹性模量是影响预应力混凝土管桩水平承载力的重要因素的结论。

1.5 预应力混凝土管桩的研究热点

管桩的竖向抗压和正截面抗弯受力性能的研究成果较成熟,但是有关抗拔、抗水平受力、抗剪承载力、连接节点和桩承载力的提高等均是重点关注的研究热点。

(1)关于预应力混凝土管桩产品结构图集的问题。由于建筑设计中有关技术人员一般均以当地的结构图集为主要依据,各地的预应力混凝土管桩生产企业也不得不按照当地的预应力混凝土管桩设计图集组织生产,但是各省、市编写的预应力混凝土管桩产品结构图集可谓是五花八门,这样既不利于预应力混凝土管桩生产企业管理和组织生产,也不利于预应力混凝土管桩的贸易流通。目前国家主管部门已经颁布全国性通用图集[9]。

(2)管桩防腐蚀和耐久性的问题。技术人员通常认为离心混凝土的密实性好、混凝土强度高,认为管桩的耐久性完全可以满足抗腐蚀性介质的要求,不少设计人员很少考虑在具体的腐蚀性条件下管桩的使用要求,从而造成管桩工程耐久性隐患,在规范中应细化这方面的要求。在国家有关政府部门的科研资助下,组织高校、科研部门及管桩的生产、设计、施工等单位开展对管桩耐久性的系统研究。

(3)沉桩达不到设计要求的深度问题。这是预应力混凝土管桩较为普遍的问题,主要原因包括:勘探点不够或勘探资料粗糙,对工程地质情况了解欠仔细,尤其是对持力层起伏高程不明,导致设计考虑持力层或选择桩长有误;设计持力层选择不当或采取的措施没有针对性致使沉桩困难;设计对单桩承载力预估不准,导致实际桩长与压桩力不匹配;桩身断裂致使不能继续施压。所以应加强工程地址的地质勘测,正确选择持力层或桩底高程,采用合适沉桩模式或大吨位桩机,合理选择桩的施工方法及打桩顺序,避免断桩,确保桩身质量,通过试桩确定合理终压标准。

1.6 管桩应用和研究方面存在的主要问题

预应力混凝土管桩是一种挤土桩,周围的土受到严重的扰动,主要表现为径向位移,桩尖和桩周一定范围内的土体受到不排水剪切以及很大的水平挤压,产生较大的剪切变形,形成具有很高孔隙水压力的扰动重塑区,降低了土的抗剪强度,促使桩周邻近土体会因剪切而破坏。

1.6.1 预应力混凝土管桩抗拉拔技术特性

近年来,预应力混凝土管桩在多数工程中一直作为竖向承载桩使用,随着社会经济发展,越来越多的工程需要桩基抗拔。但由于预应力混凝土管桩的抗拔承载力不高,而且桩头的处理较复杂,限制了桩基的应用。一般遇到抗拔问题时,首先会想到采用钻孔灌注桩。由于预应

力混凝土管桩在经济指标方面具有明显的优势，如果能实现用预应力混凝土管桩既作抗压桩又兼作抗拔桩，则会大大节约投资，有效缩短工期。但是，限于相关规范规定不明确，因抗拔管桩经验不足造成在预应力混凝土抗拔管桩应用方面出过很多较大的事故，如天津近期某地下车库出现因抗拔管桩与上部基础的连接方式失效，导致停车库整体上浮事故，投资增加、工期延长，造成了较大的社会影响。而 2009 年 6 月 27 日上海发生的 13 层楼倒塌问题，更是建筑史上少见的大事故，造成倒塌的主要原因是一侧开挖一侧堆土过高产生较大水平位移所致。尽管专家鉴定的结论是设计符合规范、预应力混凝土管桩质量符合设计和规范要求，但是从倒塌后的桩基础破坏形式看(图 1-1)，预应力混凝土管桩全是在受拉状态下的脆性破坏。

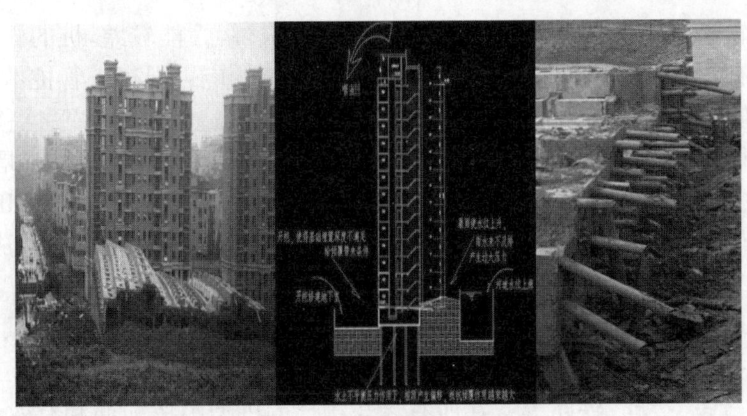

图 1-1　上海 13 层楼倒塌示意图

1.6.2　预应力混凝土管桩抗剪技术特性

预应力混凝土管桩承受荷载以竖向的受压和受拉为主，但是在吊车、风荷载、偏心荷载、基坑开挖、周边堆载和地震力作用下管桩需承受剪力，当变形较大时，剪力超过管桩的抗剪强度将会引起工程事故。前述上海 13 层楼的倒塌事故就是典型的受剪破坏，在建筑物受堆土外荷及基坑卸载的双重作用下，基底失稳，建筑物变形较大，倾倒一侧的管桩受压弯和剪切作用破坏，而另一侧的管桩受拉弯和剪切作用破坏。管桩的抗剪计算是桩基设计非常重要的环节，实心桩的抗剪计算在规范中有规定，而管桩就存在较大问题，当前管桩的国家规范和图集以及各地方图集均未明确管桩的抗剪强度计算方法[8-14]。更严重的是，工程技术人员往往将管桩的水平承载力和管桩的抗剪承载力混为一谈，从概念上混淆，更别说正确计算。

关于预应力混凝土管桩的抗剪强度问题。建筑物通常以承台来划分，承台之上为上部建筑，承台及承台以下为桩基础部分。上部建筑在地震作用下主要承受剪力，其次是竖向作用，剪力通过承台以同样的大小传到地下的桩基上。因此桩基础上的剪力通过对上部建筑底部剪力计算即可得出，而管桩的剪力则由总剪力以规范方法分配至管桩[58,72]。地震力是管桩承受的最大剪力，地震发生时的主要危害来自横波和面波，深度为地表以下 5～40km，而桩长最多几十米。因此，如果没有土的阻尼，从结构力学分析沿桩的长度上每个截面所受到的剪力大小是相等的。但是由于沿桩的各个长度上均受到土的阻力，使得地震引起的剪力沿桩的入土深度而递减，承台处最大，桩尖处最小。同时，软土层阻力小，硬土层阻力大，所以在土质硬软变化处，管桩截面也存在剪力差。但是可以确定的是，最大的剪力产生在承台附近，桩通常易在此区段发生剪切破坏。

桩与承台节点抗剪性能的研究，即桩在水平荷载下受到的最大剪力是在与承台的结合部位，如果要弄清楚节点处的承载力大小，对桩和承台节点的抗剪能力进行研究是必不可少的。但是目前国内外对预应力混凝土管桩与承台节点处的工作性能研究较少，对其斜截面抗剪能力和抗震性能的研究未见报道，因此，对预应力混凝土管桩以及不同受力工况下管桩的抗剪承载力和受力机理的研究是十分必要的。

1.6.3 软土地区管桩桩身强度和竖向抗压承载力关系分析

在深厚饱和软土地层中高密实混凝土管桩与土体的接触性能较差，桩的侧摩阻力小，一方面桩身强度未能有效发挥，管桩的桩身承载能力不能体现预应力混凝土管桩本身的高强价值，另一方面管桩抗侧向水平力能力低，沉桩挤土或基坑开挖会造成桩的水平位移而断裂。影响桩承载力的因素很多，但最主要的是如下两个因素的取值：一是桩身强度，二是桩与土的摩阻力。PHC管桩桩身强度可达80MPa，即使是PC管桩其桩身强度也大于60MPa，折算的桩身强度均远高于桩与土的摩阻力对应值，在软土地区桩身强度未能有效发挥，造成社会资源的极大浪费。

现对随机抽取2003—2008年天津市采用管桩的工程实例进行分析，共选出100个不同桩型作为统计分析对象，该子样数代表总工作量超过300万延米的管桩工程，使用范围包括工业与民用建筑、公路、铁路等。在所有参与统计的桩型中按配筋和有效预压应力分类，包括PC和PHC中的A、AB桩；按桩径分类，包括300mm、400mm、450mm、500mm和600mm各种桩，桩长最短12m，最长34m，基本涵盖了天津市各种地质条件和特性的建筑物，有广泛的代表性。

在分析中以工程实际设计采用的桩承载力极限值与依据桩身材料强度确定极限值比率a为分析对象。

$$a=\frac{\text{设计选用的单桩极限承载力}}{\text{桩身材料强度确定的单桩极限承载力}}$$

100个工程子样a的数值的比例表和分布直方图见图1-2，统计结果为：平均值为0.43，最大值为0.92，最小值为0.17，均方差为0.145，变异系数为0.337。从图表可以看出a低于0.5的占71%，即有超过70%的桩其实际采用的承载力不足桩身强度的50%，这种结果势必造成极大的浪费，不符合国家提倡建造节约型社会和节能减排的要求。而钻孔桩其a值一般在0.8～0.95。造成管桩和钻孔桩巨大差距的原因是：钻孔桩根据受力特性和防腐、耐久等的要求选用适宜的混凝土强度和钢筋配筋率。管桩桩身强度高是取吊装、运输、堆放、使用等各方面的要求后综合确定的，通过离心成型和蒸汽养护，桩身强度一般远高于实际设计承载力的要求，而且管桩采用工业化生产，各地均采用定型图集，这本身是管桩的优点，但是结构设计人员在选用时无法根据实际受荷进行调整，所以其强度往往远超过设计需要，所以一味追求管桩的高强特性是存在一定问题的。

在软土地基中预应力混凝土管桩承载力主要靠桩侧摩阻力，当桩侧摩阻力不足时，有些承载力或沉降要求高的工程，设计人员就要求桩必须穿过较硬土层，一直到承载力达到设计要求。但桩穿过较厚硬土层时，在沉桩过程中常发生烂桩或出现桩身混凝土强度的损失，在工程中沉桩困难或因过量沉桩导致烂桩的情况常出现，单桩承载力得不到充分发挥，导致设计桩数增多,投资加大。据不完全统计,至2008年,天津市年生产管桩约2000多万米,而在管桩中的损毁率平均值可占到总桩数0.5%~1%左右,有的工程损毁率高达5%。处理这种损桩的费用将超过亿元。另外补桩还要增加施工工期,这样就给设计、施工和投资方造成很大的资金浪费和工期损失,大大影响了管桩的工程质量、施工进度和投资效益。

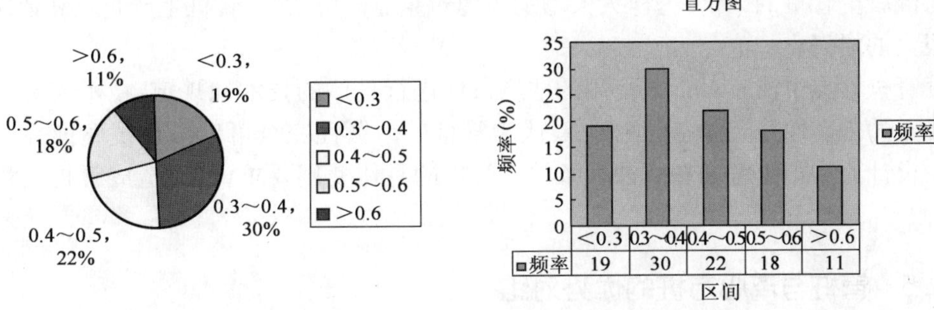

图1-2 管桩承载力比率a的分布图

天津属软土地区,桩的承载力取决于管桩与桩周土的摩阻力,上部土较软弱,选择桩长短了不能满足设计要求,而桩长选长了桩身长度范围内有时又有较硬的沙性土夹层,有时穿越难度较大,所以亟待开发既能符合软土地区应用、工艺简单、经济合理、质量可靠性强又能有效提高管桩承载性能的桩型。

1.6.4 管桩的生产管理

1)管桩生产管理存在的问题

由于管桩外观相似,管桩的预应力配筋一般难以明显区分,一些生产企业在供货时,将A型管桩故意替换成AB型管桩或B型管桩销售;也有一些企业将PTC管桩替换成PC管桩,或将PC管桩替换成PHC管桩销售,以骗取不当利润,但给建筑工程质量带来非常严重的隐患。

一些企业故意使用小规格的PC钢棒或(生产)使用直径负偏差的钢棒,特别是加工深凹槽的PC钢棒,在钢棒外径一致的情况下,公称直径达不到标准要求,造成管桩截面的配筋率降低,达不到标准要求。

单位立方米混凝土的水泥掺量过低,一些生产企业每立方米混凝土水泥用量不足300kg,还达不到《普通混凝土配合比设计规程》(JGJ/T55)的要求,造成管桩混凝土pH值偏小,这样将加速管桩桩身混凝土的碳化,不能有效保护钢材,影响管桩耐久性。

个别企业为了降低生产成本,没有严格执行中国水泥制品协会制定的管桩生产工艺技术规程,部分企业采用超张拉工艺,将PC钢棒的张拉力控制在钢材极限强度的75%左右,采用了超张拉以满足管桩抗弯性能的要求。

为了加快管桩模具的生产周转,提高生产效率,个别企业在管桩蒸汽养护过程中采用加快升温速度和快速降温的办法,特别是在高温高压蒸汽养护过程中,过快的升温和降温将造成管桩混凝土强度降低,管桩桩身开裂,给管桩的产品质量带来严重的隐患,管桩锤击施工的耐打性和管桩结构的长期耐久性下降。

2)设计施工方面的问题

管桩生产企业与施工企业、监理单位暗中达成默契,在没有得到设计单位同意的情况下,以低标准的桩替换高标准的桩。

管桩没有达到设计高程，未能达到设计承载力要求，造成严重的不均匀沉降。如1998年的香港某42层住宅管桩基础的短桩事件，造成了十分严重的后果。事件发生至今已经10年，但香港政府还没有允许在香港建筑基础中使用管桩，大量的建筑基础使用钢管桩，钢管桩成本是预应力混凝土管桩的3倍，这样大大增加了建筑企业的成本，给管桩生产企业和建筑施工企业带来很大的损失。

由于管桩标准中没有对管桩使用的地质条件进行具体的技术性规定，技术人员通常认为离心混凝土的密实性好、混凝土强度高，认为管桩的耐久性完全可以满足抗腐蚀性介质的要求。不少设计人员很少考虑在腐蚀性条件下管桩的具体使用要求，从而造成管桩工程耐久性的隐患。

1.6.5 管桩与离心方桩的优势对比

各种桩型均有其优缺点以及适用范围，单纯形状的变化是不能改变混凝土结构承载理论和受力特性的，正确评价其经济技术优势需进行综合分析。离心方桩和管桩均属混凝土构件，除需遵循产品标准和图集外尚应遵循地基基础、桩基础、混凝土强度评定和耐久性要求等国家规范，单纯强调方桩能提供较高摩阻力的说法是片面的。当前信息社会下，网络发挥了传播知识的巨大作用，笔者查阅部分资料，工程界对该问题关注度较高，在进行经济技术比较时确实存在很多误区，部分对比资料竟然得出边长为350mm离心方桩技术和经济指标优于直径为500mm管桩的结论。这种现象如在规程图集中出现则是值得工程界警醒的，一旦误导设计人员导致选桩型错误，造成工程事故，对建筑物安全质量造成巨大的隐患，将影响行业的生存和发展。工程界在该技术认知方面存在较大的误区，为更深入说明该问题，应全面、客观地分析离心方桩与管桩的结构性能，找出存在的问题。

1)预应力空心桩的承载性能指标

桩身的强度指标包括：桩身横截面面积、混凝土强度、钢筋强度、配筋率、混凝土有效预压应力、桩身抗压承载力、抗剪承载力、抗拉承载力等。

地基土对桩的支承力指标包括：桩端面积、地基土对桩的端阻力、桩侧面积、地基土对桩的侧阻力、桩的水平变形系数、桩侧土水平抗力系数的比例系数等。

预应力空心桩的桩身混凝土强度较高，起控制作用的一般是地基土对桩的支承力，前文表明软土地区超过70%桩使用的承载力不足桩身抗压强度的50%。工程设计中常根据地基土对桩的支承力作为布桩指标，确定桩数和平面布置后，再进行桩身结构设计或选用图集中的相应桩型。预应力空心桩承载竖向压力时具高强特性，但在承受水平荷载时需综合考虑其结构性能，不能单以某个指标判断其承载性能的优劣。

2)预应力空心桩的几何参数指标

圆形和方形是建筑桩基中最常用的两种形状，如均为实心，则方形相对圆形来说：同样的截面积情况下外轮廓边长比圆形的长，且其惯性矩较大，有利于桩侧摩阻力的发挥且节省材料。但如果采用中空结构，则该结论是可变的。管桩的形状是外圆内圆，而方桩的形状是外方内圆，影响二者力学性能和经济指标的参数除前述强度指标外，还有包括外轮廓尺寸和内圆尺寸几何参数等。外轮廓尺寸的变化及中空圆的尺寸变化，其周长和面积的关系是不完全一致的，所以，概念性地强调某一种桩型优于其他桩型的说法是不严谨的。

文献[94]在论述该问题时，将中心圆的直径与外轮廓尺寸(边长或直径)的比值定义为空腔系数。采用空腔系数相同时评价两种形状的几何关系，经过计算比较，在空腔系数相同的情况下，同边长的空心方桩比管桩的截面积减少 12%～18%，按这种假设条件得出的结论当然是对的。该结论被有关离心方桩的文献广泛引用，但遗憾的是常被误读，忽略了关键的常识。在实际工程中该假设条件是有局限的，对中空圆形和中空方形假定同样的空腔系数，在周长相等的情况下，圆形的截面积大于方形，但值得注意的是圆形壁厚是方形壁厚的 1.27 倍！举例：方形外边长为 400mm，假定空腔系数为 0.6，则壁厚为 80mm，而同样边长圆形的直径为 509.55mm，空腔系数为 0.6 时，其壁厚为 101.91mm。其结果表明方形的面积比圆形的小约 12%，其工程意义被认为提供同样承载力的情况下节省材料 12%。但因圆形壁厚大、直径大，其惯性矩比方形惯性矩大 46%，如配筋率相同，其抗剪、抗弯和抗拉等指标均高，其力学性能指标存在很大的差异。反之，如将圆形壁厚改为小于方形后，其经济技术指标将发生反向变化。因此，凭某个指标简单对比无实际意义，应在桩构造符合同等规范条件下综合评价其承载性能和技术经济指标。

预应力空心桩的优势是其抗压强度高，除桩身强度合格外，尚应满足钢筋保护层和最小壁厚的要求。而壁厚大小直接影响构件的抗剪强度、截面积和经济指标。部分资料夸大了离心方桩的小截面积下周长大的优势。文献[103]是在一定条件下的重要技术理论体系，该文却被断章取义地曲解为同样周长下离心方桩所用混凝土少，且同体积混凝土下离心方桩的技术指标优于管桩。其实对空心桩来说，圆方桩其优势对比是可变的，如图 1-3 表明，在壁厚相同或相近的情况下其大小关系是不同的，同周长时管桩和离心方桩的截面积大小关系亦不同；反之，同样截面积下因其中空尺寸的不同，周长大小的关系也不确定，其他几何参数的变化也不同，桩身的结构承载能力将有不同的对比关系，如配筋或强度不同即使同样的几何关系其结构性能的关系也是不确定的。

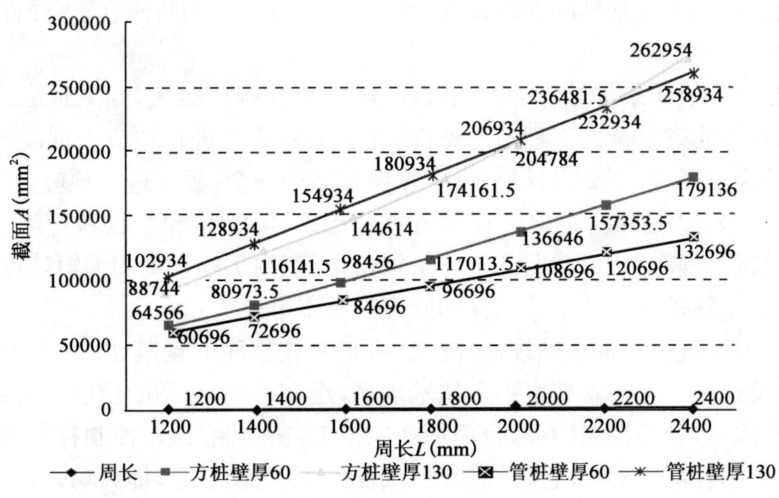

图 1-3 同壁厚管桩与方桩截面面积关系图

1.7 预应力混凝土管桩抗震性能及设计的研究内容

全世界每年都有许多地震发生，建筑物的抗震性能设计显得尤为重要。四川大地震发生后，国家加大力度收集地震中倒塌建筑的资料，文献[20]详细总结了各类混凝土构件和建筑物的地震破坏性状，全面总结了建筑结构的抗震性能，在全部77篇专项报告中却没有任何一篇涉及桩的抗震研究。国内外有关上部结构的混凝土构件的抗震性能研究成果较多，而混凝土桩基础作为广泛应用的混凝土构件，其抗震性能相关研究较少。管桩的抗震性能亟待研究，这方面的内容是本书的研究重点。

中国国家国标体系中混凝土规范、抗震规范和桩基规范对桩基础的抗震验算中仅提出了桩身强度在土的约束影响下的综合提高修正系数，而对桩的斜截面验算方式均未涉及。斜截面抗震验算在国内尚属空白，应加强这方面的试验研究，在以后修正国家和地区规范中进行规定。

随着社会经济的发展，预应力混凝土管桩在工程中的应用越来越广泛，无论是高层、超高层建筑的普及还是在不良地质条件下进行建设，预应力混凝土管桩都发挥着重要的作用。预应力混凝土管桩在静力条件下的承载能力、受力性状已经研究得比较成熟，形成了独立的理论体系，但预应力混凝土管桩在地震荷载作用下的动力特性研究还比较少，预应力混凝土管桩抗震设计时大多数情况下仍需要依靠经验。而近些年地震灾害越来越频繁的出现，这就更迫切地要求我们了解地震作用下预应力混凝土管桩的反应特性，因此研究预应力混凝土管桩的抗震性能无论对于设计施工还是安全保障都具有重大的意义。

河北省自2003年开始应用预应力混凝土管桩技术。随着经济的发展和工程建设规模扩大，近几年预应力管桩在秦皇岛、唐山、沧州、廊坊、衡水、邯郸等地区特别是唐山的京唐港、曹妃甸、南堡工业区、沧州的黄骅港、邯郸东部市区等工程建设项目中大量应用，应用工程已经超过数百项。据不完全统计，仅2008年就有近40万根桩、约600万延米工程量，折合成桩基础投资约9万亿元。但由于桩基础的地质条件、设计、施工等方面的特殊性、多样性，制约了该项技术推广应用。

河北省地域辽阔，地质条件导致管桩的设计、施工变化幅度很大，与其他省市相比应用范围更为广泛。结合河北省复杂的工程地质条件，以及工程特点进行预应力混凝土管桩技术开发，使该项技术健康发展，以提高设计施工质量，保证结构安全，亟须进行预应力混凝土管桩抗震性能研究。这一技术的研究，将促进河北省桩基础设计、施工和验收和管理水平的不断提高，达到减少该类桩工程质量事故、保证主体结构安全、节约工程投资和缩短建设工期的目的。

对预应力混凝土管桩抗震技术及设计的研究具有以下意义：

(1)促进预应力混凝土管桩基础设计、施工、质量验收程序的规范化、标准化，提高预应力混凝土管桩基础设计施工等的管理水平和技术水平，建立系统、科学的预应力混凝土管桩基础设计、施工等理论体系、管理控制标准，合理选择施工工艺、控制参数、控制程序内容等，有利于提高桩基设计施工的管理水平和质量控制水平，节约工程建设资金，提高功效，具有针对性。

(2)减少工程质量事故，加快预应力管桩的推广应用。通过该课题的研究，总结工程实践、分析造成工程质量事故的原因，分类确定工程质量控制参数，以及选择控制指标，确保工程质

量满足设计要求。

(3)管桩抗震技术研究的完成，填补了预应力混凝土管桩基础技术领域的空白，将加快该项技术的推广应用，对促进经济发展将产生深远影响。

对预应力混凝土管桩的抗震性能研究，主要有以下内容：

(1)结构—地基动力相互作用的研究，虽然在理论和计算方法上面取得了比较大的进展，但每一种计算方法都作出了不同的假设。为了使理论更好地反映实际情况，检验计算方法的可靠性，近年来进行了许多现场和实验室的模型试验，其中振动台试验是有效的研究手段，为桩—土相互作用起到了积极的推动作用。

借助振动台对预应力桩基础进行模型试验，简要说明了试验的设计思路及测试过程、主要步骤，通过测试分析，得到了预应力混凝土管桩在不同地震作用下的加速度、位移、弯矩反应情况；试验设计是对管桩—土—上部结构模型进行不同地震波作用下的测试，以分析管桩桩身产生的应力、应变、弯矩及位移沿桩身的分布情况，从而确定桩身的最大弯矩位置；分析预应力管桩在不同场地、不同烈度地震作用下的内力、加速度及位移反应的大小，测试地震烈度与预应力管桩地震反应的关系。

桩—土模型振动台试验的研究方法主要集中于以下几点：

①相似关系的设计。管桩振动台试验要设计上部结构的相似关系、管桩的相似关系，还需要考虑土体与管桩之间的相似关系，并且在设计的模型试验中正确反映出实际管桩在地震作用下的受力情况。

②边界条件的模拟。为了更好地模拟天然土层在地震作用下的变形特性，合理模拟土体的边界条件，使得模型土最大限度接近半无限自由场原型土层显得尤为重要。针对模型箱进行了特定的设计，确定研制一个能较好消除边界影响的叠层剪切模型箱。

③测试项目的确定。选取测试的内容直接影响试验的进程，本次试验通过测试管桩在地震波作用下的应变状态及加速度反应情况，即可得到桩—土体系下的各种受力状态，进而对管桩进行内力分析。其中，测点的位置及地震波的选取都是关键。

④试验数据的处理。试验数据的处理也是试验的重要组成部分，通过分析试验的测试数据能够合理地归纳总结管桩在地震作用下的反应规律，并能指导管桩在实际工程中的应用。

(2)以振动台试验为基础，应用有限元软件 ABAQUS 建立了预应力混凝土管桩振动台试验的数值模型，通过数值模拟的结果与原始试验实测数据的比较，验证了数值模型的正确性。

用计算机对管桩—土—上部结构模型进行数值模拟并确定合理的数值模型，分析研究预应力管桩基础的受力及破坏特征，以期对以后的预应力管桩设计给出更加科学合理的依据。

(3)为讨论其他因素对预应力混凝土管桩抗震性能的影响，对已建立的数值模型进行修改，变换为不同预应力混凝土管桩振动台试验数值模型，进行了实验室完成不了的测试，包括输入其他加速度峰值地震波的测试，改变桩身材料的测试，改变桩数量的测试，通过测试的结果得到更多关于管桩抗震性能的结论，弥补了不足。

(4)分析了强震软土区预应力混凝土管桩在使用时的抗震性能，给出了强震软土区预应力混凝土管桩抗震性能的评价。

1.8 本章小结

管桩产品发展到今天已拥有较完善的国家和地区标准体系，包括国家标准《先张法预应力混凝土管桩》(GB13476)、国家建筑标准设计图集《预应力混凝土管桩》(10G409)，各地区也编制了适合区域地质条件的地方规程和地方图集。这一发展历程经历了近 20 年。按不同的设计要求需选择不同的管桩类型和技术特性指标。新修订的标准增加了桩径 1200mm、1300mm、1400mm 等规格，说明管桩开始往大承载力、大直径发展，以适应港口、码头和高层建筑的需要。

与此同时，国家标准图集《预应力混凝土管桩》(10G409)修改了原国家标准图集《预应力混凝土管桩》(03SG409)规定的适用范围——为非抗震地区和抗震设防烈度小于等于 8 度地区的工业与民用建筑、构筑物等工程的低承台桩基础，抗震设防烈度为 8 度且建筑场地类别是Ⅲ、Ⅳ类时慎用。若将 PHC 管桩使用于抗震烈度为 8 度的地区则需另行验算。

按照现行规范和理论，依据竖向承载力设计的管桩基础，在高地震烈度地区，建筑场地类别是Ⅲ、Ⅳ类时，由预应力混凝土管桩(PHC)构建的深基础其刚性性能决定着预应力混凝土管桩(PHC)基础的地震风险。

第2章　管桩斜截面抗剪承载力的试验研究

2.1　管桩抗剪承载力试验

2.1.1　管桩抗剪承载力计算模型分析

管桩作为一种常用的混凝土构件，其正截面的抗压、抗弯承载能力的研究已相对成熟，在工程设计和使用中有可以遵循的规范和规定，而斜截面的抗剪承载力计算没有明确的规定。国家标准《混凝土结构设计规范》(GB50010—2002)[32]中对矩形、T形、I形混凝土构件给出了明确的设计计算公式，对圆形截面也给出相应的修正方法，但没有适合环形截面管桩的斜截面抗剪承载力设计计算公式。根据影响管桩抗剪承载力各主要因素，综合分析各种截面的计算公式，结合本章第一节中论述的东南大学公式、合肥工业大学公式和日本工业标准公式，管桩的斜截面承载力一般表达式可表示为：

$$V_u = V_c + V_s + V_y \tag{2-1}$$

式中：V_u——管桩桩身斜截面抗剪承载力(N)；

V_c——管桩抗剪承载力混凝土的影响部分(N)；

V_s——管桩抗剪承载力箍筋的影响部分(N)；

V_y——有效预压应力或轴心压力对抗剪承载力的影响部分(N)。

笔者针对不同的影响因素进行了专项试验，目的是在综合分析及对比试验的基础上，提出管桩的斜截面抗剪承载力计算方法，为管桩的抗水平力设计、抗震设计等提供参考，并为区域资料的收集以及地区规范、图集的修正提供依据。

2.1.2　管桩抗剪承载力试验条件及参数

1)管桩抗剪试验目的

管桩是一种混凝土结构构件，其受力机理应符合混凝土结构的受力特性，混凝土结构设计规范[32]给出的各类受力特性指标适用范围为C15～C80。因影响管桩抗剪性能的参数较多，室内试验不可能涉及太多变量。根据对前述国内外研究现状的分析，特别是对部分既有理论分析又有试验验证的资料的分析，本次平行试验所对比或期待解决的变量包括：剪跨比、混凝土有效预压应力、混凝土强度以及钢筋配筋率等。试验目的是通过对比试验及管桩结构受力理论分析，力求得出不同受力条件和结构条件下的管桩抗剪承载力计算方法，为管桩水平受力设计验算提供依据，并为管桩抗震验算提供参考。

2)管桩抗剪试验的试件制作

经对天津市图集[14]中管桩结构的理论分析,表明图集所列常规的各种型号管桩的抗弯和抗剪试验的破坏形式应以正截面弯曲破坏为主,只有在剪跨比相对较小时才可能发生斜截面剪切破坏。文献[28]资料介绍的试验结果证明了这种预测。该文献所进行的全部试验试件都没有出现剪切形式的破坏。本文目的为综合分析各类因素对管桩抗剪承载力的影响并建立管桩斜截面抗剪承载力公式,如仅进行定型桩验证其抗剪承载力满足要求将失去意义,无法量化分析管桩的斜截面受力性状,所以本试验结合理论分析,对管桩图集中的部分材料进行了调整。本试验桩采用PC AB400的管桩,为了便于试验观察,并能反映剪切破坏的试验过程,将混凝土的强度由C60改为C40,将钢筋直径由7ϕ10.7改为7ϕ12.6。本次试验所用试件根据剪跨比的不同分为6组,每组两根桩,分为预应力(用PC ABP表示)和非预应力(用PC ABO表示)两种桩型,预应力桩的桩长为8m,非预应力桩的桩长为5m。试件编号分别为PC ABP-λ、PC ABO-λ,λ为剪跨比,分别取5.2、3、2.5、2、1.5、1。桩的配筋截面示意图见2-1。试验最后增加2根图集中[14]的桩型进行验证,所选桩为PC A 400 80 6,两根桩的剪跨比λ均为1,试件编号分别为PC AP-1A,PC AP-1B。管桩的配筋和几何尺寸参数符合图集规定。

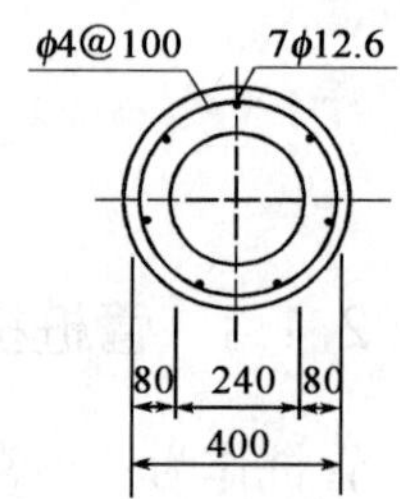

图2-1 试验桩截面示意图(尺寸单位:mm)

3)抗剪试验用管桩PC ABP和PC ABO试件材料性能和力学指标的选用和测试

(1)钢筋力学指标的选用及测试。根据试件所用的钢棒及箍筋,分别对其进行拉伸和弹性模量试验,试验结果详见表2-1。

钢筋力学性能 表2-1

钢筋种类	直径 d (mm)	条件屈服强度 $\sigma_{p0.2}$ (MPa)	极限抗拉强度 σ_b (MPa)	断后伸长率 δ (%)	弹性模量 E_S ($\times10^5$MPa)
D类低松弛异形钢棒	12.5	1436.4	1500	6	2.1
冷拔低碳钢丝	3.75	627.6	651.8	11	1.99

注:表中所列d、$\sigma_{0.2}$、σ_b、δ、E_S的值为一组5根试件材性试验结果的平均值。

(2)混凝土力学指标的选用及测试。混凝土采用强度等级为C40的混凝土,混凝土材质和制作工艺满足规范要求。每一个管桩试件应预留6组试块,分为:100mm×100mm×100mm、150mm×150mm×150mm和100mm×100mm×300mm各两组,每组3个试块。但由于试验条件的限制,部分试件没有150mm×150mm×150mm和100mm×100mm×300mm的试块,因此有的试件,根据100mm立方体试验结果,按f'_{cu}(或f'_{cu})=0.95f'^{100}_{cu}(或f'^{100}_{cu})换算,得出推算值f'^{cal}_{cu}(或f^{cal}_{cu}),并由$E_c=\dfrac{10^5}{2.2+\dfrac{34.7}{f_{cu}}}$公式得出混凝土弹性模量推算值$E'^{cal}_{c}$(或$E^{cal}_{cu}$),试验结果如表2-2所示。

混凝土力学性能　　表 2-2

试件编号	放张时混凝土的强度 f'_{cu}(MPa)	放张时混凝土的弹性模量 E'_c(10^4MPa)	试验时混凝土的强度 f_{cu}(MPa)	试验时混凝土的弹性模量 E_c(10^4MPa)	混凝土轴心抗压强度 f_c(MPa)	混凝土轴心抗拉强度 f'_t(MPa)
PCABP－5.2	$f_{cu}^{cal}=57.7$	$E_c^{cal}=3.57$	$f_{cu}^{cal}=57.7$	$E_c^{cal}=3.57$	39.4	3.23
PCABP－2.5	$f_{cu}^{exp}=39.6$	$E_c^{cal}=3.25$	$f_{cu}^{exp}=39.6$	$E_c^{cal}=3.25$	26.5	2.63
PCABP－3	$f_{cu}^{exp}=41.6$	$E_c^{cal}=3.29$	$f_{cu}^{exp}=41.6$	$E_c^{cal}=3.29$	27.8	2.70
PCABP－2	$f_{cu}^{exp}=41.2$	$E_c^{exp}=3.30$	$f_{cu}^{exp}=41.2$	$E_c^{exp}=3.30$	27.6	2.69
PCABP－1.5	$f_{cu}^{cal}=49.6$	$E_c^{cal}=3.57$	$f_{cu}^{cal}=49.6$	$E_c^{cal}=3.57$	33.1	2.97
CABP－1	$f_{cu}^{exp}=49.6$	$E_c^{cal}=3.45$	$f_{cu}^{exp}=54$	$E_c^{cal}=3.52$	36.5	3.12
PCAP－1A	$f_{cu}^{exp}=48$	$E_c^{cal}=3.42$	$f_{cu}^{exp}=53.9$	$E_c^{cal}=3.52$	36.4	3.11
PCAP－1B	$f_{cu}^{exp}=48$	$E_c^{cal}=3.42$	$f_{cu}^{exp}=53.9$	$E_c^{cal}=3.52$	36.4	3.11
PCABO－5.2	$f_{cu}^{exp}=39.6$	$E_c^{cal}=3.25$	$f_{cu}^{exp}=39.6$	$E_c^{cal}=3.25$	26.5	2.63
PCABO－2.5	$f_{cu}^{exp}=39.6$	$E_c^{cal}=3.25$	$f_{cu}^{exp}=39.6$	$E_c^{cal}=3.25$	26.5	2.63
PCABO－3	$f_{cu}^{cal}=41.2$	$E_c^{exp}=2.6$	$f_{cu}^{exp}=41.3$	$E_c^{cal}=3.29$	27.6	2.69
PCABO－2	$f_{cu}^{cal}=41.2$	$E_c^{exp}=2.6$	$f_{cu}^{exp}=41.3$	$E_c^{cal}=3.29$	27.6	2.69
PCABO－1.5	$f_{cu}^{cal}=49.9$	$E_c^{exp}=3.4$	$f_{cu}^{cal}=54.1$	$E_c^{cal}=3.52$	36.6	3.12
PCABO－1	$f_{cu}^{cal}=49.9$	$E_c^{exp}=3.4$	$f_c^{cal}=54.1$	$E_c^{cal}=3.52$	36.6	3.12

注：f_{cu}^{exp}、E_c^{exp}为实测值。

表中的混凝土轴心抗压强度 f_c 和轴心拉压强度 f_t 按 $f_c=\alpha\times f_{cu}$、$f_t=0.348\times f_c^{0.55}$ 得出，其中 α 由表 2-3 确定。

f_{cu}与 f_c之间的换算系数表　　表 2-3

f_{cu}	≤50	55	60	70	80
α	0.669	0.678	0.687	0.704	0.722

注：当实际试件的混凝土立方体抗压强度为表列数值的中间值时，可按线性内插法确定。

(3)试验用管桩的几何参数。所用管桩的几何参数符合天津市图集的要求，详细参数见表 2-4。

试 验 取 值 表　　表 2-4

r_2(mm)	r_1(mm)	D_P(mm)	$\sin\alpha$	A(mm²)	A_P(mm²)	A_{SV1}(mm²)	σ_{con}(MPa)	备注
200	120	338	0.996	80425	872.8	11.0	717.46	C40 试件
200	120	338	0.996	80425	445	11.0	994	C60 试件

注：①r_1、r_2 分别为桩的内、外半径；
②D_P 为钢棒中心点位的直径；
③α 为箍筋与桩的中轴线的夹角；
④A、A_P、A_{SV1} 分别为试件的截面面积、预应力钢筋的总截面面积、箍筋的单肢截面面积；
⑤$\sigma_{con}=\dfrac{7\times90\times994}{872.8}=717.46$ 为张拉控制应力(MPa)。

4)管桩抗剪试验装置及加载控制标准

(1)管桩抗剪试验装置如图 2-2 所示。

(2)管桩抗剪试验加载方式。抗剪试验加载的标准以预估开裂荷载的 20%为一个等级,逐级加载;加到预估开裂荷载的 80%后,以开裂荷载的 10%为一个等级,逐级加载;加到预估开裂荷载的 100%后,以开裂荷载的 5%为一个等级加载,直至开裂;开裂后以预估破坏荷载的 5%为一个等级,逐级加载,直至破坏。

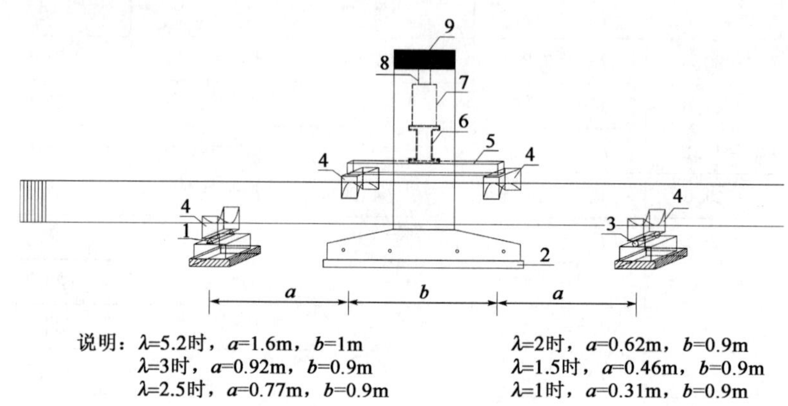

图 2-2 管桩试验装置示意图

1-固定支座;2-台座;3-滑动支座;4-弧形垫支座;5-竖向传力分配梁;6-竖向传力垫件;7-千斤顶;8-荷载传感器;9-反力梁

5)管桩抗剪试验过程观测要求

(1)试验过程中要求对每根试验桩精确观测如下数据:

①仔细观测管桩初始出现裂缝(包括垂直裂缝和斜裂缝)的位置和荷载值;

②量测出垂直裂缝和斜裂缝宽度为 0.2mm 和 0.3mm 的位置和对应荷载值;

③量测出垂直裂缝和斜裂缝宽度为 1.5mm 的位置和对应荷载值;

④在试验区段桩身上,画 126mm×126mm 的方格并标出裂缝的出现和发展过程,并在裂缝旁标出荷载的大小;

⑤对于受剪破坏,测出破坏斜裂缝的倾角大小和破坏斜裂缝所截交的箍筋根数。

(2)管桩抗剪试验观测的技术要求。试验过程中观测精度满足要求,裂缝宽度用读数放大器(刻度值为 0.05mm)观测,出现裂缝的荷载取值执行文献[4]抗弯试验部分的规定,试验用油泵和荷载传感器均需标定并满足精度要求。

2.2 管桩抗剪承载力相关参数的计算分析

试验前首先根据所用管桩的材料性能指标和几何参数计算出各相关参数,并对其结果进行分析比较,找出差异及不合理的问题所在,以便指导试验和修正公式。将 PC ABP-5.2 和 PC ABO-5.2 的计算参数选取如下,其余试件依此类推。

2.2.1 试件 PC ABP-5.2 的理论计算

1)钢棒预应力损失计算[32]

(1)锚固损失 σ_{l1}

$$\sigma_{l1}=\frac{a}{l}\times E_S=\frac{1}{8000}\times 2.1\times 10^5=26.25(\text{MPa})$$

式中:a——张拉端锚具变形和钢筋内缩值,$a=1\text{mm}$;

l——张拉端至锚固端之间的距离(mm)。

(2)钢棒松弛损失 σ_{l4}

钢棒的预应力损失系数见表 2-5。

钢棒的预应力损失系数 表 2-5

试件编号	PC ABP-5.2	PC ABP-2.5	PC ABP-3	PC ABP-2	PC ABP-1.5	PC ABP-1	PC AP-1A	PC AP-1B
钢棒张拉时间(d)	2	8	9	5	5	27	4	4
损失系数	0.0043	0.0060	0.0064	0.0052	0.0052	0.0080	0.0040	0.0040

注:损失系数的计算是通过钢棒生产厂家提供的应力松弛试验记录,参考《混凝土结构设计规范》(GB 50010—2002)附录 E.0.2,通过线性内插法求得(其中前 6 组试件均按直径为 7.1mm 的钢棒应力松弛试验记录求得,最后两组按直径为 9.0mm 的钢棒应力松弛试验记录求得)。

$$\sigma_{l4}=0.0043\times\sigma_{\text{con}}=0.0043\times 717.46=3.09(\text{MPa})$$

(3)混凝土收缩、徐变损失 σ_{l5}

施加预应力时的混凝土龄期为 0.5d,混凝土弹性模量 $E'_c=3.57\times 10^4\text{MPa}$,试件换算截面面积 $A_0=80425+(210000/35700-1)\times 872.8=84686.9\text{mm}^2$,试件截面面积 $A=80425\text{mm}^2$。

截面与大气接触的周边长度 $u=\pi(2R+2r)=3.14\times(2\times 200+2\times 120)=2010\text{mm}$

理论厚度$\frac{2A}{u}=\frac{80425\times 2}{2010}\approx 80\text{mm}$,根据《混凝土结构设计规范》(GB 50010—2002)附录 E.0.1(表 2-6)近似取 $\varepsilon_\infty=2.5\times 10^{-4}$,$\Psi_\infty=3$,收缩徐变损失系数 β 见表 2-7。

混凝土收缩应变和徐变系数终极值 表 2-6

终极值		收缩应变终极值 $\varepsilon_\infty(\times 10^{-4})$				徐变系数终极值 Ψ_∞			
理论厚度$\frac{2A}{u}$(mm)		100	200	300	≥600	100	200	300	≥600
预加力时的混凝土龄期(d)	3	2.50	2.00	1.70	1.10	3.0	2.5	2.3	2.0
	7	2.30	1.90	1.60	1.10	2.6	2.2	2.0	1.8
	10	2.17	1.86	1.60	1.10	2.4	2.1	1.9	1.7
	14	2.00	1.80	1.60	1.10	2.2	1.9	1.7	1.5
	28	1.70	1.60	1.50	1.10	1.8	1.5	1.4	1.2
	≥60	1.40	1.40	1.30	1.00	1.4	1.2	1.1	1.0

注:①预加力时的混凝土龄期,对先张法构件可取 3～7d,对后张法构件可取 7～28d;

②A 为构件截面面积,u 为该截面与大气接触的周边长度;

③当实际构件的理论厚度和预加力时的混凝土龄期为表列数值的中间值时,可按线性内插法确定。

收缩徐变损失系数 β　　表 2-7

试件编号	PC ABP-5.2	PC ABP-2.5	PC ABP-3	PC ABP-2	PC ABP-1.5	PC ABP-1	PC AP-1A	PC AP-1B
龄期(d)	2	8	9	5	5	27	4	4
β	0.079	0.275	0.303	0.183	0.183	0.391	0.15	0.15

注：因《混凝土结构设计规范》(GB 50010—2002)附录 E.0.2 中对龄期为 2d 的混凝土收缩徐变损失系数未给出，所以试件的龄期在 2～10d 内的混凝土收缩徐变损失系数不能通过线性内插法确定，鉴于此，采取公式 $\beta=\frac{4Z}{120+3Z}$（Z 为混凝土放张时与实验时的时间间隔，单位 d）计算出 10d 的收缩徐变损失系数(0.27)折算成查《混凝土结构设计规范》(GB 50010—2002)附录 E.0.2 中 10d 的收缩徐变损失系数(0.33)，再利用线性比例的方法，得出 10d 内各天的混凝土收缩徐变损失系数。

$$\sigma_{pc}=\frac{(\sigma_{con}-\sigma_{l1}-\sigma_{l4})\times A_P}{A_0}=\frac{(717.46-26.25-3.09)\times 872.8}{84686.9}=6.97(\text{MPa})$$

$$\rho=\frac{A_P}{2A}=\frac{872.8}{2\times 80425}=0.00543$$

$$\sigma_{l5}=\frac{0.9\times E_S/E_C\times\sigma_{PC}\times\varphi_\infty+E_S\times\varepsilon_\infty}{1+15\times\rho}\times\beta$$

$$=\frac{0.9\times 210000/35700\times 6.97\times 3+210000\times 2.5\times 10^{-4}}{1+15\times 0.00543}\times 0.079$$

$$=12(\text{MPa})$$

(4)预应力损失合计

$$\sigma_l=\sigma_{l1}+\sigma_{l4}+\sigma_{l5}=26.25+3.09+12=41.34(\text{MPa})$$

2)极限弯矩 M_u 计算[5]

$$M_u^{cul}=f_c\times A_0\times(r_2+r_1)\times\frac{\sin\alpha\pi}{2\pi}+f'_{py}\times A_p\times D_p\times\frac{\sin\alpha\pi}{2\pi}+$$

$$(\sigma_{p0.2}-\sigma_{p0})\times A_P\times D_P\times\frac{\sin\alpha_t\pi}{2\pi}$$

式中：f_c——混凝土轴心抗压强度(MPa)，查表 2-2；

A_0——试件换算截面面积 $A_0=80425+(210000/35700-1)\times 872.8=84686.9\text{mm}^2$；

A_p——预应力钢筋的总截面面积(mm^2)，查表 2-4；

D_p——纵向钢筋位置(mm)，查表 2-4；

r_2——试件外半径(mm)，查表 2-4；

r_1——试件内半径(mm)，查表 2-4；

α——受压区混凝土截面面积与全截面面积的比值；

α_t——纵向受拉钢筋截面面积与全部纵向钢筋截面面积的比值，当 $\alpha>2/3$ 时，取 $\alpha_t=0$；

f'_{py}——钢筋的抗压强度设计值(MPa)，取 $f'_{py}=400(\text{MPa})$；

$\alpha_{p0.2}$——条件屈服强度(MPa)，查表 2-1；

σ_{p0}——混凝土法向应力等于零时预应力钢筋应力(MPa)；

$$\sigma_{p0}=\sigma_{con}-\sigma_l=717.46-41.34=676.12(\text{MPa})$$

$$\alpha=\frac{0.55\times\sigma_{P0}\times A_P+0.45\times\sigma_{P0.2}\times A_P}{\alpha_1\times f_c\times A_0+f'_{py}\times A_P+0.45\times(\sigma_{P0.2}-\sigma_{P0})\times A_P}$$

$$=\frac{0.55\times 676.12\times 872.8+0.45\times 1436.4\times 872.8}{1\times 39.4\times 84686.9+400\times 872.8+0.45\times(1436.4-676.12)\times 872.8}$$

$$=0.223$$

$$\alpha_l = 1-1.5\alpha = 1-1.5\times 0.277 = 0.6655$$

$$\frac{\sin\alpha\pi}{2\pi} = \frac{\sin 0.223\pi}{2\times\pi} = \frac{\sin 40.14''}{2\times 3.1416} = 0.103$$

$$\frac{\sin\alpha_l\pi}{2\pi} = \frac{\sin 0.6655\pi}{2\times\pi} = \frac{\sin 119.79''}{2\times 3.1416} = 0.138$$

$$M_u^{cul} = f_c\times A_o\times(R+r)\times\frac{\sin\alpha\pi}{2\pi} + f'_{py}\times A_p\times D_P\times\frac{\sin\alpha\pi}{2\pi} + (\sigma_{p0.2}-\sigma_{p0})\times A_P\times D_P\times\frac{\sin\alpha_t\pi}{2\pi}$$

$$= 1\times 39.4\times 84686.9\times 320\times 0.103 + 400\times 872.8\times 338\times 0.103 + 760.48\times 872.9\times 338\times 0.138$$

$$= 153(\text{kN}\cdot\text{m})$$

3)开裂弯矩 M_{cr} 计算[5]

$$M_{cr}^{cal} = (\sigma_{pc} + \gamma f_t)W_0$$

式中：$\gamma = \left(0.7 + \frac{120}{h}\right)\gamma_m$，混凝土构件的截面抵抗矩塑性影响系数；

γ_m——混凝土构件的截面抵抗矩塑性影响系数基本值，按《混凝土结构设计规范》(GB 50010—2002)表 8.2.4，$\gamma_m = 1.6 - 0.24\times\frac{120}{200} = 1.456$；

σ_{pc}——混凝土的有效预压应力(MPa)；

W_0——换算截面受拉边缘的弹性抵抗矩(mm^3)；

$$W_0 = \frac{\pi}{32}\left(D^3 - \frac{d^4}{D}\right) + \left(\frac{E_S}{E_C} - 1\right)\times A_P\times\frac{D_P}{4}$$

$$= \frac{\pi}{32}\left(400^3 - \frac{240^4}{400}\right) + \left(\frac{210000}{35700} - 1\right)\times 872.8\times\frac{338}{4}$$

$$= 5.83\times 10^6(\text{mm}^3)$$

$$\sigma_{pc} = \frac{A_P(\sigma_{con} - \sigma_l)}{A_0} = \frac{872.8\times(717.46 - 41.34)}{84686.9} = 6.97(\text{MPa})$$

$$M_{cr}^{cal} = (\sigma_{pc} + \gamma f_t)W_0 = (6.97 + 1.456\times 3.23)\times 5.83\times 10^6 = 68.1(\text{kN}\cdot\text{m})$$

4)受剪承载力 V_u 计算[2,29-31]

(1)东南大学公式

$$V_u = 0.07\times f_c\times(2\times\delta)\bar{h}_0 + 1.0\times f_{yv}\times\frac{A_{sv}\times\sin\alpha}{s}\times\bar{h}_0 + 0.05\times N_{p0}$$

式中：δ——管桩壁厚，$\delta = 80(\text{mm})$；

$\bar{h}_0$——环形截面有效高度，$\bar{h}_0 = R + \frac{D_P}{\pi} = 200 + \frac{338}{\pi} = 308$

f_c——混凝土轴心抗压强度(MPa)，查表 2-2；

f_{yv}——箍筋的抗拉强度设计值，这里取箍筋的条件屈服强度 $\sigma_{p0.2}$，查表 2-1；

A_{sv}——箍筋双肢截面面积；

$$V_c = 0.07\times f_c\times(2\times\delta)\bar{h}_0 = 0.07\times 39.4\times(2\times 80)\times 308 = 136\text{kN}$$

$$V_s = 1.0 \times \sigma_{p0.2} \times \frac{A_{sv} \times \sin\alpha}{s} \times \bar{h}_0 = 1.0 \times 627.6 \times \frac{11.0 \times 2 \times 0.996}{100} \times 308 = 42\text{kN}$$

$$\sigma_{p0} = \sigma_{con} - \sigma_l = 717.46 - 41.34 = 676.12(\text{MPa})$$

$$N_{p0} = \sigma_{po} \times A_P = 676.12 \times 872.8 = 590\text{kN}$$

$$V_{NP0} = 0.05 \times N_{p0} = 0.05 \times 590 = 30\text{kN}$$

$$V_u^{cal} = V_c + V_s + V_{NPO} = 136 + 42 + 30 = 208\text{kN}$$

(2)合肥工业大学公式

$$V_u = \frac{2tI}{S_0} \times \frac{1}{2}\sqrt{(\sigma_{pc} + 2f_t)^2 - \sigma_{pc}^2} + \frac{\pi \times A_{sv1} \times f_{yv}}{2S} \times D \times \sin\alpha$$

式中：t——管桩壁厚，t=80mm；

I——截面惯性矩，$I=\frac{\pi}{4}(R^4-r^4)=10.938\times10^8(\text{mm}^4)$；

S_0——相对中心轴以上截面中心截面静矩，$S_0=\frac{2}{3}(R^3-r^3)=4.181\times10^6(\text{mm}^3)$；

σ_{pc}——混凝土的有效预压应力(MPa)；

f_t——混凝土轴心抗拉强度(MPa)，查表 2-2；

A_{sv1}——箍筋单肢截面面积(mm^2)；

α——箍筋与桩的中轴线的夹角，查表 2-4；

f_{yv}——箍筋的抗拉强度设计值，这里取箍筋的条件屈服强度 $\sigma_{p0.2}$，查表 2-1；

$$\frac{I}{S_0} = \frac{10.938 \times 10^8}{4.181 \times 10^6} = 261.6$$

$$V_c = \frac{2tI}{S_0} \times \frac{1}{2}\sqrt{(\sigma_{pc} + 2f_t)^2 - \sigma_{pc}^2} = 2 \times 80 \times 261.6 \times \frac{1}{2}\sqrt{(6.97 + 2 \times 3.23)^2 - 6.97^2} = 240\text{kN}$$

$$V_s = \frac{\pi \times A_{sv1} \times \sigma_{p0.2}}{2S} \times D \times \sin\alpha = \frac{\pi \times 11.0 \times 627.6}{2 \times 100} \times 400 \times 0.996 = 43\text{kN}$$

$$V_u^{cal} = V_c + V_s = 240 + 43 = 283\text{kN}$$

(3)日本工业标准

$$V_u = \frac{2tI}{S_0} \times \frac{1}{2}\sqrt{(\sigma_{pc} + 2\phi f_t)^2 - \sigma_{pc}^2}$$

式中：ϕ=0.5；

t——管桩壁厚，t=80mm；

I——截面惯性矩 $I=\frac{\pi}{4}(\text{R}^4-\text{r}^4)=10.938\times10^8(\text{mm}^4)$

S_0——相对中心轴以上截面中心截面静矩，$S_0=\frac{2}{3}(R^3-r^3)=4.181\times10^6(\text{mm}^3)$

σ_{pc}——混凝土的有效预压应力(MPa)；

f_t——混凝土轴心抗拉强度(MPa)，查表 2-2；

$$\frac{I}{S_0} = \frac{10.938 \times 10^8}{4.181 \times 10^6} = 261.6$$

$$V_u^{cal}=\frac{2tI}{S_0}\times\frac{1}{2}\sqrt{(\sigma_{pc+2\phi f_t})^2-\sigma_{pc}^2}=2\times80\times261.6\times\frac{1}{2}\sqrt{(6.97+2\times0.5\times3.23)^2-6.97^2}$$

$=156kN$

(4)日本工业标准与合肥工业大学结合的公式

日本工业标准公式中考虑了混凝土的抗剪和有效预压应力的影响因素，没有考虑箍筋的影响因素，所以本文建议在几种公式计算结果比较分析时，在日本工业标准公式的基础上增加箍筋影响因素。箍筋影响的大小参照合肥工业大学公式。

$$V_u=\frac{2tI}{S_0}\times\frac{1}{2}\sqrt{(\sigma_{pc}+2\phi f_t)^2-\sigma_{pc}^2}+\frac{\pi\times A_{sv1}\times\sigma_{p0.2}}{2S}\times D\times\sin\alpha$$

式中：$\phi=0.5$；

$V_c=156kN$；

$V_s=43kN$；

$V_u^{cal}=V_c+V_s=156+43=199kN$。

2.2.2　试件 PC ABO-5.2 的理论计算

1)极限弯矩 M_u 计算

$$M_u^{cal}=\alpha_1\times f_c\times A_0\times(R+r)\times\frac{\sin\alpha\pi}{2\pi}+f'_{py}\times A_p\times D_P\times\frac{\sin\alpha\pi}{2\pi}+$$

$$\sigma_{p0.2}\times A_P\times D_P\times\frac{\sin\alpha_t\pi}{2\pi}$$

式中：f_c——混凝土轴心抗压强度(MPa)，查表 2-2；

A_0——试件换算截面面积 $A_0=80425+(210000/32500-1)\times872.8=85190.7mm^2$；

A_p——预应力钢筋的总截面面积(mm^2)，查表 2-4；

D_p——纵向钢筋位置(mm)，查表 2-4；

α——受压区混凝土截面面积与全截面面积的比值；

α_t——纵向受拉钢筋截面面积与全部纵向钢筋截面面积的比值，当 $\alpha>2/3$ 时，取 $\alpha_t=0$；

f'_{py}——钢筋的抗压强度设计值(MPa)，取 $f'_{py}=400$(MPa)；

$\alpha_{p0.2}$——条件屈服强度(MPa)，查表 2-1；

$$\alpha=\frac{0.45\times\sigma_{P0.2}\times A_P}{\alpha_1\times f_c\times A_0+f'_{py}\times A_P+0.45\times\sigma_{P0.2}\times A_P}$$

$$=\frac{0.45\times1436.4\times872.8}{1\times26.5\times85190.7+400\times872.8+0.45\times1436.4\times872.8}$$

$=0.178$

$\alpha_t=1-1.5\alpha=1-1.5\times0.178=0.733$

$$\frac{\sin\alpha\pi}{2\pi}=\frac{\sin0.178\pi}{2\times\pi}=\frac{\sin32.04^\circ}{2\times3.1416}=0.084$$

$$\frac{\sin\alpha_t\pi}{2\pi}=\frac{\sin0.733\pi}{2\times\pi}=\frac{\sin131.94^\circ}{2\times3.1416}=0.118$$

$$M_u^{cal}=\alpha_1\times f_c\times A_0\times(R+r)\times\frac{\sin\alpha\pi}{2\pi}+f'_{py}\times A_p\times D_P\times\frac{\sin\alpha\pi}{2\pi}$$

$$+\sigma_{p0.2}\times A_P\times D_P\times\frac{\sin\alpha_t\pi}{2\pi}$$

$$=1\times26.5\times85190.7\times320\times0.084+400\times872.8\times338\times0.084+1436.4\times872.8\times338\times0.118$$

$$=121(\text{kN}\cdot\text{m})$$

2)开裂弯矩 M_{cr} 计算

$$M_{cr}^{cal}=\gamma f_t\times W_0$$

式中：$\gamma=\left(0.7+\frac{120}{h}\right)\gamma_m$，混凝土构件的截面抵抗矩塑性影响系数；

γ_m——混凝土构件的截面抵抗矩塑性影响系数基本值，按《混凝土结构设计规范》(GB 50010—2002)表 8.2.4，$\gamma_m=1.6-0.24\times\frac{120}{200}=1.456$；

W_0——换算截面受拉边缘的弹性抵抗矩(mm^3)，

$$W_0=\frac{\pi}{32}\left(D^3-\frac{d^4}{D}\right)+\left(\frac{E_S}{E_C}-1\right)\times A_P\times\frac{D_P}{4}$$

$$=\frac{\pi}{32}\left(400^3-\frac{240^4}{400}\right)+\left(\frac{210000}{32500}-1\right)\times872.8\times\frac{338}{4}$$

$$=5.87\times10^6(\text{mm}^3)$$

$$M_{cr}^{cal}=\gamma f_t\times W_0=1.456\times2.63\times5.87\times10^6=22.5(\text{kN}\cdot\text{m})$$

3)受剪承载力 V_u 计算

(1)东南大学公式

$$V_u=0.07\times f_c\times(2\times\delta)\bar{h}_0+1.0\times f_{yv}\times\frac{A_{sv}\times\sin\alpha}{s}\times\bar{h}_0$$

式中：δ——管桩壁厚，$\delta=80\text{mm}$；

$\bar{h}_0$——环形截面有效高度，$\bar{h}_0=R+\frac{D_P}{\pi}=200+\frac{338}{\pi}=308$

f_c——混凝土轴心抗压强度(MPa)，查表 2-2；

f_{yv}——箍筋的抗拉强度设计值，这里取箍筋的条件屈服强度 $\sigma_{0.2}$，查表 2-1；

A_{sv}——箍筋双肢截面面积(mm^2)；

$$V_c=0.07\times f_c\times(2\times\delta)\bar{h}_0=0.07\times26.5\times(2\times80)\times308=91\text{kN}$$

$$V_s=1.0\times\sigma_{p0.2}\times\frac{A_{sv}\times\sin\alpha}{s}\times\bar{h}_0=1.0\times627.6\times\frac{11.0\times2\times0.996}{100}\times308=43\text{kN}$$

$$V_u^{cal}=V_c+V_s=91+43=134\text{kN}$$

(2)合肥工业大学公式

$$V_u=\frac{2tI}{S_0}\times f_t+\frac{\pi\times A_{sv1}\times\sigma_{p0.2}}{2S}\times D\times\sin\alpha$$

式中：t——管桩壁厚，$t=80\text{mm}$；

I——截面惯性矩，$I=\frac{\pi}{4}(\text{R}^4-\text{r}^4)=10.938\times10^8(\text{mm}^4)$；

S_0——相对中心轴以上截面中心截面静矩，$S_0=\frac{2}{3}(R^3-r^3)=4.181\times10^6(\text{mm}^3)$；

f_t——混凝土轴心抗拉强度(MPa),查表 2-2;

A_{sv1}——箍筋单肢截面面积;

α——箍筋与桩的中轴线的夹角,查表 2-4;

f_{yv}——箍筋的抗拉强度设计值,这里取箍筋的条件屈服强度 $\sigma_{p0.2}$,查表 2-1;

$$\frac{I}{S_u}=\frac{10.938\times10^8}{4.181\times10^6}=261.6$$

$$V_c=\frac{2tI}{S_0}\times f_t=2\times80\times261.6\times2.63=110\text{kN}$$

$$V_s=\frac{\pi\times A_{sv1}\times\sigma_{p0.2}}{2S}\times D\times\sin\alpha=\frac{\pi\times11.0\times627.6}{2\times100}\times400\times0.996=43\text{kN}$$

$$V_u^{cal}=V_c+V_s=110+43=153\text{kN}$$

(3)日本工业标准

$$V_u=\frac{2tI}{S_0}\times\phi\times f_t$$

式中:$\phi=0.5$;

t——管桩壁厚,$t=80\text{mm}$;

I——截面惯性矩,$I=\frac{\pi}{4}(R^4-r^4)=10.938\times10^8(\text{mm}^4)$;

S_0——相对中心轴以上截面中心截面静矩,$S_0=\frac{2}{3}(R^3-r^3)=4.181\times10^6(\text{mm}^3)$;

f_t——混凝土轴心抗拉强度(MPa),查表 2-2;

$$\frac{I}{S_0}=\frac{10.938\times10^8}{4.181\times10^6}=261.6$$

$$V_u^{cal}=\frac{2tI}{S_0}\times\phi\times f_t=2\times80\times261.6\times0.5\times2.63=55\text{kN}$$

(4)日本工业标准与合肥工业大学结合的公式

$$V_u=\frac{2tI}{S_0}\times\phi\times f_t+\frac{\pi\times A_{sv1}\times\sigma_{p0.2}}{2S}\times D\times\sin\alpha$$

式中:$\phi=0.5$;

$$V_c=\frac{2tI}{S_0}\times\phi\times f_t=2\times80\times261.6\times0.5\times2.63=55\text{kN}$$

$$V_s=\frac{\pi\times A_{sv1}\times\sigma_{p0.2}}{2S}\times D\times\sin\alpha=\frac{\pi\times11.0\times627.6}{2\times100}\times400\times0.996=43\text{kN}$$

$$V_u^{cal}=V_c+V_s=55+43=98\text{kN}$$

2.2.3　各试件理论计算结果

按上述公式及参数选取的标准,将现有做的 11 组试验桩的计算结果列入表 2-8 与表 2-9,从表中可以看出计算结果偏差较大。

有关参数的理论计算对比表 表 2-8

试件编号	锚具变形和钢筋内缩损失 σ_{l1} (MPa)	钢棒的松弛损失 σ_{l4} (MPa)	混凝土的收缩徐变损失 σ_{l5} (MPa)	混凝土有效预压应力 σ_{pc} (MPa)	预应力损失 σ_l (MPa)
PC ABP－5.2	26.25	3.09	12.00	6.97	41.34
PC ABP－2.5	26.25	4.32	44.57	6.58	75.14
PC ABP－3	26.25	4.57	48.66	6.54	79.48
PC ABP－2	26.25	3.70	30.08	6.74	60.03
PC ABP－1.5	26.25	3.70	28.60	6.78	58.55
PC ABP－1	70	4.67	58.32	6.02	132.98
PC AP－1A	35	6.00	19.82	5.03	60.82
PC AP－1B	35	6.00	19.82	5.03	60.82

有关抗弯抗剪强度的理论计算对比表 表 2-9

试件编号	极限弯矩 M_u^{cal} (kN·m)	开裂弯矩 M_{cr}^{cal} (kN·m)	东大计算剪力 V_{u1}^{cal} (kN)	合工大计算剪力 V_{u2}^{cal} (kN)	日本标准计算剪力 V_{u3}^{cal} (kN)	日本与合肥工大结合的计算剪力 V_{u4}^{cal} (kN)
PC ABP－5.2	153	68.1	208	283	156	199
PC ABP－2.5	145	61.1	162	249	135	178
PC ABP－3	146	61.4	166	253	137	180
PC ABP－2	146	62.5	166	254	138	181
PC ABP－1.5	150	64.9	185	269	147	190
PC ABP－1	149	61.6	194	267	144	187
PC AP－1A	85	54.1	189	254	134	177
PC AP－1B	85	54.1	189	254	134	177
PC ABO－5.2	121	22.5	134	153	55	98
PC ABO－2.5	121	22.5	134	153	55	98
PC ABO－3	121	23.0	138	156	56	100
PC ABO－2	121	23.0	138	156	56	100
PC ABO－1.5	117	26.5	168	174	65	109
PC ABO－1	117	26.5	168	174	65	109

2.2.4 管桩抗剪承载力试验结果

本试验的顺序是按剪跨比的大小，从大到小依次进行的，试件破坏的相同特点是：垂直裂缝先于斜裂缝出现。试件 PC ABP－5.2，PC ABP－3、PC ABP－2.5、PC ABP－2、PC ABO－5.2 都是因受弯而破坏。受弯破坏的特点是：斜裂缝出现后，在一定阶段内发展的比较快，到了后期，斜裂缝的发展变缓，在纯弯段区域的垂直裂缝发展的较快，垂直裂缝宽度也比斜裂缝宽，最后因受压区的混凝土被压坏而破坏。试件 PC ABP－1.5、PC ABP－1、PC ABO－3、PC ABO－2.5、PC ABO－2、PC ABO－1.5、PC ABO－1 都因受剪而破坏。受剪破坏的形态有：斜拉破坏、剪压破坏、斜压破坏。本次试验的受剪破坏形态均为剪压破坏，没有出现斜拉破坏和斜压破坏。破坏斜裂缝形成后，与破坏斜裂缝相交的箍筋发生较大的变形(PC ABP－1.5 破坏面相交箍筋数目为 6 根；PC ABP－1 破坏面相交箍筋数目为 5 根；PC ABO－3 破坏面相交箍筋数目为 8 根；PC ABO－2.5 破坏面相交箍筋数目为 8 根；PC ABO－2 破坏面相交箍筋数目为 7 根；PC ABO－1.5 破坏面相交箍筋数目为 6 根，其中有一根直径为 7.5 的加强筋；PC ABO－1 破坏面相交箍筋数目为 3 根)，当剪压区混凝土受剪压破坏的同时，与破坏斜裂缝相交的箍筋被拉断，从而整个试件因受剪压而破坏。破坏斜裂缝与水平线的夹角基本在 45°左右。

对于图集中的正常配筋试件 PC AP－1A、PC AP－1B，由于混凝土变成 C60，在提高了抗压强度的同时，混凝土的轴心抗剪强度也提高了，因此在试件加荷过程中，虽然也是纵向钢筋先达到屈服，但由于混凝土轴心抗压强度的提高，试件最终因纵向钢筋被拉断而破坏，破坏形态为弯坏。试件 PC AP－1A、PC AP－1B 与 PC ABP－1 比较，由于前者有效预压应力较后者小，降低了受弯承载力；而受剪承载力两者大体相近，从而为受弯破坏而非受剪破坏形态。

通过对整个试验过程及结果的分析，得出以下试验结果：

(1)预应力试件绝大多数为弯坏；

(2)非预应力试件的绝大多数为剪坏；

(3)同等条件下，预应力的抗剪承载力大于非预应力的抗剪承载力；

(4)非预应力受剪跨比影响较小。

1)试验图片和观测结果

试验后根据所测试的结果，对试验资料进行整理，各试件的试验观测结果、裂缝开展图以及对应的照片如图 2-3～图 2-16。

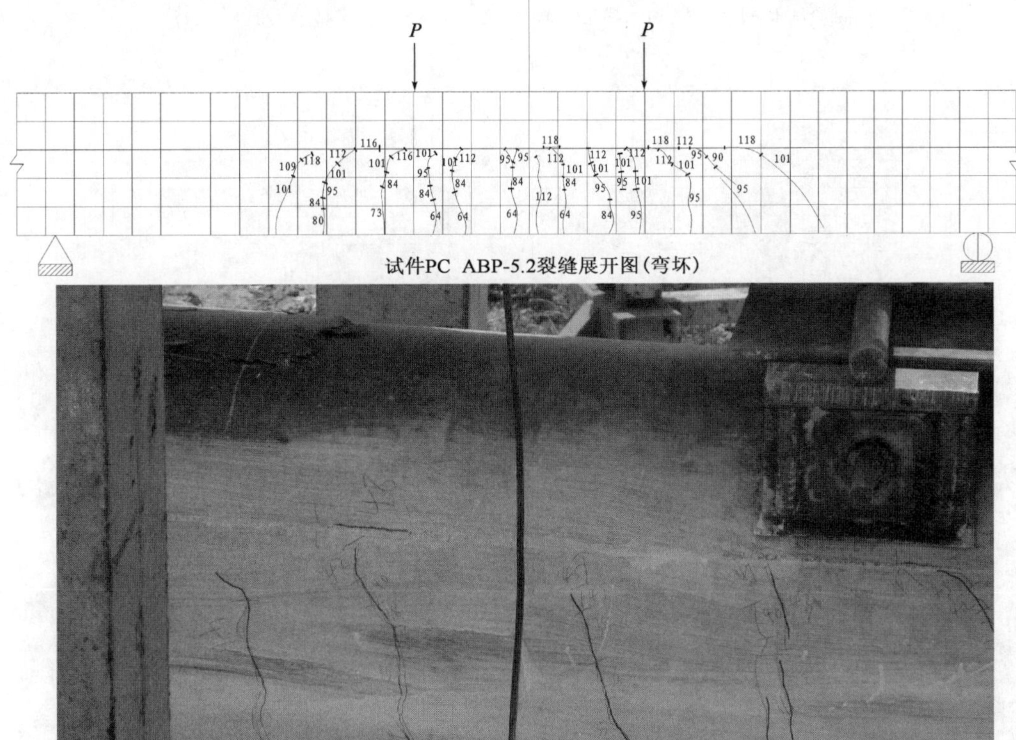

试件PC ABP-5.2裂缝展开图(弯坏)

图 2-3 PC ABP－5.2 开裂展开图及试验照片(弯坏)

注：试验结果 $M_{cr}^{exp}=96.8(kN \cdot m)$；$M_{u}^{exp}=183.2(kN \cdot m)$；$V_{max}^{exp}=118.14(kN)$

图中标注的数值为相应荷载下支座处最大剪力值(包括了桩与设备的自重)，下同。

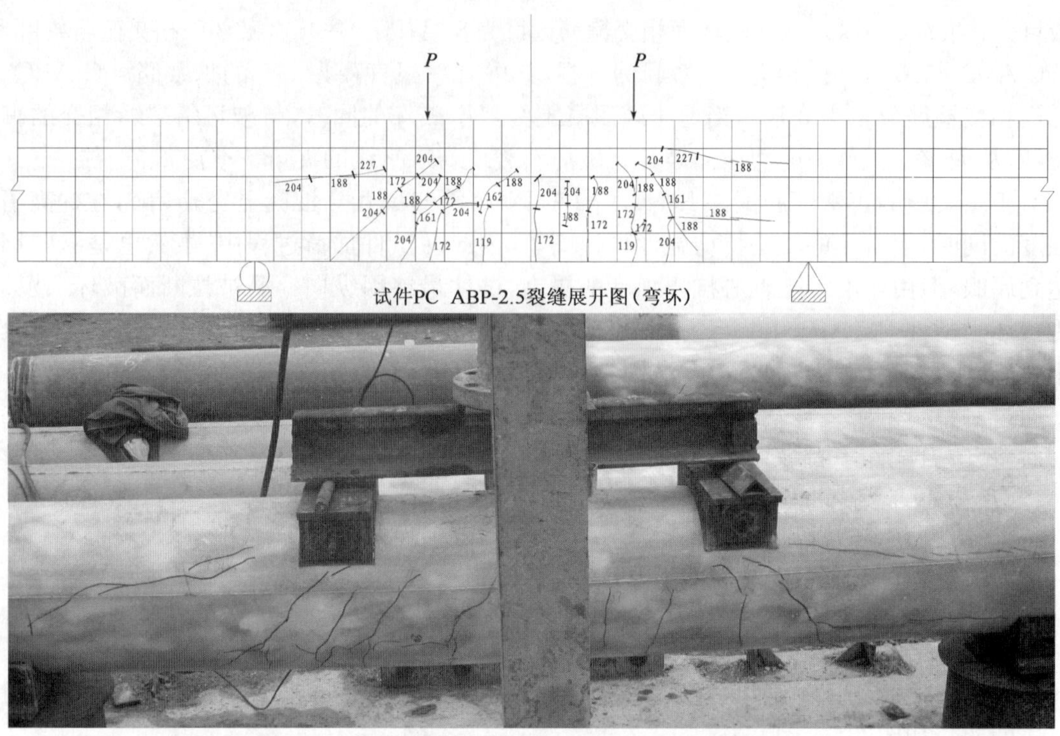

图 2-4　PC ABP－2.5 开裂展开图及试验照片(弯坏)

注:试验结果 M_{cr}^{exp}=83.6(kN・m);M_{u}^{exp}=170.2(kN・m);V_{max}^{exp}=231.4(kN)

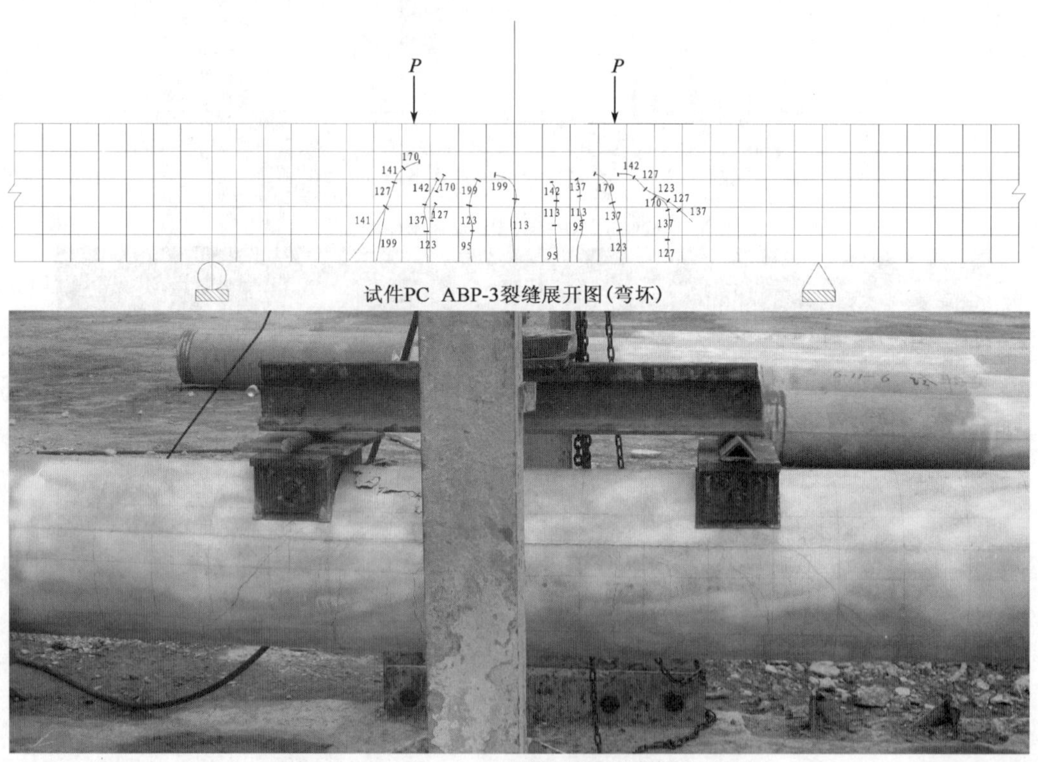

图 2-5　PC ABP－3.0 开裂展开图及试验照片(弯坏)

注:试验结果 M_{cr}^{exp}=80.1(kN・m);M_{u}^{exp}=181.8(kN・m);V_{max}^{exp}=205.7(kN)

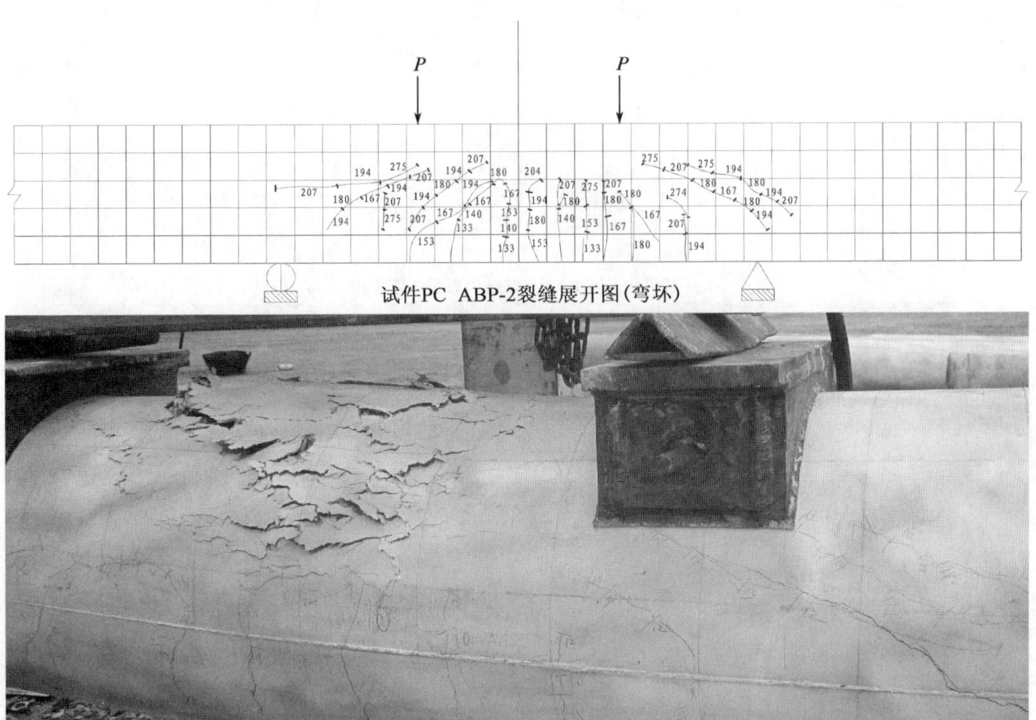

图 2-6 PC ABP－2.0 开裂展开图及试验照片(弯坏)

注:试验结果 M_{cr}^{exp}＝77.9(kN·m);M_{u}^{exp}＝166.9(kN·m);V_{max}^{exp}＝283.1(kN)

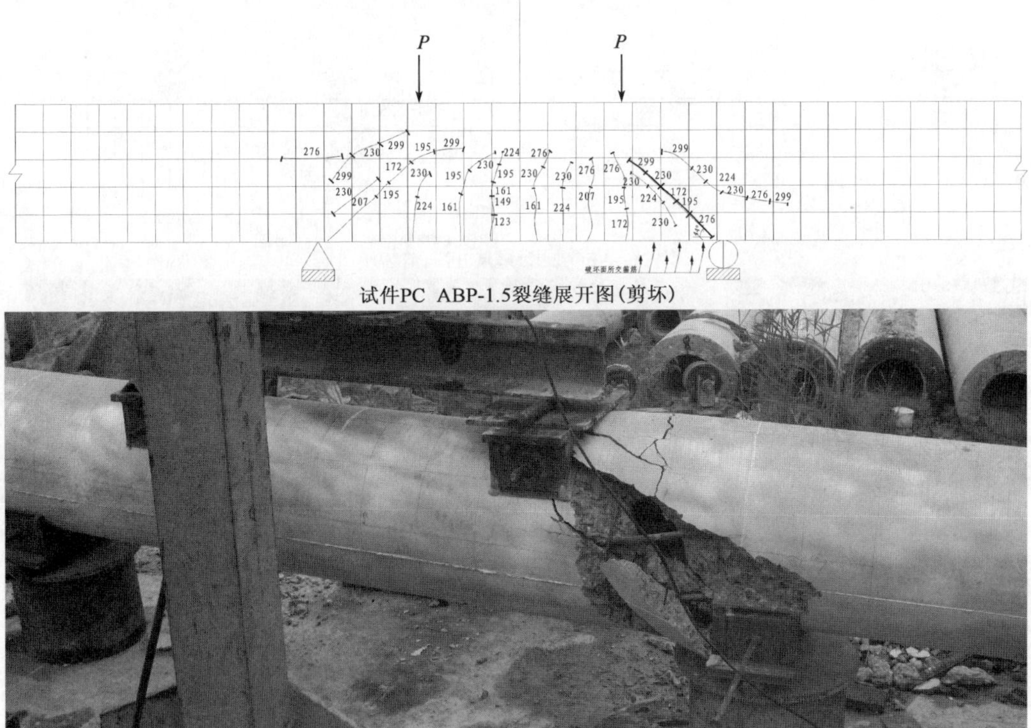

图 2-7 PCABP－1.5 开裂展开图及试验照片(剪坏)

注:试验结果 V_{u}^{exp}＝310.3(kN);破坏截面与水平线的夹角 α_u＝44°;破坏截面所交箍筋根数 n＝6 根。

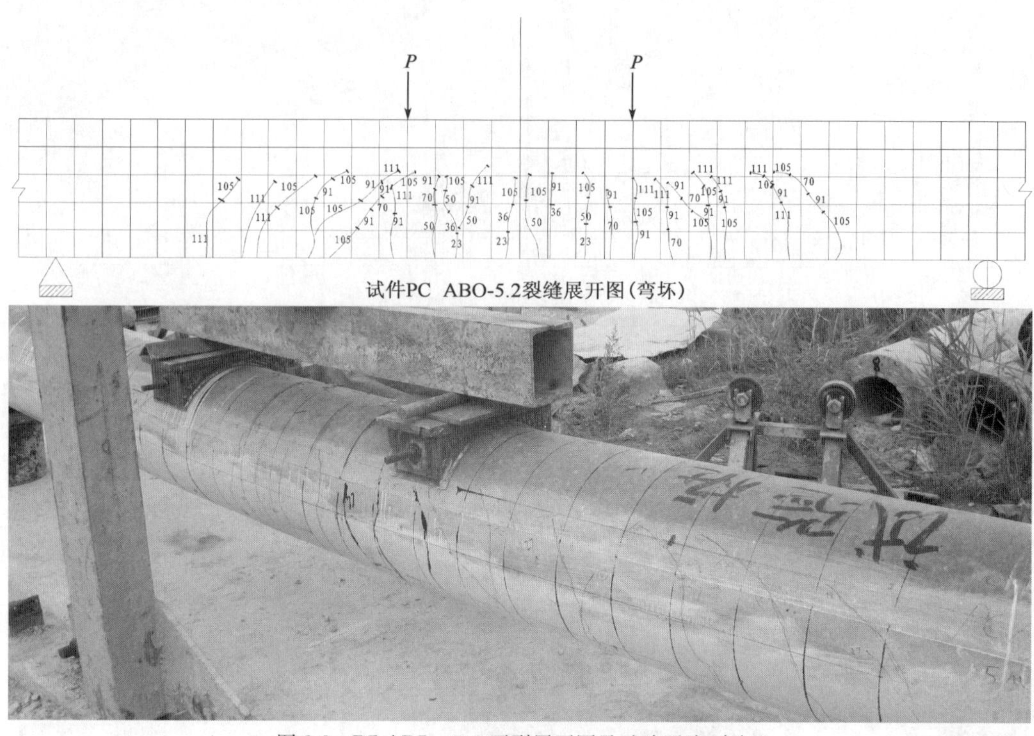

图 2-8　PC ABO—5.2 开裂展开图及试验照片(弯坏)

注:试验结果 M_{cr}^{exp}=34.0(kN·m);M_{u}^{exp}=183.4(kN·m);V_{max}^{exp}=116.14(kN)

图 2-9　PC ABO—2.5 开裂展开图及试验照片(剪坏)

注:试验结果 V_{u}^{exp}=197.4(kN);破坏截面与水平线的夹角 α_u=44°;破坏截面所交箍筋根数 n=8 根。

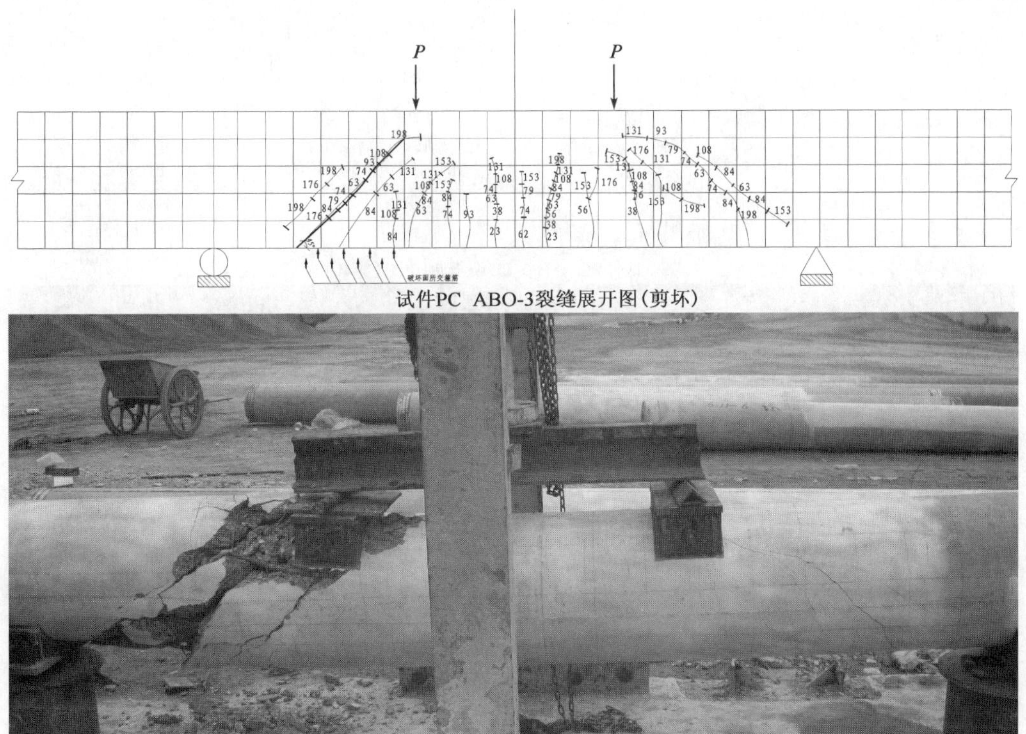

图 2-10 PC ABO—3.0 开裂展开图及试验照片(剪坏)

注:试验结果 V_u^{exp}=203.7(kN);破坏截面与水平线的夹角 α_u=45°;破坏截面所交箍筋根数 n=8 根。

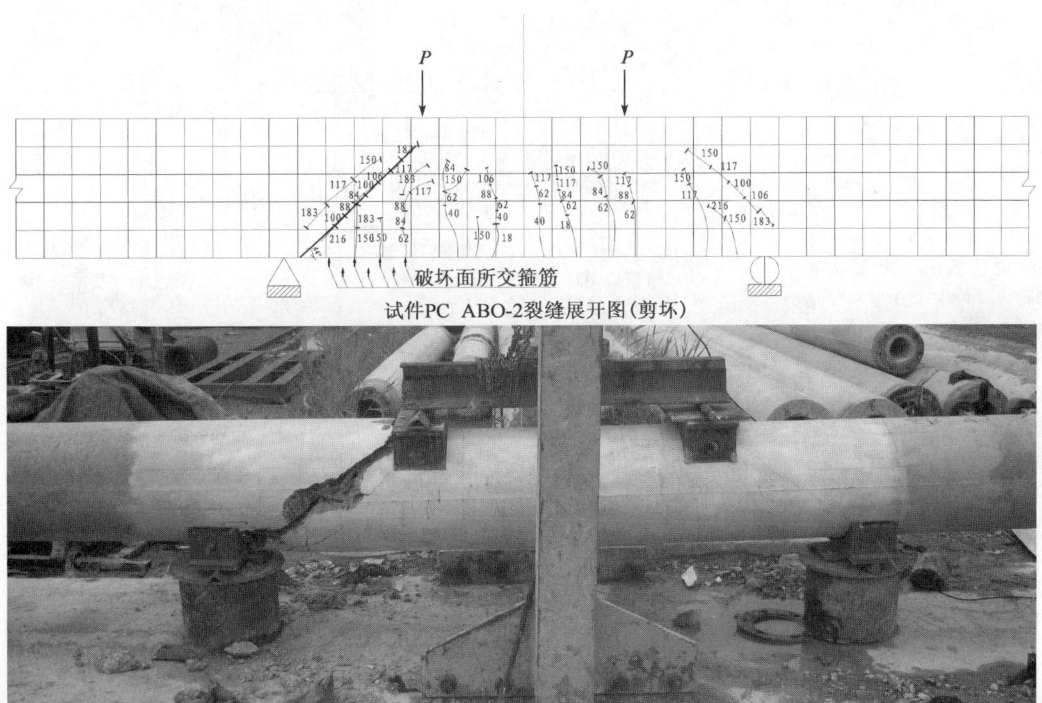

图 2-11 PC ABO—2.0 开裂展开图及试验照片(剪坏)

注:试验结果 V_u^{exp}=227.1(kN);破坏截面与水平线的夹角 α_u=44°;破坏截面所交箍筋根数 n=7 根。

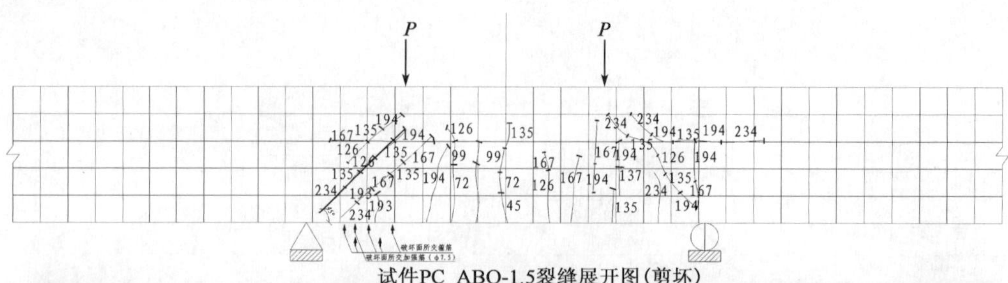

试件PC ABO-1.5裂缝展开图(剪坏)

图 2-12　PCABO—1.5 开裂展开图及试验照片(剪坏)

注:试验结果 V_u^{exp}=245.3(kN);破坏截面与水平线的夹角 α_u=45°;破坏截面所交箍筋根数 n=6 根,其中一根为直径 7.5 的加强筋。

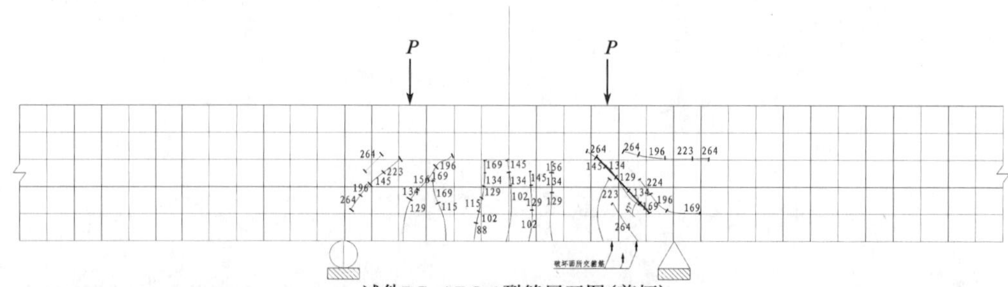

试件PC ABO-1裂缝展开图(剪坏)

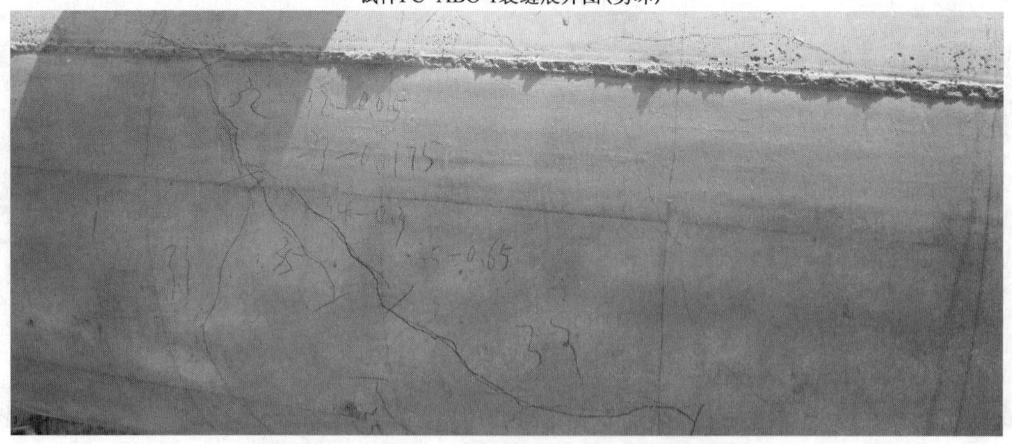

图 2-13　PC ABO—1.0 开裂展开图及试验照片(剪坏)

注:试验结果 V_u^{exp}=280(kN);破坏截面与水平线的夹角 α_u=47°;破坏截面所交箍筋根数 n=3 根。

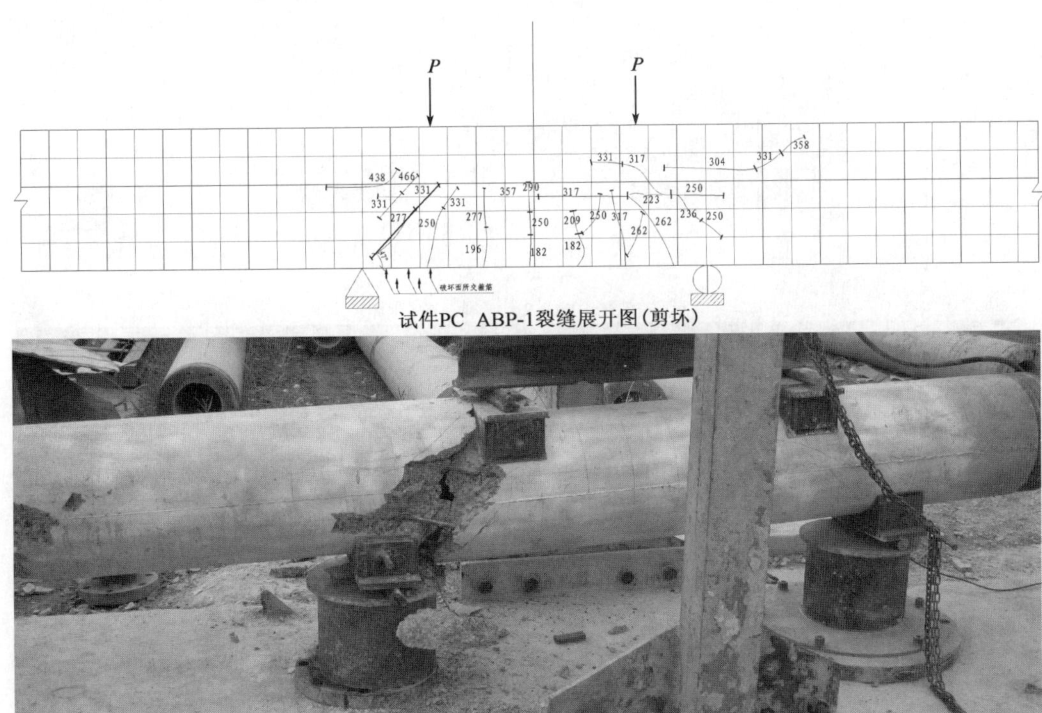

试件PC ABP-1裂缝展开图(剪坏)

图 2-14 PC ABP－1 开裂展开图及试验照片(剪坏)

注:试验结果 $V_u^{exp}=146.4$(kN);破坏截面与水平线的夹角 $\alpha_u=47^\circ$;破坏截面所交箍筋根数 $n=5$ 根。

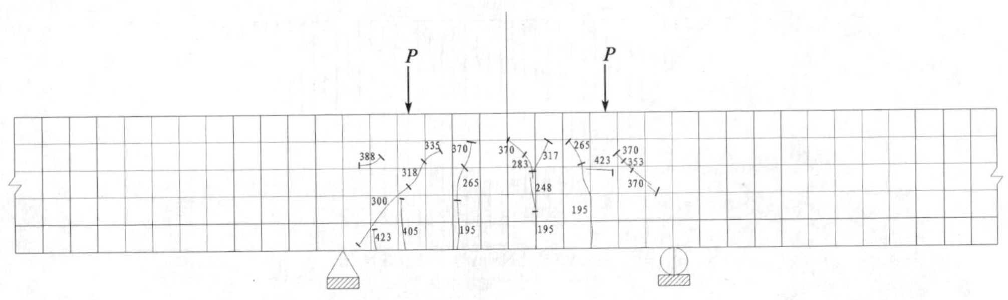

图 2-15 PC AP－1A 裂缝展开图(弯坏)

注:试验结果 $M_{cr}^{exp}=55.8$(kN·m);$M_u^{exp}=127.8$(kN·m);$V_{max}^{exp}=428.00$(kN)

2)试件 PC ABP-5.2 的试验资料整理

(1)开裂荷载。试验所得出的开裂荷载为 117.97kN,相关资料整理结果见下:

设备自重力:2kN;荷载及设备自重所产生的弯矩详见图 2-17;

桩自重力:8×0.2011×9.8=15.77kN;桩自重所产生的弯矩详见图 2-18;

支座反力:$\dfrac{117.97+2+15.77}{2}=67.87$kN

桩所受剪力详见图 2-19。

开裂弯矩 $M_{cr}^{exp}=95.98+0.79=96.8$kN·m

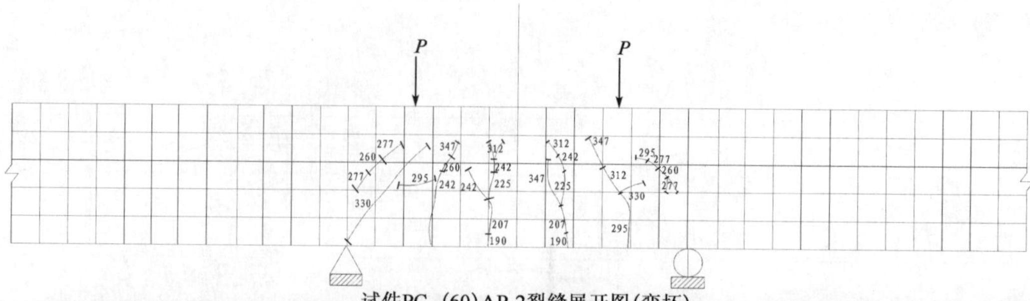

试件PC (60)AP-2裂缝展开图(弯坏)

图 2-16 PCAP—1B 裂缝展开图(弯坏)

注:试验结果 $M_{cr}^{exp}=54.1(kN\cdot m)$;$M_{u}^{exp}=104.4(kN\cdot m)$;$V_{max}^{exp}=352.5(kN)$

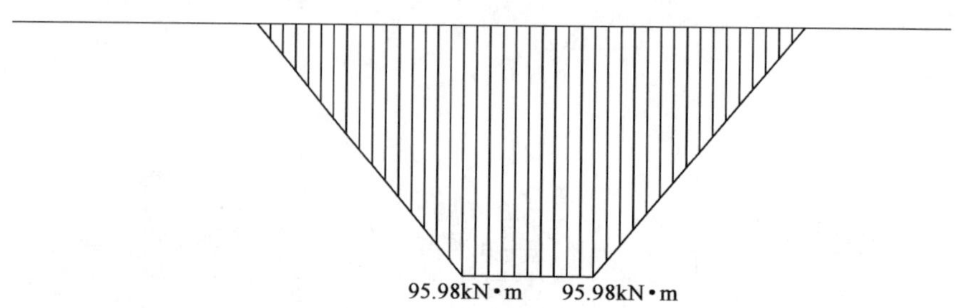

图 2-17 弯矩图(荷载与设备自重)

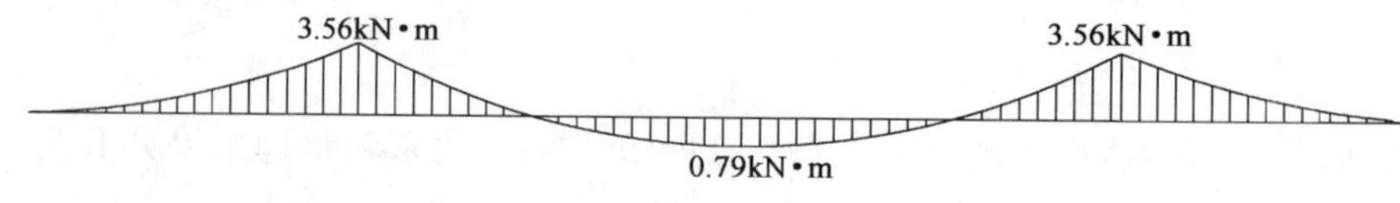

图 2-18 弯矩图(桩自重)

开裂剪力 $V=64.13kN$

(2)极限荷载。试验所得出的极限荷载为 226kN,相关资料整理结果如下:

荷载及设备自重所产生的弯矩详见图 2-20;

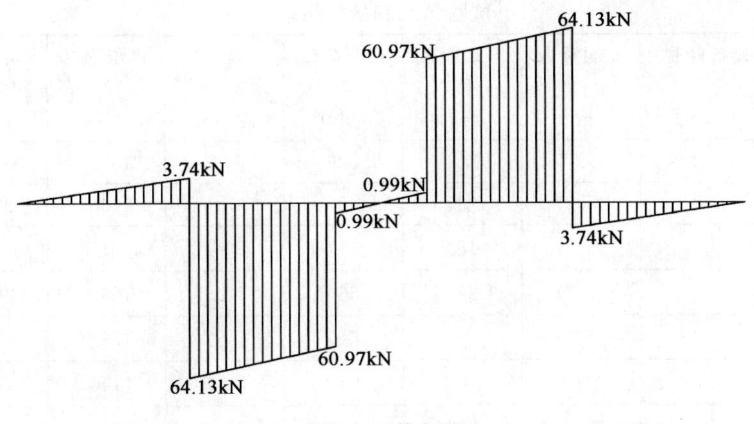

图 2-19　剪力图

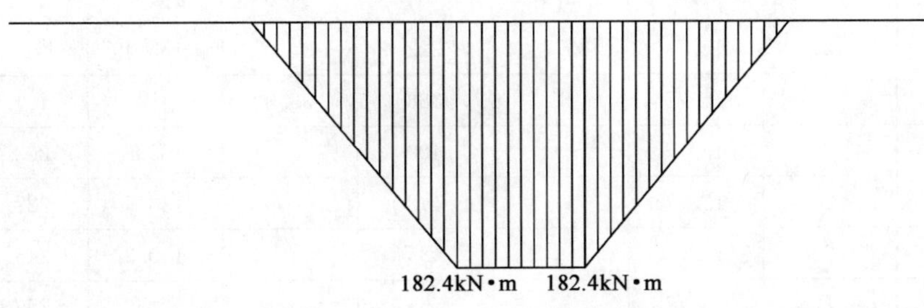

图 2-20　弯矩图(荷载与设备自重)

支座反力：$\frac{226+2+15.77}{2}=121.89\text{kN}$；

桩所受剪力详见图 2-21；

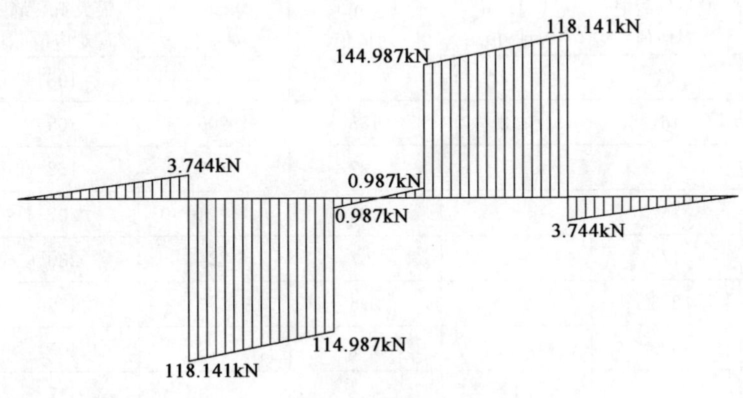

图 2-21　剪力图

极限弯矩：$M_{u}^{exp}=182.4+0.79=183.2\text{kN}\cdot\text{m}$；

最大剪力 $V_{max}^{exp}=118.14\text{kN}$

3)各试件的试验结果整理

对试验观测资料进行整理，以 PC ABP-5.2 为例整理如表 2-10、表 2-11，其余的桩类比。

试验结果和破坏形态

表 2-10

试件编号	设备自重力(kN)	桩自重力(kN)	开裂荷载 P_{cr} (kN)	极限荷载 P_u (kN)	开裂弯矩 M_{cr}^{exp} (kN·m)	极限弯矩 M_u^{exp} (kN·m)	破坏时最大剪力 V_{max}^{exp} (kN)	破坏形态
PC ABP－5.2	2	15.77	117.97	226	96.8	183.2	118.14	弯坏
PC ABP－2.5	2	15.77	231	456	83.6	170.2	231.4	弯坏
PC ABP－3	2	15.77	183	404	80.1	181.8	205.7	弯坏
PC ABP－2	2	15.77	260	560	77.9	166.9	283.1	弯坏
PC ABP－1.5	2	15.77		615		133.3	310.3	剪坏
PC ABP－1	2	5.91	360	944	55.9	146	474.2	剪坏
PC AP－1A	2	11.83	386	851	55.8	127.8	428	弯坏
PC AP－1B	2	11.83	375	700	54.0	104.4	352.5	弯坏
PC ABO－5.2	2	15.77	35.24	222	34.0	183.4	116.14	弯坏
PC ABO－2.5	2	15.77	85	388	33.3	150	197.4	剪坏
PC ABO－3	2	15.77		400		185.5	203.7	剪坏
PC ABO－2	2	15.77		448		138.6	227.1	剪坏
PC ABO－1.5	2	15.77		485		110.3	245.3	剪坏
PC ABO－1	2	15.77		555		83.9	259.2	剪坏

注：①由于部分试件在存放及吊运过程中出现了细小裂缝，所以部分试件的开裂荷载不准确，因此将其删除；

②但试件为受剪破坏时，$V_{max}^{exp}=V_u^{exp}$

试验斜裂缝对应的力学指标表

表 2-11

试件编号	斜裂缝相应宽度对应的最大剪力(kN)					备 注
	最早斜裂缝对应值	0.1mm对应值	0.2mm对应值	0.3mm对应值	最大斜裂缝对应值	
PC ABP－5.2	91		95	98	108	0.55mm
PC ABP－2.5	161	172	188	205	205	0.3mm
PC ABP－3	123		127	137	142	0.35mm
PC ABP－2	167		180	194	207	0.675mm
PC ABP－1.5	173	195	207	224	230	0.35mm
PC ABP－1	223	223	236	250	439	0.8mm
PC AP－1A	300			318	405	0.9mm
PC AP－1B	260	312		330	347	0.7mm
PC ABO－5.2	70	91	105		105	0.2mm
PC ABO－2.5	87	92	95	112	167	0.6mm
PC ABO－3	63	74	79	84	93	0.4mm
PC ABO－2	84	88	100	107	117	0.5mm
PC ABO－1.5	126			135	135	0.3mm
PC ABO－1	129	134	145	156	170	0.65mm

注：备注中为最大斜裂缝宽度值。

试验的桩开裂弯矩和开裂荷载见图 2-22 和表 2-12。

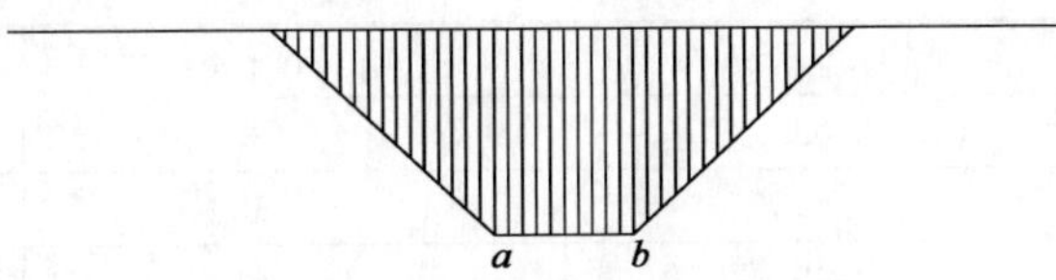

图 2-22 开裂弯矩图

开裂荷载及设备自重力弯矩 表 2-12

试件编号	弯矩 M_a(kN·m)	弯矩 M_b(kN·m)	备注
PC ABP—5.2	98.98	98.98	
PC ABP—2.5	89.71	89.71	
PC ABP—3	85.10	85.10	
PC ABP—2	85.25	85.25	
PC ABP—1.5	55.66	55.66	(试验前桩已有细裂缝)
PC ABP—1	56.11	56.11	
PC ABO—5.2	29.79	29.79	
PC ABO—2.5	33.50	33.50	
PC ABO—3	18.86	18.86	(试验前桩已有细裂缝)
PC ABO—2	9.92	9.92	(试验前桩已有细裂缝)
PC ABO—1.5	20.01	20.01	(试验前桩已有细裂缝)
PC ABO—1	26.97	26.97	(试验前桩已有细裂缝)
PC AP—1A	60.14	60.14	
PC AP—1B	58.44	58.44	

桩自重力弯矩见图 2-23 和表 2-13。

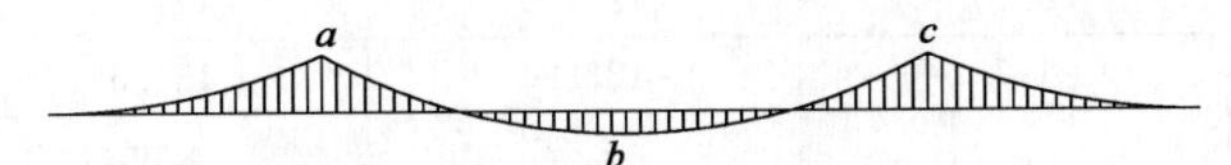

图 2-23 桩自重力弯矩图

桩自重力弯矩 表 2-13

试件编号	M_a(kN·m)	M_b(kN·m)	M_c(kN·m)
PC ABP—5.2	3.56	0.79	3.56
PC ABP—2.5	7.62	−6.15	7.62
PC ABP—3	6.82	−4.97	6.82
PC ABP—2	8.46	−7.33	8.46
PC ABP—1.5	9.41	−8.59	9.41
PC ABP—1	0.78	−0.21	0.34
PC ABO—5.2	0.16	4.19	0.16
PC ABO—2.5	1.61	−0.15	1.61
PC ABO—3	1.26	0.59	1.26

续上表

试件编号	M_a(kN·m)	M_b(kN·m)	M_c(kN·m)
PC ABO−2	2.02	−0.89	2.02
PC ABO−1.5	2.49	−1.68	2.49
PC ABO−1	2.98	−2.41	2.98
PC AP−1A	4.94	−4.38	4.94
PC AP−1B	4.94	−4.38	4.94

桩开裂时剪力见图 2-24 和表 2-14。

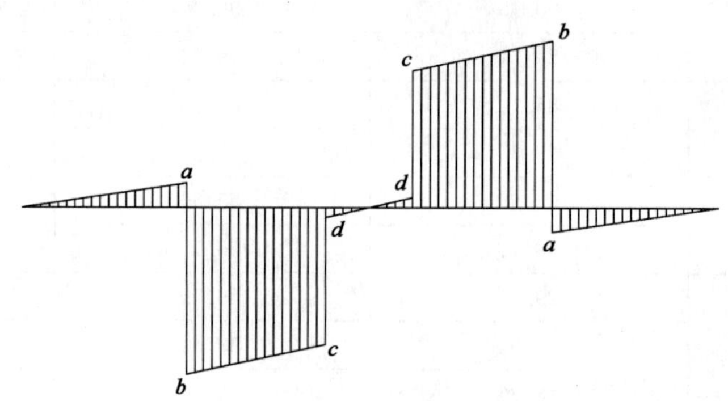

图 2-24　开裂时剪力图

开裂时剪力

表 2-14

试件编号	T_a(kN)	T_b(kN)	T_c(kN)	T_d(kN)
PC ABP−5.2	3.74	64.12	60.97	0.99
PC ABP−2.5	5.48	118.90	117.39	0.89
PC ABP−3	5.18	95.20	93.39	0.89
PC ABP−2	5.77	139.61	138.39	0.89
PC ABP−1.5	6.09	122.79	121.89	0.89
PC ABP−1	1.75	182.20	181.59	0.59
PC ABO−5.2	0.79	22.76	19.61	0.99
PC ABO−2.5	2.52	45.90	44.39	0.89
PC ABO−3	2.23	23.20	21.39	0.89
PC ABO−2	2.82	18.11	16.89	0.89
PC ABO−1.5	3.13	45.29	44.39	0.89
PC ABO−1	3.43	64.12	87.89	0.89
PC AP−1A	4.41	195.50	194.89	0.89
PC AP−1B	4.41	190.00	189.39	0.89

桩破坏时弯矩见图 2-25 和表 2-15。

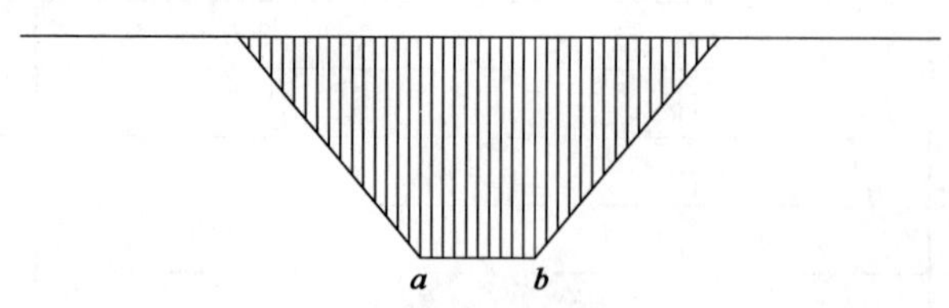

图 2-25　破坏弯矩图

破坏荷载及设备自重力弯矩　　表 2-15

试件编号	弯矩 M_a(kN·m)	弯矩 M_b(kN·m)	备　注
PC ABP—5.2	182.40	182.40	弯坏
PC ABP—2.5	176.33	176.33	弯坏
PC ABP—3	186.76	186.76	弯坏
PC ABP—2	174.22	174.22	弯坏
PC ABP—1.5	141.91	141.91	剪坏
PC ABP—1	146.63	146.63	剪坏
PC ABO—5.2	179.20	179.20	弯坏
PC ABO—2.5	150.15	150.15	剪坏
PC ABO—3	184.92	184.92	剪坏
PC ABO—2	139.50	139.50	剪坏
PC ABO—1.5	112.01	112.01	剪坏
PC ABO—1	86.34	86.34	剪坏
PC AP—1A	132.22	132.22	弯坏
PC AP—1B	108.81	108.81	弯坏

桩破坏时剪力见图 2-26 和表 2-16。

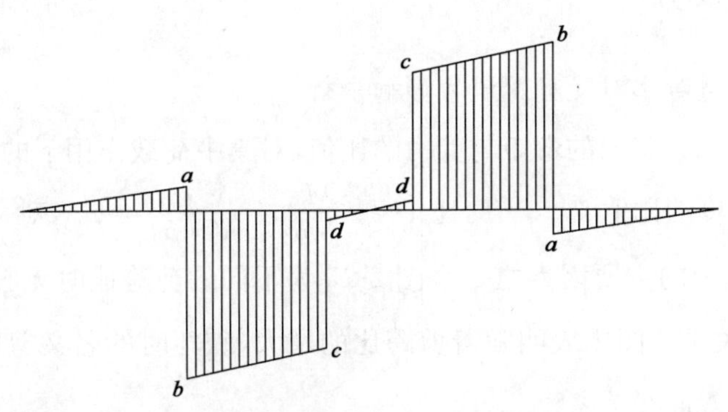

图 2-26　破坏时剪力图

破 坏 时 剪 力　　表 2-16

试件编号	T_a(kN)	T_b(kN)	T_c(kN)	T_d(kN)
PC ABP—5.2	3.74	118.14	114.99	0.99
PC ABP—2.5	5.48	231.4	229.89	0.89
PC ABP—3	5.18	205.7	203.89	0.89
PC ABP—2	5.77	283.11	281.89	0.89
PC ABP—1.5	6.09	310.29	309.39	0.89
PC ABP—1	1.75	474.2	473.59	0.59
PC ABO—5.2	0.79	116.14	112.99	0.99

续上表

试件编号	T_a(kN)	T_b(kN)	T_c(kN)	T_d(kN)
PC ABO—2.5	2.52	197.4	195.89	0.89
PC ABO—3	2.23	203.7	201.89	0.89
PC ABO—2	2.82	227.11	225.89	0.89
PC ABO—1.5	3.13	245.29	244.39	0.89
PC ABO—1	3.43	280	279.39	0.89
PC AP—1A	4.41	428	427.39	0.89
PC AP—1B	4.41	352.5	351.89	0.89

2.3 管桩抗剪试验测试结果分析及抗剪承载力公式的建立

2.3.1 试验结果分析

1)对非预应力桩剪跨比对受剪承载力影响分析

剪跨比既可以表示为截面的弯矩与剪力的比值,对集中荷载作用下的构件,又可以表示为"剪跨"与截面有效高度的比值[87]。剪跨比$\lambda=\frac{M}{V\cdot h_0}=\frac{V\cdot a}{V\cdot h_0}=\frac{a}{h_0}$,对一般混凝土构件剪跨比是影响斜截面承载力的主要因素之一。图 2-27 为不同的剪跨比时无腹筋梁的破坏形态和名义剪应力$\frac{V}{f_t b h_0}$的关系。图中表明随着剪跨比的增大,破坏时的名义剪应力值减小,名义剪应力与剪跨比大致呈双曲线关系。

而本次所用管桩的试验中,非预应力桩有 5 根受剪破坏,1 根受弯破坏。根据这 5 根受剪破坏的V_u^{exp}与$f_t(2\delta)D$的比值与剪跨比λ的曲线如图 2-28 所示。由图可知,当剪跨比减小时,其相对受剪承载力略有提高,但不显著。这与一般混凝土构件所得出的双曲线关系有很大的区别,因此本文认为剪跨比对环形截面抗剪承载力影响不大。本试验结果与文献[30]中"剪跨比对环行截面受剪承载力影响较小"的结论是一致的。因而我们建议构件的斜截面抗剪承载力公式不考虑剪跨比的影响。

2)预应力的影响

从试验结果看,预应力试件绝大多数为弯坏,主要是因为有效预压应力的存在,提高了试件的抗剪强度。关于有效预压应力对截面抗剪的有利影响,一些文献认为:有效预压应力可理解为轴向压应力,是轴向压力使试件抗剪强度提高,提高的幅度可以同矩形截面梁一样取$0.05N_{p0}$[30]。还有一些文献是利用材料力学,直接将有效预压应力对抗剪强度的有利影响考虑进去,得出受剪承载力的计算公式。日本工业标准也是以同样的思想来考虑剪力计算的。本

试验将从这两种思维方式出发，通过试验分别对其验证，在验证的基础上提出建议公式。

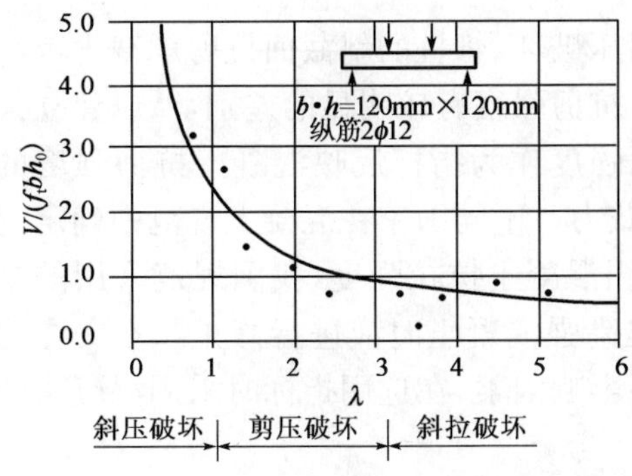

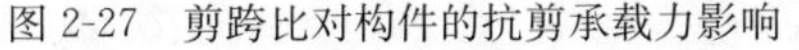

图 2-27　剪跨比对构件的抗剪承载力影响

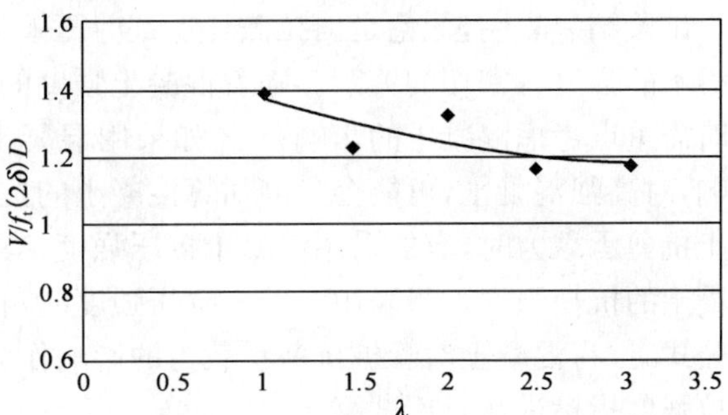

图 2-28　管桩抗剪承载力计算值与剪跨比的关系图

3）箍筋的影响分析

目前对箍筋的受剪承载力的计算公式主要有两个，一个是东南大学提出的 $V_S = f_{yv} \times \frac{A_{SV} \times \sin\alpha}{s} \times \bar{h}_0$，另一个是合肥工业大学提出的 $V_S = \frac{\pi}{2} \times f_{yv} \times \frac{A_{SV1} \times \sin\alpha}{s} \times D$，$\bar{h}_0$ 为当量有效高度，D 为桩的外直径。由于箍筋的作用区域应在 $D_0 = D_P + d_{主筋} + d_{箍筋}$ 范围内，因此在计算箍筋所承受的剪力时建议取 D_0，即 $V_{S1} = f_{yv} \times \frac{A_{SV} \times \sin\alpha}{s} \times D_0$ 或 $V_{S2} = \frac{\pi}{2} \times f_{yv} \times \frac{A_{SV1} \times \sin\alpha}{s} \times D_0$。试验数据与建议公式计算结果的比较详见表 2-17。

试验数据与理论公式计算的比较表[27,31]　　表 2-17

试件编号	破坏斜裂缝倾角 α_u(°)	破坏斜截面所交箍筋肢数(个)		箍筋总拉力(kN)	V_s^{exp}③ (kN)	箍筋受剪承载力计算值 V_s^{cal}(kN)④			
		实测值	计算取值①			V_{s1}^{cal}（东大）	V_{s2}^{cal}（合工大）	建议公式 V_{s1}^{cal}（一）	建议公式 V_{s2}^{cal}（二）
PC ABP－1.5	44	6	8	55.44	27.6	31	31.7	35.8	28.12
PC ABP－1	47	5	7	48.51	24.2	20.9	21.38	24.1	18.9
PC ABO－2.5	44	8	12	83.16	41.4	42.46	43.37	48.91	38.42
PC ABO－3	45	8	12	83.16	41.4	42.46	43.37	48.91	38.42
PC ABO－2	44	7	11	76.23	37.5	42.46	43.37	48.91	38.42
PC ABO－1.5	45	6	8	55.44	27.0	31.1	31.7	35.8	28.1
PC ABO－1	47	3	5	34.65	17.3	20.9	21.4	24.1	18.9

注：①试件 PCABO－1.5 所交的 6 根箍筋里有一根为加强筋，直径为 7.5mm，$A_{svl} = 44.2\text{mm}^2$，$\sigma_{0.2} = 552.5$(MPa)；

②对于环形截面，破坏斜截面所交箍筋肢数，由于箍筋为圆形，较箍筋为方形时多，特别位于破坏斜截面底部和顶部的箍筋不易测得，计算箍筋肢数按 $\lambda \geqslant 2.5$ 时加 4，$\lambda \leqslant 2$ 时加 2 得出；

③单肢箍筋的 $A_{svl} \cdot f_{yv}$(11.04×627.6)值为 6.93kN，与计算箍筋肢数的乘积为箍筋的总拉力；

④取破坏斜裂缝倾角 α_u 为 45°，与破坏斜裂缝截交的箍筋拉力并不一定为剪力 V 作用方向，从而箍筋总拉力要乘以 0.5 予以调整，并乘以螺旋箍筋倾角 α 的正弦波值 0.996，故 V_s^{exp} 为箍筋总拉力乘以 0.5×0.996 得出；

⑤计算公式的破坏斜裂缝（$\alpha_u = 45°$）的水平投影长度均取为 $\frac{D \cdot \pi}{2} = \frac{400\pi}{2} = 628\text{mm}$，由图 2-2 可知：当 $\lambda = 3$、2.5 时，a 分别为 920mm、770mm 和 620mm，从而计算值可不折减；对于 $\lambda = 1.5$ 和 1 的试件，由于 a 为 460mm 和 310mm，从而取 $\frac{460}{628} = 0.732$ 和 $\frac{310}{628} = 0.494$ 降低系数予以折减得出 V_s^{cal}；

⑥通过比较可知按建议公式 $V_{S1} = f_{yv} \times \frac{A_{SV} \times \sin\alpha}{s} \times D_0$ 更接近试验实测值。

4)混凝土强度的影响分析

试验结果表明,无论是斜拉破坏还是剪压破坏和斜压破坏,管桩的斜截面抗剪承载力都与混凝土的强度有密切的关系。随着混凝土强度的提高,抗剪强度有较明显的差别,所以建立公式时需重点考虑混凝土的影响[87]。如果用混凝土抗压强度作为指标反映混凝土抗剪强度的影响,对高强混凝土,可能会过高估算混凝土的抗剪承载力。不同国家在混凝土规范中确定混凝土抗剪承载力时,有的采用混凝土抗压强度,有的采用混凝土抗拉强度,我国规范采用的是混凝土的抗拉强度。当采用混凝土抗压强度时,特别是高强混凝土时应进行修正。本文在建立公式时,将混凝土对管桩抗剪承载力的影响作为主要影响因素,在选用指标时采用混凝土的抗拉强度指标进行对比试算。

5)纵筋配筋率的影响分析

纵筋对抗剪强度的影响,主要体现在横截面直接承受一定剪力时,起"销栓"作用,并能控制管桩横向受力时斜裂缝的发展。但是由于混凝土构件在抗剪区的纵筋配筋率在3%以下,我国混凝土结构设计规范中对混凝土结构的计算公式不考虑纵筋配筋率的影响[32],所以我们在建立公式时没有考虑其影响。

2.3.2 本文建议的管桩斜截面抗剪承载力公式的建立

1)本文建议的修正公式一

根据试验结果的整理分析比较,根据东南大学建议的剪力计算公式:

$$V_u = 0.07 \times f_c \times (2 \times \delta)\overline{h_0} + 1.0 \times f_{yv} \times \frac{A_{sv} \times \sin\alpha}{s} \times \overline{h_0}$$

式中 $V_c = 0.07 \times f_c \times (2\times\delta)\overline{h_0}$,若为预应力桩则要加上 $0.05\times N_{p0}$ 项,此公式认为混凝土的抗剪承载力与混凝土的抗压强度 f_c 成正比的,这对低强度的混凝土是适用的。随着科技的不断进步,出现了高强混凝土,混凝土的抗压强度成倍增加,但抗剪强度虽然增加,却没有抗压强度增加的比率高。相比较而言,抗剪强度的增长和混凝土的抗拉强度 f_t 的增长程度更加接近[87],且国外很多国家都是采用混凝土的抗拉强度来衡量混凝土的抗剪性能的,因此在这里建议 $V_c = 0.7\times f_t \times (2\times\delta)\overline{h_0}$。又因为混凝土的抗剪强度是整个界面都参与的,因此用截面的外直径 D(或近似用 D_0)代替$\overline{h_0}$更合理,因此混凝土的抗剪强度的建议公式为:$V_c = 0.7\times f_t\times(2\times\delta)D$(若为预应力桩则要加上 $0.05\times N_{p0}$ 项)。对箍筋抗剪强度的公式在本章 2.5.1 已经提出,即 $V_S = f_{yv}\times\frac{A_{SV}\times\sin\alpha}{s}\times D_0$,因此抗剪强度的第一个建议公式:

$$V_u = 0.7 \times f_t \times (2 \times \delta)D_0 + 1.0 \times f_{yv} \times \frac{A_{sv} \times \sin\alpha}{s} \times D_0 + 0.05 \times N_{p0} \qquad (2\text{-}2)$$

式中 $D_0 = D_P + d_{主筋} + d_{箍筋}$,若为非预应力桩则 $0.05\times N_{p0}$ 项为 0,各参数见前文,其中 f_{yv} 一般用 $\sigma_{p0.2}$ 代替。

2)本文建议的修正公式二

是根据合肥工业大学与日本工业标准的剪力计算公式提出的建议公式综合修正得出的。合肥工业大学与日本工业标准所用的剪力计算公式与东南大学不同的是,前者在计算混凝土

的抗剪承载力时，直接考虑了预压应力 σ_{pc} 对混凝土抗剪承载力的影响，而东南大学则是另行列出，取为 $0.05\times N_{p0}$，这也是国内外普遍存在的两种思维方式。因此本文针对这两种思维方式又对合肥工业大学与日本工业标准所用的剪力计算公式进行了分析研究，通过进行这次试验，对合肥工业大学与日本工业标准所用的剪力计算公式中 V_c（包括预应力的作用）的计算结果与东南大学剪力计算公式中 V_c 的比较，详见表 2-18。

各公式中 V_c^{cal} 的对照表　　表 2-18

试件编号	V_c^{cal}（东大）	V_c^{cal}（合工大）	V_c^{cal}（日本标准）
PC ABP－5.2	166	240	156
PC ABP－2.5	119	206	135
PC ABP－3	124	209	137
PC ABP－2	124	211	138
PC ABP－1.5	143	225	147
PC ABP－1	152	223	144
PC ABO－5.2	91	110	55
PC ABO－2.5	91	110	55
PC ABO－3	95	113	56
PC ABO－2	95	113	56
PC ABO－1.5	126	131	65
PC ABO－1	126	131	65

注：东南大学计算公式中的 V_c^{cal}，对预应力桩而言为 V_c+V_p。

通过比较可知，对非预应力试件的剪力计算，合肥工业大学计算公式与东南大学的计算公式更加接近，且对预应力试件，合肥工业大学 V_c^{cal} 的计算结果明显比东南大学 V_c^{cal} 的计算结果大，这符合合肥工业大学的计算公式，考虑了预压应力 σ_{pc} 对混凝土抗剪承载力的影响这一条件，经此对比，本文将采用合肥工业大学剪力计算公式，将合肥工业大学的剪力计算公式中箍筋的抗剪承载力 $V_S=\frac{\pi}{2}\times f_{yv}\times\frac{A_{SV1}\times\sin\alpha}{s}\times D$，改为 $V_S=f_{yv}\times\frac{A_{SV}\times\sin\alpha}{s}\times D_0$，即本文建议公式二：

$$V_u^{cal2}=\frac{2tI}{S_0}\times\frac{1}{2}\sqrt{(\sigma_{pc}+2f_t)^2-\sigma_{pc}^2}+f_{yv}\times\frac{A_{SV}\times\sin\alpha}{s}\times D_0 \tag{2-3}$$

式中：各参数见前文。

2.3.3 本文建议公式与试验结果的分析比较

1）非预应力试件

本文将本次试验的结果与文献[30]的非预应力管桩计算和测试结果进行对比，计算结果见表 2-19。对比结果表明，建议公式一的计算结果和测试结果的比值平均值为 $\overline{X}_1=0.813$，均方差 $\sigma_1=0.145$，变异系数 $C_{v1}=0.178$。本文建议的两个公式和东南大学公式比较表明，公式一的平均值略小，偏于安全，但是均方差和变异系数最小，即离散性小。对于非预应力管桩推荐使用公式一。

计算结果和测试结果对比表　　表 2-19

试件编号	V_u^{exp} (kN)	V_u^{cal1} (kN)	V_u^{cal2} (kN)	$V_u^{cal东大}$ (kN)	V_u^{cal1}/V_u^{exp}	V_u^{cal2}/V_u^{exp}	$V_u^{cal东大}/V_u^{exp}$
A1—1b	132.4	115.4	119.2	106.00	0.871	0.900	0.785
A1—2b	157.0	112.6	115.9	101.70	0.717	0.739	0.636
A2—1b	98.1	83.9	87.1	81.92	0.856	0.888	0.819
A2—2b	92.6	85.3	88.8	82.64	0.921	0.959	0.875
A3—1b	93.7	90.6	94.9	90.45	0.967	1.013	0.947
A3—2b	107.9	88.3	92.2	87.27	0.819	0.855	0.793
A4—1b	127.5	106.1	114.0	116.96	0.832	0.894	0.900
A4—2b	117.7	86.9	90.6	84.75	0.738	0.769	0.706
A5—1b	81.4	94.3	100.5	99.52	1.158	1.234	1.199
A5—2b	76.0	86.9	91.9	86.18	1.143	1.209	1.112
A6—1a	115.3	116.6	121.9	111.30	1.011	1.057	0.947
A6—1b	147.2	87.2	91.9	88.68	0.593	0.624	0.591
A6—2a	133.4	91.7	96.0	93.20	0.687	0.719	0.685
A6—2b	147.2	117.7	121.9	110.22	0.800	0.828	0.735
A7—1a	117.7	89.9	94.0	89.98	0.764	0.798	0.750
A7—1b	141.3	114.7	118.4	104.93	0.812	0.838	0.729
A7—2a	137.3	85.2	88.5	83.37	0.620	0.645	0.596
A7—2b	142.2	111.9	115.1	100.61	0.786	0.809	0.694
PC ABO—2.5	197.4	153.3	159.0	179.13	0.776	0.805	0.907
PC ABO—3	203.7	155.7	161.5	185.00	0.764	0.793	0.908
PC ABO—2	227.1	155.7	161.5	185.00	0.686	0.711	0.815
PC ABO—1.5	245.3	172.8	179.6	229.15	0.704	0.732	0.934
PC ABO—1	259.2	172.8	179.6	229.15	0.667	0.641	0.818
					$\overline{X}_1=0.813$ $\sigma_1=0.145$ $C_{v1}=0.178$	$\overline{X}_1=0.833$ $\sigma_1=0.154$ $C_{v1}=0.185$	$\overline{X}_1=0.821$ $\sigma_1=0.148$ $C_{v1}=0.181$

2)预应力试件

本次试验的预应力管桩，当 $\lambda \not< 1.5$ 时，均为受剪破坏，对于 $\lambda=3$、2.5、2 的诸试件发生受弯破坏时，剪跨段的斜裂缝发展是较为充分的，相应的最大剪力 V_{max}^{exp} 有的可能接近受剪破坏的 V_u^{exp}，因此本文将本次试验的结果和文献[30]的非预应力管桩的计算和测试结果进行对比是有一定意义的。本文将本次预应力管桩的试验结果与东南大学公式、合肥工大公式、日本公式及前述建议公式进行对比分析是有重要意义的，计算结果见表 2-20。

对比结果表明，建议公式二计算值偏大，建议公式一计算值在东南大学公式和合肥工大公式之间。剪跨段的斜裂缝发展是较为充分的，相应的最大剪力 V_{max}^{exp} 有的可能接近受剪破坏的，因此对于预应力管桩 V_u^{exp} 推荐使用公式一计算，即

$$V \leqslant 0.7 \times f_t \times (2 \times \delta) D_0 + 1.0 \times f_{yv} \times \frac{A_{sv} \times \sin\alpha}{s} \times D_0 + 0.05 N_{p0}$$

建议公式偏于安全。

计算结果和测试结果对比表 表 2-20

试件编号	V_{max}^{exp} (kN)	V_u^{cal1} (kN)	V_u^{cal2} (kN)	V_u^{cal1}/V_{max}^{exp}	V_u^{cal2}/V_{max}^{exp}	东大公式 V_u^{cal}(kN)	合工大公式 V_u^{cal}(kN)	日本公式 V_u^{cal}(kN)	备 注
PC ABP－1.5	310.3	195.7	274.3	0.630	0.884	185	269	147	剪坏＝V_{max}^{exp}＝V_u^{exp}
PC ABP－1	474.2	198.2	272.3	0.418	0.574	194	267	144	剪坏＝V_{max}^{exp}＝V_u^{exp}
PC AP－1A	428	179.6	259.3	0.420	0.606	189	254	134	最大裂缝 0.9mm 对应剪力 405kN
PC AP－1B	352.5	191.6	259.2	0.735	0.735	189	254	134	最大裂缝 0.7mm 对应剪力 347kN
PC ABP－2.5	231.4	181.3	254.9	0.784	1.101	162	249	135	最大裂缝 0.3mm 对应剪力 205kN
PC ABP－3	205.7	184.0	258.1	0.894	1.255	166	253	137	最大裂缝.35mm 对应剪力 142kN
PC ABP－2	283.1	184.3	259.6	0.651	0.917	166	254	138	最大裂缝.68mm 对应剪力 207kN
平均值				0.647	0.867				

3)综合评价

本文结合理论分析，针对影响管桩斜截面抗剪承载力的因素，通过修改管桩的材料规格和相关技术指标，反映了管桩的抗弯、抗剪破坏形态。尽管部分预应力管桩试验没有全过程做出剪切破坏的形态而提前出现了弯曲破坏，但是这种结果比绪论中查阅的所有国内外资料有了很大进步，弯曲破坏中斜裂缝发展明显清楚，也能部分得出斜截面开裂荷载，量化分析了剪跨比、混凝土强度、有效预压应力以及钢筋配筋率等对管桩斜截面抗剪承载力的影响。

一般工程试验公式的建立，追求的目标是通过拟合方式让计试比最接近 1.0，但是混凝土结构的斜截面抗剪承载力公式的建立要求的是有足够的安全保障。图 2-29 显示的是一般混凝土构件在建立斜截面计算公式时的试验值和计算值的关系，图中显示大部分试件的试验值均在计算值之上，而且大部分试验值高出计算值很多。

通过试算法验证，本文推荐的公式一更能综合反映非预应力管桩和预应力管桩的斜截面破坏性状，计试比计算的结果均小于 1.0，比其他资料的计算方法更简便且更接近试验结果，表明计算较合理且偏于安全，符合国家规范“强柱弱梁”和“强剪弱弯”的规定。因此本文建议的设计计算公式为：

$$V \leqslant 0.7 \times f_t \times (2 \times \delta) D_0 + 1.0 \times f_{yv} \times \frac{A_{sv} \times \sin\alpha}{s} \times D_0 + 0.05 \times N_{p0}$$

(若为非预应力桩则 0.05×N_{p0}项为 0)

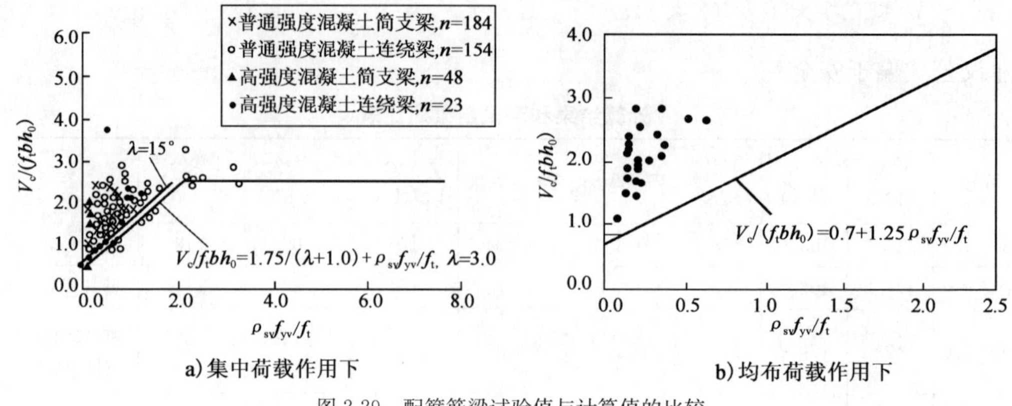

图 2-29 配箍筋梁试验值与计算值的比较

2.4 管桩斜截面抗剪承载力的讨论及抗震验算

2.4.1 影响管桩斜截面抗剪承载力因素的讨论

无论国标还是地方规程，都强调管桩在水平力作用下的斜截面抗剪承载力验算，并对管桩抗震使用等级进行了严格规定，这些要求为保证建筑物的安全起到了良好的作用。但是通过以上的分析及试验结果的分析整理，发现如下现象：在影响管桩斜截面抗剪承载力因素中箍筋配筋率、混凝土强度、有效预压应力是最主要的影响因素，而管桩的主筋配筋率和剪跨比等影响较小。而在受水平力破坏的大部分是受弯破坏形态。针对天津市图集，正常使用的桩型均是受弯破坏，只有提高主筋配筋率、提高抗弯弯矩的非预应力桩才出现受剪破坏。

从试验资料反映出，加大管桩的有效预压应力有利于提高管桩的斜截面抗剪承载力。文献[32]中对混凝土构件的矩形、T 形、I 形构件给出明确斜截面抗剪承载力计算公式时考虑了轴心受力的状态，受压力时在计算公式基础上加 $0.07N$，而在受拉时减 $0.2N$，其中 N 为与剪力对应的轴心压力或拉力。这种处理表明，混凝土构件抗剪承载力在受压作用下有利于抗剪承载力的发挥，所以适当加大有效预压应力是提高管桩抗剪力的有效方法。当然，管桩轴心受压不能超过限值，否则出现压剪破坏也不利于管桩的斜截面承载力的发挥。

本文给出在有效预压应力下的管桩斜截面受剪计算公式时，考虑了预应力 N_{p0} 的有利作用，但为偏于安全，忽略了受压桩轴向压力 N 的影响。对受拉管桩在轴向拉力 N 的不利作用有待进一步研究。

从管桩的破坏形态看，在水平力作用下是受弯破坏，而不是受剪破坏，这种现象跟我们一般认识的管桩抗压强度高而抗水平力、抗剪力差的印象有很大差别。实际工程中影响基桩抵抗水平力的因素是十分复杂的问题。既然是在地基土层中的受力构件，就与地基土的特性密不可分，与地基土层刚度、桩顶土层对桩的约束程度存在极大的关系。桩顶部土层性质好、对桩顶部的约束强，则桩的抗水平力承载能力就大，反之就小。管桩易于偏位、断桩的原因，一方

面是管桩为挤土桩，因施工过程的挤土作用，致使土的孔隙水压力增加而影响土的抗剪强度；另一方面因土的弹性压缩极易造成局部卸载失去平衡，土体变位过大，管桩一旦变形较大则会出现断桩，其破坏形式均是抗弯承载力不足的受弯破坏，而绝对不是受剪破坏。有这种认识以后，我们使用管桩时，主要目的是控制管桩的水平位移。

图 2-30 为管桩与预制实心方桩偏位的对比图，左侧图为管桩边坡控制不当的偏位图，中间为基坑开挖不当时管桩和钻孔桩偏位图，右侧为实心方桩基坑开挖不当的偏位图。图中显示实心方桩和钻孔桩在控制水平位移不当时同样会出现偏桩、断桩现象。而同样是偏桩、断桩事故，在处理管桩偏桩事故时因管桩具备天然的中空优势，可以采用灌芯的方式处理，在大量工程事故处理中验证了管桩这方面的优势。当然，管桩设计时还是应充分考虑管桩的水平受力状态以及确保管桩的结构强度和刚度满足要求，以满足工程使用要求，力求不出现偏位事故，这就需要在施工顺序、施工速度和降低挤土效应方面采取综合防范措施。

图 2-30　管桩与预制实心方桩偏位的对比图

2.4.2　管桩抗震验算

地震状态下桩的水平承载力与桩的动力特性有关，与土的地震加速度峰值大小（烈度）和场地地震分组（场地土类别、特征周期）有关。经常是高层、多层（6～7 层）桩基的抗震验算容易通过，而低层的动力特性较高的工程桩基抗震验算通不过，这主要是与工程抗震验算中F/G（剪压比）有关。地震动力特性的影响更多的是反映在低层建筑的桩基上。低层建筑的桩基设计上不能忽视桩动力特性的影响。对有抗震设防要求的工程，应从概念上、设计构造上采取措施，尽量提高浅层土即桩顶一定厚度土层的地基土强度，使之对工程桩的桩顶约束加强。加强桩顶约束才是提高桩水平承载能力的切实有效措施。

抗震验算对管桩基础是应该的也是非常必要的，但是桩的抗震验算对所有的桩基工程的桩都是应该的。管桩是离心生产，混凝土的密实性好，强度等级高，抗弯抗剪能力强，质量超过振动沉管现浇混凝土灌注桩。而现行规范和规程对振动沉管桩反而不加限制，甚至 9 度区也不加限制，这是不正常的现象。建议对管桩的抗震性能加强研究，增加反复荷载作用下的试验，以及对灌芯混凝土对抗震性能的影响方面加强研究，为精确了解管桩的受力特性并正确使用管桩奠定基础。

混凝土构件抗震验算时对抗剪承载力有相关规定，国家抗震设计规范[88]中对桩基础有明确的规定，对于非液化土层中的低承台桩基抗震验算，单桩的水平向抗震承载力特征值可比非抗震设计时提高 25％。

混凝土结构设计规范[32]中采用静力状态下计算结果除以调整系数 γ_{RE} 的方式，对各类构件的正截面承载力的调整系数 γ_{RE} 取 0.75～0.85，对各类构件的斜截面受剪承载力的调整系数 γ_{RE} 取 0.85，实际上和乘以调整系数 1.25 基本类似。参考框架柱计算的处理方法，静力状态下的计算公式在抗震状态下使用时，将斜截面抗剪承载力影响因素中的混凝土影响部分折减到 60%，而轴向压力的影响因素折减到 80%。

建筑桩基技术规范[16]中对桩基抗震问题也做出了同样的规定，验算地震作用下桩基的水平承载力时，应对按正常使用状态下单桩承载力水平承载力特征值乘以调整系数 1.25。

文献[92]中汇总了近年来桩基方面最新研究成果，对桩基础的地震破坏形式、抗震设计演算范围、地震液化、抗震承载力验算等进行了详细论述，文中仅对正截面承载力进行了强度提高修正，对斜截面承载力未列入处理措施。在桩基础抗震验算时，考虑土体的约束对桩的强度采用调整系数 γ_{RE} 进行修正是不全面的，国内文献未见在地震反复作用下的混凝土桩的斜截面抗剪验算方法。由于荷载的反复作用与静力荷载作用比较，混凝土的受剪承载力将有所降低，参照混凝土结构设计规范[32]中框架柱的斜截面验算中对混凝土的折减方法，本文建议地震状态下管桩的斜截面承载力计算公式为：

$$V_{uz}^{cal1}=\frac{\gamma_{RC}\times 0.7\times f_t\times(2\times\delta)D_0+1.0\times f_{yv}\times\dfrac{A_{sv}\times\sin\alpha}{s}\times D_0+\gamma_{RN}0.05\times N_{p0}}{\gamma_{RE}} \tag{2-4}$$

$$V_{uz}^{cal2}=\frac{\gamma_{RC}\times\dfrac{2tI}{S_0}\times\dfrac{1}{2}\sqrt{(\sigma_{pc}+2f_t)^2-\sigma_{pc}^2}+1.0\times f_{yv}\times\dfrac{A_{sv}\times\sin\alpha}{s}\times D_0}{\gamma_{RE}} \tag{2-5}$$

式中：V_{uz}^{cal1}、V_{uz}^{cal2}——管桩桩身抗震状态下抗剪承载力(N)；

γ_{RE}——受剪承载力的抗震调整系数，建议取 0.85；

γ_{RC}——静力状态下混凝土影响管桩斜截面抗剪承载力调整系数，建议取 0.6；

γ_{RN}——静力状态下轴向力影响管桩斜截面抗剪承载力调整系数，建议取 0.8。

中国国标体系中混凝土规范、抗震规范和桩基规范对桩基础的抗震验算中仅提出了桩身强度在土的约束影响下的综合提高修正系数，而对桩的斜截面验算方式均未涉及，斜截面抗震验算在国内尚属空白。本文建议公式(2-4)和式(2-5)创造性地提出了管桩抗震作用下的斜截面抗剪承载力综合修正系数，在国内尚属首次，建议加强这方面的试验研究，在以后修正国家和地区规范中进行规定。

2.5 本章小结

(1)结合理论分析，针对影响管桩斜截面抗剪承载力的影响因素，通过修改管桩的材料规格和相关技术指标，反映了管桩的抗弯、抗剪破坏形态。尽管部分试件没有全过程做出受剪破坏的形态而提前出现了受弯破坏，但受弯破坏中出现了明显的斜裂缝，也能部分得出斜截面开裂荷载，这种结果已经比现查阅的所有国内外文献资料所得结果有了很大的进步。

(2)量化分析了剪跨比、混凝土强度、有效预压应力和以及钢筋配筋率等对管桩斜截面抗剪承载力的影响，试验结果表明，在影响管桩斜截面抗剪承载力的因素中，箍筋配筋率、混凝土

强度、有效预压应力是影响管桩斜截面抗剪强度的最主要的因素，而管桩的主筋配筋率和剪跨比等影响较小。

(3)混凝土结构斜截面抗剪承载力公式，有足够的安全保障，符合国家规范强柱弱梁和强剪弱弯的规定。通过试算法验证，文中建议公式更能综合反映非预应力管桩和预应力管桩的斜截面破坏性状，比其他资料的计算方法更简便且更接近试验结果。

(4)试验结果表明，从国内图集选用的管桩，从水平受荷破坏形式看，管桩在水平力作用下是受弯破坏形态，而不是受剪破坏形态。管桩设计和施工应加强管桩的水平位移的限制，欲提高桩的水平承载力，应采取提高抗弯承载力的措施。

(5)本文提出的管桩静力状态下的斜截面抗剪承载力在抗震状态下的综合修正系数，这种综合修正方法在国内尚属首次，可以为管桩抗震验算以及国家和地方标准修订提供参考。

第3章 管桩正截面抗弯承载力试验研究

3.1 管桩正截面抗弯试验

如第2章所述，管桩的破坏形态为受弯破坏，即其抗弯弯矩的承载能力是制约其承受水平力的主要因素。为进一步研究管桩结构的抗弯性能，结合天津市建筑科学研究院的"预应力管桩结构抗拉、抗剪性能试验研究"科研项目，从单桩水平静载试验入手，并通过室内足尺试验展开进一步研究。管桩中的预应力钢筋的张拉控制应力达到钢筋抗拉强度的70%，管桩桩身除了承受垂直荷载外还要承受钢筋的强大预应力，桩身的脆性很大，当承受较大水平力局部钢筋发生应力集中时，管桩受拉面易发生预应力钢筋的断裂破坏。因此，抗弯性能试验是检验管桩实际拉力仍在其残余抗拉力之内的必要试验，用以保证在管桩堆放、吊运、施工以及在水平荷载作用下抗弯能力。

3.1.1 管桩极限弯矩判断标准

依据《先张法预应力混凝土管桩》(GB 13476—2009)的规定，管桩极限弯矩的判定标准为：

(1)受拉区混凝土裂缝宽度达到1.5mm；

(2)受拉钢筋被拉断；

(3)受压区混凝土破坏。

3.1.2 管桩抗弯试验的试验方法

试验采用简支梁对称加载装置，其加载试验见图3-1。加载程序可分为三步。

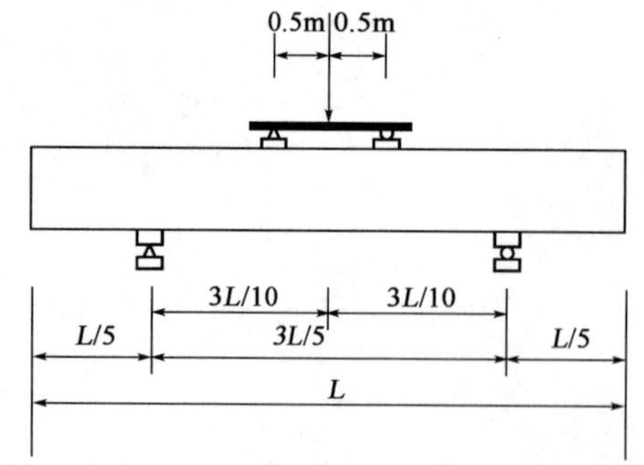

图3-1 预应力混凝土管桩抗弯承载力加载示意图

第一步：按抗裂弯矩的20%的级差由0加载至抗裂弯矩的80%，每级荷载的持荷时间不少于3min；然后按抗裂弯矩的10%的级差继续加载至抗裂弯矩的100%，每级荷载的持续时间不少于3min，观察是否有裂缝出现，并测定和记录裂缝宽度。

第二步：如果在抗裂弯矩的100%时未出现裂缝，则按抗裂弯矩的5%的级差继续加载至裂缝出现，每级荷载的持续时间不少于3min，测定和记录裂缝宽度。

第三步：按极限弯矩的5%的级差继续加载至出现极限弯矩，每级荷载的持续时间不少于3min，观测并记录各项读数。

3.1.3 管桩抗弯试验的弯矩极限荷载

管桩的抗弯试验是常规检测项，每个生产厂家均需按批量由有相应资质的检测单位进行定期检验。本文对代表性的试验进行分析，揭示抗弯试验加载的方法、裂缝的出现、裂缝的发展和最终的破坏形式。弯矩极限荷载计算公式为：$M=P/4(3L/5-1)+WL/40$；本次试验取设计参数见表 3-1，技术要求见表 3-2，抗弯试验结果如表 3-3～表 3-7 所示。加荷设备自重力 2.0kN。加载时，预应力混凝土管桩的开裂特征和开裂发展如图 3-2、图 3-3 所示。由裂缝发展情况可知，截面破坏形式为正截面破坏。

图 3-2 开始产生裂缝

图 3-3 裂缝发展

设 计 参 数 表 3-1

序 号	规格型号	预应力钢筋				螺旋箍筋规格	理论重量(kg/m)
		直径(mm)	数量(根)	位置 Dp(mm)	张拉控制应力(MPa)		
1	PHC A600 110 10	9	14	510	994	$\phi^{b}5$	440
2	PHC AB600 110 10	10.7	14	510	994	$\phi^{b}5$	440
3	PHC A600 130 10	9	16	510	994	$\phi^{b}5$	499
4	PHC AB600 130 10	10.7	16	510	994	$\phi^{b}5$	499

技 术 要 求 表 3-2

序号	外径(mm)	型 号	壁厚(mm)	预应力筋最小配筋面积(mm^2)	抗裂弯矩(kN·m)	极限弯矩(kN·m)
1	600	A	110	814	167	250
2		AB		1205	206	346
3		A	130	903	180	270
4		AB		1367	223	374

PHC A600 110 10 抗弯试验结果 表 3-3

加载级数	加载系数(%)		计算弯矩(kN·m)	累计加载(kN)	裂缝宽度(mm)	备注
1	抗裂阶段	20	33.40	16	0	—
2～11		略				
12		130	217.10	163	0.20(加载中)	1号裂缝开裂
13	极限阶段	5	229.60	173	0.40	—
14		10	242.10	183	0.52	2号裂缝开裂
15		15	254.60	193	0.76	—
16		20	267.10	203	1.08	—
17		25	279.60	213	1.40	3号裂缝开裂
18		30	292.10	223	1.50(加载中)	加载中1号裂缝宽度达到1.50mm

PHC AB600 110 10 抗弯试验结果 表 3-4

加载级数	加载系数(%)		计算弯矩(kN·m)	累计加载(kN)	裂缝宽度(mm)	备注
1	抗裂阶段	20	41.20	22	0	—
2～10		略				
11		125	257.50	195	0.04(加载中)	1号裂缝开裂
12	极限阶段	5	274.80	209	0.16	—
13		10	292.10	223	0.24	2号裂缝开裂
14		15	309.40	237	0.28	3号裂缝开裂
15		20	326.70	251	0.44	—
16		25	344.00	265	0.48	—
17		30	361.30	278	0.56	4号裂缝开裂
18		35	378.60	292	0.80	5号、6号裂缝开裂
19		40	395.90	306	1.00	—
20		45	413.20	320	1.52(持荷中)	7号裂缝开裂，继续持荷中1号裂缝宽度达到1.52mm

PHC A600 130 10 抗弯试验结果 表 3-5

加载级数	加载系数(%)		计算弯矩(kN·m)	累计加载(kN)	裂缝宽度(mm)	备注
1	抗裂阶段	20	33.40	15	0	—
2～13		135	略			
14		140	233.80	175	0.04(加载中)	1号裂缝开裂
15	极限阶段	5	246.30	185	0.08	—
16		10	258.80	195	0.20	—
17		15	271.30	205	0.28	2号裂缝开裂

续上表

加载级数	加载系数(%)		计算弯矩(kN·m)	累计加载(kN)	裂缝宽度(mm)	备 注
18	极限阶段	20	283.80	215	0.32	—
19		25	296.30	225	0.44	—
20		30	308.80	235	0.56	3号裂缝开裂
21		35	321.30	245	0.64	—
22		40	333.80	255	1.50(持荷中)	4号裂缝开裂，继续持荷中1号裂缝宽度达到1.50mm

PHC AB600 130 10抗弯试验结果 表3-6

序号	加载系数(%)		计算弯矩(kN·m)	累计加载(kN)	裂缝宽度(mm)	备 注
1	抗裂阶段	20	41.20	21	0	—
2～14		略				
15		145	298.70	227	0.04(加荷中)	1号裂缝开裂
16	极限阶段	5	316.00	241	0.12	2号裂缝开裂
17		10	333.30	255	0.16	—
18		15	350.60	269	0.28	—
19		20	367.90	283	0.36	—
20		25	385.20	296	0.40	3号、4号裂缝开裂
21		30	402.50	310	0.48	5号裂缝开裂
22		35	419.80	324	0.60	6号裂缝开裂
23		40	437.10	338	0.80	—
24		45	454.40	352	0.88	—
25		50	471.70	366	1.20	—
26		55	489.00	379	1.50(持荷中)	加荷中1号裂缝宽度达到1.50mm

抗弯试验结果汇总 表3-7

编号	规格型号	试验项目	技术要求(kN·m)	实测结果(kN·m)	实测结果/技术要求	试验结论
1	PHC A600 110 10	抗裂弯矩	167	209	125%	符合
		极限弯矩	250	280	112%	符合
2	PHC AB600 110 10	抗裂弯矩	206	247	120%	符合
		极限弯矩	346	405	117%	符合
3	PHC A600 130 10	抗裂弯矩	167	225	135%	符合
		极限弯矩	250	328	131%	符合
4	PHC AB600 130 10	抗裂弯矩	206	288	140%	符合
		极限弯矩	346	472	136%	符合

由以上试验结果分析，本试验中 4 个规格的试验桩抗裂弯矩和极限弯矩均满足规范要求。为保证试验数据的可靠，生产企业严格控制生产工艺，所试验管桩的最后破坏特征均表现为受拉区混凝土裂缝宽度达到 1.5mm 的塑性破坏特征，且均呈现正截面破坏。但 PHC A600 110 10 和 PHC A600 130 10 两个规格管桩的试验现象中还是表现出一定的脆性表征，现将脆性破坏特征的试验现象总结如下：

(1)试验现象一：在 PHC A600 110 10 的抗弯试验中，当加载至抗裂弯矩的 130%时，管桩在加载中开裂，裂缝宽度 0.20mm。之后试验按极限弯矩的 5%级差继续加载，裂缝宽度随加载级数迅速增大，加载至 292.10kN·m 时，加载中受拉区混凝土裂缝宽度即达到 1.50mm。自开裂到破坏，总加载级数 6 级，至最后破坏，受拉区混凝土只出现 3 条裂缝。

(2)试验现象二：在 PHC A600 130 10 的抗弯试验中，当加载至抗裂弯矩的 140%时，管桩在加载中开裂，裂缝宽度 0.04mm。之后试验按极限弯矩的 5%级差继续加载，裂缝宽度随加载级数缓慢增大，裂缝条数也逐渐增多，当加载至 321.30kN·m 时，受拉区混凝土共出现 3 条裂缝，最大裂缝宽度 0.64mm。在此抗弯性能试验中，反映出该试验桩塑性特征明显。之后继续加载至 333.80kN·m 后，在持荷中，不断迅速掉载，裂缝宽度增加，从上一级的最大裂缝宽度 0.64mm 不断开展至 1.50mm。试验终止，至最后破坏，受拉区混凝土只出现 4 条裂缝。

从图 3-4 所示的加载级数—裂缝宽度曲线可以看出，两个 PHC A600 规格的桩较两个 PHC AB600 规格的桩曲率明显偏大。为更好地了解先张法预应力混凝土管桩在抗弯试验中出现的脆性表征，从管桩抗裂弯矩计算公式中加以分析。

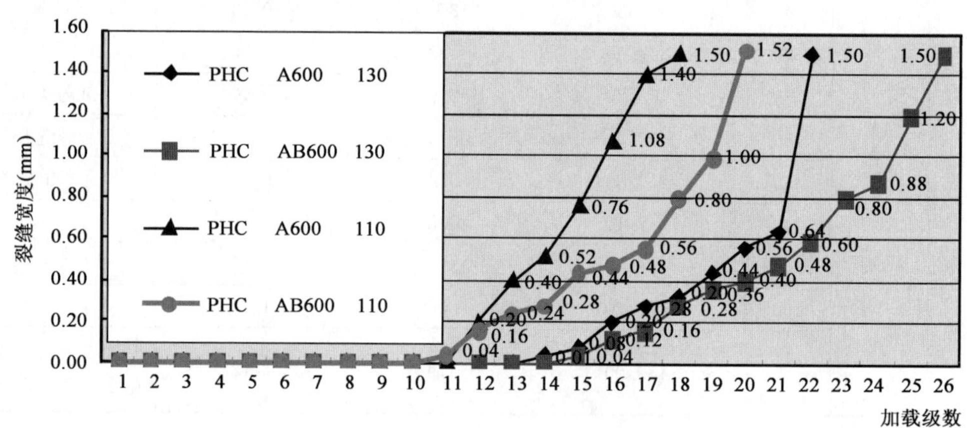

图 3-4　加载级数—裂缝宽度的曲线

因试验桩采用的是老图集《预应力混凝土管桩》(03SG409)，按该图集管桩抗裂弯矩计算如下：

$$M_{cr} = (\sigma_{pc} + f_{tk})W_0 \tag{3-1}$$

式中：M_{cr}——抗裂弯矩(kN·m)；

σ_{pc}——混凝土有效预压应力(MPa)；

f_{tk}——混凝土抗拉强度标准值(MPa)；

W_0——管桩换算截面积受拉边缘的弹性抵抗矩(mm^3)，按下式计算：

$$W_0 = \frac{\pi}{32}\left(D_2^3 - \frac{D_1^4}{D_2}\right) + (\alpha_E - 1)A_p\frac{D_p}{4}$$

其中 D_1、D_2——预应力混凝土管桩的内径和外径(mm)；

D_p——预应力筋所在圆直径(mm)；

α_E——预应力筋弹性模量与混凝土弹性模量的比值；

A_p——预应力筋总面积(mm^2)。

由式(3-1)可以分析得出以下结论：

(1)抗裂弯矩与预应力筋总面积 A_p 成正比，A_p 值增大，管桩换算截面积受拉边缘的弹性抵抗矩 W_0 增大，混凝土有效预压应力 σ_{pc} 也增大，进而抗裂弯矩 M_{cr} 增大。

管桩中的预应力钢筋的张拉控制应力是个定值，A_p 值越大，其残余抗拉力越大，抗弯试验中表现的塑性特征就越明显，两个 PHC AB600 规格的管桩，在本次试验中的表现证明了这点。

(2)预应力筋总面积 A_p 不变的情况下，试验中抗裂弯矩 M_{cr} 越大，混凝土有效预压应力 σ_{pc} 也越大，然而依据《预应力混凝土管桩》(03SG409)图集，管桩中的预应力钢筋的张拉控制应力达到钢筋抗拉强度的 70%，而且此值为上限值，如果张拉控制应力选择不当，虽然钢棒张拉以及管桩生产时未发现问题，但管桩进行抗弯试验中，当桩体出现第一道裂缝时，随裂缝宽度增大，抗裂弯矩过大，抗裂弯矩与极限弯矩之间的级差缩小；当抗弯试验达到极限弯矩(裂缝达到 1.5mm)荷载值时，或略超出此值一点时，管桩还有可能出现突然断裂等脆性特征。本此试验中，两个 PHC A600 规格的管桩的塑性破坏特征，还是带有一些上述脆性特征。

(3)正确地选择预应力筋张拉控制力，是保证管桩抗弯性能的关键。同时预应力钢筋面积增加，脆性破坏的可能性减小。

(4)以上管桩配筋率高的 AB 型桩的抗弯弯矩高于 A 型桩，相同的有效预压应力控制标准壁厚大的高于壁厚薄的。管桩的配筋率和有效预压应力是影响管桩抗弯能力的关键指标，但如以降低壁厚来提高配筋率和有效预压应力，实际管桩的抗弯能力是降低的。早期的部分文献以降低壁厚来提高配筋率和有效预压应力以及近期离心方桩壁厚较薄的方式均是不合适的。

(5)管桩的抗弯破坏形式从现场试验来看，均为正截面破坏，与本书第 2 章的理论分析一致。

3.2　离心方桩的抗弯承载力分析

管桩的应用较为普遍，其抗弯承载力的计算和已有大量的资料和试验数据表明，离心方桩与管桩具有同样的结构特性(构造图见图 3-5)，经分析其承受水平力下的力学指标主要为抗弯承载力。国内浙江、江苏、上海、天津等地区编制了离心方桩的图集，但其弯矩计算公式和计算结果存在差异，且部分指标存在错误，本节对抗弯承载力的确定进行了系统分析。

确定离心方桩抗弯承载力采用《混凝土结构设计规范》(GB 50010—2010)6.2 中的相关公式，预应力损失和抗裂弯矩的计算较简单，可参照管桩的方式。抗弯承载力的计算过程中存在歧义和较有争议的地方主要是混凝土受压高度的计算，所遵循的基本原则为：通过力的平衡，使受压区混凝土所受压力等于全部钢筋所受的拉力。根据混凝土受力机理分析，离心方桩的抗弯承载力确定有两个原则：按钢筋先拉坏原则和混凝土先压坏原则，其抗弯承载力取二者的小值。

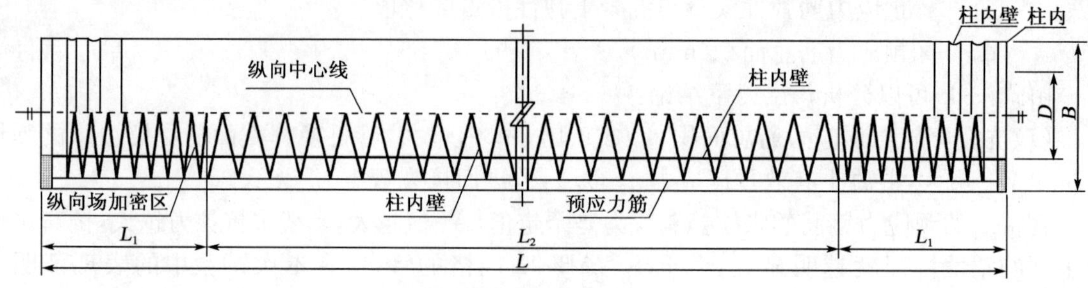

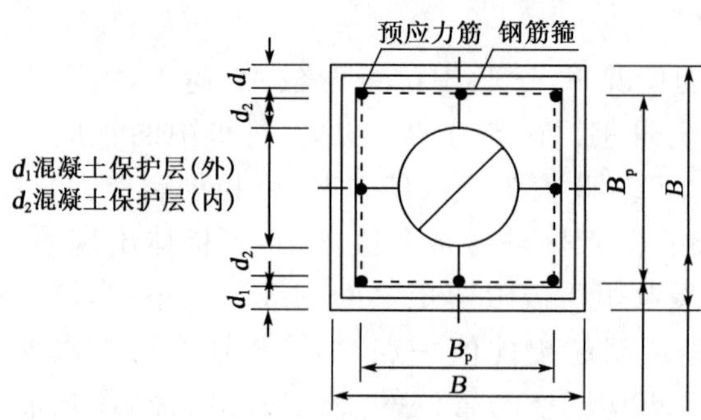

图 3-5　离心方桩构造图

3.2.1　混凝土有效预压应力计算

1)预应力放张后预应力钢筋的拉应力 σ_{pt}

$$\sigma_{pt} = \frac{\sigma_{pi}}{1 + n' \dfrac{A_p}{A_c}} \quad \text{(MPa)} \tag{3-2}$$

式中：σ_{pi}——预应力钢筋的初始拉应力(MPa)，取 $\sigma_{pi}=994$MPa；

A_p——预应力钢筋的截面面积(mm^2)；

A_c——空心方桩混凝土的截面积(mm^2)；

n'——预应力钢筋的弹性模量与放张时混凝土的弹性模量之比。

2)混凝土的徐变及收缩引起的预应力钢筋拉应力的损失 $\Delta\sigma_{p\psi}$

$$\Delta\sigma_{p\psi} = \frac{n\psi\sigma_{cpt} + E_s\delta_s}{1 + n\dfrac{\sigma_{cpt}}{\sigma_{pt}}\left(1 + \dfrac{\psi}{2}\right)} \quad \text{(MPa)}$$

式中：σ_{cpt}——放张后混凝土的预压应力(MPa)；

$$\sigma_{cpt} = \frac{\sigma_{pt}A_p}{A_c}$$

n——预应力钢筋与管桩混凝土的弹性模量之比；

ψ——混凝土的徐变系数，取 2.0；

δ_s——混凝土的收缩度，取 1.5×10^{-4}。

3）预应力钢筋松弛引起的拉应力的损失 $\Delta\sigma_r$

$$\Delta\delta\sigma_r = r_0(\sigma_{pt} - 2\Delta\sigma_{pp}) \qquad (\text{MPa})$$

式中：r_0——预应力钢筋的松弛系数，取值为 0.025。

4）预应力钢筋的有效拉应力 σ_{pe}

$$\sigma_{pe} = \sigma_{pt} - \Delta\sigma_{pp} - \Delta\sigma_r \qquad (\text{MPa})$$

5）混凝土的有效预压应力 σ_{ce}

$$\sigma_{ce} = \frac{\sigma_{pe}A_p}{A_c} \qquad (\text{MPa})$$

3.2.2　开裂弯矩计算

$$M_{cr} = (\sigma_{ce} + \gamma f_{tk})W_0/10^6$$

式中：M_{cr}——桩的抗裂弯矩（kN·m）；

σ_{ce}——桩身混凝土有效预压应力；

γ——混凝土构件的截面抵抗矩塑性影响系数，取 1.35；

f_{tk}——空心方桩混凝土抗拉强度标准值（MPa）；

W_0——空心方桩换算截面受拉边缘的弹性抵抗矩（mm^3）。

唯一的差异是 W_0 的计算

$$W_0 = \frac{I_0}{\frac{B}{2}}$$

$$I_0 = \frac{B^4}{12} - \frac{\pi d^4}{64} + 2\sum(\alpha_E - 1)A_{pi}{a_i}^2$$

式中：B——空心方桩外边长；

d——空心方桩内径；

α_E——钢筋弹性模量与混凝土弹性模量的比值；

A_{pi}——第 i 排预应力钢筋的截面积；

a_i——为第 i 排预应力钢筋距中性轴的距离。

3.2.3　按钢筋先拉坏的原则计算离心方桩抗弯承载力

1）有效受压区高度小于翼缘高度，$X < h_f$

$h_f = \dfrac{B - \frac{\sqrt{3}}{2}d}{2}$，为空心方形截面将内圆孔换算成等截面面积、等惯性矩的方孔后，所转换而成的 I 型截面翼缘高度，其中，B 为空心方桩外边长，d 为空心方桩内径。

（1）混凝土受压区高度的计算

$$\sigma_{pi} = E_s \times \frac{x}{h_1 - x} \times 0.01 \times \left(\frac{h_i}{x} - 1\right) + \sigma_{p0i} \tag{3-3}$$

式中：h_i——第 i 层纵向钢筋截面重心至截面受压边缘的距离；

x——等效矩形应力图形的混凝土受压区高度；

σ_{pi}——第 i 层纵向预应力筋的应力(正值代表拉应力，负值代表压应力)；

σ_{p0i}——第 i 层纵向预应力筋的截面重心处混凝土法向应力等于零时的预应力筋应力，按《混凝土结构设计规范》(GB 50010—2010)公式(10.1.6-3)或公式(10.1.6-6)计算；

E_s——钢筋弹性模量，取 2.0×10^5MPa。

注：①σ_{pi}的取值范围：当求极限弯矩检验值时，$\sigma_{p0}-f'_{py}\leqslant\sigma_{pi}\leqslant1280$MPa；当求得的 $\sigma_{pi}>1280$MPa 时，取 1280MPa。当 σ_{pi}小于$\sigma_{p0}-f'_{py}$时，取 $\sigma_{p0}-f'_{py}$；当求抗弯弯矩设计值时，$\sigma_{p0}-f'_{py}\leqslant\sigma_{pi}\leqslant1005$MPa；当求得的 $\sigma_{pi}>1005$MPa 时，取1005MPa；当 σ_{pi}小于$\sigma_{p0}-f'_{py}$时，取 $\sigma_{p0}-f'_{py}$。

$$\sigma_c=\begin{cases}f_c\left[1-\left(1-\dfrac{\varepsilon_c}{\varepsilon_0}\right)^h\right] & \varepsilon_c\leqslant\varepsilon_0\\ f_c & \varepsilon_c>\varepsilon_0\end{cases}\tag{3-4}$$

$$n=2-\frac{1}{60}(f_{cu,k}-50)\tag{3-5}$$

$$\varepsilon_0=0.002+0.5(f_{cu,k}-50)\times10^{-5}\tag{3-6}$$

$$\varepsilon_c=\frac{x}{h_i-x}\times0.01\tag{3-7}$$

式中：ε_c——受压区混凝土压应变；

x——受压区混凝土距中和轴的距离；

σ_c——混凝土压应变为 ε_c 时的混凝土压应力；

f_c——混凝土轴心抗压强度，当求抗弯弯矩设计值时，取其混凝土轴心抗压强度设计值；当求极限弯矩检验值时，取其混凝土轴心抗压强度标准值，具体按《混凝土结构设计规范》(GB 50010—2010)表 4.1.4-1 及表4.1.3-1采用；

ε_0——混凝土压应力达到 f_c 时的混凝土压应变，当计算的 ε_0 值小于 0.002 时，取为 0.002；

$f_{cu,k}$——混凝土立方体抗压强度标准值，按混凝土结构设计规范(GB 50010—2010)第 4.1.1 条确定；

h_i——第 i 层纵向钢筋截面重心至截面受压边缘的距离；

n——系数，当计算的 n 值大于 2.0 时，取为 2.0。

通过力的平衡，受压区混凝土所受压力等于全部钢筋所受的拉力(因有预应力的存在，受压区的钢筋仍是拉应力)，即

$$\int B\sigma_c\mathrm{d}x=\sum\sigma_{pi}A_{pi}\tag{3-8}$$

式中：B——空心方桩外边长；

A_{pi}——第 i 排预应力钢筋的截面积。

由式(3-8)求得混凝土受压区高度 x。式中积分为定积分，在计算时应注意 σ_c 为分段函数，应分别进行积分。

②将 x 代入公式(3-3)，求得各层纵向预应力筋的应力 σ_{pi} 。

(2)合力作用点位置 x'的计算

$$x'=\frac{\int B\sigma_c x\,\mathrm{d}x}{\int B\sigma_c\mathrm{d}x}\tag{3-9}$$

(3)离心方桩抗弯弯矩的计算

$$M_{u1}=\sum\sigma_{pi}A_{pi}[h_i-(x-x')]\tag{3-10}$$

注：这里不能用$M=\sum\sigma_{pi}A_{pi}\left(h_i-\frac{x}{2}\right)$，因为$\frac{x}{2}$处并非合力作用点位置。

2)有效受压区高度大于翼缘高度，$X>h_f$

(1)混凝土受压区高度的计算

通过力的平衡，受压区混凝土所受压力等于全部钢筋所受的拉力，即

$$\int b\sigma_c \mathrm{d}x + \int (B-b)\sigma_c \mathrm{d}x = \sum \sigma_{pi} A_{pi} \tag{3-11}$$

式中：B——空心方桩外边长；

b——空心方形截面将内圆孔换算成等截面面积、等惯性矩的方孔后，所转换而成的I形截面腹板宽度；

A_{pi}——第 i 排预应力钢筋的截面积。

由式(3-11)求得混凝土受压区高度 x。式中积分为定积分，在计算时应注意 σ_c 为分段函数，分别进行积分，对式 $\int (B-b)\sigma_c \mathrm{d}x$ 积分时，积分下限应为 $x-h_f$，不应从 0 开始，且同样需注意 σ_c 为分段函数。

(2)各层纵向预应力钢筋应力的计算

将 x 代入规范式(1.1.1-1)，求得各层纵向预应力筋的应力 σ_{pi}。

(3)合力作用点位置 x' 的计算

$$x' = \frac{\int b\sigma_c x \mathrm{d}x + \int (B-b)\sigma_c x \mathrm{d}x}{\int b\sigma_c \mathrm{d}x + \int (B-b)\sigma_c \mathrm{d}x} \tag{3-12}$$

(4)离心方桩抗弯弯矩的计算

$$M_{u1} = \sum \sigma_{pi} A_{pi} [h_i - (x - x')] \tag{3-13}$$

3.2.4　按混凝土先压坏的原则计算离心方桩抗弯承载力

1)有效受压区高度小于翼缘高度，$X<h_f$

(1)混凝土受压区高度的计算

$$\sigma_{pi} = E_s \omega_{cu} \left(\frac{\beta_1 h_i}{x} - 1 \right) + \sigma_{p0i} \tag{3-14}$$

$$\varepsilon_{cu} = 0.0033 - (f_{cu,k} - 50) \times 10^{-5} \tag{3-15}$$

式中：h_i——第 i 层纵向钢筋截面重心至截面受压边缘的距离；

x——等效矩形应力图形的混凝土受压区高度；

ε_{cu}——正截面的混凝土极限压应变，当处于非均匀受压且按公式(3-15)计算的值大于0.0033时，取为 0.0033；当处于轴心受压时取 ε_0；

σ_{pi}——第 i 层纵向预应力筋的应力，正值代表拉应力，负值代表压应力；

σ_{p0i}——第 i 层纵向预应力筋的截面重心处混凝土法向应力等于零时的预应力筋应力，按混凝土结构设计规范(GB 50010—2010)公式(10.1.6-3)或公式(10.1.6-6)计算；

β_1——系数，按混凝土结构设计规范(GB 50010—2010)第 6.2.6 条的规定计算。

注：σ_{pi} 的取值范围，当求极限弯矩检验值时，$\sigma_{p0}-f'_{py}\leqslant\sigma_{pi}\leqslant 1280\text{MPa}$，当求得的 $\sigma_{pi}>1280\text{MPa}$时，取 1280MPa；当 σ_{pi} 小于 $\sigma_{p0}-f'_{py}$时，取 $\sigma_{p0}-f'_{py}$；当求抗弯弯矩设计值时，$\sigma_{p0}-f'_{py}\leqslant\sigma_{pi}\leqslant 1005\text{MPa}$，当求得的 $\sigma_{pi}>1\,005\text{MPa}$ 时，取 1005MPa；当 σ_{pi} 小于 $\sigma_{p0}-f'_{py}$时，取 $\sigma_{p0}-f'_{py}$。

通过力的平衡，受压区混凝土所受压力等于全部钢筋所受的拉力，即

$$\alpha_1 f_c Bx=\sum\sigma_{pi}A_{pi} \tag{3-16}$$

式中：B——空心方桩外边长；

A_{pi}——第 i 排预应力钢筋的截面积；

求得混凝土受压区高度 x。

(2)各层纵向预应力钢筋应力的计算

将 x 代入公式(3-14)，求得各层纵向预应力筋的应力 σ_{pi}。

2)有效受压区高度大于翼缘高度，$X>h_f$

(1)混凝土受压区高度的计算

通过力的平衡，受压区混凝土所受压力等于全部钢筋所受的拉力，即

$$\alpha_1 f_c bx+\alpha_1 f_c(B-b)h_f=\sum\sigma_{pi}A_{pi} \tag{3-17}$$

式中：B——空心方桩外边长；

b——空心方形截面将内圆孔换算成等截面面积、等惯性矩的方孔后，所转换而成的 I 形截面腹板宽度；

A_{pi}——第 i 排预应力钢筋的截面积。

求得混凝土受压区高度 x。

(2)各层纵向预应力钢筋应力的计算

将 x 代入公式(3-14)，求得各层纵向预应力筋的应力 σ_{pi} 。

(3)弯矩的计算

$$M_{u2}=\sum\sigma_{pi}A_{pi}(h_i-\frac{x}{2}) \tag{3-18}$$

注：σ_{pi} 的取值范围，当求极限弯矩检验值时，$\sigma_{p0}-f'_{py}\leqslant\sigma_{pi}\leqslant 1280\text{MPa}$；当求得的 $\sigma_{pi}>1280\text{MPa}$ 时，取 1280MPa；当 σ_{pi} 小于 $\sigma_{p0}-f'_{py}$时，取 $\sigma_{p0}-f'_{py}$；当求抗弯弯矩设计值时，$\sigma_{p0}-f'_{py}<\sigma_{pi}\leqslant 1005\text{MPa}$，当求得的 $\sigma_{pi}>1005\text{MPa}$ 时，取 1005MPa；当 σ_{pi} 小于 $\sigma_{p0}-f'_{py}$时，取 $\sigma_{p0}-f_{py}$ 。比较钢筋先拉坏及混凝土先压坏两种情况下的弯矩值，取其小者。

因各种桩型不同的配筋形式，其破坏情况是不同的，以上钢筋先拉坏或混凝土先压坏两个计算原则，在实际计算时均需分别假定有效受压区高度大于或小于翼缘高度。若有效受压高度大于翼缘高度，计算时将小于翼缘高度的结果舍去，若有效受压高度小于翼缘高度，计算时将大于翼缘高度的结果舍去。因实际情况只有一种，根据计算情况选择一种确定最终有效受压高度，再根据两种破坏形态计算离心方桩的抗弯弯矩，选择其中较小的即为其抗弯承载力。

天津市在编制离心方桩技术规程时，由天津大学康谷贻指导，我们对离心方桩的抗弯承载力进行了详细分析，将规范及现有文献的方法进行了系统分析和细化。计算结果见表 3-8 和表3-9，其中表 3-8 为高强离心方桩(混凝土强度 C80)的计算结果，表 3-9 为离心方桩(混凝土强度 C60)。

高强离心方桩抗弯性能对比表 表 3-8

外边长 B (mm)	内径 D (mm)	型号	箍 B_P (mm)	配 筋	设计值								检验值							
					钢筋先坏		混凝土先坏		翼缘高度 h_f (mm)	等效矩形临界受压高度 X_b (mm)	实际临界受压区高度 X_b/β (mm)	钢筋先坏，当混凝土达到 ε_{cu} 时的 X_3 (mm)	钢筋先坏		混凝土先坏		翼缘高度 h_f (mm)	等效矩形临界受压高度 X_b (mm)	实际临界受压区高度 X_b/β (mm)	钢筋先坏，当混凝土达到 ε_{cu} 时的 X_3 (mm)
					混凝土实际受压区高度 X (mm)	弯矩 M (kN·m)	等效矩形混凝土受压区高度 X (mm)	弯矩 M (kN·m)					混凝土实际受压区高度 X (mm)	弯矩 M (kN·m)	等效矩形混凝土受压区高度 X (mm)	弯矩 M (kN·m)				
250	150	A	187	$4\phi^{D}9.0$	41	28	46	26	60	87	117	50	37	36	38	34	60	69	94	50
250	150	AB	187	$4\phi^{D}10.7$	48	38	55	35	60	85	115	50	44	49	45	46	60	68	93	50
300	120	A	210	$4\phi^{D}7.1+4\phi^{D}9.0$	53	54	59	49	98	101	137	59	48	69	49	65	98	81	110	59
300	120	AB	210	$8\phi^{D}9.0$	60	64	65	59	98	100	136	59	54	83	54	78	98	81	109	59
300	120	B	210	$8\phi^{D}10.7$	72	86	78	79	98	98	133	59	66	111	65	106	98	79	107	59
350	160	A	257	$8\phi^{D}9.0$	59	78	65	72	106	121	163	70	54	100	54	95	106	97	131	70
350	160	AB	257	$8\phi^{D}10.7$	70	105	78	98	106	119	161	70	64	136	64	129	106	96	129	70
350	160	B	257	$8\phi^{D}12.6$	84	140	92	129	106	116	157	70	77	181	76	172	106	94	127	70
400	215	A	307	$4\phi^{D}9.0+4\phi^{D}10.7$	64	108	71	101	107	141	190	82	59	138	59	132	107	113	153	82
400	215	AB	307	$8\phi^{D}10.7$	69	125	77	116	107	140	189	82	64	160	64	152	107	112	152	82
400	215	B	307	$8\phi^{D}12.6$	83	167	91	155	107	137	186	82	76	215	76	205	107	111	150	82
400	230	A	307	$8\phi^{D}7.1+4\phi^{D}9.0$	62	102	68	95	100	141	191	82	57	130	57	124	100	113	153	82
400	230	AB	307	$12\phi^{D}9.0$	72	132	79	123	100	139	188	82	67	170	66	162	100	112	151	82
400	230	B	307	$12\phi^{D}10.7$	87	178	95	165	100	136	184	82	80	230	79	216	100	110	149	82
450	260	A	357	$12\phi^{D}9.0$	72	152	79	142	112	161	217	93	67	195	66	187	112	129	174	93
450	260	AB	357	$12\phi^{D}10.7$	86	207	94	193	112	158	213	93	79	267	78	253	112	127	172	93

续上表

外边长 B	内径 D	型号	箍 B_P	配筋	设计值								检验值							
					钢筋先坏		混凝土先坏		翼缘高度 h_f	等效矩形临界受压高度 X_b	实际临界受压区高度 X_b/β	钢筋先坏，当混凝土达到 ε_{cu} 时的 X_3	钢筋先坏		混凝土先坏		翼缘高度 h_f	等效矩形临界受压高度 X_b	实际临界受压区高度 X_b/β	钢筋先坏，当混凝土达到 ε_{cu} 时的 X_3
					混凝土实际受压区高度 X	弯矩 M	等效矩形混凝土受压区高度 X	弯矩 M					混凝土实际受压区高度 X	弯矩 M	等效矩形混凝土受压区高度 X	弯矩 M				
(mm)	(mm)		(mm)		(mm)	(kN·m)	(mm)	(kN·m)	(mm)	(mm)	(mm)	(mm)	(mm)	(kN·m)	(mm)	(kN·m)	(mm)	(mm)	(mm)	(mm)
450	260	B	357	$12\phi^D12.6$	103	277	112	254	112	154	209	93	95	358	93	335	112	125	169	93
500	310	A	407	$8\phi^D9.0+4\phi^D10.7$	77	194	84	182	116	181	244	105	71	248	70	238	116	145	196	105
500	310	AB	407	$12\phi^D10.7$	85	236	94	221	116	179	242	105	79	303	78	290	116	144	194	105
500	310	B	407	$12\phi^D12.6$	101	317	111	295	116	176	237	105	94	409	93	386	116	142	191	105
550	310	A	457	$16\phi^D9.0$	84	251	91	236	141	201	272	116	78	321	75	308	141	161	218	116
550	310	AB	457	$16\phi^D10.7$	99	344	109	320	141	198	268	116	92	441	90	419	141	159	216	116
550	310	B	457	$16\phi^D12.6$	118	461	129	424	141	195	263	116	109	593	107	561	141	157	212	116
550	350	A	457	$16\phi^D9.0$	83	251	90	236	123	201	271	116	78	321	75	308	123	161	218	116
550	350	AB	457	$16\phi^D10.7$	99	344	108	320	123	197	267	116	92	441	90	419	123	159	215	116
550	350	B	457	$16\phi^D12.6$	118	461	131	422	123	193	261	116	108	593	107	561	123	156	211	116
600	360	A	507	$20\phi^D9.0$	94	342	101	321	144	221	298	128	87	436	84	418	144	177	239	128
600	360	AB	507	$20\phi^D10.7$	111	467	122	434	144	217	293	128	102	599	101	570	144	175	236	128
600	360	B	507	$20\phi^D12.6$	132	625	145	577	144	212	287	128	121	806	120	761	144	172	232	128
600	410	A	507	$20\phi^D9.0$	93	342	101	321	122	219	297	128	86	436	84	418	122	176	238	128
600	410	AB	507	$20\phi^D10.7$	111	468	121	434	122	215	291	128	102	599	101	570	122	174	235	128
600	410	B	507	$20\phi^D12.6$	132	626	156	563	122	210	284	128	121	806	119	761	122	170	230	128

高强离心方桩抗弯性能对比表

表 3-9

外边长 B (mm)	内径 D (mm)	型号	箍 B_P (mm)	配筋	设计值								检验值							
					钢筋先坏		混凝土先坏		翼缘高度 h_f (mm)	等效矩形临界受压高度 X_b (mm)	实际临界受压区高度 X_b/β (mm)	钢筋先坏，当混凝土达到 ε_{cu} 时的 X_3 (mm)	钢筋先坏		混凝土先坏		翼缘高度 h_f (mm)	等效矩形临界受压高度 X_b (mm)	实际临界受压区高度 X_b/β (mm)	钢筋先坏，当混凝土达到 ε_{cu} 时的 X_3 (mm)
					混凝土实际受压区高度 X (mm)	弯矩 M (kN·m)	等效矩形混凝土受压区高度 X (mm)	弯矩 M (kN·m)					混凝土实际受压区高度 X (mm)	弯矩 M (kN·m)	等效矩形混凝土受压区高度 X (mm)	弯矩 M (kN·m)				
250	150	A	187	$4\phi^D9.0$	45	27	54	25	60	94	127	53	40	35	45	33	60	76	103	53
250	150	AB	187	$4\phi^D10.7$	54	37	66	33	60	92	124	53	49	47	53	45	60	75	101	53
300	120	A	210	$4\phi^D7.1+4\phi^D9.0$	59	52	69	48	98	110	149	62	54	67	57	63	98	89	120	62
300	120	AB	210	$8\phi^D9.0$	67	62	77	57	98	109	147	62	61	80	64	76	98	88	119	62
300	120	B	210	$8\phi^D10.7$	82	82	92	76	98	107	144	62	75	106	76	100	98	87	117	62
350	160	A	257	$8\phi^D9.0$	65	76	76	70	106	131	177	74	59	98	63	92	106	106	143	74
350	160	AB	257	$8\phi^D10.7$	79	101	91	94	106	129	174	74	72	132	76	125	106	105	141	74
350	160	B	257	$8\phi^D12.6$	98	133	108	123	106	126	171	74	88	174	89	163	106	103	139	74
400	215	A	307	$4\phi^D9.0+4\phi^D10.7$	70	106	83	98	107	153	206	86	64	136	69	128	107	123	167	86
400	215	AB	307	$8\phi^D10.7$	77	121	90	112	107	152	205	86	70	156	75	148	107	123	166	86
400	215	B	307	$8\phi^D12.6$	93	161	107	149	107	149	201	86	85	209	89	198	107	121	163	86
400	230	A	307	$8\phi^D7.1+4\phi^D9.0$	68	100	80	92	100	153	207	86	62	128	67	121	100	123	167	86
400	230	AB	307	$12\phi^D9.0$	81	128	93	118	100	151	204	86	74	166	78	156	100	122	165	86
400	230	B	307	$12\phi^D10.7$	99	171	116	154	100	148	200	86	91	223	92	208	100	120	162	86
450	260	A	357	$12\phi^D9.0$	79	149	93	138	112	174	235	98	73	192	77	182	112	141	190	98

续上表

外边长 B	内径 D	型号	箍 B_P	配筋	设计值								检验值							
					钢筋先坏		混凝土先坏		翼缘高度 h_f	等效矩形临界受压高度 X_b	实际临界受压区高度 X_b/β	钢筋先坏，当混凝土达到 ε_{cu} 时的 X_3	钢筋先坏		混凝土先坏		翼缘高度 h_f	等效矩形临界受压高度 X_b	实际临界受压区高度 X_b/β	钢筋先坏，当混凝土达到 ε_{cu} 时的 X_3
					混凝土实际受压区高度 X	弯矩 M	等效矩形混凝土受压区高度 X	弯矩 M					混凝土实际受压区高度 X	弯矩 M	等效矩形混凝土受压区高度 X	弯矩 M				
(mm)	(mm)		(mm)		(mm)	(kN·m)	(mm)	(kN·m)	(mm)	(mm)	(mm)	(mm)	(mm)	(kN·m)	(mm)	(kN·m)	(mm)	(mm)	(mm)	(mm)
450	260	AB	357	$12\phi^D 10.7$	96	201	111	185	112	171	231	98	88	260	92	244	112	139	188	98
450	260	B	357	$12\phi^D 12.6$	120	264	139	236	112	168	226	98	107	345	109	322	112	136	184	98
500	310	A	407	$8\phi^D 9.0+4\phi^D 10.7$	83	190	98	176	116	196	265	110	76	244	82	232	116	158	214	110
500	310	AB	407	$12\phi^D 10.7$	95	230	110	213	116	194	262	110	87	297	92	281	116	157	212	110
500	310	B	407	$12\phi^D 12.6$	114	307	137	276	116	190	257	110	105	398	109	372	116	155	209	110
550	310	A	457	$16\phi^D 9.0$	91	247	107	229	141	218	295	122	84	317	89	300	141	176	238	122
550	310	AB	457	$16\phi^D 10.7$	111	334	128	307	141	215	291	122	101	431	106	406	141	174	235	122
550	310	B	457	$16\phi^D 12.6$	136	442	156	402	141	211	285	122	122	574	126	541	141	171	232	122
550	350	A	457	$16\phi^D 9.0$	91	247	106	229	123	218	294	122	84	317	89	300	123	176	238	122
550	350	AB	457	$16\phi^D 10.7$	110	335	129	306	123	214	289	122	101	431	106	406	123	173	234	122
550	350	B	457	$16\phi^D 12.6$	137	443	164	394	123	210	283	122	121	574	126	540	123	171	230	122
600	360	A	507	$20\phi^D 9.0$	102	335	119	310	144	239	323	134	93	430	99	407	144	193	261	134
600	360	AB	507	$20\phi^D 10.7$	124	454	143	417	144	235	318	134	113	585	119	553	144	191	258	134

续上表

外边长 B	内径 D	型号	箍 B_P	配筋	设计值								检验值							
					钢筋先坏		混凝土先坏		翼缘高度 h_f	等效矩形临界受压高度 X_b	实际临界受压区高度 X_b/β	钢筋先坏，当混凝土达到 ε_{cu} 时的 X_3	钢筋先坏		混凝土先坏		翼缘高度 h_f	等效矩形临界受压高度 X_b	实际临界受压区高度 X_b/β	钢筋先坏，当混凝土达到 ε_{cu} 时的 X_3
					混凝土实际受压区高度 X	弯矩 M	等效矩形混凝土受压区高度 X	弯矩 M					混凝土实际受压区高度 X	弯矩 M	等效矩形混凝土受压区高度 X	弯矩 M				
(mm)	(mm)		(mm)		(mm)	(kN·m)	(mm)	(kN·m)	(mm)	(mm)	(mm)	(mm)	(mm)	(kN·m)	(mm)	(kN·m)	(mm)	(mm)	(mm)	(mm)
600	360	B	507	$20\phi^D12.6$	154	597	180	536	144	230	311	134	137	779	140	731	144	187	253	134
600	410	A	507	$20\phi^D9.0$	102	335	119	310	122	238	322	134	93	430	99	408	122	192	260	134
600	410	AB	507	$20\phi^D10.7$	124	454	153	410	122	234	316	134	113	585	118	553	122	190	256	134
600	410	B	507	$20\phi^D12.6$	160	599	194	520	122	228	309	134	138	780	149	718	122	186	251	134

注：①B、D、BP、h_f 定义详下图；

②β 为混凝土实际受压区高度与等效矩形受压区高度的转换系数，按 GB 50010—2010 第 6.2.6 条款规定取值；

③ε_{cu} 为截面的混凝土极限压应变，按 GB 50010—2010 第 6.2.6 条款规定取值。

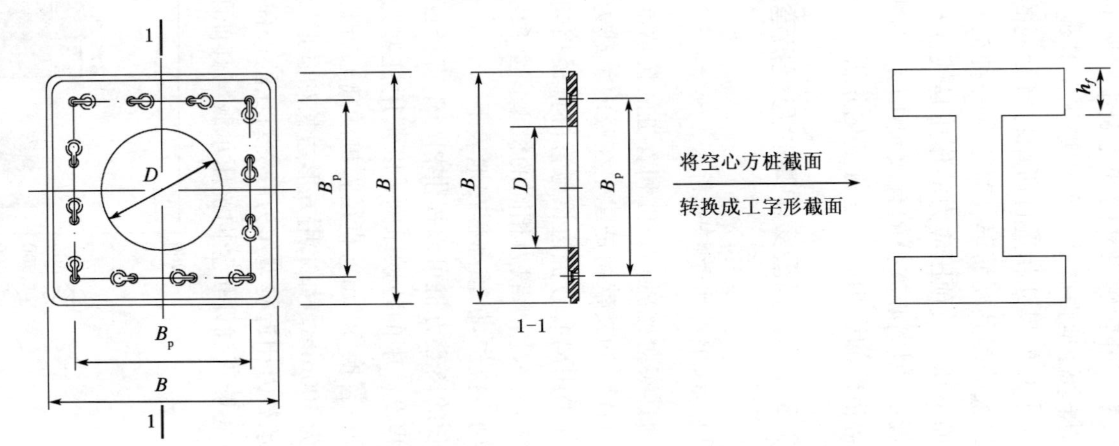

3.3 影响管桩和离心方桩抗弯承载力因素

本书第1章指明管桩和离心方桩力学性能指标对比存在误区，影响其结构性能的主要指标包括：桩身横截面面积、混凝土强度、钢筋强度、配筋率、混凝土有效预压应力、桩身抗压承载力、桩身抗弯承载力、抗剪承载力、抗拉承载力以及惯性矩、包括外轮廓尺寸和内圆尺寸等主要几何参数。外轮廓尺寸的变化及中空圆的尺寸变化时，其周长和面积的关系是不完全一致的，所以，概念性地强调某一种桩型优于其他桩型的说法是不严谨的。

对于几何尺寸相近且所用材料相同的预应力空心桩（包括管桩和离心方桩），对抗弯性能影响最大的是其配筋率。对于同一种桩型，如预应力张拉力与钢筋的极限承载力的比值固定，则配筋率和有效预压应力的作用是线性相关的。国内管桩国标和图集对有效预压应力进行了严格规定，但离心方桩的有效预压应力控制指标标准不一，本文对有效预压应力对桩的抗弯承载力等指标的影响因素进行量化分析。

3.3.1 现有图集中离心方桩抗弯能力计算存在的问题

1）工程中对比子样分析

为真实对比离心方桩和管桩的抗弯能力，首先需了解工程应用中的相互替代关系，阐述离心方桩优势的文献均是建立在竖向承载力相同的情况下对比其经济性能，但在对比其技术性能时却采用离心方桩边长与管桩直径相同时比较其他技术指标。而实际上正确评价其经济技术性能，应采用承载力相同的桩型。某项实际工程的单桩竖向抗压承载力所选用的地质资料来自勘察报告，桩顶高程在地表下1.5m，有效桩长均为20m，计算对比结果见图3-6，表明较小边长的离心方桩可以提供相当于直径较大管桩的承载力，这也正是离心方桩的优势。在实际工程设计中的替换原则，以常用桩型为例，替换400mm直径管桩的离心成型方桩边长为300mm；替换500mm直径管桩的离心方桩边长为400mm；替换600mm直径管桩的离心方桩边长为400mm。如采用方形边长和圆形直径相等时，则离心方桩的混凝土用量大，故将图3-6中的承载力相近桩型作为后文对比的子样，其工程意义为同样承载力下桩的各项技术指标对比，基本能正确评价竖向抗压承载与其他承载指标的差异。

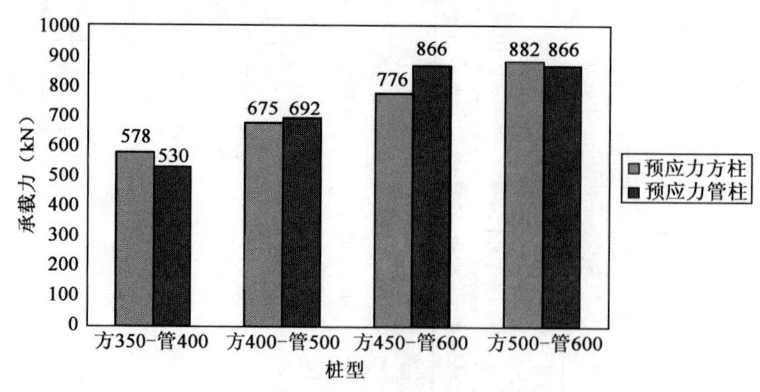

图3-6 同样地层下竖向抗压承载力对比图

2)抗弯性能分析

根据管桩的抗弯、抗剪分析及试验验证,预应力空心桩在水平力作用下是受弯破坏,其抗弯承载性能是决定其破坏形态的主要参数。管桩有产品国家标准《先张法预应力混凝土管桩》(GB 13476),简称管桩国标,自1992年第一版以来已两次修订,即1999年第一次修订、2009年第二次修订,最新版是GB 13476—2009。管桩也有国家建筑标准设计图集《预应力混凝土管桩》(简称管桩国标图集),此图集也历经二次修订,从1996年苏州混凝土水泥制品研究院编制的行业协会管桩图集到03SG409再到最新修订实施的10G409。离心方桩产品标准有行业标准《预应力混凝土空心方桩》(JG 197—2006)、《预应力离心混凝土空心方桩》(JC/T 2029—2010),图集有国家建筑标准设计图集《预应力混凝土空心方桩》(08SG360)(简称方桩国标图集)。因管桩国标的有效执行,各地域的管桩地方图集与国标图集差异不大。管桩地方图集选用"津10G306"。而各地离心方桩的地方图集与方桩国标图集有差别,但各地的离心方桩图集相互间却差别不大,未根据地方土质特性和抗震设防等进行调整。本文方桩地方图集选用"津09G305"。离心方桩和管桩的正截面抗弯弯矩设计值采用相应图集中的计算方法和数据,离心方桩和管桩的国标图集相应子样对比结果如图3-7,地方图集的对比结果如图3-8。对比结果表明,离心方桩抗弯承载力普遍低于对比子样管桩抗弯承载能力,地方图集的差距相比国标相对较大。

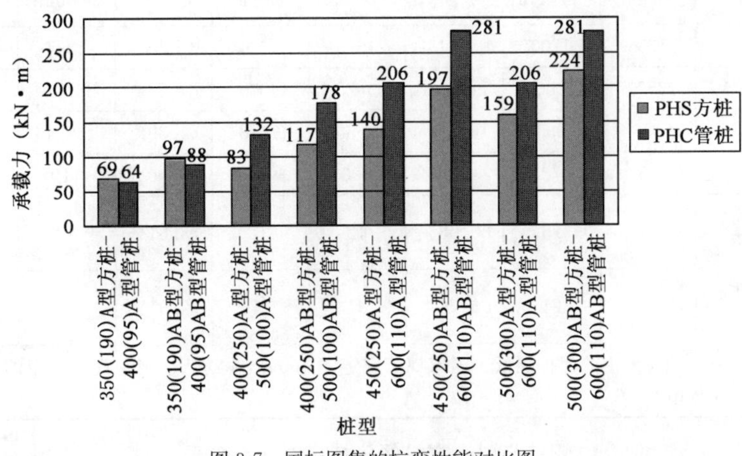

图3-7　国标图集的抗弯性能对比图

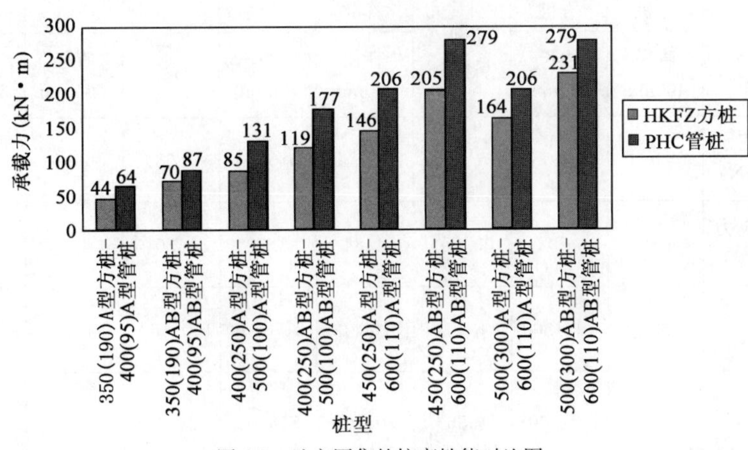

图3-8　地方图集的抗弯性能对比图

3)综合技术经济对比

将工程中最常用的桩型的各项经济技术指标进行对比,对比结果见表3-10。采用天津市现行的管桩图集(津10G306)与空心方桩图集(津09G305)和2010年颁布的建材行业产品标准《预应力离心混凝土空心方桩》(JC/T 2029—2010)基本一致,所选用的同样地层下承载力相近和应用量最大的桩型,均采用图集中的A型桩(AB型和B型对比结果与A型相近)。

对比结果表明,预应力空心方桩因其侧表面积大,在竖向承载力方面有优势。但因最小壁厚较小、配筋率低等原因,其他指标尤其抗弯能力等关键控制指标偏低较多。存在的问题包括:方桩保护层不满足规范要求,从而使其最小壁厚较小;关键的有效预压应力不严格限制致使其抗弯、抗拉、抗裂和抗剪指标均远低于管桩。故建议国家及各个地方规程和图集编制时应高度重视这个问题,在壁厚满足保护层要求的情况下,适当提高离心方桩的配筋率、最小壁厚和有效预压应力,且对于软土区和高抗震区,应重点评价桩的抗弯性能,即评价桩在承受水平力时是否出现开裂或断裂,避免出现误用而对建筑物安全和质量造成重大隐患。

管桩与离心方桩经济技术对比汇总表 表3-10a

对比子项		管桩	方桩	方桩/管桩	管桩	方桩	方桩/管桩	管桩	方桩	方桩/管桩
		直径400mm	边长300mm		直径500mm	边长400mm		直径600mm	边长500mm	
主要几何指标对比	周长(mm)	1256	1200	95.54%	1570	1600	101.91%	1884	2000	106.16%
	底面积(mm²)	125600	90000	71.66%	196250	160000	81.53%	282600	250000	88.46%
	截面积(mm²)	90982	69904	76.83%	125600	114784	91.39%	169246	179350	105.97%
	最小壁厚(mm)	95	70	73.68%	100	80	80.00%	110	100	90.91%
	预应力主筋保护层(mm)	41	25	60.98%	42	31	73.81%	42	33	78.57%
	箍筋保护层(mm)	37	21	56.76%	37	27	72.97%	37	28	75.68%
几何指标对比评价:方桩预应力主筋保护层低于国家规范规定的40mm,箍筋低于国家规范规定的35mm,其主因是壁厚过小;管桩全满足国家规范										

管桩与离心方桩经济技术对比汇总表 表3-10b

对比子项		管桩	方桩	方桩/管桩	管桩	方桩	方桩/管桩	管桩	方桩	方桩/管桩
		直径400mm	边长300mm		直径500mm	边长400mm		直径600mm	边长500mm	
主要力学技术指标对比	同样地层下承载力特征值(kN)	530.30	508.27	95.85%	692.33	675.20	97.53%	866.14	881.5	101.77%
	有效预压应力(MPa)	4.01	4.02	100.25%	4.84	3.93	81.20%	4.6	3.78	82.17%
	桩身抗压承载力设计值(kN)	2288.00	1931.00	84.40%	3158.00	3178.00	100.63%	4255	4985	117.16%
	桩身抗拉承载力设计值(kN)	450.00	322.00	71.56%	708.00	515.00	72.74%	900	772	85.78%

续上表

对比子项		管桩直径400mm	方桩边长300mm	方桩/管桩	管桩直径500mm	方桩边长400mm	方桩/管桩	管桩直径600mm	方桩边长500mm	方桩/管桩
主要力学技术指标对比	正截面抗弯设计值M_u(kN·m)	64.00	39.00	60.94%	131.00	85.00	64.89%	206	164	79.61%
	抗裂弯矩M_{cr}(kN·m)	60.00	36.00	60.00%	118.00	82.00	69.49%	191	157	82.20%
	抗剪承载力设计值Q(kN)	159.00	90.00	56.60%	224.00	141.00	62.95%	294	227	77.21%
	桩身性能参数平均值			62.28%			67.52%			81.20%
力学指标对比评价：在同场地同样承载力下的方桩的抗拉、抗弯、抗裂和抗剪4个关键指标仅相当于管桩的62.28%，即低于管桩37.72%					在同场地同样承载力下，方桩的抗拉、抗弯、抗裂和抗剪4个关键指标比管桩低32.48%			在同场地同样承载力下，方桩的抗拉、抗弯、抗裂和抗剪4个关键指标比管桩低18.80%		

管桩与离心方桩经济技术对比汇总表　　表3-10c

对比子项		管桩直径400mm	方桩边长300mm	方桩/管桩	管桩直径500mm	方桩边长400mm	方桩/管桩	管桩直径600mm	方桩边长500mm	方桩/管桩
主要经济指标（材料使用量对比）	每米混凝土用量(mm^3)	90982	69904	76.83%	125600	114784	91.39%	169246	179350	105.97%
	预应力钢筋型号	$7\Phi_d9.0$	$8\Phi_d7.1$		$11\Phi_d9.0$	$8\Phi_d9.0$		$14\Phi_d9.0$	$12\Phi_d9.0$	
	预应力钢筋面积(mm^2)	445	317	71.24%	699	509		890	763	85.73%
	配筋率(%)	0.4892	0.4529	92.58%	0.5569	0.4432	72.82%	0.526	0.4254	80.87%
	箍筋型号	ϕ_b^4	ϕ_b^4		ϕ_b^5	ϕ_b^4 直径4mm偏低	79.58%	ϕ_b^5	ϕ_b^5	
	箍筋加密段间距(mm)	45	50	方桩箍筋少10%	45	50	方桩箍筋少42.4%	45	50	方桩箍筋少10%
	箍筋普通段间距(mm)	80	100	方桩箍筋少20%	80	100	方桩箍筋少48.8%	80	100	方桩箍筋少20%
经济指标对比评价：方桩所用材料低于管桩，其中混凝土约少用23.17%，但其保护层不满足规范要求，综合技术指标低37.72%					钢筋配率偏低，混凝土少用8.61%，但其保护层不满足规范要求，综合技术指标低32.48%			钢筋配筋率低，混凝土多用5.97%，综合技术指标低18.80%，保护层可满足		

3.3.2　有效预压应力与配筋率的量化分析

离心方桩的抗弯等关键技术指标偏低主要因素是：一方面离心方桩的壁厚普遍低于管桩，

且保护层偏小。管桩常用桩型直径大于400mm的最小壁厚为95mm，预应力钢筋的保护层大于40mm，箍筋的保护层大于35mm，其保护层满足国家规范；而现行规程和图集中离心方桩的常用桩型的最小壁厚小于管桩，致使多数桩型的预应力钢筋的保护层小于35mm，箍筋的保护层多数小于30mm，其最小壁厚为80mm，需在行业或地区规程中以及图集修编中尽快明确并统一其最小壁厚和保护层的基本要求，以满足混凝土耐久性及防腐蚀标准，并可提高其抗剪和抗震承载能力。另一方面，离心方桩国标图集桩型主筋配筋率低于管桩国标图集的相应配筋率；更应注意的是地方图集离心方桩配筋率远低于管桩的地方图集且部分桩型低于国标方桩图集。图3-9为国标图集配筋率对比图，图3-10为地方图集配筋率对比图。

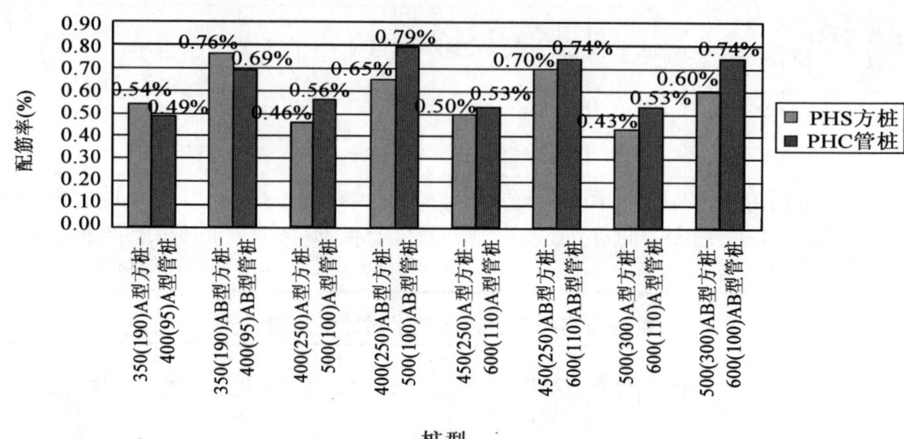

图3-9　国标图集配筋率对比图

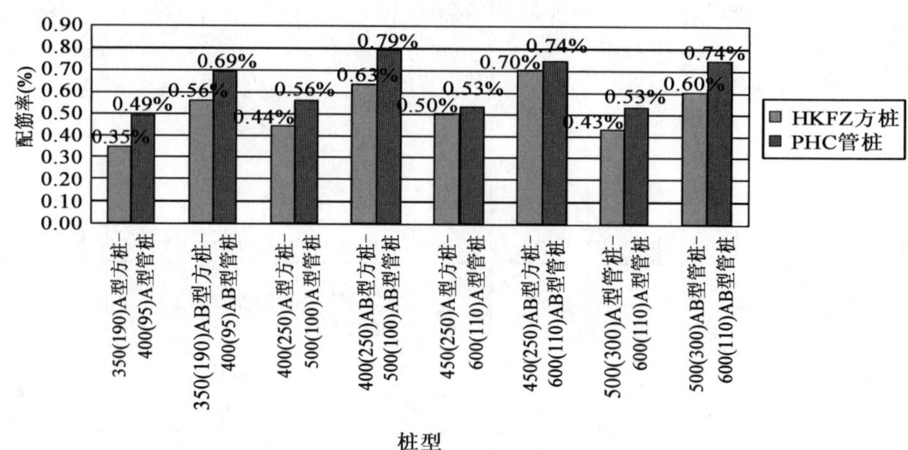

图3-10　地方图集配筋率对比图

1)有效预压应力

预应力空心桩的混凝土有效预压应力是区分承载级别和影响其受力特性的关键指标，管桩国标中对有效预压应力进行了规定，且明确其值不应超过计算值的±5%。而离心方桩有效预压应力标准普遍低于管桩，尽管设计人员可根据受力特性选用图集中的相应桩型，但离心方桩产品规程和各地拟编制的有关离心方桩的技术规程对关键技术指标不够明确，且部分设计人员存在以图集代替规程的误区，标准不统一更易造成概念混淆，为建筑物的工程质量留下隐患。

2)配筋率

新版地基基础和混凝土规范对配筋率有明确的规定，全行业应研究应对措施，提高配筋率使其满足规范要求，减小行业的系统性风险。因离心方桩壁厚在混凝土离心成型时有不均匀现象，在四边方向上的预应力钢筋配筋应呈方形、对称、均匀布置，避免加大受力性能的不均匀性。

3)有效预压应力与配筋率量化分析

预应力空心方桩各关键技术指标与有效预压应力均有较明显关系，以下为根据现有图集中的边长、内径和最小壁厚，在其他材料强度和力学指标相同的情况下分析有效预压应力与配筋率的量化关系。在各项关键指标中，有效预压应力与关键技术指标有的呈线性关系(多项式)、而有的是指数关系，而有效预压应力与配筋率关系最直接，代表性子样的对比结果见图3-11～图 3-13，有效预压应力与配筋率汇总分析见表 3-11。

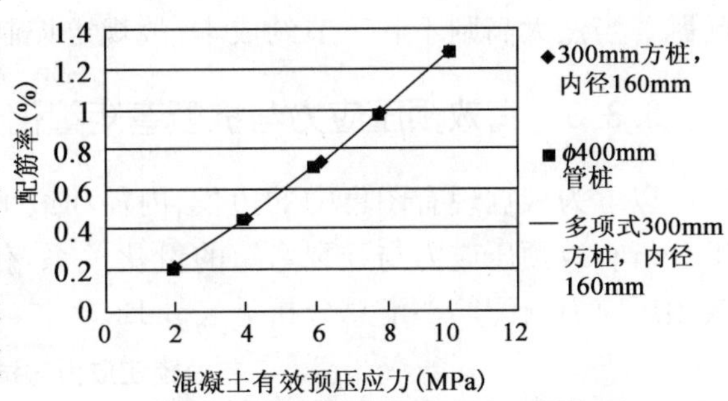

图 3-11　300mm×300mm 离心方桩与 ϕ400mm 管桩应力—配筋率对比图

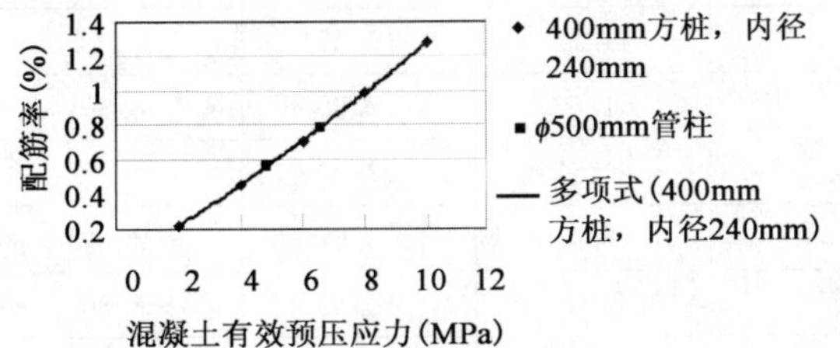

图 3-12　400mm×400mm 离心方桩与 ϕ500mm 管桩应力—配筋率对比图

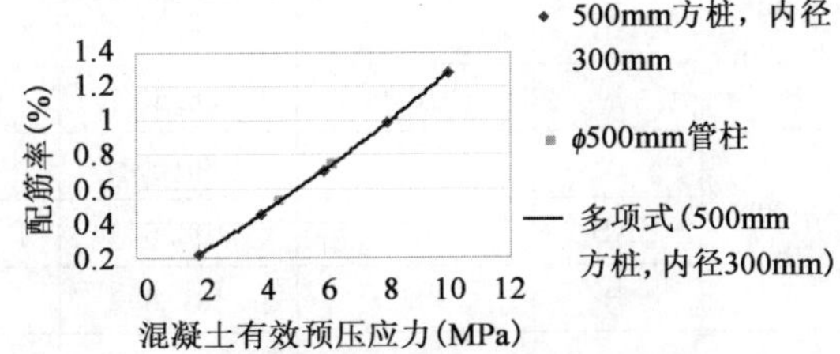

图 3-13　500mm×500mm 离心方桩与 ϕ600mm 管桩应力—配筋率对比图

有效预压应力与配筋率汇总分析　　表 3-11

桩　型		按管桩取相应的有效预压应力值		按低于管桩标准的有效预压应力值		差值百分比(%)	
		有效预压应力(偏差在±5%以内)(MPa)	配筋率(%)	低于标准的有效预压应力(MPa)	配筋率(%)	有效预压应力	配筋率
300mm×300mm	A	4	0.46	3.5	0.40	12.50	13.10
	AB	6	0.71	5	0.58	16.67	18.23
	B	8	0.99	7	0.85	12.50	14.25
400mm×400mm	A	4	0.46	3.5	0.40	12.50	13.29
	AB	6	0.71	5	0.58	16.67	18.11
	B	8	0.99	7	0.85	12.50	14.24
500mm×500mm	A	4	0.46	3.5	0.40	12.50	13.31
	AB	6	0.71	5	0.58	16.67	18.26
	B	8	0.99	7	0.85	12.50	14.27

注：计算公式为 $\rho=\frac{A_p}{A_c}$

A_p——纵向预应力钢筋截面面积(mm^2)；

A_c——空心方桩混凝土的截面积(mm^2)。

配筋率与有效预压应力关系分析表明：新版地基基础设计规范中“最小配筋率不宜小于0.5%”仅是针对A型桩的，故除了最小配筋率要求，有效预压应力的标准必须严格坚持，否则其他桩型的配筋率将失控；另外，管桩和预应力空心方桩在有效预压应力低于8MPa时，均属于少筋的脆性破坏形态，在规定下限−5%以上越高对结构受力越有利，不存在减小桩承载力问题。当然太高则不利于节约成本，故规定控制值的±5%或不低于−5%是非常必要的。

3.3.3 有效预压应力与抗裂弯矩量化分析

以下为根据现有图集中的边长、内径和最小壁厚，在其他材料强度和力学指标不变的情况下分析有效预压应力与开裂弯矩的量化关系，代表性子样的对比结果见图3-14～图3-16，有效预压应力与配筋率汇总分析见表3-12。

有效预压应力与抗裂弯矩汇总分析 表3-12

桩型		按管桩取相应的有效预压应力值		按低于管桩标准的有效预压应力值		差值百分比(%)	
		有效预压应力(偏差在±5%以内)(MPa)	开裂弯矩(kN·m)	低于标准的有效预压应力(MPa)	开裂弯矩(kN·m)	有效预压应力	开裂弯矩
300mm×300mm	A	4	36.94	3.5	34.60	12.50	6.32
	AB	6	46.61	5	41.74	16.67	10.44
	B	8	56.60	7	51.57	12.50	8.90
400mm×400mm	A	4	86.00	3.5	80.53	12.50	6.37
	AB	6	108.67	5	97.43	16.67	10.34
	B	8	131.89	7	120.20	12.50	8.86
500mm×500mm	A	4	168.43	3.5	157.63	12.50	6.41
	AB	6	212.43	5	190.25	16.67	10.44
	B	8	257.91	7	234.98	12.50	8.89

注：①计算公式为 $M_{cr}=[(\sigma_{ce}+\gamma\cdot f_{tk})\cdot W_0]/10^6$，详见《先张法预应力离心混凝土空心方桩》(津09G305)；

②有效预压应力为4.01MPa、6.16 MPa对应的ϕ400mm管桩的开裂弯矩分别为58 MPa、71 MPa，对应的300mm×300mm方桩的开裂弯矩分别为36.99kN·m、47.39kN·m，ϕ400mm管桩的开裂弯矩与300mm×300mm方桩的开裂弯矩相差分别为21.01kN·m、23.61kN·m，分别占ϕ400mm管桩的开裂弯矩的36.23%、33.25%。(即该桩型的离心方桩有效预压应力与管桩标准相同，其关键技术指标仍然低于管桩。如采用低于管桩的方式存在严重的不合理现象。如需提高关键指标，则需加大最小壁厚。其他桩型和其他指标的对比量化分析结果雷同，不逐一分析，但其揭示的结果需关注。)

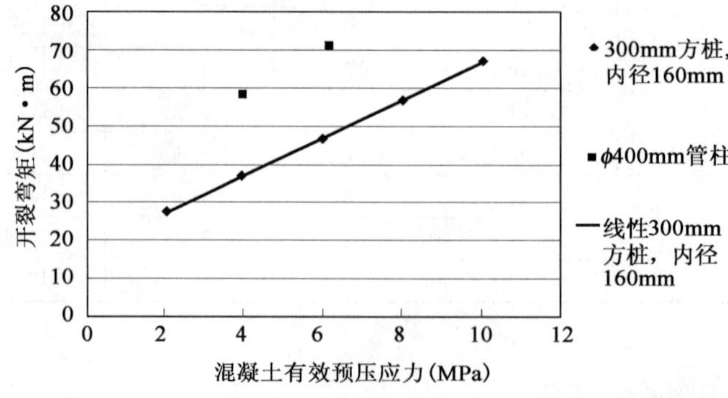

图3-14 300mm×300mm离心方桩与ϕ400mm管桩应力—开裂弯矩对比图

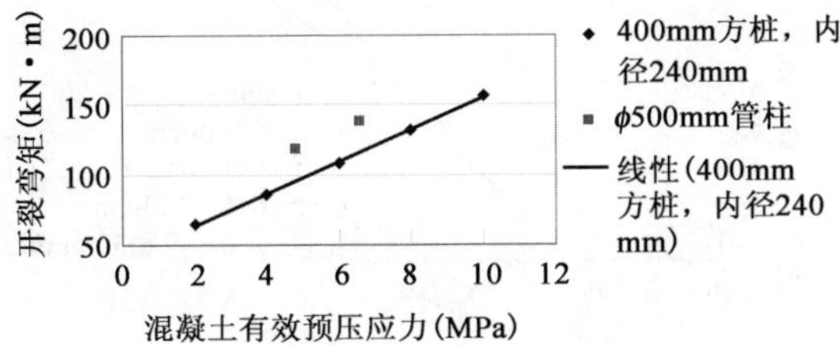

图 3-15　400mm×400mm 离心方桩与 ϕ500mm 管桩应力—开裂弯矩对比图

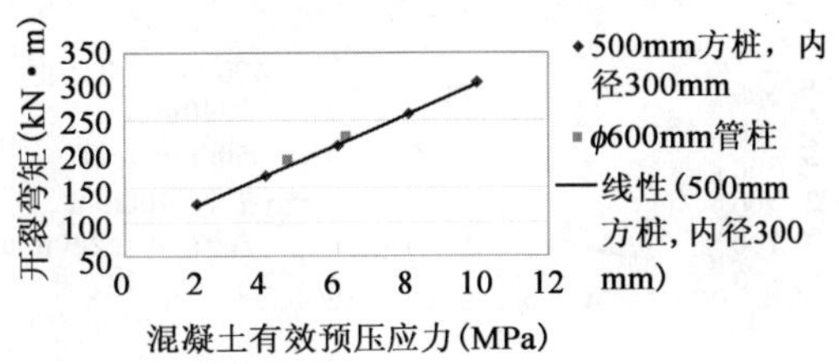

图 3-16　500mm×500mm 离心方桩与 ϕ600mm 管桩应力—开裂弯矩对比图

3.3.4　有效预压应力与正截面抗弯弯矩设计值量化分析

以下为根据现有图集中的边长、内径和最小壁厚，在其他材料强度和力学指标不变的情况下分析有效预压应力与正截面抗弯弯矩设计值量化关系，代表性子样的对比结果见图 3-17～图 3-19，有效预压应力与抗弯弯矩汇总分析见表 3-13。

有效预压应力与抗弯弯矩汇总分析　　表 3-13

桩型		按管桩取相应的有效预压应力值		按低于管桩标准的有效预压应力值		差值百分比(%)	
		有效预压应力(偏差在±5%以内)(MPa)	抗弯弯矩(kN·m)	低于标准的有效预压应力(MPa)	抗弯弯矩(kN·m)	有效预压应力	抗弯弯矩
300mm×300mm	A	4	38.77	3.5	33.69	12.50	13.10
	AB	6	60.40	5	49.39	16.67	18.23
	B	8	83.84	7	71.89	12.50	14.25
400mm×400mm	A	4	78.92	3.5	68.43	12.50	13.29
	AB	6	135.24	5	110.75	16.67	18.11
	B	8	187.71	7	160.98	12.50	14.24
500mm×500mm	A	4	174.68	3.5	151.44	12.50	13.31
	AB	6	272.15	5	222.46	16.67	18.26
	B	8	820.61	7	323.87	12.50	60.53

注：计算公式主要为 $M_u=[f_{py}\sum A_{pi}(h_i-a')]/10^6$，详见先张法预应力离心混凝土空心方桩(津 09G305)。

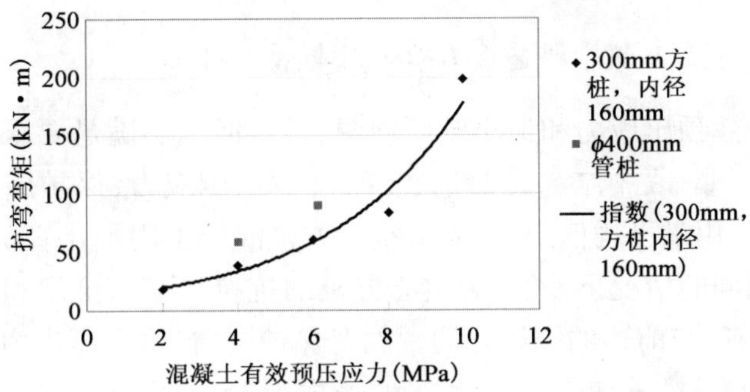

图 3-17　300mm×300mm 离心方桩与 ϕ400mm 管桩应力—抗弯弯矩对比图

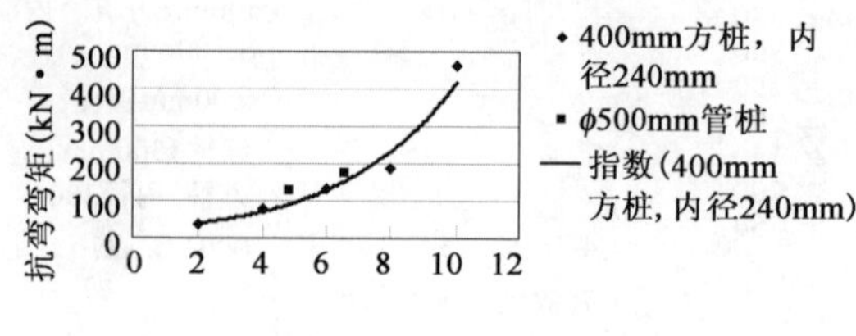

图 3-18　400mm×400mm 离心方桩与 ϕ500mm 管桩应力—抗弯弯矩对比图

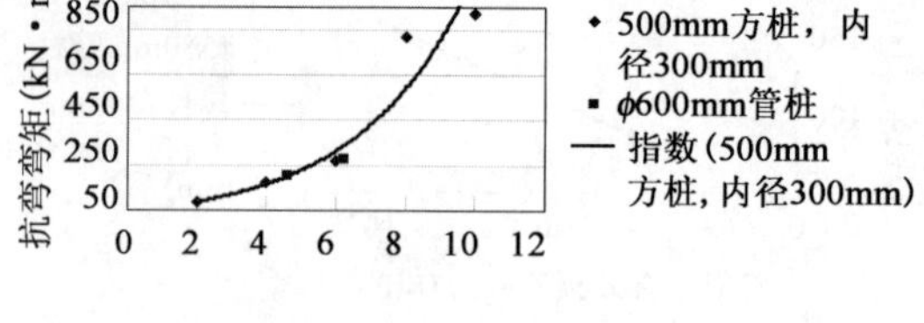

图 3-19　500mm×500mm 离心方桩与 ϕ600mm 管桩应力—抗弯弯矩对比图

3.3.5　最小壁厚变化及影响因素分析

根据现有图集中的边长和有效预压应力控制标准(混凝土按有效预压应力分为 A 型、AB 型和 B 型三种型号，其值分别为 4MPa、6MPa、8MPa，计算值不应超过±5%)，将内径适当缩小，即最小壁厚适当增加，以满足规范中保护层的要求，并提高关键技术指标，在其他材料强度和力学指标不变的情况下分析有效预压应力与开裂弯矩、正截面抗弯弯矩设计值、桩身结构抗剪承载力设计值、桩身结构抗拉承载力设计值以及配筋率的量化关系。

1)内径调整原则

内径为 130mm、16mm 的 300mm 方桩与 ϕ400mm 管桩对比(内径为 160mm 的 300mm 方桩，最小壁厚 70mm，不能满足保护层要求，属于现图集中的桩型；内径为 120mm 的 300mm 方桩，最小壁厚 90mm，基本满足保护层要求)；内径 210mm 和内径 240mm 的 400mm 方桩、ϕ500mm 管桩对比(内径为 240mm 的 400mm 方桩，最小壁厚 80mm，不满足保护层要求，属于现图集中的桩型；内径为 210mm 的 400mm 方桩，最小壁厚 95mm，满足保护层要求)。

壁厚为 280mm 的 500mm 方桩与壁厚为 300mm 的 500mm 方桩、ϕ600mm 管桩对比(内径为 300mm 的 500mm 方桩，最小壁厚 100mm，满足保护层要求，但因壁厚小技术指标低于管桩，属于现图集中的桩型；内径为 280mm 的 500mm 方桩，最小壁厚 110mm，满足保护层要求，且技术指标基本接近管桩)。

2)有效预压应力和最小壁厚调整后离心方桩与管桩对比

将上述桩型的有效预压应力和最小壁厚均调整后，保护层满足要求并提高了关键技术指标的对比汇总于表 3-14。表中结果计算前提为：有效预压应力、保护层和最小壁厚均与管桩一致，三种子样混凝土用量平均值中，预应力空心方桩混凝土用量比管桩高 0.79%，即每米钢筋混凝土用量基本相同的情况下，预应力空心方桩的抗拉、抗弯、抗裂和抗剪 4 个关键指标平均值比管桩低 20.02%，与前述的结果相同。如对保护层、有效预压应力和最小壁厚不严格进行限制，则结果相差更大，详见表 3-10。三种子样混凝土用量平均值中，方桩比管桩少用 5.74%，而关键技术指标平均值方桩比管桩低 29.67%。

管桩与离心方桩经济技术对比汇总表（有效预压应力和最小壁厚调整后）　　表 3-14a

对比子项		直径 400mm 管桩与 300mm ×300mm 方桩（方桩内径为 120mm，最小壁厚为 90mm）			直径 500mm 管桩与 400mm ×400mm 方桩（方桩内径为 210mm，最小壁厚为 95mm）			直径 600mm 管桩与 500mm ×500mm 方桩（方桩内径为 280mm，最小壁厚为 110mm）		
		管桩 直径 400mm	方桩 边长 300mm	方桩/管桩	管桩 直径 500mm	方桩 边长 400mm	方桩/管桩	管桩 直径 600mm	方桩 边长 500mm	方桩/管桩
主要几何指标对比	周长（mm）	1256	1200	95.54%	1570	1600	101.91%	1884	2000	106.16%
	底面积（mm^2）	125600	90000	71.66%	196250	160000	81.53%	282600	250000	88.46%
	截面积（mm^2）	90982	78690	86.49%	125600	125364	99.81%	169246	188425	111.33%
	最小壁厚（mm）	95	90	94.74%	100	95	95%	110	110	100%
	预应力主筋保护层（mm）	41	40	97.56%	42	42	100%	42	42	100%
	箍筋保护层（mm）	37	36	97.30%	37	37	100%	37	37	100%
几何指标对比评价：因壁厚调整，预应力空心方桩和管桩均满足国家规范要求										

管桩与离心方桩经济技术对比汇总表（有效预压应力和最小壁厚调整后）　　表 3-14b

对比子项		直径 400mm 管桩与 300mm ×300mm 方桩（方桩内径为 120mm，最小壁厚为 90mm）			直径 500mm 管桩与 400mm ×400mm 方桩（方桩内径为 210mm，最小壁厚为 95mm）			直径 600mm 管桩与 500mm ×500mm 方桩（方桩内径为 280mm，最小壁厚为 110mm）		
		管桩 直径 400mm	方桩 边长 300mm	方桩/管桩	管桩 直径 500mm	方桩 边长 400mm	方桩/管桩	管桩 直径 600mm	方桩 边长 500mm	方桩/管桩
主要力学技术指标对比	同样地层下承载力特征值（kN）	530.30	508.27	95.85%	692.33	675.20	97.53%	866.14	881.5	101.77%
	有效预压应力（MPa）	4.01	4.00	99.75%	4.84	4.00	82.64%	4.6	4.00	86.96%
	桩身抗压承载力设计值（kN）	2288.00	2175	95.06%	3158.00	3465	109.72%	4255	5208	122.40%
	桩身抗拉承载力设计值（kN）	450.00	361	80.22%	708.00	575	81.21%	900	864	96%
	正截面抗弯弯矩设计值 M_u（kN·m）	64.00	38	59.38%	131.00	88	67.18%	206	175	84.95%
	抗裂弯矩 M_{cr}（kN·m）	60.00	38	63.33%	118.00	88	74.58%	191	170	89.01%
	抗剪承载力设计值设计值 Q（kN）	159.00	112	70.44%	224.00	169	75.45%	294	268	91.16%
	桩身性能参数平均值	—	—	68.34%	—	—	74.61%	—	—	90.28%
力学指标对比评价：在同场地同样承载力下的方桩的抗拉、抗弯、抗裂和抗剪 4 个关键指标仅相当于管桩的 68.34%，即低于管桩 31.66%					在同场地同样承载力下，方桩的抗拉、抗弯、抗裂和抗剪 4 个关键指标比管桩低 25.39%			在同场地同样承载力下，方桩的抗拉、抗弯、抗裂和抗剪 4 个关键指标比管桩低 9.72%		

管桩与离心方桩经济技术对比汇总表（有效预压应力和最小壁厚调整后）　　表 3-14c

对比子项		直径 400mm 管桩与 300mm×300mm 方桩（方桩内径为 120mm，最小壁厚为 90mm）			直径 500mm 管桩与 400mm×400mm 方桩（方桩内径为 210mm，最小壁厚为 95mm）			直径 600mm 管桩与 500mm×500mm 方桩（方桩内径为 280mm，最小壁厚为 110mm）		
		管桩 直径 400mm	方桩 边长 300mm	方桩/管桩	管桩 直径 500mm	方桩 边长 400mm	方桩/管桩	管桩 直径 600mm	方桩 边长 500mm	方桩/管桩
主要经济指标（材料使用量对比）	每米混凝土用量（mm^3）	90982	78690	86.49%	125600	125364	99.81%	169246	188425	111.33%
	预应力钢筋面积（mm^2）	445	359	80.67%	699	572	81.83%	890	860	96.63%
	配筋率（%）	0.4892	0.4561	93.23%	0.5569	0.4561	81.90%	0.526	0.4562	86.73%
	箍筋型号	Φb^4	Φb^4		Φb^5	Φb^5	79.58%	Φb^5	Φb^5	
	箍筋加密段间距（mm）	45	45	同标准	45	45	同标准	45	45	同标准
	箍筋普通段间距（mm）	80	80	同标准	80	80	同标准	80	80	同标准
经济指标对比评价：方桩所用材料低于管桩，其中每米钢筋混凝土用量约少用 13.51%，其保护层已满足规范，综合技术指标仍低 28.37%					钢筋配率基本一致，混凝土少用 0.19%，其保护层已满足规范，综合技术指标仍低 23.50%			钢筋配筋基本一致，混凝土多用 11.33%，综合技术指标仍低 8.20%，保护层可满足规范要求		

综上所述，离心方桩与管桩同属先张法预应力高强混凝土空心桩，制造工艺相同，仅外观形状上有差异，其力学性能取决于截面面积、截面形状、混凝土强度、混凝土有效预压应力、配筋率和配箍率等。离心方桩与管桩各有其优缺点以及适用范围，制造工艺与产品结构必须匹配才能实现质量优化和质量控制，也只有保证质量的产品才有高的性价比。正确评价其经济技术优势应综合客观分析。现行图集中的桩型对比表明，在外周长基本相同、只考虑桩身摩阻力的情况下，离心方桩在竖向抗压承载力方面有经济优势；但水平荷载和偏心荷载作用下，经对现行图集桩型中同样竖向抗压承载力的对比子样分析，离心方桩的抗弯等综合性能指标低于管桩，在桩型选择时需综合确定，避免技术人员在应用时将图集等同技术规程的误区。

建议尽快编制行业技术规程，修编相应规范和图集，特别是高抗震区和软土区，在设计时应验算管桩的抗弯承载力。如用抗弯能力更弱的离心方桩替代管桩，更应关注其抗弯能力能否满足建筑安全需要。应将影响建筑物安全和质量的关键指标进行规范，以满足国家相关规范要求，并确保建筑物的安全和质量。另外，有必要组织业内专家对这两种桩型开展深入的研究工作。

3.4 本章小结

管桩的破坏形态为受弯破坏，当承受较大水平力且局部钢筋出现应力集中时，桩身的脆性变大，管桩受拉面预应力钢筋易出现断裂破坏。即抗弯弯矩的承载能力是制约其承受水平力的主要因素。抗弯性能试验是检验管桩实际拉力是仍在残余抗拉力范围之内的必要试验，用以保证桩在水平荷载作用下的抗弯能力。

第 4 章　抗拔管桩结构性能和应用研究

4.1　抗拔管桩的桩身抗拉承载力

抗拔管桩应进行桩身承载力和裂缝控制计算，抗拔管桩的桩身强度满足设计要求是将管桩用作抗拔桩的首要前提。桩身承载力计算采用承载能力极限状态原则确定，而桩身裂缝控制计算采用正常使用极限状态原则确定。不同的桩型，根据其受力性能采取不同的确定方法，各地区规范依据不同的区域土质特性有所差异。抗拔管桩承载力的决定因素包括：桩身的钢筋配置、混凝土强度、桩的接头以及桩身受拉时的裂缝控制值等。

4.1.1　承载能力极限状态下的桩身抗拉承载力

抗拔管桩桩身的极限承载能力是指混凝土管桩在受拉时的最大承载能力，确定其值时一般是指混凝土退出工作后钢筋破坏的状态，其设计值的选取采用不考虑混凝土的抗拉作用，仅用混凝土中的钢筋受力的设计值确定桩身的抗拉承载力。按桩身钢筋受拉计算的桩身抗拉承载力设计值为：

$$R_{p1} = f_{py}A_p \tag{4-1}$$

式中：R_{p1}——按桩身钢筋受拉计算的桩身抗拉承载力设计值；

f_{py}——预应力钢筋的抗拉强度设计值(MPa)；

A_p——预应力钢筋面积(mm^2)。

天津市图集常用管桩桩型按钢筋受拉设计承载力计算，见表 4-1 中的 R_{p1}，其中 f_{py} 取 1005MPa。根据钢筋极限强度计算的桩身抗拉承载力计算值见表 4-1 中的 R_u，其中钢筋的极限承载力为 1420kN。

PC 和 PHC 管桩抗拉承载力计算表　　表 4-1

强度类型	桩径(mm)	壁厚(mm)	桩型	主筋 直径(mm)	主筋 根数	主筋 面积 A_p(mm)	混凝土有效预压应力(MPa)	混凝土截面积(mm^2)	抗拔设计值 R_{p1}(kN)	抗拔极限值 R_u(kN)
PC和PHC	300	60	A	7.1	6	237.43	4.47	45216	238.62	332.89
			AB	9	6	381.51	7.02	45216	383.42	541.77
	400	80	A	9	7	445.10	4.69	80384	447.32	632.06
			AB	10.7	7	629.12	6.51	80384	632.27	893.40
	450	90	A	9	9	572.27	4.76	101736	575.13	812.66
			AB	10.7	9	808.87	6.6	101736	812.92	1148.66

续上表

强度类型	桩径 (mm)	壁厚 (mm)	桩型	主筋			混凝土有效预压应力 (MPa)	混凝土截面积 (mm^2)	抗拔设计值 R_{p1} (kN)	抗拔极限值 R_u (kN)
				直径 (mm)	根数	面积 A_p (mm)				
PC和PHC	500	100	A	9	10	635.85	4.3	125600	639.03	902.95
			AB	10.7	10	898.75	5.97	125600	903.24	1276.28
	600	110	A	9	13	826.61	4.15	169246	830.74	1173.84
			AB	10.7	13	1168.37	5.77	169246	1174.21	1659.16

4.1.2 正常使用极限状态下的桩身抗拉承载力

根据钢筋混凝土的不同裂缝控制条件，正常使用极限状态的桩身抗拉承载力确定可以有3种状态：混凝土不出现拉应力、混凝土不出现裂缝、混凝土裂缝不超过最大限值。混凝土构件的最大裂缝限值[32]见表4-2，预制桩桩身的最大裂缝限值[16]见表4-3。

混凝土结构的裂缝控制等级及最大裂缝控制限值 表4-2

环境类别	钢筋混凝土结构		预应力钢筋混凝土结构	
	裂缝控制等级	ω_{lim}(mm)	裂缝控制等级	ω_{lim}(mm)
一	三	0.3(0.4)	三	0.2
二	三	0.2	二	—
三	三	0.2	一	—

预制桩桩身的裂缝控制等级及最大裂缝控制限值 表4-3

环境类别		钢筋混凝土桩		预应力钢筋混凝土桩	
		裂缝控制等级	ω_{lim}(mm)	裂缝控制等级	ω_{lim}(mm)
二	a	三	0.2(0.3)	二	0
	b	三	0.2	二	0
三		三	0.2	一	0

从表4-2中可以看出，预应力混凝土结构的最大裂缝控制宽度可以达到0.2mm，而预应力混凝土管桩是不允许出现裂缝的。对于控制等级为三类或抗拔管桩作为临时承载桩时，其最大裂缝控制宽度为0.2mm，这些规定为抗拔管桩的设计提供了明确的控制标准。

1)混凝土不出现拉应力的抗拔管桩承载力

混凝土不出现拉应力的抗拔管承载力设计值为：

$$R_{p2} = \sigma_{pc} \times A_0 \tag{4-2}$$

式中：R_{p2}——按桩身混凝土不出现拉应力的桩身抗拉承载力设计值(kN)；

σ_{pc}——桩身截面混凝土有效预压应力(Mpa)；

A_0——管桩截面的换算截面积(mm^2)。

$$A_0 = A + \left(\frac{E_s}{E_c} - 1\right)A_p \tag{4-3}$$

式中：A——管桩桩身截面积(mm^2)；

E_s——预应力钢筋的弹性模量(MPa)；

E_c——桩身混凝土的弹性模量(MPa)。

天津市图集常用管桩桩型按混凝土不受拉的管桩抗拉承载力计算，见表4-4。

PC和PHC管桩抗拉承载力计算表　　表4-4

桩径(mm)	桩型	主筋面积A_p(mm^2)	混凝土有效预压应力(MPa)	混凝土截面积A(mm^2)	换算截面积A_0(mm)	混凝土不受拉管桩抗拉承载力R_{p2}(kN)	
						PC	PHC
300	A	237.43	4.47	45216	46297.6	206.95	206.64
	AB	381.51	7.02	45216	46953.9	329.62	328.83
400	A	445.10	4.69	80384	82411.6	386.51	385.90
	AB	629.12	6.51	80384	83250.0	541.96	540.76
450	A	572.27	4.76	101736	104342.0	496.67	495.88
	AB	808.87	6.6	101736	105420.0	695.78	694.22
500	A	635.85	4.3	125600	128496.0	552.56	551.74
	AB	898.75	5.97	125600	129694.0	774.27	772.71
600	A	826.61	4.15	169246	173011.0	717.10	716.10
	AB	1168.37	5.77	169246	174568.0	1007.26	1005.29

2)混凝土不出现裂缝的管抗拔桩承载力

混凝土不出现裂缝的管抗拔桩承载力设计值为：

$$R_{p3} = (\sigma_{pc} + f_t) \times A_0 \tag{4-4}$$

式中：f_t——桩身混凝土抗拉强度设计值。

天津市图集常用管桩桩型按混凝土不开裂抗拉承载力计算，见表4-5。

PC和PHC管桩抗拉承载力计算表　　表4-5

桩径(mm)	桩型	主筋面积A_p(mm^2)	混凝土有效预压应力(MPa)	混凝土截面积A(mm^2)	换算截面积A_0(mm^2)	混凝土不开裂的抗拉承载力R_{p3}(kN)	
						PC	PHC
300	A	237.43	4.47	45216	46297.6	338.90	350.41
	AB	381.51	7.02	45216	46953.9	463.44	474.51
400	A	445.10	4.69	80384	82411.6	621.38	641.80
	AB	629.12	6.51	80384	83250.0	779.22	799.10
450	A	572.27	4.76	101736	104342.0	794.05	819.86
	AB	808.87	6.6	101736	105420.0	996.23	1021.34
500	A	635.85	4.3	125600	128496.0	918.75	950.78
	AB	898.75	5.97	125600	129694.0	1143.90	1175.24
600	A	826.61	4.15	169246	173011.0	1211.08	1254.31
	AB	1168.37	5.77	169246	174568.0	1504.78	1547.14

3)混凝土裂缝不超过最大限值的管抗拔桩承载力

混凝土裂缝不超过最大限值的管抗拔桩承载力设计值为：

$$R_{p4} = \sigma_{sk} \times A_0 \tag{4-5}$$

式中：σ_{sk}——按荷载效应的标准组合计算的钢筋混凝土构件纵向受拉钢筋的应力或预应力混凝土构件纵向受拉钢筋的等效应力，

$$\sigma_{sk} = \frac{w_{max} \cdot E_s}{a_{cr}\psi\left(1.9c + 0.08\frac{d_{eq}}{\rho_{te}}\right)};$$

式中：w_{max}——混凝土最大裂缝控制值(mm)；

E_s——钢筋弹性模量(MPa)；

α_{cr}——构件受力特征系数；

ψ——裂缝间纵向受拉钢筋应变不均匀系数，当 $\psi<0.2$ 时，取 0.2；当>1 时，取 1；

c——最外层纵向受拉钢筋外边缘至受拉区底边的距离：当 $c<20$mm 时，取 20mm；当 $c>65$mm，取 65mm；

d_{eq}——受拉区纵向钢筋的等效直径(mm)；

ρ_{te}——按有效受拉混凝土截面面积计算的纵向受拉钢筋的配筋率；在最大裂缝宽度计算中，当 ρ_{te} 小于 0.01 时，取 0.01。

所有参数的取值参照混凝土结构设计规范第 8.1.2 确定。

天津市图集常用管桩桩型按混凝土不开裂抗拉承载力计算，见表 4-6。

PC 和 PHC 管桩抗拉承载力计算表 表 4-6

桩径 (mm)	桩型	主筋面积 A_p (mm^2)	混凝土有效预压应力 (MPa)	混凝土截面积 A (mm^2)	换算截面积 A_0 (mm^2)	混凝土裂缝宽度不大于 0.2 mm 受拉抗拉承载力 R_{p4} (kN)	
						PC	PHC
300	A	237.43	4.47	45216	46297.6	283.59	286.93
	AB	381.51	7.02	45216	46953.9	446.22	451.30
400	A	445.10	4.69	80384	82411.6	521.60	527.83
	AB	629.12	6.51	80384	83250.0	725.32	733.78
450	A	572.27	4.76	101736	104342.0	665.84	673.83
	AB	808.87	6.6	101736	105420.0	926.20	937.06
500	A	635.85	4.3	125600	128496.0	732.99	741.96
	AB	898.75	5.97	125600	129694.0	1021.33	1033.57
600	A	826.61	4.15	169246	173011.0	948.93	960.63
	AB	1168.37	5.77	169246	174568.0	1324.02	1340.00

4.2 抗拔管桩接头及端板受力强度

国内管桩接头多采用机械连接和焊接连接。天津市图集没有采用机械连接方式，常采用端板焊接方式，即采用焊条在桩端板的坡口处满焊。通过工程试验和室内试验表明，焊接接头和端板均是抗拔管桩的薄弱环节。

4.2.1 端板的焊接方式和技术要求

端板焊接的方式即为端板坡口处采用气体保护焊和焊条电弧焊的方式[89]。

焊条电弧焊焊接时技术要求如下：接桩时上下节桩段应保持顺直，错位偏差不宜大于2mm；对接前上下端板表面应用铁刷子清刷干净，坡口处应刷至露出金属光泽；接桩最佳位置为下节桩的桩头距地面1～1.2m左右。接桩时可在下节桩头上安装导向箍，便于上桩节的引导就位，上节桩找正方向后，对称点焊4～6点加以固定，然后拆除导向箍；焊接层数不得少于两层，内层焊渣必须清理干净后方能施焊外一层；焊缝应饱满连续，防腐处理时应在接桩处将外露钢板用沥青涂料全面涂刷两遍。

气体保护焊是用外加气体作为电弧介质并保护电弧和焊接区的电弧焊[89]，焊接时一次焊接完成，主要重视焊机的维护：要经常注意送丝软管工作情况，以防被污垢堵塞；检查导电嘴磨损情况，及时更换磨损大的导电嘴，以免影响焊丝导向及焊接电流的稳定性；施焊时及时清除喷嘴上的金属飞溅物；及时更换已磨损的送丝滚轮。

焊接的一般技术要求包括：避免桩尖接近或处于硬持力层中接桩；焊缝应连续饱满，其外观质量应符合二级焊缝的要求；抗拔桩的接头焊缝应作可靠的防锈处理；根据同一承台桩接头不应在同一截面的要求，考虑施工配桩；电焊结束后，停歇时间应大于8min，并应对接头焊接质量进行隐蔽验收，方可继续施压。

4.2.2 端板焊接焊缝的强度

端板焊接处的焊接强度(承载力)设计值：

$$R_{p5}=l_w h_e f_t^w \tag{4-6}$$

式中：R_{p5}——相应于荷载效应基本组合时的单桩竖向抗拔承载力设计值；

l_w——焊缝长度，$l_w=\pi(d_1+d_2)/2$（d_1为焊缝外径，通常取$d_1=d-2$，d_2为焊缝内径，通常取$d_2=d-2\times12$，d为管桩外径）；

h_e——焊缝计算厚度，$h_e=0.75S$（S为焊缝坡口根部至焊缝表面的最短距离，通常取12mm）；

f_t^w——焊缝抗拉强度设计值，取170MPa。

按天津市管桩图集常用管桩桩型的端板焊接强度计算抗拉承载力，计算结果见表4-7。

抗拔管桩焊接承载力 表4-7

桩径(mm)	焊缝外径 d_1(mm)	焊缝内径 d_2(mm)	焊缝长度 l_w(mm)	焊缝计算厚度 h_e(mm)	焊缝抗拉强度设计值(MPa)	抗拔承载力(kN)
300	298	276	901.18	9	170	1378.8054
400	398	376	1215.18			1859.2254
450	448	426	1372.18			2099.4354
500	498	476	1529.18			2339.6454
600	598	576	1843.18			2820.0654

从焊缝验算中可以看出，如果焊缝质量可以保证，则焊缝的强度远大于桩身的结构强度，本章后面的试验也验证了这一点。但是实际工程中，因焊缝接口质量不好，还是引发了很多工

程事故，经桩身完整性测试，有的桩身严重缺陷，有的是施工过程中焊接接口被拨开，所以对于抗拔管桩焊缝质量仍然是值得特殊关注的要点，建议对抗拔管桩的焊口采取过程验收以避免工程质量事故。

4.2.3 钢筋镦头和端板的连接强度

在管桩的制作和受力过程中，钢筋镦头和端板的连接点是抗拔管桩最薄弱环节，形成的原因包括两方面：一方面是钢筋在受力时镦头被拉脱，另一方面是端板在受拉力时局部被拉变形，无法再承受拉力。在建城公司年度统计不合格品总计 8309 项中，钢筋镦头拉脱现象占 466 项，约占 5.6%，是所有不良品现象中的第七大原因。造成这种结果的原因除了材质质量问题外，还包括：

图 4-1 钢筋加工长度检查

(1)钢筋镦头和焊接等操作不符合工艺标准。控制镦头加工的技术要点很多，其中控制钢筋的加工长度是最主要环节，旨在避免钢筋的不均匀受力。如图 4-1 所示即是控制钢筋笼的钢筋加工长度的误差的测试过程。

(2)制作时镦头气压、温度不当，以及外部环境温度低的影响下，引起了使用存放时效不足，热镦造成钢棒镦头强度的降低。

(3)钢筋张拉控制值是钢筋极限承载力的 70%，加工完成拆模放张后总预应力损失约 10%，管桩用作抗拔桩时，在已受拉的情况下再受拉力，墩头一旦出现不均匀受力引起的应力集中现象，就容易出现受拉作用时的镦头拉脱或端板在应力集中情况下的局部破坏。所以在抗拔管桩应用时，应严格避免单纯以端板焊接钢筋作为受力接头。

为减少钢筋镦头因受力不均而出现的应力集中现象，应如图 4-1 所示进行钢筋加工长度检查。

4.3 抗拔管桩桩身和接头的抗拉试验研究及问题讨论

为了验证预应力混凝土管桩的实际破坏形式，研究管桩的端板、镦头、焊缝和桩身的破坏形式及验证填芯混凝土与管桩的黏结性能，综合考虑预应力混凝土管桩在承受上拔力的破坏形式，我们在完成天津市建委下达的科研项目中进行了预应力混凝土管桩的室内试验研究工作[21]。

试验采用 PHC A 400 805 的预应力混凝土管桩，管桩各项数据满足国家标准[4]和天津市图集[14]的要求。为了在一次试验中验证预应力混凝土管桩的破坏形式，综合考虑各种不利因素，将管桩端板处留有 0.5m 的空间，两侧在 2.0m 长度范围内用混凝土填芯，养护一定龄期后，再将两端板分别采用气体保护焊和焊条电弧焊焊接端板，其中 3 根采用气体保护焊，3 根采用焊条电弧焊，通过接桩方式形成一个含焊缝、端板、桩身和填芯检验的试验桩试件，以验证预应力混凝土管桩焊缝、端板、桩身和填芯的破坏形式及薄弱点。

本次试验共对 6 根试验桩进行试验。其中，试验加载装置见图 4-2 所示，试验桩平放于表面平整的试验场地上。试验装置由两根混凝土梁和两侧各两个端锚组成，其中一侧端锚称为

固定端，另一侧端锚与油压泵连接提供上拔力，并且油压泵由三通连接，这样可以保证左右两侧的油压泵提供相同的荷载。测力装置是压力计，采用油压千斤顶人工加载时，分级加载，从300kN开始，级差由300kN、150kN、100kN、50kN逐级减小，每级加载后停滞2～3min，观察桩身混凝土有无裂缝，套箍、端板有无变形，接头焊缝有无裂缝，填芯混凝土及钢筋有无变化等。

4.3.1 抗拔管桩桩身和接头抗拉结构性能试验

将抗拔桩带法兰盘端两两对焊，其中3根采用气体保护焊，3根采用焊条电弧焊，焊接程度与常规施工接桩相同。桩芯采用C25混凝土灌注，采用工程桩施工中常规做法加微膨胀剂，焊接、填芯及加载示意见图4-2。

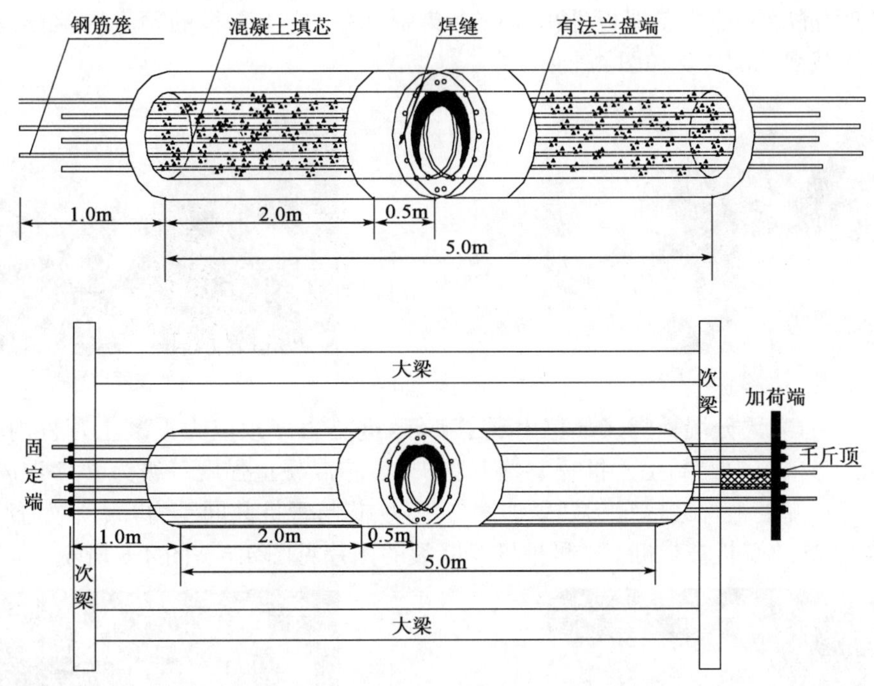

图4-2 抗拔管桩结构抗拉试验示意图

4.3.2 试验结果及分析

试验数据及开裂、破坏应力与破坏形态如表4-8所示。

抗拔管桩和焊接接口开裂、破坏应力与破坏形态 表4-8

桩 号	开裂荷载(kN)	结构表征	破坏荷载(kN)	破坏形态
1号	600	端板出现变形	630	端板断裂
2号	630	端板明显变形	660	端板断裂
3号	660	桩身出现裂缝	690	端板断裂
4号	600	桩身出现1、2、3条裂缝	660	桩身断裂
5号	300	桩身混凝土出现裂缝	630	端板断裂
6号	570	端板明显变形	630	端板断裂

上述6根桩的拉拔试验中有4根桩为端板首先出现较大变形，但是另外两根桩的4号和5号分别出现桩身折断和裂缝现象。其中4号桩由于填芯不密实，混凝土管桩与填芯混凝土连接不紧密，造成桩身单独承担荷载，故可以认为试验时无桩内填芯影响，实际加载为桩身预应力混凝土受力，其破坏形式为桩身首先出现裂纹，试验证明位于接桩处端板的抗拉强度高于桩身的抗拉强度。由于端板与预应力混凝土管桩的连接为预应力钢棒，从上述计算结果也能看出预应力钢筋的抗拉强度高，即预应力混凝土管桩的桩身强度较低，首先出现破坏，故4号桩桩身首先出现断裂。

5号桩填芯与预应力混凝土管桩黏结不牢，管桩桩身单独受力，桩身混凝土出现受力薄弱点，从计算角度，桩身较桩端板更易出现破坏现象，故理论上讲应该是管桩桩身断裂。但是5号桩实际破坏形式为端板断裂，这是由于填芯与预应力混凝土管桩有接触，增强了桩身抗裂性能，故而预应力混凝土管桩在端板处出现应力集中现象，连接端板的预应力钢棒发生脆性破坏。端板破坏截面见图4-3和图4-4所示。

图4-3 端板破坏之一

图4-4 端板破坏之二

本次试验中，大部分端板焊接部位出现了破坏，这是由于预应力混凝土管桩内填芯较长，且填芯混凝土与预应力混凝土管桩一起蒸养养护(填芯混凝土强度等级为C25混凝土)，填芯混凝土对预应力混凝土管桩桩身起到了加固作用，填芯与管桩共同受力，故预应力混凝土管桩桩身刚度加大，导致端板被拉断。4号桩桩身断裂的图片见图4-5～图4-8所示。

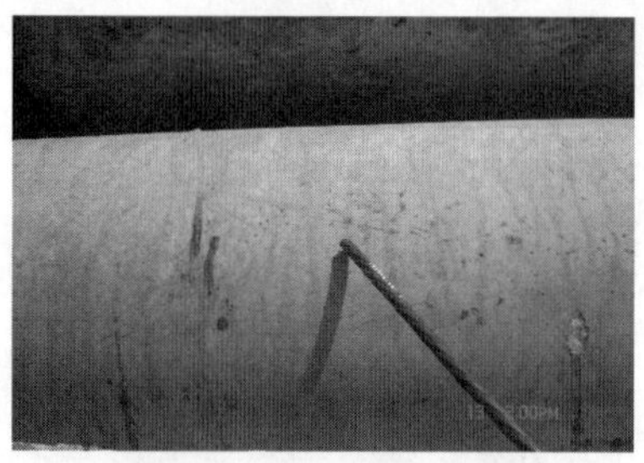

图4-5 4号桩开始裂缝

图4-6 4号桩裂缝发展

图4-7 4号桩破坏形式

图4-8 4号桩破坏形式

4.4　抗拔管桩与承台连接节点的承载力研究

4.4.1　抗拔管桩与承台连接节点构造

抗拔管桩的连接接头一般要求采用填芯的方式，填芯的主筋通过计算配置，长度和构造满足相关要求。

管桩顶的填芯混凝土应灌注饱满，对承压桩，灌注深度不得小于 2 倍的桩径，且不得小于 1.2m；对抗拔桩，应采用管桩桩芯灌注混凝土和端板焊接钢筋相结合的方式，灌注混凝土的强度和长度应经过抗拉强度验算；填芯混凝土强度等级与承台同级，且不宜低于 C30，且应于填芯混凝土中掺入微膨胀剂。

抗拔管桩与承台连接时，桩顶嵌入承台深度应不小于 50mm，伸入承台内的纵向钢筋应符合下列规定：对于抗拔桩，当采用插筋时，其数量应经过强度验算，且钢筋沿桩周围均匀布置，钢筋伸入管桩内的长度应同填芯混凝土灌注深度，锚入承台内长度不应小于 40 倍钢筋直径。

4.4.2　抗拔管桩的填芯长度

当抗拔管桩用填芯混凝土中的钢筋作为抗拔桩的连接构造时，应按式(4-7)验算填芯混凝土的长度和按式(4-8)计算填芯混凝土处的抗拔受力钢筋。

$$L_a \geqslant \frac{Q_d}{f_n U_m} \tag{4-7}$$

$$A_s \geqslant \frac{Q_d}{f_y} \tag{4-8}$$

式中：L_a——填芯混凝土的长度(mm)，大于灌芯钢筋的锚固长度；

f_n——填芯混凝土应采用微膨胀混凝土与管桩内壁的黏结强度极限值，宜由现场试验确定；

U_m——管桩内孔圆周长度(mm)；

A_s——管桩内孔受拉钢筋面积(mm^2)；

f_y——抗拉钢筋的抗拉强度极限值(MPa)。

4.4.3　抗拔管桩填芯长度试验分析

将本文收集到的空客 A320 项目等有详细资料的工程试桩及结构试验时填芯混凝土和填芯长度的资料进行分析，汇总见表 4-9 所示，可以得出预应力混凝土管桩的不同桩径、桩型及填芯对其竖向承载力的影响。

有关填芯混凝土和抗拔管桩的桩内侧黏结强度的极限值，部分文献和地方规程都有所规定[6-8]，混凝土强度一般要求高于 C30，黏结强度取值范围一般为 300～600kPa。本文受各种原因限制，未做专项的填芯长度测试试验，表 4-9 所列资料都是具体的工程试验中的实际测数值，本文将实际测算的填芯混凝土黏结强度与填芯混凝土的极限抗拉强度值的比值进行分析。表中所述所有项目在工程试验中均未出现填芯混凝土拔出现象，尽管表 4-9 的统计值没有在统一标准即极限受力状态下比较分析，但是所测试的结果的最大值是在未出现极限破坏的状态下，即测试的黏结强度均小于实际的极限值。在没有实测或经验值时本文实测数据可供参考，可选用值不低于表中所列的最大值。本文以后拟对此问题将进一步做极限状态下的试验验证，以便量化分析填芯长度的控制标准。

抗拔管桩填芯长度汇总分析表 表 4-9

工程名称	桩　　型	填芯长度（m）	填芯混凝土		抗拔承载力极限值（kN）	填芯混凝土黏结强度极限值（kPa）	黏结强度与填芯混凝土抗拉强度比（%）
			强度等级	抗拉强度 f_{tk}（kPa）			
空客 A320 项目	PHC A600 110	3.5	C35	2200	1120	268	12.18
	PHC A500 100	3.5	C35	2200	940	285	12.95
陆港石油橡胶项目	PHC AB500 100	3.0	C30	2010	990	350	17.41
	PHC AB400 80	3.0	C30	2010	720	318	15.82
大推力火箭 202	PHC A400 80	2.0	C25	1780	600	226	12.70
	PHC A400 80	2.0	C25	1780	600	226	12.70
	PHC A400 80	2.0	C25	1780	600	226	12.70
大推力火箭新桩型试验	PHC A500 100	3.0	C35	2200	900	318	14.45
	PHC A500 100	3.0	C35	2200	1500	530	24.09
	PHC A500 100	3.0	C35	2200	1500	530	24.09
	PHC A500 100	3.0	C35	2200	1500	530	24.09
室内抗拉试验	PHC A400 80	2.0	C25	1780	630	418	23.48
	PHC A400 80	2.0	C25	1780	660	438	24.61
	PHC A400 80	2.0	C25	1780	690	458	25.73
	PHC A400 80	2.0	C25	1780	630	418	23.48

另外从表 4-9 可知，不同的桩径、桩型及填芯对抗拔管桩的最终承载力是有影响的，且 2.0～3.0m 的填芯可以满足实际工程使用要求。当桩身破坏时，达到龄期的填芯混凝土能保证管桩与桩身的连接。这也证明了天津市规范、图集中规定的 2.0～3.0m 的填芯是满足实际使用要求的。同时，结合无填芯预应力混凝土管桩的试验数据可知，预应力混凝土管桩的填芯可解决预应力混凝土管桩的端头、镦板等结构受拉薄弱部位[21]的受力要求，提高了预应力混凝土管桩的抗拉结构性能。随着填芯深度的增加，预应力混凝土管桩的抗拉极限荷载也有一定程度的增加。

4.5 单桩抗拔静载试验确定抗拔管桩承载力

4.5.1 桩周土对抗拔管桩承载力的影响

桩周土确定抗拔管桩的承载能力包括单桩抗拔静载试验和经验参数估算法，对管桩基础设计等级为甲、乙级的建筑物，桩周土对桩的摩阻力应通过单桩竖向抗拔承载力静载试验确定，试验方法及承载力能力的取值原则应符合国家行业标准《建筑基桩检测技术规范》(JGJ 106—2003)[19]第5章关于单桩竖向抗拔静荷载试验的规定。现场试验设备示意图如图4-9所示。

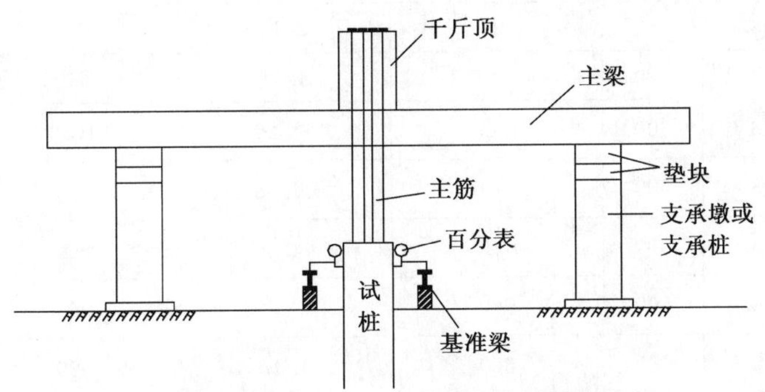

图4-9 单桩竖向抗拔静荷载试验设备示意图

在初步设计时和对管桩基础设计等级为丙级的建筑物或无静载试验资料时，管桩的单桩抗拔承载力可通过经验参数法估算，影响其值大小的主要因素是桩周土的土性、物理力学指标、时间以及桩周土与桩的结合密实程度。抗拔管桩单桩承载力标准值可按下式估算：

$$T_{uk}=U_p\sum\lambda_i q_{sik}l_i \tag{4-9}$$

式中：T_{uk}——抗拔管桩极限承载力标准值；

λ_i——抗拔系数，按表4-10取值；

q_{sik}——桩侧表面第i层土的抗压极限侧阻力标准值，按本地区实测值取值，没有本地区经验时参照规范[68]取值；

U_p——桩身外周边长度；

l_i——桩穿越第i层土的厚度。

抗拔系数表 表4-10

土的类别	抗拔系数λ_i值
黏性土、粉土	0.70～0.80
砂土	0.50～0.70

4.5.2 抗拔管桩在天津市的应用

近年来，抗拔管桩在天津市的实际工程应用有增加的趋势，但是大部分抗拔管桩抗拔承载力要求都不是特别高，所以大部分工程没做单桩抗拔静荷载试验。本文作者在天津地区收集6个工地的25根抗拔管桩的静载试验和相关的地质资料，其中有5个工地的19根试验桩资料齐全，能基本反映桩土之间的相互作用，静载试验和经验参数估算法的比较见表4-11。

从表4-11中可以看出，空客A320为试验桩进行了破坏试验，其余项目均为工程中进行了承载力验证试验。除一汽丰田项目桩长较短，单桩极限抗拔承载力对应的变形值超过10mm，其他项目按勘察报告设计选用的单桩极限抗拔承载力对应的变形值在2.19～6.63mm，能满足建筑物的变形要求。

抗拔管桩的试验结果分析 表 4-11

项目名称	桩号	桩长(m)	桩径(mm)	最终加载(kN)	最终上拔量 s(mm)	单桩竖向抗拔极限承载力(kN)	对应沉降值(mm)
空客A320	4	18.0	600	910	2.44	840	2.44
	5	18.0	600	910	4.41	840	3.86
空客A320	6	18.0	600	1120	41.29	1050	4.76
	7	18.0	500	1020	44.08	960	5.12
	8	18.0	500	1020	44.26	960	7.32
	9	18.0	500	960	32.50	900	6.97
大推力火箭202项目	4	26.0	400	600	4.97	600	4.97
	5	26.0	400	600	5.12	600	5.12
	6	26.0	400	600	6.00	600	6.00
大推力火箭305项目	874	26.0	400	500	5.46	500	5.46
	1056	26.0	400	500	6.63	500	6.63
	1131	26.0	400	500	6.03	500	6.03
空港航空中心	795	24.0	400	500	3.39	600	3.39
	801	26.0	400	500	2.19	600	2.19
一汽丰田成品车停放场	247	12.0	400	300	9.55	300	9.55
	263	12.0	400	300	12.02	300	12.02
	401	13.0	400	300	10.38	300	10.38
	497	13.0	400	300	12.79	300	12.79
	669	13.0	400	300	13.23	300	13.23

空客 A320 抗拔试验的情况如下：

1)地质情况

该工程场地处于天津滨海冲积平原，原地表地形大部平坦，为耕地，但局部分布沟渠及鱼塘，地形略有起伏。本区地表以下 60m 范围内，地基土按成因及时代可分为 9 层，按土的物理力学特征可分为 21 个亚层，部分亚层中分布有透镜体。场区地层主要为：

①第四系全新统人工填土层(人工堆积层 Qml)；

②第 I 陆相层(第四系全新统河床～河漫滩相沉积 Q_4^3al)；

③第 I 海相层(第四系全新统中组浅海相沉积 Q_4^2m)；

④第 II 陆相层(第四系全新统下组沼泽相沉积 Q_4^1h 及河床～河漫滩相沉积 Q_4^1al)；

⑤第 III 陆相层(第四系上更新统五组河床～河漫滩相沉积 Q_3^eal)；

⑥第 II 海相层(第四系上更新统四组滨海～潮汐带相沉积 Q_3^dmc)；

⑦第 IV 陆相层(第四系上更新统三组河床～河漫滩相沉积 Q_3^cal)；

⑧第 III 海相层(第四系上更新统二组浅海～滨海相沉积 Q_3^bm)，详细情况见表 4-12。

地基土特征表 表4-12

时代	层号	顶板埋深(m)	顶板高程(m)	厚度(m)	土质特征	压缩性
Qml	①	0	3.64～1.95	0.4～4.1	素填土:黄褐色,可塑～硬塑,以粉质黏土为主,含少量碎石	—
Q_4^3al	②1	1.7～0.0	3.81～1.15	0.3～2.5	黏土:黄褐色,硬塑～可塑,局部软塑,夹少量铁锰色斑点;光滑,摇振反应无,干强度高,韧性高,平均标贯击数 N=6.2击	中压缩性土
	②2	3.0～0.8	2.20～0.15	0.7～3.5	黏土:黄褐色～灰褐色,可塑～流塑。夹薄层粉土,含黑色斑点;光滑,摇振反应无,干强度高,韧性高,平均标贯击数 N=4.3击	高压缩性土
Q_4^2m	③1	5.6～2.2	0.96～−1.96	3.0～7.4	淤泥质黏土:深灰色,局部黑灰色,流塑,夹粉质黏土,含少量贝壳碎片;局部顶部夹淤泥透镜体;有机质含量(w_u)为1.31左右。平均标贯击数 N=2.5击	高压缩性土
	③2	9.6～6.6	−3.46～−6.65	1.6～7.4	粉质黏土:灰色,可塑～流塑,夹薄层黏土及粉土,含少量贝壳;稍有光滑,摇振反应无,干强度中等,韧性中等,平均标贯击数 N=5.5击	高压缩性土
	③3	14.5～12.0	−8.68～−11.34	0.4～3.5	粉土:灰色～灰黄色,稍密～中密,湿,夹粉质黏土薄层,无光泽反应;摇振反应迅速,干强度低,韧性低,平均标贯击数 N=11.4击	中压缩性土
	③4	14.5～12.3	−8.89～−11.18	0.6～3.2	黏土:灰褐色～灰色,可塑～流塑,夹薄层粉土,含黑色斑点;光滑,摇振反应无,干强度高,韧性高,平均标贯击数 N=11.5击	高压缩性土
	③5	15.3～10.1	−6.79～−12.05	0.7～5.3	粉质黏土:灰色,可塑～流塑,局夹薄层黏土及粉土,含少量贝壳;稍有光滑,摇振反应无,干强度中等,韧性中等,平均标贯击数 N=8.9击	中高压缩性土
Q_4^1h	④1	16.1～13.5	−10.54～−12.80	0.5～4.5	粉质黏土:灰白色～灰黄色,可塑～软塑,夹粉土,含少量螺壳,顶部夹泥炭;稍有光滑,摇振反应无,干强度中等,韧性中等,平均标贯击数 N=11击。④1-1粉土密实,湿,呈透镜体分布,厚度为0.7～2.5m	中压缩性土
Q_4^1al	④2	19.5～13.4	−10.69～−16.10	1.2～7.5	粉土:黄褐色,密实,上部局部为中密、湿,夹少量螺壳碎片,夹粉质黏土薄层;无光泽反应,摇振反应迅速,干强度低,韧性低;平均标贯击数 N=24.7击。④2-1粉质黏土,可塑,呈透镜体分布	中压缩性土
Q_3^eal	⑤1	22.3～19.1	−15.93～−19.39	0.5～4.1	粉质黏土:黄褐色,可塑～软塑,含锈斑及少量姜石。多夹粉土,含螺壳碎片;稍有光滑,摇振反应无,干强度中等,韧性中等,平均标贯击数 N=18.3击	中压缩性土
	⑤2	23.9～20.8	−17.90～−20.82	1.0～3.9	黏土:褐黄色,可塑～软塑,含锈斑及少量姜石。多夹粉质黏土。含少量螺壳;光滑,摇振反应无,干强度高,韧性高,平均标贯击数 N=15.3击	中压缩性土
Q_3^dmc	⑥	26.8～23.6	−20.40～−23.47	0.6～4.4	粉质黏土:灰黄色,可塑～软塑,局部流塑,夹粉土,含少量锈斑,夹白色贝壳;稍有光滑,摇振反应无,干强度中等,韧性中等,平均标贯击数 N=17.7击	中压缩性土

续上表

时代	层号	顶板埋深(m)	顶板高程(m)	厚度(m)	土质特征	压缩性
$Q_3^c al$	⑦$_1$	32.8～25.2	−22.25～−29.57	0.2～7.0	粉质黏土：黄褐色，可塑～硬塑，夹粉土及黏土薄层，含少量姜石；稍有光滑，摇振反应无，干强度中等，韧性中等，平均标贯击数 N=15.9 击。⑦$_{1-1}$粉土密实，湿，呈透镜体分布，最大厚度为 3.8m	中压缩性土
	⑦$_2$	32.8～27.0	−23.84～−29.63	0.2～4.7	粉土：黄褐色，密实、湿，局部夹粉质黏土、粉砂薄层；无光泽反映，摇振反应迅速，干强度低，韧性低。平均标贯击数 N=47.8 击	中压缩性土
	⑦$_3$	34.7～29.2	−26.34～−31.73	0.6～7.3	粉质黏土：黄褐色，可塑～硬塑，夹粉土及黏土薄层，含少量姜石；稍有光滑，摇振反应无，干强度中等，韧性中等，平均标贯击数 N=21.9 击	低压缩性土
	⑦$_4$	38.9～29.4	−26.03～−35.70	0.3～9.9	粉砂：黄褐色，密实，饱和，成分以石英、长石为主，夹薄层粉土、细砂，平均标贯击数 $N>50$ 击。⑦$_{4-1}$粉质黏土，可塑，呈透镜体分布，最大厚度为 2.4m	中压缩性土
	⑦$_5$	41.5～32.4	−29.04～−38.10	1.4～6.2	粉质黏土：黄褐色，硬塑～软塑，夹粉土及黏土薄层，含少量姜石；稍有光滑，摇振反应无，干强度中等，韧性中等，平均标贯击数 N=28.5 击。⑦$_{5-1}$粉砂，密实，饱和，呈透镜体分布，最大厚度为 1.7m	中压缩性土
	⑦$_6$	43.8～38.7	−35.40～−40.54	6.0～12	细砂：黄褐色，密实，饱和，以石英、长石为主，夹薄层粉砂，平均标贯击数 $N>50$ 击。⑦$_{6-1}$粉质黏土，可塑，呈透镜体或似层状分布，最大厚度为 5.4m	中压缩性土
$Q_3^b m$	⑧$_1$	51.4～48.5	−45.47～−48.31	1.0～5.5	粉土：灰～灰褐色，密实、湿，局部夹粉质黏土、粉砂薄层；无光泽反应，摇振反应迅速，干强度低，韧性低，平均标贯击数 $N>50$ 击	中压缩性土
	⑧$_2$	54.1～51.0	−47.48～−50.97	>1.6	细砂：灰～灰褐色，密实，饱和，成分以石英、长石为主，夹薄层粉砂，平均标贯击数 $N>50$ 击	中压缩性土

2）检测方法

（1）试验方法。本次试验依据中华人民共和国行业标准《建筑桩基技术规范》的规定进行。试验以锚桩提供反力。试验方法采用慢速维持荷载法。试验采用承载力达 10000kN 的钢结构反力装置 1 套。测试系统由桩基静荷载测试分析系统（RS-JYB）对加荷系统（1 个 3200kN 的油压千斤顶、油压传感器）和沉降测量系统（4 个量程为 50mm 的防水防尘位移传感器）进行控制，并按设定的程序定时记录加载和沉降数据。钢质基准梁长 6.0m，试验桩与基准桩的中心距≮2.4m，路基箱边缘与试验桩中心距≮2.4m。试验在全自动测试系统控制下完成，并随时监控油压表读数并记录。

（2）加载分级。规范规定每级加载量为预估单桩极限承载力的 1/10～1/15，本次试验分级荷载加载量取预估极限承载力的 1/10，首级加载量为每级加载量的 2 倍。本次 ϕ600mm 试验桩每级加载量为 70kN，首级加载量为 140kN；ϕ500mm 试验桩每级加载量为 60kN，首级加载量为 120kN。

(3)变形观测。每级加载后隔 5min、10min、15min 各测读一次，以后每隔 15min 测读一次，累计 1h 后每隔 30min 测读一次。

(4)变形相对稳定标准。每一小时的变形值不超过 0.1mm，并连续出现两次，认为已达到相对稳定，可加下一级荷载。

(5)终止加载条件

①桩顶荷载为桩受拉钢筋总极限承载力的 0.9 倍时；

②某级荷载作用下，桩顶变形量为前一级荷载作用下的 5 倍；

③累积上拔量超过 100mm。

3)检测结果及分析

根据设计要求，本次抗拔试验桩采用 C35 微膨胀混凝土填芯，填芯深度 2.0m，模拟工程桩实况。

(1)试验情况。6 根试验桩测试过程正常，各试验桩的 U-Δ 曲线和 Δ-$l gt$ 曲线见图 4-10。

ϕ600mm、l=18.0m 的试验桩：

4 号桩在加载过程中受拉钢筋周围填芯部分混凝土逐渐出现微裂缝。当逐级加载至 840kN 时，桩顶累计上拔量为 s=2.44mm 并稳定。加载至 910kN 荷载持续 5min 时钢筋周围混凝土裂缝加大，荷载维持 10min 左右一根钢筋被拉断，无法继续维持荷载，停止加载。

5 号桩在加载过程中受拉钢筋周围填芯部分混凝土逐渐出现微裂缝。当逐级加载至 840kN 时，桩顶累计上拔量为 s=3.86mm 并稳定。加载至 910kN 荷载持续 150min 时累计上拔量为 4.41mm，钢筋周围混凝土裂缝加大，继续维持荷载，受拉钢筋从混凝土中拔出，故停止加载。

6 号桩当逐级加载至 1050kN 时，桩顶累计上拔量为 s=4.76mm 并稳定。加载 1120kN 时试桩上拔量骤然增大，荷载持续 30min 累计上拔量已达 41.29mm，本级荷载作用下桩体上拔量已超过前一级荷载作用下上拔量的 5 倍，U-Δ 曲线出现陡升，Δ-lg$t$ 曲线尾部出现明显弯曲，故停止加载。

ϕ500mm、l=18.0m 的试验桩：

7 号桩当逐级加载至 960kN 时，桩顶累计上拔量为 s=5.12mm 并稳定。加载 1020kN 时试桩上拔量骤然增大，荷载持续 15min 累计上拔量已达 44.08mm，本级荷载作用下桩体上拔量已超过前一级荷载作用下上拔量的 5 倍，U-Δ 曲线出现陡升，Δ-lg$t$ 曲线尾部出现显著弯曲，故停止加载。

8 号桩当逐级加载至 960kN 时，桩顶累计沉降量为 s=7.32mm 并稳定。加载 1020kN 时试桩上拔量骤然增大，荷载持续 5min 累计上拔量已达 44.26mm，桩顶上拔量已超过前一级荷载作用下上拔量的 5 倍，U-Δ 曲线出现陡升，Δ-lg$t$ 曲线尾部出现显著弯曲，故停止加载。

9 号桩当逐级加载至 900kN 时，桩顶累计沉降量为 s=6.97mm 并稳定。加载 960kN

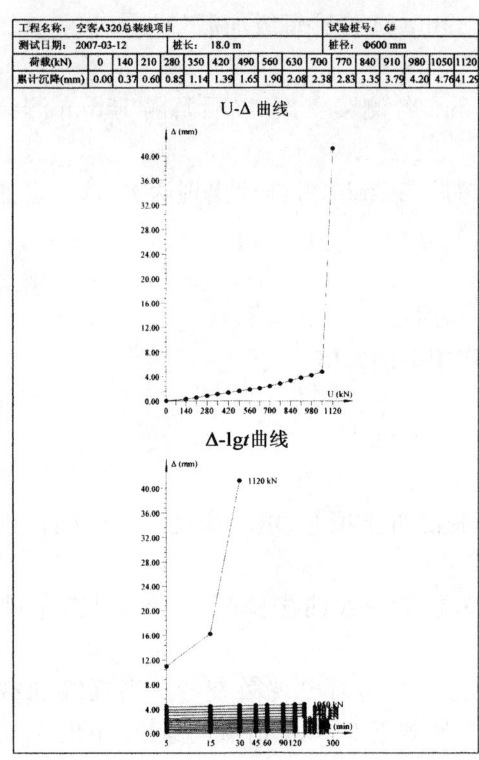

工程名称：空客A320总装线项目											试验桩号：6#					
测试日期：2007-03-12					桩长：18.0 m						桩径：Φ600 mm					
荷载(kN)	0	140	210	280	350	420	490	560	630	700	770	840	910	980	1050	1120
累计沉降(mm)	0.00	0.37	0.60	0.85	1.14	1.39	1.65	1.90	2.08	2.38	2.83	3.35	3.79	4.20	4.76	41.29

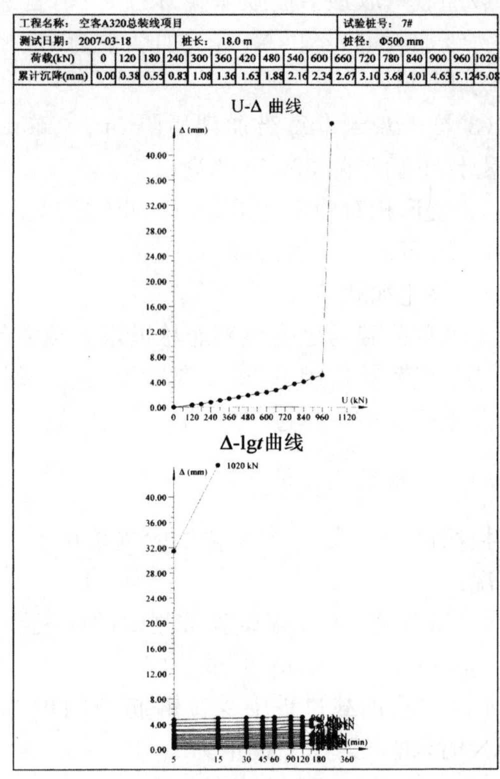

工程名称：空客A320总装线项目											试验桩号：7#					
测试日期：2007-03-18					桩长：18.0 m						桩径：Φ500 mm					
荷载(kN)	0	120	180	240	300	360	420	480	540	600	660	720	780	840	900	960	1020
累计沉降(mm)	0.00	0.38	0.55	0.83	1.08	1.36	1.63	1.88	2.16	2.34	2.67	3.10	3.68	4.01	4.63	5.12	45.08

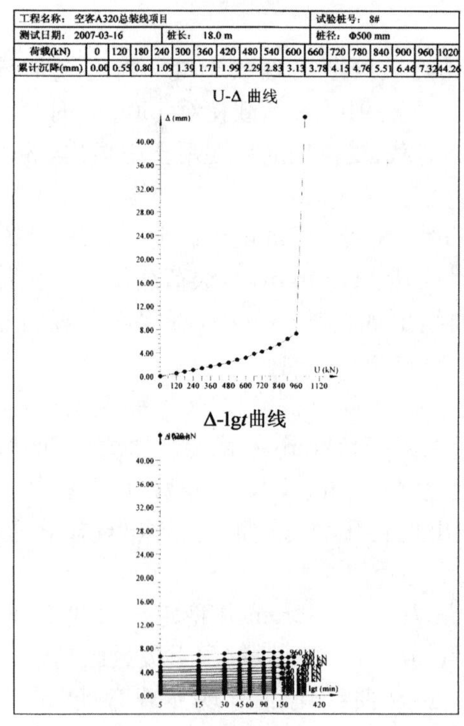

工程名称：空客A320总装线项目											试验桩号：8#					
测试日期：2007-03-16					桩长：18.0 m						桩径：Φ500 mm					
荷载(kN)	0	120	180	240	300	360	420	480	540	600	660	720	780	840	900	960	1020
累计沉降(mm)	0.00	0.55	0.80	1.09	1.39	1.71	1.99	2.29	2.83	3.13	3.78	4.15	4.76	5.51	6.46	7.32	44.26

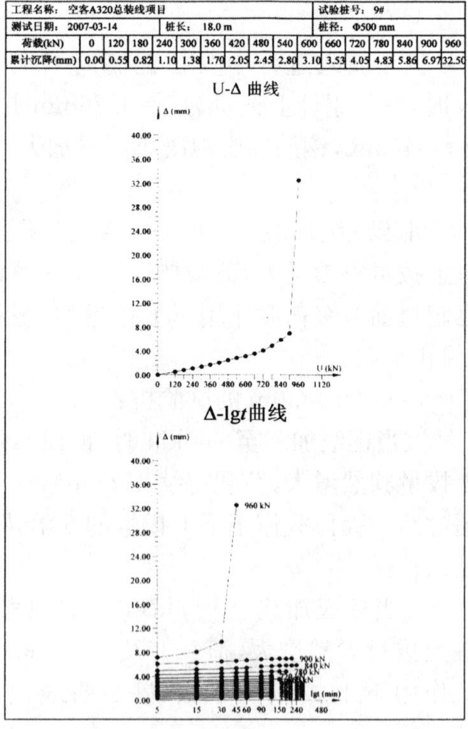

工程名称：空客A320总装线项目											试验桩号：9#					
测试日期：2007-03-14					桩长：18.0 m						桩径：Φ500 mm					
荷载(kN)	0	120	180	240	300	360	420	480	540	600	660	720	780	840	900	960
累计沉降(mm)	0.00	0.55	0.82	1.10	1.38	1.70	2.05	2.45	2.80	3.10	3.53	4.05	4.83	5.86	6.97	32.50

图 4-10　管桩抗拔时的 U-Δ 曲线和 Δ-lg$t$

时试桩上拔量骤然增大，荷载持续45min累计上拔量已达32.50mm，桩顶上拔量已超过前一级荷载作用下上拔量的5倍，U-Δ 曲线出现陡升，Δ-lg$t$ 曲线尾部出现显著弯曲，故停止加载。

(2)单桩竖向抗拔极限承载力的判定。依据规范规定，单桩竖向抗拔极限承载力可按下列方法综合分析确定：

①对于陡变型 U-Δ 曲线，取陡升起始点荷载为极限荷载；

②对于缓变型 U-Δ 曲线，根据上拔量和 Δ-lg$t$ 曲线变化综合判定，即取 Δ-lg$t$ 曲线尾部显著弯曲的前一级荷载为极限荷载。

根据上述规定的判定标准，分析本工程的试验结果。现将根据 U-Δ 曲线、Δ-lg$t$ 曲线综合判定试验单桩竖向抗拔极限承载力结果列于表4-13。

单桩竖向抗拔极限承载力试验结果表　　表4-13

桩号	龄期(天)	桩型	最终加载(kN)	最终上拔量 s (mm)	U-Δ 曲线(kN)	Δ-lg$t$ 曲线(kN)	综合结果(kN)	综合结果对应的上拔量 s (mm)
4号	19	ϕ600×18	910	2.31	840	840	840	2.44
5号	21		910	4.41	840	840	840	3.86
6号	30		1120	41.29(未稳)	1050	1050	1050	4.76
7号	37	ϕ500×18	1020	44.08(未稳)	960	960	960	5.12
8号	35		1020	44.26(未稳)	960	960	960	7.32
9号	34		960	32.50(未稳)	900	900	900	6.97

根据3根 ϕ600mm试验桩检测结果的比较与分析，按国家行业标准《建筑桩基技术规范》的规定，试验综合结果统计特征值 S_n<0.15，故本次试验 ϕ600mm、L=18.0m的预应力管桩单桩竖向抗压极限承载力标准值取其平均值，即910kN。考虑到本次试验桩模拟工程桩工作状态，建议 ϕ600mm、L=18.0m试验桩的单桩竖向抗拔极限承载力标准值取为840kN。

根据3根 ϕ500mm试验桩检测结果的比较与分析，按国家行业标准《建筑桩基技术规范》的规定，试验综合结果统计特征值 S_n<0.15，故本次试验 ϕ500mm、L=18.0m的预应力管桩单桩竖向抗压极限承载力标准值取其平均值，即940kN。

由6根试验桩的试验结果可以看出，填芯混凝土龄期对受拉钢筋与混凝土之间的黏结力有一定的影响，随着混凝土龄期的增长，受拉钢筋与混凝土之间的黏结力也逐步提高(19天～37天范围内)。4号与5号试验桩的破坏形式即为受拉钢筋与混凝土之间的黏结力丧失造成的，分析其原因主要由于当时管芯时可能存在封底不当造成漏浆。一般受拉钢筋与混凝土之间的黏结力可以承担较大拉力(1000kN以上)，本次试验见图4-10，结果表明此时桩体上拔量突然增大是由于桩顶以下2.5～3.0m左右发生桩身结构破坏而丧失了承载力造成的，这一点从试验后完成的低应变测试结果得到了证实。以上6根试验并未完全反映出桩—土之间达到塑性变形时的破坏特征。

4.6 抗拔管桩承载力控制点的分析及问题讨论

从以上抗拔管桩的桩身结构性能分析和抗拉结构性能试验分析可知，只要抗拔管桩的主要控制节点控制得当，管桩用作抗拔是可靠的受力结构体系。抗拔管桩的承载性能控制点分为三类：桩身和焊接接头强度、桩身与基础的连接节点强度以及管桩与土的相互作用承载性能。其中桩土共同作用所反映的抗拔承载力可通过抗拔静荷载试验测出，国家和地方规范都有明确的规定，不是本文重点解决的问题。针对其余的两个控制点做如下汇总分析和讨论：

从桩身强度验算来看，依据建筑物不同的重要性及承载力性能要求，桩身的抗拔设计承载力各有不同，将天津市图集 PHC A 桩前述表 3-1、表 3-4、表 3-5、表 3-6 和表 3-7 的桩身抗拉强度指标汇总在图 4-11 中。从图中可以看出，混凝土不受拉力时的抗拔管桩承载力最低，而混凝土不开裂时的值最大，混凝土出现裂缝宽度为 0.2mm 的承载力低于不开裂承载力。管桩抗拔与一般正常配筋的非预应力混凝土轴心受拉构件不同，一般混凝土构件在混凝土开裂后的抗拉承载力还可以有很大的提高。这种现象同大量的工程试验结果相符，即管桩受力较大时，容易发生断桩，开裂晚、断裂早，这体现了预应力构件的受力特性。混凝土有效预压应力的提高是提高抗拔桩承载力的有效手段。桩基规范[33]对抗拔桩基的设计原则主要包括：第一、根据环境类别等因素控制裂缝的等级；第二、对于裂缝控制等级高的项目要求增加预应力钢筋；第三、对于三级裂缝控制等级，应进行桩身裂缝宽度计算；第四、当基桩抗拔承载力要求较高时，可采用桩侧后注浆、扩底等技术措施。从设计原则要求的内容来看，管桩针对前三条原则具有优势，钻孔桩作为抗拔桩满足这些原则将非常困难，并需有较大的钢筋配筋率，而管桩可满足这些基本原则。对于第四条要求本文第四章详述。

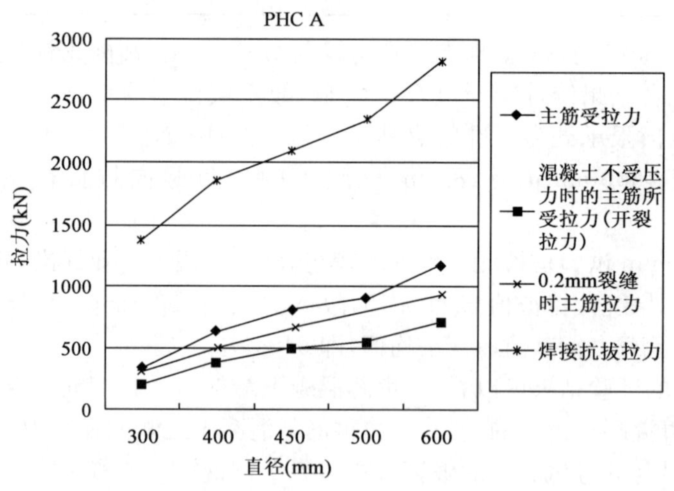

图 4-11 天津图集 PHC 管桩抗拉性能对比图

如果工程采用两节以上的桩作为抗拔桩，焊接接头常被认为是受力控制点，工程项目管理人员一般非常关注接口的质量。实际工程施工确实出现大量焊接接头质量不合格而引起的质量事故。前述室内足尺试验的焊条、焊工和焊接条件均未作任何处理。而气体保护焊人为影响因素较小，试验结果表明没有任何一根桩破坏是因为焊接接口问题。通过试验可看出，焊接接口质量通过施工过程的严格控制是可以满足设计需要的，抗拔管桩的焊接应加强交底和过程的逐根检查，只要控制措施得到有效落实，焊接接口质量不是抗拔管桩的薄弱控制点。

大量工程采用端板上焊接钢筋作为与承台连接的节点，这种方式不确定因素较多，抗拔试验时常出现端板拉脱现象。其原因是钢筋镦头和端板均易出现应力集中现象，抗拔桩设计时应将节点作为设计控制的主要环节。采用填芯混凝土结构是可靠的连接方式。建议在节点构造设计中采用较高保证率的结构形式，如管芯加钢板或将内壁改为楔形构造，通过节点构造的改变，将承载力受黏结强度控制改为较易量化的钢材抗剪或混凝土在受压作用下的黏结力。

4.7 本章小结

(1)通过抗拔管桩的桩身结构性能分析和抗拉结构性能试验分析，预应力混凝土管桩用作抗拔是可靠的受力结构体系，可以满足裂缝控制等级严的基本要求。

(2)抗拔管桩的承载性能控制点分为：桩身和焊接接头强度、桩身与基础的连接节点强度以及管桩与土的相互作用承载性能，设计时通过验算或试验选其较小的作为设计选用值。只要过程控制措施得当，这些控制点质量可以满足抗拔要求。

(3)钢筋镦头和端板出现应力集中而破坏是抗拔管桩最不易控制的环节，可以采用填芯混凝土的方式加强节点的可靠连接，填芯长度通过试验确定。

第5章 管桩振动台模型试验设计与试验准备

本项目进行了三部分试验。第一部分进行了单桩和双桩模型振动台试验，第二部分进行了4桩模型振动台试验。第三部分进行了3桩和6桩模型振动台试验。本试验对管桩桩身及桩周土体的应变、加速度的测试进而得到管桩在不同场地、不同地震烈度下的反应性态，分析总结地震作用下管桩的反应规律。本章重点介绍4桩试验的设计和试验准备内容。

5.1 模型试验相似关系的基本理论

在结构模型试验中主要讨论同类相似，即模型、原型相对应的各点及在时间上对应的各瞬间的物理量成比例，这种比例关系即为相似关系。相似模型试验中依据这种相似关系，模型试验的结果才能正确地应用到原型结构的分析中去。

模型试验作为动荷载试验，它的相似关系主要包括：几何相似，原型与模型的几何尺寸成比例；物理量的相似，包括荷载相似、刚度相似、质量相似以及时间相似；物理过程的相似，就是要求它们的各相应物理量在对应地点和对应时刻成比例，各比值即为各物理量的相似常数。

但是上述相似条件在实际试验中并不能同时得到满足，要严格遵守所有相似条件很困难，因而不得不采用近似相似的方法，这样把模型试验所得的结果换算到原型上去时就会产生相似误差。

在表现物理现象和物理规律的物理方程中，各项量纲应该相同，同名物理量应采用同一种单位，这就是物理方程的量纲均衡性。以量纲均衡性为依据的量纲分析法可以求出各物理量之间的相似判据，从而推导相似常数。

在本试验中出现的物理量主要包括：结构尺寸 L、结构的水平线位移 x、应力 σ、应变 ε、材料的弹性模量 E、材料的平均密度 ρ、质量 q、振动频率 f、阻尼比 ζ、加速度 a、桩的水平变形系数 α、桩截面惯性矩 I、桩侧土水平抗力系数的比例系数 m 等。

采用量纲分析法求相似判据，可以写出绝对系统下的量纲矩阵，如表5-1所列。通过量纲矩阵解得 π 数求得相似关系，如表5-2所列。初步设定几何相似常数 $S_L=0.1$。第一、第二部分的试验采用的模型管桩的外径为50mm，内径42mm，壁厚4mm，截面惯性矩 $I=1.54\times10^5\text{mm}^4$。根据后面所选的原型桩型，可得 $S_I=5.77\times10^{-5}\text{mm}^4$；桩材料选用有机玻璃，有弹性模量为1900MPa，原型桩混凝土弹性模量为 3.8×10^4 MPa，材料相似常数 $S_E=0.05$；密度相似常数 $S_\rho=0.5$；可以推出时间相似常数 $S_T=\dfrac{1}{S_f}=0.316$。

绝对系统下的量纲矩阵　　表 5-1

	L	x	σ	ε	E	ρ	q	f	ζ	a	α	I	m
F	0	0	1	0	1	1	1	0	0	0	0	0	1
L	1	1	−2	0	−2	−4	0	0	0	1	−1	4	−4
T	0	0	0	0	0	2	0	−1	0	−2	0	0	0

各物理量的相似关系　　表 5-2

物　理　量	相 似 关 系	物　理　量	相 似 关 系
结构尺寸 L	S_L	力 F	$S_F = S_E S_L^2$
结构的水平线位移 x	$S_x = S_L$	质量 q	$S_q = S_E S_L^2$
弹性模量 E	S_E	桩截面惯性矩 I	S_I
应力 σ	S_σ	桩的水平变形系数 α	$S_\alpha = \left(\frac{S_m S_L}{S_E S_I}\right)^{\frac{1}{5}}$
应变 ε	$S_\varepsilon = S_\sigma S_E^{-1}$	桩侧土水平抗力系数的比例系数 m	$S_m = S_E S_I S_L^{-6}$
材料的平均密度 ρ	S_ρ	刚度 k	$S_k = S_E S_L$
振动频率 f	$S_f\ \sqrt{S_E/(S_\rho S_L^2)}$	加速度 a	$S_a = S_E(S_\rho S_L)^{-1}$

试验中的相似关系包括以下几个方面，桩—土之间的相似问题；土(场地)—地震的相似关系；桩—上部结构(地震荷载)的相似关系。

5.2　桩—土材料的相似关系

5.2.1　桩—土相互作用的相似关系

在管桩振动台试验中模型土的设计也需要运用相似关系，此时桩—土之间的相似关系比较复杂，变量非常多。地基水平抗力系数的比例系数 m 是反映土体的重要参量，为了能推得 m 值的相似关系，必须从桩的水平变形系数出发，即

$$\alpha = \sqrt[5]{\frac{mb_0}{EI}} \tag{5-1}$$

桩的水平变形系数 α 的量纲为 1/m，即为 $1/L$；

通过相似关系有

$$S_\alpha = \frac{\alpha_M}{\alpha_P} \sqrt[5]{\frac{m_M b_{0M}}{E_M I_M} \cdot \frac{E_P I_P}{m_P b_0 P}} = \left(\frac{S_m S_L}{S_E S_I}\right)^{\frac{1}{5}} \tag{5-2}$$

根据量纲分析，有

$$S_\alpha = S_L^{-1} \tag{5-3}$$

因此，有

$$S_m = S_E S_I S_L^{-6} \tag{5-4}$$

通过对 m 值进行相似关系的模拟，还原得到管桩原型与场地土之间的桩—土相互关系。计算得到 m 值的相似常数为：

$$S_m = S_E S_I S_L^{-6} = 0.05 \times 0.577 \times 10^{-4} \times 10^6 \approx 3.0$$

5.2.2 剪切波速的相似关系

控制土体的剪切波速是模拟场地土类别的重要参数，土的剪切波速相似关系建立为 $S_V = S_L/S_T = 0.1/0.316 = 0.316$，根据规范中场地土类别（表 5-3），对试验中的剪切波速进行了划分。

各类建筑场地的覆盖层厚度（m） 表 5-3

等效剪切波速(m/s)	场地类别			
	I 类	II 类	III 类	IV 类
$V_{se}>500$	0			
$500\geqslant V_{se}>250$	<5	≥5		
$250\geqslant V_{se}>140$	<3	3～50	>50	
$V_{se}\leqslant 140$	<3	3～15	>15～80	>80

当模型土模拟 II 类场地时，模型土的剪切波速在（140～250m/s）×0.3224＝45～80m/s 之间。当模型土模拟 III 类场地时，模型土的剪切波速在 45m/s 以下。

5.2.3 模型土特征周期的相似关系

根据之前推得的相似关系，频率的相似常数为：

$$S_f = \sqrt{S_E S_\rho^{-1} S_L^{-2}} = \sqrt{0.05 \times 0.5^{-1} \times 0.1^{-2}} = 3.16$$

所以周期的相似常数为 $S_T = S_f^{-1} = 3.16^{-1} = 0.316$。

参考原型结构的场地设计基本地震加速度为 0.2g，场地类别为 III 类，根据《抗震规范》（GB 50011—2010）规定，原型的场地的特征周期为 0.45～0.65s。

根据相似关系得到模型土的特征周期为：

$$T_{gm} = 0.31 \times (0.45 \sim 0.65) = 0.14 \sim 0.2\text{s}$$

根据土体的卓越周期计算公式：

$$T = 5d/v_s$$

则对应土的剪切波速为：

$$v_s = 4 \times 2/0.14 = 57.14\text{m/s}$$

根据计算可将与试验相关的相似系数列于表 5-4。

各相似常数计算表 表 5-4

物理量	相似关系	相似常数	物理量	相似关系	相似常数
结构尺寸 L	S_L	0.1	弯矩 M	$S_E S_L^3$	0.00005
水平位移 x	$S_x = S_L$	0.1	振动频率 f	$S_f = \sqrt{S_E S_\rho^{-1} S_L^{-1}}$	3.16
应变 ε	$S_\varepsilon = 1$	1	集中力 F	$S_F = S_E S_L^2$	0.0005
桩弹模 E	S_E	0.05	桩截面惯性矩 I	$S_I = I_M/I_P$	5.77×10^{-5}
应力 σ	$S_\sigma = S_E$	0.05	桩的水平变形系数 α	$S_\alpha = S_L^{-1}$	10
材料平均密度 ρ	S_ρ	0.5	桩侧土水平抗力系数的比例系数 m	$S_m = S_E S_I/S_L^6$	3

续上表

物理量	相似关系	相似常数	物理量	相似关系	相似常数
桩自重力 q	$S_q = S_E S_L^2$	0.0005	刚度 k	$S_k = S_E S_L$	0.005
时间相似 T	$S_T = S_f^{-1}$ 或 $S_T = S_L / S_{vs}$	0.316	加速度 a	$S_a = S_E / S_\rho S_L$ 或 $S_a = S_L / S_T^2$	1
剪切波速 v_s	$S_v = S_L / S_T$	0.316	土弹性模量 E_e	S_{Ee}	0.05

5.3　模型管桩和上部结构设计

5.3.1　试验参考原型

本次试验没有具体的原型工程，为了试验设计方便，选择了某一工程作为参考原型。该项目第二部分试验即4桩试验设计参考该原型。该原型的抗震设防烈度8度，设计基本地震加速度为0.2g。工程所在场地土情况：场地属饱和非均匀性软弱地基，III类场地，自然地表下约1～10m为高含水率、高孔隙比、高灵敏度、高压缩性泥炭质土和淤泥质土。试验中模拟的原型为框剪结构，共有10层，基础形式为预应力高强混凝土管桩，管桩外径500mm，壁厚100mm，AB型，采用C80混凝土，长20m左右，建筑的抗震设防为丙类，建筑面积为8943.5m^2。地震设计分组是第一组，特征周期值0.45s。使用的管桩单桩设计承载力特征值为$f_{ak}=2100$kN，水平承载力设计值$R_h=69$kN，用了250根桩，由资料给出的$f_{Ek}=15427.5$kN，地震剪力系数$\alpha=0.115$。

5.3.2　试验设计相关的计算

1)反算建筑物的重力荷载

(1)地震作用

已知$F_{Ek}=15427.5\text{kN}=0.115G_{eq}$，$F_{Ek}=\alpha G_{eq}$，

即得等效总重力荷载$G_{eq}=134152.17$ kN

(2)等效总重力荷载

$$G_{eq}=0.85\sum G_i$$

各质点重力荷载代表值之和为

$$\sum G_i=157826.09\text{kN}$$

2)单桩承担的竖向荷载及水平荷载

竖向荷载：
$$N=\frac{G_{eq}}{250}=536.61\text{kN}$$

水平荷载：
$$H_0=\frac{F_{ek}}{250}=\frac{15427}{250}=61.7\text{kN}$$

3)参考原型结构的自振周期

所在地区为8度区，设计基本地震加速度为0.2g，设计地震分组为第一组，场地类别为III

类场地。

特征周期 $T_g = 0.45s$，地震影响系数 $\alpha = 0.115$，地震影响系数最大值 $\alpha_{max} = 0.16$。

根据公式 $\alpha = (T_g/T)^{0.9}\alpha_{max}$，推出结构自振周期为：$T = 0.6495s \approx 0.65s$ 。

4）周期相似常数设计

桩的振动频率相似常数 S_f 为：

$$S_f = \sqrt{S_E S_\rho^{-1} S_L^{-2}} = \sqrt{0.05 \times 0.5 - 1 \times 0.1^{-2}} = 3.16$$

周期相似常数 S_T 为：$S_T = S_f^{-1} = 3.16^{-1} = 0.316$

计算得到模型上部结构的自振周期为：$T_m = 0.31 \times 0.65 = 0.2s$

5）上部结构的质量计算

通过相似关系的计算，可以得到集中荷载的相似常数为：

$$S_F = S_E \times S_L^2 = 0.05 \times 0.1^2 = 0.0005$$

模型的上部结构质量通过相似常数计算为：

$$m = G/g = 4NS_F/g = 4 \times 536 \times 0.0005/10 = 111kg$$

6）模型管桩受到的竖向力及水平力

模型桩受到的竖向力：$F_{竖向} = 4NS_F = 4 \times 536 \times 0.0005 = 1.11kN$

模型桩受到的水平力：$F_{水平} = 4H_0 S_F = 4 \times 61.7 \times 0.0005 = 0.13kN$

5.3.3 模型管桩设计

根据上述相似常数的设计，可以得出模型管桩的参数。

(1)材料。根据国内外管桩振动台试验经验以及施工制作难易程度，考虑到管桩的试验数据采集方法，本试验采用有机玻璃模拟混凝土制作模型管桩。

(2)尺寸。根据试验相似常数设计，采用结构尺寸的比例系数为 $S_L = 0.1$，模型管桩的外径为 50mm，内径 42mm，壁厚 4mm，桩长 2m。

(3)荷载。根据试验相似系数的设计，采用的荷载相似系数 $S_F = 0.0005$，根据上述相似关系，计算得到上部竖向荷载为 1.11kN，模型管桩受到的水平剪力为 0.13kN。

5.3.4 上部结构设计

以承台来划分，承台以上为上部结构，承台及承台以下为桩基础部分。上部结构在地震作用下主要承受剪力，其次是竖向力。由于试验的复杂性，该试验的重点是研究桩的受力情况，上部结构的设计则只考虑重要参数，将其他因素简化。按《建筑抗震设计规范》(GB 50011—2010)中使用反应谱法计算时，通过公式 $F_{FK} = \alpha G$ 可以看出，地震影响系数 α 直接决定了上部结构产生的底部剪力和重力之间的分配关系，为了能准确地反映原型在受地震荷载作用时产生的底部剪力，则要准确设计出 α 值。而 α 的直接影响因素就是自振周期，通过相似关系已经计算出上部结构的自振周期，只有当模型上部结构满足自振周期为 0.2s 质量在 111kg 时才能准确地模拟出原型上部结构在地震作用下分配到桩头的水平荷载，还原原型结构真实的受力情况。

5.4 模型土设计

5.4.1 桩—土刚度比对桩的影响

在振动作用下桩一土都会产生变形，在变形过程中两者之间会有相互作用。桩一土相互作用主要表现为在振动力下的变形状态，在此过程中土的作用一部分是耗散振动力，另一部分是传递振动力，在传递的过程中会带动桩体振动。在此过程中桩—土的振动可能存在相位差，变形也不会同步，那么两者之间的刚度比则是表现其在振动过程中的重要参考依据。对于不同类别的土质与桩体，两者的相互作用力或刚度比也是不同的。依据桩—土相对刚度的不同，水平地震荷载作用下的桩可分为：刚性桩、半刚性桩、柔性桩。根据规范规定，试验中设计模型土，分析数据时，采用 m 值法，其划分依据为换算深度 $\bar{h}(\bar{h}-\alpha z)$，当换算深度 $\bar{h}\leqslant 2.5$ 时，为刚性桩，当 $2.5<\bar{h}<4.0$ 时为半刚性桩，$\bar{h}\geqslant 4.0$ 时为柔性桩。

当桩—土的相对刚度很大时，属于刚性桩。由于刚性桩的桩身不发生挠曲变形且桩的下段得不到充分的嵌制，因而桩顶自由的刚性桩发生绕靠近桩端的一点作全长的刚性转动，而桩顶嵌固端的刚性桩则发生平移。刚性桩的破坏一般只发生于桩周土中，桩身本身不发生破坏。

桩—土相对刚度较低时，属于半刚性桩和柔性桩，在水平荷载作用下桩身发生挠曲变形，桩的下段可视为嵌固于土中而不能转动。随着水平荷载的增大，桩周土的屈服区逐步向下扩展，桩身最大弯矩截面也因上部土抗力减小而向下部转移，一般半刚性桩的桩身位移曲线只出现一个位移零点，柔性桩则出现两个以上位移零点和弯矩零点。当桩周土失去稳定、或桩身最大弯矩处出现塑性屈服、或桩的水平位移过大时，弹性桩便趋于破坏。

5.4.2 模型土设计

传统的桩—土—结构试验只进行桩和结构的相似模拟，忽略了土对试验的影响，试验结果会产生很大误差。原型结构系统中桩—土—结构体系在地震作用下是相互作用的一个体系，地震荷载通过上部结构承台传递给桩体，桩体和土体接触也会产生相互作用，表现为增强（放大）地震作用或减弱地震作用给结构带来的损坏。桩一土相互作用主要表现在桩体和土体的变形情况，这就联系到桩土之间的刚度关系，在相同的作用下所产生的变形对系统或某部分产生的破坏。所以在进行桩基模型试验时，土的相似关系是不可忽略的，主要通过桩—土刚度比来模拟原型土。

通过桩土刚度分析，可以发现模型土的选择直接影响试验的合理性。完全模拟土的各种参数是不可能的，试验设计只是考虑重要参数的相似。m 法计算时，m 值能够很好地反映出桩—土之间的相互作用情况。

根据之前推得的相似关系，m 值的相似常数为 3，原型场地土为淤泥质土，m 值为 $3\mathrm{MN/mm^4}$；通过相似比得到试验中 m 值为 $9.00\mathrm{MN/mm^4}$，根据《建筑桩基技术规范》(JGJ 94—2008)查表，如表 5-5 所示。此值适用于稍密粉土，根据实际情况决定采用稍密砂质粉土制作模型土，以便模拟原型场地和管桩之间的作用关系。

我国《抗震规范》(GB 50011—2010)指出：建筑场地类别应根据土层等效剪切波速和场地

的覆盖层厚度划分。为了能够制作出符合原型场地的模型土,模拟和原型相同的类型场地,通过场地的分类情况制备模型土并使之满足相应剪切波速来实现。也就是说,通过模型地基的软硬程度来模拟原型地基,则表现为等效剪切波速的大小。初步希望能到达 45～80m/s 波速的程度以满足模拟 III 类场地土的要求,因此在制作时必须对模型土保证适当的密实度。

地基土水平抗力系数的比例系数 m 值 表 5-5

序　　号	地　基　土　类　别	m(MN/m^4＝MPa/m^2)	
		预制桩钢桩	灌注桩
1	淤泥、淤泥质土、饱和湿陷性黄土	2～4.5	2.5～6
2	流塑、软塑状黏性土,粉土,松散粉细砂,松散填土	4.5～6	6～14
3	可塑状黏性土,粉土,湿陷性黄土,稍密、中密填土,稍密细砂	6～10	14～35
4	硬塑、坚硬状黏性土,粉土,中密中粗砂,密实老填土	10～22	35～100
5	中密、密实的砾砂,碎石类土		100～300

对含水率的控制,依据原型土的特征模拟出相应状态下模型土的含水率,先对部分土样样本进行含水率测试,在测试含水率达到 10%左右,得出单位体积土和水用量的比例关系,然后按照相同配制比例,在批量制作模型土时通过搅拌机搅拌制得。

将搅拌的模型土分层装入箱内,每层厚 20～25cm,并用自制击实锤进行击实,击锤的质量 10kg 左右,落距控制在 15～20cm 范围内,以便于提高击实过程中的击实效率,每个击实点击实次数控制在 3～5 下。对于模型桩体周围的土应严格控制其击实质量。击实后模型土密实度采用轻型贯入仪测试,采用圆锥动力触探,测点为 4 个点,即模型箱内的 4 个边角部位。再填下一层模型土时,应将土面刮毛以防止层与层之间产生界面效应,每次填实一定的土层后进行一次贯入检验密实度。

5.5 模型箱设计

5.5.1 模型箱应用背景

目前,国内外对地震作用下场地的放大作用、岩土动力特性以及桩土的相互作用等试验研究已初具规模,但为了更好地模拟其真实特性,仍有必要对其进一步研究。其中,振动台模型试验是研究工程结构抗震的重要手段之一。通过振动台模型试验,可对地基土液化、孔隙水压力的变化、土工构造物地震输入动力响应及桩土动力相互作用等进行很好的研究。

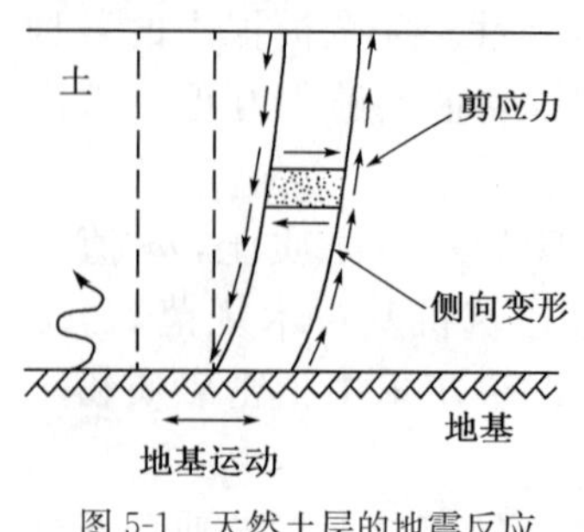

图 5-1 天然土层的地震反应

实际情况下地基是没有边界的。但在模型试验中,只能在有限尺寸的容器里来模拟原型地基。这样,由于其边界上的波动反射以及体系振动形态的变化将会给试验结果带来一定的误差,即所谓的"模型箱效应"。如何合理模拟土体边界条件,减少模型箱效应,是振动台试验中的一个重要问题和研究难点。上覆于刚性基岩上的半无限水平土层在地震作用下,其反应可以视为在竖向传播剪应力作用下的剪切梁,侧向变形是正弦波曲线,如图 5-1 所示。

因此,成功的模型箱设计应使得模型土的边界尽可能与自由场地的应力状态和变形一致。通过这种方式，使得放置在模型箱中部所测对象的瞬态行为不会受到模型箱边界条件的影响，以及模型箱边界效应在试验极限分析中不会影响土体特有破坏机理的发展，从而再现自由场的地震反应。

5.5.2　模型箱种类

迄今为止,振动台模型试验中常用的模型箱大致有三种形式:刚性模型箱、圆筒形柔性模型箱和叠层模型箱。

采用刚性模型箱的缺点是刚性边界对土体的动力回应有影响。而现场土体可看作是处于半无限空间，存在着自由应力场和位移场，远离基础或其他结构的土体对构筑物没有影响。

采用非刚性壁模型箱时,由于大量土体服从近似的自由场条件，这就使得模型箱的大部分空间能用于试验，就可以在不超出振动台的负荷极限和满足试验要求的加速度值的情况下得到最优化的模型箱。但在采用圆筒形柔性模型箱时,其外包纤维带的间距对试验结果的影响很大，太小则成了刚性模型箱，难以提供剪切变形，太大则在振动时土体向外膨胀，导致土体约束压力的释放，同时土层可能发生弯曲变形。所以这类模型箱人为地设置了土的边界，不能真实地再现自由场的应力和变形。

相比之下,叠层模型箱一般由 10～20 层圆形或矩形平面刚性框架由下至上叠合,每两层框架之间设置轴承制成的柔性模型箱。这种模型箱在模拟土的剪切变形方面优于其他两种,并且因为采用了刚性框架,能够对土体较好地施加侧向约束力,层间设置的轴承可使各框架间自由产生水平方向的相对变形,对土的剪切变形几乎没有约束,由此减少了边界对波的反射,从而能较好地模拟土的边界条件。

5.5.3　叠层剪切模型箱的技术要求

利用振动台进行管桩模型试验研究涉及到半无限自由场原型土层的地震反应时,为了更好地模拟天然土层在地震作用下的变形特性,通过广泛调查和研究国内外已完成的相关振动台模型试验,确定研制一个能较好消除边界影响的叠层剪切模型箱。

针对本次振动台管桩试验研究的目的,叠层剪切变形模型箱的设计应满足以下具体要求:

(1)试验过程中要确保模型地基处于单剪应力条件,即正确模拟实际地基在地震作用下的应力状态;

(2)保证各层之间的单方向自由滑动，即两层框架之间的摩阻力要尽量小,不能限制模型地基的剪切变形;

(3)保证剪切变形模型箱各层框架具有足够的侧向刚度，才能较好地模拟天然地基边界的侧向约束力;

(4)保证剪切变形模型箱与振动台系统的连接具有足够的强度，抵抗在模型箱满载情况下的水平剪切力,最大限度地减小模型箱最底层与台面的滑动位移;

(5)保证剪切变形模型箱结构具有足够强度，以免箱体在激振过程中发生失稳破坏;

(6)在设计尺寸一定的条件下，尽可能减小模型箱的重量;

(7)剪切变形模型箱的本身振动不能影响试验模型的动力反应;

(8)模型箱的尺寸适宜。

由于本次试验研究所用的振动台是一维(单向水平)振动台,而振动台台面尺寸及最大承载能力最终制约着模型箱的大小。在模型箱的设计上不仅要满足试验研究目标的要求,而且还要考虑受限于现有试验条件这一现实,因此,模型箱的设计还必须参考实际振动台各项技术参数进行。

5.5.4 叠层剪切模型箱的设计

基于钢框架叠层箱结构形式简单、框架刚度大、层间摩擦小、设备便于安装等优点,本试验决定采用钢框架并在层间设置轴承的方案来制作叠层剪切变形模型箱。框架则采用自重小但截面惯性矩较大的方形钢管焊接而成(图 5-2、图 5-3)。

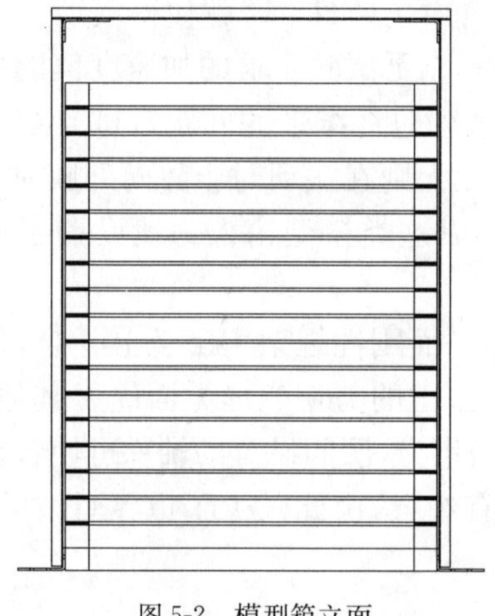

图 5-2 模型箱立面

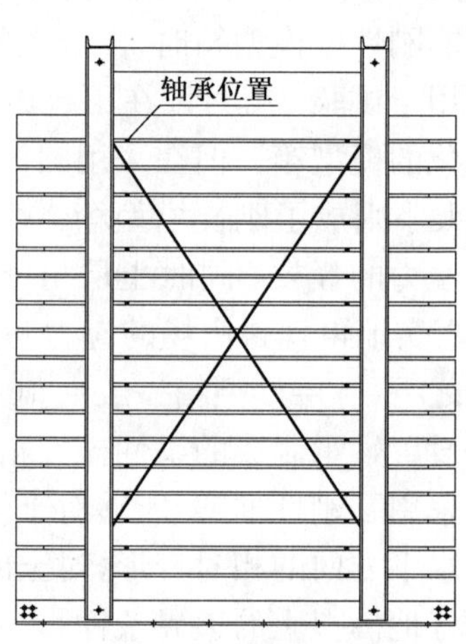

图 5-3 模型箱侧面

综合考虑振动台尺寸、性能、工作要求,模型箱的设计仅考虑振动方向的剪切变形,限制模型箱的侧向变形及平面扭转变形。在本模型箱的制作中,模型箱由 19 层彼此独立的方形钢框架叠合而成,每层框架由 4 根断面尺寸为 100mm×100mm×3mm(长×宽×高)的冷拔无缝方形钢管焊接而成,其内部尺寸为 1400mm×1400mm×2038mm(长×宽×高)。除底部二层框架紧贴外,其他各框架层间间隙 14mm,并设置 4 个滚轴轴承形成可以自由滚动的支承点,以减小各层框架的挠度和层间摩擦(图 5-4、图 5-5)。

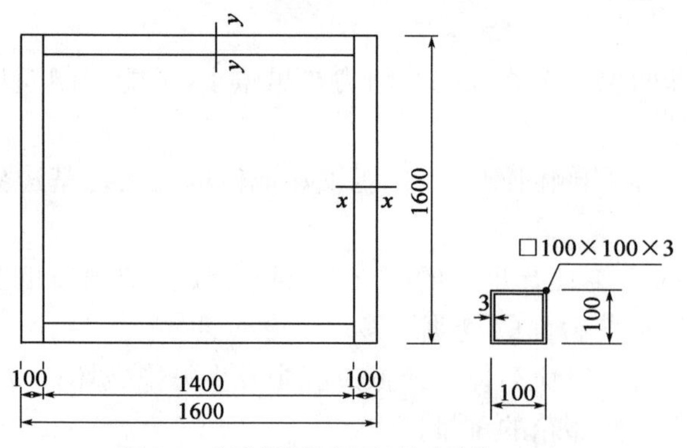

图 5-4 方形钢框架平面(尺寸单位:mm)

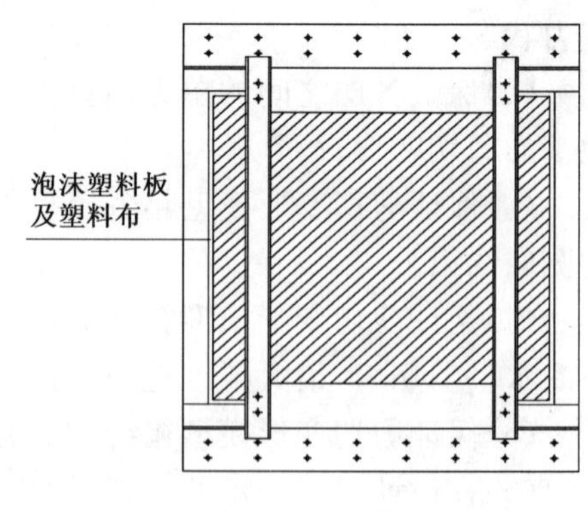

图 5-5 模型箱平面

5.5.5　模型箱制作

模型箱底层框架内缘焊接钢板并内浇钢筋混凝土形成底座基础。侧向固定框架及横梁的截面尺寸均为[100mm×48mm×5.3mm。立柱和横梁所形成的侧向支撑框架可以限制模型箱在垂直方向的变形及平面扭转变形，使模型箱在振动过程中只发生单向(振动方向)的剪切变形。模型箱内侧铺设一层厚20mm的聚苯乙烯泡沫塑料板及聚氯乙烯薄膜塑料布，防止土或水的漏出。并在模型箱内底部设置两个排水装置，依据试验要求控制排水装置是否在试验过程中排水。整个叠层剪切式模型箱的质量约1000kg(图5-6～图5-8)。

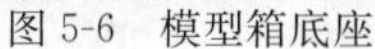
图5-6　模型箱底座

图5-7　模型箱内衬

图5-8　模型箱整体图

这种模型箱在模拟土的剪切变形方面明显优于刚性模型箱和圆柱形柔性模型箱。采用刚性框架，能够对土体较好地施加侧向约束力，层间设置的轴承可使各框架间自由产生水平方向的相对变形，对土的剪切变形几乎没有约束，由此减少边界对波的反射，从而能较好地模拟土的边界条件。

5.6　管桩振动模型的试验准备

5.6.1　传感器及应变片的准备

1)电阻应变片

电阻应变计采用的型号是BE120-10AA。敏感栅尺寸为10mm×2mm(长×宽)，基底尺寸为17mm×4.3mm(长×宽)，酚醛—缩醛基底，康铜箔制成。全密封结构，柔韧性好，级别为A，电阻值119.9Ω±0.1Ω，灵敏系数2.13%±1%。电阻应变计通过万用电桥测试后，挑选出电阻值稳定的应变计以备试验采用(图5-9)。

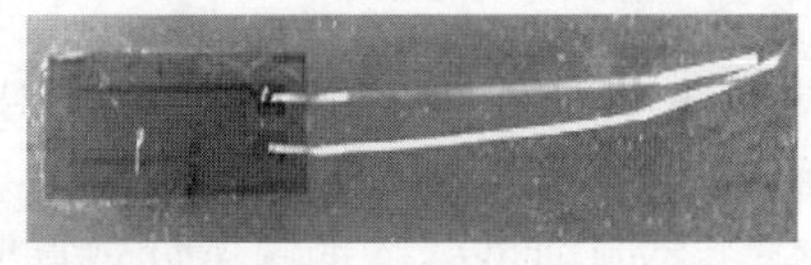

图5-9　电阻应变片

2)加速度传感器

本试验中采用的加速度传感器为YD系列电压输出型压电加速度传感器，由压电加速度计和进口ICP芯片两部分组成(图5-10)。即将传统压电加速度传感器和放大器集于一体，供

图 5-10　加速度传感器

电和信号输出共用一根电缆线，恒流电源能直接与记录器和显示仪器连接，简化了测试系统，提高了测试的精度和可靠性，具体参数如表 5-6 所示。其特点如下：

(1)该加速度传感器提高测试系统抗干扰能力，适合长距离传输信号；

(2)低阻抗输出，抗干扰，低噪声；

(3)高性价比，安装方便，尤其适合于多通道测量；

(4)传感器电压灵敏度一致性好，同种规格的传感器可以互换，大大简化了测试和维护。

试验中共采用 16 个 YD-32T 型加速度传感器，分别设置在不同测点以测试各测点的加速度反应情况。

加速度传感器相关技术参数　　表 5-6

主要技术指标			
型号	YD-32T	线性	≤1%
灵敏度 V(m/s²)	0.1	横向灵敏度	≤5%
频率范围(Hz)	10～6000	输出幅度	±5VP
安装谐振点频率(kHz)	23	输出偏置电压	8～12VDC
量程(m/s²)	20	供电电流	2～20mA
分辨率(m/s²)	0.0002	激励电压	9V
质量(g)	40	输出阻抗	≤150Ω
几何尺寸(mm)	六方 18×18×23	壳绝缘电阻	>10^8Ω
输出方式	顶端输出	放电时间常数	≥0.2s
安装螺纹	M5	年稳定度	3%
使用温度范围(℃)	－40～＋80		

5.6.2　加速度传感器标定

试验准备之前，首先要通过 DASP 数据采集及分析仪器筛选出反应灵敏的传感器，将反应不好的剔除。其次，将筛选出的加速度传感器通过 DASP 仪器进行动态标定。将已知的被测量(亦即标准量)通过振动台输入给待标定的传感器，同时得到传感器的输出量；对所获得的传感器输入量和输出量进行处理和比较，从而得到一系列表征两者对应关系的标定曲线，进而得到传感器性能指标的实测结果。加速度传感器在使用前都经过了准确的标定，其标定的参数如表 5-7 所示。

5.6.3　模型桩内应变片设置

试验前选取两根模型桩布置应变片，沿桩身深度方向两侧各设置一竖排测点，每侧分别布置 14 个测点用来粘贴应变片(图 5-11)，且两侧各对应的测点为等高布置，一个模型桩桩身内共设置 28 个电阻应变片。由于管桩在受力时上部变化较大，所以在上部的位置测试点布置的稍密，下部稍疏。试验设计中两根模型桩内共采用了 56 个应变片，单个管桩布置具体见图 5-12。两个管桩应变片的具体编号见表 5-8。

加速度传感器标定值　表 5-7

传感器位置		传感器编号	标定值(mV/EU)	滤波类型(带通)
模型桩内	Z1	YD-32T 型 292 号	339	1～15Hz
	Z2	YD-32T 型 033 号	331	1～16Hz
	Z3	YD-32T 型 280 号	335	1～16Hz
	Z4	YD-32T 型 248 号	297	1～15Hz
	Z5	YD-32T 型 118 号	334	1～16Hz
	Z6	YD-32T 型 346 号	322	1～16Hz
模型土内	T1	YD-32T 型 332 号	330	1～16Hz
	T2	YD-32T 型 283 号	342	1～16Hz
	T3	YD-32T 型 224 号	300	1～16Hz
	T4	YD-32T 型 294 号	332	1～16Hz
上部结构 1		YD-32T 型 230 号	240	1～15Hz
上部结构 2		YD-32T 型 217 号	340	1～15Hz
承台位置		YD-32T 型 236 号	330	1～15Hz
模型箱上部		YD-32T 型 290 号	334	1～16Hz
模型箱底部		YD-32T 型 331 号	288	1～16Hz
振动台台面		YD-32T 型 261 号	308	1～15Hz

应变片编号表　表 5-8

距离桩顶距离(mm)	应变片(管桩Ⅰ)		应变片(管桩Ⅱ)	
	半侧编号	半侧编号	半侧编号	半侧编号
60	A1	B1	C1	D1
160	A2	B2	C2	D2
260	A3	B3	C3	D3
360	A4	B4	C4	D4
460	A5	B5	C5	D5
560	A6	B6	C6	D6
660	A7	B7	C7	D7
760	A8	B8	C8	D8
860	A9	B9	C9	D9
1060	A10	B10	C10	D10
1260	A11	B11	C11	D11
1460	A12	B12	C12	D12
1660	A13	B13	C13	D13
1860	A14	B14	C14	D14

除此之外，还需要准备一块与模型桩材质相同的有机玻璃板，其上粘贴 20 个电阻应变片作为试验补偿片，如图 5-13 所示。

5.6.4 模型桩内传感器设置

为了测试管桩在地震作用下的加速度、速度、位移反应，在管桩的内部安装了经标定的加速度传感器。试验前选取一根模型桩设置加速度传感器，同应变片的设置原则一样，在管桩的上部布置的传感器较密，沿桩身内部深度方向不等高布置 6 个加速度传感器，编号分别为 Z1～Z6，具体布置如图 5-14 所示。

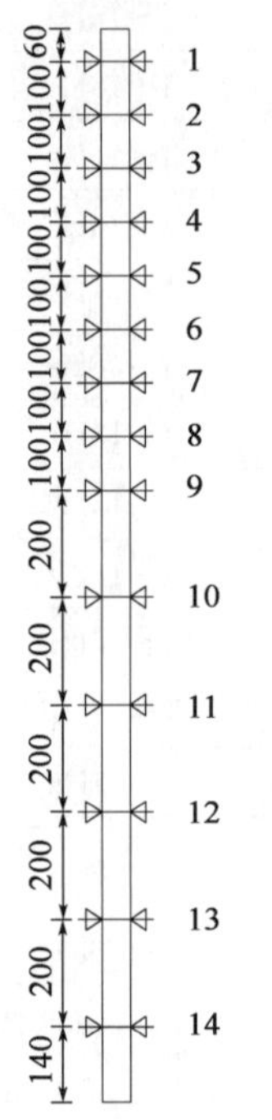

图 5-11　管桩内应变片布置图（尺寸单位：mm）

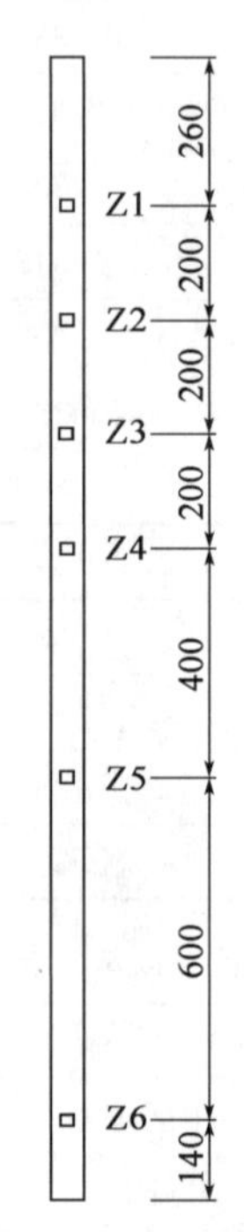

图 5-12　管桩内加速度传感器布置图（尺寸单位：mm）

图 5-13　模型桩内应变片布置

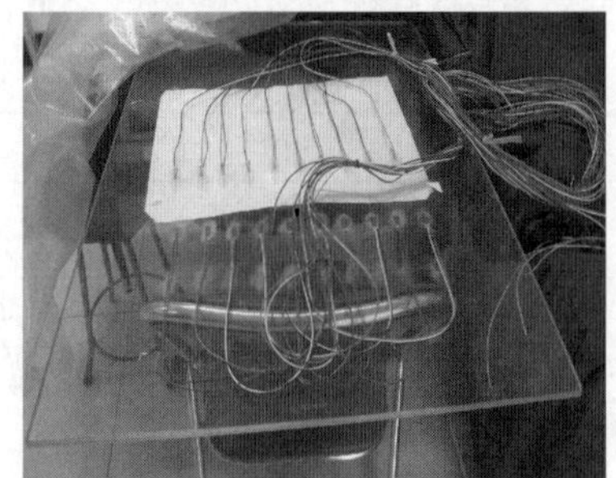

图 5-14　应变补偿片布置

5.6.5 模型土内传感器设置

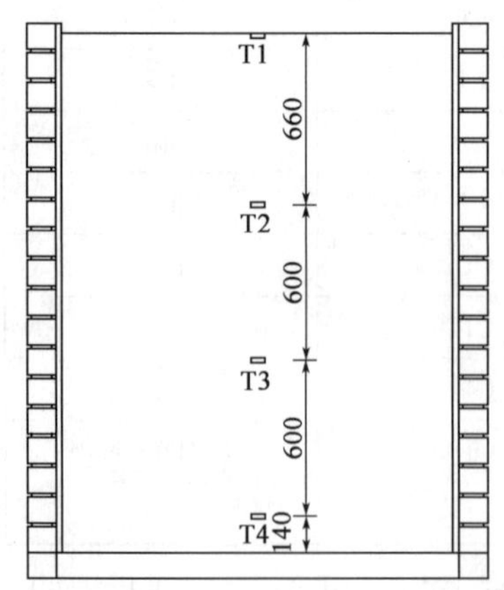

图 5-15　模型土内加速度传感器布置图

为了测试模型土在地震作用下的反应情况，试验设计在模型土中沿高度布置 4 个加速度传感器，编号为 T1～T4，埋深情况见表 5-9，具体布置如图 5-15 所示。为了保护土中的传感器不受水的侵蚀，埋置土体中的加速度传感器装置时，将传感器置于直径 500mmPPR 塑料圆盒内，并对其进行牢固的螺栓连接且留出出线口，在出线口外用软塑管保护，并用蜡封堵管口。最后于 PPR 塑料盒表面用有机玻璃板封盖并标上相应的传感器编号(图 5-16)，形成密闭的传感器装置。

5.6.6 其他部位传感器设置

为了能够得到更详细的试验数据并进行对比，试验设计不仅在模型桩内部和土体内部设置了加速度传感器，还在上部结

构顶部两侧对称设置了2个加速度传感器，承台处设置了1个加速度传感器，模型箱的上部、底部以及振动台台面处各设置1个加速度传感器，具体布置如图5-17、图5-18所示。

土内传感器埋深布置表　　表5-9

距离土表面距离(mm)	传感器编号	距离土表面距离(mm)	传感器编号
0	T1	1260	T3
660	T2	1860	T4

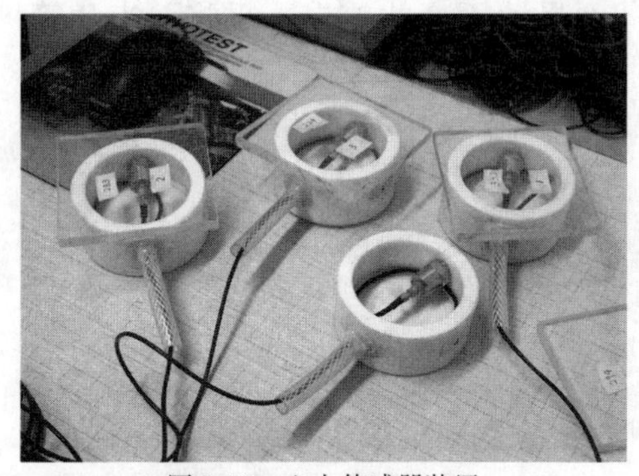

图5-16　土内传感器装置

图5-17　上部结构及承台传感器布置

5.6.7　模型管桩制作

1)模型管桩的材料及尺寸

由于振动台试验中的管桩模型尺寸都比较小，如果采用混凝土材料来制作，不但制作的工艺达不到标准，而且制作时也会很困难，满足不了试验精度的要求。由于需要在管桩内部安装加速度传感器和应变片，需要考虑到材料有一定的强度并能还原回管桩的真实材料反应，在安装传感器、应变片的前后，材料的物理性质也不能发生较大改变。考虑以上诸多因素对多种材料进行考察，最后决定选用有机玻璃管来制作模型管桩(图5-19)，有机玻璃材料不但能模拟原始材料的性质并且易于加工。

图5-18　模型箱及振动台台面传感器布置

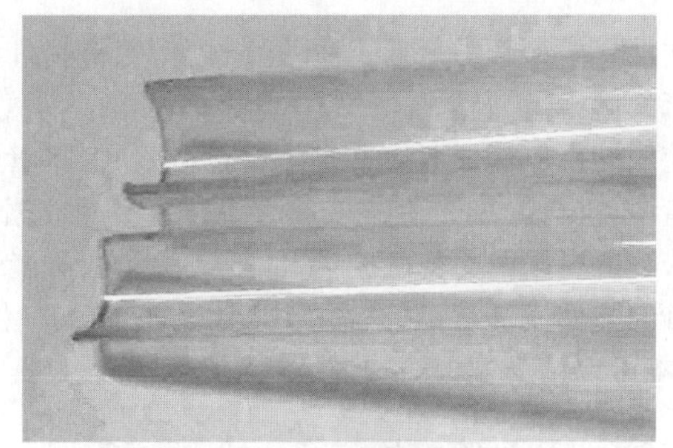

图5-19　有机玻璃材料

试验中共制作了4个模型管桩，详细尺寸为：内半径21mm，外径25mm，壁厚4mm，桩长2m。

2)模型管桩的制作与加工

试验中为了作应变数据对比，特选择两个模型管桩布置应变片。用水刀将圆形有机玻璃管切开后，按照设置位置在其内壁黏贴应变片(图5-20)，将电阻线按照次序从桩头引出，并依次标上编号。为了保证管桩的内、外径尺寸保持不变，使用了纸质的骨架支撑管桩(图 5-21)。待桩内的应变片粘贴牢固之后进行管桩的黏合，且要保证管桩的物理性质不发生变化。在黏贴管桩时，使用有机玻璃与三氯甲烷的混合溶液充当黏结剂黏合两半片管桩，在粘贴时基本保证了管桩的尺寸未发生变化(图 5-22)。为了防止水分从桩底侵入，对桩底进行了密封处理(图 5-23)，桩头伸入承台的部分用砂浆进行填封，以防止试验过程中桩头破坏。

同贴有应变片的模型管桩一样，需要布置加速度传感器的模型管桩也要用水刀切开，并在其内固定加速度传感器(图 5-24)。在保证管桩截面尺寸不变的前提下再将两半片管桩粘合起来。为了保护线头，特地制作了保护管并对保护管的外缘进行蜡封(图 5-25)。

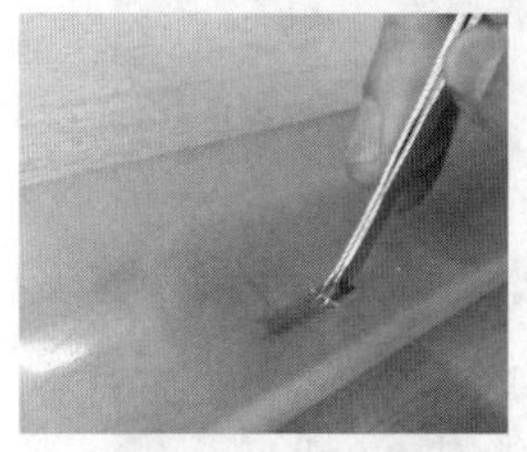

图 5-20 粘贴应变片

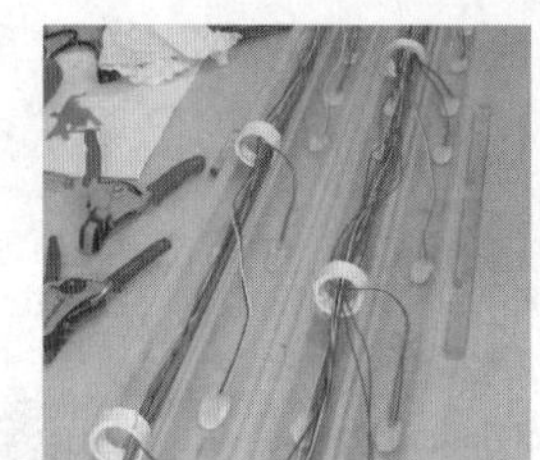

图 5-21 模型桩内连线处理

图 5-22 粘贴好的模型管桩

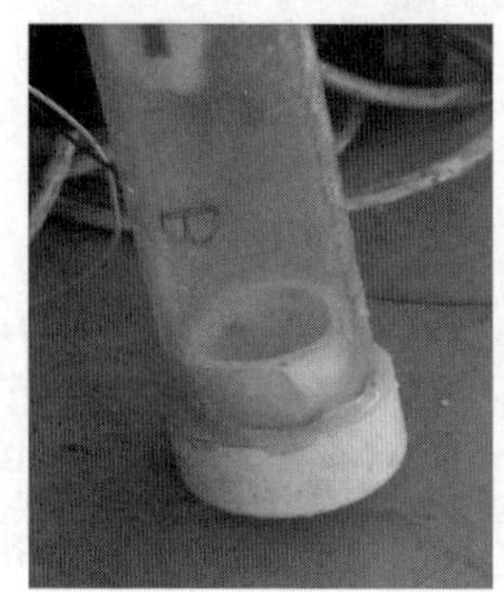

图 5-23 桩底密封

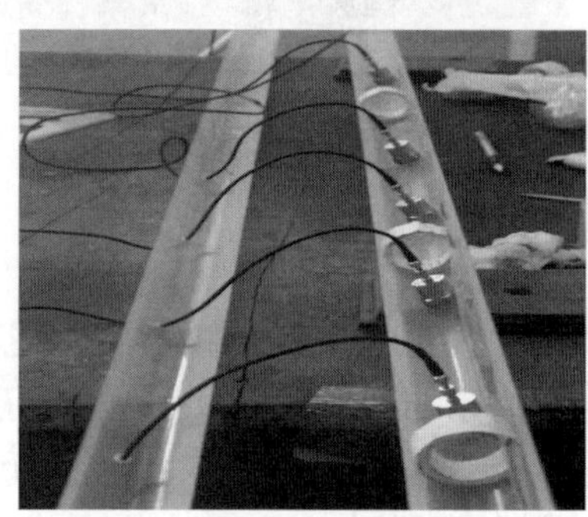

图 5-24 模型管桩内的传感器

5.6.8 模型管桩的弹性模量试验

在粘好模型管桩之后，为了检验模型管桩物理性质在加工前后的变化情况，针对模型管桩进行了弹性模量试验。

使用动态应变仪对模型管桩进行试验时，将管桩垂直悬挂，使桩底向上桩头向下，下部悬挂质量块，进行逐级加荷(图 5-26)。对采集的数据经过计算得到逐级加载的应力、应变值，处理这些数值可以回归得到应力、应变方程，方程的斜率即为管桩的弹性模量。经过计算得到模型管桩的弹性模量是 1930.95MPa，粘贴之前的弹性模量是 2000MPa，其差值对试验的影响不大，基本可以认为管桩的物理性质没有发生改变。

5.6.9 模型管桩的应变片检测试验

在贴有应变片的模型管桩黏合好后，为了进一步检测模型管桩内各应变片的工作情况，又对模型管桩的应变片进行了检测试验。检测时，将模型管桩以简支梁的形式横放，在模型管桩的中部逐级叠加荷载(图 5-27)，模拟模型管桩在土体中的受弯状态。通过检测分析，大部分应变片的工作状况良好。

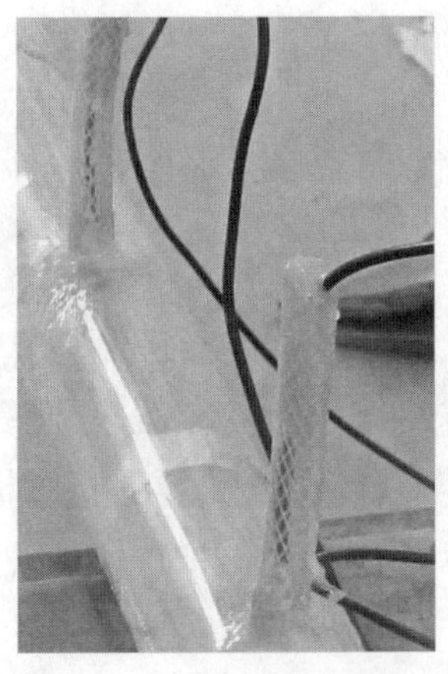

图 5-25　传感器线的保护套

图 5-26　模型管桩的弹性模量试验

图 5-27　应变片检测试验

5.6.10　上部结构试验准备

1)上部结构的制作

如前所述,为了能够还原实际工程中管桩的受力状态,对于上部结构模型运用相似关系进行反推,要想使上部结构符合实际情况,关键是控制上部结构模型的质量和振动周期。通过前面计算得到的振动周期为 0.2s,质量为 111kg。

试验中上部结构的质量采用 2 个 360mm×500mm×50mm 的铁块来模拟,并且用螺栓连接使其叠合在一起,每个 48kg,上部结构质量总和为 137kg(图 5-28)。

承台的设计参考《建筑地基基础设计规范》(GB 50007—2002)中有关桩基的相关规定,试验中的桩间距采用 $4d$,边桩中心至承台边缘距离为 55mm,承台尺寸为 360mm×360mm×70mm。承台下用钢板作底托,在其中预留出管桩的位置后用混凝土进行浇筑(图 5-29)。承台具体尺寸见图 5-30。

在承台和质量块之间用钢板作支撑进行连接,在支撑下部钻孔以连接承台,距支撑底端钻孔处分别在 400mm、500mm、600mm 处再次钻孔,以便调整质量块重心高度,以使上部结构的自振周期达到设计的数值。支撑上的孔打好之后进行上部结构的安装,质量块、承台和支撑均用螺栓牢固连接。

图 5-28　上部结构的质量块

图 5-29　混凝土承台

2)上部结构动力特性的测试及调整

在连接好试验模型的上部结构后,要检测制作的模型能否符合设计的自振周期 0.2s。具体的检验方法是将制作好的上部结构底端固定于地面,在上部结构顶端的一侧放置加速度传感器(图 5-31),然后给上部结构一个激励,使其自由振动,通过动态采集仪进行数据采集并分析得到上部结构的自振周期。

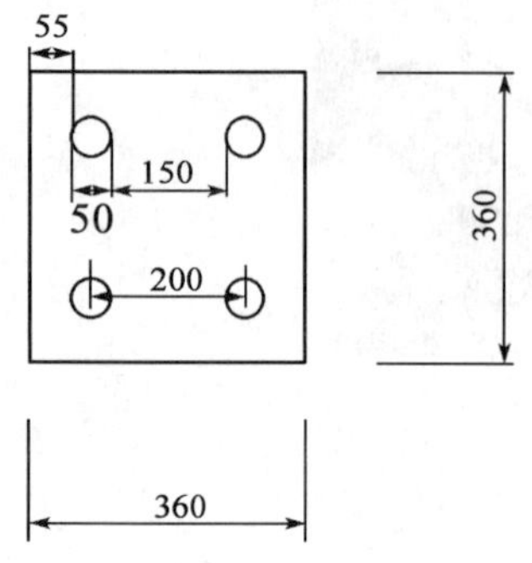

图 5-30　承台尺寸(尺寸单位:mm)

图 5-31　上部结构自振周期测试

上部结构初期制作时,连接上部质量块与承台的支撑选用钢板条,测试发现其自振周期过大,分析原因可能是支撑的刚度不足。后来用角钢支撑代替原来的钢板条进行测试,并与之前一样在不同高度都预留了孔洞,以便微调自振周期。最终测试结果表明,将质量块固定在距离底端孔洞 600mm 处的位置比较合理,但上部结构距离预定周期还是有差距,为了能进一步趋近设计值,在支撑的底部又加了紧固螺栓,更进一步提高了支撑的刚度。经过不断的调整,上部结构的自振周期达到了0.2s,满足了模型和实际原型的相似关系。

5.6.11　模型土的试验准备

试验时,为了更好地了解模型土的工作情况,测试模型土的相关物理性质,需要对模型土进行相关试验。模型土试验主要测试土的密度、含水率、剪切强度指标和动剪切模量等。同时进行土的剪切波速试验。

(1)环刀。环刀是用来取原状土的,是做土体密度、压缩、剪切和渗透等试验必不可少的一种常用仪器,使用时应刀刃向下,在切取土样时避免歪斜,使其垂直均匀受力下切。使用前可

将环刀内侧涂抹少许凡士林。环刀的内径 61.8mm，高度 20mm（图 5-32）。

（2）称量盒。进行含水率试验时，是将取出的砂土土样放置在称量盒内进行称量的，以及用来将土样存放其中放入电热烘箱中（图 5-33）。

（3）电热烘箱。进行含水率试验时，要使用电热烘箱将土样的水分蒸干，其控制温度为 105～110℃，对于粉土来说烘干时间不得少于 6 小时（图 5-34）。

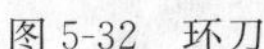

图 5-32　环刀

图 5-33　称量盒

图 5-34　电热烘箱

（4）圆锥触探。贯入试验采用圆锥触探，主要设备由探头、触探杆、穿心锤三部分组成（图 5-35）。探头规格为直径 40mm，截面积 12.6cm^2，锥角 60°；落锤规格为锤质量 10kg±0.1kg，落距 50cm±1cm；探杆直径为 25mm；触探指标为贯入 30cm 击数 N_{10}；最大贯入深度为 4～6m。具体控制数值如表 5-10 所示。

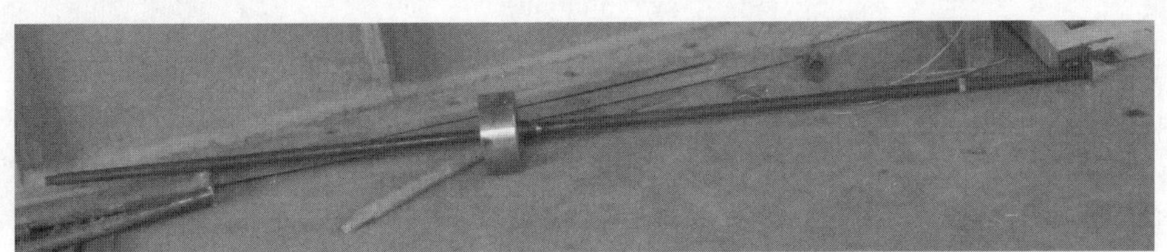

图 5-35　圆锥触探

N_{10}与砂土密实度的关系　　表 5-10

N_{10}	<10	10～20	21～30	31～50	51～90	>90
密实度	疏松	稍密	中下密	中密	中上密	密实

（5）ZJ 型应变控制式直剪仪。ZJ 型应变控制式直剪仪用于测定土的抗剪强度，由自动驱动剪切装置、传感器（位移）、数据接收装置等组成（图 5-36）。通常采用 4 个试件在不同的垂直压力下（400kPa、300kPa、200kPa 和 50kPa 可任选）施加水平力进行剪切，求得破坏时（即定义试样的水平相对位移为 4mm 时为破坏）的剪应力。将 4 级荷载破坏点拟合成直线，根据库仑定律确定抗剪强度系数、内摩擦角和内聚力。其剪切速度分为 0.8mm/min 和 2.4mm/min，水平荷载为 1.2kN。

（6）Geocomp 动单剪试验系统。Geocomp 动单剪试验系统（型号：ShearTrac II-DSS ）主要由传感器（位移和力传感器）、剪切架、剪切室、数据采集仪、软件系统等组成，是一套通用的剪切系统，可以全自动完成固结和动单（直）剪测试（图 5-37）。DSS 系统可以在试样中产生完全相同的剪切状态，比其他任何三轴试验系统都更好地模拟野外实际提供的初始应力条件、应力路径和变形，能较好地模拟场地土在地震作用下的水平剪切作用。该系统利用计算机控制单元，控制微步进马达在土样上施加垂直和水平荷载。

DSS系统可以自动完成32级荷载逐级增加的固结阶段，水平剪切可以按照一个特定的应变速率和水平力变化的速率施加。试验时一般要进行两个阶段，第一阶段固结阶段，可设置多级固结压力、不同时间对土样进行固结；第二阶段动剪切阶段，可设定不同的剪应力幅百分比值进行分级剪切，以及定义剪切周期值和周期数据量。在固结阶段结束后自动进入动剪切阶段，并全自动采集数据。每一组实验结束后可以实时显示试验状态和图形，也可以在试验的任一过程中修改试验过程和条件。

图5-36　ZJ型应变控制式直剪仪

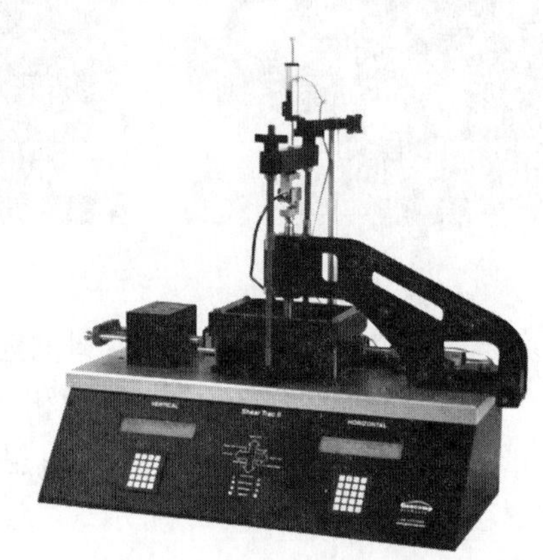

图5-37　Ceocomp动单剪试验系统

DSS系统包括完整的硬件和软件，记录所有的试验输入数据和所选的试验参数，设置标准的计算结果，生成试验报告并打印出来；可将试验数据以Excel形式导出水平位移、水平荷载、竖直位移及竖直荷载。

5.6.12　剪切波速试验

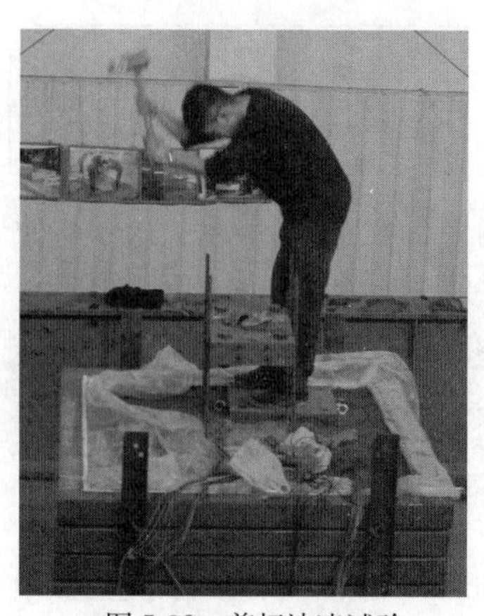

图5-38　剪切波速试验

剪切波速是描述土体工程性质的一项指标，也是工程场地分类、卓越周期计算的一个重要参数。模型土的剪切波速试验是分析桩土相互作用的关键部分，是分析土体性质的重要依据，以往的实验室试验表明，土体的剪切波速与含水率、不排水抗剪强度有关。因为模拟的土体与原型土体的情况不能保证完全一致，所以应该在模型土体上进行剪切波速的测试试验，以判别土体的类型，并据此划分为相应的建筑场地类别(图5-38)。

为了测试土体的剪切波速，在模型土的顶部放置一个紧贴土体表面的铁块，并用锤敲击其一侧，目的是为了在模型土内部产生低频为主的剪切波，埋放在土体中的加速度传感器将收集到剪切波的信号(表5-11)。由于传感器在不同的深度，所以不同传感器收集到的信号会有时间差，已知传感器之间的距离与信号的时间差，土体的剪切波速就能通过公式计算出来。

动态采集仪通道与加速度传感器编号对应表　　表 5-11

动态采集仪通道号	传感器位置	
CH1	管桩内部	Z1
CH2		Z2
CH3		Z3
CH4		Z4
CH5		Z5
CH6		Z6
CH7	土体内部	T1
CH8		T2
CH9		T3
CH10		T4
CH11	其他部位	上部结构 1
CH12		上部结构 2
CH13		承台位置
CH14		模型箱上部
CH15		模型箱底部
CH16		振动台台面

5.6.13　试验前的安装工作

1)模型箱准备

模型箱的组装部件为若干方框，把准备好的模型箱部件堆叠起来放置在提前准备好的支撑架中，方框层间均放置 4 个直径为 14mm 的滚轴(图 5-39)。安装时首先在支架上叠放 6 个方框并保证各个方框对齐，其间放置层间滚轴；然后将整体吊装到振动台面进行固定，在模型箱内部铺设塑料泡沫板、塑料薄膜等防水措施；再填土，随着填土高度增加，不断向上叠放模型箱的方框，直至模型箱安装完成(图 5-40)。

图 5-39　模型箱安装中

图 5-40　模型箱安装完毕

2)模型土准备

根据相似关系，模型土采用稍密砂质粉土。经过筛分将粉土中较大的黏块和杂质筛除，得到含有少许黏粒的粉土，按照设计需要对模型土加水润湿，含水率保持在 10%左右；也可先人工试拌，取得配合比后，用搅拌机拌和模型土，然后填入模型箱中并夯实(图 5-41)。

由于土体需要夯实，故选择了一定质量的重物作为夯锤(10kg 左右)，对模型土进行夯实。夯实过程中不但要保持土为稍密状态，而且要保证土体的均匀性，所以土体夯实应尽量保证各处夯实效果相同。试验中采取统一的标准，即夯实时总结出夯实规律：在添加一定高度(20～25mm)土体后，对每个位置进行同等夯实。填完一定高度土体后，使用标准贯入仪进行土体密实度检测，检测合格后再继续填土并夯实(图 5-42)。

3)排水管准备

由于模型土中含有水分，为了防止试验过程中水分的存积，特意制作了两个排水管进行排水。排水管由塑料管制作而成，管壁上钻若干圆孔进行导水，在端头连接上皮管，将排水管放置在模型箱的底部，皮管从模型箱的缝隙中引出(图 5-43)。

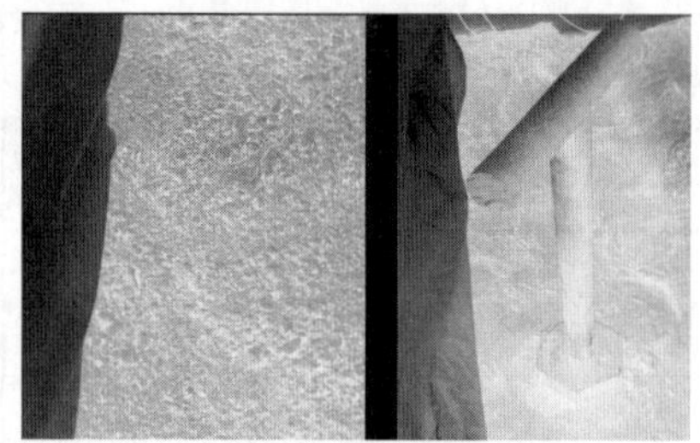

图 5-41 配好的模型上

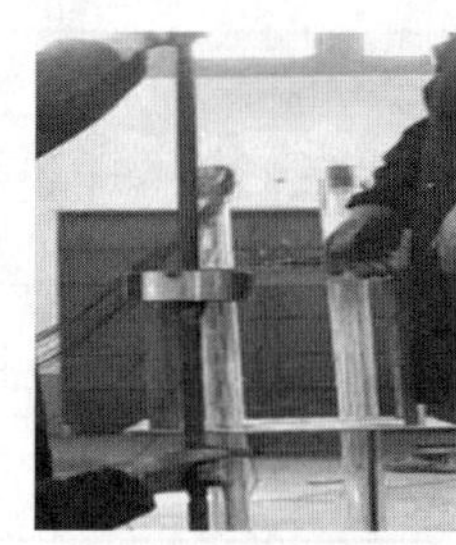

图 5-42 密实度检测

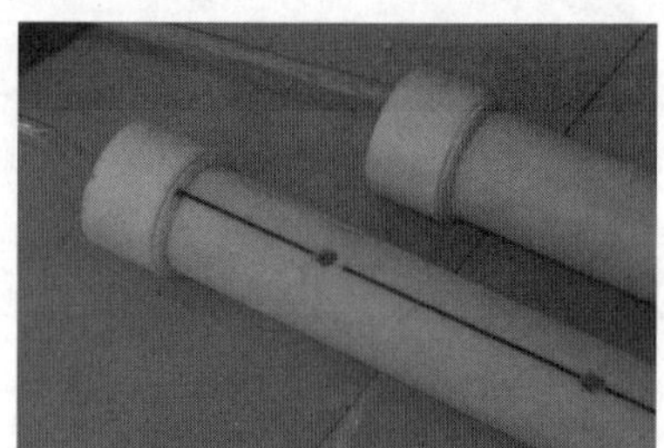

图 5-43 排水管

4)模型管桩和上部结构准备

试验中采用 4 个模型管桩进行模拟，安装时为了能保证其垂直度和固定间距，特意制作了支撑架(图 5-44)。模型管桩依靠支撑架校正位置，随着填土高度的增加管桩逐渐被掩埋，最后留出放置上部结构的空间。上部结构放置好之后对其进行连接，将管桩放置到承台的预留孔洞中，并用聚合砂浆灌缝，使模型管桩和承台成一整体(图 5-45)。

5)接线连接准备

本次试验使用的振动台为单向水平一维振动台(图 5-46)，台面尺寸为 3m×3m，最大有效载质量为 10t，最大倾覆力矩为 300kN·m，最大偏心力矩为 100kN·m，最大位移为±100mm，频率范围 0.2～50Hz，最大加速度 1.2g，最大速度为 1.0m/s，采集系统为 32 通道数据采集系统。

图 5-44 模型管桩支撑架

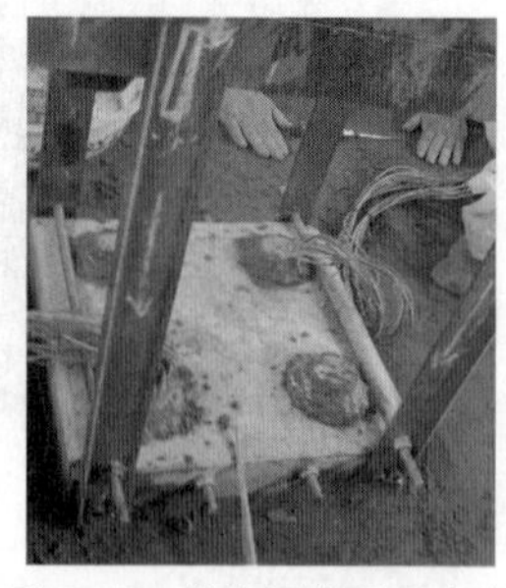

图 5-45 桩头固定于承台中

图 5-46 振动台

试验中应变数据采集用数字动态应变仪(图 5-47)，型号为 DRA-107A，一共使用两台，每台的通道数为 10 个，每次试验可以测试 20 个应变片数据，测量范围为±32000$\mu\varepsilon$，±32V，最

快采样速度为 0.1ms，频率响应为 DC～2.5kHz；每个通道配有独立的 A/D 转换器记录数字波形，分辨率为 0.1$\mu\varepsilon$；内置 496K 大容量数据存储器，多种数字处理功能，可输入外部采样时钟，配有 DRA-7107 专用动态采集软件。

为了测得各测点的加速度、速度及位移数据，将各个加速度传感器连接到放大器、INV-306DF 型智能信号采集处理分析仪和 DASP 系统上，测试各测点的数据并作分析。其中智能信号采集处理分析仪（图 5-48）有 16 个通道，AD 精度为 16 位，最高采样频率 400kHz，全并行，放大倍数为 1～16，并口。

图 5-47　动态台变仪

图 5-48　动态信号采集仪

试验中布置了较多的加速度传感器及应变片，因此，合理的布置接线也是试验的关键。动态采集仪一共有 16 个通道，试验中测试之前设定的 16 个测点。通过采集仪还可以分析出上述测点处的加速度、速度、位移变化情况。动态应变仪一共有 20 个通道，试验中测试管桩中的 20 个应变片的信息变化情况。

试验中对于应变的测试，取自同一管桩两侧应变片的数据。动态应变仪一共可以测试 20 个测点，每侧分别选取 10 个沿高度均匀分布的测点进行测试，动态应变仪的通道与应变片编号的对应情况见表 5-12。

动态应变仪通道与应变片编号对应表　　　表 5-12

距离桩顶深度(mm)	动态应变仪通道号	管桩应变片编号	距离桩顶深度(mm)	动态应变仪通道号	管桩应变片编号
160	CH1	C2	160	CH11	D2
260	CH2	C3	260	CH12	D3
460	CH3	C5	460	CH13	D5
660	CH4	C7	660	CH14	D7
860	CH5	C9	860	CH15	D9
1060	CH6	C10	1060	CH16	D10
1260	CH7	C11	1260	CH17	D11
1460	CH8	C12	1460	CH18	D12
1660	CH9	C13	1660	CH19	D13
1860	CH10	C14	1860	CH20	D14

动态采集仪共有 16 个通道，同步进行 16 个加速度传感器的测试。其中，管桩上有 6 个测点，土中埋置 4 个测点，上部结构有 2 个测点，承台处 1 个测点，模型箱的上、下各一个测点，台面上一个测点，具体布置见表 5-11 所示。

5.7 地震波与试验工况的准备

在振动台试验中，通常由计算机通过控制器控制液压伺服系统驱动台面，实现对台面上试件模拟地震加载。由于振动台及其台面上的试件无法纳入电液伺服系统的闭环控制中，再加上系统中存在的转换和控制元件的节流特性和液压动力机构的滞环、死区及限幅等非线性因素影响，单靠传统经验控制难以达到满意的控制精度，地震波作用也无法在试件上真实再现。

因此，为了能够在试验中模拟出预期的地震波形式，必须在试验前进行地震波的迭代以满足试验工况设计。首先，预估出试验台面上负荷的总质量，通过计算得出模型箱、模型土、上部结构的质量之和为9t；然后，选取相同质量大小的质量块放在台面上，通过不断地调整振动台的参数，最后达到输出预定波形的效果，以满足试验要求。

试验中地震波采用单向输入激励，台面输入波形依次为白噪声扫描、El-Centro 波、LWD 波以及不同频率的正弦波。加速度峰值按我国《建筑抗震设计规范》(GB 50011—2010)取值。单桩、双桩试验的加速度峰值分别为 0.05g、0.1g、0.15g、0.2g。4 桩试验的加速度峰值为 0.2g、0.3g、0.4g。在选取好地震波的波形和加速度峰值后按照相似关系，在振动台台面上迭代地震波，调整加速度峰值和时间间隔，得到试验所需要的波形。

按照加速度峰值的不同，试验一共进行了 3 个阶段(连续进行)，每个阶段输入不同的加速度峰值 。

在试验开始前及结束后，分别进行剪切波速试验，用以测试土层剪切波速。每个阶段都进行了 El Centro 波、LWD 波以及正弦波的输入，每个阶段共计 6 个工况，一共进行了 18 个工况的试验，具体工况见表 5-13。

试验工况表 表 5-13

工况序号	试验波	台面输入加速度峰值	工况序号	试验波	台面输入加速度峰值
1	剪切波速试验	—	11	8Hz 正弦波(II 类场地)	0.3g
2	白噪声扫描	0.1g	12	5Hz 正弦波(III 类场地)	0.3g
3	El-centro 波(II 类场地)	0.2g	13	4Hz 正弦波(IV 类场地)	0.3g
4	LWD 波(III 类场地)	0.2g	14	白噪声扫描	0.1g
5	8Hz 正弦波(II 类场地)	0.2g	15	El-centro 波(II 类场地)	0.4g
6	5Hz 正弦波(III 类场地)	0.2g	16	LWD 波(III 类场地)	0.4g
7	4Hz 正弦波(IV 类场地)	0.2g	17	8Hz 正弦波(II 类场地)	0.4g
8	白噪声扫描	0.1g	18	5Hz 正弦波(III 类场地)	0.4g
9	El-centro 波(II 类场地)	0.3g	19	4Hz 正弦波(IV 类场地)	0.4g
10	LWD 波(III 类场地)	0.3g	20	剪切波速试验	—

5.7.1 白噪声试验

白噪声是一种功率频谱密度为常数的随机信号或随机过程。换句话说，此信号在各个频段上的功率是一样的。通过振动台白噪声试验，从各加速度传感器得到的数据可以分析模型箱、土体及上部结构各自的自振频率等动力特性。

5.7.2 El-centro 波

El-centro 波是 1940 年 5 月 18 日美国 IMPERIAL 山谷地震(M=7.1)在 El-centro 台站记录的加速度时程，广泛应用于结构试验及地震反应分析的。主要强震部分持续时间为 26s 左右，记录全部波形长为 54s，原始记录离散加速度时间间隔为 0.02s，N-S 分量加速度峰值为 341.7cm/s^2。El-centro 波的加速度时程曲线及频谱图如图 5-49 所示。

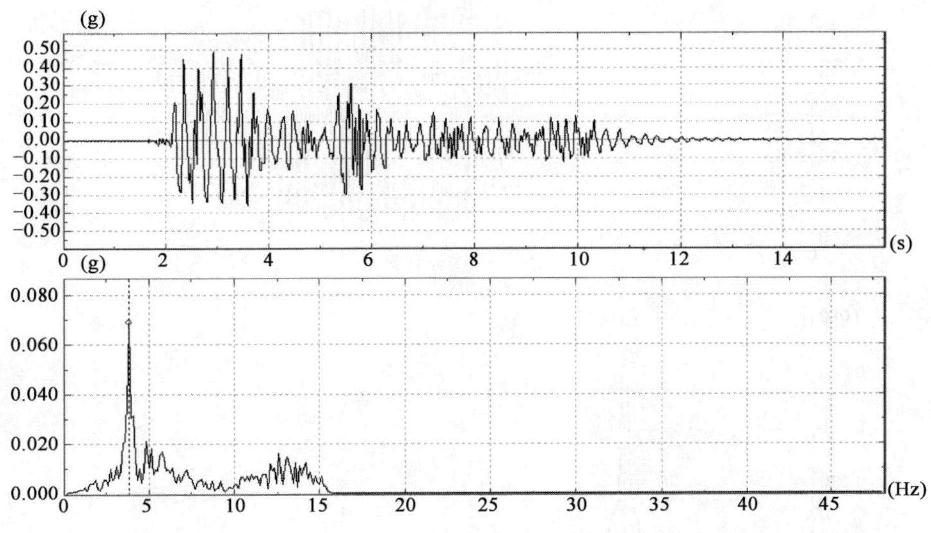

图 5-49　El-centro 波加速度时程曲线及频谱图

5.7.3 LWD 波

LWD 波是 1994 年 1 月 17 日凌晨 4 时 31 分，美国加州 Northridge(M=6.7)市发生地震，在 Lakewood-Del Amo 台站记录的加速度时程，加速度峰值为 129cm/s^2。LWD 波的加速度时程曲线及频谱图如图 5-50 所示。

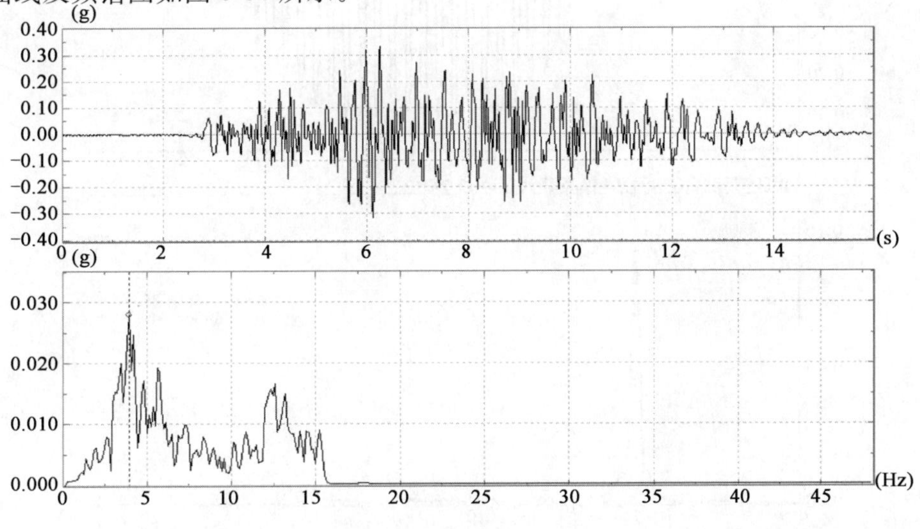

图 5-50　LWD 波加速度时程曲线及频谱图

5.7.4 正弦波试验

试验中输入正弦波是为了了解简谐振动时结构—地基体系的反应，研究正弦波作用下的反应能够直观地分析模型在地震作用下的反应情况。试验输入了 3 种频率，即 4Hz、5Hz、8Hz 的正弦波，其加速度时程曲线及频谱图分别如图 5-51～图 5-53 所示。

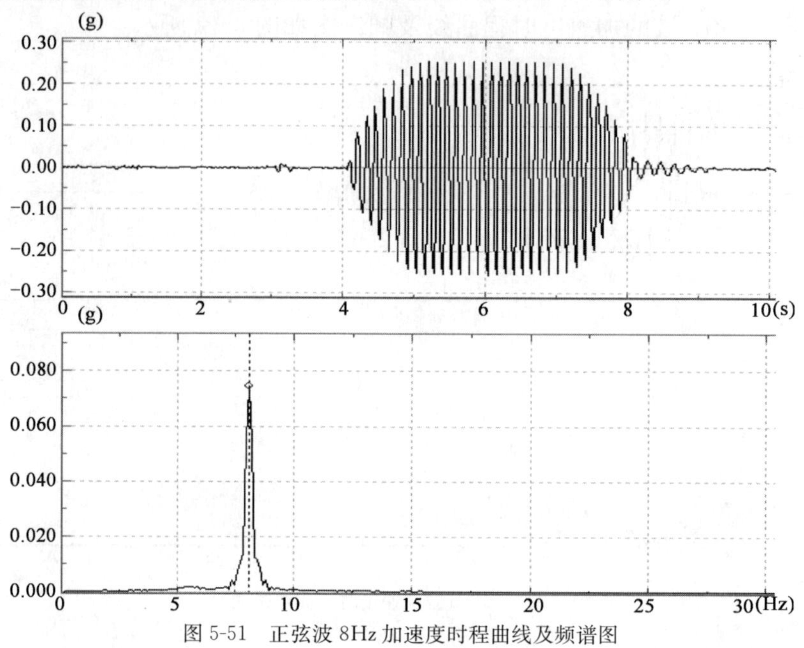

图 5-51　正弦波 8Hz 加速度时程曲线及频谱图

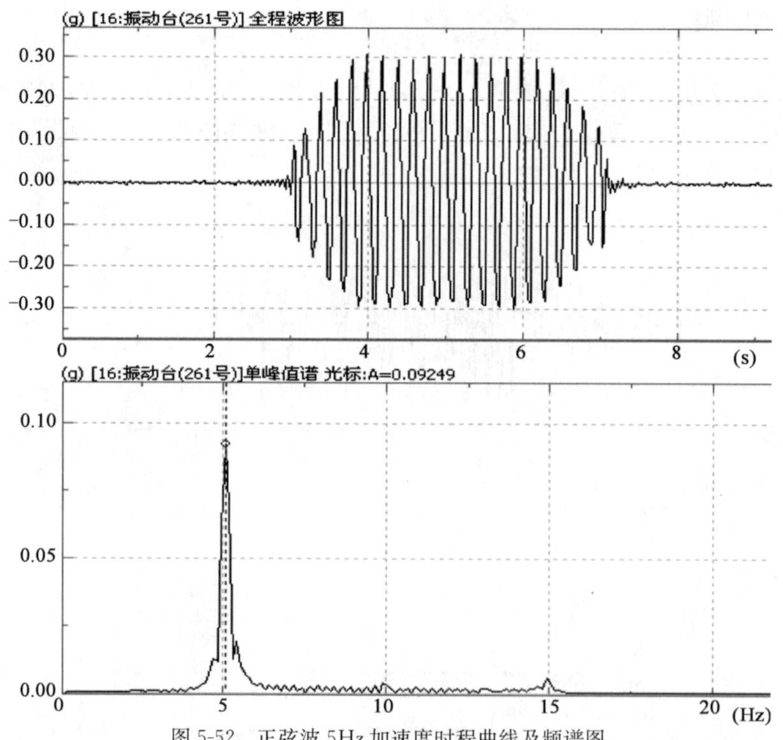

图 5-52　正弦波 5Hz 加速度时程曲线及频谱图

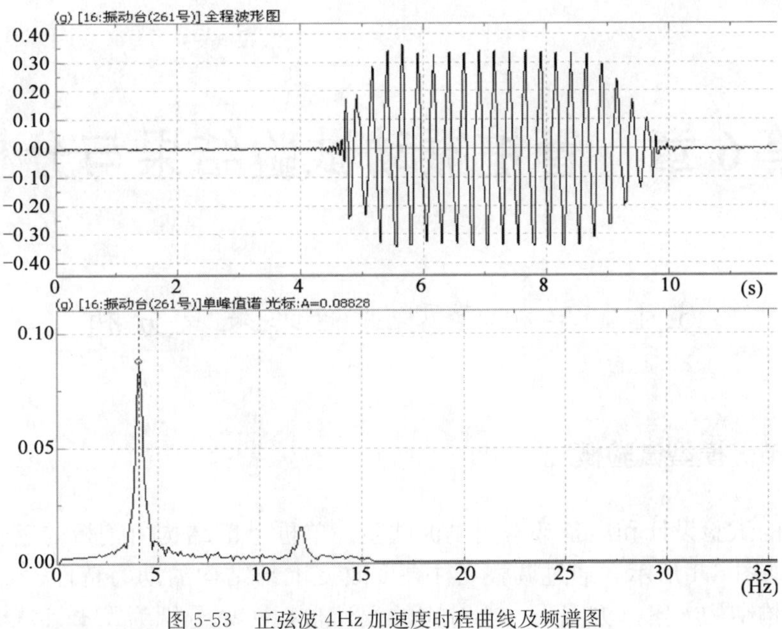

图 5-53　正弦波 4Hz 加速度时程曲线及频谱图

5.8　本 章 小 结

本章介绍了管桩振动台模型试验的设计和准备工作。模型设计首先是相似关系设计，根据相似理论推导了桩-土-上部结构振动台试验的相似关系。根据试验的具体情况设计了模型桩的材料、尺寸，上部结构的质量、自振周期以及土的剪切波速等。根据试验要求，设计制作了叠层剪切模型箱，以尽可能地模拟地基土在地震作用下的性状。本章还介绍了模型管桩内测点的设计及准备，在模型管桩内粘贴了应变片和加速度传感器。在模型土中埋置了加速度传感器。根据上部结构的设计要求制作了上部结构，并对其动力特性进行了调试，使模型的刚度和质量协调。设计了模型试验的加载工况并进行了波形的准备工作。对模型土进行了设计和试验工作。

第 6 章　管桩振动试验结果与分析

6.1　单桩模型试验结果及分析

6.1.1　单桩模型试验概况

单桩模型的试验设计和准备基本同 4 桩试验。单桩上部结构由钢板与钢垫块组合而成，质量为 18kg，如图 6-1 所示。通过调整立柱高度改变上部结构的动力特性，如图 6-2 所示，形成 3 种上部结构结构方案。方案 1、2、3 对应的设计自振频率分别为 4Hz、5Hz、9Hz。单桩体系承台为钢结构，由钢板与钢管焊接而成，中间钢管部位与单桩管桩固接，尺寸为 200mm×200mm×100mm(长×宽×高)，质量为 6kg。

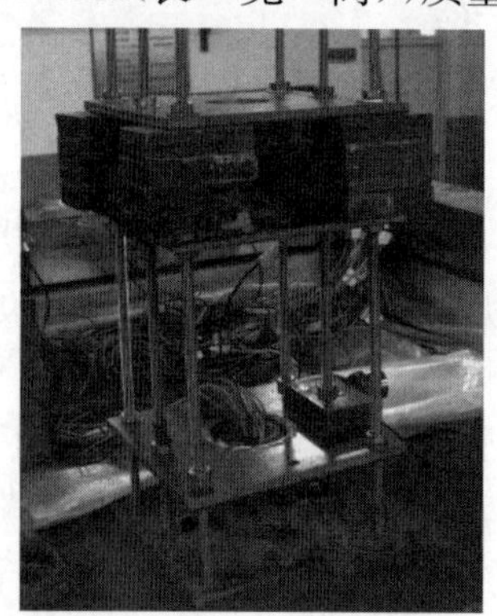

图 6-1　单桩上部结构及承台

图 6-2　调整上部结构自振频率

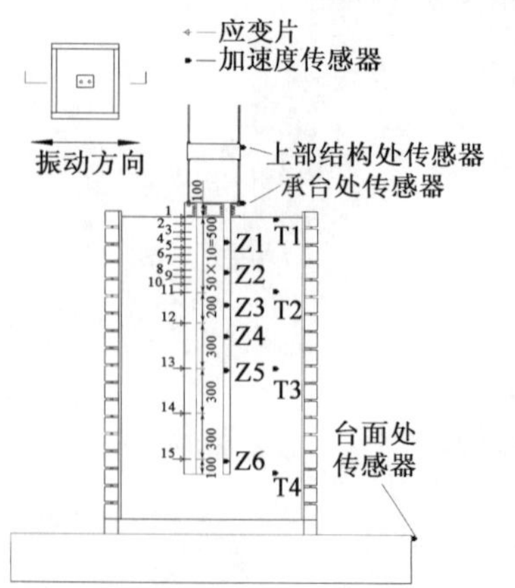

图 6-3　模型及测点布置示意图

模型桩上的测点布置见图 6-3。模型试验工况采用正弦波和地震波。正弦波频率分别为 2～10Hz，地震波为 El-Centro 波、LWD 波。台面加速度峰值为 0.5g、0.1g、0.15g、0.2g。试验前选取一根模型桩布置应变片，沿振动方向两侧各设置一竖排测点，每侧分别布置 15 个测点用来粘贴应变片，且两侧各对应测点等高布置，一个模型桩桩身内共设置 30 个电阻应变片。为了研究上部结构的地震响应，使其能够得到更详细的试验数据并进行对比，试验在上部结构顶端、承台处、土表、振动台台面处各设置 1 个加速度传感器。为了测试模型土在地震作用下的反应情况，试验设计在模型土中沿高度布置 4 个加速度传感器，编号为 T1～T4。

6.1.2　单桩模型试验时程曲线

试验输入了2～10Hz共10种频率的正弦波。选取典型工况下上部结构顶部、承台处、土表、台面处的加速度和位移时程曲线如图6-4～图6-5所示。EI-centro波下的各测点加速度、位移时程曲线如图6-6～图6-7所示。LWD波下的各测点加速度、位移时程曲线如图6-8、图6-9所示。

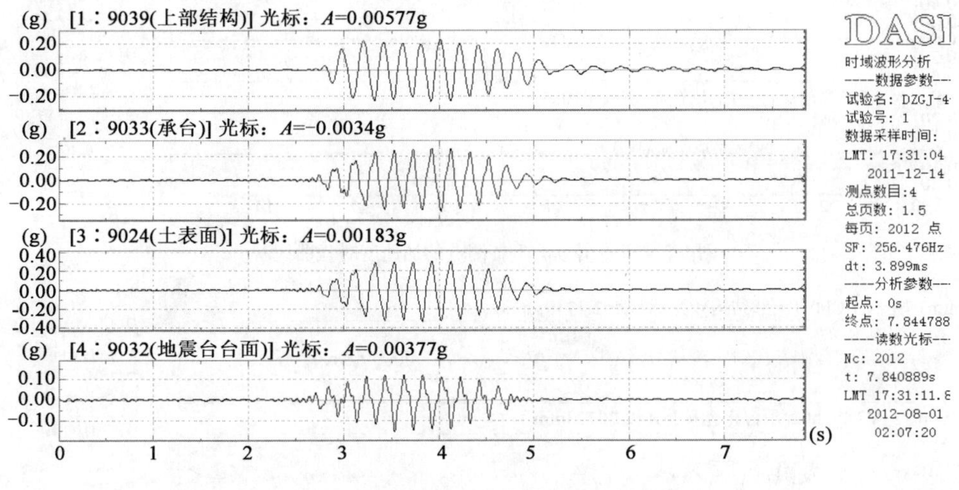

图6-4　正弦波5Hz各测点的加速度时程曲线

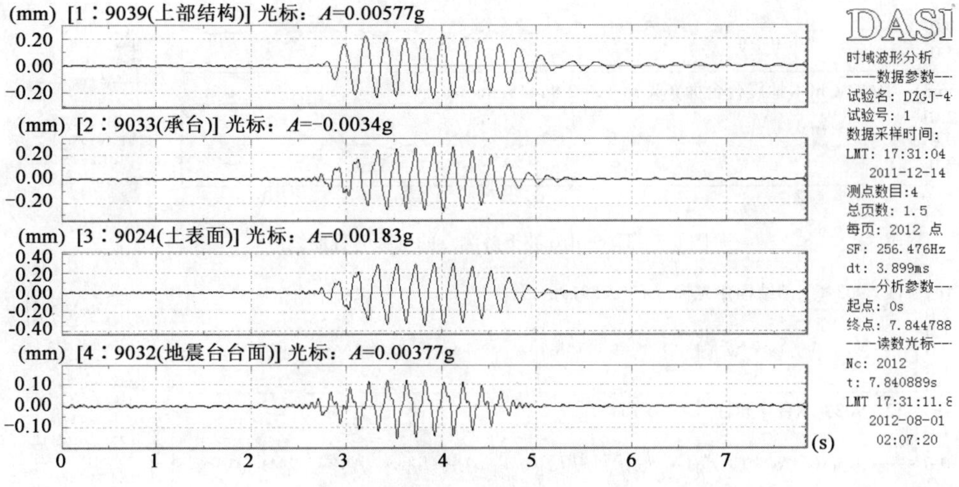

图6-5　正弦波5Hz下各测点的位移时程曲线

6.1.3　单桩模型动力特性试验结果及分析

为研究不同结构对管桩体系振动的影响，本次试验设计了3种不同的自振频率结构方案。结构体系方案1、2、3对应的设计自振频率分别为4Hz、5Hz、9Hz。试验过程中，由于上部结构与承台、承台与桩基的连接并不是理想的完全固接，实验开始前对结构模型进行0.1g白噪声扫描，以实测结构的动力特性，如图6-10～图6-13。

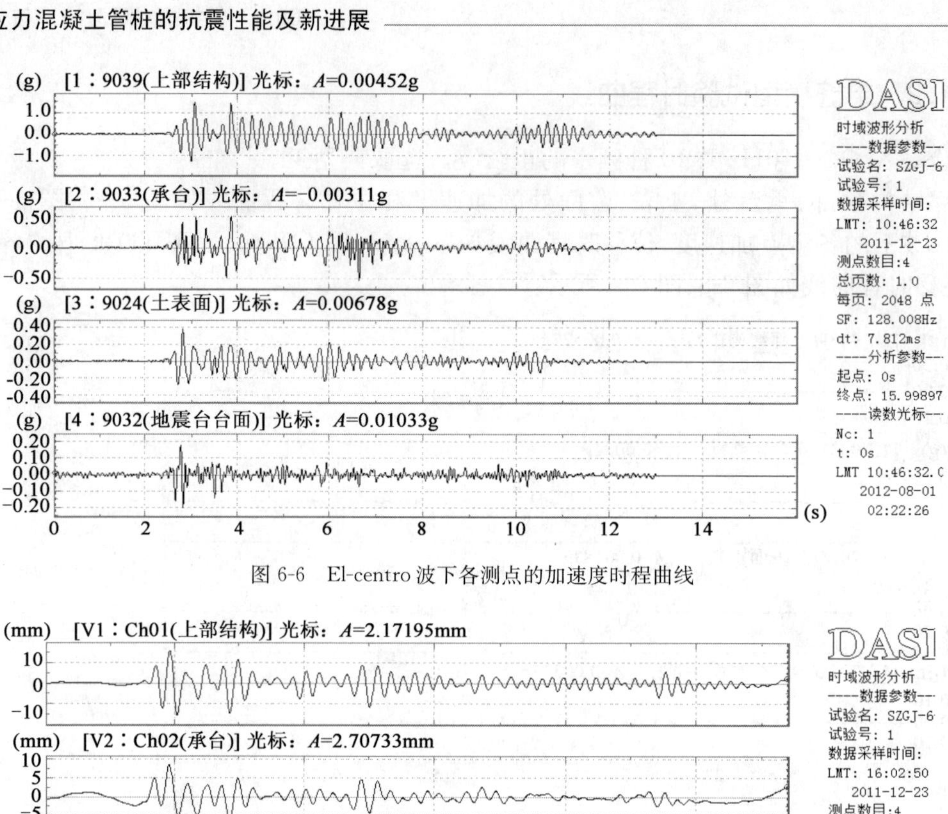

图 6-6　El-centro 波下各测点的加速度时程曲线

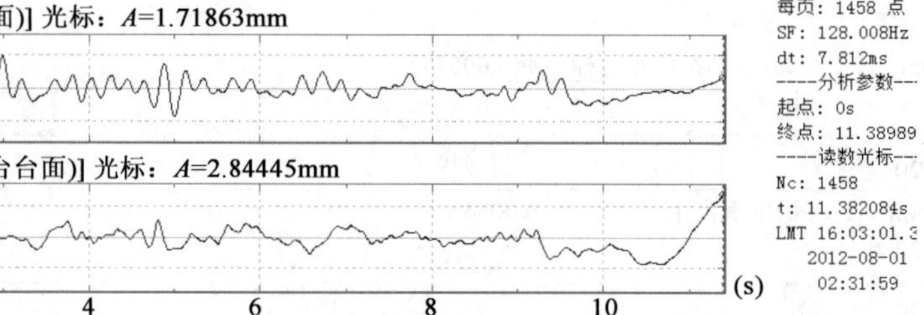

图 6-7　El-centro 波下各测点的位移时程曲线

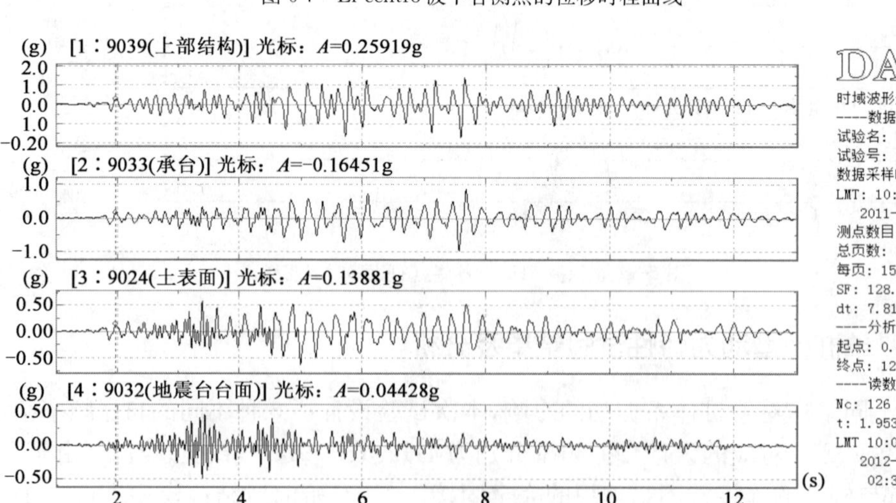

图 6-8　LWD 波下各测点的加速度时程曲线

(mm) [V1：Ch01(上部结构)] 光标：A=-1.41881mm
(mm) [V2：Ch02(承台)] 光标：A=0.56789mm
(mm) [V3：Ch03(土表面)] 光标：A=0.07198mm
(mm) [V4：Ch04(地震台台面)] 光标：A=2.84445mm
(s)
DASP
时域波形分析
----数据参数---
试验名：SZGJ-8
试验号：1
数据采样时间：
LMT：10:06:12
2011-12-28
测点数目：4
总页数：1.3
每页：1536 点
SF：128.008Hz
dt：7.812ms
----分析参数---
起点：0.999936
终点：12.99916
----读数光标---
Nc：1536
t：12.991356s
LMT 10:06:24.9
2012-08-01
02:36:02

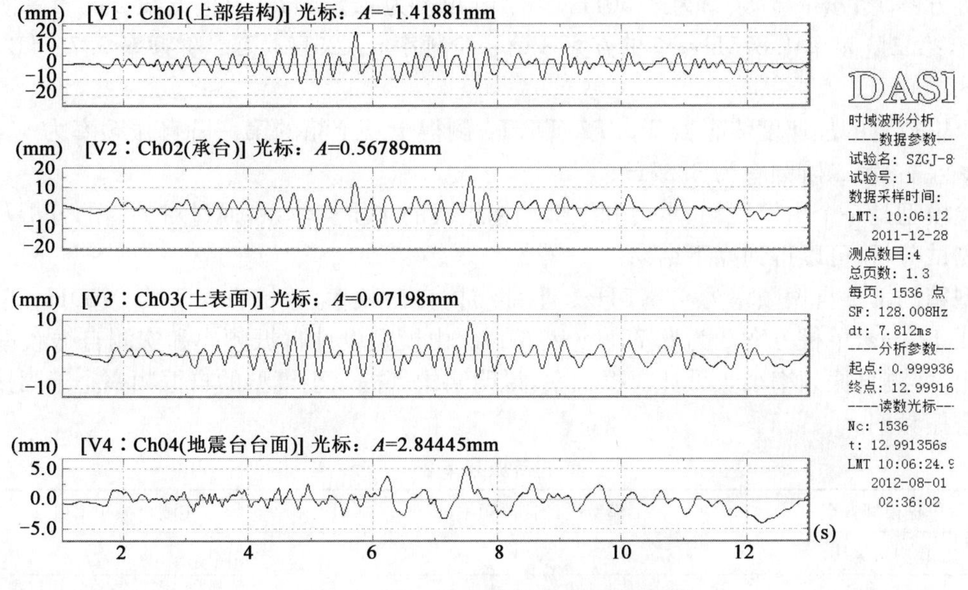

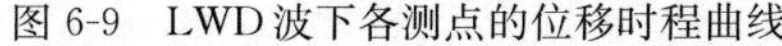

图 6-9　LWD 波下各测点的位移时程曲线

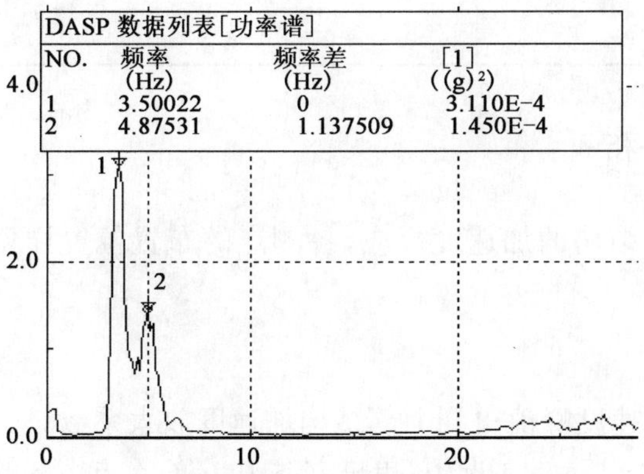

DASP 数据列表[功率谱]
NO. 频率 (Hz) 频率差 (Hz) [1] ((g)²)
1 3.50022 0 3.110E-4
2 4.87531 1.137509 1.450E-4

图 6-10　单桩方案 1 频谱图

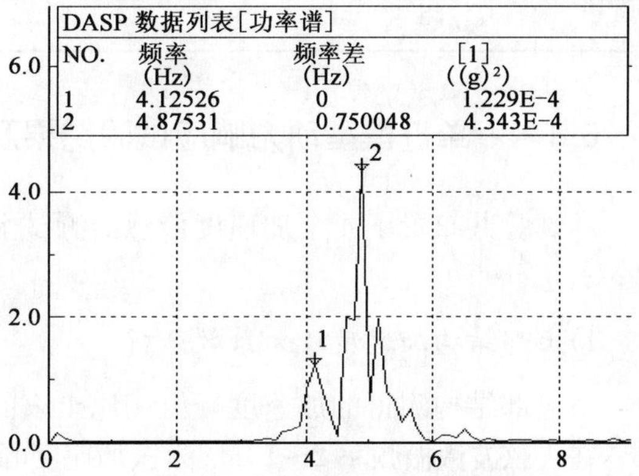

DASP 数据列表[功率谱]
NO. 频率 (Hz) 频率差 (Hz) [1] ((g)²)
1 4.12526 0 1.229E-4
2 4.87531 0.750048 4.343E-4

图 6-11　单桩方案 2 频谱图

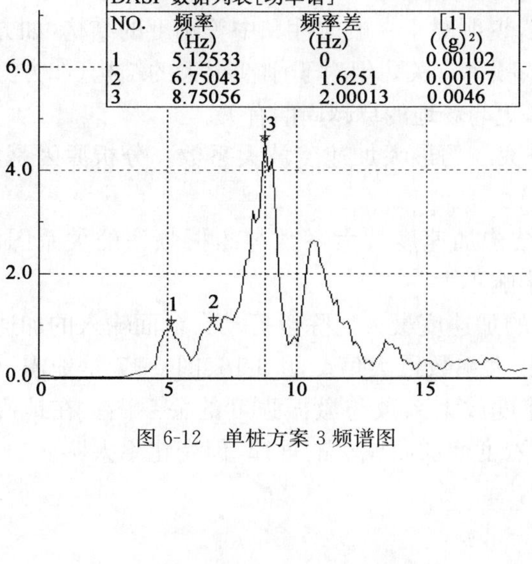

DASP 数据列表[功率谱]
NO. 频率 (Hz) 频率差 (Hz) [1] ((g)²)
1 5.12533 0 0.00102
2 6.75043 1.6251 0.00107
3 8.75056 2.00013 0.0046

图 6-12　单桩方案 3 频谱图

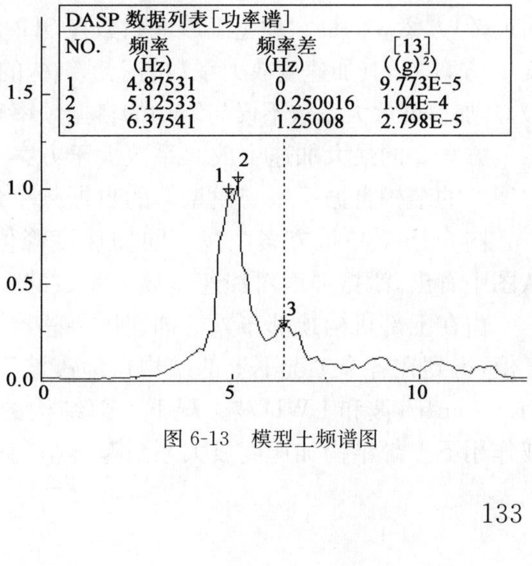

DASP 数据列表[功率谱]
NO. 频率 (Hz) 频率差 (Hz) [13] ((g)²)
1 4.87531 0 9.773E-5
2 5.12533 0.250016 1.04E-4
3 6.37541 1.25008 2.798E-5

图 6-13　模型土频谱图

单桩方案 1 的第一阶频率为 3.50Hz，第二阶频率为 4.875Hz；单桩方案 2 的第一阶频率 4.125Hz，第二阶频率 4.875Hz；单桩方案 3 第一阶频率 5.125Hz，第二阶频率 6.750Hz，第三阶频率 8.750Hz。

由土中放置的加速度传感器 T1、T2、T3、T4 测得土及土箱的第一阶自振频率为 4.875～5.125Hz 左右，第二阶频率为 6.37Hz。

试验模型是一个由模型箱、承台和上部结构组成的多质点体系，通过对频谱的分析及后面的试验测试分析，可以得到如下结果：

模型箱的第 1 自振频率为 4.875Hz。上部结构自振频率，单桩方案 1 为 3.50Hz，单桩方案 2 为 4.125Hz，单桩方案 3 为 8.75Hz(表 6-1)。由模型设计自振频率和实测自振频率对比可以看出，实测自振频率小于设计自振频率，说明结构—桩—土模型的自振频率小于固接结构模型的自振频率。

单桩自振频率表 表 6-1

单桩模型方案	模型设计自振频率(Hz)	模型实测自振频率(Hz)
单桩方案 1	4	3.5
单桩方案 2	5	4.125
单桩方案 3	9	8.75
模型箱	—	4.875

6.1.4 单桩模型动力响应试验结果及分析

本试验共布置了 4 个加速度传感器测试上部结构的加速度反应，各测点的布置位置详见图 6-3。

1)上部结构加速度放大系数分析

由上部结构测得的加速度峰值相比土表的加速度峰值得到上部结构加速度放大系数。

在正弦波激振频率 2～10Hz 激振加速度峰值 0.15g 的工况下，单桩方案 1、方案 2、方案 3 的上部结构加速度放大系数如图 6-14。图中方案 1、方案 2 上部结构加速度放大系数在其自振频率处为最大，即方案 1 的最大加速度放大系数在 3Hz 附近，方案 2 的最大加速度放大系数在 4Hz 附近，但方案 3 的最大加速度放大系数在 5Hz 附近，说明对于一般柔性和中等刚度的结构(如方案 1、方案 2)，其加速度放大系数与上部结构的自振频率有关。但对于刚性很大的结构(如方案 3)，其加速度放大系数不仅与结构的自振频率有关，更与场地的卓越周期有关。

方案 2 的最大加速度放大系数大于方案 1、方案 3 的最大加速度放大系数。分析原因是，方案 2 的结构自振频率与模型箱的自振频率最相近。

图 6-15 是单桩方案 2 在不同加速度峰值下结构加速度放大系数与激振频率的关系图。从图中看出，激振强度对加速度放大系数的分布影响不大。

由在上部机构顶部布置的加速度传感器测到的加速度最大值除以振动台台面输入的加速度值，得到在各个工况下上部结构在地震波下的放大系数最大值。图 6-16、图 6-17 是地震波 EL—Centro 波和 LWD 波工况下上部结构的加速度放大系数与激振强度的关系图。在地震波作用下上部结构加速度放大系数基本呈随地震烈度增加而减小的规律，但变化不太明显。

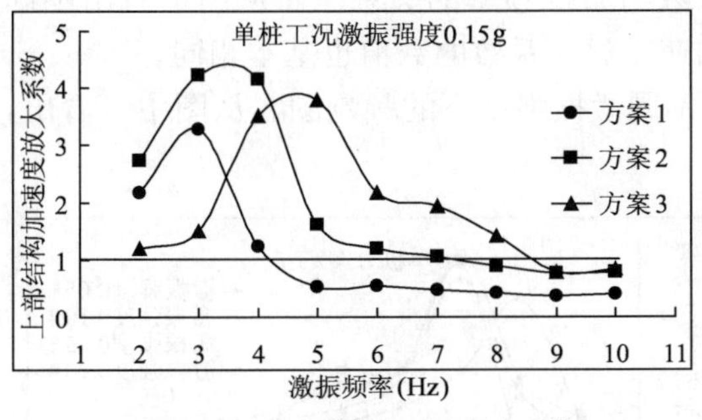

图 6-14 上部结构加速度放大系数

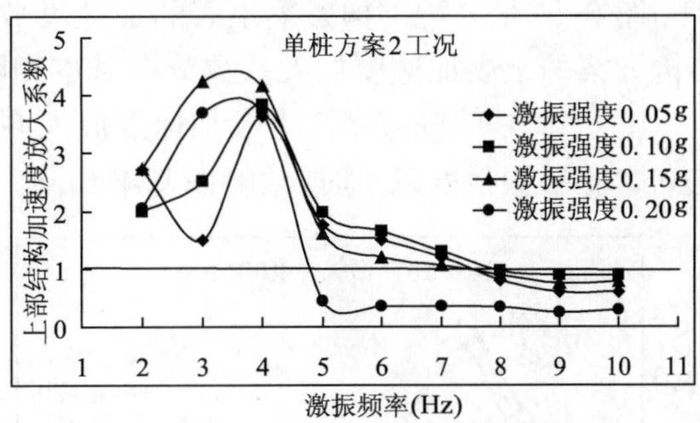

图 6-15 单桩方案 2 的上部结构加速度放大系数

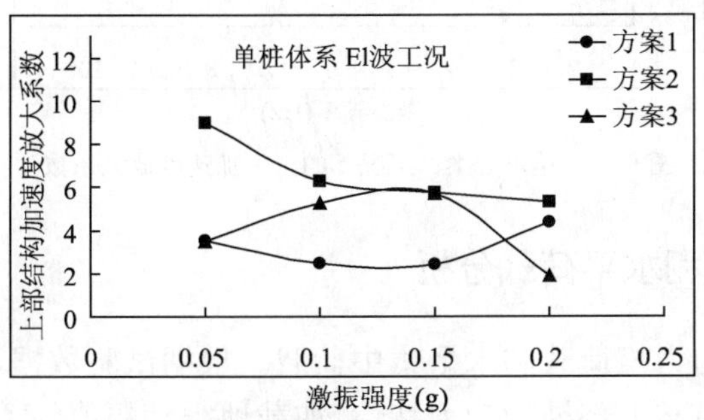

图 6-16 EL 波激振下上部结构放大系数

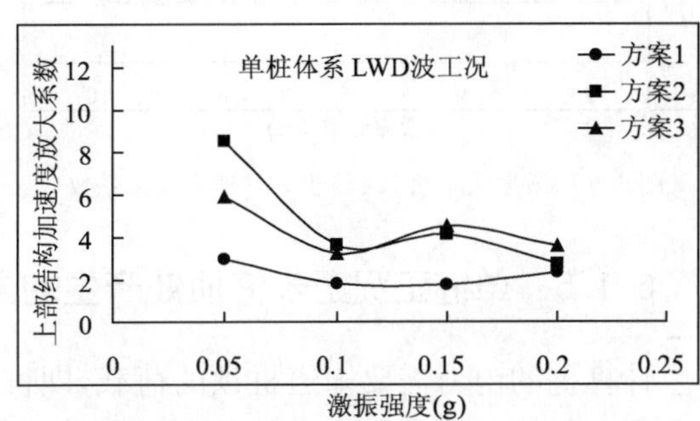

图 6-17 LWD 波激振下上部结构放大系数

2)承台加速度放大系数分析

本次试验中加速度传感器布置在承台处，测得在地震反应中的幅值，再除以土表的加速度幅值，得到承台处加速度放大系数，以分析对比在不同激振强度、不同上部结构、不同的地震波下的单桩体系承台加速度放大系数幅值的分布规律。取典型的工况进行分析说明：

从图 6-18 中可看出 3 个结构方案承台处的最大加速度放大系数基本相同，在 2 左右。各结构方案承台处的最大加速度放大系数在结构的自振频率处。

图 6-19 是单桩方案 2 在不同激振强度下承台处的加速度放大系数。承台处最大加速度放大系数随着激振强度的增加而增加，说明承台处的加速度放大系数与激振强度有关。

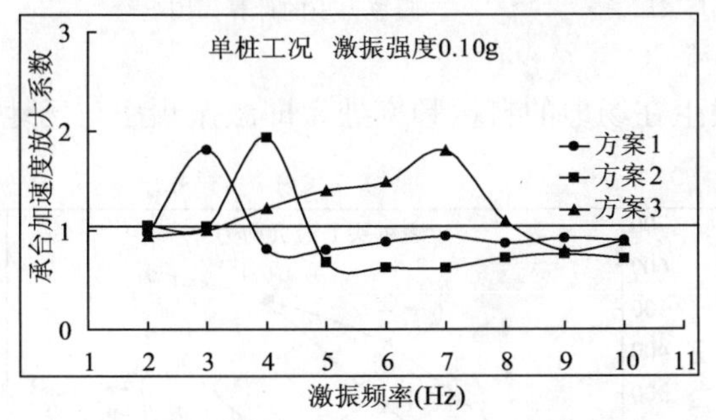

图 6-18 激振强度 0.10g 下的承台加速度放大系数

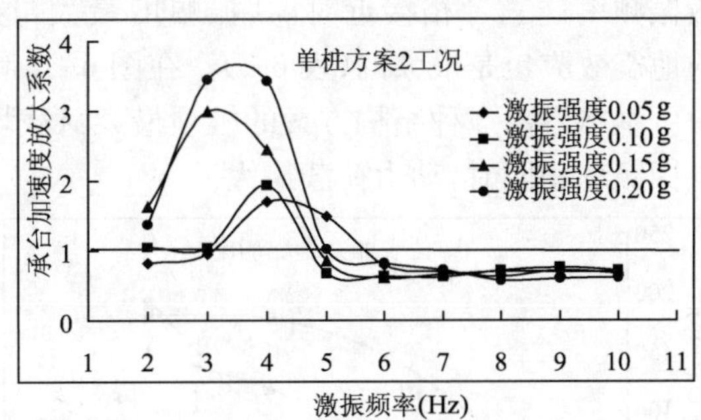

图 6-19 单桩方案 2 工况下的承台加速度放大系数

3)土表加速度放大系数分析

土表加速度放大系数是土表加速度最大峰值比台面输入加速度峰值。绘出各个工况下土表放大系数的分布，各反应规律一致，现取典型工况进行分析说明：

图 6-20 是 3 种结构方案土表的加速度放大系数与激振频率的关系图。从图中看出不同结构方案的土表加速度放大系数分布基本相同,加速度放大系数的数值也基本相同。

图 6-21 是单桩方案 2 土表加速度放大系数在不同激振强度下的频响图。从图中可看出,在 0.15g 激振强度以下时,频响图基本相同。

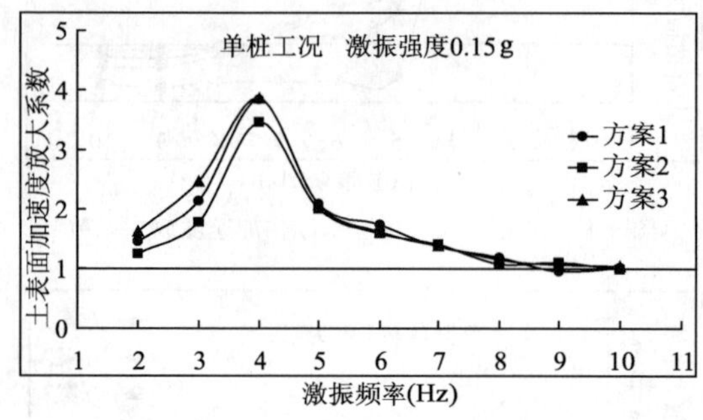

图 6-20 激振强度 0.15g 下土表加速度放大系数

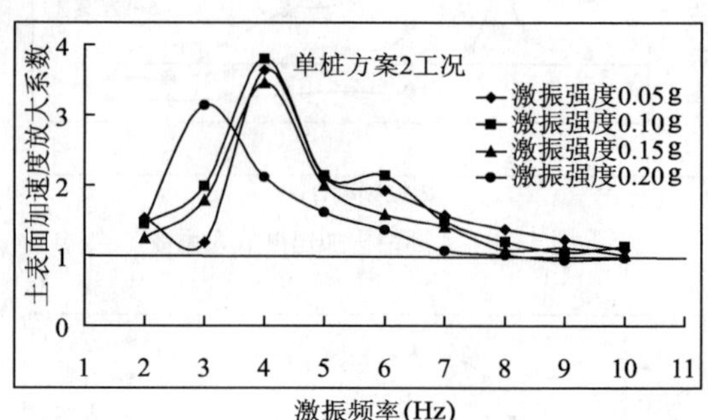

图 6-21 单桩方案 2 工况下的土表加速度放大系数

6.1.5 单桩工况土表桩顶处产生的力矩和水平荷载分析

计算桩的内力需要知道桩顶的荷载,即桩顶的力矩荷载和水平集中荷载。根据试验数据,本节研究了桩头处的最大底部剪力、最大倾覆弯矩与上部结构动力特性、加载地震动幅值的关系。桩头处最大底部剪力、最大倾覆力矩的计算简图如图 6-22 所示。

桩头处的水平荷载 $F=m_1a_1+m_2a_2$

桩头处倾覆力矩 $M=m_1a_1h_1+m_2a_2h_2$

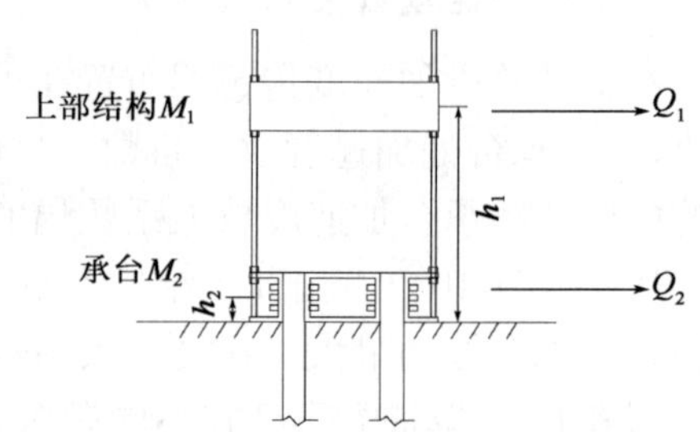

图 6-22 桩头处最大底部剪力、最大倾覆力矩的计算简图

计算出与各个工况下产生最大应变对应时刻的力矩和水平荷载的最大值,列于表 6-2。绘出单桩在各种方案和激振强度下的变化曲线,如图 6-23、图 6-24。从图中可看出,桩顶的力矩荷载和水平力荷载均随激振强度的增加而增加。在 3 种方案中,方案 2 的桩顶荷载最大表 6-2。原因是当上部结构、土体、激振频率这三者相接近时,共振幅度最大,这时产生的地震效应也是最大的(表 6-2)。在图 6-25 和图 6-26 中可基本看出 3 种结构方案的桩顶最大荷载均发生在场地的自振频率处。即激振频率与场地自振频率相同时,动力荷载最大。

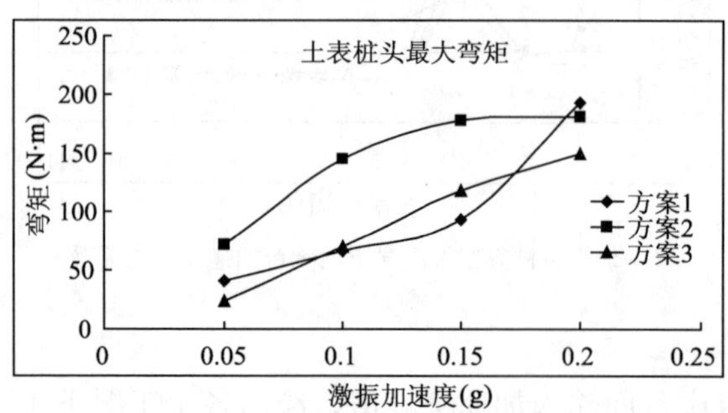

图 6-23 最大应变时刻对应的土表力矩最大值

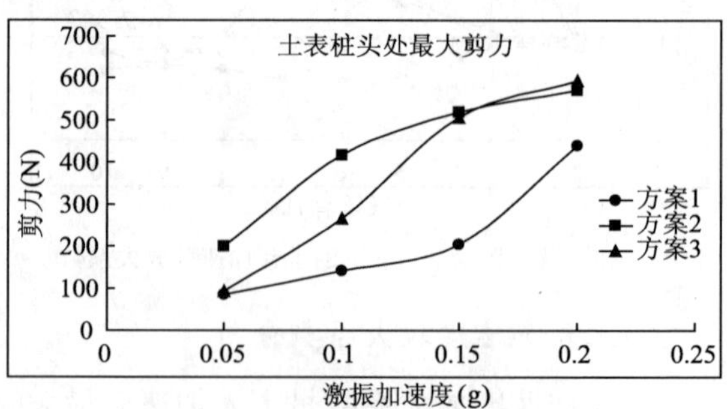

图 6-24 最大应变时刻对应的土表水平荷载最大值

最大应变时刻对应的力矩、水平荷载的最大值　　表 6-2

方案	方案 1		方案 2		方案 3	
激振强度	剪力 F	弯矩 M	剪力 F	弯矩 M	剪力 F	弯矩 M
0.05g	85.50	40.99	199.62	71.59	92.88	23.59
0.10g	141.18	66.91	416.22	145.48	267.18	70.06
0.15g	203.70	93.44	519.48	178.05	506.4	117.93
0.20g	440.40	192.76	570.66	180.86	592.8	149.34

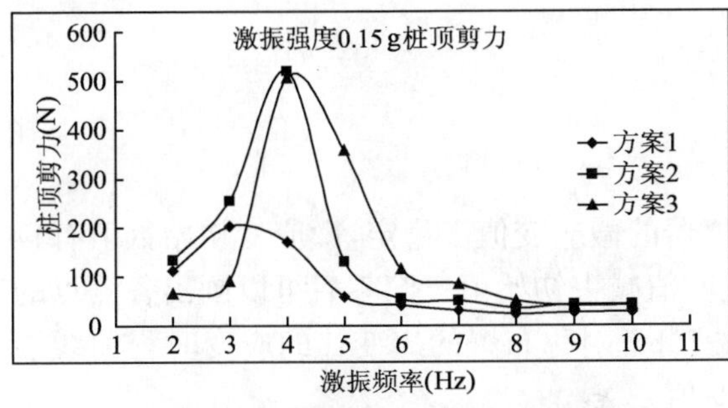

图 6-25　激振强度 0.15g 下的桩顶剪力

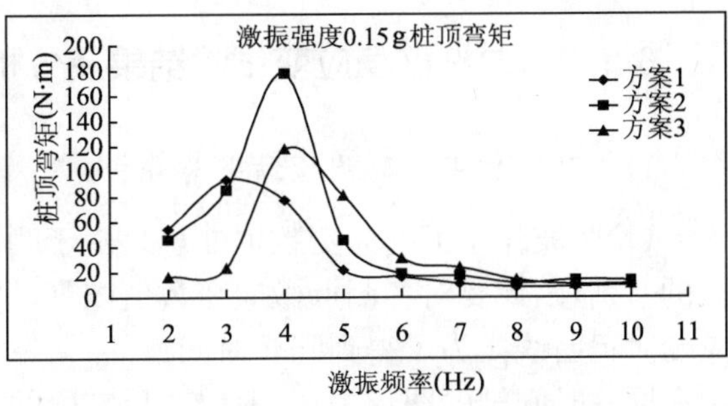

图 6-26　激振强度 0.15g 下的桩顶力矩

6.1.6　剪切波速试验结果与分析

通过在土体表面放置铁板，并对其水平敲击以产生向下传递的剪切波，由埋置在土中不同深度的加速度传感器采集激励信号。由土表到底层传感器的距离 d_0 和底层传感器采集到剪切波的时间 t，就可以计算出土体的剪切波速。

在管桩振动台试验前后均进行了剪切波速试验，各测点波形如图 6-27 所示，试验数据见表 6-3。由相似关系推出，模拟Ⅱ类场地时，模型土的剪切波速应大致在 45～80m/s 之间；模拟Ⅲ类场地时，模型土的剪切波速应在 45m/s 以下。通过试验数据可以发现，试验前后模型土基本符合Ⅱ、Ⅲ类场地。

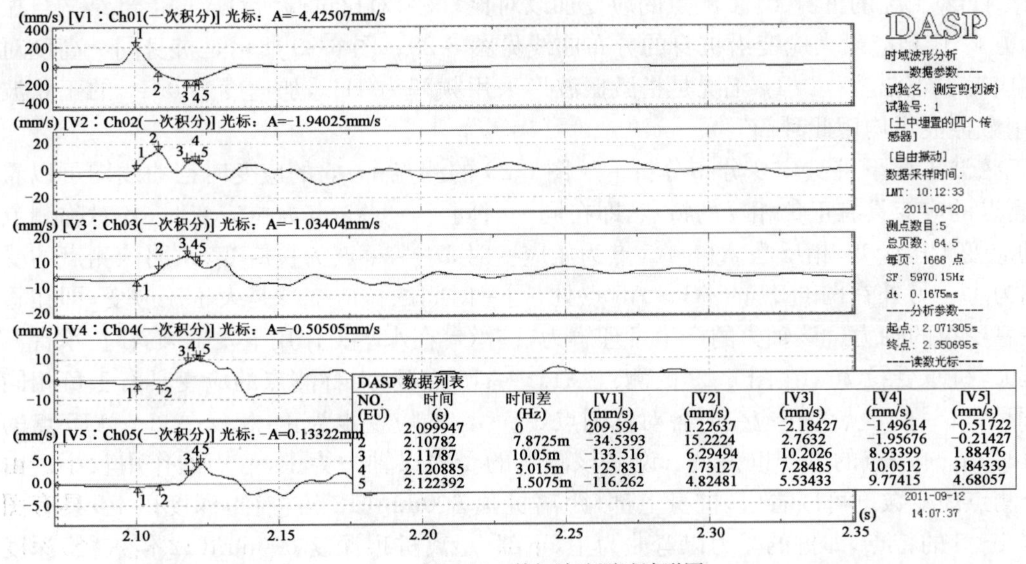

图 6-27　剪切波速测试波形图

试验前后剪切波速数据对比表　　表 6-3

测试深度	试　验　前		试　验　后	
	时间(ms)	剪切波速(m/s)	时间(ms)	剪切波速(m/s)
土表～T1	—	—	—	—
土表～T2	17.9225	36.83	15.015	43.96
土表～T3	20.9375	60.18	19.305	65.27
土表～T4	22.445	82.87	21.45	86.71

6.1.7　单桩桩身应变试验结果及分析

1)正弦波作用下的试验结果与分析

(1)弦波作用下的应变数据处理。由于测试仪器的微应变值不稳定,微应变初始数值有较大的差别,因此要对各测点微应变数值归零,即应变值减去初始值。归零后可以画出各测点的应变时程曲线。为了得到同一时间点的 ε_1、ε_2,将桩身上对称布置的应变片的应变时程曲线绘制在同一时间轴的图形中,并取应变稳定段的应变值 ε_1、ε_2。

由应变采集仪采集得到各个工况下的各个时间点的应变数据,通过对典型工况的处理,得到正弦波作用下的应变分布时程曲线。

从单个测点角度来看,每个测点产生的弯矩值是随时间变化的,从整个桩身角度来看,桩身弯矩分布图也是随时间变化的。因此,找到桩身出现最大弯矩的时间点很重要。针对本试验做出如下假定:"桩顶出现最大应变时桩身出现弯矩最大值"。据此假定,可以认为距离桩顶最近的"－200mm(4 倍桩径)"处的测点产生最大位移(即最大应变)的时刻桩身出现最大弯矩值,在该测点处应变稳定段取一个波峰时刻的时间点,该时间点所对应的桩身同一侧的测点各个应变值,根据这些应变值,做出应变与桩身距离的关系图,即为桩身最大应变分布曲线图。

(2)正弦波工况下桩身应变分布曲线。列举具有代表性的 0.15g 加速度峰值下的正弦波(激振频率 4Hz)工况的桩身 10 个测点的应变加以对比,该组对比试验所对应的上部结构自振频率均为方案 1,相应最大应变沿桩身的分布曲线见图 6-28。图 6-29 所示是桩身同一高度对称测点的应变。正弦波-4-0.1g 工况是指激振波形采用频率为 4Hz,加速度为 0.1g 的正弦波(以下所用激振波形均用此种简写)。

(3)正弦波工况下桩身应变分布分析。从图 6-29 的测点 1～5 的应变时程曲线图可以看出,对称测点的应变具有正负相反的特点,即在同一时间 A1～A5 点为拉应变时,各对称测点 a_1～a_5 的应变为压应变,相反当 A1～A5 点为压应变时,a_1～a_5 点为拉应变,说明该测点的受力以弯曲为主。另外在图 6-29 的 A1～A5 点处,同一时间的拉应变总是大于压应变,即在管桩中存在着受拉的轴力。该轴力的产生可理解为,桩承台在水平力作用下发生倾斜时,承台一侧承受压力,桩承受拉力。在图 6-29 的测点 A11～A15 点处,对称测点的应变具有正负相同的特点,即 A11～A15 点为正应变时各对称测点 a_{11}～a_{15}的应变也为正,相反 A11～A15 点的应变为负时 a_{11}～a_{15}点的应变也为负。说明该测点的受力以轴力为主,弯矩的作用较小。由桩身各个测点应变数据可以看出,桩身上部(距离桩顶 600mm(12 倍桩径)深度以上)具有图 6-29 测点 1～5 的特点,即桩的受力以弯曲为主,下部(距离桩顶深度 600mm(12 倍桩径)深度以下)具有图 6-29 测点 11～15 的特点,即桩的受力以轴力为主,弯矩的作用很小。

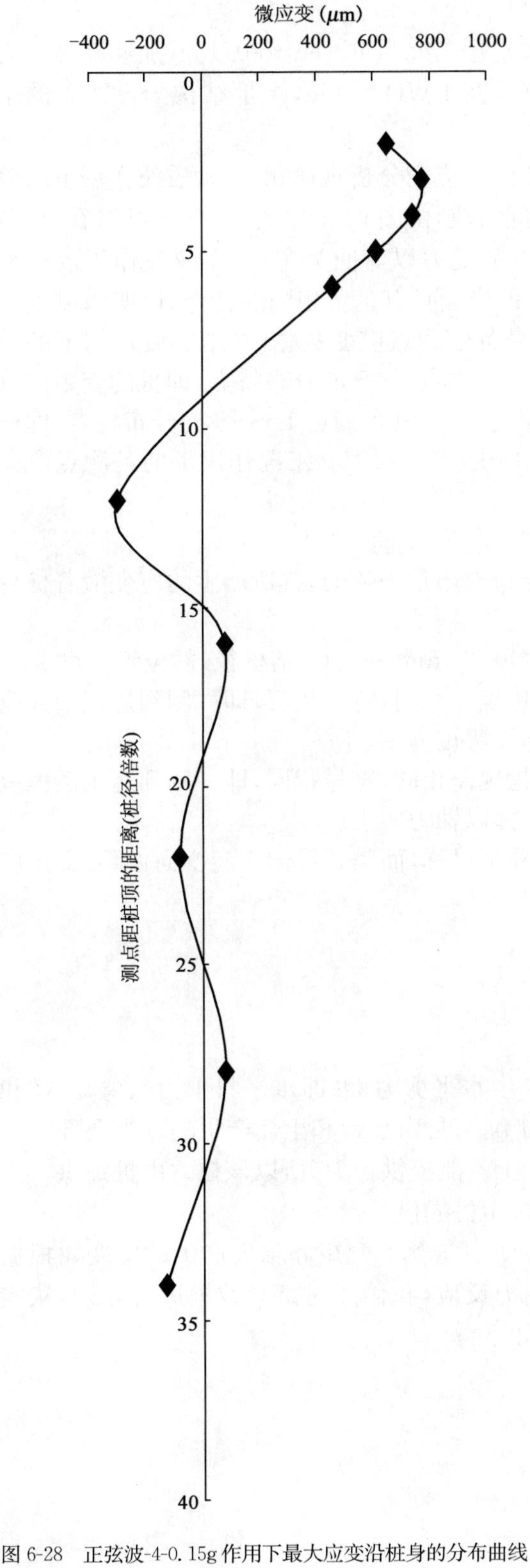

图 6-28　正弦波-4-0.15g 作用下最大应变沿桩身的分布曲线

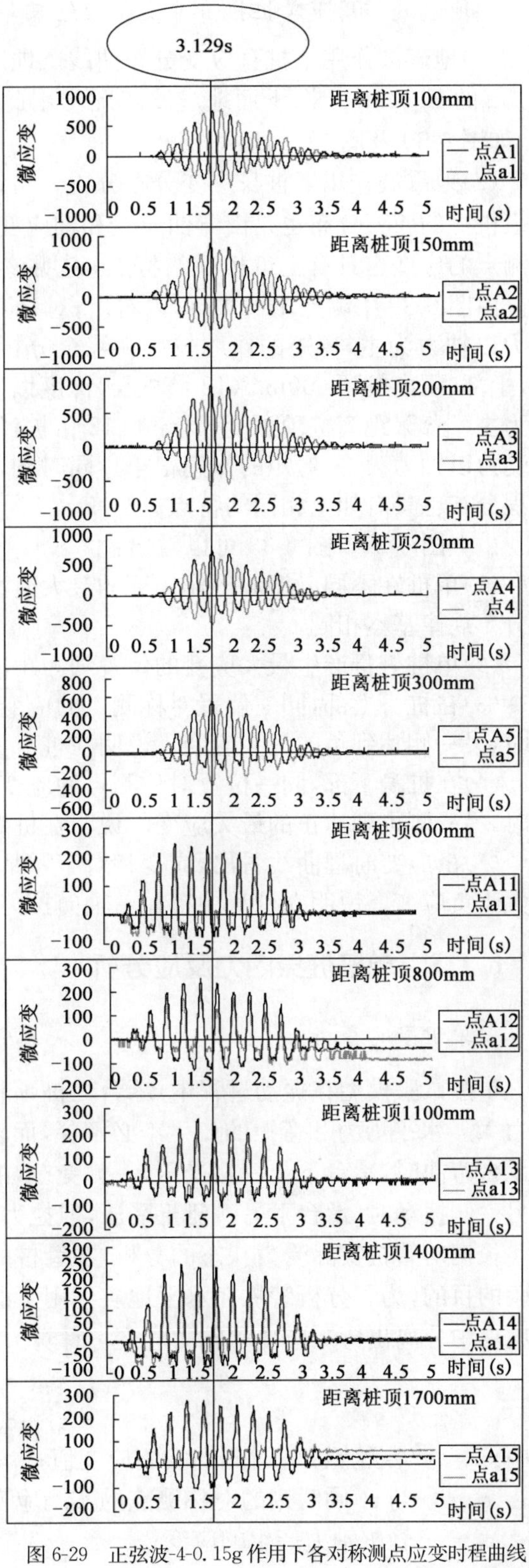

图 6-29　正弦波-4-0.15g 作用下各对称测点应变时程曲线

2)地震波作用下单桩桩身应变试验结果与分析

(1)地震波作用下桩身应变分布曲线。地震波选用工况为 ElCentro-0.15g(加速度峰值为0.15g 的 ElCentro 波,下面地震波工况均用此简写)及 LWD-0.15g,上部结构为方案 1 的工况,如图 6-30 及图 6-31 所示。

(2)地震波作用下桩身应变分布分析。与正弦波的应变分析规律相同,地震波作用下的单桩沿桩身的应变分布也是由弯曲应变和轴应变共同组成,由图 6-31 中测点 1~5 可以看出,对称测点的应变也具有正负相反的特点,说明该测点的受力以弯曲为主,与正弦波作用规律相同。由图 6-32 中测点 11~15 可以看出,对称测点的应变具有正负相同的特点,说明该测点的受力以轴力为主,弯矩的作用较小。综合分析桩身各个测点应变数据,在地震波作用下的单桩,上部(距离桩顶 600mm(12 倍桩径)深度以上)具有测点 1~5 的分布特点,即桩的受力以弯曲为主,下部(距离桩顶深度 600mm(12 倍桩径)深度以下)具有测点 11~15 的分布特点,即桩的受力以轴力为主,弯矩的作用很小。同时图 6-33 中 LWD-0.15g 工况作用下的各测点应变时程分布也具有如上相同的特点。

由上图 6-28~图 6-33 可以看出:

(1)单桩在不同激振波形作用下的最大应力分布规律是一致的,其所产生的应变沿着桩身的分布规律基本相同。

(2)单桩桩身产生最大应变的位置约为距离桩顶 200mm 左右(4 倍桩径)的位置。

(3)在桩身上部,同一位置对称测点的应变变化规律相同,符号相反,即一侧到达正最大应变时,另一侧达到负的最大应变。说明在桩身上部以弯矩为主。

(4)在桩身下部,同一位置对称测点的应变变化规律相同,符号相同,即一侧到达正最大应变时,另一侧也到达正的最大应变。说明在桩身下部以轴力为主。

(5)由应变时程曲线看出,应变相对于零基线并不对称,而是始终向正应变向偏移,即正应变大于负应变。说明在桩身中存在着轴向拉力。

6.1.8 单桩桩身内力反应分析

1)单桩受力分析

单桩试验模型在振动过程中,承台处桩顶将产生水平剪力 Q(即水平集中力)、弯矩 M 和轴力 N。水平剪力和弯矩的产生不必解释,而轴力 N 则是由承台和土体产生的。当上部结构使承台弯曲时,承台下土一侧受压,一侧受拉,由于土不能提供拉力,所以该拉力由桩提供。当向另一侧振动时,承台下另一侧土受压,但拉力仍然由桩提供。

根据对管桩实际受力状态的分析,在管桩的应变中包含了弯矩和轴力产生的应变。根据试验的目的,为了分析管桩在水平地震作用下的内力反应,我们要对试验数据进行处理,从实测应变中分离出弯矩应变和轴力应变。计算方法如下:

$$\varepsilon_1=\varepsilon_N-\varepsilon_M \tag{6-1}$$

$$\varepsilon_2=\varepsilon_N+\varepsilon_M \tag{6-2}$$

式中:ε_1——某测点波峰时刻的实测应变值;

ε_2——与 ε_1 同时刻的对称测点的实测应变值;

ε_N——管桩轴力产生的应变;

ε_M——管桩弯矩产生的应变。

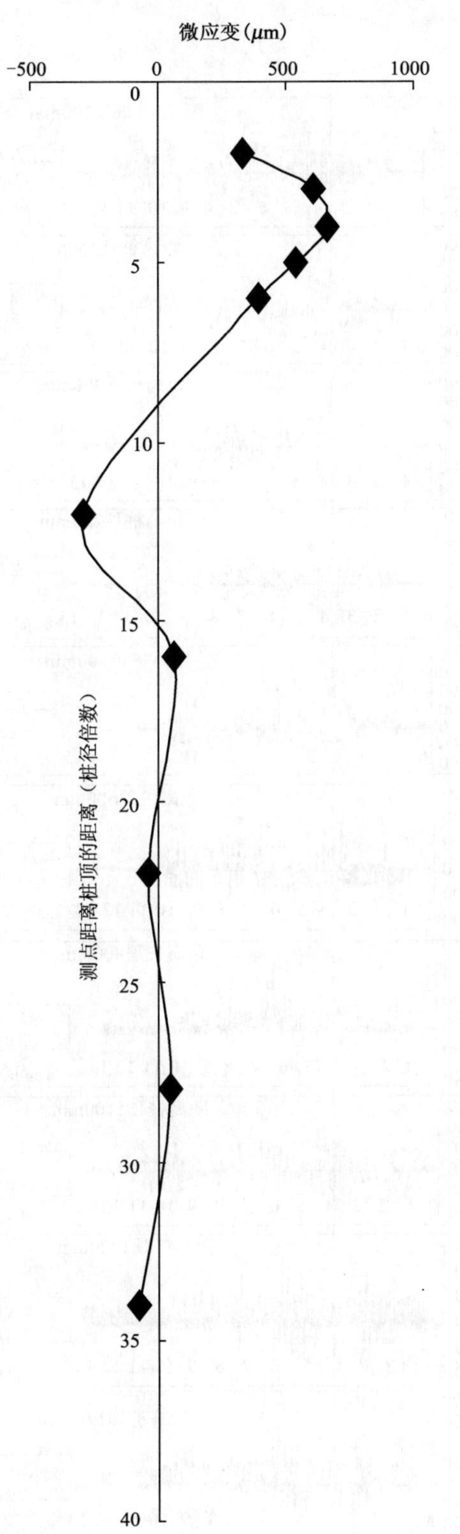

图 6-30　ElCentro-0.15g 作用下应变时程曲线及最大应变沿桩身的分布图

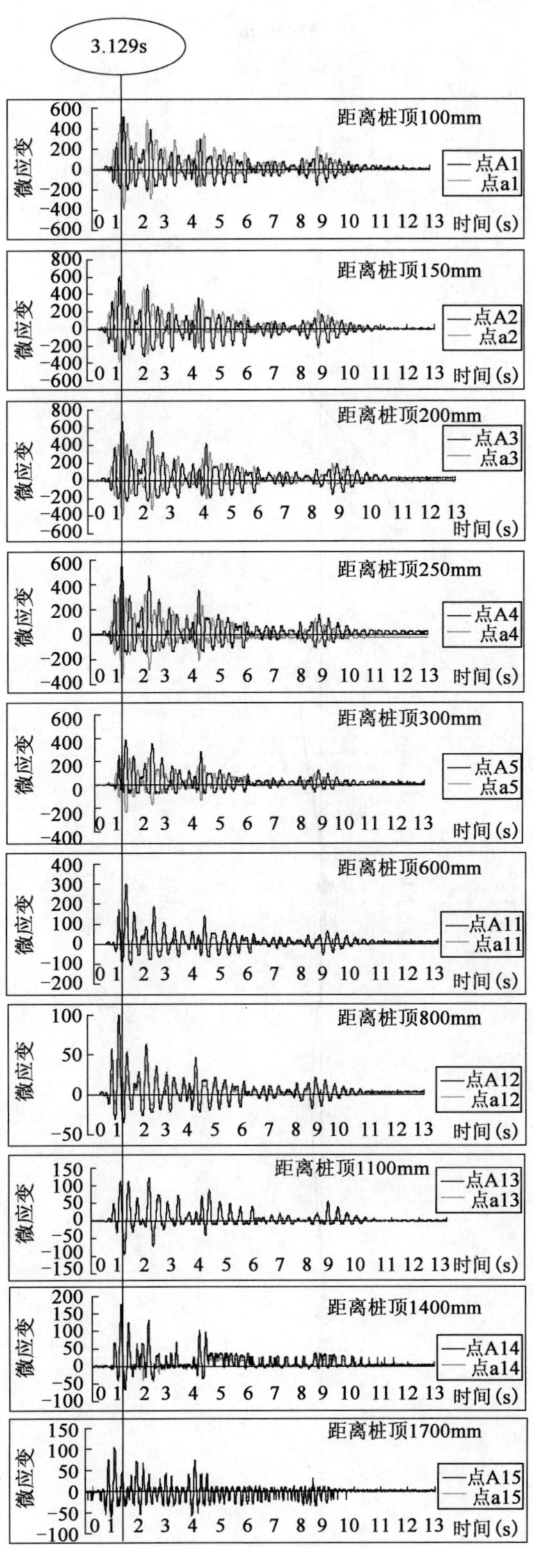

图 6-31　ElCentro-0.15g 作用下各对称测点应变时程曲线

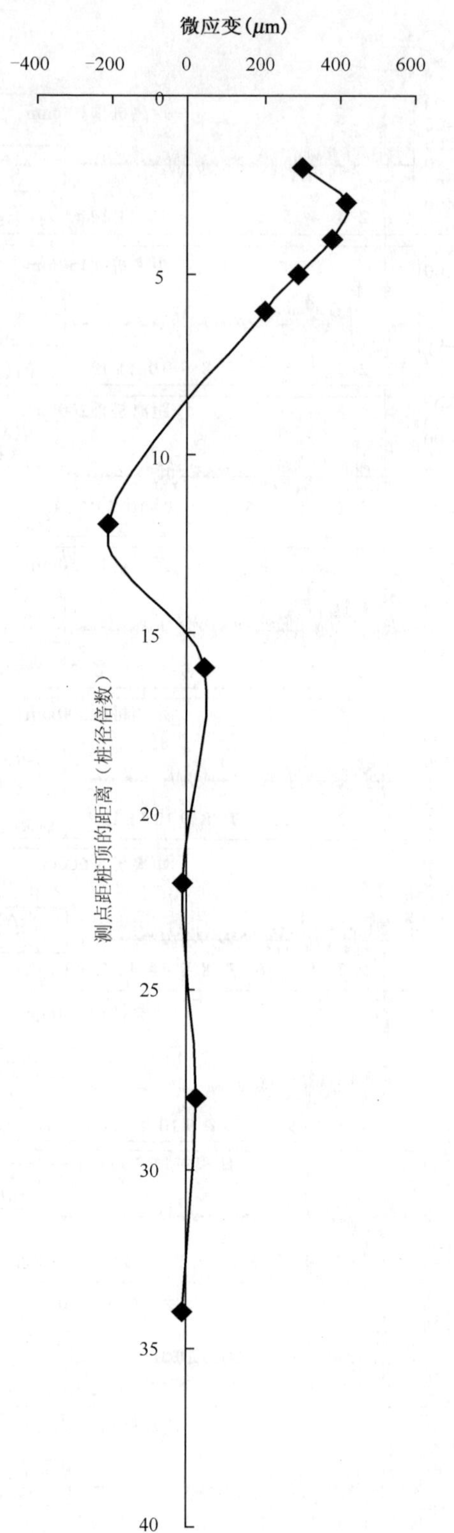

图 6-32　LWD-0.15g 作用下最大应变沿桩身的分布图

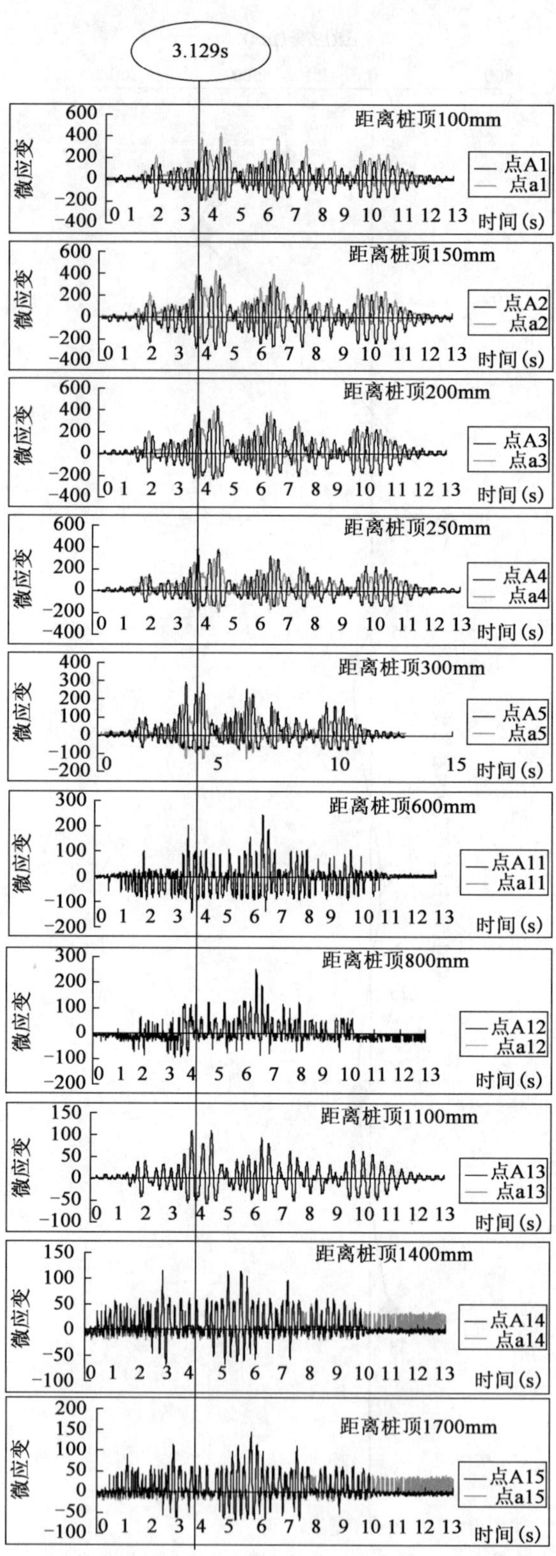

图 6-33　LWD-0.15g 作用下各对称测点应变时程曲线

解联立方程得到：

$$\varepsilon_N = (\varepsilon_1 + \varepsilon_2)/2 \tag{6-3}$$

$$\varepsilon_M = (\varepsilon_1 - \varepsilon_2)/2 \tag{6-4}$$

通过处理得到同一时刻管桩桩身各测点由弯矩、轴力产生的应变分布。再根据应变与内力的计算公式：$M=\varepsilon_M \times \dfrac{EI}{y_{\max}}$，$N=\varepsilon_N \times EA$，可以很方便地从应变的数据推导出桩身内力数据。

2）正弦波及地震波作用下单桩内力分布曲线

选取具有代表性的工况进行对比分析，正弦波地震波各取一组，所取工况为正弦波-4-0.15g、ElCentro-0.15g 和 LWD-0.15g，按上述的内力计算公式计算出单桩的弯矩和轴力，如图 6-34～图6-39 所示。

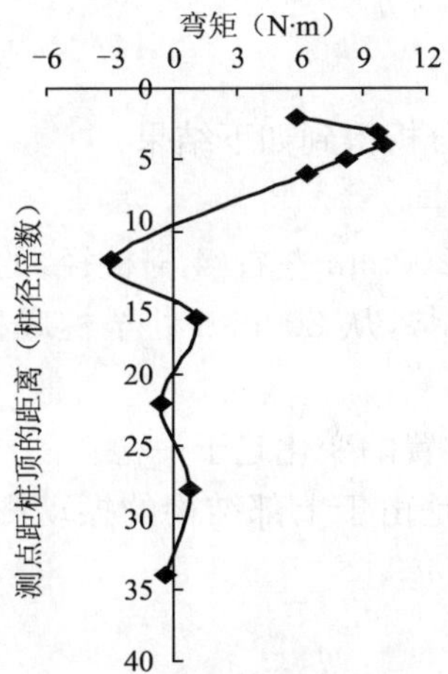

图 6-34　正弦波-4-0.15g 作用下弯矩沿桩身的分布曲线

图 6-35　正弦波-4-0.15g 作用下附加轴力沿桩身的分布曲线

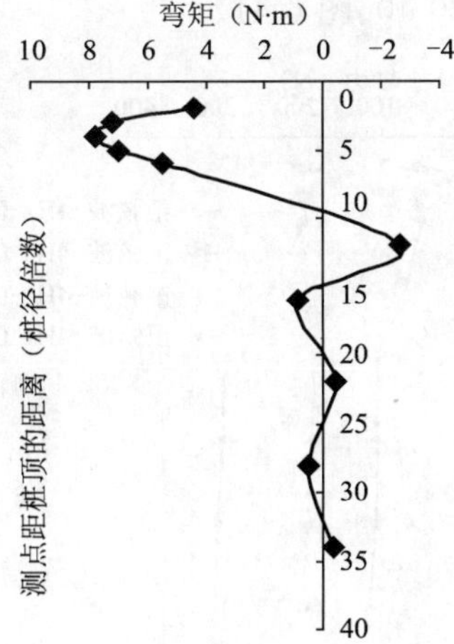

图 6-36　ElCentro-0.15g 作用下弯矩沿桩身的分布曲线

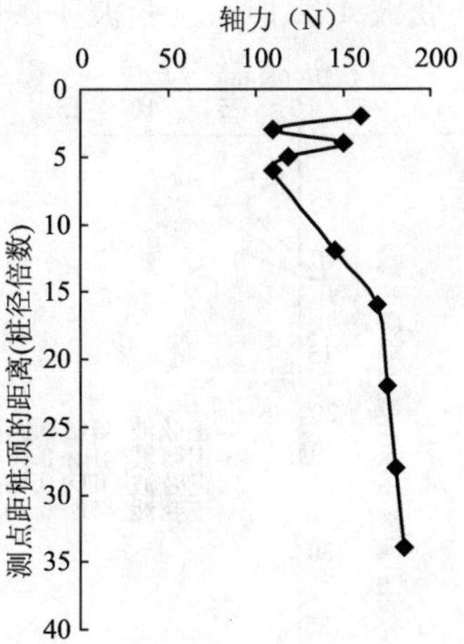

图 6-37　ElCentro-0.15g 作用下附加轴力沿桩身的分布曲线

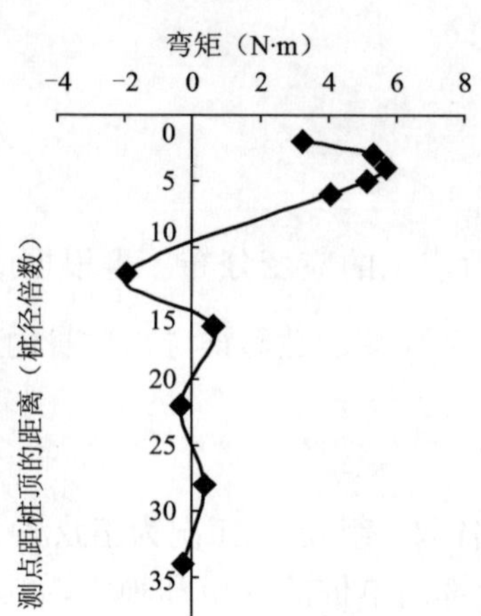

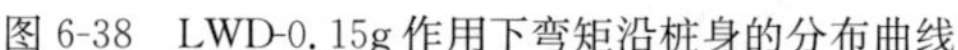
图 6-38　LWD-0.15g 作用下弯矩沿桩身的分布曲线

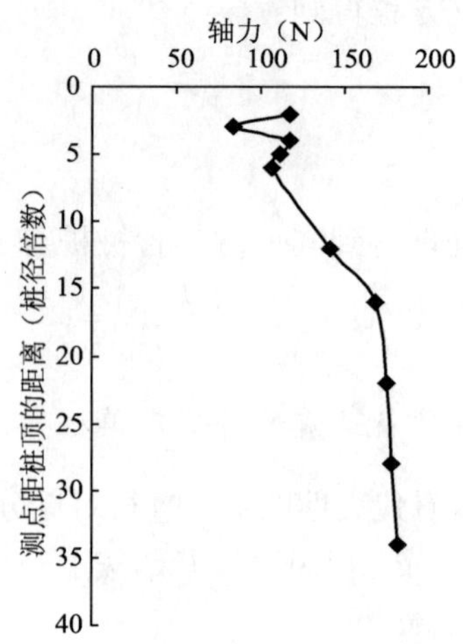

图 6-39　LWD-0.5g 作用下附加轴力沿桩身的分布曲线

3)单桩内力分布规律分析

对单桩在正弦波及地震波作用下的内力分布曲线进行分析得到如下结果：

(1)地震波与正弦波作用下的桩身内力分布规律基本相同。

(2)单桩桩身的轴力、弯矩最大值的位置约为距离桩顶 200mm 左右(4 倍桩径)的位置。

(3)桩身附加轴力在桩上部变化较复杂，向下呈增大趋势，从 800mm 处至桩底桩身轴力趋于平稳。

(4)弯矩内力在距离桩顶 1000mm(20 倍桩径)左右的位置的变化趋于平稳。

(5)在单桩与承台连接的位置，轴力、弯矩不可忽略，这是由于上部结构的振动影响，在桩头处产生了轴力和弯矩。

4)不同因素对单桩内力分布的影响分析

(1)正弦波下不同激振强度对单桩内力的影响。分析如下工况桩的内力分布规律：上部结构均为单桩方案 1，输入正弦波激振频率相同，强度不同。工况情况为正弦波 4-0.05g、正弦波 4-0.10g、正弦波 4-0.15g、正弦波 4-0.20g，桩内力分布见图 6-40、图 6-41。

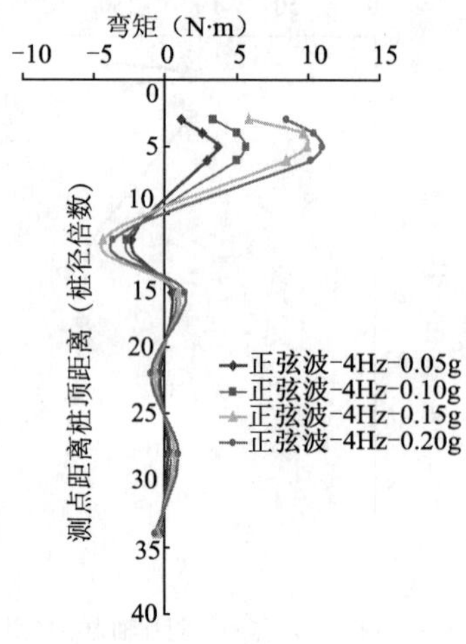

图 6-40　不同强度正弦波下弯矩分布图

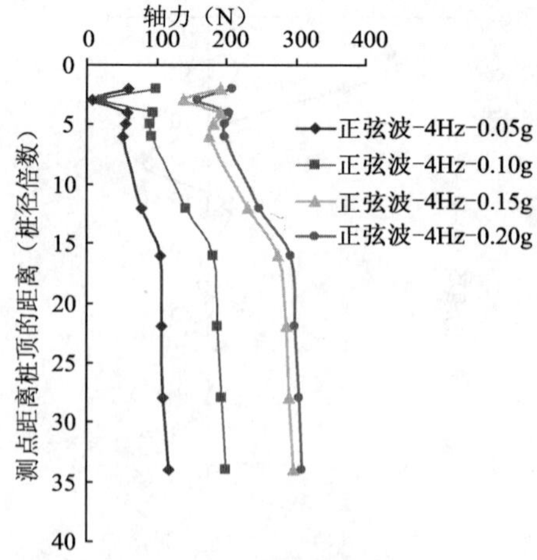

图 6-41　不同强度正弦波下附加轴力分布图

同一模型，在激振频率相同而激振强度不同（加速度峰值不同）的正弦波作用下，桩身弯矩和附加轴力均随激振强度的增强而增大。在不同的激振强度下，桩身内力变化趋势十分相近，都是在桩身距离桩顶 200mm（4 倍桩径）处弯矩最大，从 1000mm 至桩底，桩身弯矩趋于平稳。在 0.05g 加速度峰值激振下，桩身的第 1 个弯矩的零点在距桩顶 400mm 的位置。在 0.2g 加速度峰值激振下，该点的位置增加至 500mm。即在大的加速度激振下，桩身弯矩的范围增大。

（2）正弦波下相同激振强度不同激振频率对单桩内力的影响。讨论同一模型上部结构为单桩方案 2，输入正弦波强度相同，激振频率不同时的分布规律。选取的正弦波有：正弦波 3-0.1g、正弦波 4-0.1g、正弦波 5-0.1g、正弦波 6-0.1g、正弦波 7-0.1g，桩内力分布见图 6-42、图 6-43 所示。

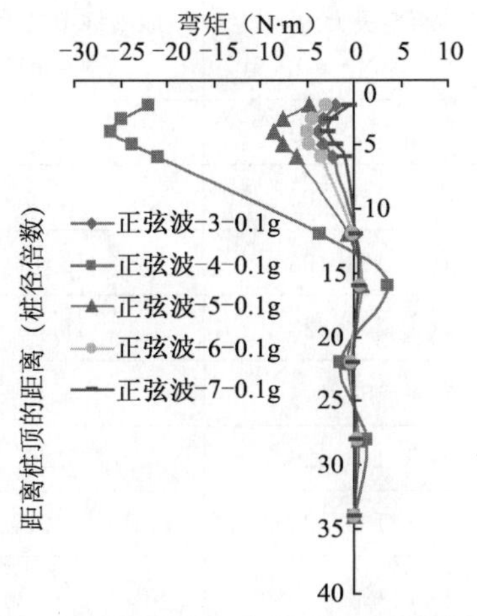

图 6-42 不同频率正弦波下弯矩分布图

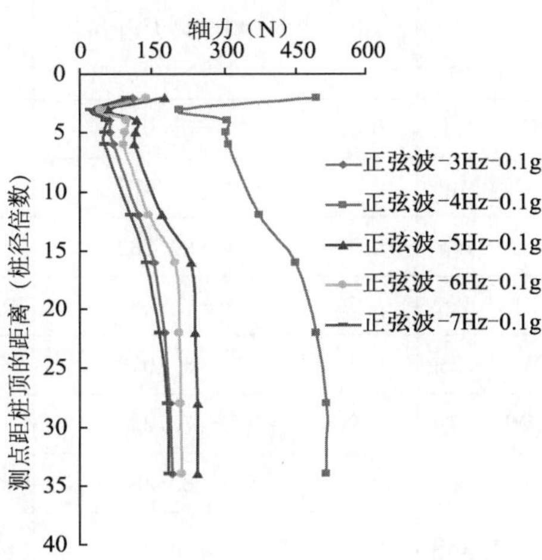

图 6-43 不同频率正弦波下附加轴力分布图

在不同的激振频率下，桩身内力变化趋势十分相近，都是在桩身距离桩顶 200mm（4 倍桩径）处弯矩最大，从 1000mm 至桩底，桩身弯矩趋于平稳。

在激振强度相同而激振频率不同的正弦波作用下，4Hz 频率波激振产生的桩身内力最大。其原因是该模型的上部结构的自振频率最接近 4Hz。不同工况下，尽管桩身最大弯矩不同，但最大弯矩的位置基本不变，第一个弯矩零点的位置在距桩顶在 8～12 倍桩径之间。

产生桩内力大小的激振波频率依次为 4Hz、5Hz、6Hz、3Hz、7Hz。激振频率对桩内力的影响不仅与上部结构的自振频率有关，也与模型箱的自振频率有关。

6.1.9 地震波试验结果反推原型分析

根据相似关系 $SM=0.00005$，$SL=0.1$，可从地震波作用下桩的内力反推出原型的内力。表 6-4 列出了单桩模型试验的最大弯矩反推原型并与原型的极限弯矩作对比。

（1）El-centro 波作用下，0.05g（实际台面加速度峰值为 0.10g，土体表面加速度峰值为 0.219g）时桩身最大弯矩达到了 105.81kN・m，0.10g（实际台面加速度峰值为 0.194g，土体表面加速度峰值为 0.40g）时桩身最大弯矩达到了 166.300kN・m，0.15g（实际台面加速度峰值为0.239g，土体表面加速度峰值为 0.466g）时桩身最大弯矩达到了 184.198kN・m，0.20g（实际台面加速度峰值为 0.413g，土体表面加速度峰值为 0.793g）时桩身最大弯矩达到了 202.323kN・m。

单桩试验反推原型的最大弯矩及桩顶位移　　表 6-4

<table>
<tr><td rowspan="9">工况</td><td rowspan="9">土表最大加速度(g)</td><td colspan="12">原型承载力</td></tr>
<tr><td colspan="12">桩顶允许最大位移 6～10mm</td></tr>
<tr><td colspan="6">开裂弯矩(kN·m)</td><td colspan="6">极限弯矩(kN·m)</td></tr>
<tr><td colspan="2">桩型</td><td colspan="2">壁厚 100</td><td colspan="2">壁厚 125</td><td colspan="2">桩型</td><td colspan="2">壁厚 100</td><td colspan="2">壁厚 125</td></tr>
<tr><td colspan="2">A</td><td colspan="2">103</td><td colspan="2">111</td><td colspan="2">A</td><td colspan="2">155</td><td colspan="2">167</td></tr>
<tr><td colspan="2">AB</td><td colspan="2">125</td><td colspan="2">136</td><td colspan="2">AB</td><td colspan="2">210</td><td colspan="2">226</td></tr>
<tr><td colspan="2">B</td><td colspan="2">147</td><td colspan="2">160</td><td colspan="2">B</td><td colspan="2">265</td><td colspan="2">285</td></tr>
<tr><td colspan="2">C</td><td colspan="2">167</td><td colspan="2">180</td><td colspan="2">C</td><td colspan="2">334</td><td colspan="2">360</td></tr>
<tr><td colspan="3">模型最大内力(N·m)</td><td colspan="3">模型桩顶(相对土)最大位移(mm)</td><td colspan="3">原型最大内力(kN·m)</td><td colspan="3">原型桩顶最大位移(mm)</td></tr>
<tr><td>EL 0.05g</td><td>0.22</td><td colspan="3">−5.5021</td><td colspan="3">0.651</td><td colspan="3">−105.81</td><td colspan="3">6.51</td></tr>
<tr><td>EL 0.1g</td><td>0.40</td><td colspan="3">−8.6476</td><td colspan="3">0.800</td><td colspan="3">−166.300</td><td colspan="3">8.00</td></tr>
<tr><td>EL 0.15g</td><td>0.47</td><td colspan="3">−9.5783</td><td colspan="3">1.214</td><td colspan="3">−184.198</td><td colspan="3">12.14</td></tr>
<tr><td>EL 0.2g</td><td>0.79</td><td colspan="3">−10.5208</td><td colspan="3">1.862</td><td colspan="3">−202.323</td><td colspan="3">18.62</td></tr>
<tr><td>LWD 0.05g</td><td>0.13</td><td colspan="3">−5.1013</td><td colspan="3">0.55</td><td colspan="3">−98.10</td><td colspan="3">5.5</td></tr>
<tr><td>LWD 0.1g</td><td>0.26</td><td colspan="3">−7.7234</td><td colspan="3">0.680</td><td colspan="3">−148.526</td><td colspan="3">6.80</td></tr>
<tr><td>LWD 0.15g</td><td>0.45</td><td colspan="3">−8.6282</td><td colspan="3">0.961</td><td colspan="3">−165.926</td><td colspan="3">9.61</td></tr>
<tr><td>LWD 0.2g</td><td>0.58</td><td colspan="3">−9.7576</td><td colspan="3">1.423</td><td colspan="3">−187.646</td><td colspan="3">14.23</td></tr>
</table>

(2)LWD 波作用下，0.05g(实际台面加速度峰值为 0.076g，土体表面加速度峰值为 0.131g)时桩身最大弯矩达到了 98.10kN·m，0.10g(实际台面加速度峰值为 0.198g，土体表面加速度峰值为 0.257g)时桩身最大弯矩达到了 148.526kN·m，0.15g(实际台面加速度峰值为 0.403g，土体表面加速度峰值为 0.451g)时桩身最大弯矩达到了 165.926kN·m，0.20g(实际台面加速度峰值为 0.459g，土体表面加速度峰值为 0.585g)时桩身最大弯矩达到了 187.646kN·m。

(3)该试验模型的承台周围土没有与承台平齐，可能会使位移偏大。另外，位移是用加速度两积次分得到，数值仅作参考。

6.2　双桩模型试验结果及分析

双桩模型试验和单桩模型试验为同一试验设计。双桩模型的试验设计和准备基本同 4 桩试验。双桩上部结构由钢板与钢垫块组合而成，质量为 36kg，如图 6-44。通过调整立柱高度改变上部结构的动力特性，形成 3 种上部结构方案，方案 1、2、3 对应的设计自振频率分别为 4Hz、6Hz、9Hz。双桩体系承台为钢结构，长×宽×高为 400mm×200mm×100mm，由钢板与钢管焊接而成，中间钢管部位与管桩固接，质量为 12kg。模型桩上的测点布置见图 6-3。模型试验工况同单桩试验。

6.2.1　双桩模型动力特性试验结果

同单桩试验，本次试验设计了 3 种不同的自振频率结构方案，结构体系方案 1、2、3 对应的设计自振频率分别为 4Hz、6Hz、9Hz。试验开始前，对结构模型进行 0.1g 白噪声扫描，以实测结构的动力特性，如图 6-45～图 6-47 所示。

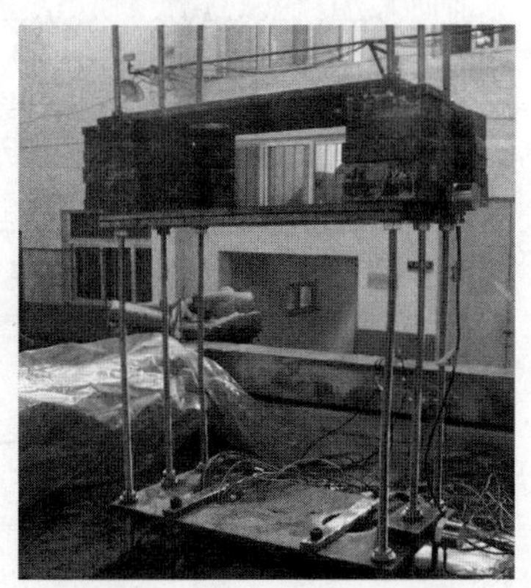

图 6-44　双桩上部结构及承台

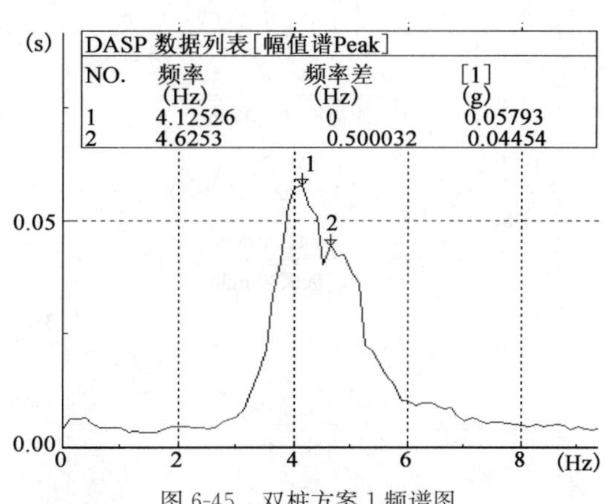

图 6-45　双桩方案 1 频谱图

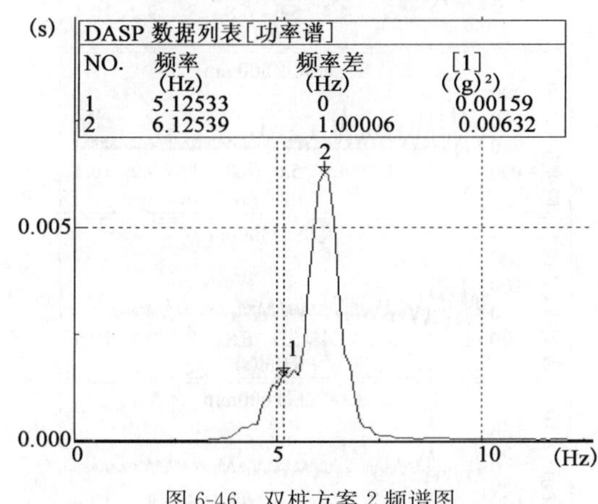

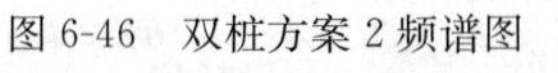

图 6-46　双桩方案 2 频谱图

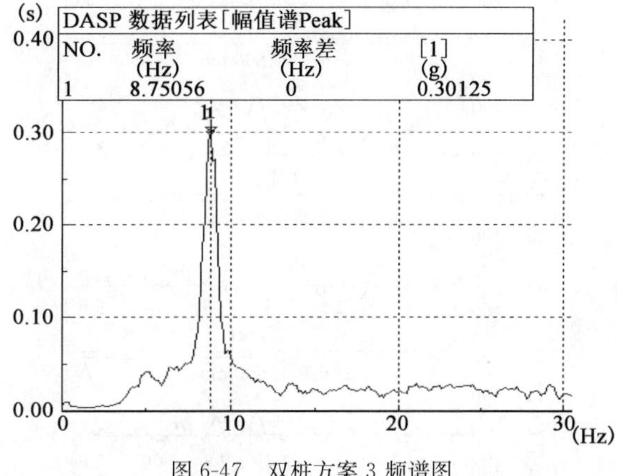

图 6-47　双桩方案 3 频谱图

实测双桩方案 1 的自振频率为 4.125Hz，方案 2 的自振频率 6.125Hz，方案 3 自振频率 8.75Hz，见表 6-5。

双桩自振频率表　　表 6-5

单桩模型方案	模型设计自振频率(Hz)	模型实测自振频率(Hz)
单桩方案 1	4	4.125
单桩方案 2	6	6.125
单桩方案 3	9	8.75
模型箱	—	4.875

由土中放置的加速度传感器 T1、T2、T3、T4 测得土及土箱的第一阶自振频率在 5.125～4.875Hz，第二阶频率为 6.37Hz。模型箱的第 1 自振频率为 4.875Hz。

双桩模型试验的加速度放大系数试验结果基本与单桩相同，在此不再赘述。

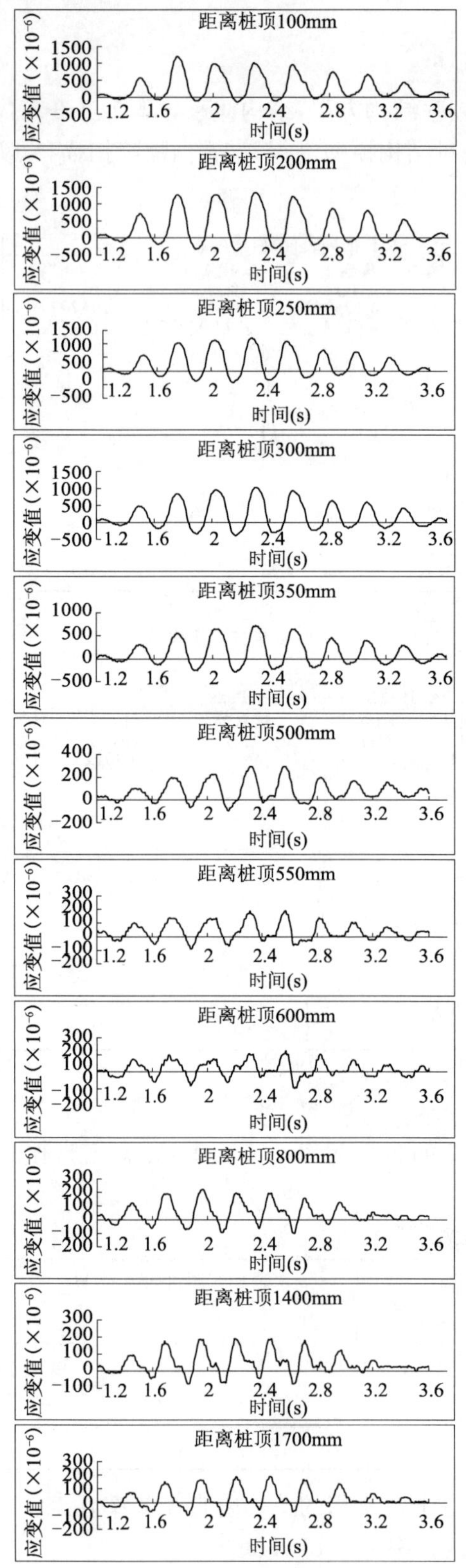

图 6-48　正弦波 4-0.15g 工况桩身应变时程曲线

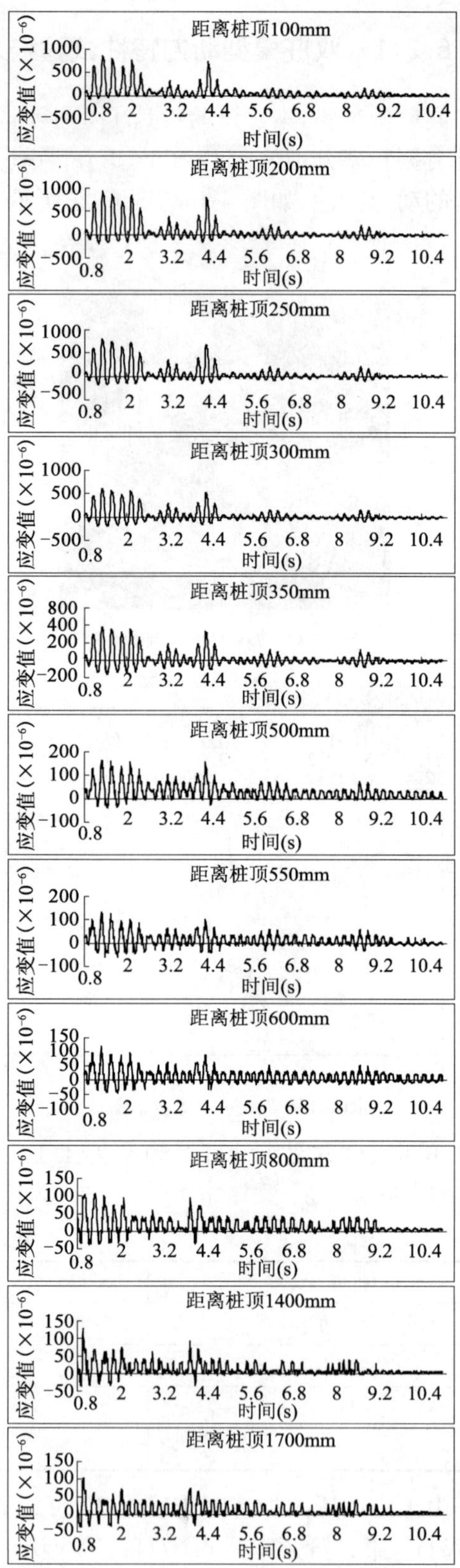

图 6-49　El-0.15g 工况桩身应变时程曲线

6.2.2　双桩桩身应变反应试验结果与分析

1)典型工况的应变时程曲线测试数据及分析

试验中沿桩身布置了应变片，测试各工况下管桩应变反应。由于试验中所测应变数据较多，现仅列举出具有代表性数据。图 6-48 是正弦波 4-0.15g 工况桩身各测点应变时程曲线，即上部结构为双桩方案 1，输入波(正弦波)激振频率为 4Hz，加速度峰值为 0.15g。

图 6-49 是 El-0.15g 工况的桩身各测点应变时程曲线，具体为上部结构为双桩方案 1，输入波为 El-Centro 地震波，加速度峰值为 0.15g。

从图 6-48、图 6-49 看出，双桩的应变时程曲线与单桩的应变时程曲线基本一致。但与单桩试验相比，双桩的应变时程曲线与零应变基线的不对称情况更为显著，即应变明显偏于正应变一侧，说明双桩—承台—土体系在水平振动时，在桩上的附加拉力大于附加压力的现象比单桩试验更为突出。

2)典型工况的最大应变沿桩身的分布曲线

于距离桩顶最近(—100mm)的测点处的应变稳定段取一个波峰时刻的时间点，与该时间点对应，桩身同一侧各个测点的应变值与桩身距离的关系图即为桩身最大应变分布曲线图。分别对正弦波和地震波作出其桩身应变分布曲线图，如图 6-50。图 6-50a)是正弦波 4Hz 激振加速度峰值为 0.15g 时桩身最大应变沿桩身的分布曲线，图 6-50b)是 EL-centro 地震波 0.15g 加速度峰值作用下桩身最大应变沿桩身的分布曲线。图 6-50c)是 LWD 地震波 0.15g 加速度峰值作用下桩身最大应变沿桩身的分布曲线。

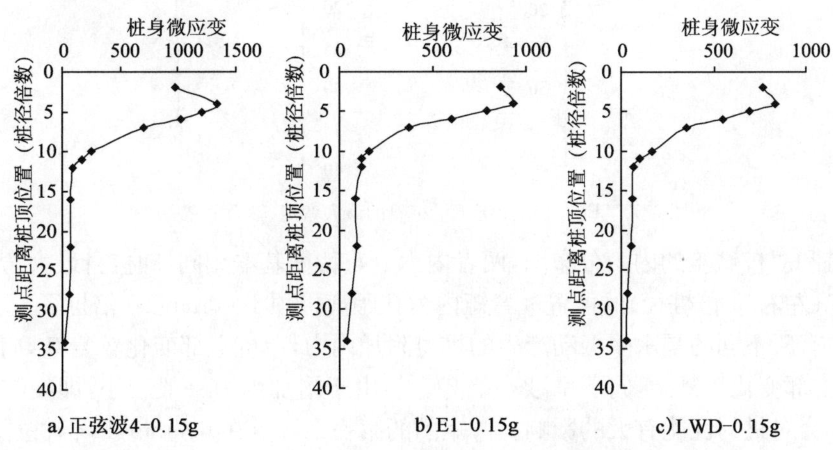

图 6-50　最大应变沿桩身的分布曲线

双桩的应变分布规律基本与单桩一致，最大应变在距桩顶 200mm(约为 4～5 倍的桩径)左右的位置，在距桩顶 600mm(约 12 倍桩径)以下，应变逐渐减小。正弦波产生的应变大于地震波产生的应变。

6.2.3　双桩内力反应分析

1)双桩内力沿桩身分布图

同单桩的数据处理方法一样，作出桩的内力分布曲线。图 6-51 是上部结构为方案 1、激振频率 4Hz,激振强度 0.15g 时的内力分布图;图 6-52 是上部结构方案 1、El-centro 地震波,激振强度 0.15g 时的内力分布图。

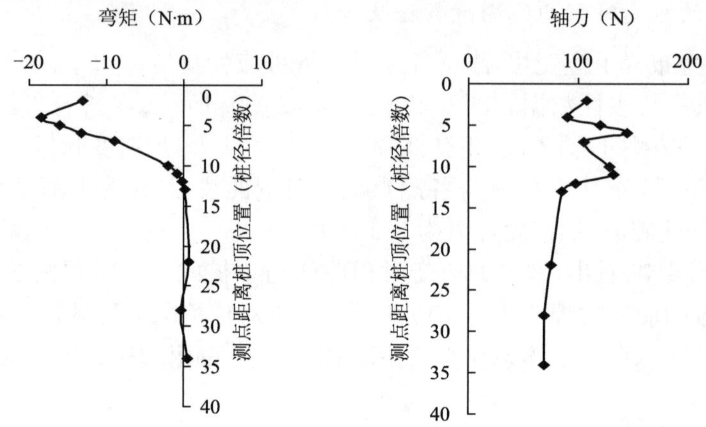

图 6-51　正弦波 4-0.15g 工况下沿桩身的最大弯矩、轴力分布图

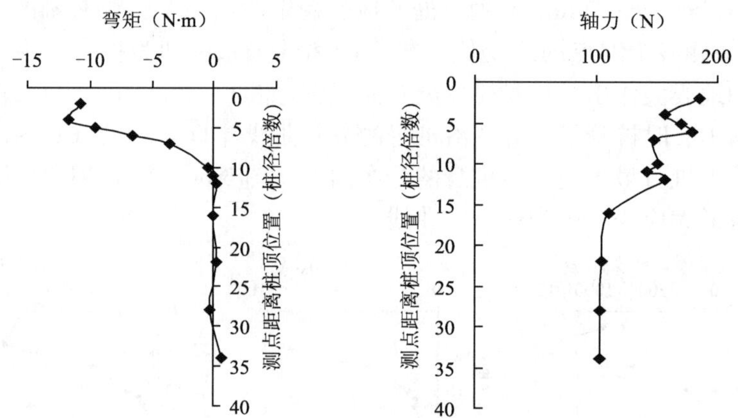

图 6-52　El-0.15g 工况下沿桩身的最大弯矩、轴力分布图

对比单桩和双桩试验的内力分布图,两者内力分布特征基本相同,即桩身最大弯矩位置在距离桩顶 200mm 左右(4 倍桩径)的位置。弯矩内力在距离桩顶 1000mm(20 倍桩径)左右的位置变化趋于平稳。有所不同的是水平振动产生的桩身附加内力,单桩上部变化较复杂,向下呈增大趋势;而双桩是上部变化较复杂,向下呈减小趋势。但由于附加内力一般较小,即使与竖向荷载内力叠加后也不会对桩的性能有大的影响。弯矩图的第一个零点在 600mm(12 倍桩径)处。

2)不同因素对双桩内力分布的影响

(1)正弦波作用下不同因素对内力分布的影响。为了对各工况下试验结果的规律进行总结,对不同工况下的桩身内力分布作了对比,图 6-53 是三种结构方案在不同频率正弦波 0.2g 加速度激振下的桩身弯矩分布图。从图中看出,在各结构方案及各种工况下,桩身弯矩图的分布特征基本不变,即上部结构的刚度大小对桩弯矩内力的分布没有影响。激振频率的变化对桩身弯矩的分布没有影响。桩身弯矩的最大值与激振频率和结构的自振频率及模型箱的自振频率有关,当这三个频率相近时,弯矩反应达到最大。

(2)地震波作用下不同因素对内力分布的影响。图 6-54 和图 6-55 是三种结构方案在地震波 EL-Centro 波和 LWD 波激振下的桩身弯矩分布图。在地震波作用下桩身弯矩分布特征基本相同；随地震烈度的增大桩身的最大弯矩相应增大，但弯矩分布形式不变。结构方案 1 的桩身弯矩最大，结构方案 3 的桩身弯矩最小，其原因是由上部结构产生的地震作用力不同所致。方案 1 结构的自振频率与模型箱的自振频率相近，方案 3 结构的自振频率与模型箱的自振频率最远。即当上部结构的自振频率与场地的自振频率相近时，结构的地震作用最大，桩的内力也最大。在较小的地震作用下，弯矩的第一个零点位置偏上(约在 8 倍桩径)，在较大的地震作用下，该点位置向下移动(约在 12 倍桩径)。在相同的加速度峰值下两种地震波产生的桩身最大弯矩基本一致，具体数值见表 6-6。

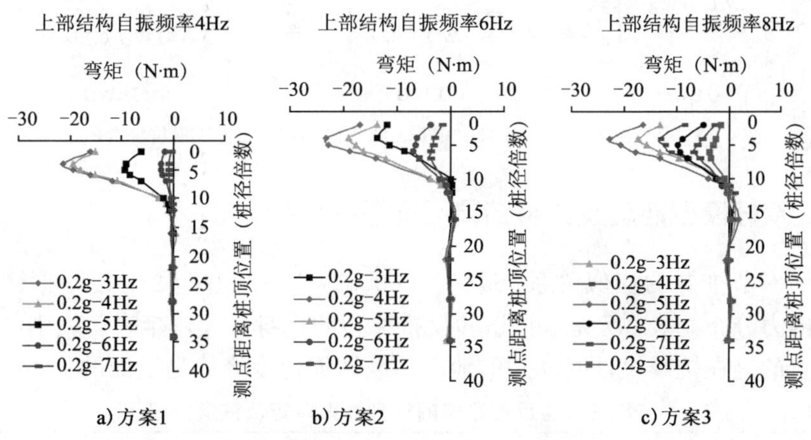

图 6-53　三种上部结构在正弦波 0.20g 不同激振频率工况下沿桩身弯矩分布图

桩身最大弯矩与地震波加速度峰值的相互关系数据　　表 6-6

加速度峰值(g)	M_{max}(N・m)	
	El	LWD
0.05	2.5296	2.5296
0.10	8.2192	7.2294
0.15	11.6799	10.5948
0.20	13.7	11.56

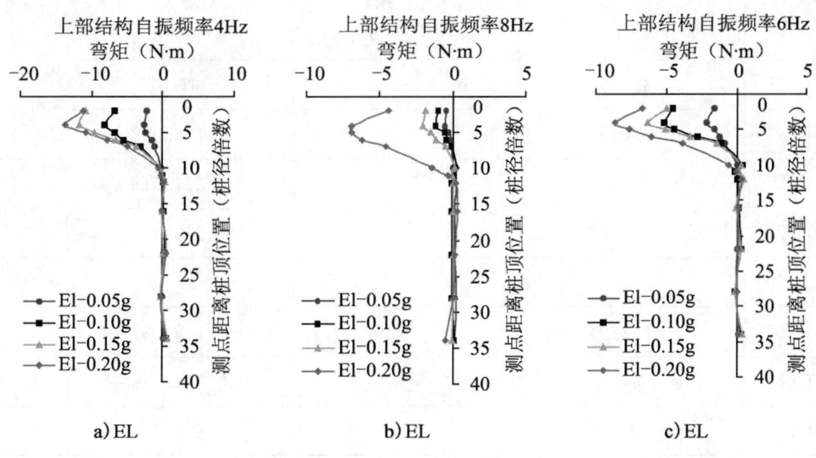

图 6-54　上部结构自振频率 4Hz、6Hz、8Hz 和 EL 波工况下沿桩身弯矩分布图

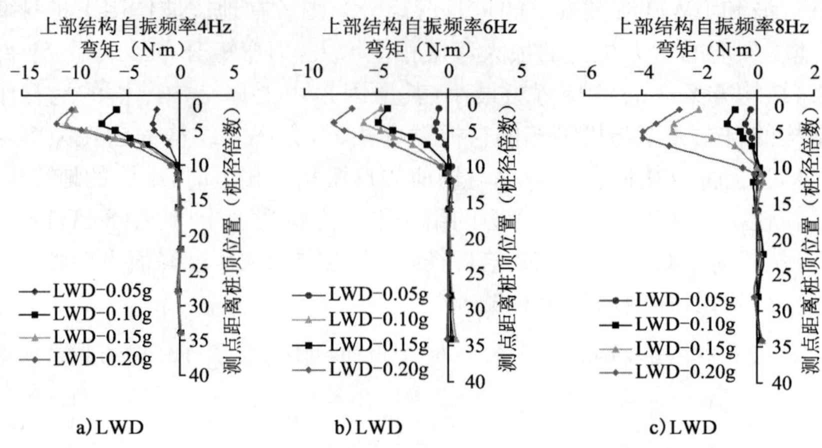

图 6-55 上部结构自振频率 4Hz、6Hz、8Hz 和 LWD 波工况下沿桩身弯矩分布图

6.2.4 双桩模型地震波试验结果反推原型分析

根据前面章节推导的相似关系：$S_M=0.000052$，$S_N=0.00052$ 可以根据试验测试数据反推出原型的内力分布。表 6-7 是双桩试验反推原型的桩身最大弯矩表。表中的位移数据未测出。还应注意的是在抗震设计时使用的地震烈度即加速度峰值是地面的。

双桩试验反推原型的桩身最大弯矩及桩顶位移 表 6-7

<table>
<tr><td rowspan="9">工况</td><td rowspan="9">土表最大加速度(g)</td><td colspan="12">原型承载力</td></tr>
<tr><td colspan="12">桩顶允许最大位移 6～10mm</td></tr>
<tr><td colspan="6">开裂弯矩(kN・m)</td><td colspan="6">极限弯矩(kN・m)</td></tr>
<tr><td colspan="2">桩型</td><td colspan="2">壁厚 100cm</td><td colspan="2">壁厚 125cm</td><td colspan="2">桩型</td><td colspan="2">壁厚 100</td><td colspan="2">壁厚 125</td></tr>
<tr><td colspan="2">A</td><td colspan="2">103</td><td colspan="2">111</td><td colspan="2">A</td><td colspan="2">155</td><td colspan="2">167</td></tr>
<tr><td colspan="2">AB</td><td colspan="2">125</td><td colspan="2">136</td><td colspan="2">AB</td><td colspan="2">210</td><td colspan="2">226</td></tr>
<tr><td colspan="2">B</td><td colspan="2">147</td><td colspan="2">160</td><td colspan="2">B</td><td colspan="2">265</td><td colspan="2">285</td></tr>
<tr><td colspan="2">C</td><td colspan="2">167</td><td colspan="2">180</td><td colspan="2">C</td><td colspan="2">334</td><td colspan="2">360</td></tr>
<tr><td colspan="3">模型最大内力(N・m)</td><td colspan="3">模型桩顶(相对土)最大位移(mm)</td><td colspan="3">原型最大内力(kN・m)</td><td colspan="3">原型桩顶最大位移(mm)</td></tr>
<tr><td>EL 0.05g</td><td>0.237</td><td colspan="3">−3.5296</td><td colspan="3">—</td><td colspan="3">−67.877</td><td colspan="3">—</td></tr>
<tr><td>EL 0.1g</td><td>0.4</td><td colspan="3">−8.2192</td><td colspan="3">—</td><td colspan="3">−158.062</td><td colspan="3">—</td></tr>
<tr><td>EL 0.15g</td><td>0.47</td><td colspan="3">−11.6799</td><td colspan="3">—</td><td colspan="3">−224.613</td><td colspan="3">—</td></tr>
<tr><td>EL 0.2g</td><td>0.578</td><td colspan="3">−13.7</td><td colspan="3">—</td><td colspan="3">−263.462</td><td colspan="3">—</td></tr>
<tr><td>LWD 0.05g</td><td>0.155</td><td colspan="3">−2.5295</td><td colspan="3">—</td><td colspan="3">−48.644</td><td colspan="3">—</td></tr>
<tr><td>LWD 0.1g</td><td>0.267</td><td colspan="3">−7.2294</td><td colspan="3">—</td><td colspan="3">−139.027</td><td colspan="3">—</td></tr>
<tr><td>LWD 0.15g</td><td>0.465</td><td colspan="3">−10.5948</td><td colspan="3">—</td><td colspan="3">−203.746</td><td colspan="3">—</td></tr>
<tr><td>LWD 0.2g</td><td>0.521</td><td colspan="3">−11.56</td><td colspan="3">—</td><td colspan="3">−222.308</td><td colspan="3">—</td></tr>
</table>

6.3 4桩模型试验结果与分析

6.3.1 加速度时程曲线测试数据

试验布置了16个加速度传感器直接测试加速度反应,通过DASP系统采集到各测点的加速度时程曲线。由于试验中测试数据较多,现仅列出代表性数据。图6-56是LWD地震波加速度峰值为0.2g工况下,振动台台面、模型箱土表、桩承台处及上部结构顶部测点的加速度时程曲线。从各测点的时程曲线可看出,上部反应的最大值与台面的最大值不在同一时间,还可看出土体的滤波作用和放大作用。图6-57是LWD地震波加速度峰值为0.2g工况下桩内各点加速度时程曲线,图6-58是LWD地震波加速度峰值为0.2g工况下土内各测点的加速度时程曲线。

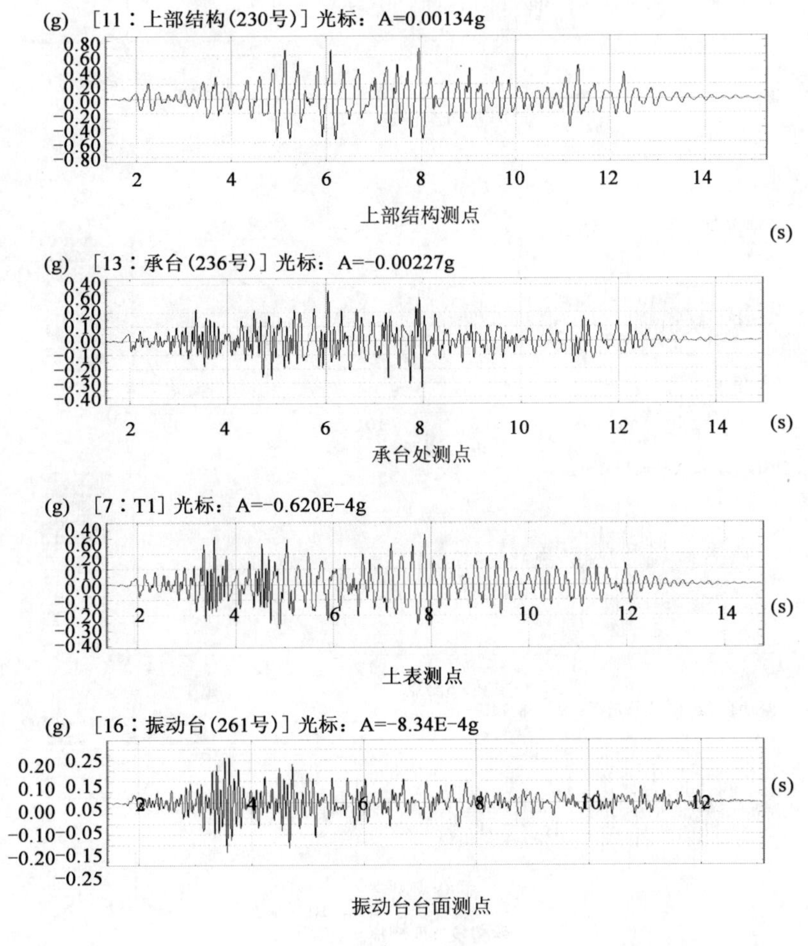

图6-56 地震波LWD-0.2g工况结构上测点加速度时程曲线

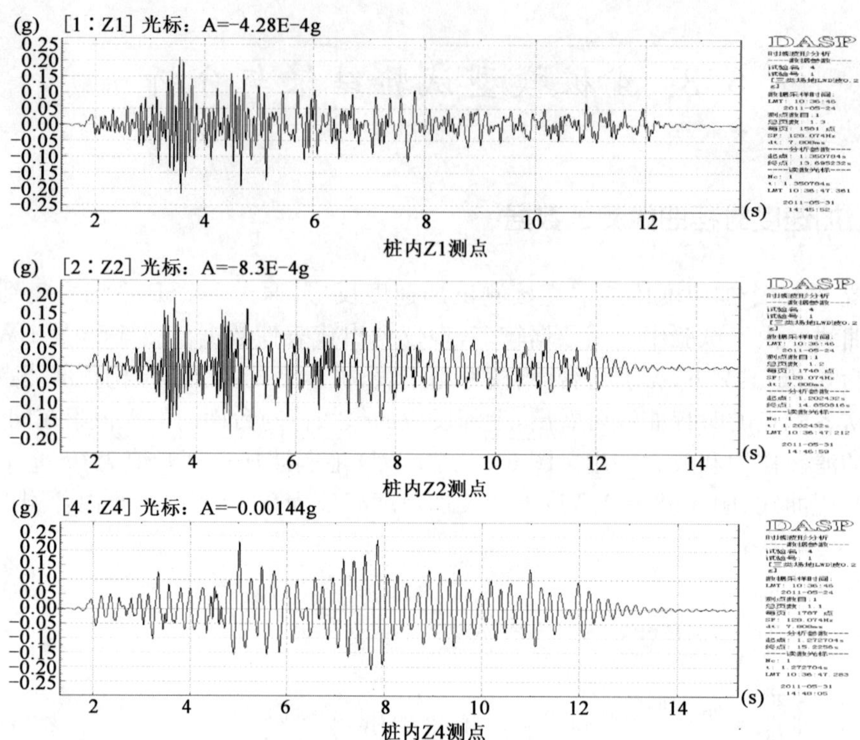

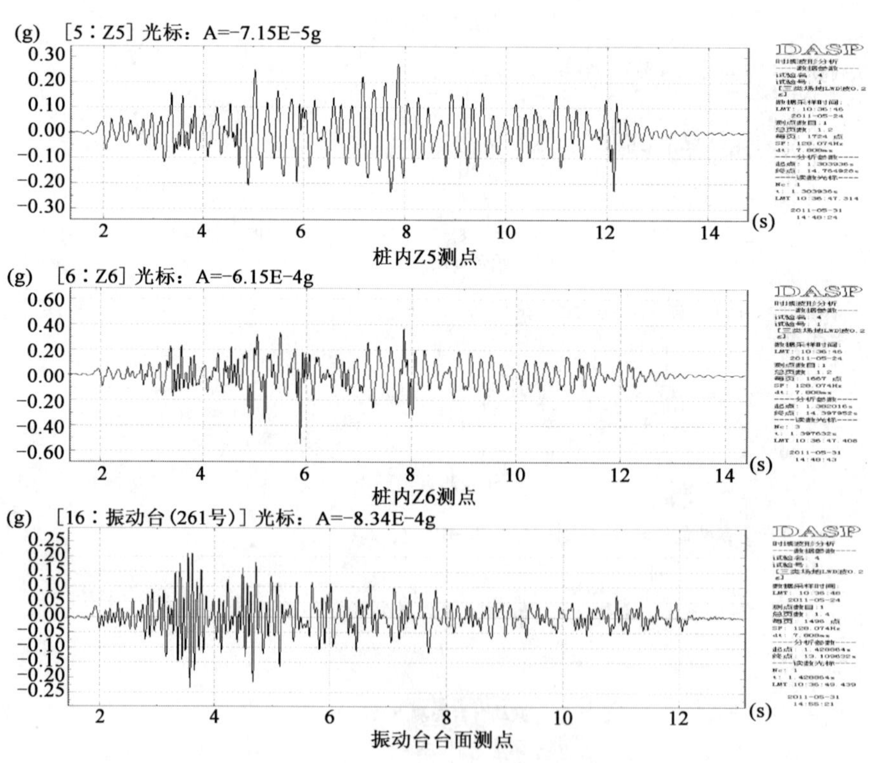

图 6-57 地震波 LWD-0.2g 工况桩内测点加速度时程曲线

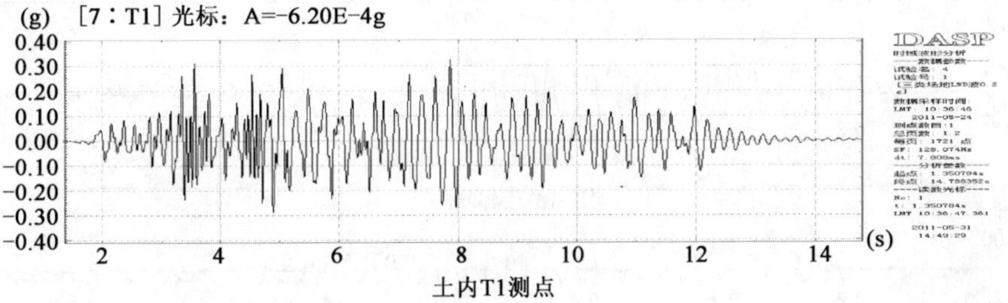
(g)　[7：T1] 光标：A=-6.20E-4g
DASP
(s)
2 4 6 8 10 12 14

土内T1测点

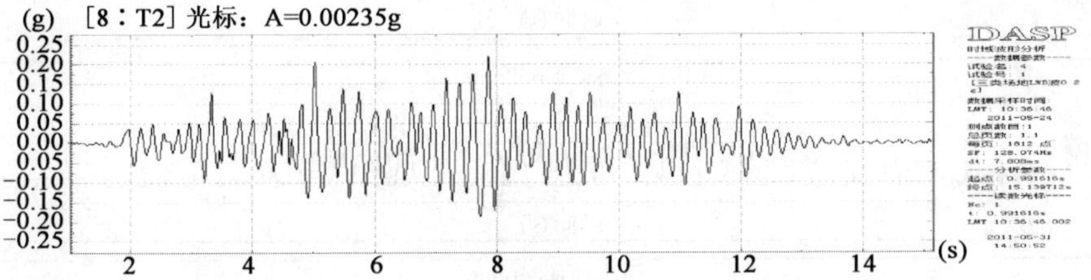
(g)　[8：T2] 光标：A=0.00235g
DASP
(s)
2 4 6 8 10 12 14

土中T2测点

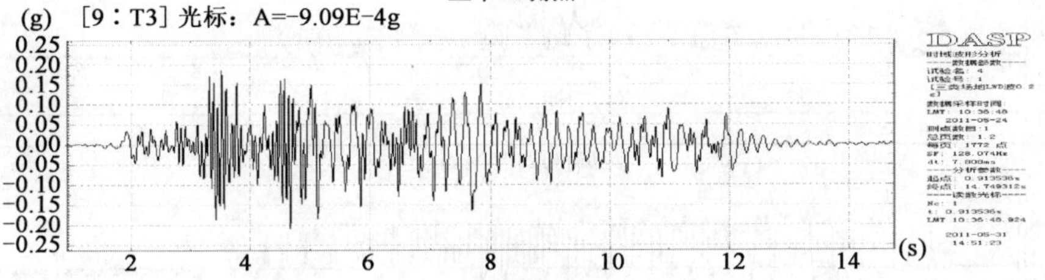
(g)　[9：T3] 光标：A=-9.09E-4g
DASP
(s)
2 4 6 8 10 12 14

土中T3测点

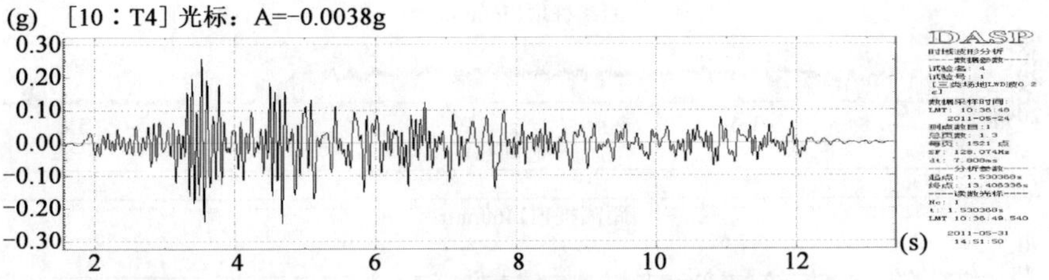
(g)　[10：T4] 光标：A=-0.0038g
DASP
(s)
2 4 6 8 10 12

土中T4测点

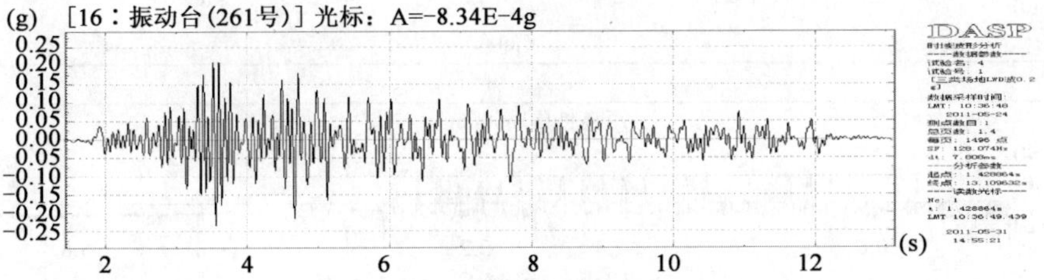
(g)　[16：振动台(261号)] 光标：A=-8.34E-4g
DASP
(s)
2 4 6 8 10 12

振动台台面测点

图 6-58　地震波 LWD-0.2g 工况土内测点加速度时程曲线

6.3.2　应变测试数据时程曲线

试验中沿桩身布置了应变片，测试各工况下管桩内应变反应。由于试验中所测应变数据较多，现仅列举代表性数据（正弦波 8-0.2g 工况和 El—0.2g 工况），见图 6-59 和图 6-60。

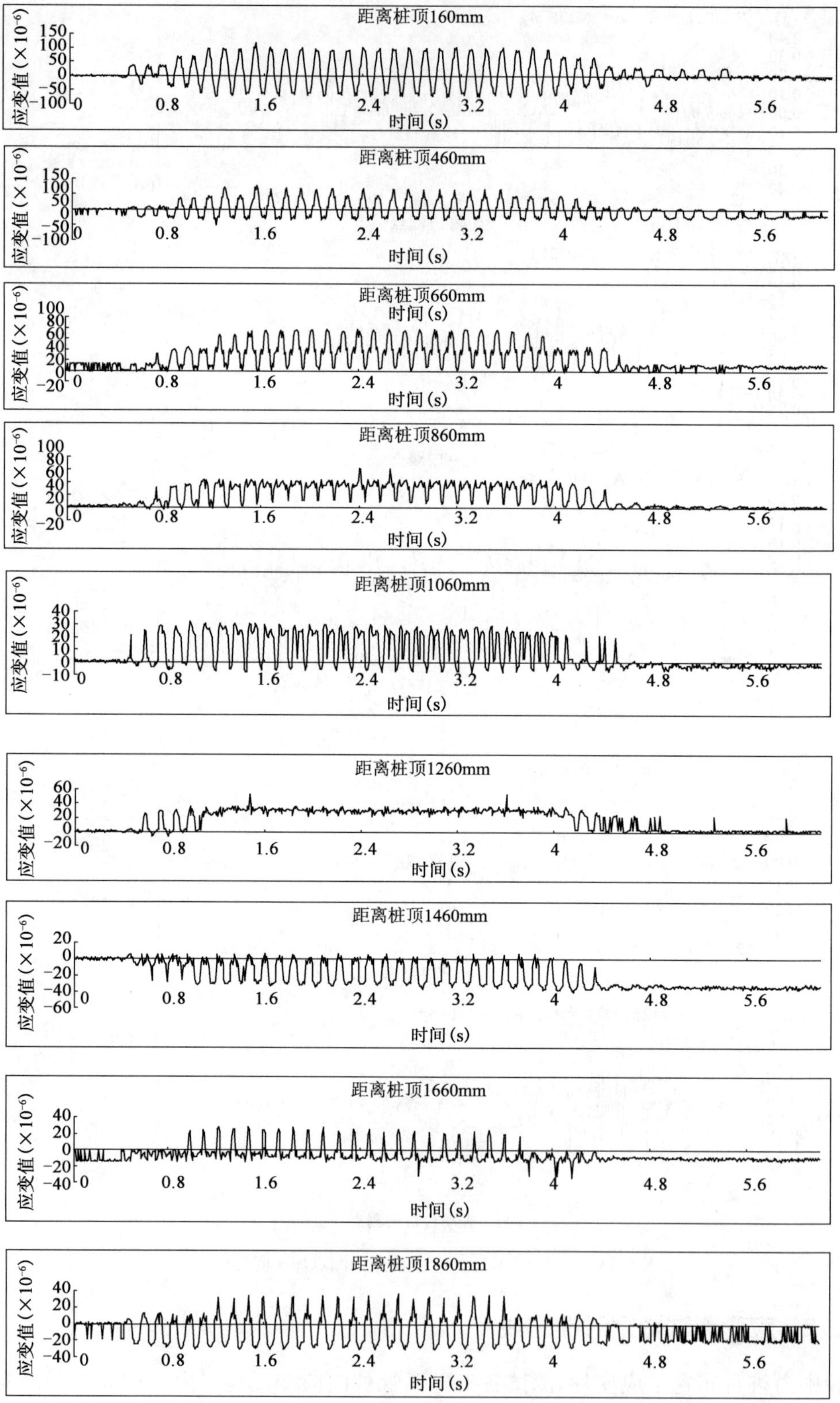

图 6-59　正弦波 8-0.2g 工况桩内各测点应变时程曲线

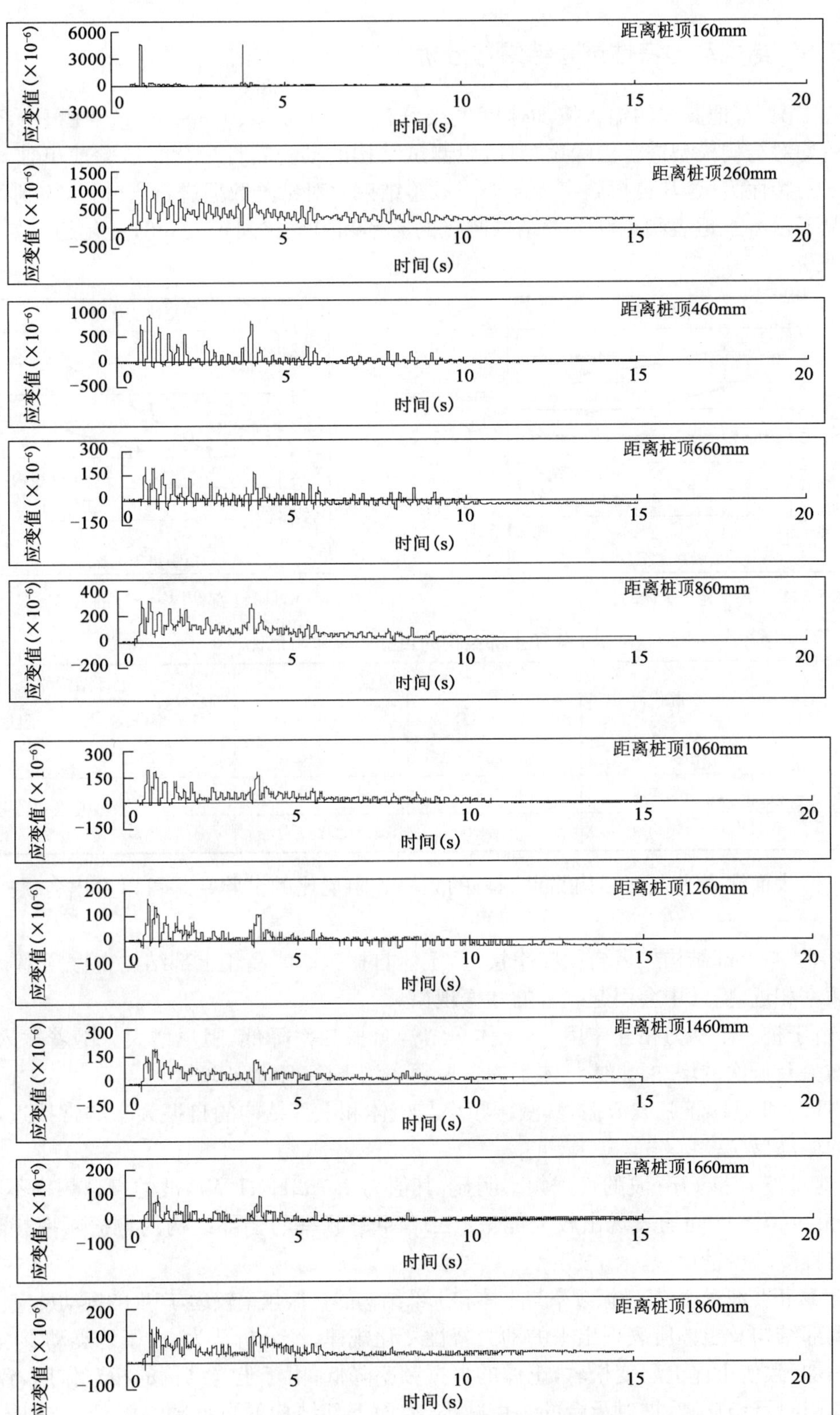

图 6-60　El-0.2g 工况桩内各测点应变时程曲线

6.3.3 结构动力特性试验结果与分析

试验工况中，地震波的输入按加速度量级分三组，即 0.2g、0.3g、0.4g。在每一级加速度输入前后均对结构模型进行白噪声扫描，以测试结构的动力特性变化。试验前单独对上部结构进行动力特性测试，其自振频率为 5Hz。试验结束后对试验数据进行谱分析，得到各阶段白噪声工况下模型土地表测点和上部结构测点的频率和阻尼比列于表 6-8，变化趋势如图 6-61、图 6-62 所示。

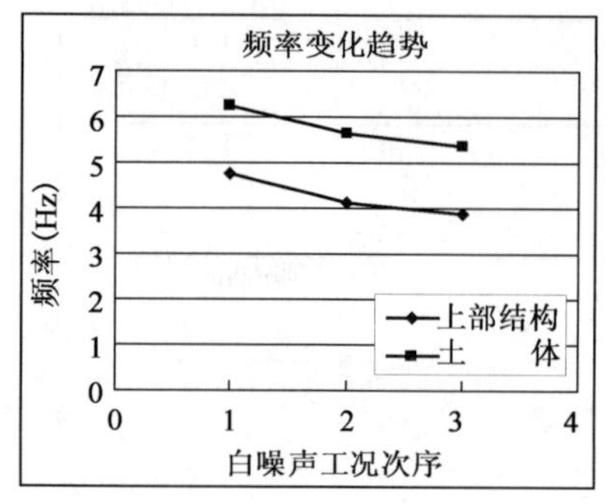

图 6-61 上部结构—土体的自振频率变化

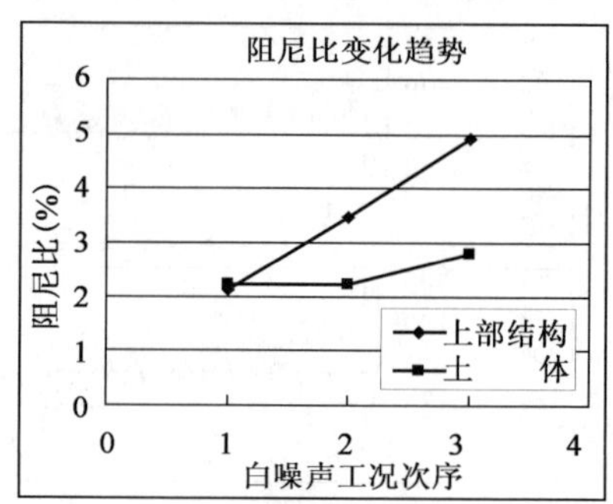

图 6-62 上部结构—土体的阻尼比变化

土体和上部结构的自振频率和阻尼比 表 6-8

试验序号	工况代号	土表面测点		上部结构测点	
		频率(Hz)	阻尼比(%)	频率(Hz)	阻尼比(%)
2	白噪声 1	6.2536	2.210	4.7527	2.135
8	白噪声 2	5.6282	2.227	4.1274	3.456
14	白噪声 3	5.3781	2.787	3.877	4.917

由土体表面测点和上部结构测点测得的频率和阻尼比的试验结果可以看出各试验具有相似规律：

(1)土体与上部结构二者自振频率接近，土体自振频率略高于上部结构自振频率。由于二者自振频率相近，振动中会引起二者的共振现象。

(2)由于桩—土动力相互作用，使土体—结构自振频率降低，阻尼增大。随着输入加速度峰值的增大及振次的增加，土体与体系的自振频率均下降，阻尼比增大。

(3)4Hz 和 5Hz 正弦波激振，其激振频率与土体和上部结构的自振频率非常接近，必将产生很大的振动反应。

(4)地震波 El-centro 波的卓越频率明显，其值为 3.752Hz；LWD 波的卓越频率不明显，在 3.377～5.503Hz 区间均表现出较大能量。二者卓越频率与上部结构的自振频率接近，必将产生一定程度的振动反应。

(5)8Hz 正弦波激振，其激振频率与土体和上部结构的自振频率较远，产生的振动反应将较小。

对上部结构及土体所表现出来的动力特性变化规律，经分析认为：由于地震动影响及振动次数的累加，致使土体上层变松软，土体的自振频率降低；由于土—结构的相互作用，致使承台周围土体(与承台)松动，桩对承台的约束减小，故而上部结构的自振频率降低，结构体系的阻尼比增大。

6.3.4 4 桩试验的加速度反应结果与分析

试验中共布置了 16 个加速度传感器测试加速度反应，各测点的详细布置详见第 6 章的测点布置图。其中，Z1～Z6 为桩身内不同高度处的 6 个测点，T1～T4 为土体中同一平面位置、不同高度处的 4 个测点。由数据处理得到加速度放大系数图(加速度放大系数为各测点的加速度峰值与振动台台面的加速度峰值的比值)，如图 6-63～图 6-66 所示。

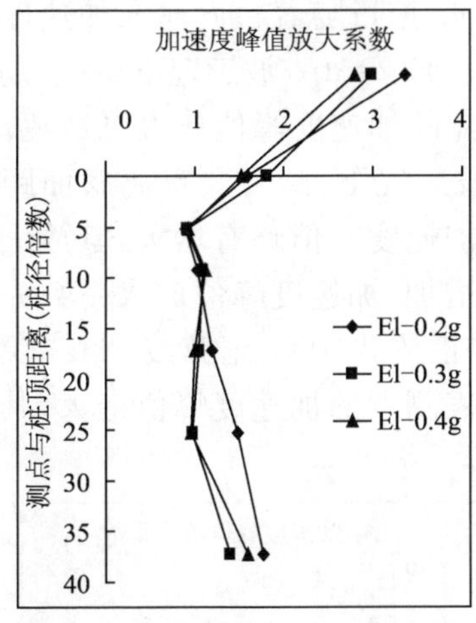

图 6-63 结构加速度放大系数(EL 波)

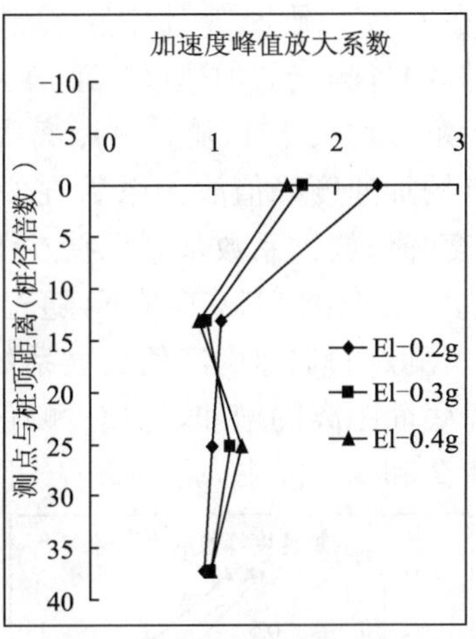

图 6-64 土体加速度放大系数(EL 波)

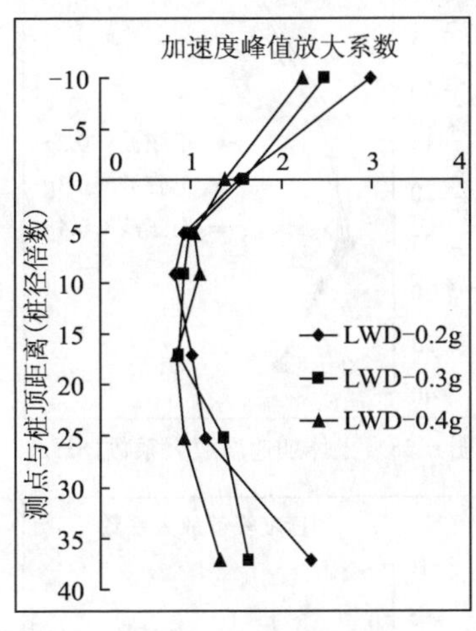

图 6-65 结构加速度放大系数(LWD 波)

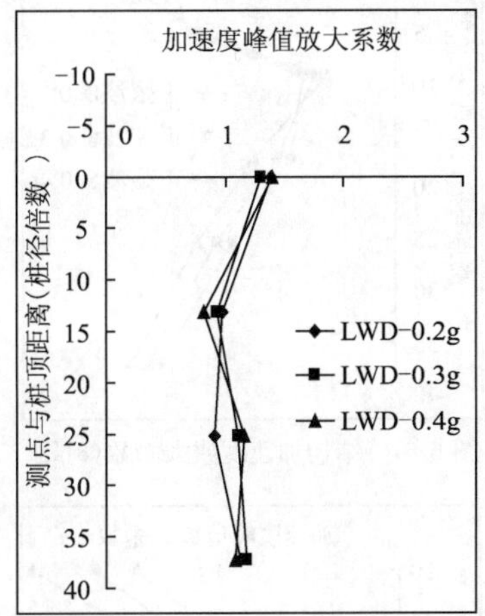

图 6-66 土体加速度放大系数(LWD 波)

从图中可以看出，桩基结构体系及土体加速度反应具有以下几点规律：

(1)在地震波 El-centro 波和 LWD 波工况下，桩基—上部结构体系的加速度反应在高度上呈现"K"形分布(图 6-63、图 6-65)，各测点的加速度峰值放大系数均大于 1，上部结构的放大系数最大，在 3 左右；随着台面输入加速度峰值的增加，整个体系的加速度峰值放大系数减小。

(2)在正弦波工况下，桩基—上部结构体系的加速度反应在高度上也呈现"K"形分布(图 6-64、图 6-66)，且随着台面输入加速度峰值的增加，整个体系的加速度峰值放大系数减小。其中，在正弦波 8Hz 工况下桩基结构体系加速度峰值放大系数在 0.5～1 以内，上部结构的反应较小，放大系数在 0.5 左右；在正弦波 5Hz 工况下桩基结构体系加速度峰值放大系数在 0.5～

3以内，上部结构反应较大，放大系数在3左右；在正弦波4Hz工况下桩基结构体系加速度峰值放大系数在1～8之内，上部结构的反应最大，在6～8左右。

经分析表明，输入正弦波的频率越接近上部结构的自振频率，上部结构的加速度放大效应越大；输入8Hz正弦波时激振频率与结构自振频率较远，振动反应较小，具有一定的减振效应；输入5Hz正弦波及4Hz正弦波时，由于与结构体系的自振频率接近，所以桩基结构体系对地震动作用表现出放大效应。

(3)在所有工况下，土体中底层测点的放大系数均趋近于1；随着台面输入加速度峰值的增加，土体中各测点的加速度峰值放大系数减小。其中，在El-centro波工况下，各点的加速度峰值放大系数均大于1，随着测点离底面距离的增加，土体的加速度峰值放大系数逐渐增大，土表测点的加速度峰值放大系数在2.5左右；在LWD波工况下，随着测点离底面距离的增加，加速度峰值放大系数基本保持在1左右，土表测点的加速度峰值略有增大，其放大系数在1.5左右；在正弦波8Hz工况下，随着测点离底面距离的增加，加速度峰值放大系数先减小后增大，土表测点的加速度峰值放大系数在1～1.5之间；在正弦波5Hz、正弦波4Hz工况下，随着测点离底面距离的增加，加速度峰值放大系数增大，土表测点的加速度峰值最大，其放大系数分别在2和2.5左右，见图6-67～图6-72和表6-9。

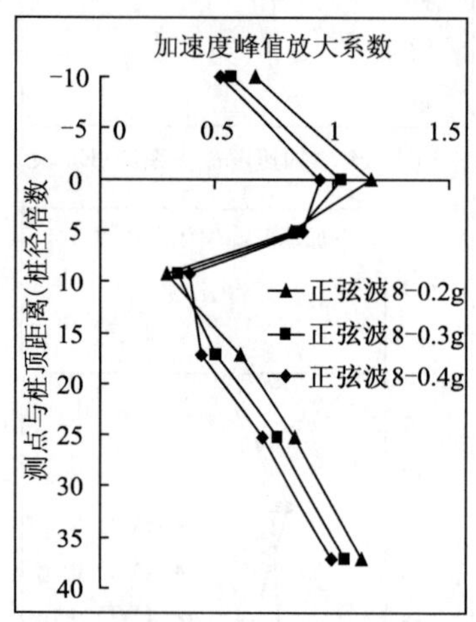

图6-67 结构加速度放大系数(8Hz)

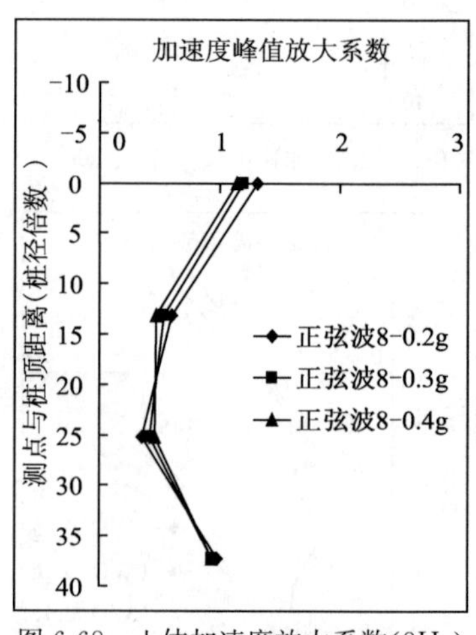

图6-68 土体加速度放大系数(8Hz)

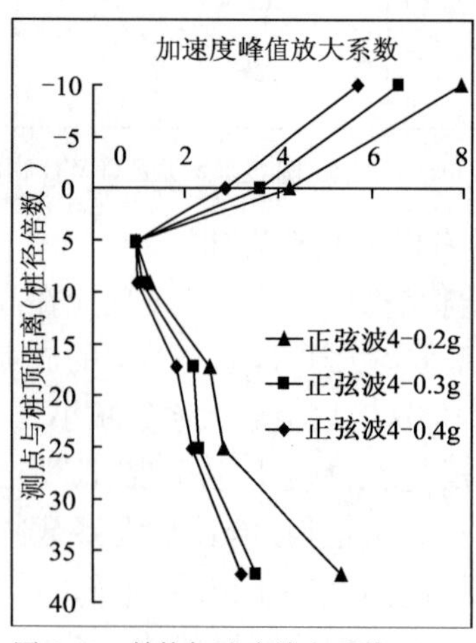

图6-69 结构加速度放大系数(4Hz)

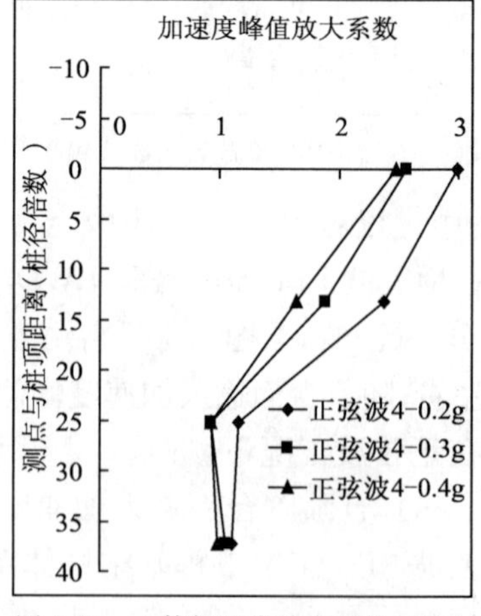

图6-70 土体加速度放大系数(4Hz)

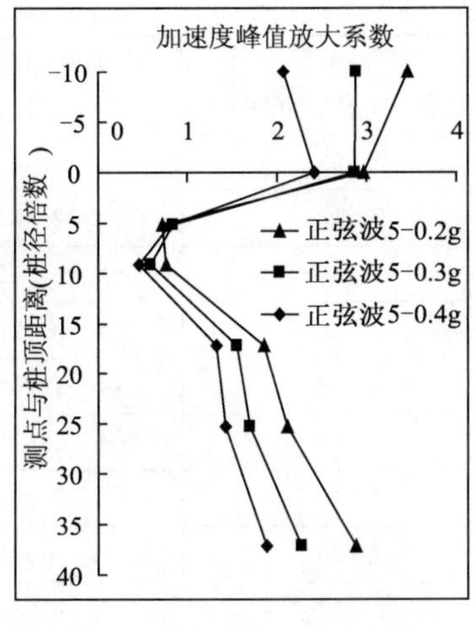

图 6-71　结构加速度放大系数(5Hz)

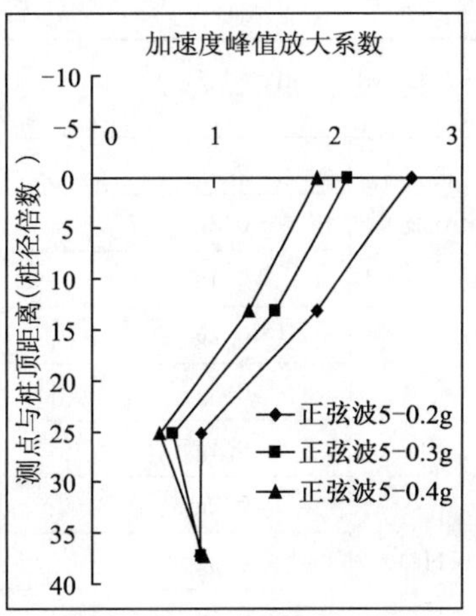

图 6-72　土体加速度放大系数(5Hz)

经分析表明，在地震作用下本试验模型土具有放大效应，随着地震波峰值的增加，放大效应逐渐下降，其原因可能是随着试验振动次数的增加和输入振动的增强，土体不断软化、非线性加强，土传递振动的能力减弱；在输入 4Hz、5Hz 正弦波后，土体的加速度反应比输入 8Hz 正弦波的反应大，说明输入波的频率越靠近土体的自振频率，土体的反应越大，易引起土体的共振效应。

桩顶与土表加速度放大系数对比　　表 6-9

工　况		承台测点加速度放大系数	土表测点加速度放大系数
El-centro 波	0.2g	1.60	2.15
	0.3g	1.80	1.80
	0.4g	1.52	1.70
LWD 波	0.2g	1.52	1.38
	0.3g	1.58	1.31
	0.4g	1.37	1.39
正弦波(8Hz)	0.2g	1.16	1.32
	0.3g	1.03	1.25
	0.4g	0.94	1.18
正弦波(5Hz)	0.2g	2.97	2.45
	0.3g	2.88	2.07
	0.4g	2.43	1.72
正弦波(4Hz)	0.2g	4.26	3.15
	0.3g	3.60	2.72
	0.4g	2.86	2.52

6.3.5　4 桩试验位移反应结果与分析

对 4 桩试验的加速度进行积分，可以得到各点的位移反应。将承台处的位移与土表的位移相减得到桩顶的相对位移。表 6-10 是各工况下桩顶最大位移表。

各工况下桩顶最大位移表

表 6-10

试验工况		桩顶绝对水平位移(mm)	土表绝对水平位移(mm)	桩顶(相对土)水平位移(mm)
EL-centro 波	0.2g	5.852	6.353	0.501
	0.3g	11.664	9.213	2.451
	0.4g	14.281	12.209	2.072
LWD 波	0.2g	5.580	4.753	0.827
	0.3g	7.412	9.153	1.741
	0.4g	11.483	11.808	0.325
正弦波(8Hz)	0.2g	0.786	0.591	0.195
	0.3g	1.121	0.600	0.521
	0.4g	1.387	1.357	0.030
正弦波(5Hz)	0.2g	4.235	5.224	0.989
	0.3g	4.957	6.085	1.128
	0.4g	6.003	5.866	0.137
正弦波(4Hz)	0.2g	11.349	10.605	0.744
	0.3g	14.714	10.592	4.122
	0.4g	14.407	10.541	3.966

6.3.6 土工试验结果与分析

试验中对模型土进行了物理性质的测试。从模型土中取出多组土样，在试验进行前对密度、含水率进行了测试，并对孔隙比、密度进行了计算。土体测试试验进行了多组平行试验，现仅列出具有代表性的数据。

1)土的物理力学指标测试结果分析

土样密度测试采用“环刀法”，做 3 组试样计算密度并取平均值作为土样的密度值。试验前后模型土密度数据见表 6-11。由表得模型土的密度试验前后分别为 1.623g/mm^3 和1.73g/cm^3。

试验前后模型土密度

表 6-11

条　件	环刀号	总重(g)	刀重(g)	土重(g)	体积(cm^3)	密度(g/cm^3)	平均密度(g/cm^3)
试验前	15 号	138.61	38.94	99.67	59.962	1.662	1.623
	0 号	136.34	41.46	94.88	59.962	1.582	
	52 号	139.94	41.57	97.37	59.962	1.624	
试验后	15 号	142.61	38.94	103.67	59.962	1.73	1.73
	0 号	143.34	41.46	103.88	59.962	1.73	
	52 号	145.94	41.57	104.37	59.962	1.74	

含水率也是土样的一项重要指标，含水率的测试采用的是“烘干法”。试样的含水率按照 $w_0=(m_0/m_d-1)\times100$ 计算，其中 m_0 为湿土质量，m_d 为干土质量。试验取两组试样平均值

即为土体的含水率。试验前后模型土的含水率数据见表6-12。由表得土试验前后的含水率分别为13.87%和11.57%。

试验前后模型土含水率 表6-12

条 件	盒号	总重(g)	总干重(g)	盒重(g)	含水率(%)	平均值(%)
试验前	B144	62.15	57.15	21.51	14.03	13.87
	B127	69.12	63.38	21.51	13.72	
试验后	B144	60.15	56.15	21.51	11.55	11.57
	B127	67.12	62.38	21.51	11.60	

土粒的相对密度作为土体三项基本比例指标之一，对研究土体的工程性质至关重要。本试验选取的是砂类土，根据土粒相对密度参考值(表6-13)，邯郸地区砂类土经验值为2.67g/cm²。

相对密度试验数据表 表6-13

土的名称	砂 类 土	粉 性 土	黏 性 土	
			粉质黏土	黏土
土粒相对密度	2.65～2.69	2.70～2.71	2.72～2.73	2.74～2.76

土的孔隙比是土的重要物理指标之一，在模型土填实过程中依靠它来控制密实程度，也是对试验完毕后的土体进行综合评定的重要指标，即比较试验前后的密实程度。根据公式可以计算得到土粒的孔隙比，过程如下：

由
$$e=\frac{d_s(1+w)\rho_w}{\rho}-1$$

试验前得
$$e=\frac{2.67(1+0.1387)}{1.623}-1=0.873$$

试验后得
$$e=\frac{2.67(1+0.116)}{1.73}-1=0.722$$

按表6-14对于砂土密实度的划分，可以看出模型土属于中密的砂质粉土。由试验数据看出试验后的土体变得密实，由稍密变为中密状态。

砂土密实度划分表 表6-14

土类＼密实度	密实	中密	稍密	松散
砾砂、粗砂、中砂	$e<0.60$	$0.60\leqslant e\leqslant 0.75$	$0.75<e\leqslant 0.85$	$e>0.85$
细砂、粉砂	$e<0.70$	$0.70\leqslant e\leqslant 0.85$	$0.85<e\leqslant 0.95$	$e>0.95$

土粒的重度即土粒的重力密度，用以描述土体单位体积所受的重力，其计算公式为$\gamma=\rho g$，得到试验前后重度分别为16.23kN/m³和17.3kN/m³，和初期设计时土体重度18kN/m³相差不大。

根据库伦公式，c、ϕ为抗剪强度指标。虽然试验中模型土为砂质粉土，但土中含有部分黏粒，土体具有一定的抗剪强度(包括了土的黏聚力和内摩擦角)。

根据直剪试验，以剪应力为纵坐标，剪切位移为横坐标，绘制剪应力与剪切位移关系曲线

(图 6-73)，取曲线上剪应力的峰值为抗剪强度；无峰值时，取剪切位移 4mm 所对应的剪应力为抗剪强度。

以抗剪强度为纵坐标，垂直压力为横坐标，绘制抗剪强度与垂直压力关系曲线(图 6-74)，直线的倾角为摩擦角，直线在纵坐标上的截距为黏聚力。通过直剪试验得出试验土的 c=1.30MPa、ϕ=24.47°。表明模型土的黏聚力很小。模型土中含有部分黏粒，有一定的黏性，使得模型土具有 c=1.30MPa。

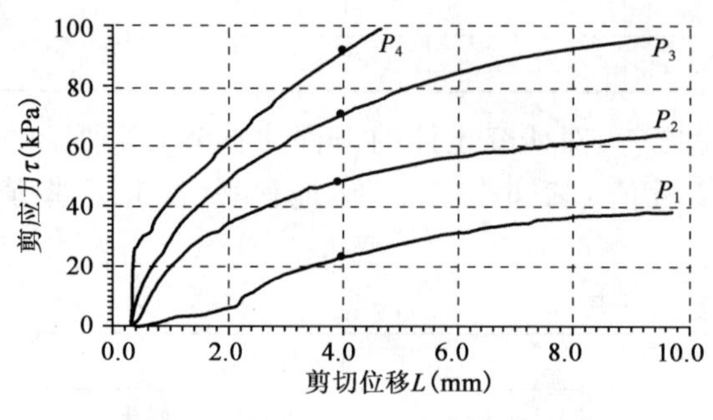

图 6-73　剪应力与剪切位移关系曲线

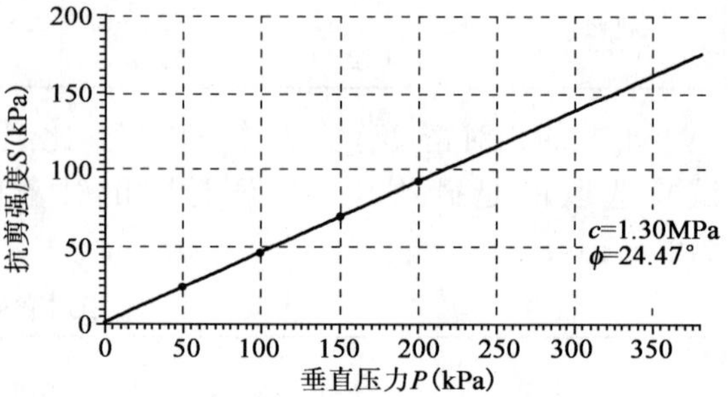

图 6-74　抗剪强度与垂直压力关系曲线

土的动剪切试验能形象地模拟出土在地震过程中受剪切的状态，同时直接地得出土的动力特性参数：动剪切模量和阻尼比这两个参数在地震反应分析中有重要作用。一般情况下，动剪模量越大、阻尼比越小，模型土对地震动有放大作用；动剪模量越小、阻尼比越大，模型土对地震动有缩小作用。

本试验先对土样进行固结，固结完成后对土样施加循环荷载，进行剪切。根据实际情况确定固结压力为 200kPa，固结时间为 10min。由Ⅲ类场地特征周期来确定循环周期为 0.0075min，循环次数为 30 次。图 6-75 为动剪试验软件生成的剪切模量曲线。通过分析计算得出模型土的最大动剪切模量为 275MPa。通过数据处理，可以得出滞回曲线以及应力应变关系曲线(图 6-76)。

2)剪切波速试验结果与分析

测试土体的剪切波速，通过在土体表面放置铁板，并对其水平敲击以产生向下传递的剪切波，由埋置在土中不同深度的加速度传感器采集激励信号。由土表到底层传感器的距离 d_0 和底层传感器采集到剪切波的时间 t，就可以计算出土体的剪切波速，即公式 $V_s=d_0/t$

在管桩振动台试验前后均进行了剪切波速试验，各测点波形如图 6-77 所示，试验数据见表 6-15。并由此绘制出试验前后的剪切波速对比图如图 6-78 所示。(各测点到土表的剪切波速＝各测点与土表间距/时间)

试验前后剪切波速数据对比表　　表 6-15

测试深度	间距(mm)	试验前		试验后	
		时间(ms)	剪切波速(m/s)	时间(ms)	剪切波速(m/s)
土表～T1	0	—	—	—	—
土表～T2	660	17.9225	36.83	15.015	43.96
土表～T3	1260	20.9375	60.18	19.305	65.27
土表～T4	1860	22.445	82.87	21.45	86.71

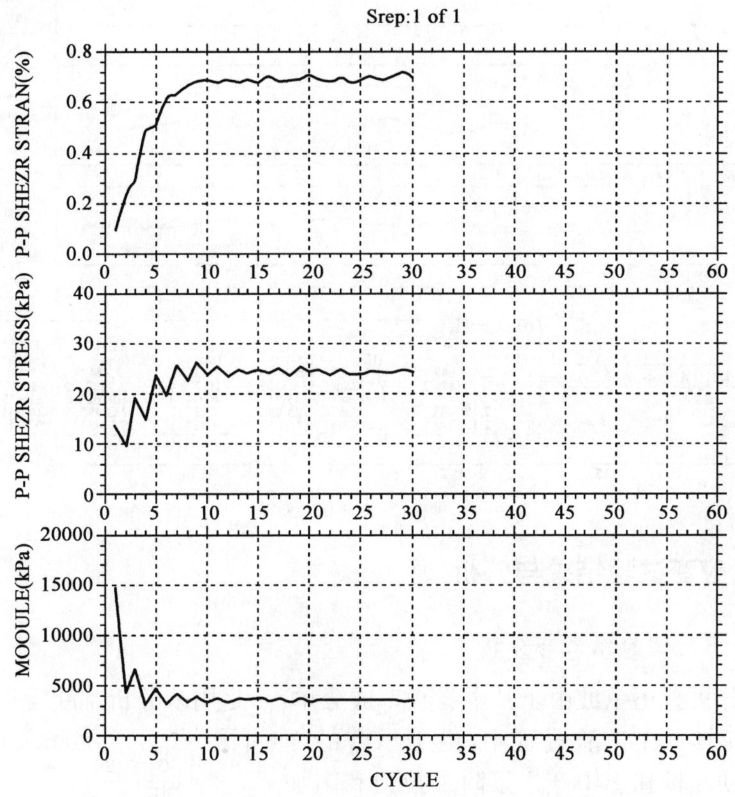

图 6-75　剪切模量曲线

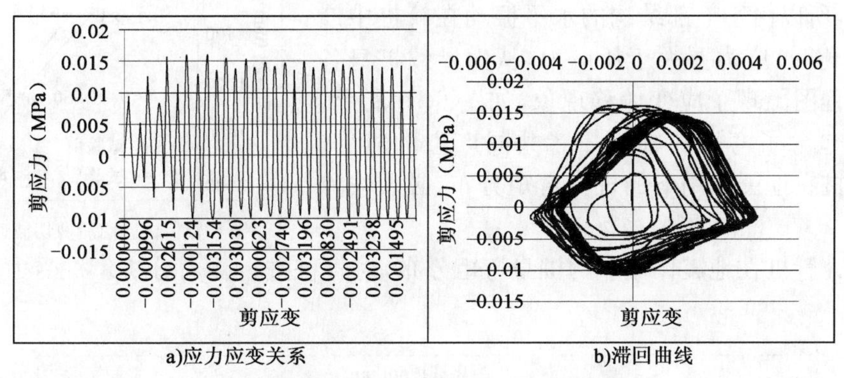

图 6-76　剪切模量滞回曲线及应力应变关系曲线

(1)由相似关系推出，模拟Ⅱ类场地时，模型土的剪切波速应大致在 45～80m/s 之间；模拟Ⅲ类场地时，模型土的剪切波速应在 45m/s 以下。通过试验数据可以发现，试验前后模型土基本符合Ⅱ类场地。

(2)通过试验数据可以看出，试验前后模型土剪切波速的变化趋势大体相近，即随着土层深度的增加而逐渐增大。

(3)将试验前后数据进行对比发现(图 6-78)，试验后各测点所测得的剪切波速均比试验前稍有增大。分析可能由于振动使土体变得稍密实导致剪切波速小幅增大。

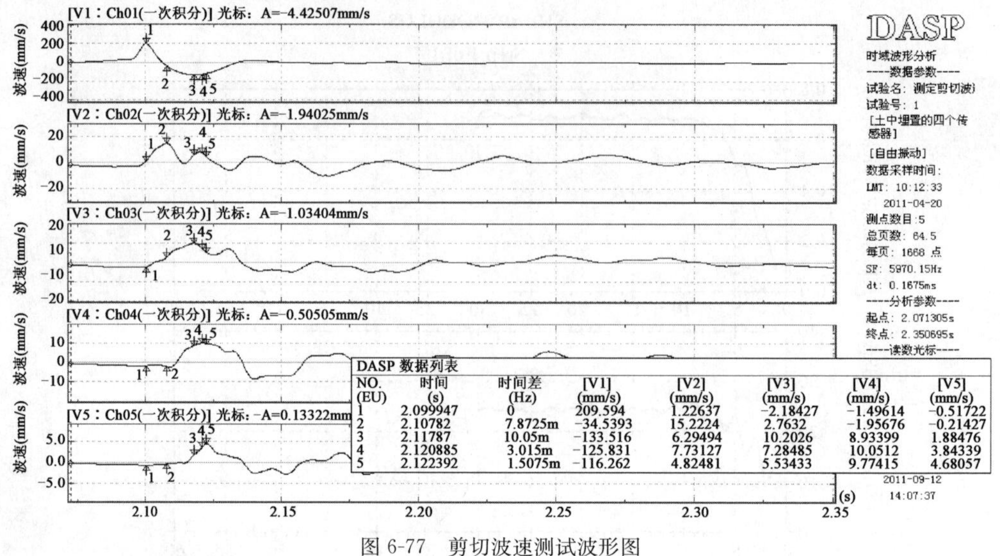

NO. (EU)	时间 (s)	时间差 (Hz)	[V1] (mm/s)	[V2] (mm/s)	[V3] (mm/s)	[V4] (mm/s)	[V5] (mm/s)
1	2.099947	0	209.594	1.22637	-2.18427	-1.49614	-0.51722
2	2.10782	7.8725m	-34.5393	15.2224	2.7632	-1.95676	-0.21427
3	2.11787	10.05m	-133.516	6.29494	10.2026	8.93399	1.88476
4	2.120885	3.015m	-125.831	7.73127	7.28485	10.0512	3.84339
5	2.122392	1.5075m	-116.262	4.82481	5.53433	9.77415	4.68057

图 6-77　剪切波速测试波形图

6.3.7　桩身应变试验结果与分析

1)正弦波作用下的试验结果与分析

(1)管桩受力分析。正弦波由于其本身频率成分单一,是用来分析判断管桩在地震反应下动力特性的有效工具。在试验过程中,由于承台的作用,上部结构的振动在桩和土中产生了附加拉力和附加压力,附加拉力仅由管桩承担,而附加压力则由土与管桩共同承担,所以由于上部结构的水平振动在管桩中产生的轴力变化,拉应力要大于压应力,从而导致桩身各点的应变时程图出现了应变偏移现象,如图 6-79 所示。测试的应变包含了弯矩和轴力二者共同产生的应变。为了研究管桩在地震作用下的桩身弯矩分布,必须去除轴力影响。

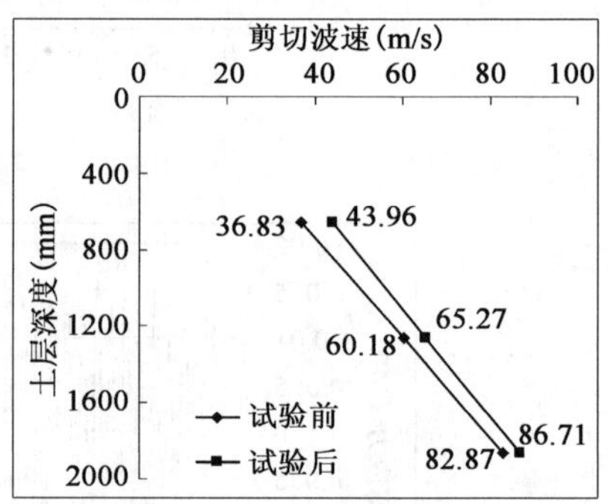

图 6-78　试验前后剪切波速对比图

为了研究管桩在地震作用下的桩身弯矩分布,对管桩进行受力分析。桩受力分析示意图如图 6-80。

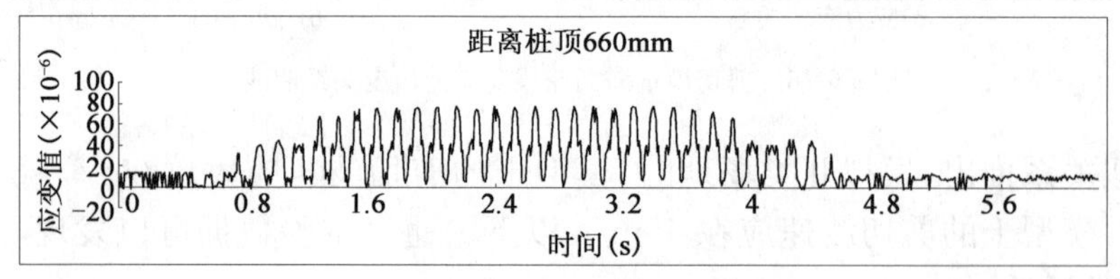

图 6-79　发生偏移的应变时程曲线

当在振动台驱动下向右振动时,上部结构质量块承受惯性力 ma_1(水平向右),传至桩顶承台处会产生向右的水平剪力和顺时针的弯矩。因而,模型管桩 A 承受拉力 N_1,模型管桩 B 和其周围的土体共同承受压力,分别为 N_3、N_5。1、2 点分别为向右振动时管桩 A 上对称的两个应变测点;当在振动台驱动下,向左振动时,在模型管桩 B 中产生拉力 N_4,在模型管桩 A 及其

周围土体中产生压力 N_2、N_6。3、4 点分别为向左振动时模型桩 A 上对称的两个测点。

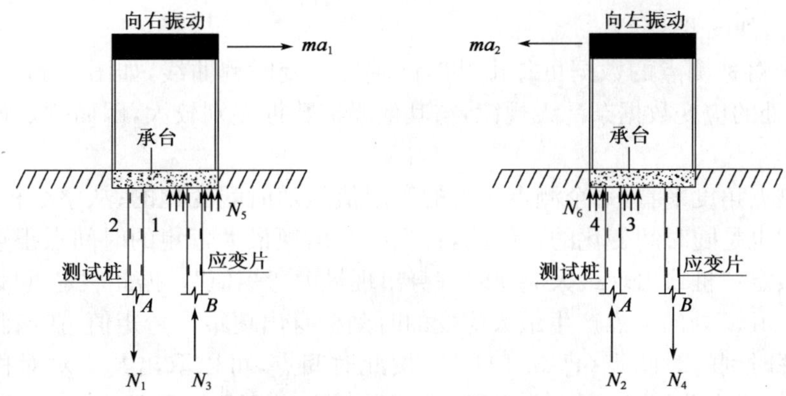

图 6-80　桩受力分析示意图

为了能够分析管桩的受力，单独将模型桩分离出来，分析模型管桩的受力，画出受力简图如图 6-81 所示。

在管桩的受力过程中，当向右侧振动时，管桩内产生水平向右的剪力 Q_1，上部结构的倾覆弯矩转化为向上的力 N_1，变形产生的弯矩 M_1；反之，当向左振动时，管桩内产生水平向左的剪力 Q_2，上部结构的倾覆弯矩转化为向上的力 N_2，变形产生的弯矩 M_2。

对受力简图联立方程(假定向上为正)有：

$$\varepsilon_1=\varepsilon_{N1}-\varepsilon_{M1} \tag{a}$$

$$\varepsilon_2=\varepsilon_{N1}+\varepsilon_{M1} \tag{b}$$

$$\varepsilon_3=\varepsilon_{M1}-\varepsilon_{N2} \tag{c}$$

$$\varepsilon_4=-\varepsilon_{M2}-\varepsilon_{N2} \tag{d}$$

解方程得到轴力应变和弯矩应变：

$$\varepsilon_{N1}=(\varepsilon_1+\varepsilon_1)/2 \tag{e}$$

$$\varepsilon_{N2}=-(\varepsilon_3+\varepsilon_4)/2 \tag{f}$$

$$\varepsilon_{M1}=\varepsilon_{M2}=(\varepsilon_3-\varepsilon_4)/2=(\varepsilon_2-\varepsilon_1)/2 \tag{g}$$

ε_1(或 ε_3)为某测点处的应变值，ε_2(或 ε_4)为与 ε_1(或 ε_3)同一时间而且相对称的点处的应变值。ε_{N1} 为此时在模型管桩 A 产生的拉应变，ε_{M1} 为此时由桩顶处的弯矩 M_1 在测点处产生的应变。同理，ε_{N2} 为管桩 A 的压应变，ε_{M2} 为由此时的弯矩产生的应变。通过数据处理可以分离出弯矩和轴力的应变，从而作出桩身在纯弯状态下的应变分布图。

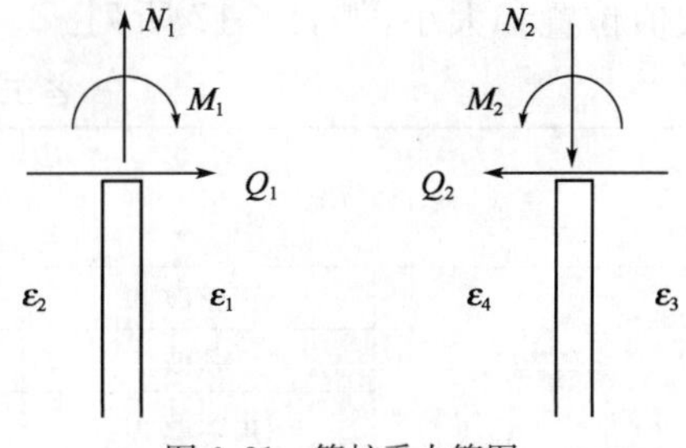

图 6-81　管桩受力简图

(2)正弦波作用下应变数据处理。由于测试仪器的微应变值不稳定，微应变初始数值有较大的差别，因此要对各测点微应变数值归零，即应变值减去初始值。归零后可以画出各测点的应变时程曲线。为了得到同一时间点的 ε_a、ε_b，将桩身上对称布置的应变片的应变时程曲线绘制在同一时间轴的图形中，并取应变稳定段的应变值 ε_a、ε_b。这样分别选取同一时间点的 9 对对称布置的应变测点处的应变数值，代入上面公式即可分别计算出各对称测点处的 ε_M、ε_N，继而画出桩身的弯矩应变分布图。

现以正弦波 8-0.2g 工况为例，说明从应变数据到桩身弯矩图的处理过程：

①将测试得到的试验数据由应变仪进行归零，选取正弦波的稳定阶段得到 0～7s 时间段的应变时程曲线，如图 6-82。

②根据两个对称测点的数据可作出共时间轴的应变时程曲线，如图 6-83。由图看出，距离桩顶 260mm 处的应变数据杂乱无规律，与其他通道数据差别较大，因而判定该应变片在试验中损坏。

③从单个测点角度来看，每个测点产生的弯矩值是随时间变化的；从整个桩身角度来看，桩身弯矩分布图也是随时间变化的。因此，找到桩身出现最大弯矩的时间点很重要。针对本试验做出如下假定："桩顶出现最大应变时桩身出现最大弯矩值"。据此假定，可以认为距离桩顶最近的"－160mm"处的测点产生最大应变的时刻桩身出现最大弯矩值，在该测点处应变稳定段取一个波峰时刻的时间点（即 3.192s）。按此时间点，可以取出共 9 对对称测点的应变（ε_a、ε_b），然后根据受力分析，解联立方程组可得出各不同位置测点处的 ε_M、ε_N，如表 6-16 所列。

④根据这 9 对测点的弯矩应变，可作出桩身的弯矩应变分布图，如图 6-83 所示。

第 3.192s 时刻各测点应变数据 表 6-16

距桩顶位置（mm）	第 3.129s 时刻			
	ε_a（×10^{-6}）	ε_b（×10^{-6}）	ε_M（×10^{-6}）	ε_N（×10^{-6}）
−160	70	101	−15.5	85.5
−260	11	288	−138.5	149.5
−660	62	77	−7.5	−69.5
−860	7	43	−18	25
−1060	30	24	3	27
−1260	4	28	−12	16
−1460	−2	−31	14.5	−16.5
−1660	−6	−12	3	−9
−1860	−23	−30	3.5	−26.5

（3）正弦波各工况下桩身应变分布图。根据这个处理过程，图 6-84～图 6-92 为在不同工况下管桩桩身应变沿深度的分布情况。根据试验数据，可以分析得出桩身的弯矩、轴力应变最大值位置和大小，如表 6-17 所列。

各工况下应变最大值及产生位置 表 6-17

工　况		最大应变产生位置（距离桩顶位置）（mm）	应变最大值	
			弯矩应变（×10^{-6}）	轴力应变（×10^{-6}）
0.2g	正弦波 8	260	138.5	149.5
	正弦波 5	260	1931.5	1643.5
	正弦波 4	260	2116.5	1599.5
0.3g	正弦波 8	260	168.5	164.5
	正弦波 5	260	2088.5	1517.5
	正弦波 4	260	3363.5	2848.5
0.4g	正弦波 8	260	242.5	242.5
	正弦波 5	260	2109.5	1443.5
	正弦波 4	260	2019.5	1474.5

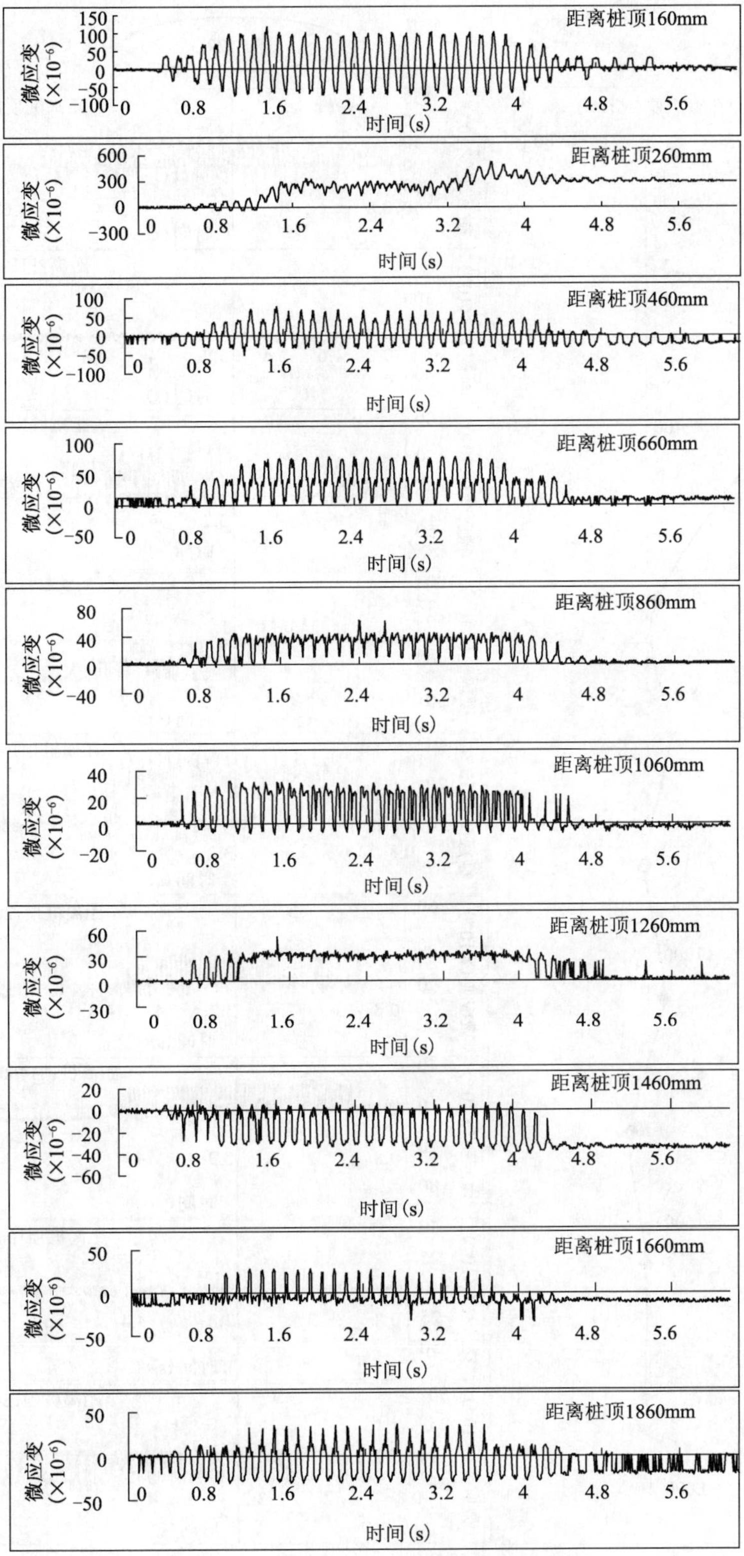

距离桩顶160mm

微应变(×10⁻⁶)

时间(s)

距离桩顶260mm

距离桩顶460mm

距离桩顶660mm

距离桩顶860mm

距离桩顶1060mm

距离桩顶1260mm

距离桩顶1460mm

距离桩顶1660mm

距离桩顶1860mm

图 6-82 正弦波 8-0.2g 各测点应变时程曲线

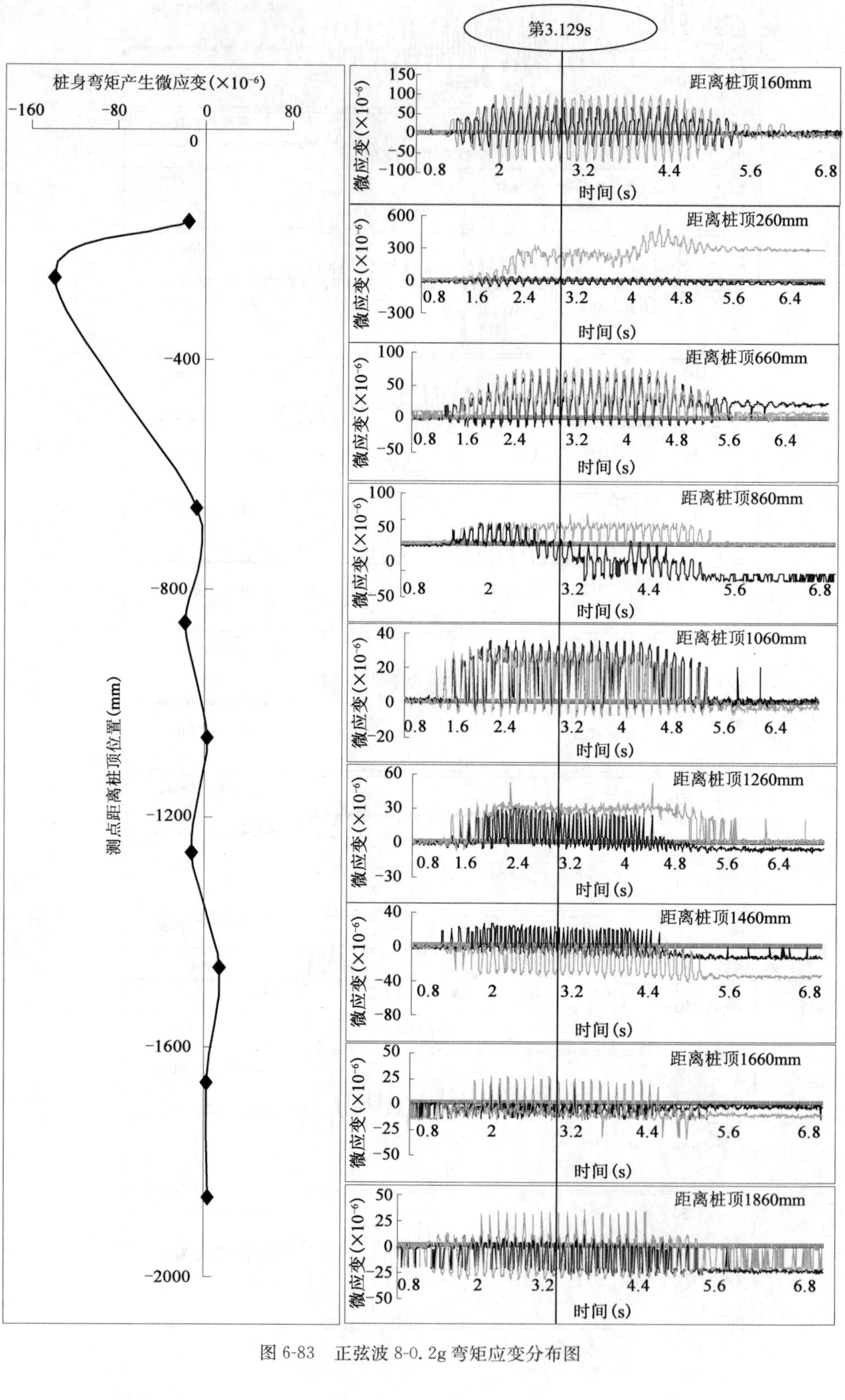

图 6-83　正弦波 8-0.2g 弯矩应变分布图

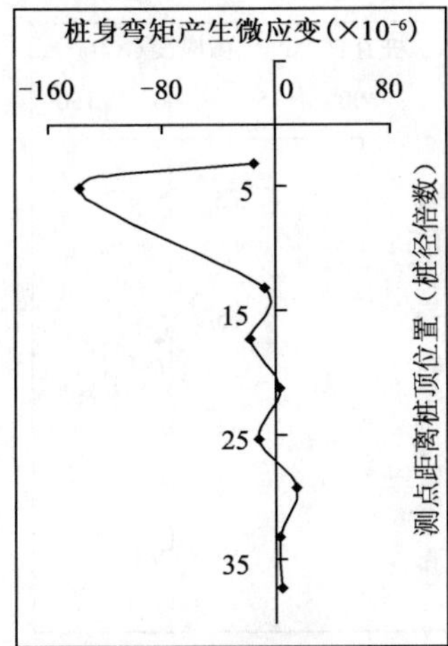

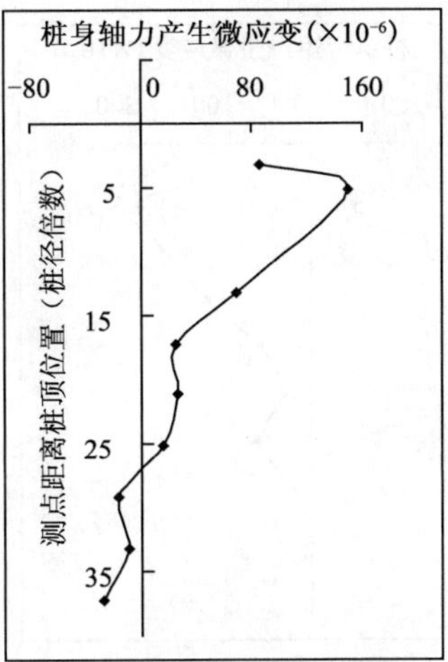

图 6-84　桩身最大应变分布情况(正弦波 8-0.2g)

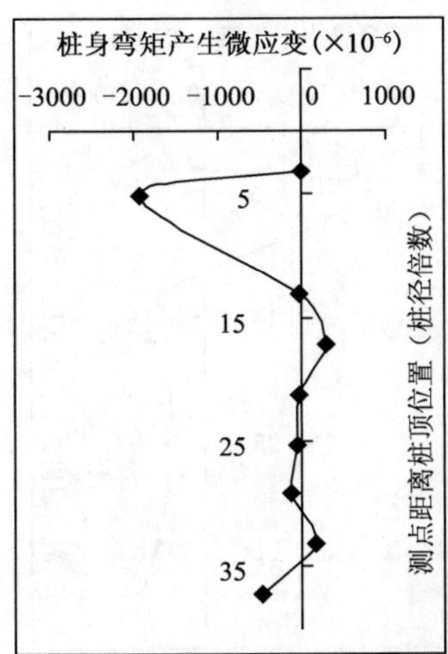

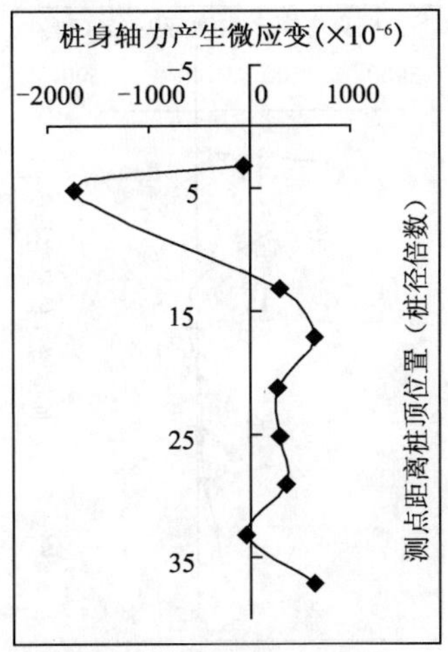

图 6-85　桩身最大应变分布情况(正弦波 5-0.2g)

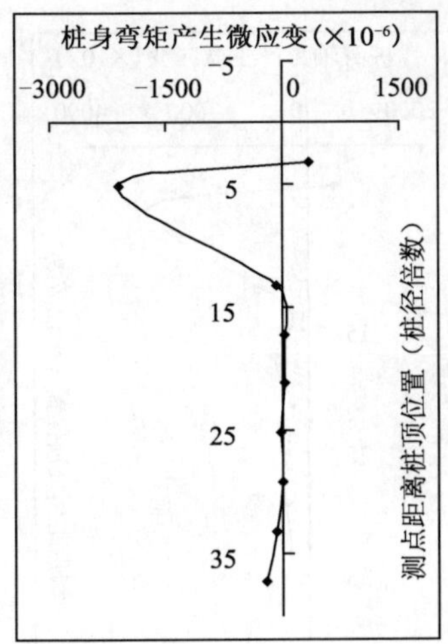

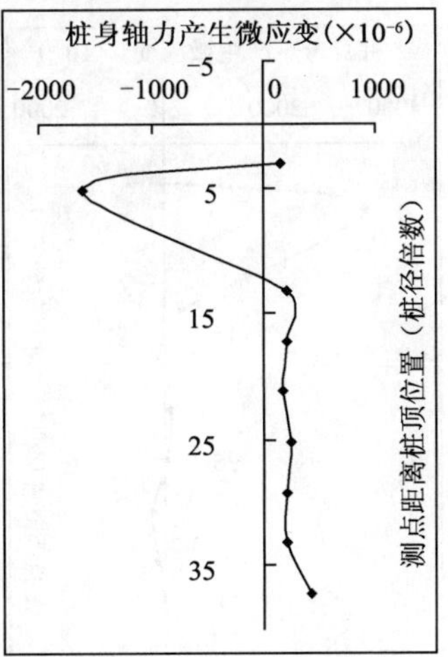

图 6-86　桩身最大应变分布情况(正弦波 4-0.2g)

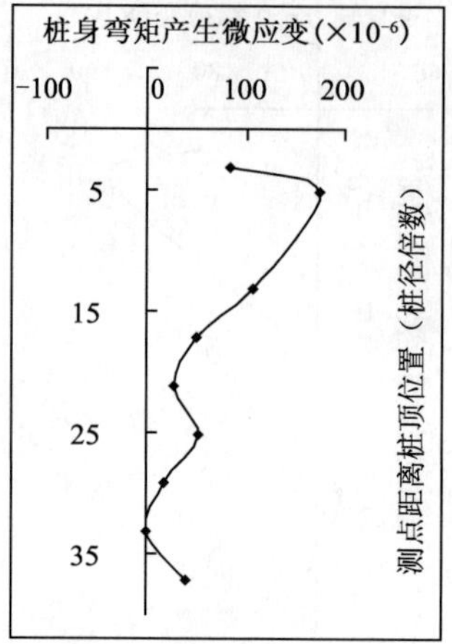

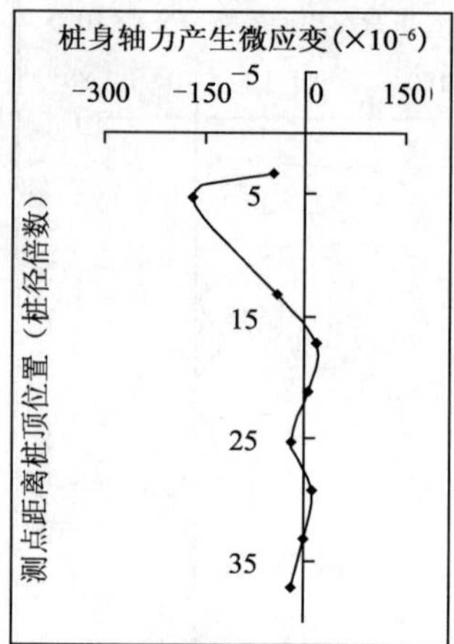

图 6-87 桩身最大应变分布情况(正弦波 8-0.3g)

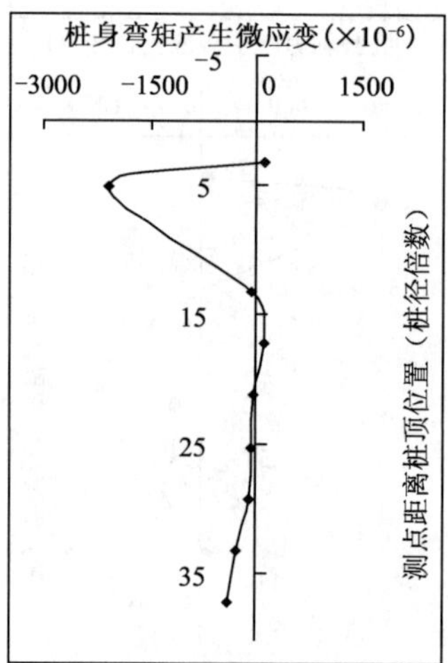

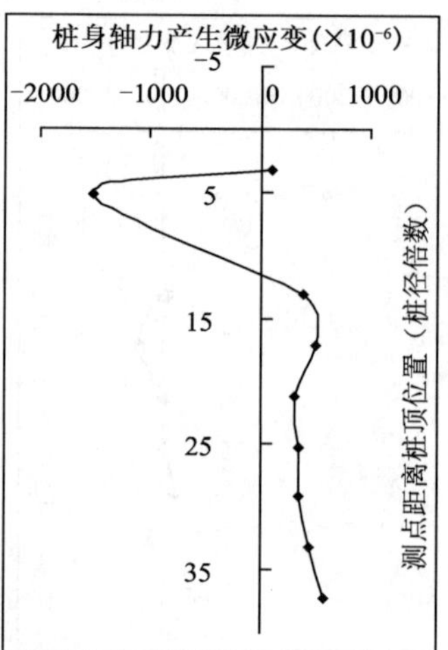

图 6-88 桩身最大应变分布情况(正弦波 5-0.3g)

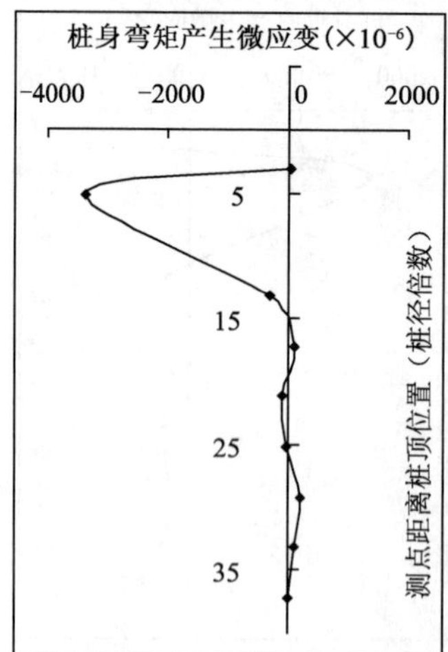

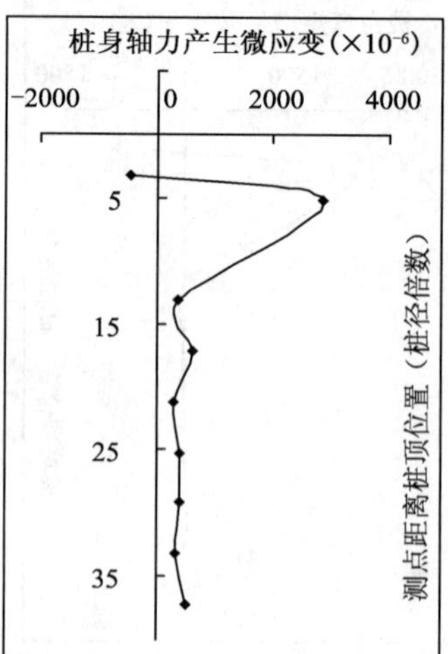

图 6-89 桩身最大应变分布情况(正弦波 4-0.3g)

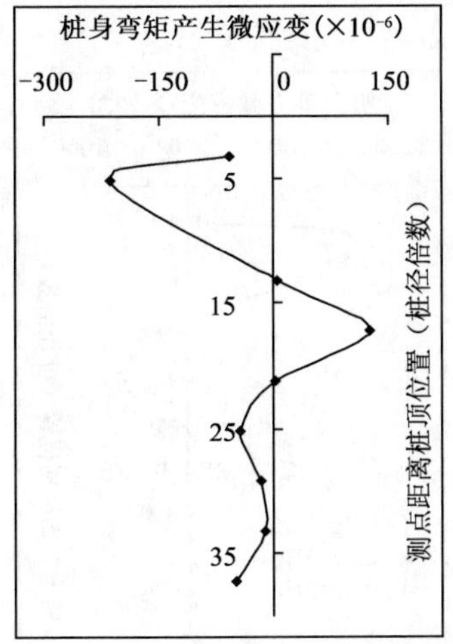

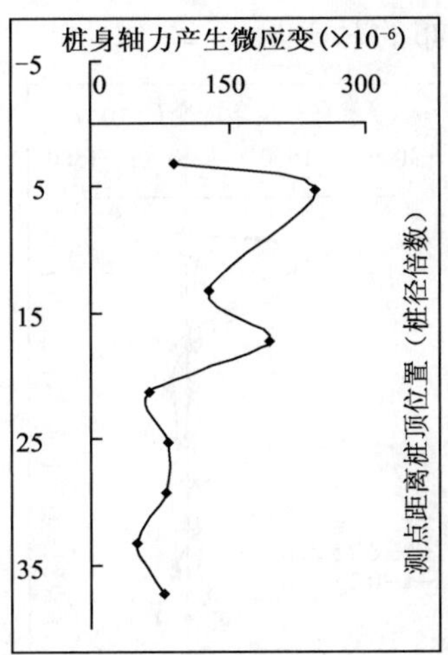

图 6-90 桩身最大应变分布情况(正弦波 8-0.4g)

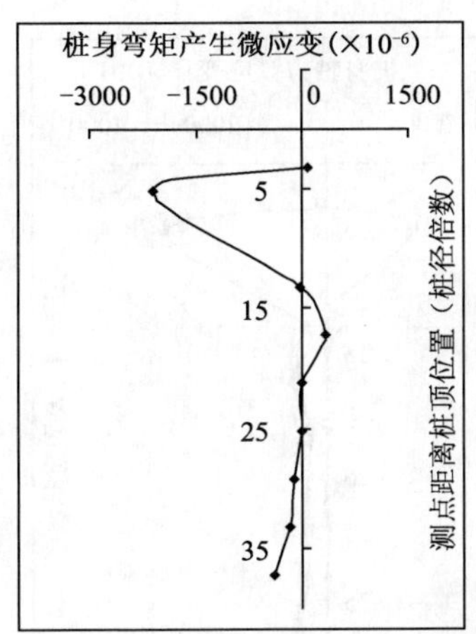

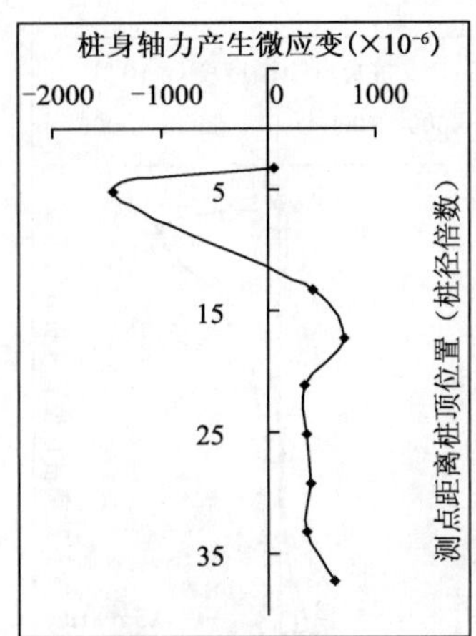

图 6-91 桩身最大应变分布情况(正弦波 5-0.4g)

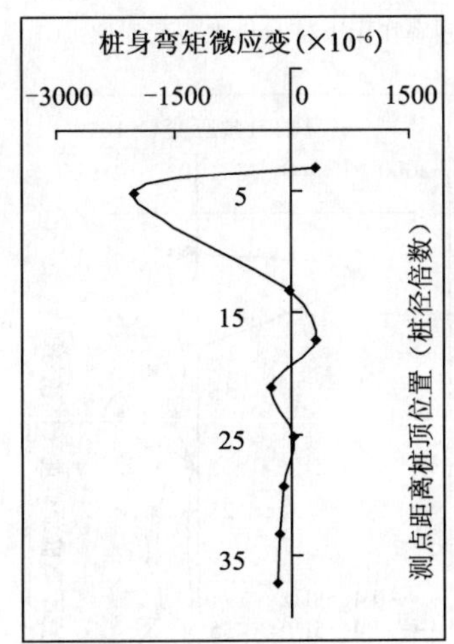

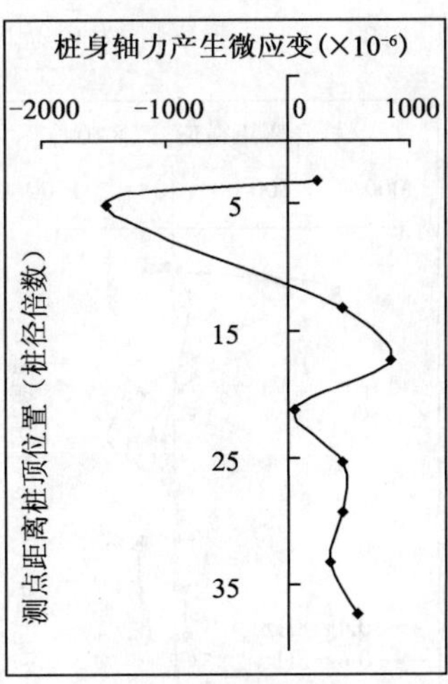

图 6-92 桩身最大应变分布情况(正弦波 4-0.4g)

(4)不同工况下桩身应变分布对比。为了对各工况下试验结果的规律进行总结,对不同工况下的桩身应变分布作了对比,图 6-93~图 6-98 是在相同的加速度峰值或者相同的正弦波频率下桩身应变分布的对比图。

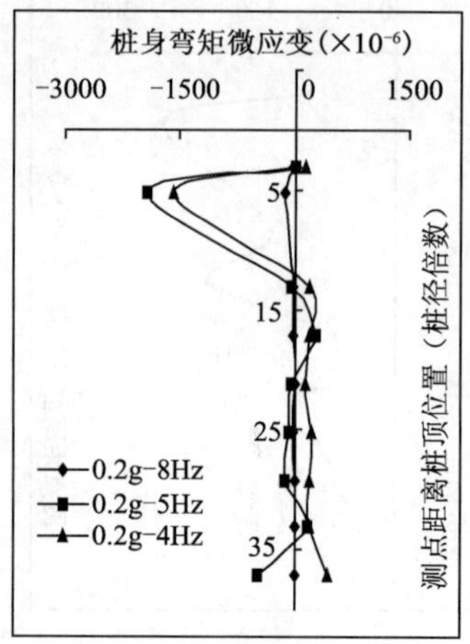

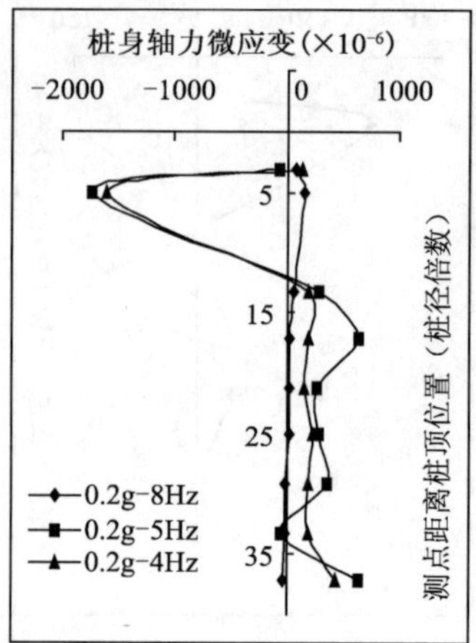

图 6-93 加速度峰值为 0.2g 时正弦波各频率作用下桩身最大应变对比

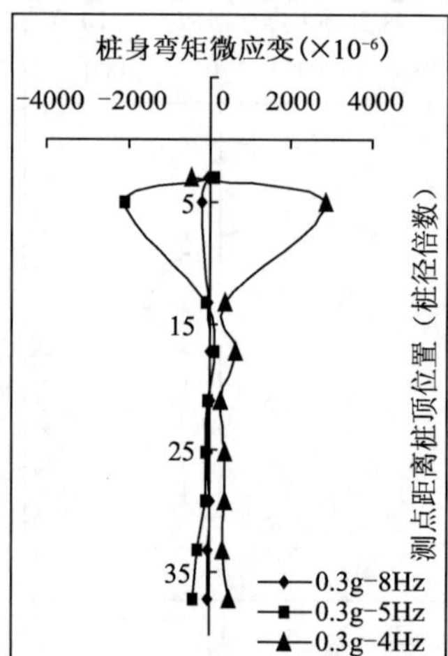

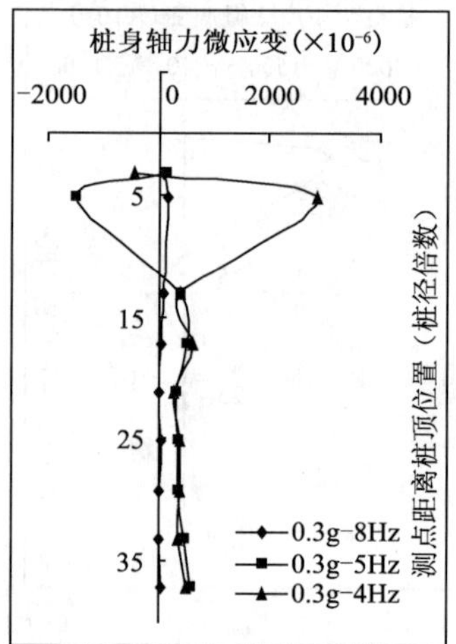

图 6-94 加速度峰值为 0.3g 时正弦波各频率作用下桩身最大应变对比

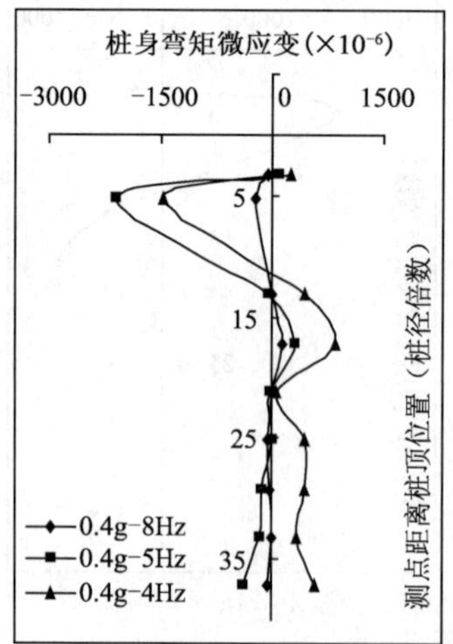

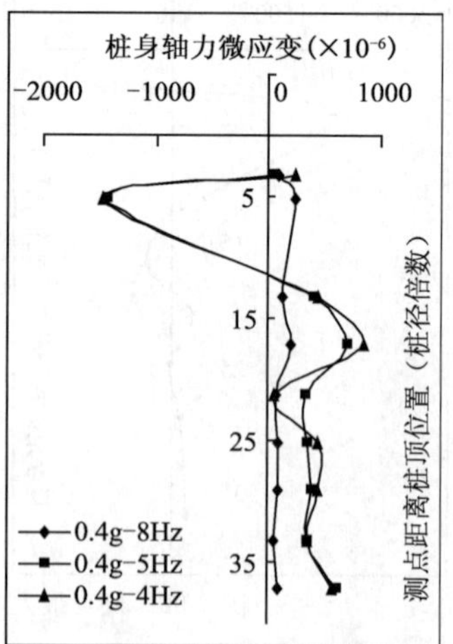

图 6-95 加速度峰值为 0.4g 时正弦波各频率作用下桩身最大应变对比

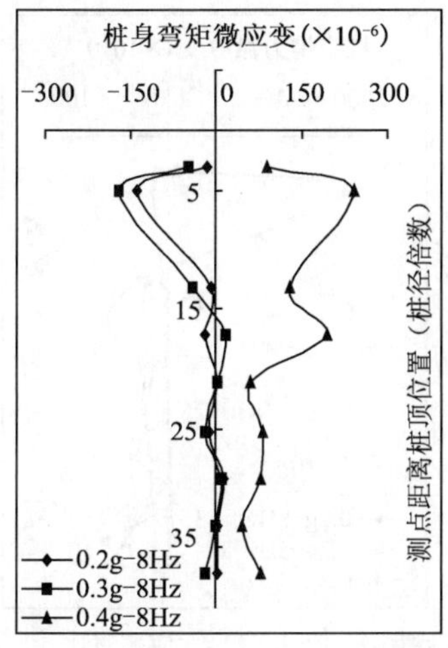

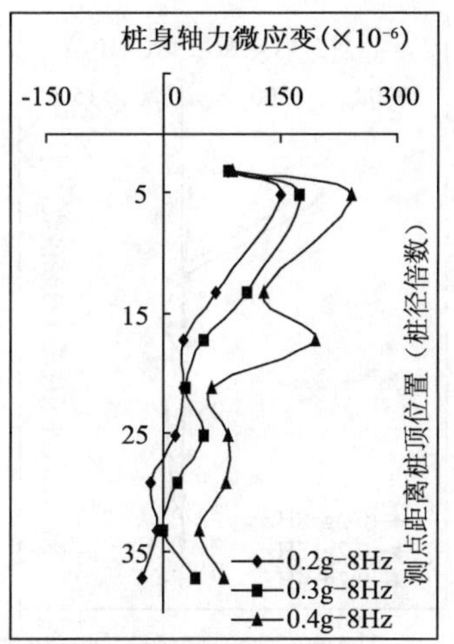

图 6-96　正弦波 8Hz 各加速度峰值下桩身最大应变对比

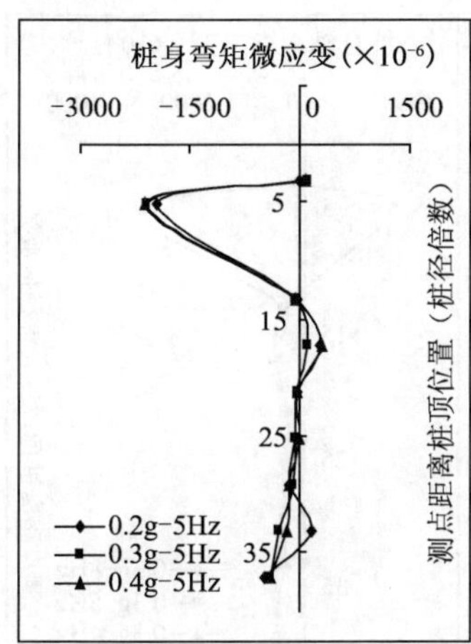

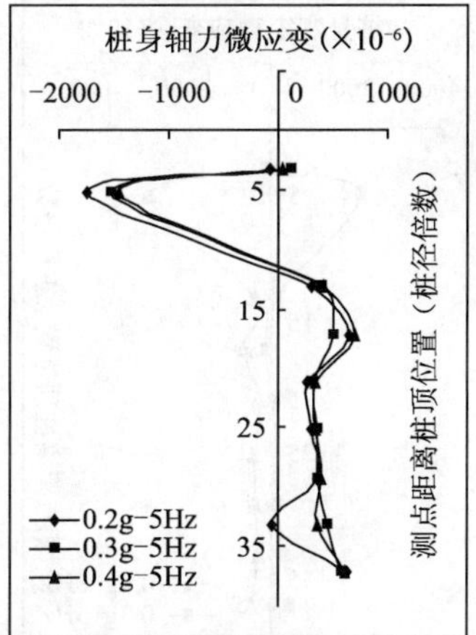

图 6-97　正弦波 5Hz 时各加速度峰值下桩身最大应变对比

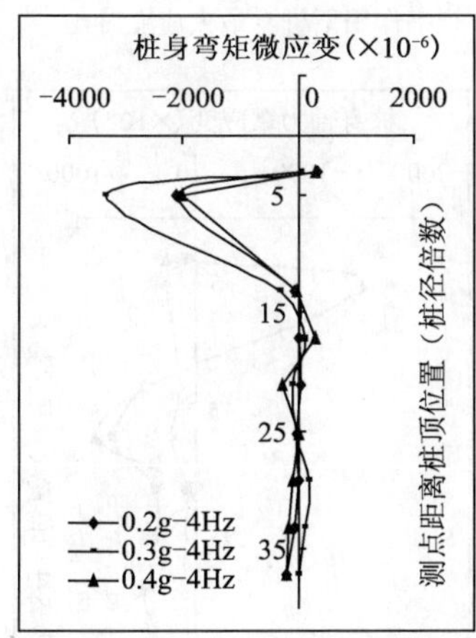

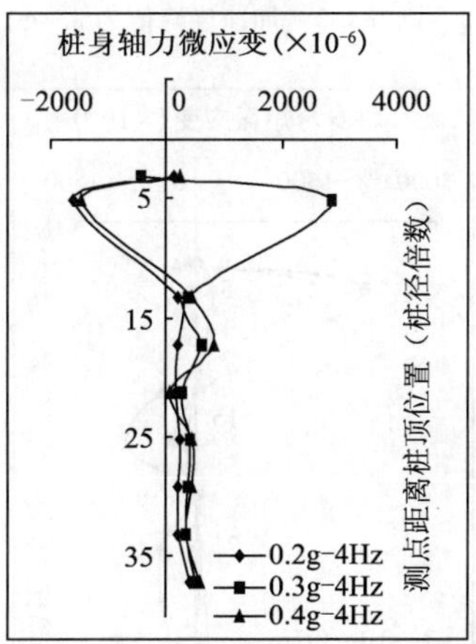

图 6-98　正弦波 4Hz 时各加速度峰值下桩身最大应变对比

(5)不同工况下桩身应变分布对比。为了对各工况下试验结果的规律进行总结，对不同工况下的桩身应变分布作了对比，图 6-99～图 6-104 是在相同的加速度峰值或者相同的正弦波频率下桩身应变分布的对比图。

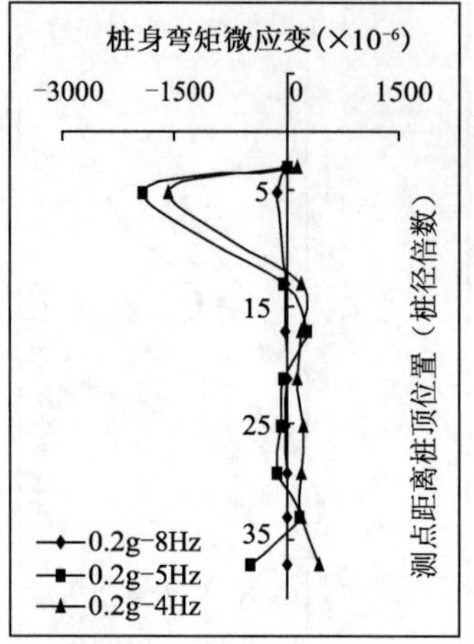

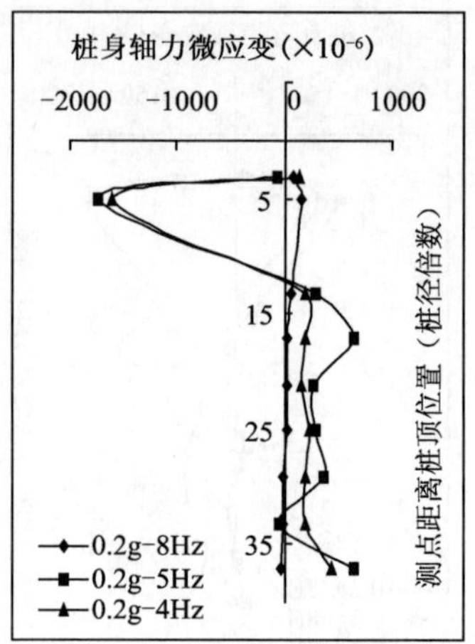

图 6-99 加速度峰值为 0.2g 时正弦波各频率作用下桩身最大应变对比

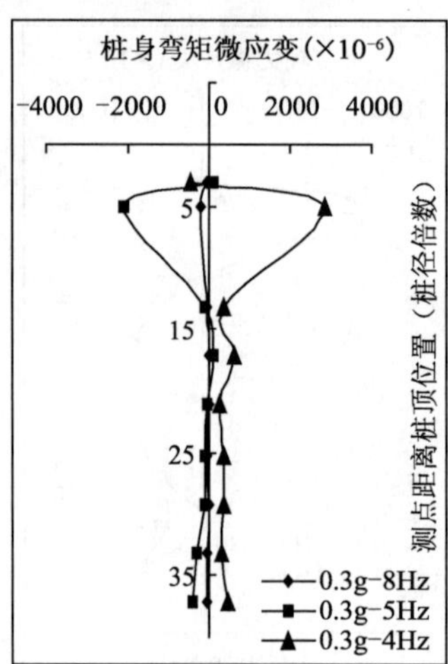

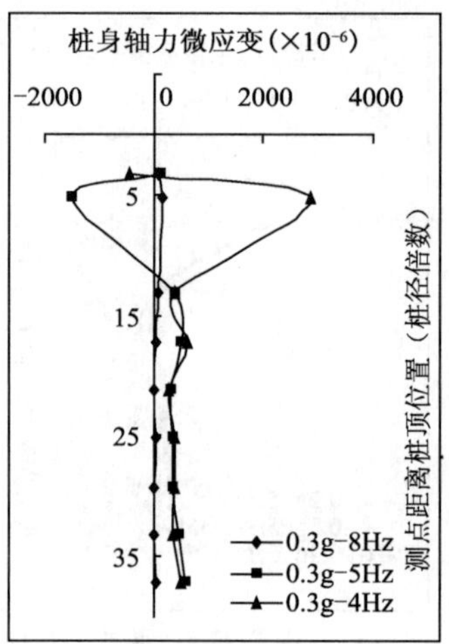

图 6-100 加速度峰值为 0.3g 时正弦波各频率作用下桩身最大应变对比

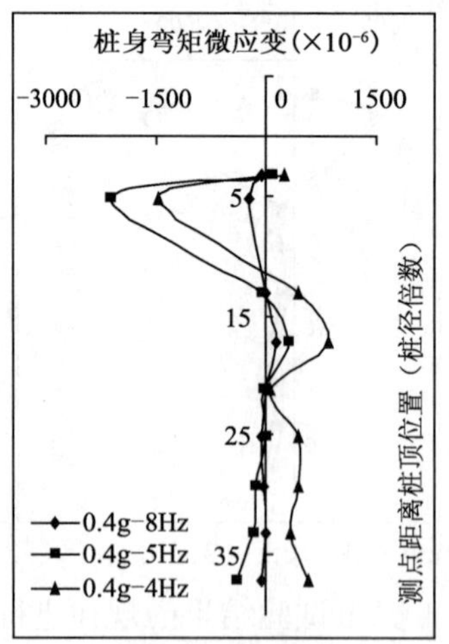

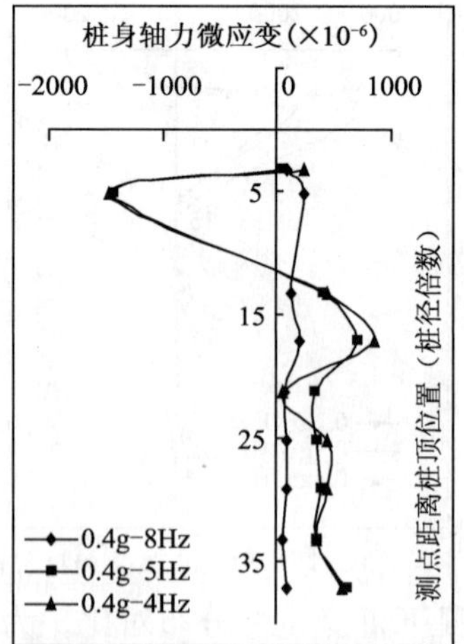

图 6-101 加速度峰值为 0.4g 时正弦波各频率作用下桩身最大应变对比

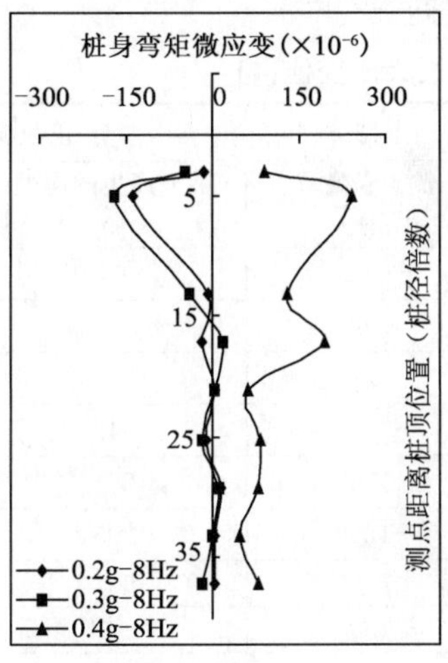

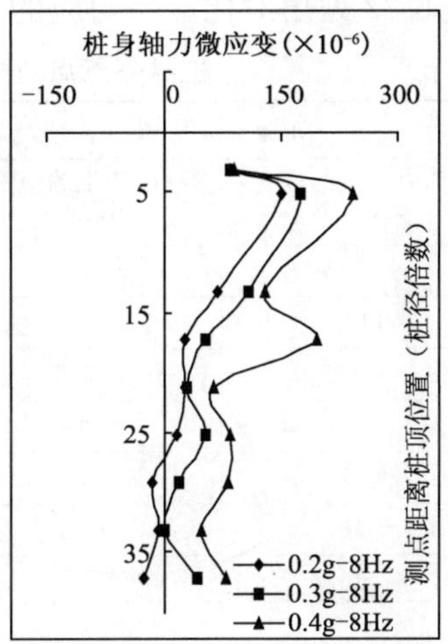

图 6-102 正弦波 8Hz 各加速度峰值下桩身最大应变对比

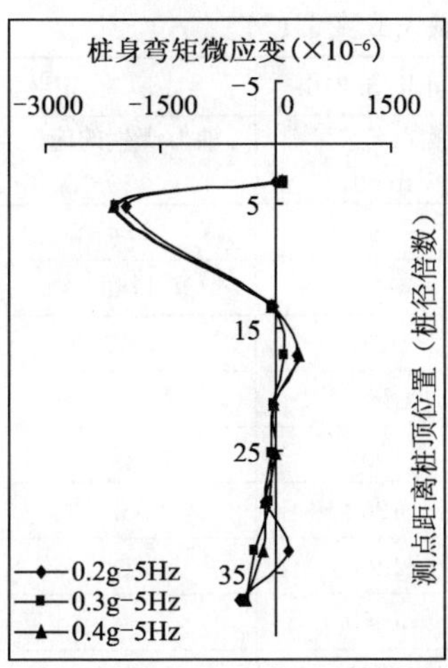

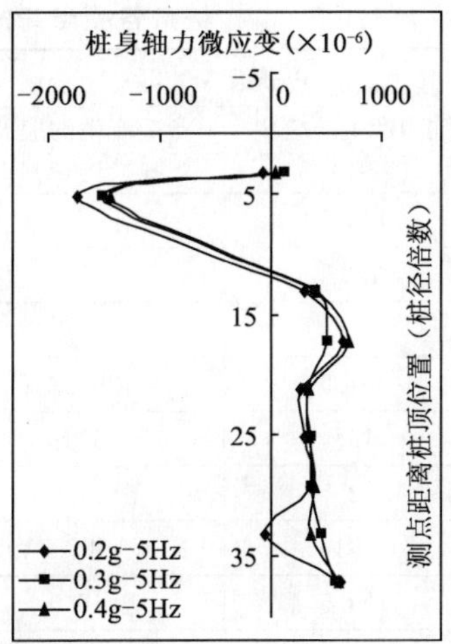

图 6-103 正弦波 5Hz 时各加速度峰值下桩身最大应变对比

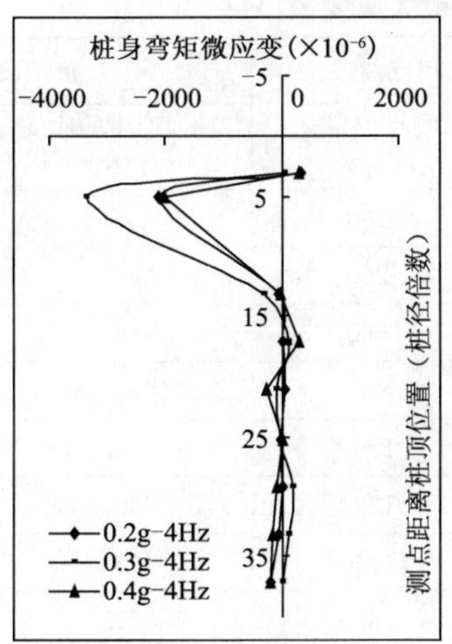

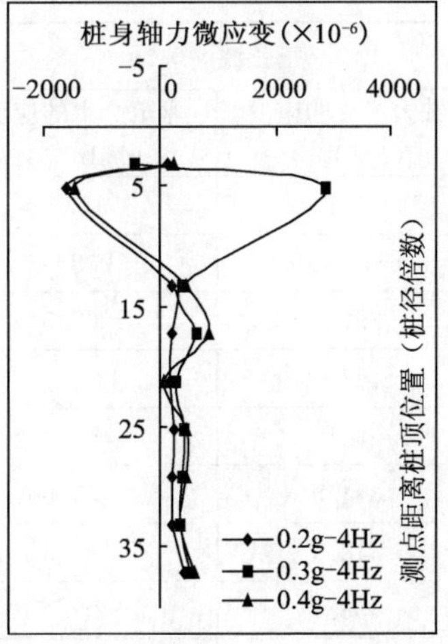

图 6-104 正弦波 4Hz 时各加速度峰值下桩身最大应变对比

表 6-18～表 6-22 列出对比图所对应的应变数据。

桩身各测点弯矩、轴力最大应变值(1)　　表 6-18

时间点：3.192s	正弦波 8-0.2g		时间点：3.384s	正弦波 5-0.2g	
测点位置(mm)	轴力产生的应变(×10⁻⁶)	弯矩产生的应变(×10⁻⁶)	测点位置(mm)	轴力产生的应变(×10⁻⁶)	弯矩产生的应变(×10⁻⁶)
−160	85.5	−15.5	−160	−69.5	1.5
−260	149.5	−138.5	−260	−1743.5	−1931.5
−660	69.5	−7.5	−660	288.5	−37.5
−860	25	−18	−860	641	289
−1060	27	3	−1060	261	−34
−1260	16	−12	−1260	295	−60
−1460	−16.5	14.5	−1460	357	−131
−1660	−9	3	−1660	−51	175
−1860	−26.5	3.5	−1860	636	−481

桩身各测点弯矩、轴力最大应变值(2)　　表 6-19

时间点：3.616s	正弦波 4-0.2g		时间点：3.216s	正弦波 8-0.3g	
测点位置(mm)	轴力产生的应变(×10⁻⁶)	弯矩产生的应变(×10⁻⁶)	测点位置(mm)	轴力产生的应变(×10⁻⁶)	弯矩产生的应变(×10⁻⁶)
−160	135.5	348.5	−160	84	−47
−260	−1599.5	−2116.5	−260	174.5	−168.5
−660	197	−68	−660	107.5	−40.5
−860	201.5	29.5	−860	52	17
−1060	157	37	−1060	28	5
−1260	232.5	−14.5	−1260	53.5	−19.5
−1460	191	1	−1460	18	11
−1660	199.5	−67.5	−1660	0	−1
−1860	430	−214	−1860	41.5	−19.5

桩身各测点弯矩、轴力最大应变值(3)　　表 6-20

时间点：3.296s	正弦波 5-0.3g		时间点：3.328s	正弦波 4-0.3g	
测点位置(mm)	轴力产生的应变(×10⁻⁶)	弯矩产生的应变(×10⁻⁶)	测点位置(mm)	轴力产生的应变(×10⁻⁶)	弯矩产生的应变(×10⁻⁶)
−160	111	118	−160	−443	57
−260	−1517.5	−2088.5	−260	2848.5	−3363.5
−660	390.5	−62.5	−660	384.5	−295.5
−860	497.5	110.5	−860	633.5	129.5
−1060	321	−36	−1060	288.5	−98.5
−1260	344.5	−59.5	−1260	399.5	−12.5
−1460	348.5	−92.5	−1460	392.5	200.5
−1660	453.5	−286.5	−1660	351.5	124.5
−1860	576	−381	−1860	504	5

桩身各测点弯矩、轴力最大应变值(4) 表 6-21

时间点:3.432s	正弦波 8-0.4g		时间点:3.384s	正弦波 5-0.4g	
测点位置(mm)	轴力产生的应变($\times10^{-6}$)	弯矩产生的应变($\times10^{-6}$)	测点位置(mm)	轴力产生的应变($\times10^{-6}$)	弯矩产生的应变($\times10^{-6}$)
−160	89.5	−58.5	−160	46	74
−260	242.5	−214.5	−260	−1443.5	−2109.5
−660	128.5	4.5	−660	404.5	−44.5
−860	195	126	−860	702	319
−1060	62.5	1.5	−1060	337	−18
−1260	83	−43	−1260	339	−13
−1460	80.5	−17.5	−1460	387	−126
−1660	48.5	−10.5	−1660	348	−167
−1860	78.5	−49.5	−1860	603	−388

桩身各测点弯矩、轴力最大应变值(5) 表 6-22

时间点:3.44s	正弦波 4-0.4g	
测点位置(mm)	轴力产生的应变($\times10^{-6}$)	弯矩产生的应变($\times10^{-6}$)
−160	240.5	309.5
−260	−1474.5	−2019.5
−660	448.5	−39.5
−860	850	300
−1060	47.5	−277.5
−1260	447	8
−1460	445	−100
−1660	343	−157
−1860	574.5	−194.5

(6)正弦波作用下桩身应变沿管桩的分布结果分析

①附加轴力作用下产生的应变很大。分析原因可能有:该应变可能与试验装置有关,一是桩底直接坐在模型箱底面,使桩成为端承桩;二是振动过程中模型箱有整体弯曲跳跃现象,这将使桩产生轴向力。另外,由于试验的相似关系问题,致使竖向荷载产生的应变较小,而附加轴力产生的应变较大,使得桩中产生了拉力。

②在各工况中,弯矩、轴力作用下产生的应变变化沿着桩身的分布规律基本相同。

③管桩桩身产生最大弯矩应变的位置约为距离桩顶 250~300mm(5~6 倍桩径)的位置。

④在管桩与承台连接的位置,轴力、弯矩产生的应变也较大。

⑤在轴力、弯矩的作用下,管桩的底部产生应变,其原因与第①条相同。

⑥弯矩作用下产生的应变在距离桩顶 1000mm 左右(20 倍桩径)的位置处变化趋于平稳。

⑦在正弦波加速度峰值不变的情况下,轴力、弯矩下产生的应变,8Hz 时的反应远比 5Hz、4Hz 时的反应要小得多,4Hz、5Hz 作用下的反应比较接近。

⑧正弦波 8Hz 作用下,加速度峰值越大,轴力、弯矩产生的应变越大,这种规律很明显。

⑨正弦波 5Hz、4Hz 作用时,最大应变比 8Hz 时大很多,同时加速度峰值的改变对于应变大小的改变不明显,0.2g 比 0.3g、0.4g 的要小,0.3g、0.4g 的反应情况很接近。在强烈振动下土体进入了非线性,桩的内力反应不再与振动强度呈比例增长。

6.3.8 地震波作用下桩应变试验结果与分析

1)地震波作用下管桩沿桩身应变分布

管桩在地震作用下应变反应分析的数据处理方式与正弦波类似,图 6-105 以 0.2g 加速度峰值下的 El-centro 波为例,说明 El-centro 波工况下的桩身各测点应变时程变化过程。

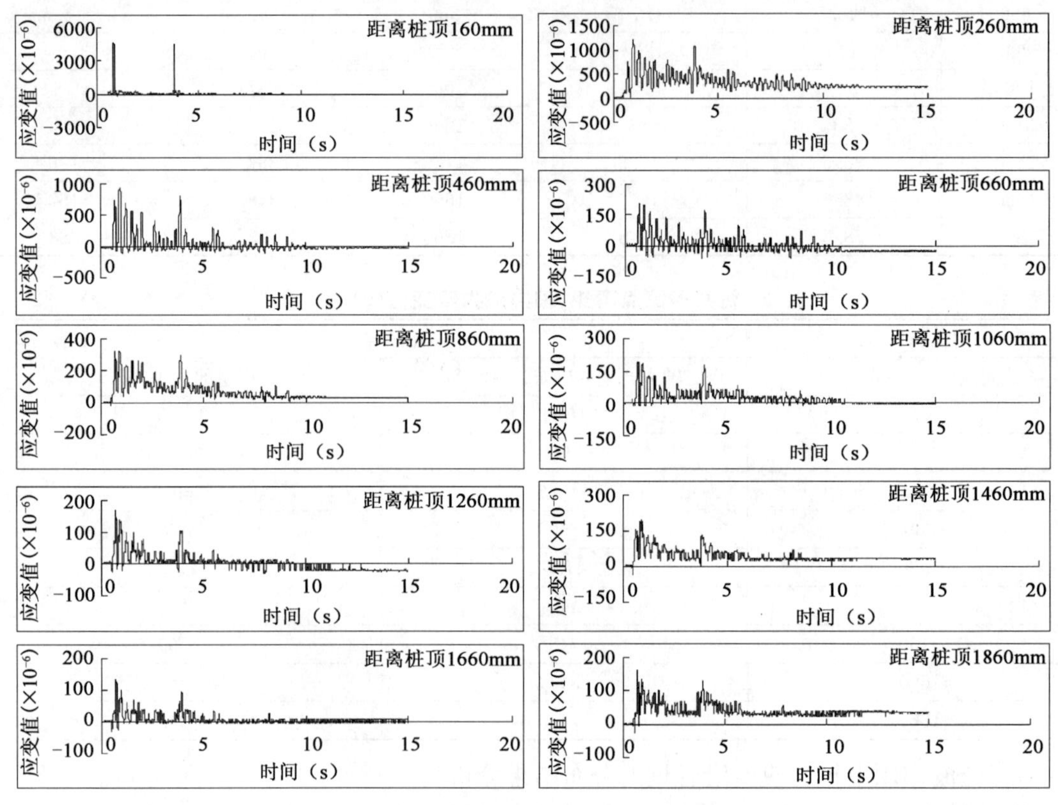

图 6-105 El—0.2g 工况下桩身各测点的应变时程曲线

图 6-106~图 6-111 是试验中地震波作用下的管桩应变数据经过处理所得到的应变分布图。

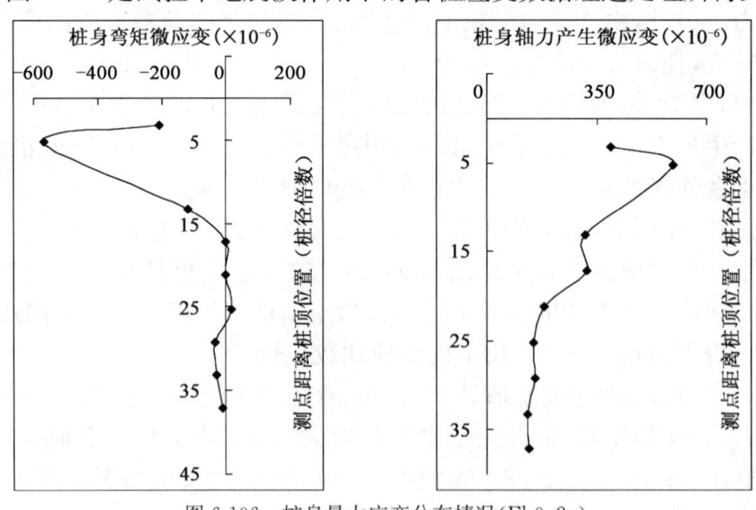

图 6-106 桩身最大应变分布情况(El-0.2g)

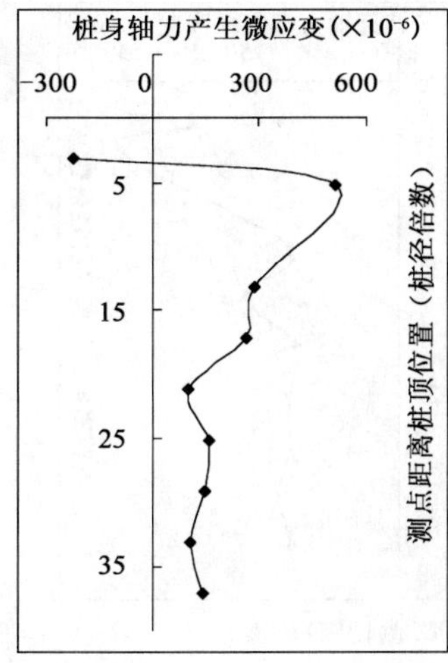

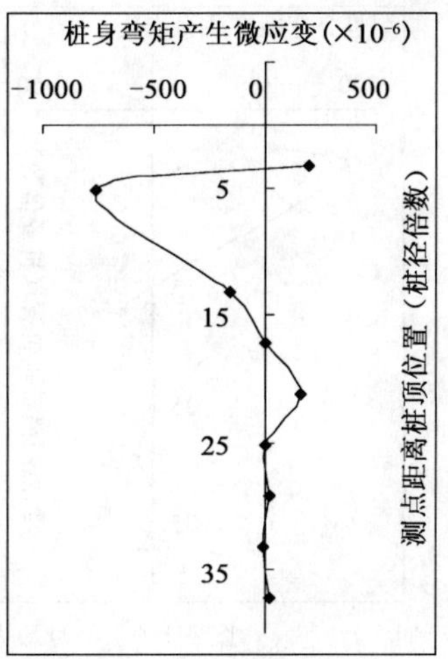

图 6-107 桩身最大应变分布情况(El-0.3g)

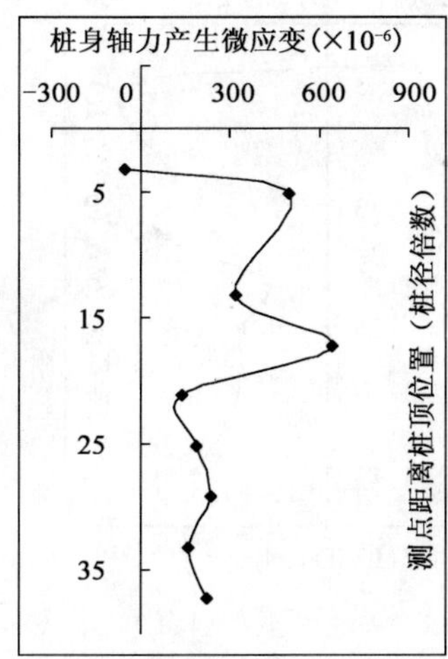

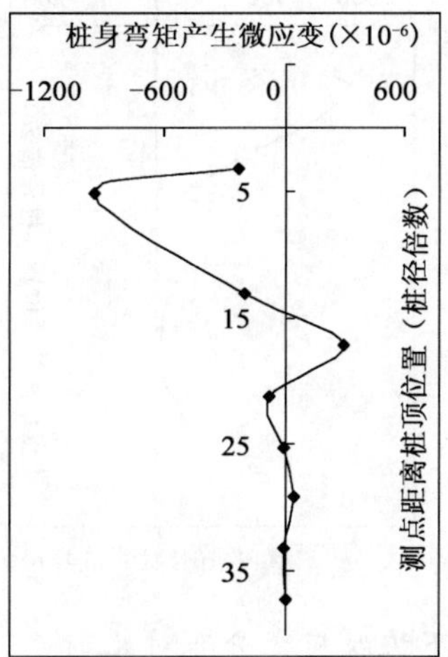

图 6-108 桩身最大应变分布情况(El-0.4g)

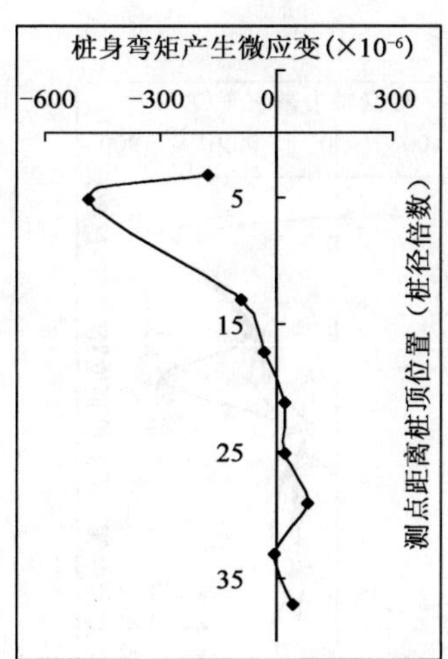

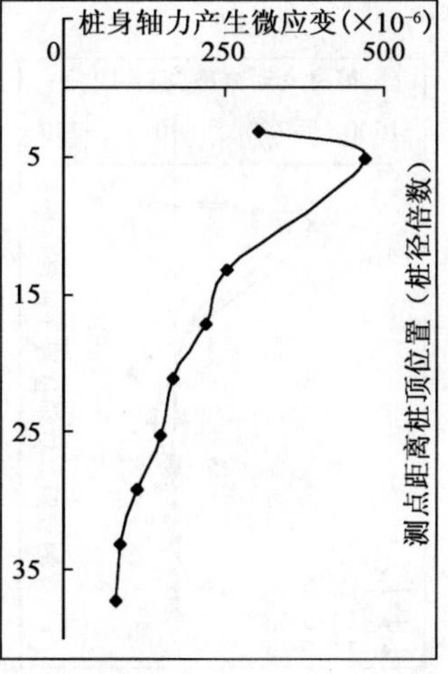

图 6-109 桩身最大应变分布情况(LWD-0.2g)

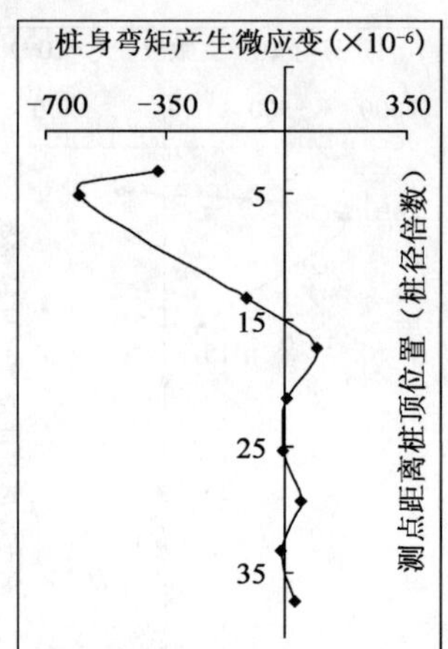

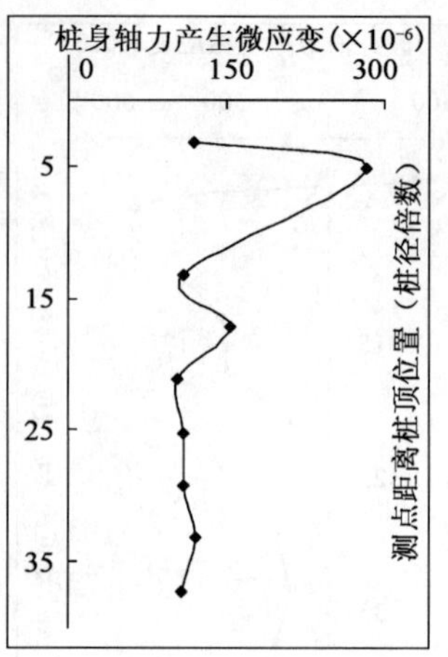

图 6-110　桩身最大应变分布情况(LWD-0.3g)

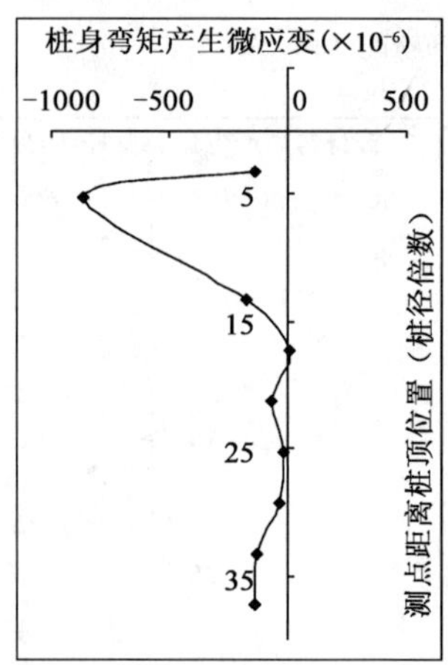

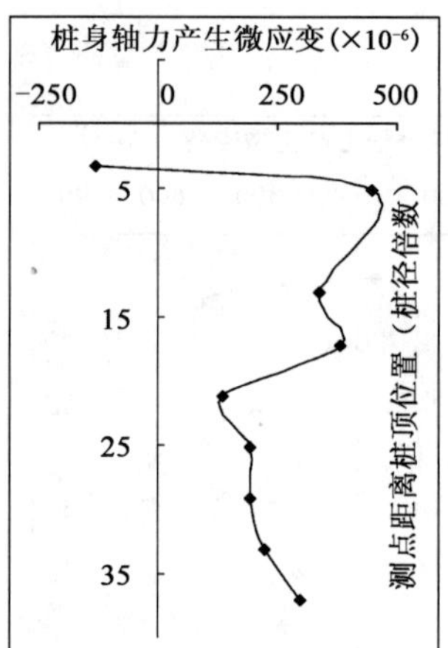

图 6-111　桩身最大应变分布情况(LWD-0.4g)

2)不同工况下桩身应变分布对比

EI 波和 LWD 波各加速度峰值下桩身最大应变对比如图 6-112、图 6-113 所示,具体数值见表 6-23～表 6-25。

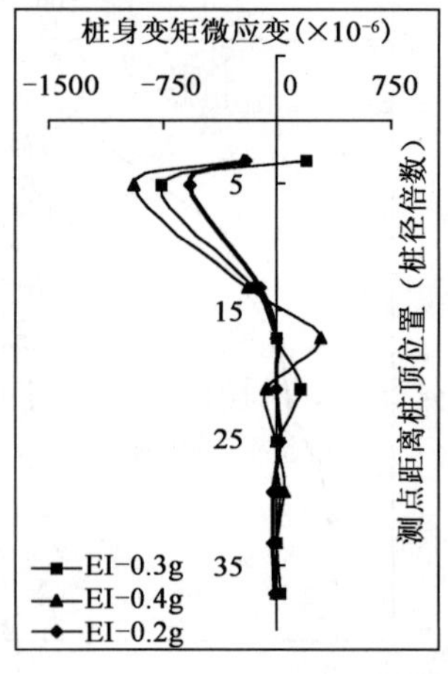

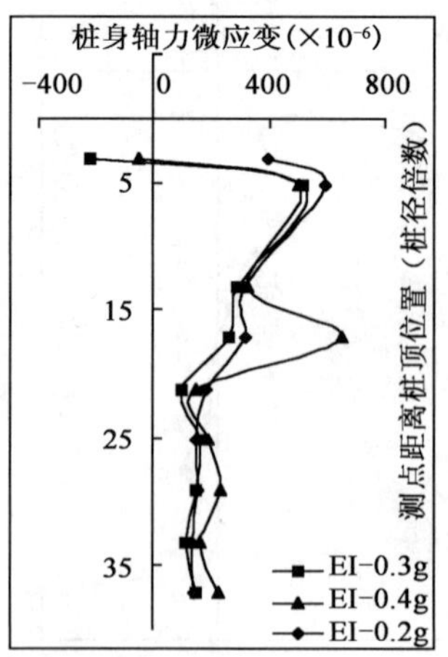

图 6-112　El 波各加速度峰值下桩身最大应变对比

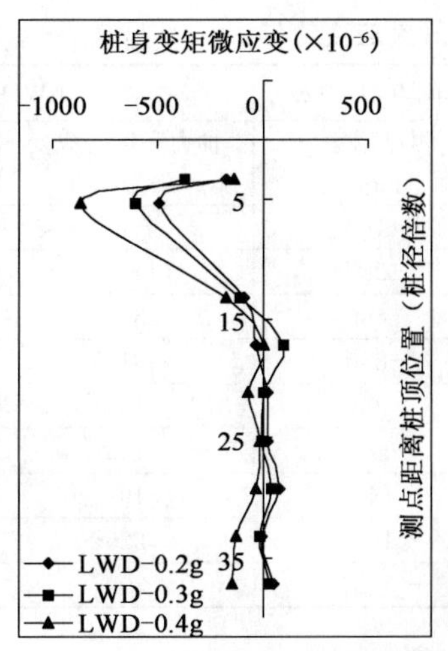

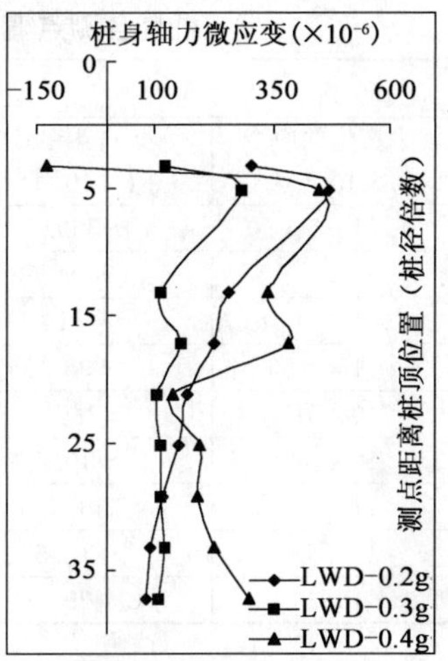

图 6-113 LWD 波各加速度峰值下桩身最大应变对比

桩身各测点弯矩、轴力最大应变值(1) 表 6-23

时间点：0.912s	El-0.2g		时间点：2.44s	El-0.3g	
测点位置(mm)	轴力产生的应变($\times10^{-6}$)	弯矩产生的应变($\times10^{-6}$)	测点位置(mm)	轴力产生的应变($\times10^{-6}$)	弯矩产生的应变($\times10^{-6}$)
−160	396	−206	−160	−225.5	194.5
−260	594	−568	−260	514.5	−757.5
−660	312.5	−117.5	−660	287	−157
−860	316.5	−1.5	−860	262	−1
−1060	184	0	−1060	100	160
−1260	147.5	19.5	−1260	158	−3
−1460	155.5	−32.5	−1460	146.5	18.5
−1660	130.5	−31.5	−1660	109	−10
−1860	136.5	−12.5	−1860	144	18

桩身各测点弯矩、轴力最大应变值(2) 表 6-24

时间点：2.16s	El-0.4g		时间点：6.768s	LWD-0.2g	
测点位置(mm)	轴力产生的应变($\times10^{-6}$)	弯矩产生的应变($\times10^{-6}$)	测点位置(mm)	轴力产生的应变($\times10^{-6}$)	弯矩产生的应变($\times10^{-6}$)
−160	−53.5	−226.5	−160	303	−178
−260	500.5	−942.5	−260	469	−490
−660	323.5	−195.5	−660	253.5	−88.5
−860	647.5	293.5	−860	223.5	−34.5
−1060	143.5	−76.5	−1060	169	19
−1260	190.5	−7.5	−1260	149	20
−1460	234.5	43.5	−1460	115	82
−1660	159.5	−2.5	−1660	89.5	−5.5
−1860	223.5	−0.5	−1860	81.5	45.5

桩身各测点弯矩、轴力最大应变值(3)　　表 6-25

时间点:6.56s	LWD-0.3g		时间点:4.512s	LWD-0.4g	
测点位置(mm)	轴力产生的应变($\times10^{-6}$)	弯矩产生的应变($\times10^{-6}$)	测点位置(mm)	轴力产生的应变($\times10^{-6}$)	弯矩产生的应变($\times10^{-6}$)
−160	119.5	−369.5	−160	−130	−140
−260	283.5	−604.5	−260	447.5	−866.5
−660	110	−114	−660	337.5	−175.5
−860	154	95	−860	381.5	5.5
−1060	104.5	2.5	−1060	137	−73
−1260	109.5	−10.5	−1260	193	−16
−1460	110.5	43.5	−1460	191	−37
−1660	120.5	−15.5	−1660	225	−130
−1860	108	29	−1860	300	−143

3)地震波作用下桩身应变沿管桩的分布规律

在地震波作用下,通过管桩应变分布情况大致可以看出如下几点规律:

(1)同正弦波作用下的反应一样,正弦波①～⑥的规律在地震波中的反应也明显;

(2)在El－centro波激励下,桩身的应变反应大于LWD波激励下的反应,这与土体及上部结构的加速度反应规律是一致的;

(3)各地震波作用下,随着加速度峰值的增加,距桩头5～6倍桩径处应变也随之增大。

6.3.9 桩身内力反应分析

根据应变与内力的计算公式:$M=\varepsilon_M\times\frac{EI}{y_{max}}$,$N=\varepsilon_N\times EA$,可以很方便地从应变的数据推导出桩身内力数据。

1)正弦波作用下的内力分布

(1)正弦波作用下管桩的轴力、弯矩分布。通过分析计算得到各正弦波工况下的桩身轴力、弯矩分布图,以正弦波8-0.2g工况下的桩身内力分布为例(图6-114),说明正弦波作用下的桩身内力分布。

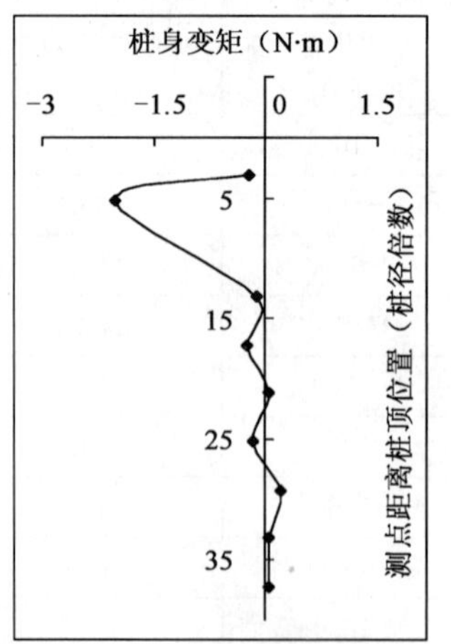

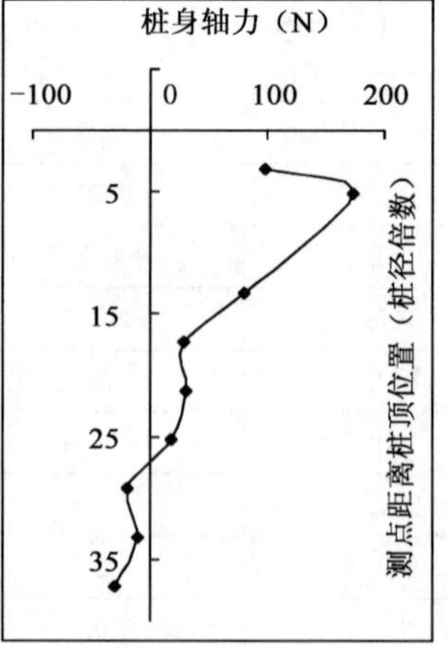

图6-114　正弦波8-0.2g工况下沿桩身的最大轴力、弯矩分布图

表 6-26～表 6-30 是各种工况下桩身的内力数据。

桩身各测点的最大内力(1)　　表 6-26

时间点:3.192s	正弦波 8-0.2g		时间点:3.512s	正弦波 5-0.2g	
距离桩顶位置(mm)	轴力(N)	弯矩(N·m)	距离桩顶位置(mm)	轴力(N)	弯矩(N·m)
−160	98.79696	−0.22729	−160	−80.3086	0.021996
−260	172.7502	−2.03098	−260	−2014.65	−28.3237
−660	80.30864	−0.10998	−660	333.3675	−0.5499
−860	28.888	−0.26395	−860	740.6883	4.237925
−1060	31.19904	0.043992	−1060	301.5907	−0.49858
−1260	18.48832	−0.17597	−1260	340.8784	−0.87985
−1460	−19.0661	0.212629	−1460	412.5206	−1.921
−1660	−10.3997	0.043992	−1660	−58.9315	2.566217
−1860	−30.6213	0.051324	−1860	734.9107	−7.05343

桩身各测点的内力(2)　　表 6-27

时间点:3.616s	正弦波 4-0.2g		时间点:3.216s	正弦波 8-0.3g	
距离桩顶位置(mm)	轴力(N)	弯矩(N·m)	距离桩顶位置(mm)	轴力(N)	弯矩(N·m)
−160	156.573	5.110439	−160	97.06368	−0.68921
−260	−1848.25	−31.0366	−260	201.6382	−2.4709
−660	227.6374	−0.99716	−660	124.2184	−0.5939
−860	232.8373	0.432591	−860	60.08704	0.24929
−1060	181.4166	0.542572	−1060	32.35456	0.07332
−1260	268.6584	−0.21263	−1260	61.82032	−0.28595
−1460	220.7043	0.014664	−1460	20.79936	0.161305
−1660	230.5262	−0.98983	−1660	0	−0.01466
−1860	496.8736	−3.13812	−1860	47.95408	−0.28595

桩身各测点的最大内力(3)　　表 6-28

时间点:3.296s	正弦波 5-0.3g		时间点:3.328s	正弦波 4-0.3g	
距离桩顶位置(mm)	轴力(N)	弯矩(N·m)	距离桩顶位置(mm)	轴力(N)	弯矩(N·m)
−160	128.2627	1.730364	−160	−511.895	0.835854
−260	−1753.5	−30.626	−260	3291.499	−49.3227
−660	451.2306	−0.91651	−660	444.2974	−4.33324
−860	574.8712	1.620383	−860	732.0219	1.899001
−1060	370.9219	−0.52791	−1060	333.3675	−1.44441
−1260	398.0766	−0.87251	−1260	461.6302	−0.1833
−1460	402.6987	−1.35643	−1460	453.5416	2.940152
−1660	524.0283	−4.20126	−1660	406.1653	1.82568
−1860	665.5795	−5.58702	−1860	582.3821	0.07332

桩身各测点的内力(4)　　表 6-29

时间点:3.432s	正弦波 8-0.4g		时间点:3.1384s	正弦波 5-0.4g	
距离桩顶位置(mm)	轴力(N)	弯矩(N·m)	距离桩顶位置(mm)	轴力(N)	弯矩(N·m)
−160	103.419	−0.85785	−160	53.15392	1.085143
−260	280.2136	−3.14545	−260	−1667.99	−30.9339
−660	148.4843	0.065988	−660	467.4078	−0.65255
−860	225.3264	1.847676	−860	811.175	4.677848
−1060	72.22	0.021996	−1060	389.4102	−0.26395
−1260	95.90816	−0.63056	−1260	391.7213	−0.19063
−1460	93.01936	−0.25662	−1460	447.1862	−1.84768
−1660	56.04272	−0.15397	−1660	402.121	−2.4489
−1860	90.70832	−0.72587	−1860	696.7786	−5.68967

桩身各个测点的最大内力(5)　　表 6-30

时间点:3.44s	正弦波 4-0.4g	
距离桩顶位置(mm)	轴力(N)	弯矩(N·m)
−160	277.9026	4.538539
−260	−1703.81	−29.6141
−660	518.2507	−0.57923
−860	982.192	4.39923
−1060	54.8872	−4.06929
−1260	516.5174	0.117313
−1460	514.2064	−1.46641
−1660	396.3434	−2.30226
−1860	663.8462	−2.85217

可以根据各点内力值得到桩身最大弯矩与各影响因素之间的关系曲线，如图 6-115 和图 6-116所示，具体数据见表 6-31。

桩身最大弯矩与正弦波加速度峰值及自振频率的关系　　表 6-31

加速度峰值(g)	M_{max}(N·m)	正弦波自振频率(Hz)	M_{max}(N·m)
0.2	31.04	4	49.32
0.3	49.32	5	30.93
0.4	30.93	8	3.14

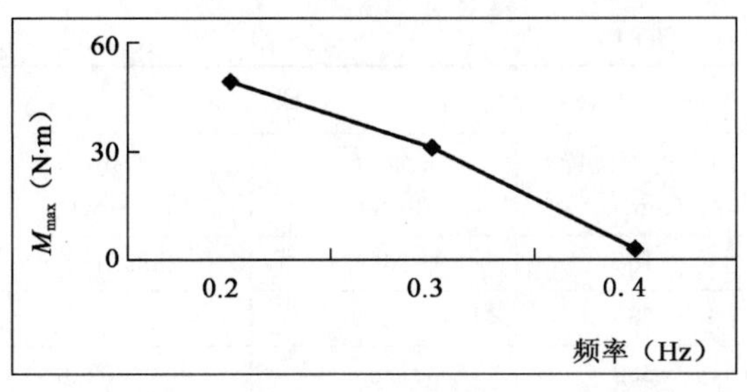

图 6-115　最大弯矩与正弦波自振频率的关系

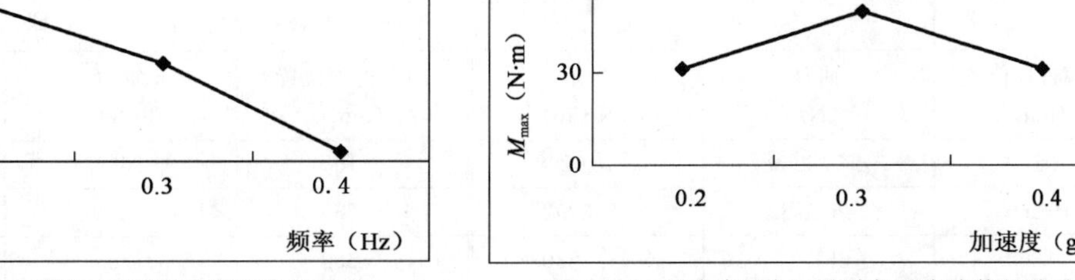

图 6-116　最大弯矩与正弦波加速度峰值的关系

(2)正弦波作用下管桩的轴力、弯矩分布规律。在正弦波作用下，通过管桩的轴力、弯矩数据，可以看出如下几点规律：

①各工况中产生的弯矩、轴力沿桩身的分布形式基本相同。

②管桩桩身最大轴力、弯矩值的位置约为距离桩顶 250～300mm(5～6 倍桩径)的位置。

③在管桩与承台连接的位置，轴力、弯矩不可忽略，分析是由于上部结构的振动影响，在桩头处产生了轴力和弯矩。

④管桩的底部产生了弯矩、轴力。

⑤弯矩作用下产生的应变在距离桩顶 1000mm(20 倍桩径)左右的位置处变化趋于平稳。

⑥在正弦波加速度峰值不变的情况下，8Hz 时的轴力、弯矩远比 5Hz、4Hz 时的反应要小得多，4Hz、5Hz 下产生的轴力、弯矩数值接近。

⑦正弦波 8Hz 作用下，加速度峰值越大，轴力、弯矩越大。

⑧正弦波 5Hz、4Hz 作用下，加速度峰值的改变对于轴力、弯矩大小的影响不明显，0.2g 比 0.3g、0.4g 的要小，0.3g、0.4g 的反应情况很接近。

2)地震波作用下的内力分布

(1)地震波作用下管桩的轴力、弯矩分布

内力分布与应变分布相同，以 El-0.2g 为例，如图 6-117 所示。EI 波和 LWD 波作用下桩身各测点内力列于表 6-32～表 6-34。

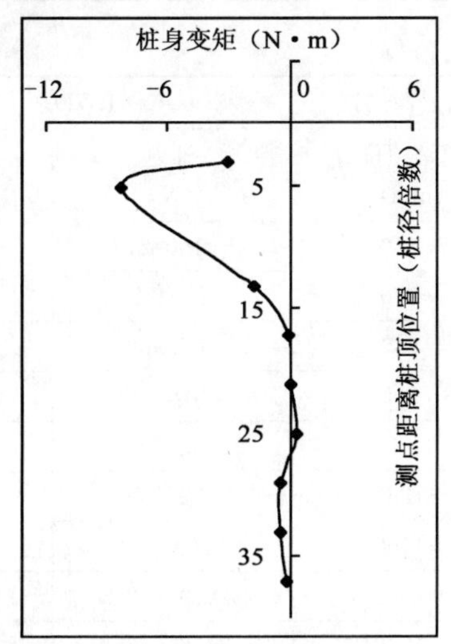

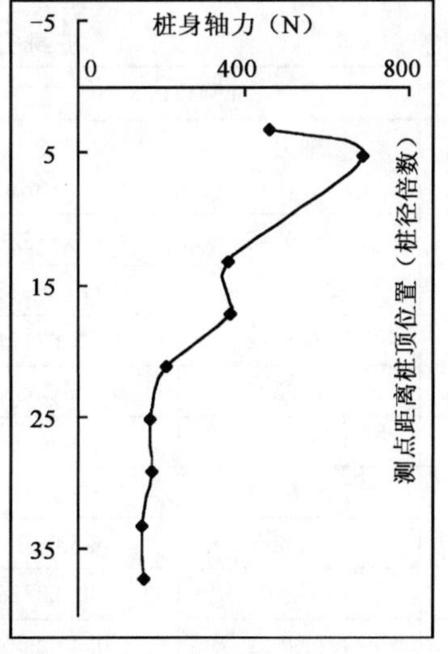

图 6-117　El-0.2g 工况下沿桩身的最大轴力、弯矩分布图

桩身各测点的内力值(1)　　表 6-32

时间点:0.912s	El-0.2g		时间点:2.44s	El-0.3g	
距离桩顶位置(mm)	轴力(N)	弯矩(N·m)	距离桩顶位置(mm)	轴力(N)	弯矩(N·m)
−160	457.5859	−3.0208	−160	−260.57	2.852167
−260	686.3789	−8.32921	−260	594.515	−11.1081
−660	361.1	−1.72303	−660	331.6342	−2.30226
−860	365.7221	−0.022	−860	302.7462	−0.01466
−1060	212.6157	0	−1060	115.552	2.346256
−1260	170.4392	0.28595	−1260	182.5722	−0.04399
−1460	179.6834	−0.47658	−1460	169.2837	0.271286
−1660	150.7954	−0.46192	−1660	125.9517	−0.14664
−1860	157.7285	−0.1833	−1860	166.3949	0.263954

桩身各测点的内力值(2)　　表 6-33

时间点:2.16s	El-0.4g		时间点:6.768s	LWD-0.2g	
距离桩顶位置(mm)	轴力(N)	弯矩(N·m)	距离桩顶位置(mm)	轴力(N)	弯矩(N·m)
−160	−61.8203	−3.32142	−160	350.1226	−2.61021
−260	578.3378	−13.8209	−260	541.9389	−7.18541
−660	373.8107	−2.86683	−660	292.9243	−1.29777
−860	748.1992	4.303913	−860	258.2587	−0.50591
−1060	165.8171	−1.1218	−1060	195.2829	0.278618
−1260	220.1266	−0.10998	−1260	172.1725	0.293282
−1460	270.9694	0.637888	−1460	132.8848	1.202456
−1660	184.3054	−0.03666	−1660	103.419	−0.08065
−1860	258.2587	−0.00733	−1860	94.17488	0.667217

桩身各测点的内力值(3)　　表 6-34

时间点:6.56s	LWD-0.3g		时间点:4.512s	LWD-0.4g	
距离桩顶位置(mm)	轴力(N)	弯矩(N·m)	距离桩顶位置(mm)	轴力(N)	弯矩(N·m)
−160	138.0846	−5.41838	−160	−150.218	−2.05297
−260	327.5899	−8.86445	−260	517.0952	−12.7064
−660	127.1072	−1.67171	−660	389.988	−2.57355
−860	177.9501	1.393089	−860	440.8309	0.080653
−1060	120.7518	0.03666	−1060	158.3062	−1.07048
−1260	126.5294	−0.15397	−1260	223.0154	−0.23463
−1460	127.685	0.637888	−1460	220.7043	−0.54257
−1660	139.2402	−0.22729	−1660	259.992	−1.90633
−1860	124.7962	0.425259	−1860	346.656	−2.09697

图 6-118、图 6-119 是桩身最大弯矩与地震波加速度峰值的关系曲线。

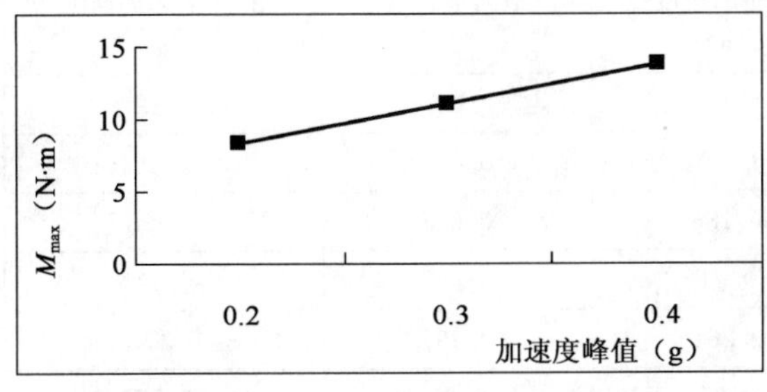

图 6-118 桩身最大弯矩与 E1 波加速度峰值的关系

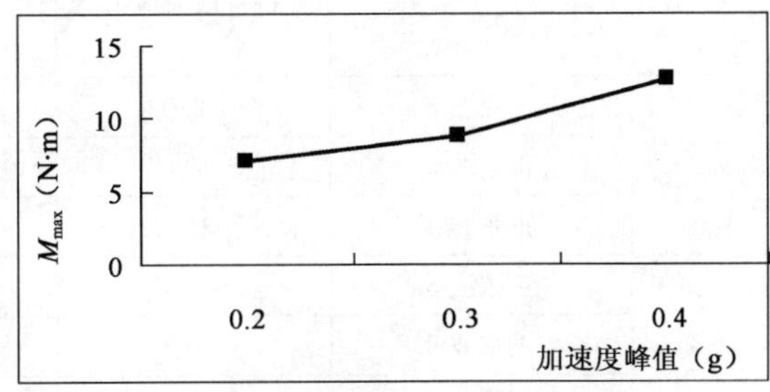

图 6-119 桩身最大弯矩与 LWD 波加速度峰值的关系

(2)地震波作用下管桩的轴力、弯矩分布规律。在地震波作用下，通过管桩的轴力、弯矩数据，可以看出如下几点规律：

①地震波作用下的规律同正弦波的规律①～⑤；

②El 波作用下管桩的轴力、弯矩反应比 LWD 波的大，符合 El 波的加速度峰值大于 LWD 波加速度峰值的规律；

③El 波、LWD 波作用下，随着加速度峰值的增加，5～6 倍桩径处轴力、弯矩随之增大，可判断此处为管桩桩体最危险的截面。

3)最大内力反应与加速度的关系

为了说明当管桩桩身产生最大应力(弯矩)的时候，模型各点的加速度反应，对各工况下当桩身出现最大弯矩应力的时刻，承台面、承台处地面、上部结构柱顶处的加速度进行了对比，列于表 6-35 和表 6-36。

桩身产生最大应力时各测点的加速度(1) 表 6-35

工 况	桩身最大应力(N·m)	台面加速度(g)	地面加速度(g)	上部结构加速度(g)
El-0.2g	−8.33	0.22	0.47	0.73
El-0.3g	−11.1	0.34	0.616	−0.89
El-0.4g	−13.82	0.441	0.767	−1.05
LWD-0.2g	−7.18	0.21	0.311	0.67
LWD-0.3g	−8.86	0.27	−0.427	−0.788
LWD-0.4g	−12.7	−0.447	0.69	0.87

6.3.10 反推原型结果分析

根据前面章节推导的相似关系：$S_M=0.000052$，$S_N=0.00052$，可以根据试验测试数据反推出原型的内力分布，其与应变的分布情况相同。

1)正弦波作用下内力分析

以正弦波 5-0.2g 工况为例，内力分布如图 6-120 所示。

桩身产生最大应力时各测点的加速度(2)　　表 6-36

工　况		桩身最大应力 (N·m)	台面加速度 (g)	地面加速度 (g)	上部结构加速度 (g)
0.2g	正弦波 8	−2.03	0.139	0.18	0.12
	正弦波 5	−28.32	0.16	0.446	0.46
	正弦波 4	−31.03	0.186	0.618	0.698
0.3g	正弦波 8	−2.47	0.21	0.26	0.16
	正弦波 5	−30.62	0.261	0.497	0.473
	正弦波 4	−49.3	0.25	0.65	0.77
0.4g	正弦波 8	−3.14	0.284	0.308	0.18
	正弦波 5	−31	0.299	0.53	0.494
	正弦波 4	−29.61	0.325	0.7	0.71

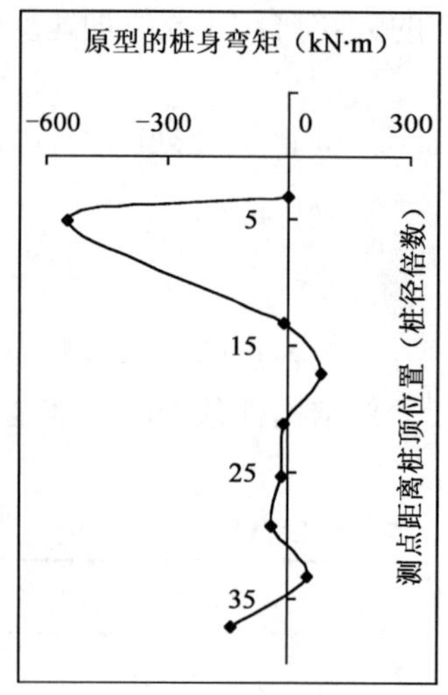

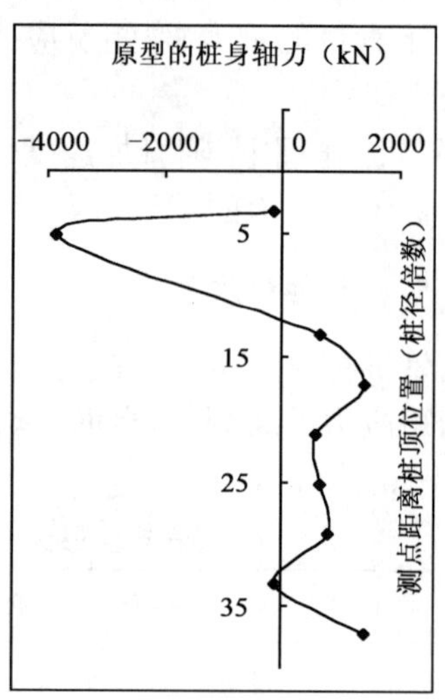

图 6-120　正弦波 5-0.2g 工况下沿桩身的最大轴力、弯矩分布图

我们知道，对于原型来说最大弯矩是我们设计和计算的关键，下面用表 6-37 说明由模型的最大弯矩反推原型最大弯矩并与原型的极限弯矩相对比。

2)地震波作用下内力分析

以 El-0.2g 工况的分布图为例(图 6-121)，列表说明由模型的最大弯矩反推原型最大弯矩并与原型的极限弯矩作对比，见表 6-38。

3)原型管桩弯矩变化规律

(1)5～6 倍桩径位置的内力直接决定了管桩是否处于正常工作状态，其他位置在各种工况中均不会开裂，因此此处截面是管桩是抗震设计时的危险截面，在此处应该加强配筋或施作相应的抗震设防措施。

(2)8Hz 正弦波作用下，管桩均不会开裂。随着加速度峰值的增加，5～6 倍桩径位置的弯矩值在 0.2g 时达到了 39.0573kN·m，0.3g 时达到了 47.5173kN·m，0.4g 时达到了60.4894kN·m。

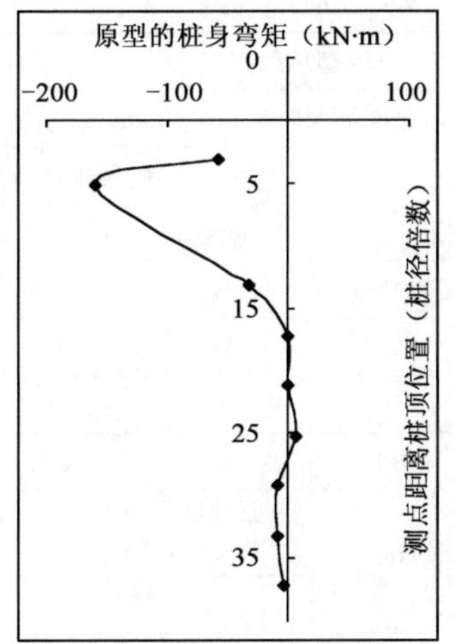

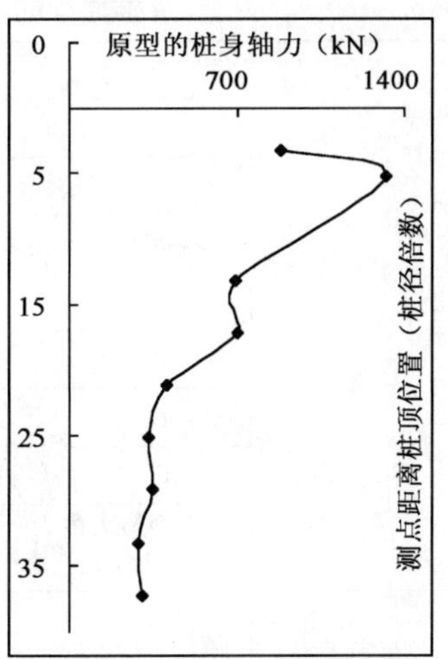

图 6-121　El-0.2g 沿桩身的最大轴力、弯矩分布图

反推原型的最大弯矩及桩顶位移　　表 6-37

<table>
<tr><td rowspan="7">相似关系</td><td rowspan="7" colspan="2">工况</td><td colspan="6">原型承载力</td></tr>
<tr><td colspan="6">桩顶允许最大位移 6～10mm</td></tr>
<tr><td colspan="3">开裂弯矩(kN・m)</td><td colspan="3">极限弯矩(kN・m)</td></tr>
<tr><td>桩型</td><td>壁厚 100mm</td><td>壁厚 125mm</td><td>桩型</td><td>壁厚 100mm</td><td>壁厚 125mm</td></tr>
<tr><td>A</td><td>103</td><td>111</td><td>A</td><td>155</td><td>167</td></tr>
<tr><td>AB</td><td>125</td><td>136</td><td>AB</td><td>210</td><td>226</td></tr>
<tr><td>B</td><td>147</td><td>160</td><td>B</td><td>265</td><td>285</td></tr>
<tr><td></td><td colspan="2"></td><td>C</td><td>167</td><td>180</td><td>C</td><td>334</td><td>360</td></tr>
<tr><td></td><td colspan="2"></td><td colspan="2">模型最大
弯矩(N・m)</td><td>模型桩顶(相对土)
最大相对位移(mm)</td><td>原型最大弯矩
(kN・m)</td><td colspan="2">原型桩顶最大位移
(mm)</td></tr>
<tr><td rowspan="9">S_M=0.000052
S_L=0.1</td><td rowspan="3">0.2g</td><td>正弦波 8</td><td colspan="2">−2.03098</td><td>0.195</td><td>−39.0573</td><td colspan="2">1.95</td></tr>
<tr><td>正弦波 5</td><td colspan="2">−28.3237</td><td>0.989</td><td>−544.687</td><td colspan="2">9.89</td></tr>
<tr><td>正弦波 4</td><td colspan="2">−31.0366</td><td>0.744</td><td>−596.857</td><td colspan="2">7.44</td></tr>
<tr><td rowspan="3">0.3g</td><td>正弦波 8</td><td colspan="2">−2.4709</td><td>0.521</td><td>−46.5173</td><td colspan="2">5.21</td></tr>
<tr><td>正弦波 5</td><td colspan="2">−30.626</td><td>1.128</td><td>−588.961</td><td colspan="2">11.28</td></tr>
<tr><td>正弦波 4</td><td colspan="2">−49.3227</td><td>4.122</td><td>−948.513</td><td colspan="2">41.22</td></tr>
<tr><td rowspan="3">0.4g</td><td>正弦波 8</td><td colspan="2">−3.14545</td><td>0.030</td><td>−60.4894</td><td colspan="2">0.3</td></tr>
<tr><td>正弦波 5</td><td colspan="2">−30.9339</td><td>0.137</td><td>−594.883</td><td colspan="2">1.37</td></tr>
<tr><td>正弦波 4</td><td colspan="2">−29.6141</td><td>3.966</td><td>−569.503</td><td colspan="2">39.66</td></tr>
</table>

(3)4Hz、5Hz 正弦波作用下，最危险截面弯矩值远远超出了极限值，分析可能由于此时的正弦波频率接近上部结构的自振频率，产生共振使管桩的反应变大。

(4)El 波作用下，0.2g(实际承台面加速度峰值为 0.22g，土体表面加速度峰值为 0.47g)时达到了 160.177kN・m，0.3g(实际承台面加速度峰值为 0.34g，土体表面加速度峰值为 0.62g)时达到了 213.616kN・m，0.4g(实际承台面加速度峰值为 0.44g，土体表面加速度峰值为 0.77g)时达到了 265.787kN・m。

反推原型的最大弯矩及桩顶位移　　表 6-38

<table>
<tr><td rowspan="9">相似关系</td><td rowspan="9" colspan="2">工况</td><td colspan="8">原型承载力</td></tr>
<tr><td colspan="8">桩顶允许最大位移 6～10mm</td></tr>
<tr><td colspan="4">开裂弯矩(kN・m)</td><td colspan="4">极限弯矩(kN・m)</td></tr>
<tr><td>桩型</td><td colspan="2">壁厚 100mm</td><td>壁厚 125mm</td><td>桩型</td><td colspan="2">壁厚 100mm</td><td>壁厚 125mm</td></tr>
<tr><td>A</td><td colspan="2">103</td><td>111</td><td>A</td><td colspan="2">155</td><td>167</td></tr>
<tr><td>AB</td><td colspan="2">125</td><td>136</td><td>AB</td><td colspan="2">210</td><td>226</td></tr>
<tr><td>B</td><td colspan="2">147</td><td>160</td><td>B</td><td colspan="2">265</td><td>285</td></tr>
<tr><td>C</td><td colspan="2">167</td><td>180</td><td>C</td><td colspan="2">334</td><td>360</td></tr>
<tr><td colspan="2">模型最大内力(N・m)</td><td colspan="2">模型桩顶(相对土)最大位移(mm)</td><td colspan="2">原型最大内力(kN・m)</td><td colspan="2">原型桩顶最大位移(mm)</td></tr>
<tr><td rowspan="6">S_M=0.000052
S_L=0.1</td><td rowspan="3">El</td><td>0.2g</td><td colspan="2">−8.3292</td><td colspan="2">0.501</td><td colspan="2">−160.177</td><td colspan="2">5.01</td></tr>
<tr><td>0.3g</td><td colspan="2">−11.1081</td><td colspan="2">2.451</td><td colspan="2">−213.616</td><td colspan="2">24.51</td></tr>
<tr><td>0.4g</td><td colspan="2">−13.8209</td><td colspan="2">2.072</td><td colspan="2">−265.787</td><td colspan="2">20.72</td></tr>
<tr><td rowspan="3">LWD</td><td>0.2g</td><td colspan="2">−7.1854</td><td colspan="2">0.827</td><td colspan="2">−138.181</td><td colspan="2">8.27</td></tr>
<tr><td>0.3g</td><td colspan="2">−8.8644</td><td colspan="2">1.741</td><td colspan="2">−170.47</td><td colspan="2">17.41</td></tr>
<tr><td>0.4g</td><td colspan="2">−12.7064</td><td colspan="2">0.325</td><td colspan="2">−244.355</td><td colspan="2">32.56</td></tr>
</table>

(5)LWD 波作用下，0.2g(实际承台面加速度峰值为 0.21g，土体表面加速度峰值为 0.31g)时达到了 138.181kN・m，0.3g(实际承台面加速度峰值为 0.27g，土体表面加速度峰值为 0.43g)时达到了 170.47kN・m，0.4g(实际承台面加速度峰值为 0.45g，土体表面加速度峰值为 0.69g)时达到了 244.355kN・m。

(6)El 波作用下的弯矩反应比 LWD 的大，但相差不大。

(7)从反推的原型位移数据可以看出，0.2g 工况下，原型的桩顶位移均未超过规范规定的最大位移，都在 6～10mm 范围内，处于安全工作阶段。0.3g 工况地震波激励下，原型的桩顶位移超过了 10mm，不满足规范要求；正弦波激励下，随着激振频率与结构体系的自振频率的接近，桩顶位移逐渐增大并超过了规定允许值，不满足规范要求；0.4g 工况除 El 波和 4Hz 正弦波外，桩顶位移均在 6～10mm 范围内。

经分析，在 4Hz 正弦波下桩顶位移试验数据偏大，可能是由于激振频率与结构自振频率接近，与引发共振效应有关；还可能与试验过程中激振次数不断增加，导致桩顶累积位移逐渐增大有关。

(8)从本试验的结果来看，在 8 度以上地震设防时应采用更高强度的桩型。如采用壁厚 125mm 的 C 型桩时，在 0.2g 地震强度激励下桩的抗裂度和强度可以满足要求。

6.4 本章小结

本章介绍了模型桩振动台试验的结果和试验分析，主要结论如下：

(1)单桩试验和双桩试验相当于设计了 3 种不同刚度的上部结构。单桩方案 1 相当于原型自振周期为 0.9s 的结构；单桩方案 2 相当于原型自振周期为 0.77s 的结构；单桩方案 3 相当于原型为 0.36s 的结构。双桩方案 1 相当于原型自振周期为 0.77s 的结构；双桩方案 2 相当于原型自振周期为 0.52s 的结构；双桩方案 3 相当于原型为 0.36s 的结构。

(2)4 桩试验相当于原型自振周期为 0.6s 的结构。

(3)单双桩试验的模型箱相当于原型场地的卓越周期为 0.65s；4 桩试验的模型箱相当于原型场地的卓越周期为 0.57s。

(4)上部结构与场地的卓越周期相近时，桩顶的荷载最大，内力反应最大。

(5)上部结构的刚度对桩的内力分布形式基本没有影响。

(6)桩身应变数据表明，同一时间在桩的上部一侧受拉，一侧受压，拉应变大于压应变；在桩的下部两侧同时为拉应变或压应变，拉应变大于压应变。拉应变大于压应变是承台和承台下土的作用结果。

(7)由应变数据推出桩身内力分布图。试验测出桩的最大弯矩位置在 4～6 倍桩径处。

(8)桩上部弯矩的第一个零点位置大约在 8～12 倍桩径处。

(9)在 15～20 倍桩径以下基本没有弯矩的影响。

(10)不同的上部结构、不同的激振波形、不同的激振强度对桩身的内力分布规律基本没有影响。

(11)反推原型的内力及桩顶位移仅作为一个参考。抗震设计采用的加速度峰值是地表的，相当于模型箱的土表加速度。

第7章 预应力混凝土管桩振动台试验的数值模拟分析

7.1 时程分析的数值模拟理论基础

7.1.1 有限单元法概述

现代科学研究中,简单的数学、力学计算只能解决最基本的问题。随着现代工业的发展进步,实际工程越来越复杂,分析问题所需要的精度也越来越高。由于矩阵力法和矩阵位移法很适合应用计算机技术,因此随着计算机技术的成熟,这种方法使用的范围越来越广泛。基于这样的思想,20世纪50年代中期,人们提出了有限单元方法。简单地说,这种方法就是把连续介质离散成许多单元,使无限自由度问题转化成为有限自由度问题,再利用计算机进行求解。

相比于其他数值模拟方法,有限单元法的优点是:

(1)可以分析形状复杂、材料非匀质的各式材料;

(2)可以在计算过程中模拟多种本构关系、边界条件、受力情况、接触单元等;

(3)可以进行结构体系的动力特性分析;

(4)由于有限元方法通常都是借助计算机来完成的,因此,可以利用计算机完成前处理上的优化,并进行各种方案的分析比较,在后处理上可以通过可视化的界面,用图形表示计算结果进而进行优化设计。

7.1.2 有限单元法基本概念

有限单元法涉及概念较多,以下是有限元方法中最基本的术语:

(1)单元。有限单元法的核心是将模型离散化,离散后的模型由一个个单元组成,这些单元是有限单元法的基本元素。这种单元在形式上并没有特定的限制,但在解决问题中应尽量使各单元形状规则一致,这样可以有效地保证计算速度。

(2)结点。各单元之间由结点连接而成,结点是有限元模型中的最小元素,是应用有限单元法计算的关键。确定结点力、结点荷载、结点位移都是得到分析结果的重要环节。

(3)结点力。在应用结构力学概念求解弹性力学问题时,将作用于单元结点上的等效集中力代替作用于单元边界上的分布力,这样的力并称为结点力,其方向与结点位移方向一致。

(4)结点荷载。作用在结点上的外荷载称为结点荷载。这样的荷载有两种,一种是集中荷载,另一种是均布荷载。对于集中荷载,在划分网格时,应使集中荷载作用在一个结点上;对于分布荷载,应按照静力等效原则进行转化,以等效的结点荷载来代替,只有这样才能减小误差而不影响整体的应力。

(5)位移函数。为了能用结点位移表示单元应力和单元应变,必须假定单元内任一点的位移分量为坐标的某种函数。通常假定单元内的位移分量是坐标位移量的线性函数,这种用以表示单元内位移或者位移场的近似函数称为位移函数。为了使计算收敛,位移函数在单元内部必须是连续的,并且相邻的单元在其公共结点上具有相同的结点位移。也就是说相邻单元之间的位移必须是连续的。

(6)收敛准则。在计算中为了使计算结果收敛于真实值,必须满足下列条件:①单元的刚体位移不产生应变,否则刚体的转动和平移都将产生应变;②位移函数应反映单元的常应变,即当单元尺寸无限缩小时,单元应变趋于常量,因此,单元位移函数中应包括常应变项;③位移函数必须保证在相邻单元接触面上的应变是有限的。

7.1.3　有限单元法思路

有限元首先在解决杆系问题时发挥了重要的作用。由于杆系结构具有相对独立的各部分,以各杆系为单独部分自然而然地形成了各独立单元,进而可以采用矩阵位移法解出各未知量。基于这种思路,可以将这种方法推广到连续介质中。从本质上说,连续介质可以看成是无数个杆件组成的集合体。和杆系体系不同,连续介质由于是连续的整体,因此需要人为地划分单元,然后仿照求解杆系结构的思路,采用矩阵位移法来分析问题。在划分单元时,单元划分的越密集,单元数量越多,就越能接近实际的结果,使计算精度越高。

使用有限单元法进行分析问题时的大体步骤为:

(1)分割连续介质,离散整体结构。分割整体时要根据介质的状态选择合适形状的单元,单元可以选择多种形状,每个单元都有自己的边界和结点。

(2)在形成离散化单元时,为了便于计算,假设每个单元在互相连接处的结点是铰接的,此时,以结点位移量为有限元计算中的基本未知量。

(3)寻找位移形函数。通过函数可以利用结点位移唯一地表示单元内部任意位置处的位移。以一个四面体单元为例子,如图7-1所示,其具体形式可用公式(7-1)表达。其中$\{r\}$代表单元内部任意位置的位移列向量;u、v、w分别是x、y、z三个方向的位移;$[N]$是形函数矩阵,形函数根据单元的形式多种多样,与形函数的维数与阶数有关;$[N_i]$是形函数矩阵的分量,其个数与单元结点数相同;$[I]$是单位矩阵;$\{\delta\}^e$表示结点位移量列向量。

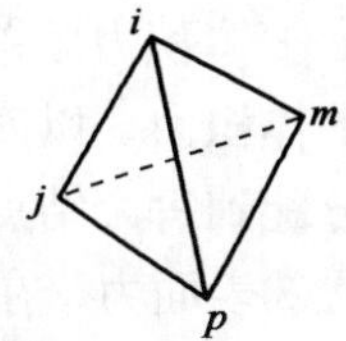

图7-1　四面体单元

$$\{r\}=\begin{Bmatrix}u\\v\\w\end{Bmatrix}=[N]\{\delta\}^e=[IN_i,IN_j,IN_m,IN_p]\{\delta\}^e \tag{7-1}$$

(4)有了位移形函数,就可以用结点位移唯一地表示单元内任一点的应变。仍以四面体单元为例说明,见公式(7-2),其中$\{\varepsilon\}$表示单元内部任意一点的应变,$[B]$表示单元应变矩阵;利用广义胡克定律结点位移又可以表示单元内任意一点应力,具体说明见公式(7-3),其中$\{\sigma\}$表示单元内部任意一点的应力,$[D]$表示单元弹性模量矩阵,对于各向同性体来说$[D]$的表达式见式7-4,$\{\varepsilon_0\}$表示单元初始应变,其可能是由于温度变化、收缩、晶体生长等因素引起的,$\{\sigma_0\}$表示单元初始应力。

$$\{\varepsilon\} = [B]\{\delta\}^e = [B_i \quad -B_j \quad B_m \quad -B_p \quad]\{\delta\}^e \tag{7-2}$$

$$\begin{aligned}\{\sigma\} &= [\sigma_x \quad \sigma_y \quad \sigma_z \quad \tau_{xy} \quad \tau_{yz} \quad \tau_{zx} \quad]^T \\ &= [D][B]\{\delta\}^e - [D]\{\varepsilon_0\} + \{\sigma_0\}\end{aligned} \tag{7-3}$$

$$[D] = \frac{E(1-\mu)}{(1+\mu)(1-2\mu)}\begin{bmatrix} 1 & \frac{\mu}{1-\mu} & \frac{\mu}{1-\mu} & 0 & 0 & 0 \\ \frac{\mu}{1-\mu} & 1 & \frac{\mu}{1-\mu} & 0 & 0 & 0 \\ \frac{\mu}{1-\mu} & \frac{\mu}{1-\mu} & 1 & 0 & 0 & 0 \\ 0 & 0 & 0 & \frac{1-2\mu}{2(1-\mu)} & 0 & 0 \\ 0 & 0 & 0 & 0 & \frac{1-2\mu}{2(1-\mu)} & 0 \\ 0 & 0 & 0 & 0 & 0 & \frac{1-2\mu}{2(1-\mu)} \end{bmatrix} \tag{7-4}$$

(5)运用能量原理，找到与单元内部应力状态等效的结点力，再运用单元应力与结点位移的关系，建立等效结点力与结点位移关系，具体关系见公式(7-5)，其中$[F]^e$ 表示单元结点力矩阵，$[k]^e$ 为单元刚度矩阵，单元刚度矩阵的计算是整个有限元分析的核心。单元刚度矩阵表达式见式(7-6)，V 代表单元体积。

$$[F]^e = [k]^e\{\delta\}^e \tag{7-5}$$

$$[k]^e = \iiint [B][D][B]\mathrm{d}x\mathrm{d}y\mathrm{d}z = [B]^T[D][B]V \tag{7-6}$$

(6)采用静力等效原则把每个单元所受外荷载移至单元的结点上。产生结点荷载的原因有多种，分别为：

①体积力。单元体积力为 $\{q\} = [q_x \quad q_y \quad q_z]^T$，其中 q_x、q_y、q_z 分别代表 x、y、z 三个方向上的体积力。以四面体单元为例体积力产生的结点荷载见表达式(7-7)，由此可见体积力是平均分配到每个结点上的。

②表面力。在单元分析中肯定会遇到单元充当边界的情况，仍以四面体单元为例说明问题。如果面 ijm 受到线性分布的外力 $\{p\} = [p_x \quad p_y \quad p_z]^T$ 作用，则 i 点受到外力为$[p_x^i \quad p_y^i \quad p_z^i]^T$，式(7-8)计算了表面力转换到 i 点的结点荷载，其中 A_{ijm} 是面 ijm 的面积。

③初应变产生的结点力。实际工程中存在很多初应变问题，初应变产生的结点荷载可以由式(7-9)计算。

$$\{P_i^e\}_q = \begin{Bmatrix} X_i^e \\ Y_i^e \\ Z_i^e \end{Bmatrix} = \frac{V}{4}\begin{Bmatrix} q_x \\ q_y \\ q_z \end{Bmatrix} \tag{7-7}$$

$$X_{i\,p}^e = \frac{1}{6}A_{ijm}\left(p_x^i + \frac{1}{2}p_x^j + \frac{1}{2}p_x^m\right) \tag{7-8}$$

$$\{P\}_{\varepsilon_0}^e = [B]^T[D]\{\varepsilon_0\}V \tag{7-9}$$

(7)在结点位置建立用结点位移表示的静力平衡方程，见公式(7-10)，其中$\{P_i\}$表示结点处的所有结点荷载，$\sum_e\{F_i\}$表示包含有目标结点的所有单元结点力之和，通过式(7-10)可以得到线性方程组，并算出整体刚度矩阵，从而可以解出方程组，求得结点位移量。已知结点位移之后，就可以计算出单元内任意位置的应力、应变、位移等物理量。

$$\sum_e \{F_i\} = \{P_i\} \tag{7-10}$$

7.1.4 常用有限元软件

由于有限单元法的核心思想是应用矩阵位移法求解总体刚度矩阵等，这些数学计算都极适合应用计算机解决，因此有限元技术在现代科学技术中得到了快速发展。在有限元软件领域中 ANSYS、ADINA、ABAQUS、MSC 是四家比较著名的大公司，他们开发的软件都具有强大的前处理、后处理模块，在数值模拟领域、仿真分析领域等都有广泛的应用。

(1)ADINA 软件。ADINA 主要用于结构相互的作用分析及多物理场的分析。不像其他有限元软件，ADINA 是一个单机系统程序，可以进行多种物理模型的分析，具有完备的人机交互式操作界面。

(2)ANSYS 软件。ANSYS 是常用的有限元软件，是集力学、电学、热学、声学于一体的集成性开发平台，主要包括前处理模块、分析计算模块、后处理模块三大部分。在前处理模块中可以方便地创建有限元模型，分析模块中可以准确地设置各种分析过程，在后处理模块中可将数据图形化。ANSYS 发展到现在，已拥有了成熟的操作体系。

(3)ABAQUS 软件。ABAQUS 是国际上公认的功能最先进、计算能力最强大、通用性能最好的大型有限元计算分析软件之一，它拥有丰富的计算单元类型、计算模块、对外接口、材料本构模型种类，结合了热力学、力学、电学、声学、传热学等于一身，能够分析复杂的结构力学体系，特别是在非线性问题上处理起来拟合性非常好，因此可以分析复杂的耦合问题，解决了很多其他有限元软件无法完成的问题。ABAQUS 不仅能完成单一零部件的多物理场分析，而且还能分析处理系统体系。由于 ABAQUS 的先进性，在众多行业都得到了广泛的应用。

ABAQUS 提供了丰富的分析过程，适用于多种领域中的不同问题，其主要可以进行：

①静态应力及位移分析。可分析结构体系在静态中的应力、应变、位移等指标，能分析静力学中的所有问题。

②结构动态分析。ABAQUS 可进行包括振动、冲击、离心力等动力学的分析，通常动态分析包括了结构体系承受周期性荷载、随机荷载及非周期性荷载。

③稳态滚动分析。这种分析方法常用于工业设计的动力分析中。

④热传导分析和温度应力分析。可求解规模大而复杂的多组件热传导问题，解决热力学中的大部分问题。

⑤电场分析及电学与其他学科的耦合分析。应用 ABAQUS 中提供的分析步骤可以求解涉及电力学中的大部分问题。

⑥声学等问题分析。

ABAQUS 在模拟预应力混凝土管桩的分析中有着非常明显的优势，鉴于以下几个方面：

①ABAQUS 拥有大量的本构模型，其中土体的本构模型非常丰富，能反映土体的多种性质。常用的土体本构模型包括摩尔库伦模型、Druker-Prager 模型、Cam－Clay 模型(修正剑桥模型)等。ABAQUS 还可以进行二次开发，用户可以灵活地自定义材料特性。

②在涉及土与预应力混凝土管桩相互接触时，ABAQUS 具有强大的接触面处理功能，能

正确模拟出土与桩体之间的脱开与滑移等现象。

③预应力混凝土管桩在分析中必须要考虑初始地应力的作用，ABAQUS 专门提供了相应的分析步，可以准确地进行初始地应力平衡。

由于 ABAQUS 所独有的这些优点，因此，用它来模拟预应力混凝土管桩振动台试验是非常合适的。

7.2 预应力混凝土管桩振动台试验数值模型的建立

7.2.1 概述

ABAQUS 在进行前后处理时，应用 CAE、Viewer 模块创建分析数值模型，计算分析数值模型应用 Standard、Explicit 模块。建模时使用 CAE，主要用于确立研究对象的几何尺寸、材料特性、约束条件、网格划分等。建模部分的核心内容由 7 步组成，即模型零件建立（Part 步），材料属性确定（Property 步），模型零件组装（Assembly 步），分析步定义（Step 步），接触单元设置（Interaction 步），荷载边界确定（Load 步），单元网格划分（Mesh 步）。按照上述步骤完成即可建立一套完整的数值模型。预应力混凝土管桩振动台试验的数值模型在建立时即是通过这几步来完成的。通过数值模型的建立，成功实现了对预应力混凝土管桩振动台试验的数值模拟。

本章通过 ABAQUS 软件，在已建立的预应力混凝土管桩振动台试验数值模型基础上，讨论了当桩基形式、加载地震波加速度峰值、桩身使用材料改变时，预应力混凝土管桩抗震性能的递变规律，是实验室振动台试验的拓展。

7.2.2 模型尺寸

ABAQUS 软件有着便于操作的可视化开发界面，建立模型的第一步就是在该平台下确定模型各部分尺寸，绘出模型。根据实验室预应力混凝土模型管桩振动台试验的实际尺寸，以 1∶1的比例在数值模型中确定了各部件数值模拟尺寸。

(1)模型管桩。共有 1～4 根，长 2m，直径 50mm，壁厚 4mm，布置方式见图 7-2～图 7-5。

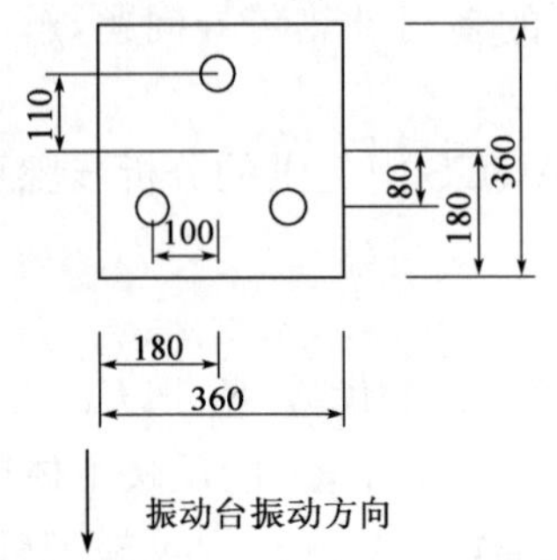

图 7-2 三桩模型管桩布置情况(尺寸单位:mm)

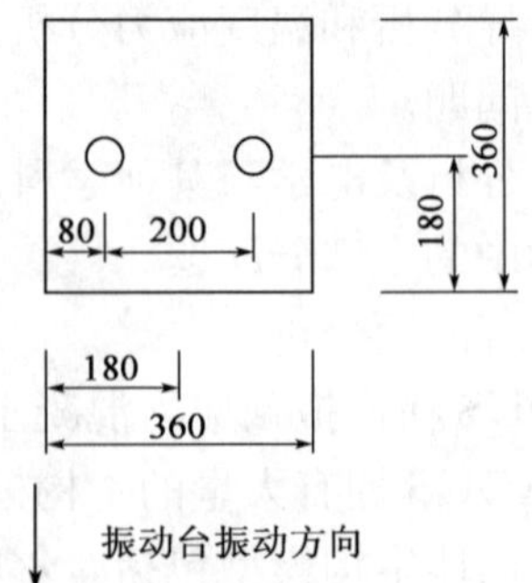

图 7-3 双桩(垂直振动方向)模型管桩布置情况(尺寸单位:mm)

(2)模型承台。长×宽×高为360mm×360mm×70mm,4根管桩以2×2的方式布置,具体的布置情况如图7-6所示。

(3)模型上部结构质量块。长×宽×高为500mm×360mm×100mm。

(4)上部结构支撑物,长500mm。

(5)模拟的模型箱。长×宽×高为1400mm×1400mm×2000mm,为模拟剪切型模型箱的效果,特在数值模型中加大了边界尺寸,向四周各加长6000mm,向下加长1000mm。建立好的管桩振动台试验数值仿真模型及细节见图7-7～图7-11所示。

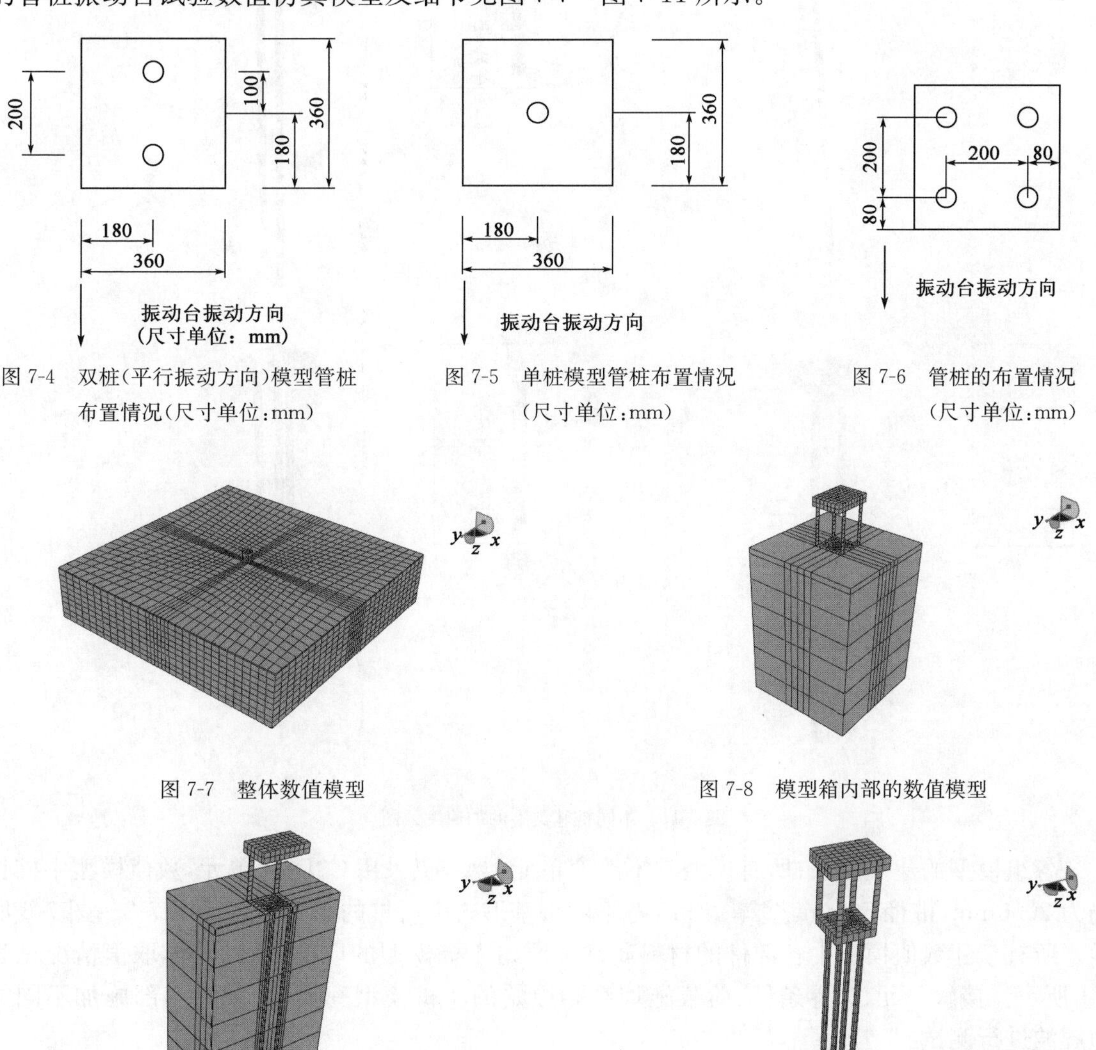

图7-4　双桩(平行振动方向)模型管桩布置情况(尺寸单位:mm)

图7-5　单桩模型管桩布置情况(尺寸单位:mm)

图7-6　管桩的布置情况(尺寸单位:mm)

图7-7　整体数值模型

图7-8　模型箱内部的数值模型

图7-9　模型剖视图

图7-10　管桩-承台-上部结构体系

7.2.3　数值模型的建立

对比群桩与单桩在地震作用下的反应,是目前研究预应力混凝土管桩桩基领域的热点问题。在预应力混凝土管桩振动台试验的原始数值模型基础上,建立了多组其他桩基形式的数值模型，在计算机平台上的运算相当于进行了多组测试。分析研究中建立了三根管桩的基础形式、两根管桩的基础形式、单根管桩的基础形式，其中两根管桩的基础形式又分为桩排列平行于振动方向和垂直于振动方向的两种情况。

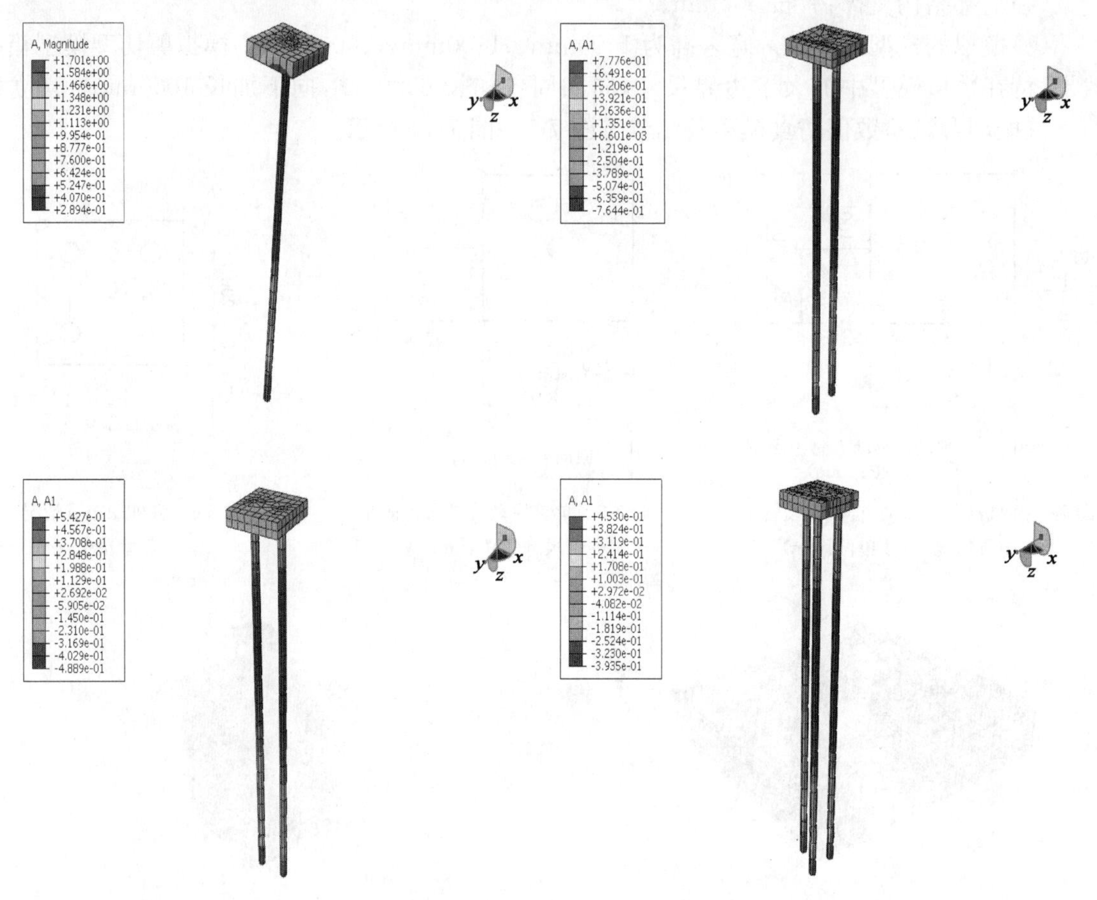

图 7-11　不同桩基类型的加速度云图

各组模型的建立方法：所有模型都不改变单元类型，仍采用C3D8R单元，数值模型中桩长仍为2000mm，桩径50mm，壁厚4mm，各不同桩基形式中管桩的布置形式如图7-2～图7-6所示。所有新建数值模型中各部件的材料属性和原始4桩模型的取值一致，具体取值情况见表7-1所示。接触单元、边界条件、荷载施加都和原始的4桩模型一样，在模型底部施加不同的地震波进行测试。

根据抗震规范中提供的抗震设防烈度和设计基本地震加速度值的对应关系（表7-2），8度区、9度区的设计基本加速度值为0.2g、0.3g、0.4g，而我国还有大部分地区处于6度区和7度区，设计基本地震加速度值为0.05g、0.1g、0.15g，这样看来，试验中使用的加速度峰值为0.2g、0.3g、0.4g的地震波远远不能适用普遍问题。为了能更全面地分析预应力混凝土管桩在实际工程中的应用情况，数值模型在模拟时改进了这一点，补充了对地震波加速度峰值为0.1g、0.15g的分析，更全面地揭示了预应力混凝土管桩在不同地区的抗震性能，针对3、4桩模型分析了群桩在加速度峰值为0.1g、0.15g时地震波作用下的反应情况，见表7-3所列。

不同模型各部件材料属性　　　　表 7-1

<table>
<tr><th>模型零部件名称</th><th>物理参数</th><th>四桩模型</th><th>三桩模型</th><th>双桩模型(垂直、平行)</th><th>单桩模型</th></tr>
<tr><td rowspan="2">管桩</td><td>密度 ρ(kg/m³)</td><td>1200</td><td>1200</td><td>1200</td><td>1200</td></tr>
<tr><td>弹性模量(MPa)</td><td>2000</td><td>2000</td><td>2000</td><td>2000</td></tr>
<tr><td rowspan="4">土体</td><td>密度 ρ(kg/m³)</td><td>1730</td><td>1730</td><td>1730</td><td>1730</td></tr>
<tr><td>压缩模量(MPa)</td><td>8</td><td>8</td><td>8</td><td>8</td></tr>
<tr><td>内摩擦角(°)</td><td>24.47</td><td>24.47</td><td>24.47</td><td>24.47</td></tr>
<tr><td>黏聚力(MPa)</td><td>1.3</td><td>1.3</td><td>1.3</td><td>1.3</td></tr>
<tr><td rowspan="2">承台</td><td>密度 ρ(kg/m³)</td><td>2000</td><td>2000</td><td>2000</td><td>2000</td></tr>
<tr><td>弹性模量(MPa)</td><td>1000</td><td>1000</td><td>1000</td><td>1000</td></tr>
<tr><td rowspan="2">上部结构及支撑</td><td>密度 ρ(kg/m³)</td><td>5340</td><td>5340</td><td>5340</td><td>5340</td></tr>
<tr><td>弹性模量(MPa)</td><td>10000</td><td>10000</td><td>10000</td><td>10000</td></tr>
</table>

抗震设防烈度和设计基本地震加速度值的对应关系　　　　表 7-2

抗震设防烈度	6	7	8	9
设计基本地震加速度值	0.05g	0.10g(0.15g)	0.20g(0.30g)	0.40g

不同模型数值模拟进行的工况　　　　表 7-3

<table>
<tr><td colspan="5" rowspan="2">4 桩模型</td><td colspan="5">3 桩模型</td></tr>
<tr><td colspan="5">双桩(垂直振动方向)模型</td></tr>
<tr><td colspan="5" rowspan="2">3 桩模型</td><td colspan="5">双桩(平行振动方向)模型</td></tr>
<tr><td colspan="5">单桩模型</td></tr>
<tr><td rowspan="5">0.1g</td><td>EL-0.1g</td><td rowspan="5">0.15g</td><td>EL-0.15g</td><td rowspan="5">0.2g</td><td>EL-0.2g</td><td rowspan="5">0.3g</td><td>EL-0.3g</td><td rowspan="5">0.4g</td><td>EL-0.4g</td></tr>
<tr><td>LWD-0.1g</td><td>LWD-0.15g</td><td>LWD-0.2g</td><td>LWD-0.3g</td><td>LWD-0.4g</td></tr>
<tr><td>正弦波 8-0.1g</td><td>正弦波 8-0.15g</td><td>正弦波 8-0.2g</td><td>正弦波 8-0.3g</td><td>正弦波 8-0.4g</td></tr>
<tr><td>正弦波 5-0.1g</td><td>正弦波 5-0.15g</td><td>正弦波 5-0.2g</td><td>正弦波 5-0.3g</td><td>正弦波 5-0.4g</td></tr>
<tr><td>正弦波 4-0.1g</td><td>正弦波 4-0.15g</td><td>正弦波 4-0.2g</td><td>正弦波 4-0.3g</td><td>正弦波 4-0.4g</td></tr>
</table>

7.2.4　材料属性

仿真技术的核心思想就是依托计算机平台，通过数值模拟的方法在计算机上分析研究对象。针对预应力混凝土管桩振动台试验，为使数值模型能真实还原试验过程，在模型中赋予各部分的材料属性值与原始试验中各部件的实际属性值完全相同。数值模型中各部件使用的具体物理参数见表 7-4 所示。

数值模型中各部件使用的物理参数 表 7-4

数值模型中各部件名称 / 各物理参数	管桩	承台	上部结构及支撑	土体
密度 ρ(kg/m^3)	1200	2000	5340	1730
弹性模量(MPa)	2000	1000	10000	—
压缩模量(MPa)	—	—	—	8
内摩擦角(°)	—	—	—	24.47
黏聚力(MPa)	—	—	—	1.3

7.2.5 单元类型

如前所述,已建立的数值模型为三维模型,为了使模型在计算中各单元相互协调,分析中采用了三维实体单元。每个单元结点数目为 8,是三维一阶类型的单元,见图 7-12 所示。有限单元方法在计算时需要对某个物理量在单元中进行面积分或者体积分。通常情况下,ABAQUS 在处理这些积分时为节约计算成本不会得到精确的理论解,而是采用各种数值分析技术,应用数值积分来控制计算结果的精度。

对于预应力混凝土模型管桩振动台试验的数值模型来说,为了提高问题分析的精确度和可靠度,节约计算成本,所有部件均采用了 C3D8R 单元(图 7-12),即 8 结点缩减积分的三维实体单元。

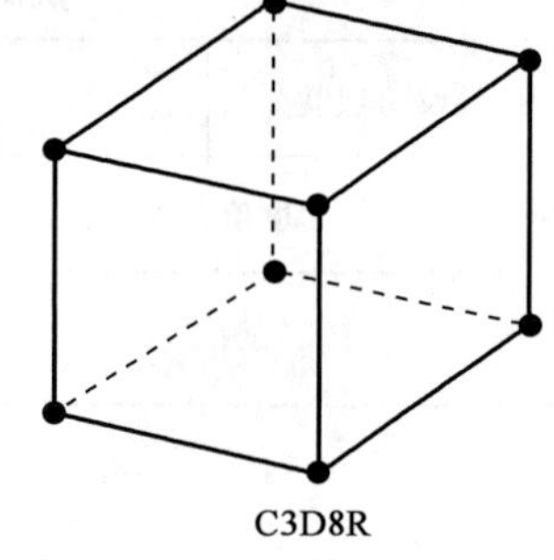

图 7-12 C3D8R 单元类型

7.2.6 约束条件和施加荷载

ABAQUS 中约束条件和荷载施加都是在分析步中确定的。简单来说,分析步就是分析问题的各历史步骤。预应力混凝土管桩振动台数值模型中设立了 3 个分析步:

(1)Abaqus 默认的 Initial 初始分析步。即模型最开始的状态。在这个分析步中确定了模型的边界条件,模型整个底部限制了向上的自由度,四个侧面限制了水平面上的两个自由度。

(2)Geostatic 地应力分析步。这一步中进行了模型的地应力平衡。ABAQUS 中没有提供地应力平衡的模块,进行地应力的平衡需要自定义 Python 语言来完成。

(3)Dynamic 振动分析步。这一步中选择了隐式算法进行计算分析,在数值模型的整个底部施加了时程为 15s 的地震荷载,地震荷载以原始地震波的加速度时程输入(以 EL 波为例,如图 7-13 所示)。地震荷载的输入,在 ABAQUS 中需以动态边界条件的形式施加。进行数值模拟分析中,没有进行白噪声测试和剪切波速测试,其余的测试同实验室试验一样,共进行了 15 组模拟分析,具体工况见表 7-5 所示。

数值模拟中进行的测试工况　　表 7-5

工况序号	试验波	工况序号	试验波	工况序号	试验波
1	EL-0.2g	6	EL-0.3g	11	EL-0.4g
2	LWD-0.2g	7	LWD—0.3g	12	LWD—0.4g
3	正弦波 8-0.2g	8	正弦波 8-0.3g	13	正弦波 8-0.4g
4	正弦波 5-0.2g	9	正弦波 5-0.3g	14	正弦波 5-0.4g
5	正弦波 4-0.2g	10	正弦波 4-0.3g	15	正弦波 4-0.4g

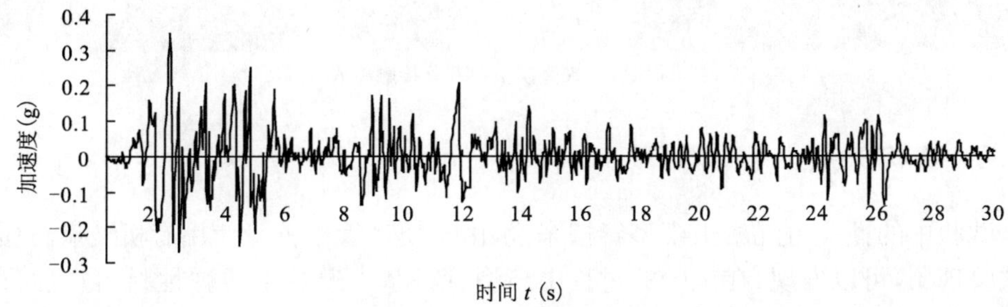

图 7-13　EL 波加速度时程曲线

7.2.7　接触单元

预应力混凝土管桩振动台试验数值模型由于各部分几何形状复杂，材料属性种类多，因此涉及的接触单元比较多，见表 7-6 所示。模型中的部分接触单元设置如图 7-14 所示。

数值模型中涉及的接触单元　　表 7-6

接触名称	接触属性	接触名称	接触属性
支撑物—上部结构	连接	承台底—土	摩擦
支撑物—承台	连接	承台侧—土	摩擦
承台—管桩	连接	桩侧—土	摩擦
		桩底—土	摩擦

结合实验室试验的具体情况，各部件安装情况：

(1)对于上部结构和支撑、支撑和承台来说，由于试验时是将它们用螺栓连接起来的，因此采用"tie"固结接触的方式连接。

(2)由于管桩和承台之间填充了砂浆聚合物，使它们成为一个整体，因此也是采用的"tie"接触。

(3)由于试验的过程为先固定好模型管桩再回填模型土，因此有别于实际工程中的管桩通过压桩或打桩的方法嵌入土中。承台底—土、承台侧—土之间由于试验方法的影响没办法填密实，因此简化为一个摩擦型的面—面接触，摩擦单元切向采用罚函数定义摩擦力，摩擦系数为 0.2，法向上设置为硬接触。

(4)虽然桩底与模型箱底部在试验开始时使用了胶水进行固定，但是在填土过程中可以发现他们之间的连接并不牢固，为了比较贴近实际情况，也定义为一个面—面接触；同样，桩侧—土接触中仅通过人为控制并不能使桩土连接牢靠，因此也采用面—面接触。

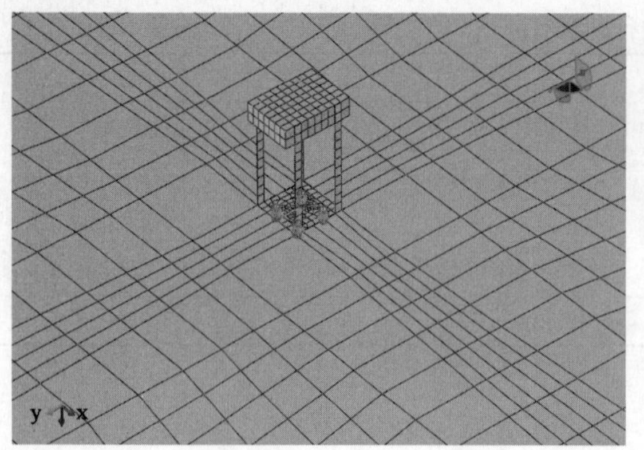

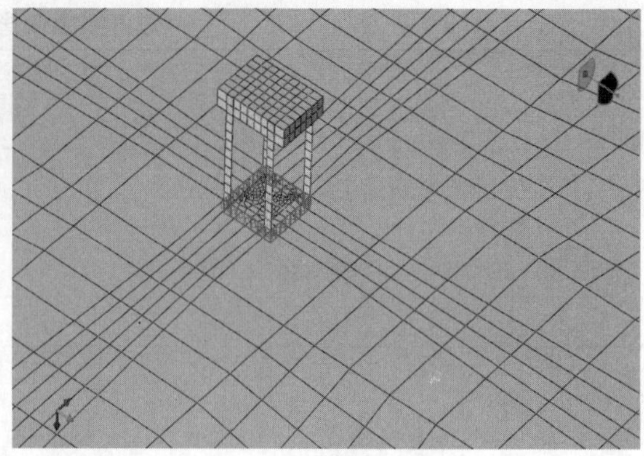

图 7-14　数值模型中部分接触单元

7.2.8 本构关系

对于试验中的预应力混凝土模型管桩来说，由于模型管桩桩身使用有机玻璃材质，及观察最后的试验现象，可以发现，在试验的过程中模型管桩基本遵从了线弹性材料特性，认为桩身应力不会超过材料自身的屈服应力。因此，在应用 ABAQUS 软件进行数值模拟分析时，认为预应力混凝土模型管桩基本符合线弹性模型，如图 7-15 所示。

模型中的土体采用 Mohr-Coulomb 模型，模型屈服面见图 7-16 所示。这种模型的优点在于所需要的参数在实验室中就可以很方便地测试出来，且试验时也得到相应参数。Mohr-Coulomb模型屈服面函数如式(7-11)所示。其中 φ 是 p-q 应力面上 Mohr-Coulomb 屈服面的倾斜角，称为材料的摩擦角，$0°\leqslant\varphi\leqslant 90°$；$c$ 是材料的黏聚力；$R_{me}(\Theta,\varphi)$按式(7-12)计算，其控制了屈服面在 π 平面的形状。其中 Θ 是极偏角，定义为 $\cos\left(\Theta+\frac{\pi}{3}\right)=\frac{r^3}{q^3}$，$r$ 是第三偏应力不变量 J_3。

$$F = R_{me}q - p\tan\varphi - c = 0 \tag{7-11}$$

$$R_{me} = \frac{1}{\sqrt{3}\cos\varphi}\sin\left(\Theta+\frac{\pi}{3}\right)+\frac{1}{3}\cos\left(\Theta+\frac{\pi}{3}\right)\tan\varphi \tag{7-12}$$

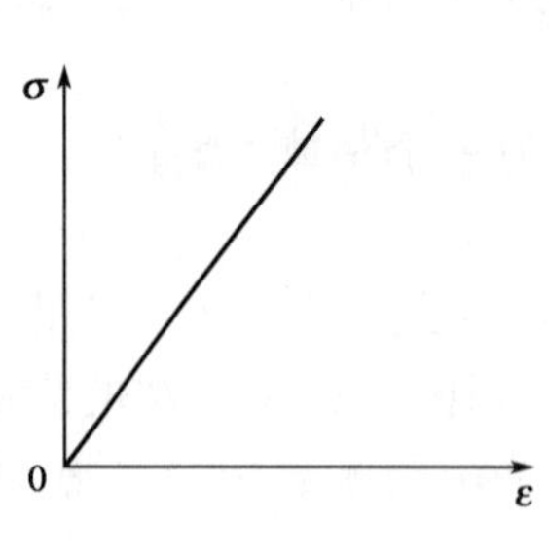

图 7-15　线弹性模型应力—应变关系

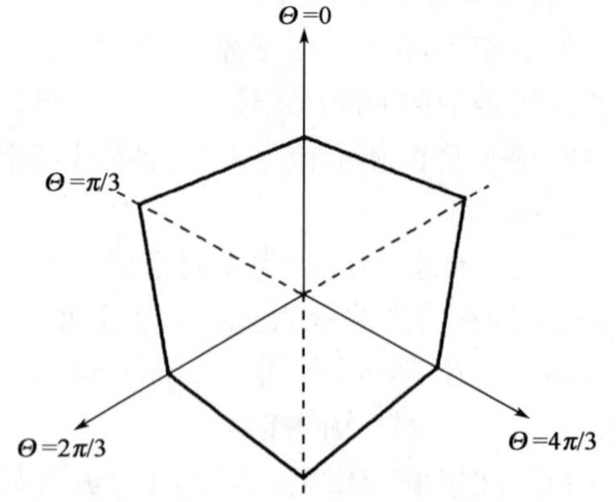

图 7-16　M-C 模型屈服面

在完成建模后，借助计算机平台就可以对模型进行数值运算。数值运算时需要完成ABAQUS的工作分析步骤(Job步)。在本数值模型中地应力计算采用1s，代表地应力形成的过程。地震波动力计算采用15s，和模型输入原始波的时程一致，为了后期观测数据能和试验取得一致，按照每间隔0.0078s采集一次数据。数值模型的计算收敛准则采用全牛顿法，通过改变加载地震波的种类，完成了15组测试。

相比于真实试验，数值模拟不仅不需消耗大量人力物力财力，而且在分析中也能完成试验做不到的效果。例如预应力混凝土管桩振动台试验的数值模型在计算后可以提取出试验中的任意一部分来分析、观测，可以在地震时程任意时刻暂停观测，可以直接提取试验观测量而不需后期处理，可以利用云图分析问题等(图7-17、图7-18)。在数值模型进行各工况测试后，利用结点查找功能，就可以提取管桩桩身结点上的各物理量，如图7-19所示。虽然已经建立了数值模型，但还不能说明数值模型的正确性，只有证明了模型是可靠的，才能在此基础上做更深入的研究。

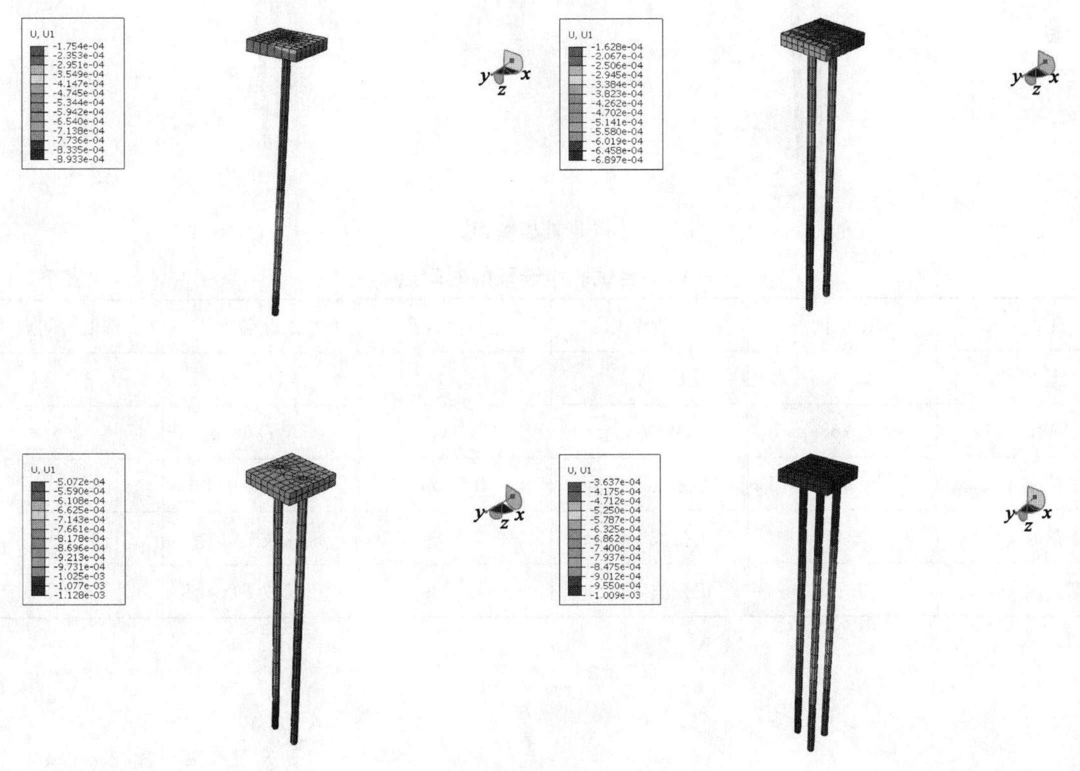

图7-17　不同桩基类型位移云图

实验室试验时得到了各组地震波作用下的桩身放大系数、桩身位移、桩身弯矩分布规律(图7-20)，为验证数值模型的正确性，在数值模型运算后同样提取相同测试物理量，将两者结果进行对比。实验室测试时，分析的是各工况中特定时刻的结果(表7-7)，为此，针对数值模拟的结果在时程上也选取相同时刻提取测试值，将其与实验测试值比较，验证数值模型的正确性。为结合实际，本文仅针对各地震波工况进行了详细说明，正弦波工况只列出了分析结果，其他章节亦如此。

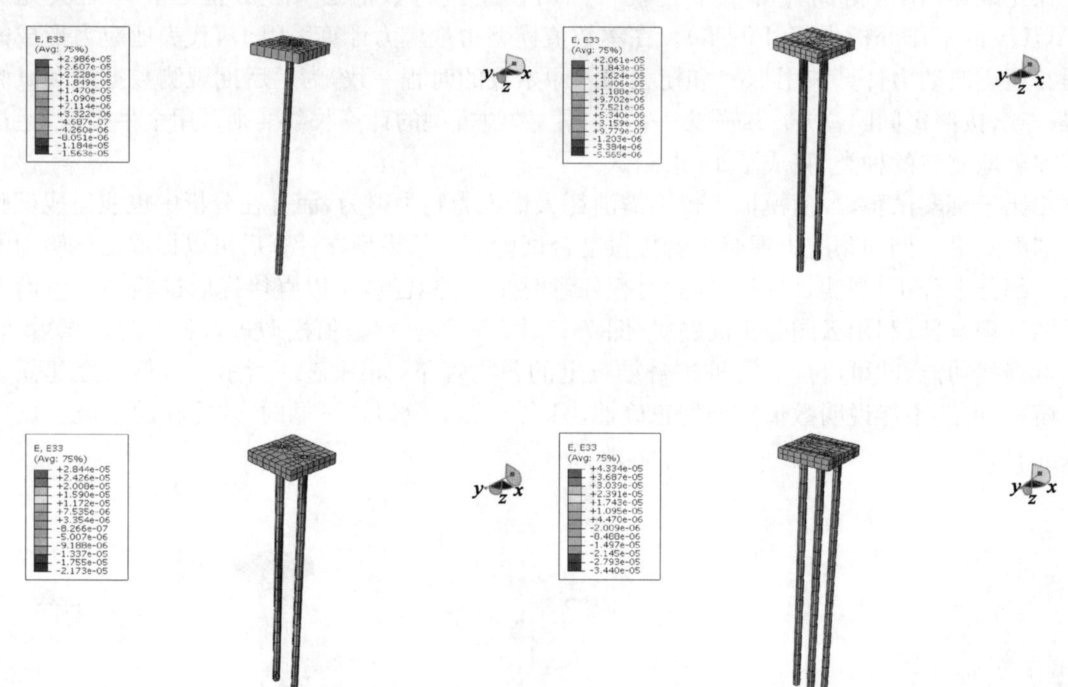

图 7-18　不同桩基类型应变云图

振动台试验中选取的时间点　　　　表 7-7

工况名称	选取时间点	工况名称	选取时间点	工况名称	选取时间点
EL-0.2g	2.912s	EL-0.3g	2.44s	EL-0.4g	2.16s
LWD-0.2g	6.768s	LWD-0.3g	6.56s	LWD-0.4g	6.56s
正弦波 8-0.2g	2.112s	正弦波 8-0.3g	3.216s	正弦波 8-0.4g	3.432s
正弦波 5-0.2g	2.44s	正弦波 5-0.3g	3.296s	正弦波 5-0.4g	3.384s
正弦波 4-0.2g	2.16s	正弦波 4-0.3g	3.328s	正弦波 4-0.4g	3.44s

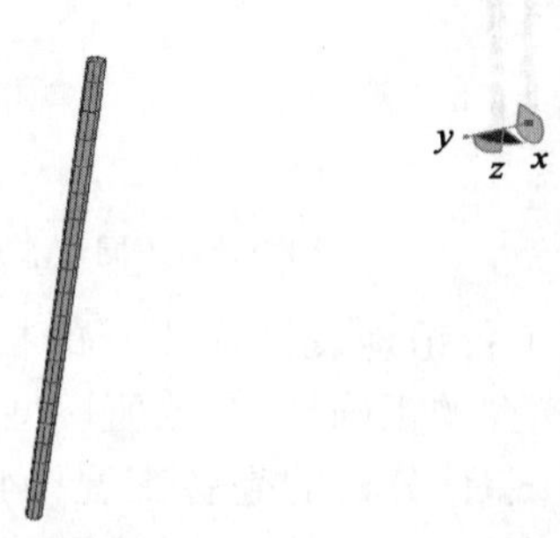

图 7-19　模型管桩桩身上相当于 Z1～Z6 的 6 个测点

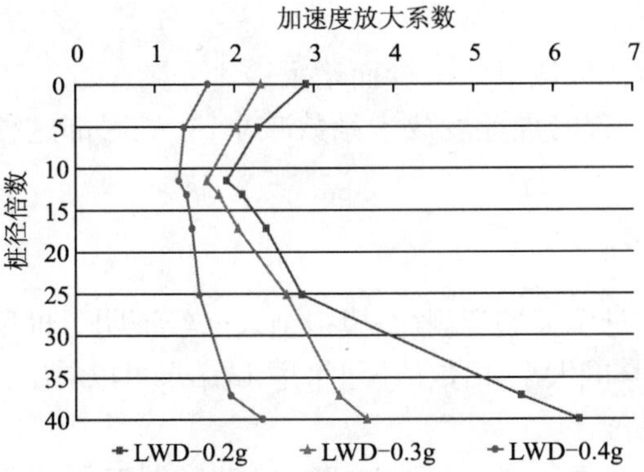

a)LWD波单桩模型桩身加速度放大系数变化曲线图

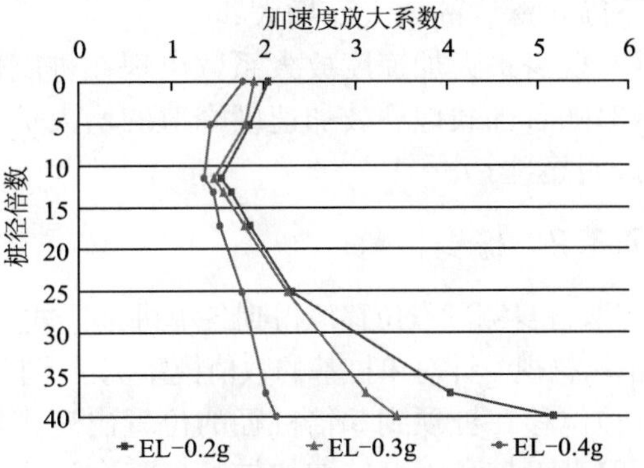

b)EL波单桩模型桩身加速度放大系数变化曲线图

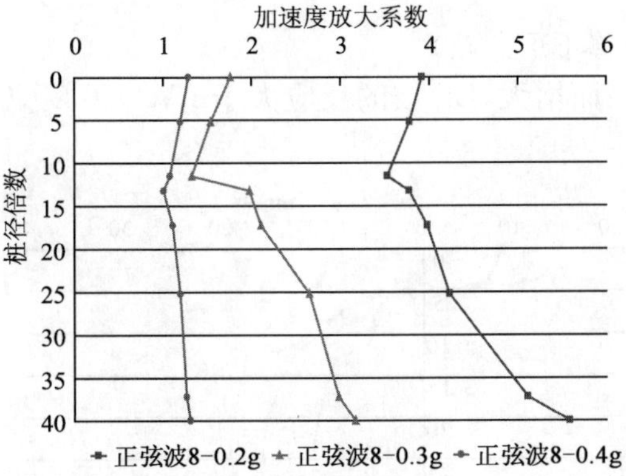

c)正弦波8Hz单桩模型桩身加速度放大系数变化曲线图

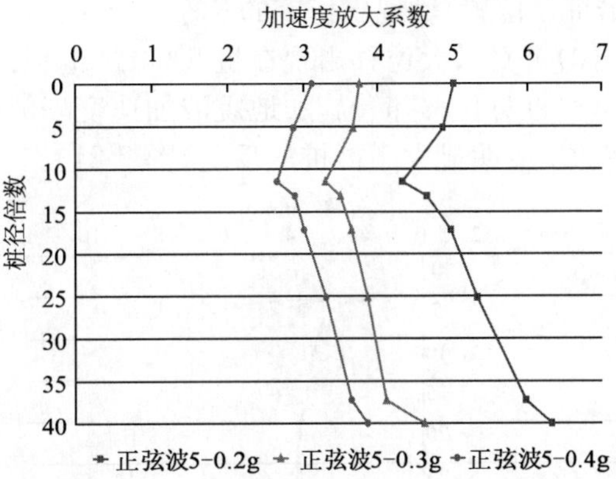

d)正弦波5Hz单桩模型桩身加速度放大系数变化曲线图

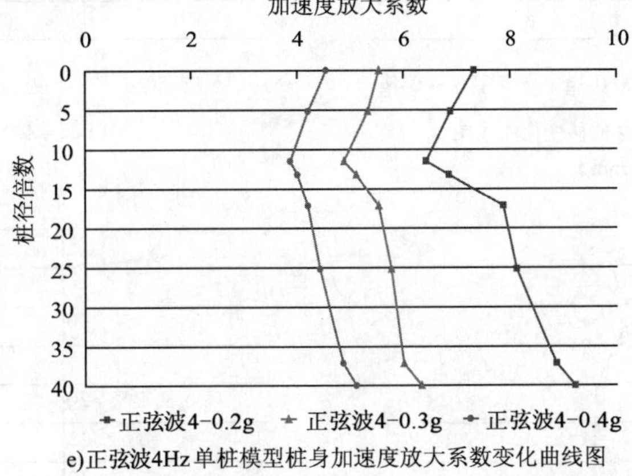

e)正弦波4Hz单桩模型桩身加速度放大系数变化曲线图

图 7-20　地震波不同加速度峰值作用下单桩基形式桩身加速度峰值放大系数

7.3　单桩承台抗震试验数值模拟分析

7.3.1　地震加速度峰值放大系数

由数值模型的模拟结果可以看出：

(1)桩身加速度放大系数在桩顶～11.5倍桩径深度内随着深度的增大而减小，在这个深度之下随着深度的增大而增大；

(2)桩身最大加速度放大系数出现在桩底部，随着桩数量的减少而增大；

(3)随着加载地震波加速度峰值的增大桩身各位置的加速度放大系数减小，在桩底部这种变化最明显(图 7-20)。

7.3.2 桩身位移

提取桩身测试点位移值得到各单桩基形式下的桩身位移递变规律，模拟结果已经证明了桩顶位移不能忽视。针对单桩基的数值模型测试了桩顶位移的大小，由数值模型的测试结果可以看出：

(1)位移在桩顶到 5 倍桩径的位置出现正负交替；

(2)沿着桩身深度的增加桩身位移在逐步增大，在增加到一定深度时(单桩模型的深度为 20 倍桩径位置)呈现出稳定的状态；

(3)桩身最大位移出现在桩底位置，桩顶处的位移不可忽略；

(4)桩身位移随着施加地震波加速度峰值的提高而增大，EL 波的反应大于 LWD 波反应，单桩的反应明显大于群桩的反应(图 7-21)。

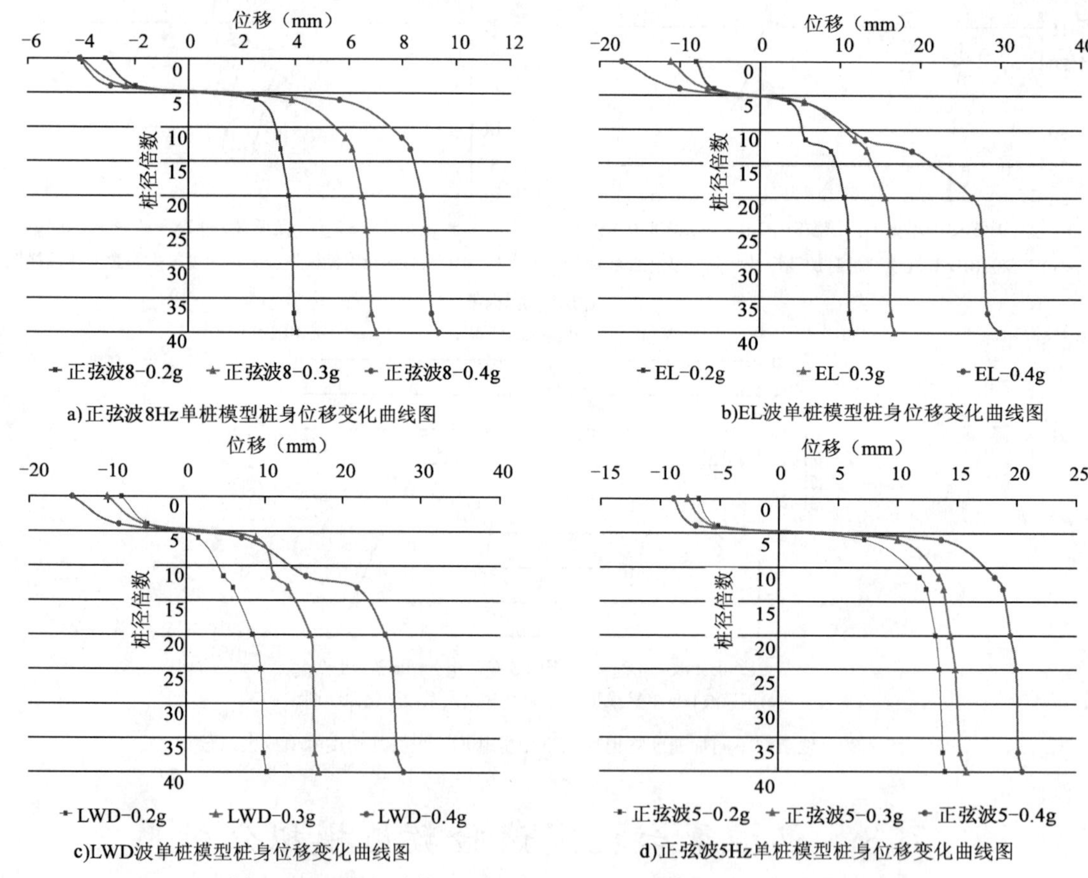

图 7-21　正弦波不同加速度峰值作用下不同桩基形式桩身位移结果

7.3.3 桩身弯矩

数值模拟中提取桩身测试点弯矩值得到各不同桩基形式下的桩身弯矩递变规律，通过模拟结果可以发现：

(1)地震作用下弯矩沿桩身的分布规律可以看出,在桩身上部出现负弯矩,单桩模型负弯矩出现在桩顶到3.8倍桩径的范围;

(2)单桩型最大弯矩的位置在7.5倍桩径位置;

(3)地震作用下单桩开裂区范围为5倍桩径到13.5倍桩径;

(4)随着地震波加速度峰值的增大,桩顶弯矩值、桩身最大弯矩值在增加,EL波作用下的弯矩反应比LWD波的大(图7-22、图7-23)。

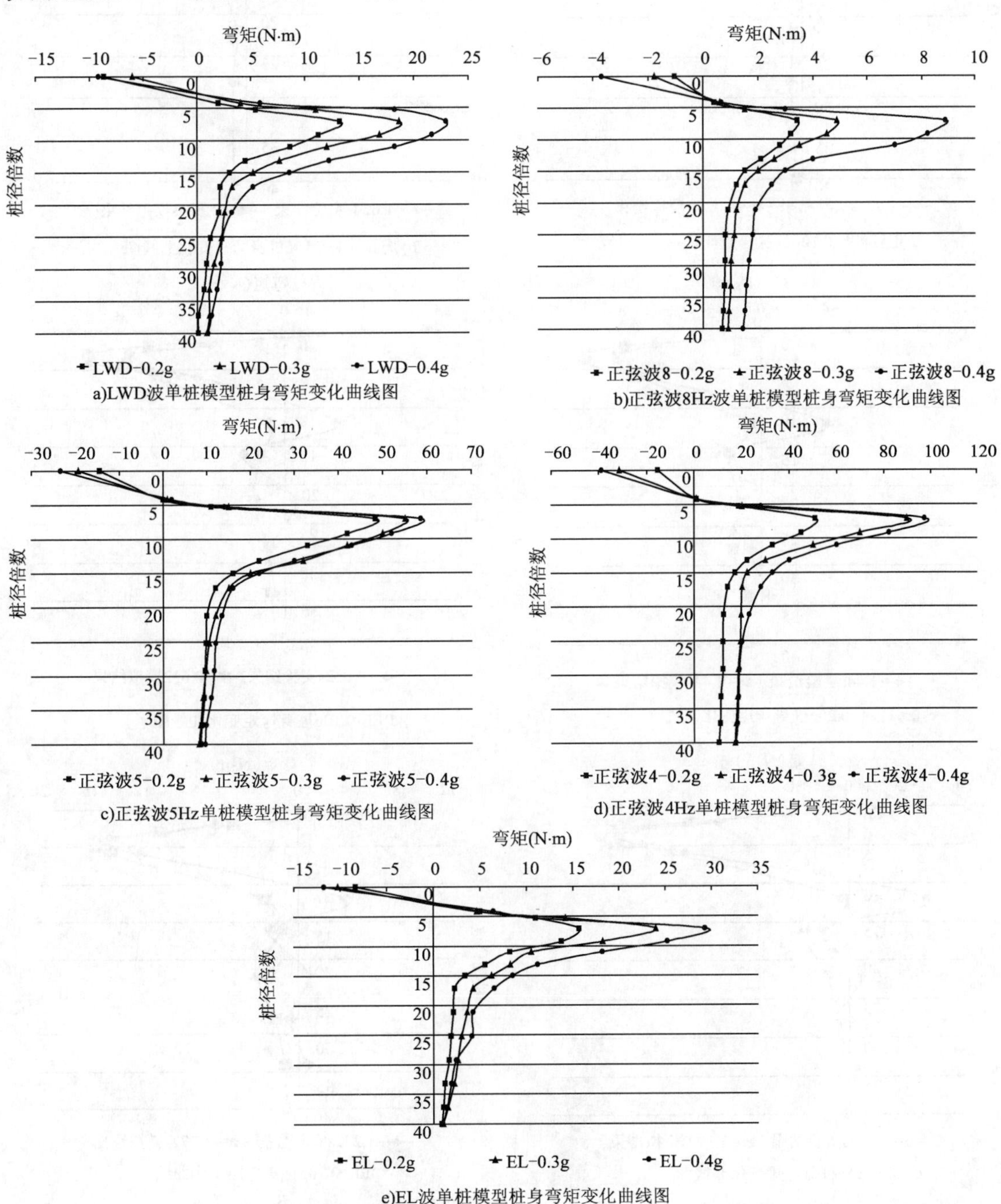

图7-22 地震波不同加速度峰值作用下不同桩基形式桩身弯矩

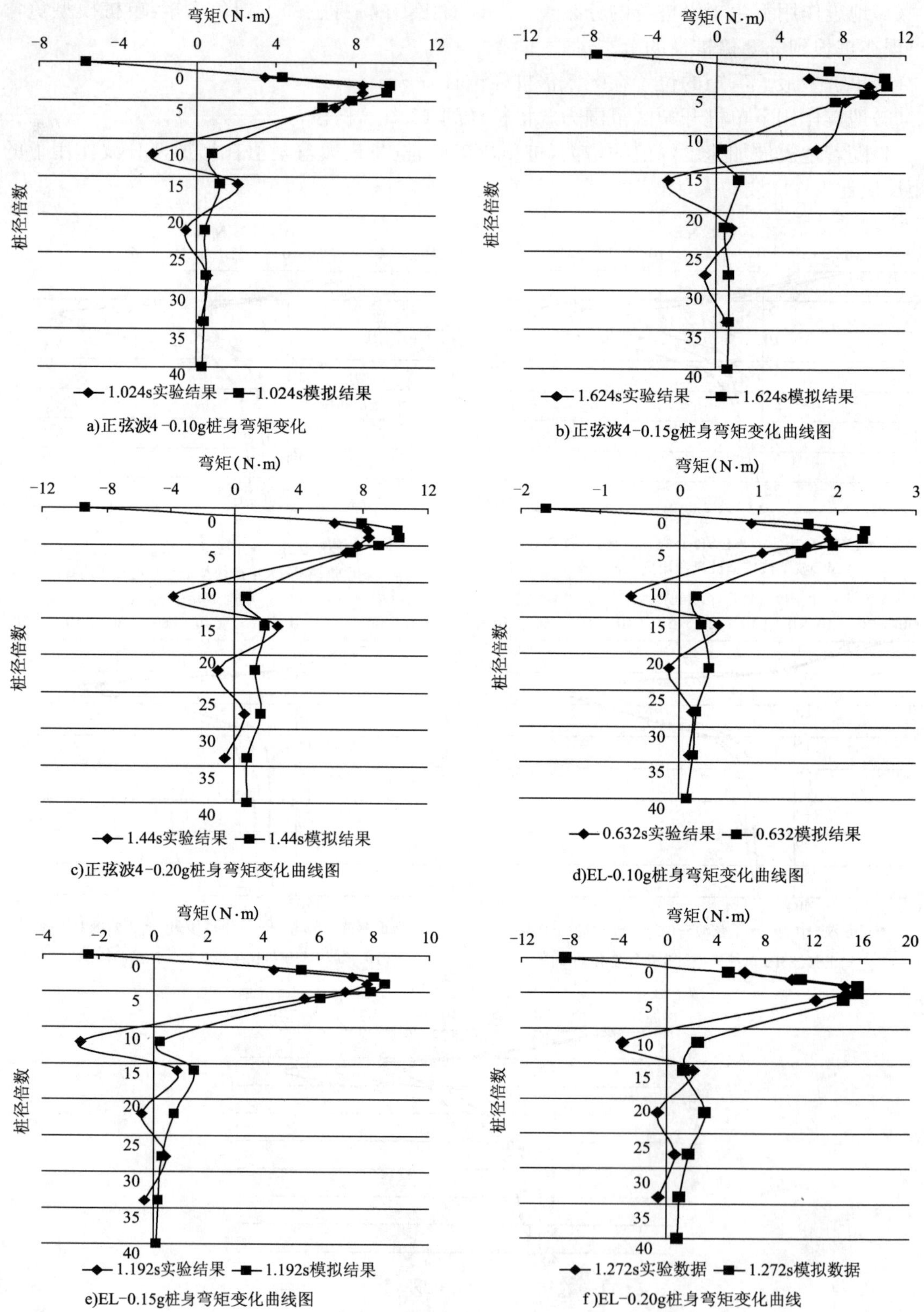

弯矩(N·m)

桩径倍数

—◆—1.024s实验结果 —■—1.024s模拟结果

a)正弦波4-0.10g桩身弯矩变化

弯矩(N·m)

桩径倍数

—◆—1.624s实验结果 —■—1.624s模拟结果

b)正弦波4-0.15g桩身弯矩变化曲线图

弯矩(N·m)

桩径倍数

—◆—1.44s实验结果 —■—1.44s模拟结果

c)正弦波4-0.20g桩身弯矩变化曲线图

弯矩(N·m)

桩径倍数

—◆—0.632s实验结果 —■—0.632模拟结果

d)EL-0.10g桩身弯矩变化曲线图

弯矩(N·m)

桩径倍数

—◆—1.192s实验结果 —■—1.192s模拟结果

e)EL-0.15g桩身弯矩变化曲线图

弯矩(N·m)

桩径倍数

—◆—1.272s实验数据 —■—1.272s模拟数据

f)EL-0.20g桩身弯矩变化曲线

图 7-23

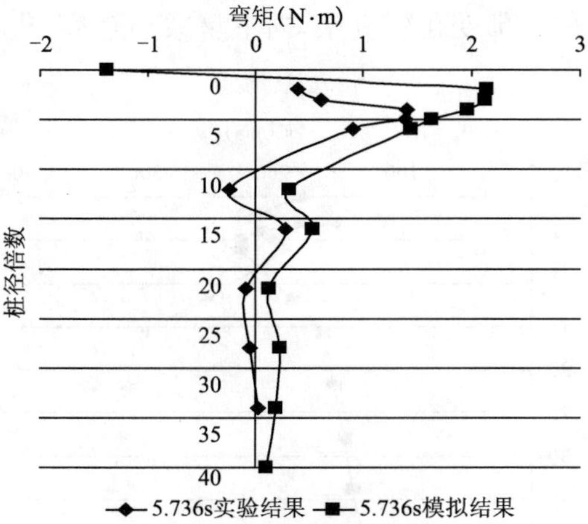

弯矩(N·m)

桩径倍数

—◆—5.736s实验结果 —■—5.736s模拟结果

g)LWD-0.10g桩身弯矩变化曲线图

弯矩(N·m)

桩径倍数

—◆—3.72s实验结果 —■—3.72s模拟结果

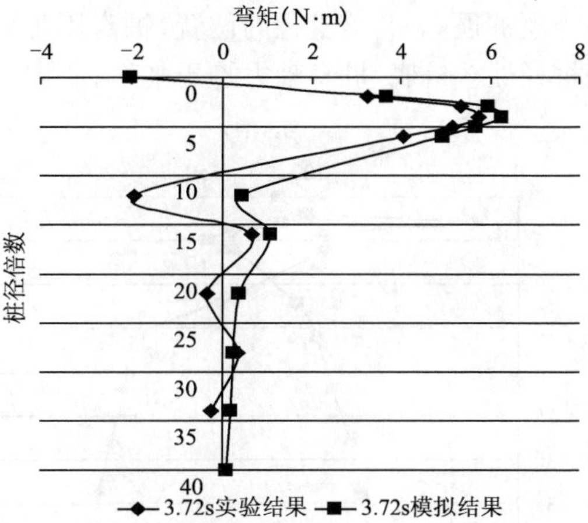

h)LWD-0.15g桩身弯矩变化曲线图

弯矩(N·m)

桩径倍数

—◆—0.792s实验结果 —■—0.792s模拟结果

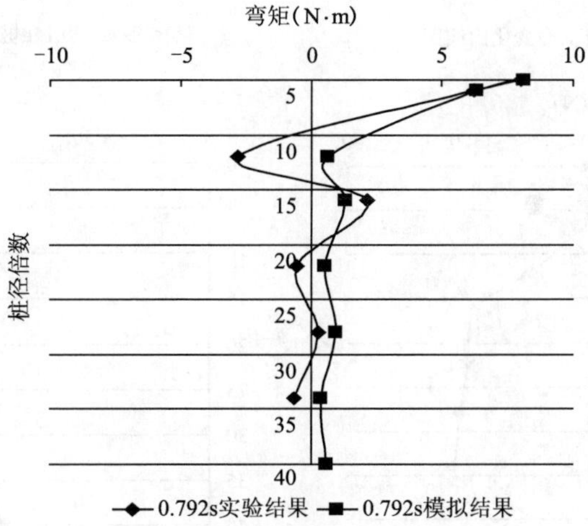

i)LWD-0.20g桩身弯矩变化曲线图

图 7-23　震波桩身弯矩模拟结果对比试验

7.3.4　桩身轴力

提取桩身测试点轴力值得到地震荷载作用下不同激振强度下桩身轴力递变规律，图 7-24 是地震波 EL 波、LWD 波作用及正弦波下试验值与模拟值对比结果。通过模拟结果可以发现：数值模拟的桩身轴力与实际测试结果在距离桩顶 12 倍桩径以下轴力变化较大，实验数值有增大趋势，模拟值逐渐趋于减小，在距离桩顶 20 倍桩径左右的位置实验值趋于平稳；而模拟值减小的趋势放慢，逐渐平稳。出现这种结果有两种原因：

(1)可能与试验装置有关，在实验开始时桩底直接坐在模型箱底面，使桩成为端承桩，造成桩身从距离桩顶 20 倍桩径左右到桩底内力不再向桩侧土体传递分配，而直接沿桩身传到了桩底。

(2)可能是在实验过程中，由于上部结构荷载和地震作用下产生的附加荷载过大，造成桩在实验开始瞬间发生了刺入破坏，也造成桩底直接作用在模型箱底面，最终受力同(1)过程。

数值模拟的过程桩身没有发生以上两种情况，所以数值模拟轴力产生最大应变的位置约为距离桩顶5～6倍桩径的位置；桩身附加轴力在桩上部变化较复杂，向下呈减小趋势，从20倍桩径处至桩底，桩身轴力趋于平稳。

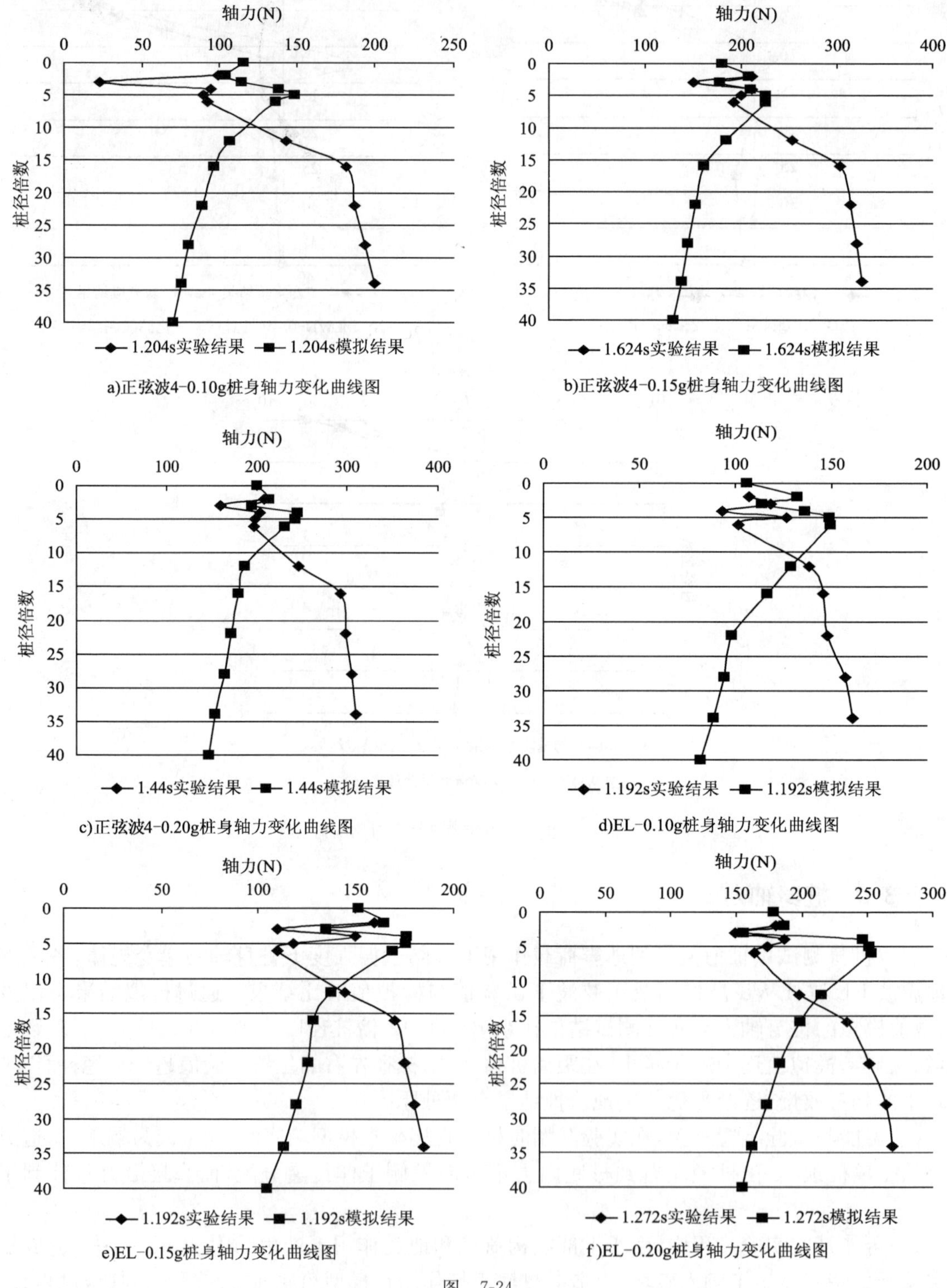

图 7-24

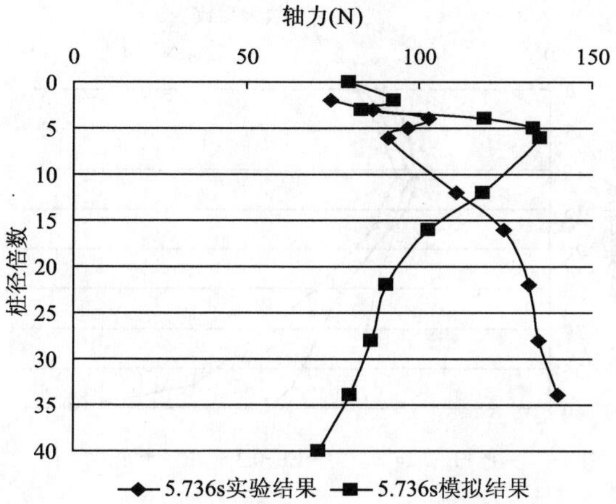

轴力(N)

桩径倍数

◆ 5.736s实验结果　■ 5.736s模拟结果

g)LWD-0.10g桩身轴力变化曲线图

轴力(N)

桩径倍数

◆ 3.72s实验结果　■ 3.72s模拟结果

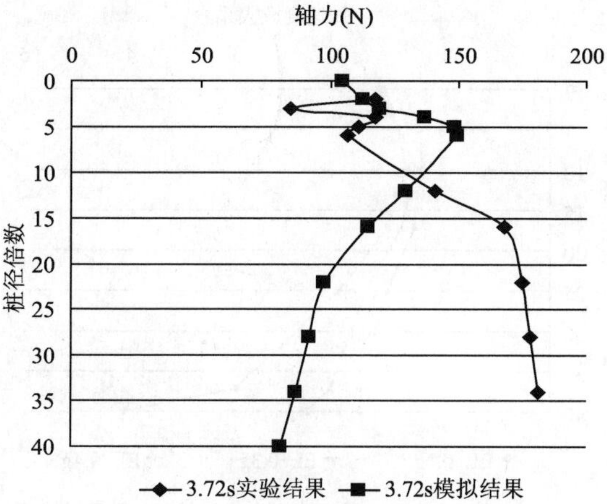

h)LWD-0.15g桩身轴力变化曲线图

轴力(N)

桩径倍数

◆ 0.792s实验结果　■ 0.792s模拟结果

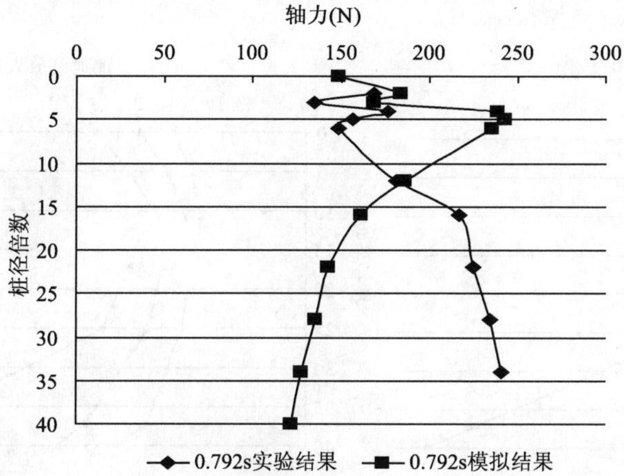

i)LWD-0.20g桩身轴力变化曲线图

图 7-24　地震波桩身轴力模拟结果对比试验

7.4　双桩承台抗震试验数值模拟分析

7.4.1　地震加速度峰值放大系数

由数值模型的模拟结果可以看出：

(1)双桩型的模型可以发现桩身加速度放大系数在一定深度(垂直振动方向的双桩模型为11倍桩径)内随着深度的增大而减小，在这个深度之下随着深度的增大而增大，平行振动方向的双桩模型为10倍桩径；

(2)桩身最大加速度放大系数出现在桩底部，随着桩数量的减少而增大；

(3)随着加载地震波加速度峰值的增大，桩身各位置的加速度放大系数减小，在桩底部这种变化最明显；对于同样地震荷载作用下，平行于振动方向桩体加速度峰值放大系数小于垂直于振动方向桩体加速度峰值放大系数(图 7-25)。

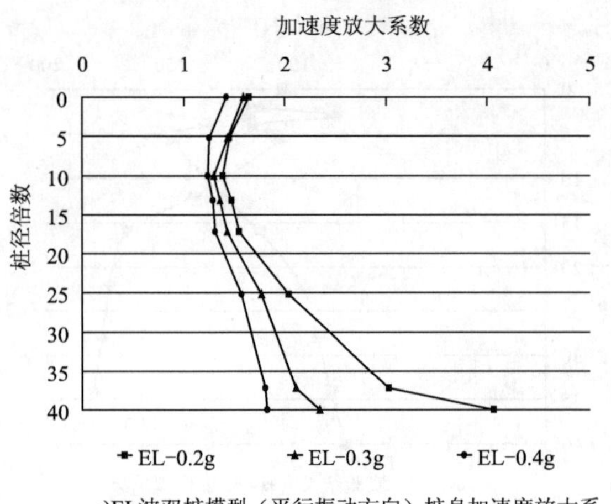

a)EL波双桩模型（平行振动方向）桩身加速度放大系数变化曲线图

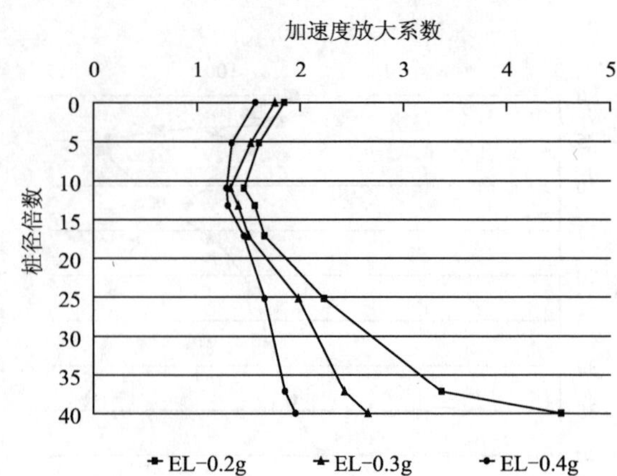

b)EL波双桩模型（垂直振动方向）桩身加速度放大系数变化曲线图

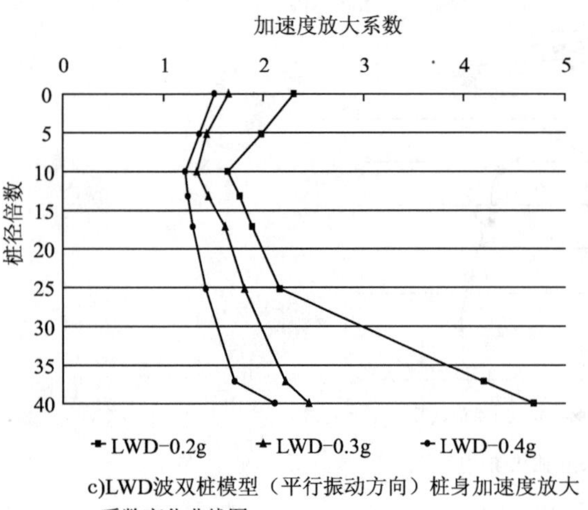

c)LWD波双桩模型（平行振动方向）桩身加速度放大系数变化曲线图

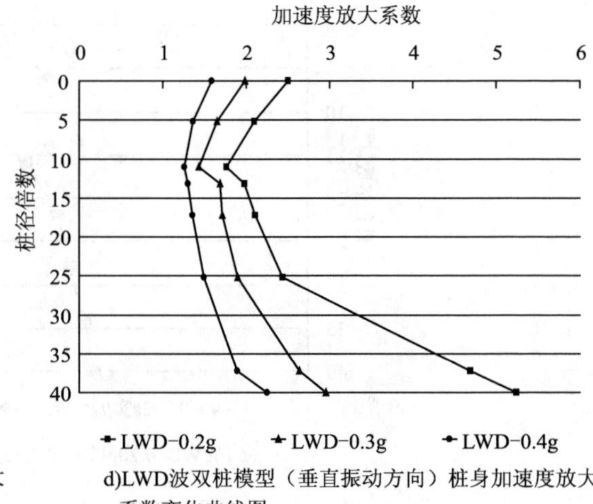

d)LWD波双桩模型（垂直振动方向）桩身加速度放大系数变化曲线图

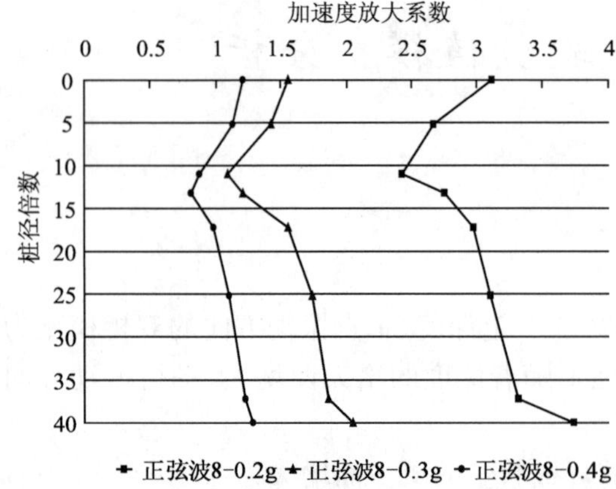

e)正弦波8Hz双桩模型（垂直振动方向）桩身加速度放大系数变化曲线图

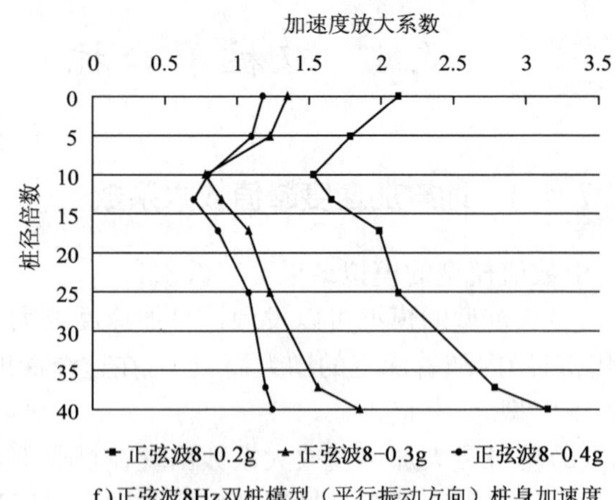

f)正弦波8Hz双桩模型（平行振动方向）桩身加速度放大系数变化曲线图

图 7-25

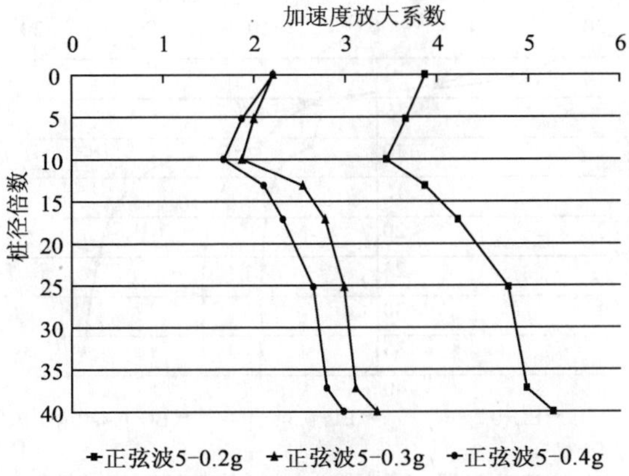

g)正弦波5Hz双桩模型（平行振动方向）桩身加速度放大系数变化曲线图

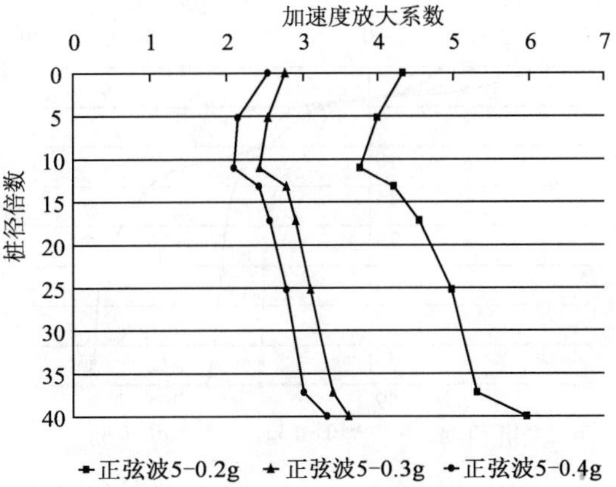

h)正弦波5Hz双桩模型（垂直振动方向）桩身加速度放大系数变化曲线图

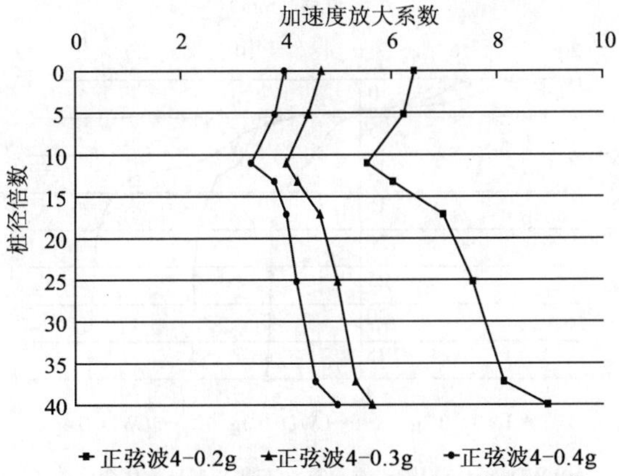

i)正弦波4Hz双桩模型（垂直振动方向）桩身加速度放大系数变化曲线图

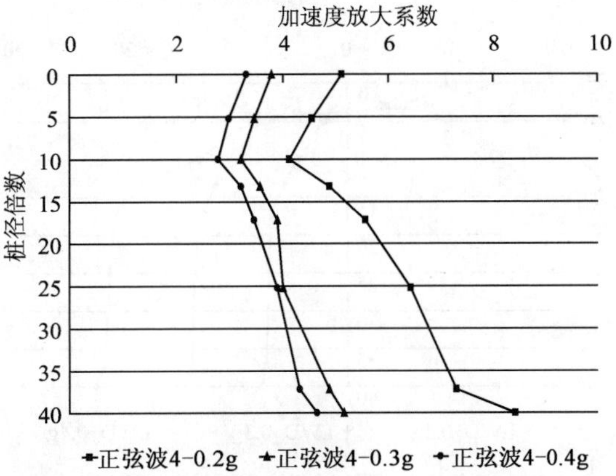

j)正弦波4Hz双桩模型（平行振动方向）桩身加速度放大系数变化曲线图

图 7-25　地震波不同加速度峰值作用下双桩基形式桩身位移结果

7.4.2　桩身位移

提取桩身测试点位移值得到各不同桩基形式下的桩身位移递变规律，由数值模型的测试结果可以看出：

(1)经数值模型计算分析得到的桩身位移都会出现反向位移的区间，双桩垂直振动方向的模型为桩顶到 4.5 倍桩径的位置，双桩平行振动方向的模型为桩顶到 4 倍桩径的位置；

(2)沿着桩身深度的增加桩身位移在逐步增大，在增加到一定深度时，(双桩垂直振动方向模型为 19 倍桩径，双桩平行振动方向模型为 17.5 倍桩径)呈现出稳定的状态；

(3)桩身最大位移出现在桩底位置，桩顶处的位移不可忽略，对于同一种桩基类型来说，桩身位移随着施加地震波加速度峰值的提高而增大，EL 波的反应大于 LWD 波反应；在同样地震荷载作用下，平行于振动方向布置的桩体位移值小于垂直于振动方向布置的桩体(图 7-26)。

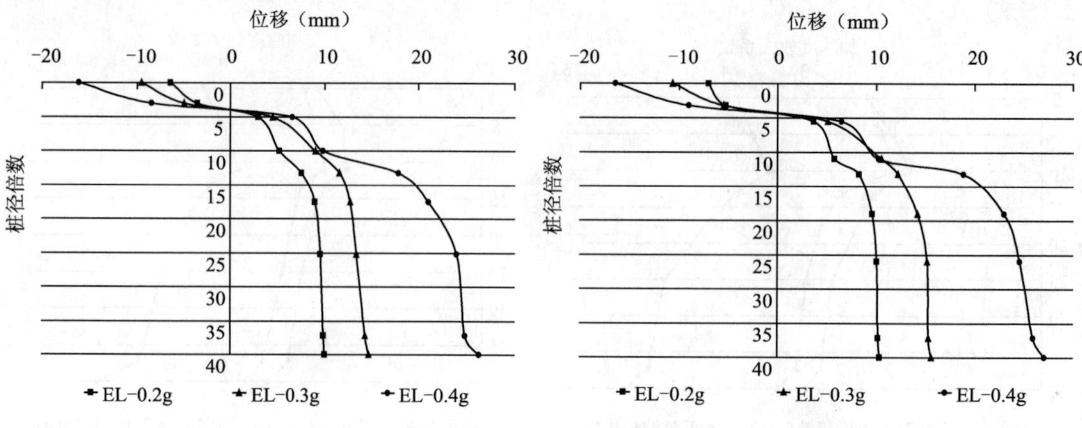

a)EL波双桩模型（平行振动方向）桩身位移变化曲线图

b)EL波双桩模型（垂直振动方向）桩身位移变化曲线图

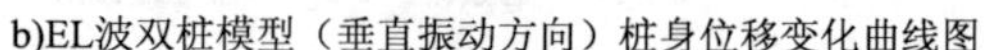

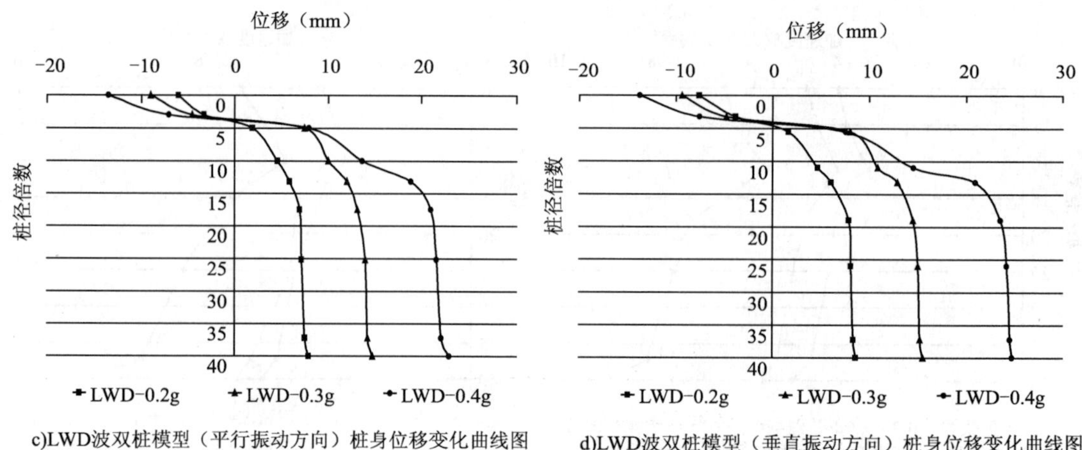

c)LWD波双桩模型（平行振动方向）桩身位移变化曲线图

d)LWD波双桩模型（垂直振动方向）桩身位移变化曲线图

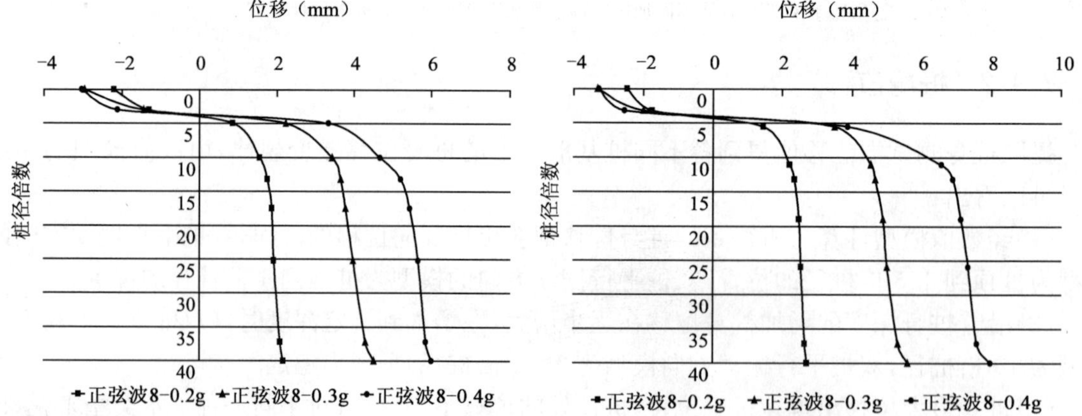

e)正弦波8Hz双桩模型（平行振动方向）桩身位移变化曲线图

f)正弦波8Hz双桩模型（垂直振动方向）桩身位移变化曲线图

图 7-26

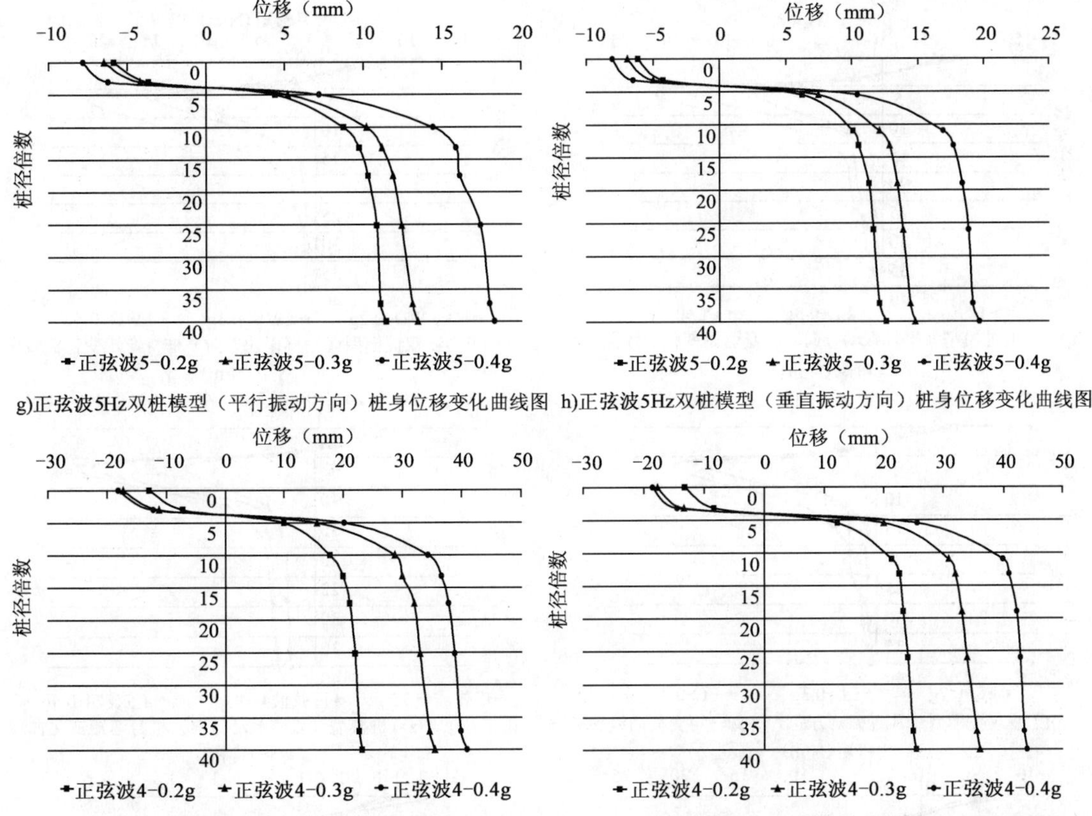

图 7-26　地震波不同加速度峰值作用下不同桩基形式桩身位移结果

7.4.3　桩身弯矩

数值模拟中提取桩身测试点弯矩值得到各不同桩基形式下的桩身弯矩递变规律，地震荷载作用下的桩身弯矩结果如图 7-27、图 7-28 所示，计算得到应变云图(图 7-17、图 7-18)。通过模拟结果可以发现：

(1)地震作用下弯矩沿桩身的分布规律可以看出，在桩身上部出现负弯矩，双桩垂直振动方向模型出现在桩顶到 3.3 倍桩径范围，双桩平行振动方向模型出现在桩顶到 3.2 倍桩径范围；

(2)各不同桩型出现最大弯矩的位置不同，双桩垂直振动方向模型为 6.5 倍桩径处，双桩平行振动方向模型为 6 倍处；

(3)地震作用下各桩型开裂区范围出现的位置也不同，双桩垂直振动方向模型为 4.5 倍桩径到 11.5 倍桩径处，双桩平行振动方向模型为 4.5 倍桩径到 10.5 倍桩径处；

(4)地震作用下各桩型出现破坏区的范围也不同，双桩平行振动方向模型为 4.8 倍桩径到 7.8倍桩径处，双桩垂直振动方向模型为 5.2 倍桩径到 8.9 倍桩径处；

(5)同一桩型中，随着地震波加速度峰值的增大，桩顶弯矩值、桩身最大弯矩值在增加，EL 波作用下的弯矩反应比 LWD 波的大，平行于振动方向布置的桩型桩身弯矩值要小于垂直于振动方向布置的桩型。

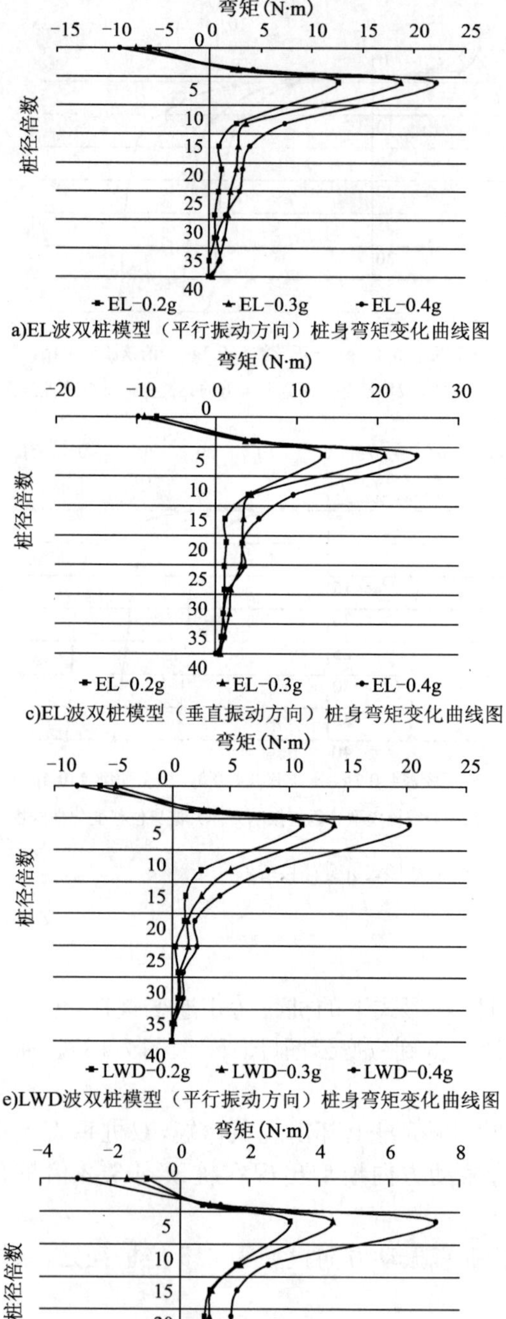

a)EL波双桩模型（平行振动方向）桩身弯矩变化曲线图

c)EL波双桩模型（垂直振动方向）桩身弯矩变化曲线图

e)LWD波双桩模型（平行振动方向）桩身弯矩变化曲线图

g)正弦波8Hz双桩模型（垂直振动方向）桩身弯矩变化曲线图

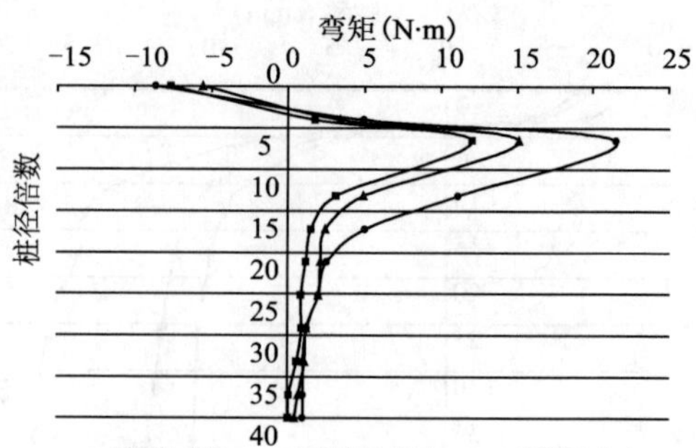

b)LWD波双桩模型（垂直振动方向）桩身弯矩变化曲线图

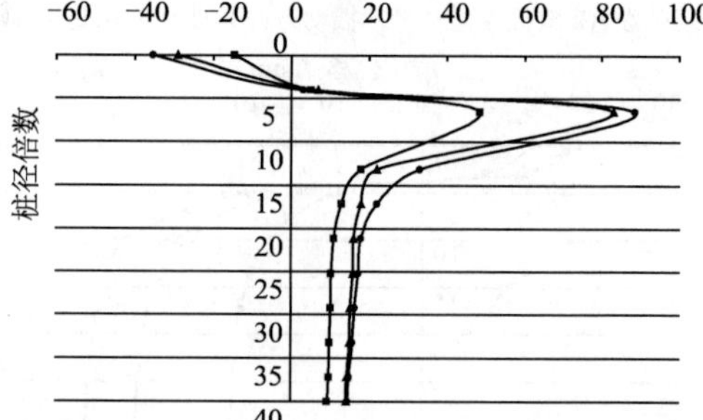

d)正弦波4Hz双桩模型（垂直振动方向）桩身弯矩变化曲线图

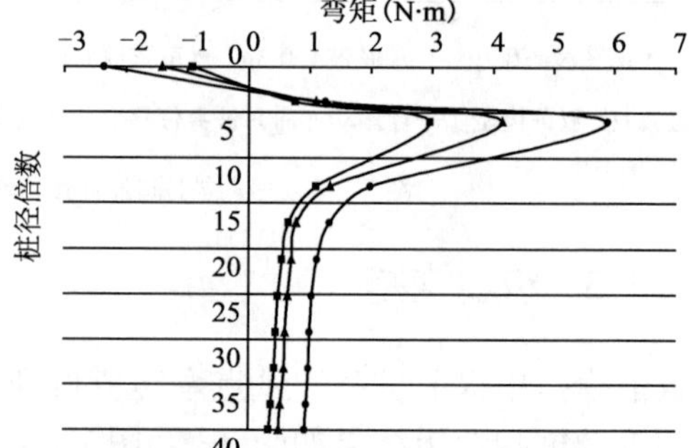

f)正弦波8Hz双桩模型（平行振动方向）桩身弯矩变化曲线图

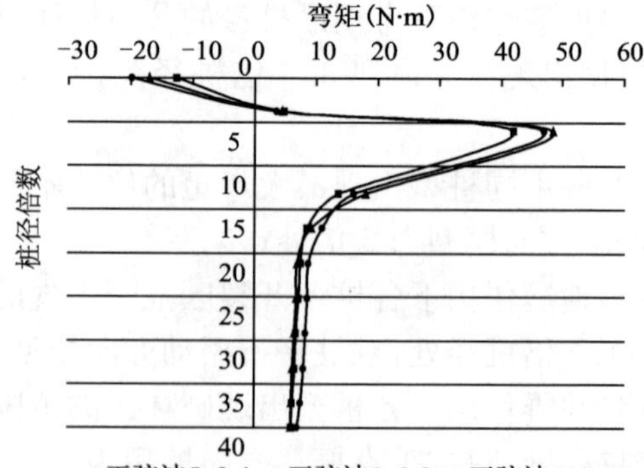

h)正弦波5Hz双桩模型（平行振动方向）桩身弯矩变化曲线图

图 7-27

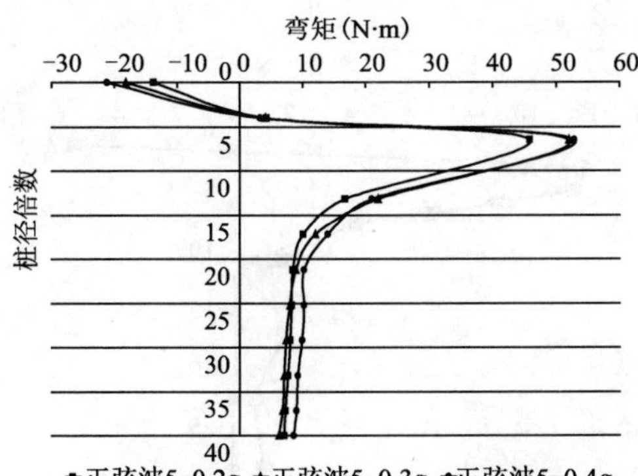

i)正弦波5Hz双桩模型（垂直振动方向）桩身弯矩变化曲线图

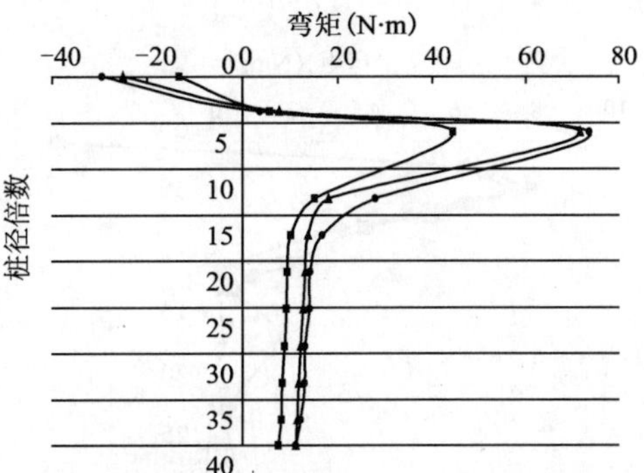

j)正弦波4Hz双桩模型（平行振动方向）桩身弯矩变化曲线图

图 7-27　地震波不同加速度峰值作用下不同桩基形式桩身弯矩

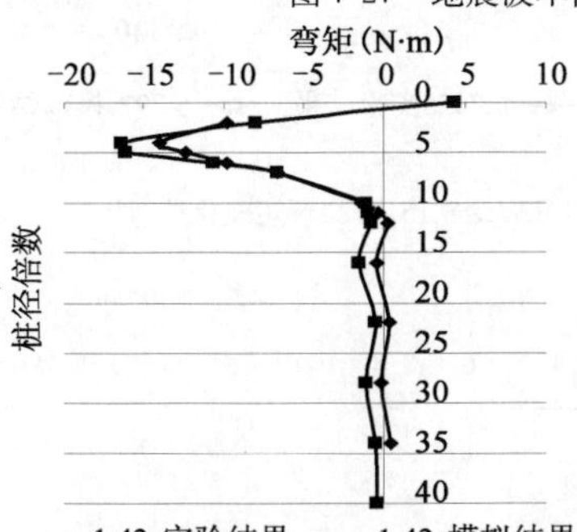

a)正弦波4Hz-0.10g桩身弯矩变化曲线图

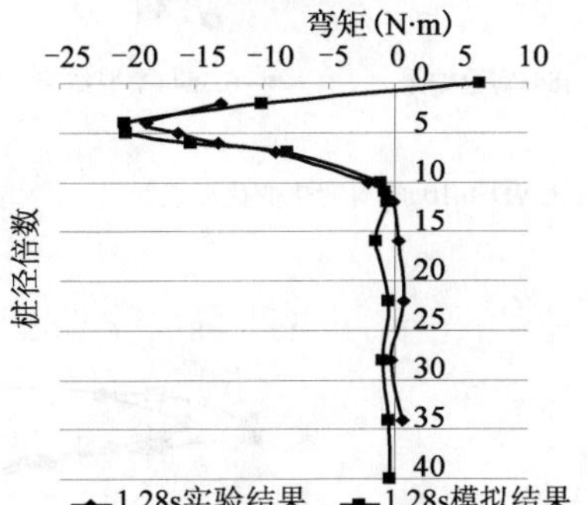

b)正弦波4Hz-0.15g桩身弯矩变化曲线图

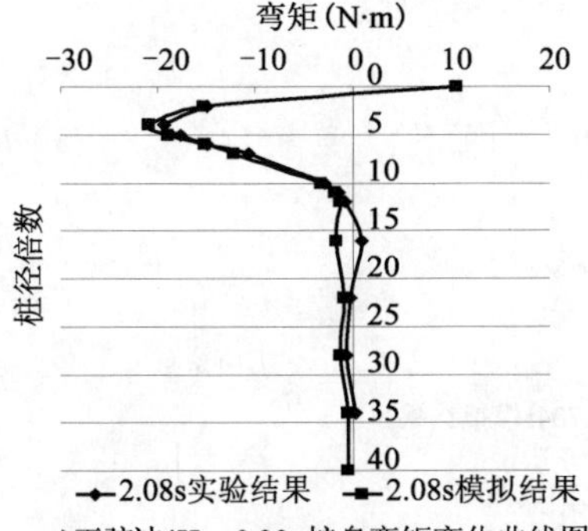

c)正弦波4Hz-0.20g桩身弯矩变化曲线图

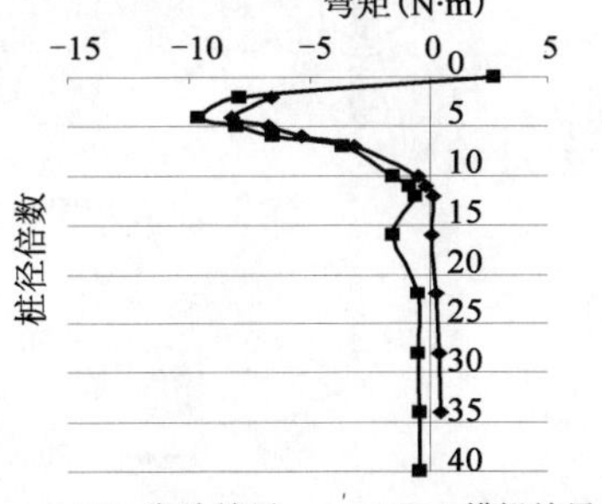

d)EL-0.10g桩身弯矩变化曲线图

弯矩(N·m)

-15 -10 -5 0 5 10

桩径倍数

0 5 10 15 20 25 30 35 40

1.28s实验结果 1.28s模拟结果

e)EL-0.15g桩身弯矩变化曲线图

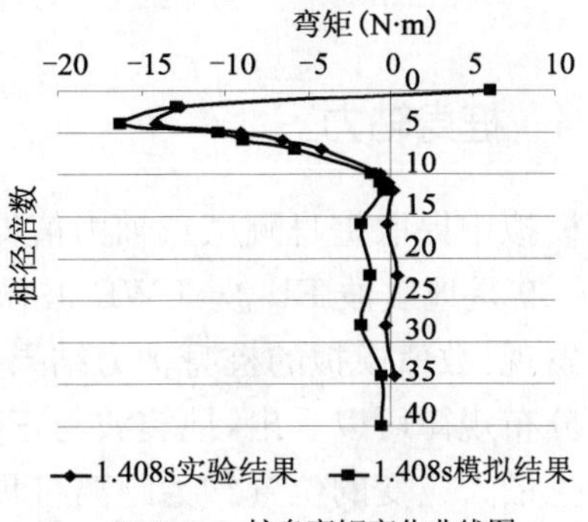

f)EL-0.2g桩身弯矩变化曲线图

图　7-28

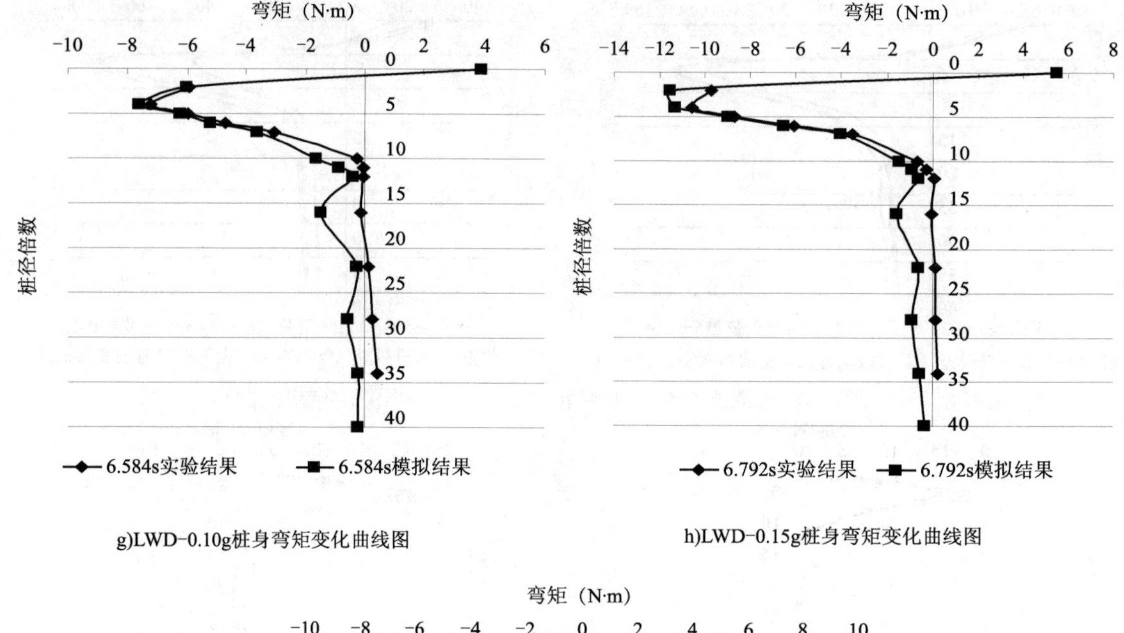

g)LWD-0.10g桩身弯矩变化曲线图

h)LWD-0.15g桩身弯矩变化曲线图

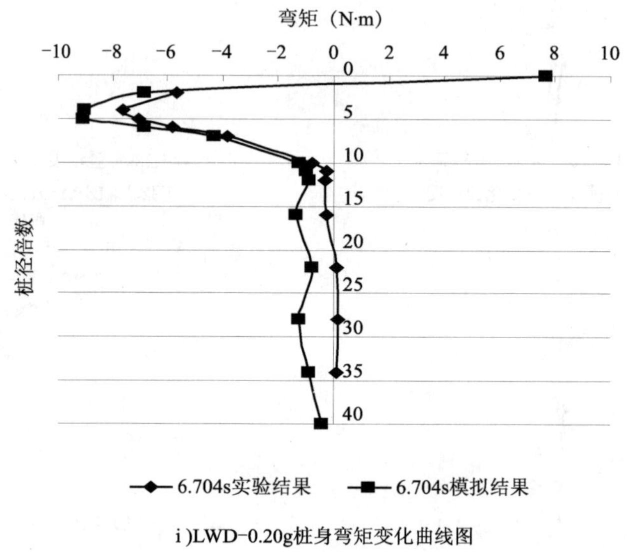

i)LWD-0.20g桩身弯矩变化曲线图

图 7-28　地震波桩身弯矩模拟结果对比试验结果

7.4.4　桩身轴力

数值模拟中提取桩身测试点轴力值得到地震荷载作用下不同激振强度下的桩身轴力递变规律，图 7-29 是地震波 EL 波、LWD 波作用及正弦波下试验值与模拟值对比结果。通过模拟结果可以发现：数值模拟的桩身轴力结果要比实际测试值大，但基本吻合；从地震作用下轴力沿桩身的分布规律可以看出，地震波与正弦波作用下的桩身轴力分布规律基本相同，双桩桩身的轴力产生最大应变的位置约为距离桩顶 5～6 倍桩径的位置；桩身附加轴力在桩上部变化较复杂，向下呈增大趋势，从 20 倍桩径处至桩底桩身轴力趋于平稳。

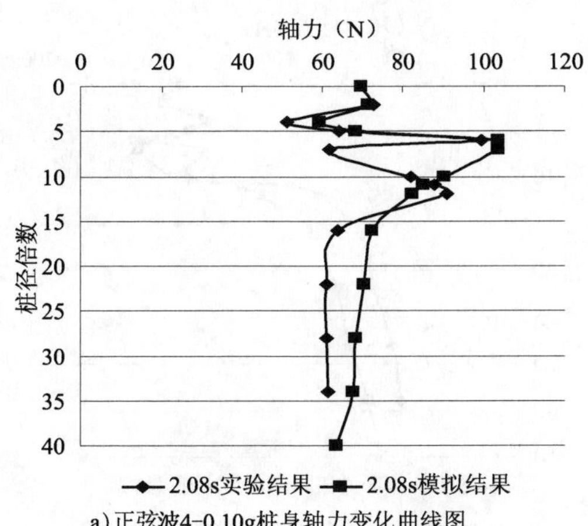

a)正弦波4-0.10g桩身轴力变化曲线图

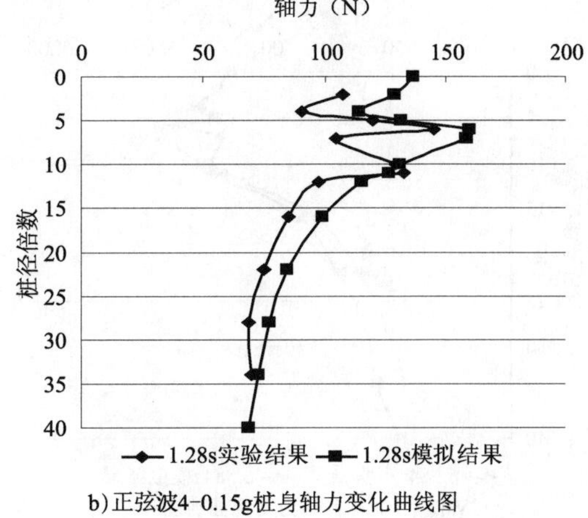

b)正弦波4-0.15g桩身轴力变化曲线图

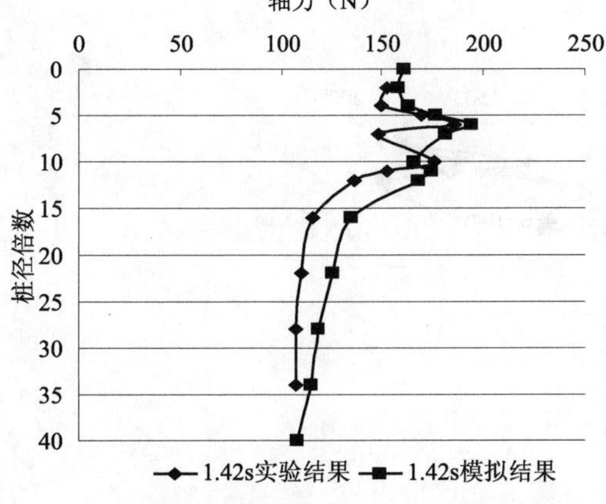

c)正弦波4-0.2g桩身轴力变化曲线图

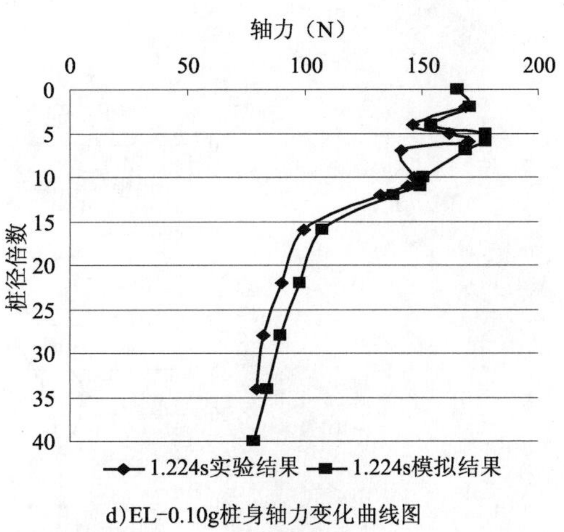

d)EL-0.10g桩身轴力变化曲线图

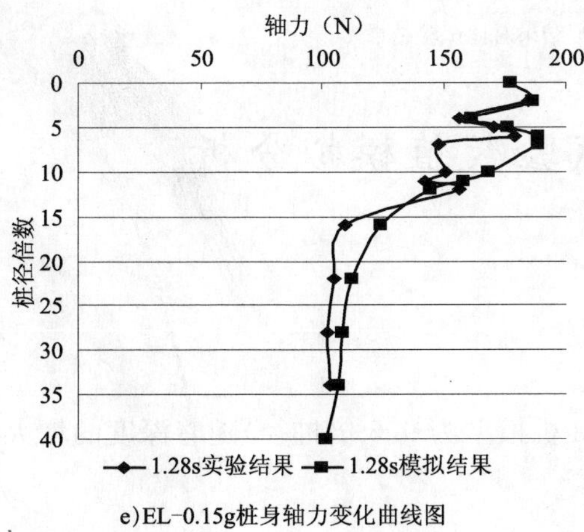

e)EL-0.15g桩身轴力变化曲线图

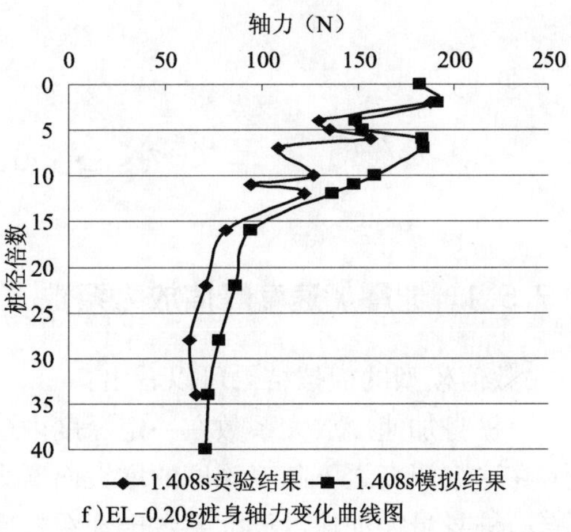

f)EL-0.20g桩身轴力变化曲线图

图　7-29

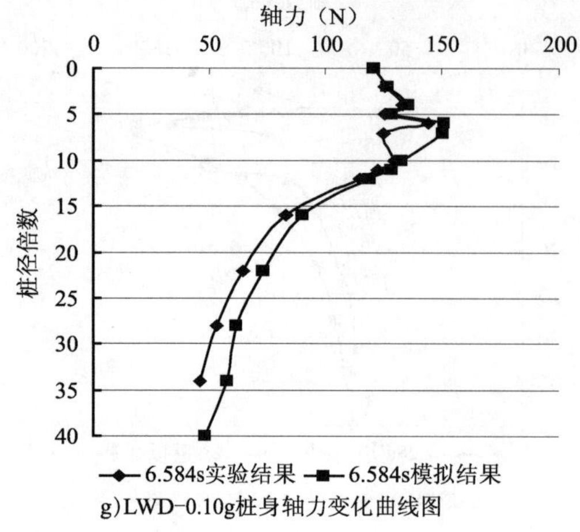

g)LWD-0.10g桩身轴力变化曲线图

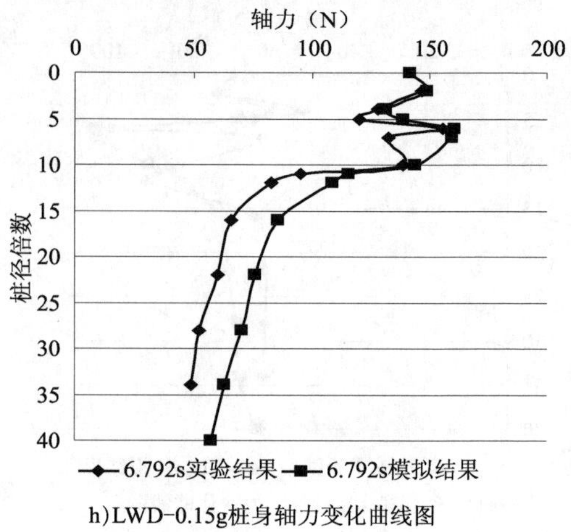

h)LWD-0.15g桩身轴力变化曲线图

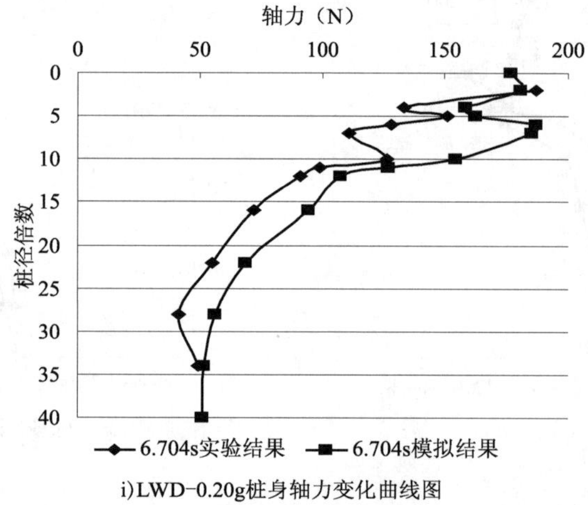

i)LWD-0.20g桩身轴力变化曲线图

图 7-29　地震波桩身轴力模拟结果对比试验结果

7.5　三桩承台抗震试验数值模拟分析

7.5.1　地震加速度峰值放大系数

由数值模型的模拟结果可以看出：

(1)桩身加速度放大系数在一定深度内(对于 3 桩模型为 9.5 倍桩径)随着深度的增大而减小，在这个深度之下随着深度的增大而增大；

(2)桩身最大加速度放大系数出现在桩底部；

(3)对于同一桩型模型来说，随着加载地震波加速度峰值的增大桩身各位置的加速度放大系数减小，在桩底部这种变化最明显(图 7-30)。

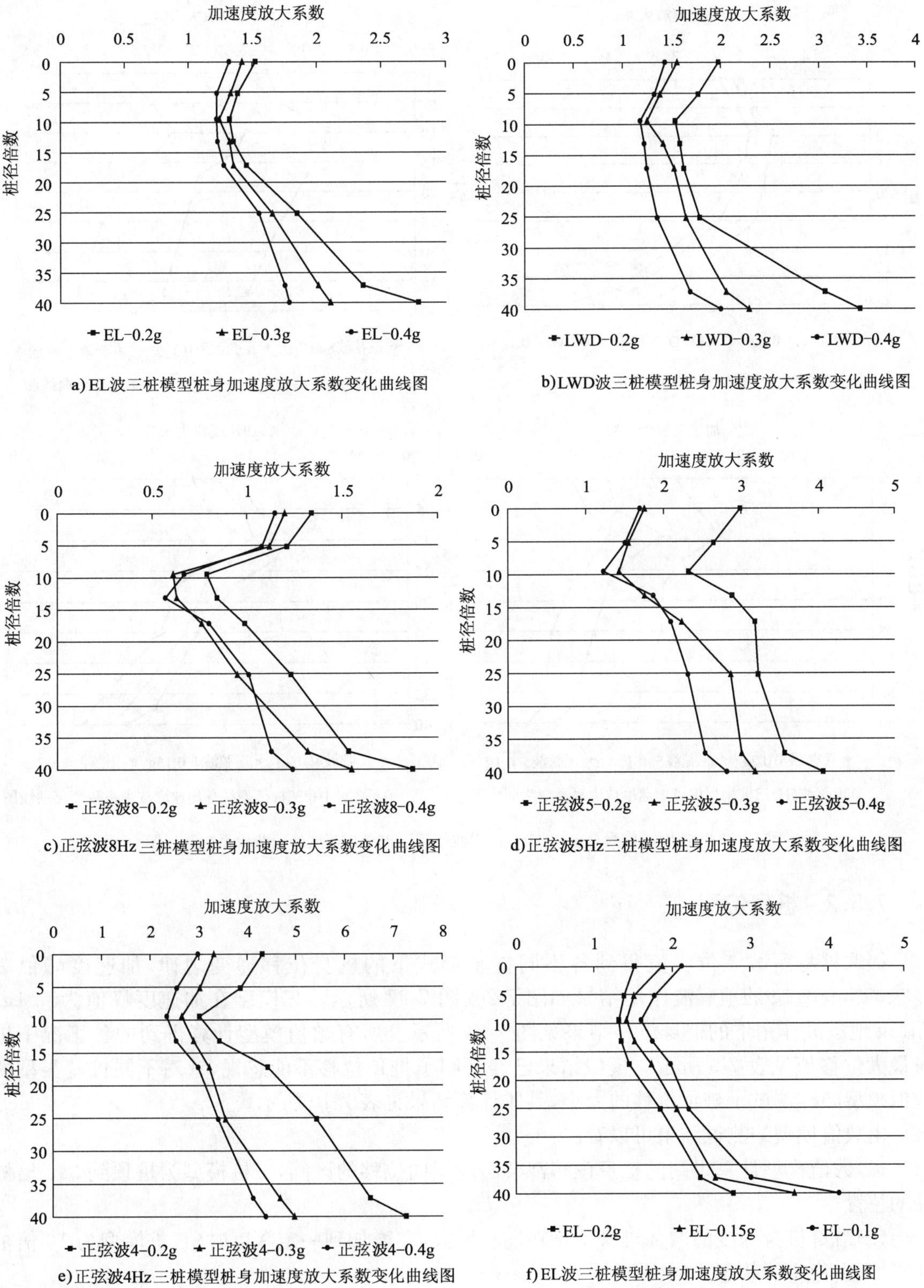

a) EL波三桩模型桩身加速度放大系数变化曲线图

b) LWD波三桩模型桩身加速度放大系数变化曲线图

c) 正弦波8Hz三桩模型桩身加速度放大系数变化曲线图

d) 正弦波5Hz三桩模型桩身加速度放大系数变化曲线图

e) 正弦波4Hz三桩模型桩身加速度放大系数变化曲线图

f) EL波三桩模型桩身加速度放大系数变化曲线图

图　7-30

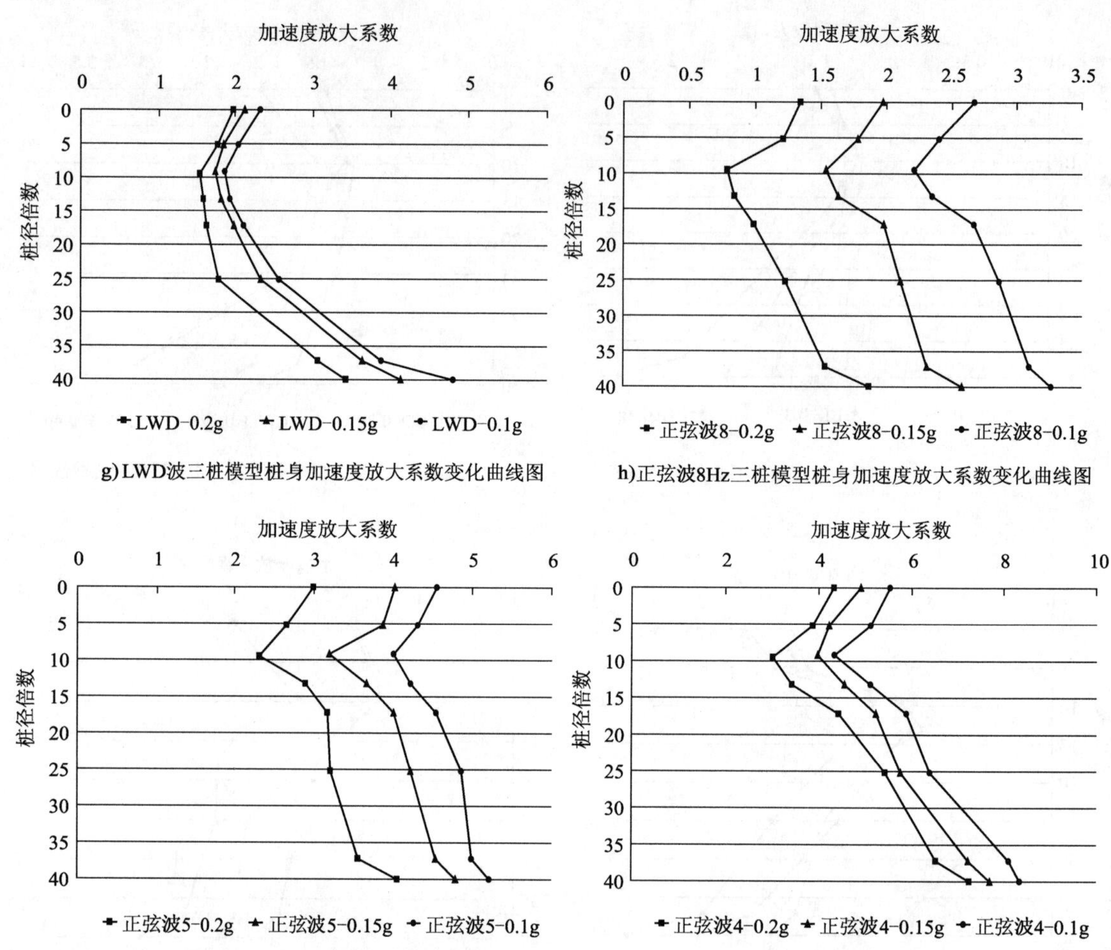

图 7-30　加速度峰值为 0.1g、0.15g 地震波作用下桩身加速度峰值放大系数对比图

7.5.2　桩身位移

提取桩身测试点位移值得到各不同桩基形式下的桩身位移递变规律，加速度峰值为 0.2g、0.3g、0.4g 的地震波作用结果如图 7-26、图 7-27 所示。三模型在加速度峰值为 0.1g、0.15g 地震波作用下的桩身位移结果见图 7-31 所示。所有数值模型计算得到的各工况下桩身最大位移值见表 7-9 所示。模拟结果已经证明了桩顶位移不能忽视，针对不同桩基类型的数值模型同样测试了桩顶位移的大小，具体计算结果见表 7-10 所示。

由数值模型的测试结果可以看出：

(1)数值模型计算得到的桩身位移都会出现反向位移的区间，三桩模型为桩顶到 3.5 倍桩径的位置；

(2)沿着桩身深度的增加桩身位移在逐步增大，在增加到一定深度时(三桩模型为 16 倍桩径)呈现出稳定的状态；

(3)桩身最大位移出现在桩底位置，桩顶处的位移不可忽略，对于同一种桩基类型来说，桩身位移随着施加地震波加速度峰值的提高而增大，EL 波的反应大于 LWD 波反应。

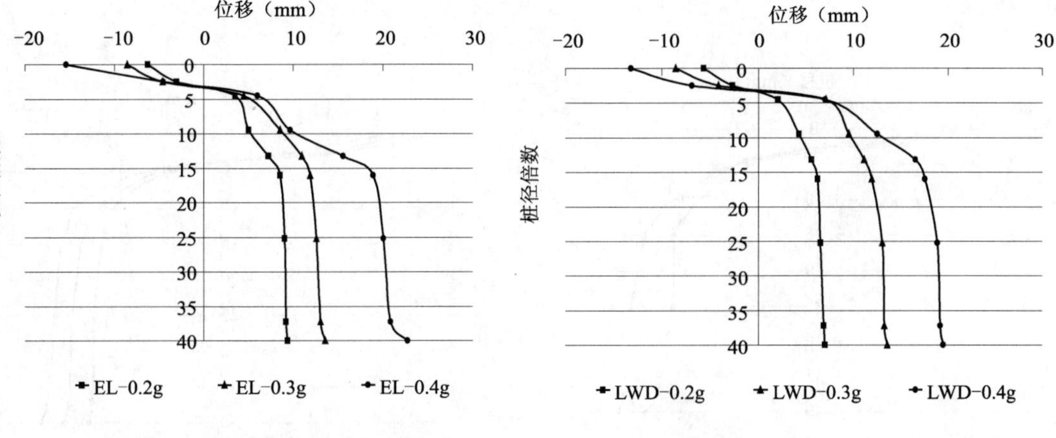

a)EL波三桩模型桩身位移变化曲线图

b)LWD波三桩模型桩身位移变化曲线图

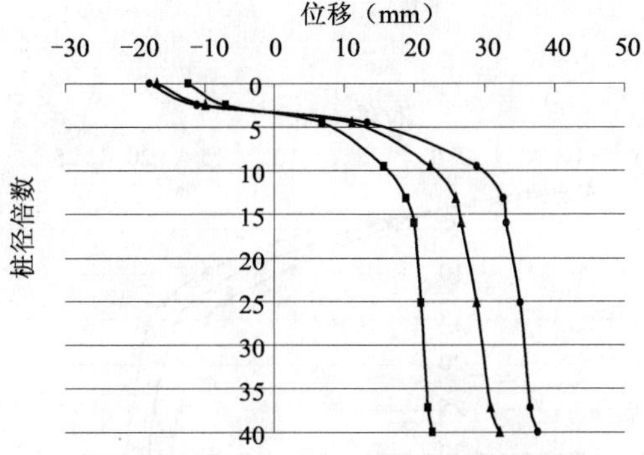

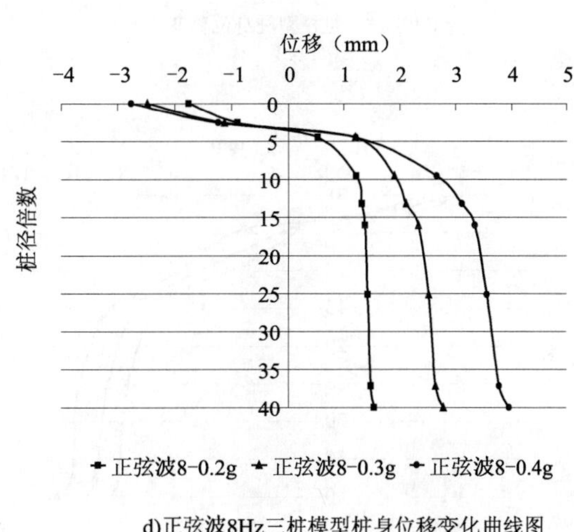

c)正弦波4Hz三桩模型桩身位移变化曲线图

d)正弦波8Hz三桩模型桩身位移变化曲线图

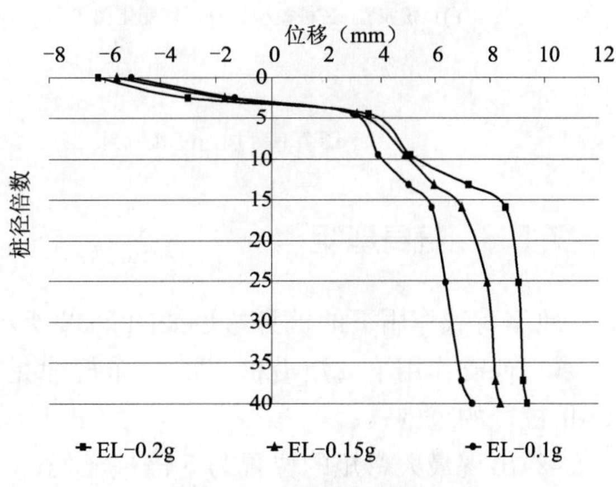
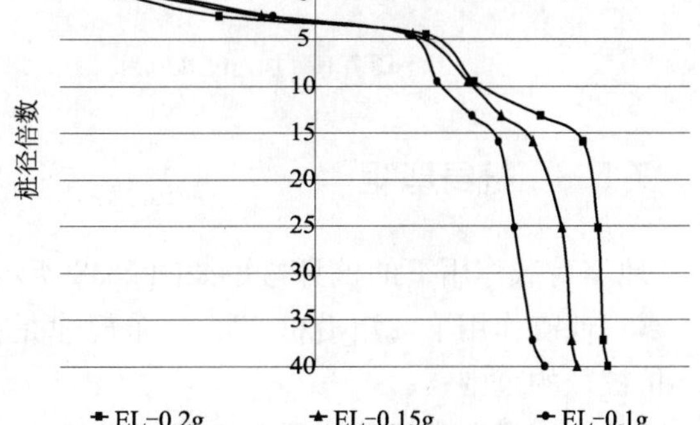

e)正弦波5Hz三桩模型桩身位移变化曲线图

f)EL波三桩模型桩身位移变化曲线图

图 7-31

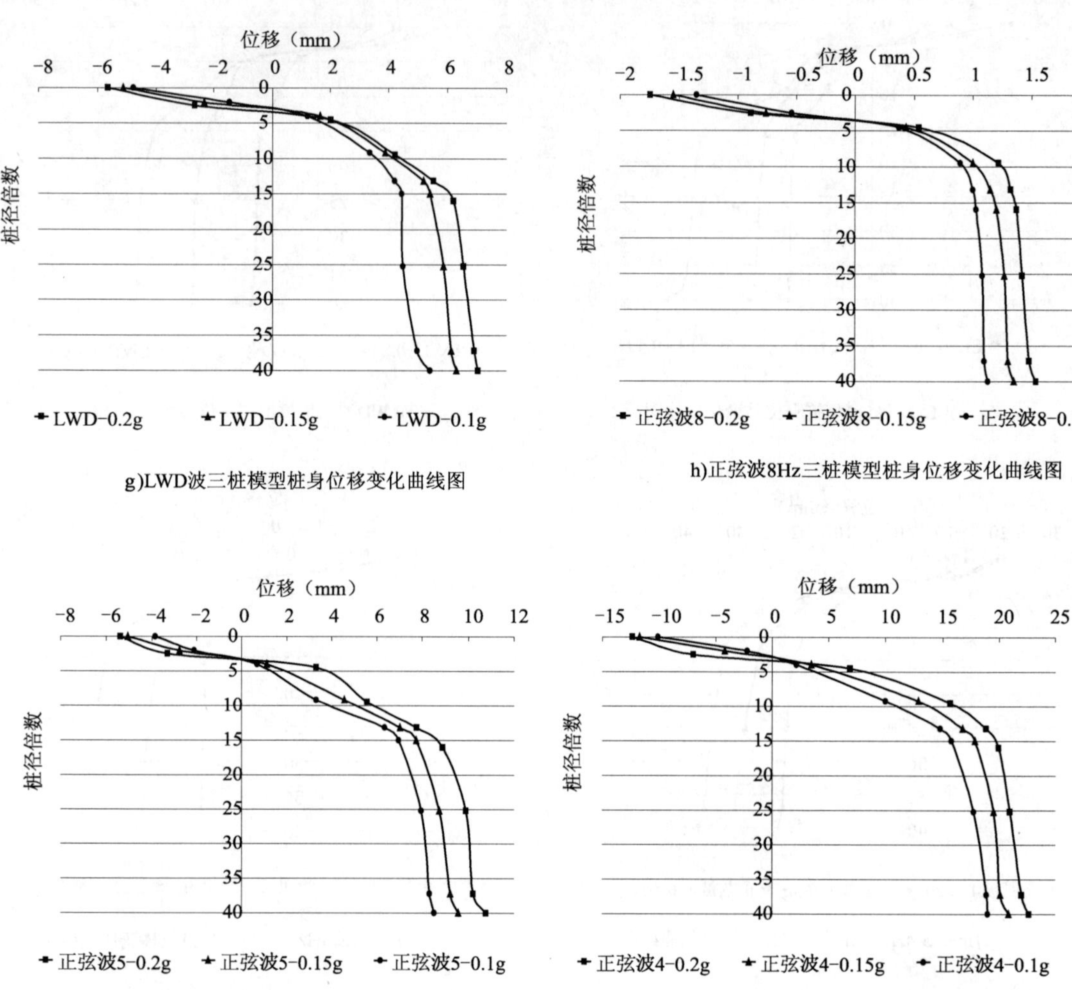

g)LWD波三桩模型桩身位移变化曲线图

h)正弦波8Hz三桩模型桩身位移变化曲线图

i)正弦波5Hz三桩模型桩身位移变化曲线图

j)正弦波4Hz三桩模型桩身位移变化曲线图

图 7-31　加速度峰值为 0.1g、0.15g 地震波作用下桩身位移对比图

7.5.3　桩身弯矩

地震荷载作用下的桩身弯矩如图 7-32 所示，通过模拟结果可以发现：

(1)地震作用下弯矩沿桩身的分布规律是桩身上部出现负弯矩，3 桩模型出现在桩顶到 2.5倍桩径的范围；

(2)出现最大弯矩的位置为 5 倍桩径处；

(3)地震作用下桩开裂区范围在 4 倍桩径到 9 倍桩径之间，但是没有出现破坏区；

(4)同一桩型中，随着地震波加速度峰值的增大，桩顶弯矩值、桩身最大弯矩值在增加，EL 波作用下的弯矩反应比 LWD 波的大。

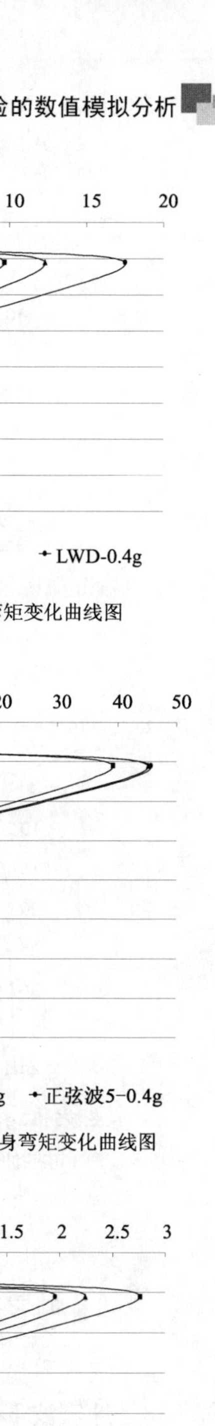

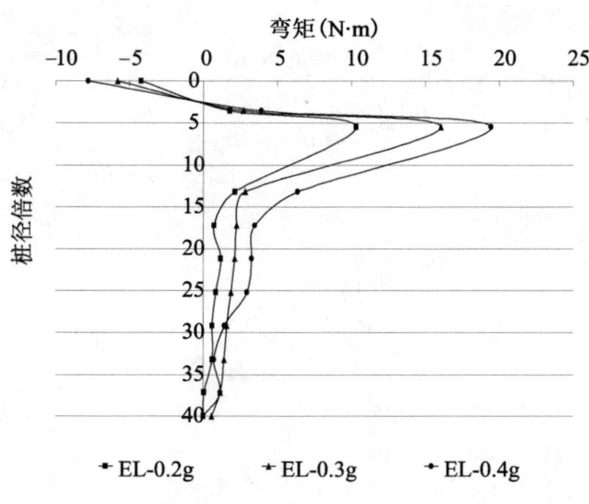

a)EL波三桩模型桩身弯矩变化曲线图

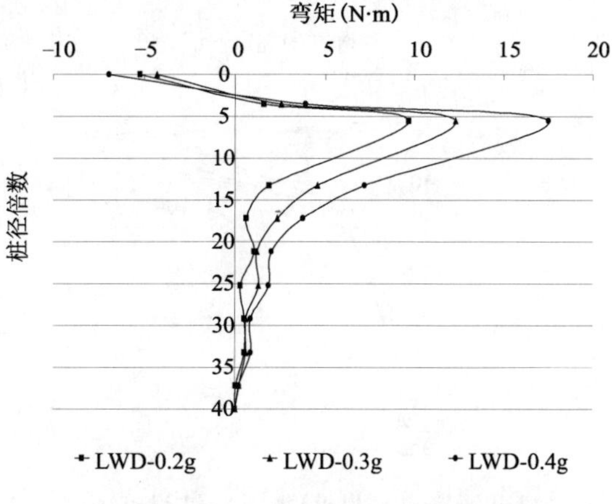

b)LWD波三桩模型桩身弯矩变化曲线图

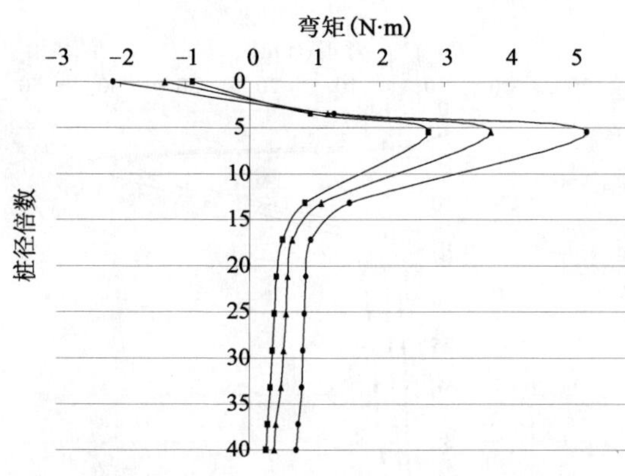

c)正弦波8Hz三桩模型桩身弯矩变化曲线图

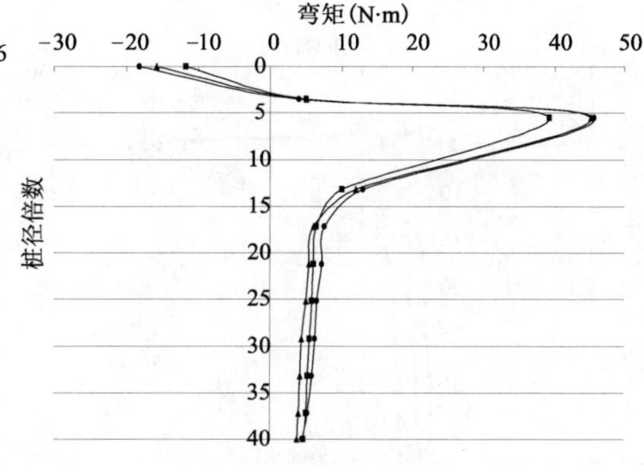

d)正弦波5Hz三桩模型桩身弯矩变化曲线图

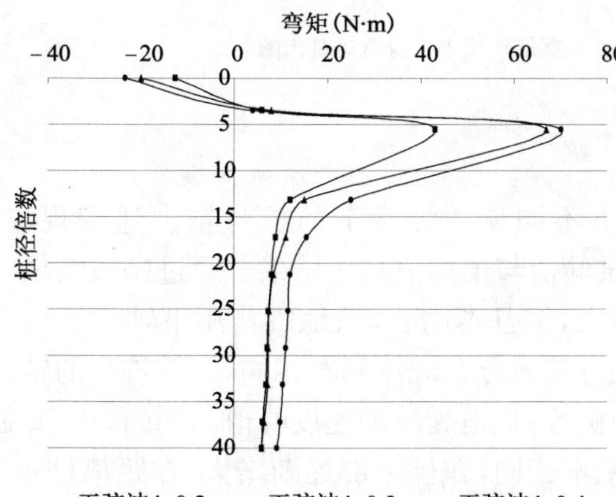

e)正弦波4Hz三桩模型桩身弯矩变化曲线图

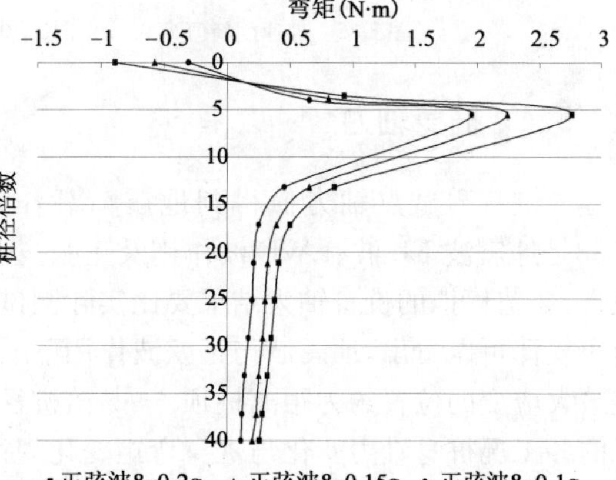

f)正弦波8Hz三桩模型桩身弯矩变化曲线图

图　7-32

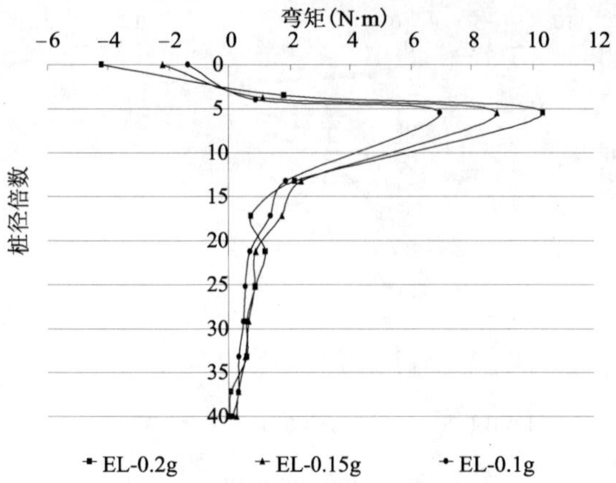

弯矩(N·m)
桩径倍数

EL-0.2g　EL-0.15g　EL-0.1g

g)EL波三桩模型桩身弯矩变化曲线图

弯矩(N·m)
桩径倍数

LWD-0.2g　LWD-0.15g　LWD-0.1g

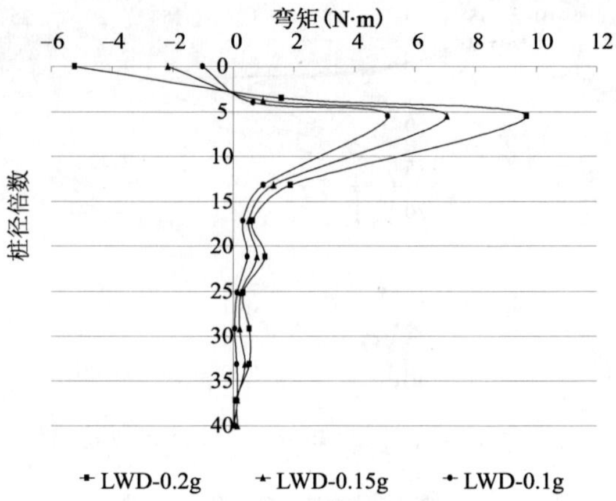

h)LWD波三桩模型桩身弯矩变化曲线图

弯矩(N·m)
桩径倍数

正弦波5-0.2g　正弦波5-0.15g　正弦波5-0.1g

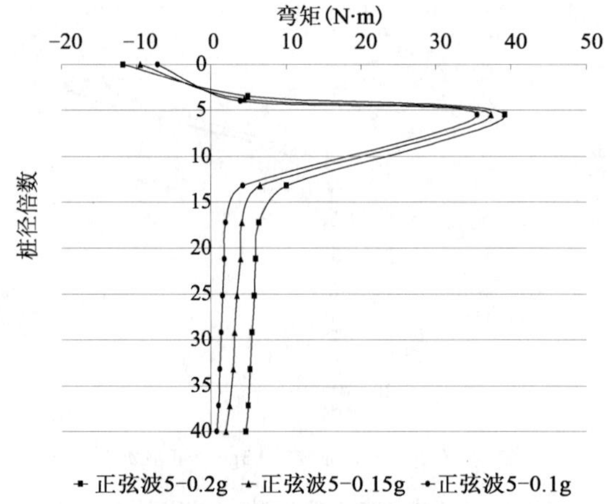

i)正弦波5Hz三桩模型桩身弯矩变化曲线图

弯矩(N·m)
桩径倍数

正弦波4-0.2g　正弦波4-0.15g　正弦波4-0.1g

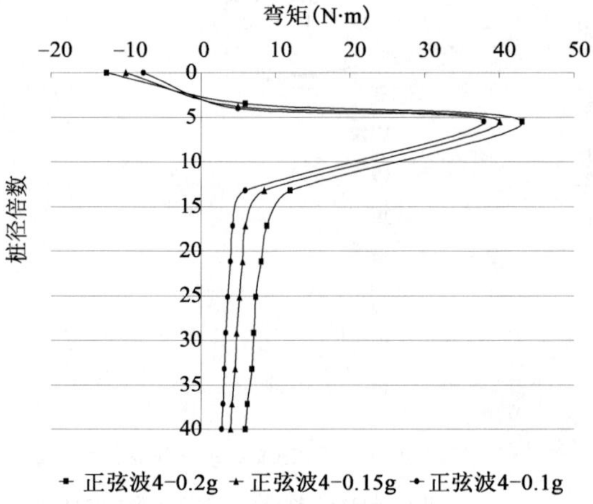

j)正弦波4Hz三桩模型桩身弯矩变化曲线图

图 7-32　加速度峰值为 0.1g、0.15g、0.20g 地震波作用下桩身弯矩对比图

7.5.4　桩身轴力

提取桩身测试点轴力值得到地震荷载作用下不同激振强度下的桩身轴力递变规律，图 7-33是地震波 EL 波、LWD 波作用及正弦波下试验值与模拟值对比结果。通过模拟结果可以发现：数值模拟的桩身轴力结果要比实际测试值大，但基本吻合；从地震作用下轴力沿桩身的分布规律可以看出，地震波与正弦波作用下的桩身轴力分布规律基本相同，三桩桩身的轴力产生最大应变的位置约为距离桩顶 4～5 倍桩径的位置；在地震波加速度峰值 0.2g 和 0.3g 强度下的各工况桩身轴力变化与桩身弯矩变化规律基本相同，在桩上部逐渐增大，在距离桩顶 4 倍桩径的拐点开始沿桩身向下呈减小趋势，从 20 倍桩径处至桩底桩身轴力趋于平稳；在加速度峰值 0.4g 强度下，各工况的桩身轴力在距离桩顶 17 倍桩径的位置以下出现了拉力，分析其原因可能是模型在强度大的地震波作用下上部结构发生了摇摆，致使下部桩体有向上运动的趋势。

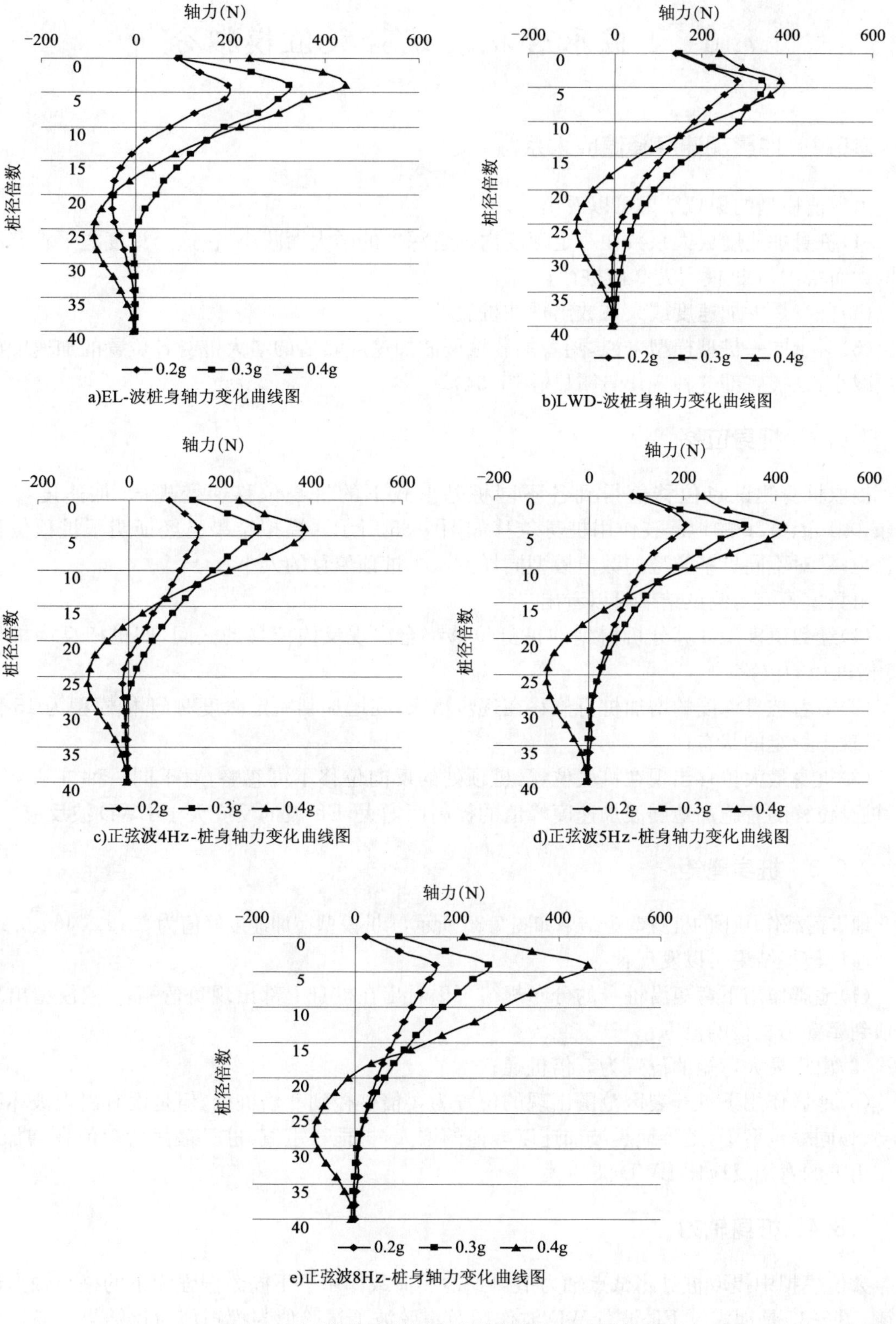

轴力(N)
-200 0 200 400 600
桩径倍数
0 5 10 15 20 25 30 35 40
0.2g 0.3g 0.4g

a)EL-波桩身轴力变化曲线图

轴力(N)
-200 0 200 400 600
桩径倍数
0 5 10 15 20 25 30 35 40
0.2g 0.3g 0.4g

b)LWD-波桩身轴力变化曲线图

轴力(N)
-200 0 200 400 600
桩径倍数
0 5 10 15 20 25 30 35 40
0.2g 0.3g 0.4g

c)正弦波4Hz-桩身轴力变化曲线图

轴力(N)
-200 0 200 400 600
桩径倍数
0 5 10 15 20 25 30 35 40
0.2g 0.3g 0.4g

d)正弦波5Hz-桩身轴力变化曲线图

轴力(N)
-200 0 200 400 600
桩径倍数
0 5 10 15 20 25 30 35 40
0.2g 0.3g 0.4g

e)正弦波8Hz-桩身轴力变化曲线图

图 7-33　地震波作用下桩身轴力模拟结果对比试验结果

7.6 4桩承台抗震试验数值模拟分析

7.6.1 地震加速度峰值放大系数

由数值模型的模拟结果可以看出：

(1)桩身加速度放大系数在一定深度内随着深度的增大而减小，在这个深度之下随着深度的增大而增大，4桩模型为9倍桩径；

(2)桩身最大加速度放大系数出现在桩底部；

(3)对于同一桩型模型来说，随着加载地震波加速度峰值的增大桩身各位置的加速度放大系数减小，在桩底部这种变化最明显(图7-34)。

7.6.2 桩身位移

提取桩身测试点位移值得到各不同桩基形式下的桩身位移递变规律，加速度峰值为0.1g、0.15g、0.2g的地震波作用桩身位移如图7-35所示。模拟结果已经证明了桩顶位移不能忽视，针对不同桩基类型的数值模型同样测试了桩顶位移的大小。

由数值模型的测试结果可以看出：

(1)经数值模型计算分析得到的桩身位移都会出现反向位移的区间，四桩模型为桩顶到2.5倍桩径的位置；

(2)沿着桩身深度的增加桩身位移在逐步增大，在增加到一定深度时(4桩模型为15倍桩径)呈现出稳定的状态；

(3)桩身最大位移出现在桩底位置，桩顶处的反向位移不可忽略，对于同一种桩基类型来说，桩身位移随着施加地震波加速度峰值的提高而增大，EL波的反应大于LWD波反应。

7.6.3 桩身弯矩

地震荷载作用下的桩身弯矩结果如图7-36所示，4桩模型在加速度峰值为0.1g、0.15g、0.2g。

通过模拟结果可以发现：

(1)地震作用下弯矩沿桩身的分布规律可以看出在桩身上部出现负弯矩，4桩模型出现在桩顶到2.5倍桩径的范围；

(2)出现最大弯矩的位置为5倍桩径；

(3)地震作用下桩开裂区范围出现的位置为4倍桩径到9倍桩径，但是没有出现破坏区；

(4)同一桩型中，随着地震波加速度峰值的增大，桩顶弯矩值、桩身最大弯矩值在增加，EL波作用下的弯矩反应比LWD波的大。

7.6.4 桩身轴力

数值模拟中提取桩身测试点轴力值得到地震荷载作用下不同激振强度下的桩身轴力递变规律，图7-37是地震波EL波、LWD波作用及正弦波下试验值与模拟值对比结果。通过模拟结果可以发现：数值模拟的桩身轴力要比实际测试值大；从地震作用下轴力沿桩身的分布规律

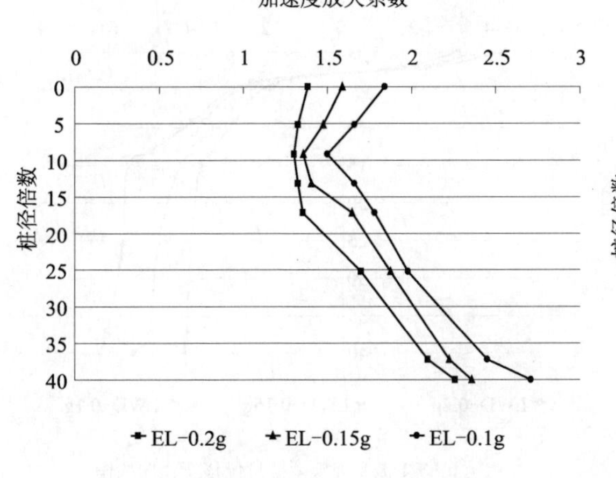

a)EL波4桩模型桩身加速度放大系数变化曲线图

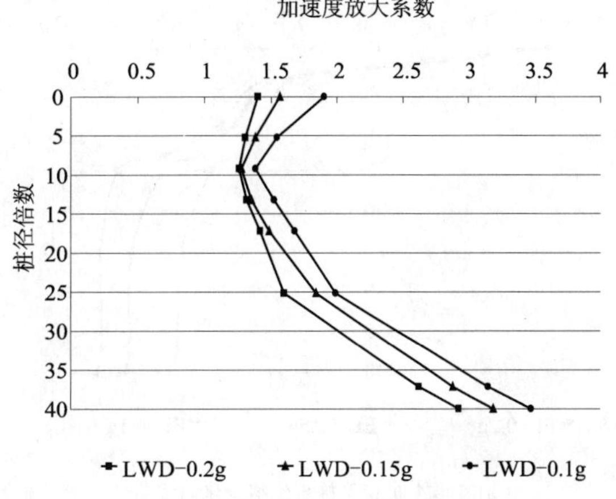

b)LWD波4桩模型桩身加速度放大系数变化曲线图

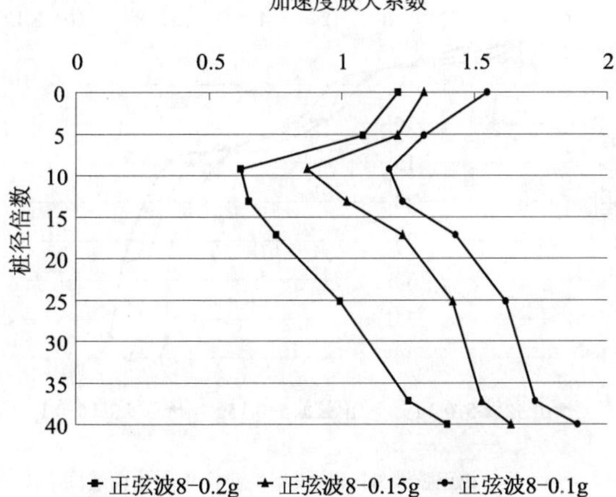

c)正弦波8Hz4桩模型桩身加速度放大系数变化曲线图

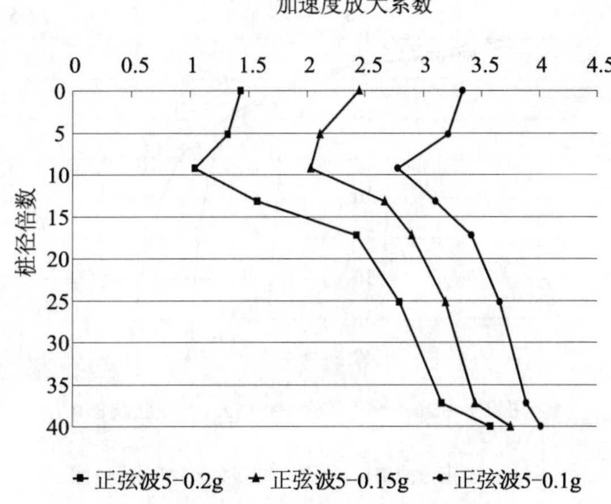

d)正弦波5Hz4桩模型桩身加速度放大系数变化曲线图

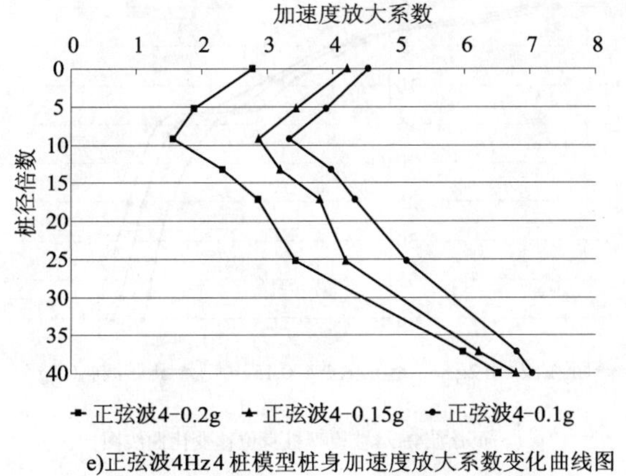

e)正弦波4Hz4桩模型桩身加速度放大系数变化曲线图

图7-34　地震波不同加速度峰值作用下4桩基形式桩身加速度放大系数

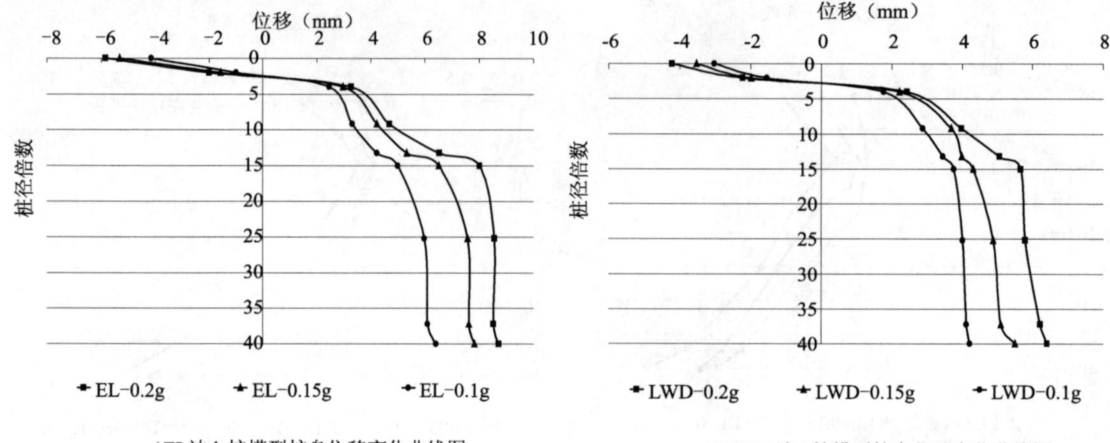

a)EL波4 桩模型桩身位移变化曲线图

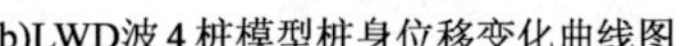

b)LWD波4桩模型桩身位移变化曲线图

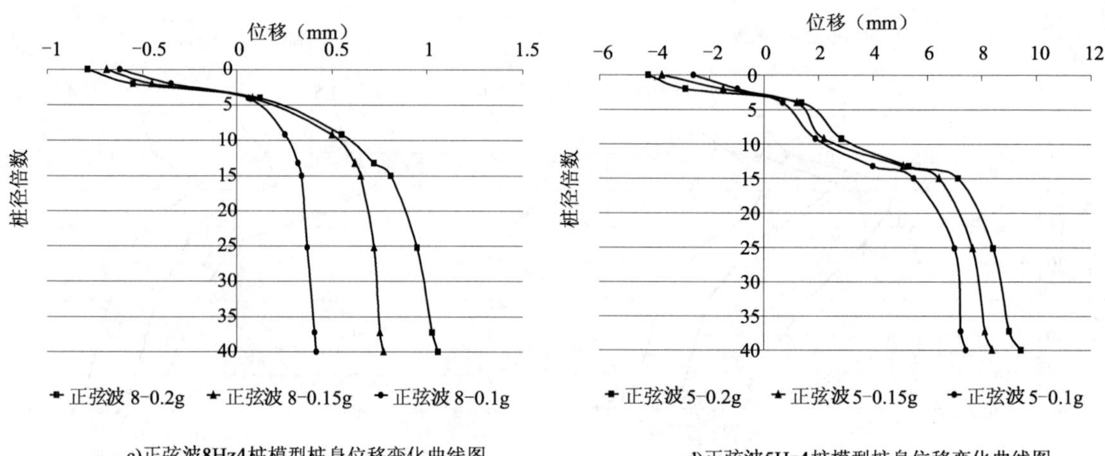

c)正弦波8Hz4桩模型桩身位移变化曲线图

d)正弦波5Hz4桩模型桩身位移变化曲线图

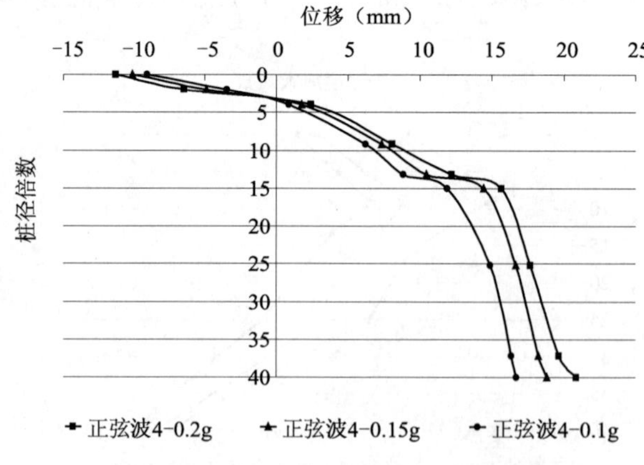

e)正弦波4Hz4桩模型桩身位移变化曲线图

图 7-35　地震波不同加速度峰值作用下不同桩基形式桩身位移

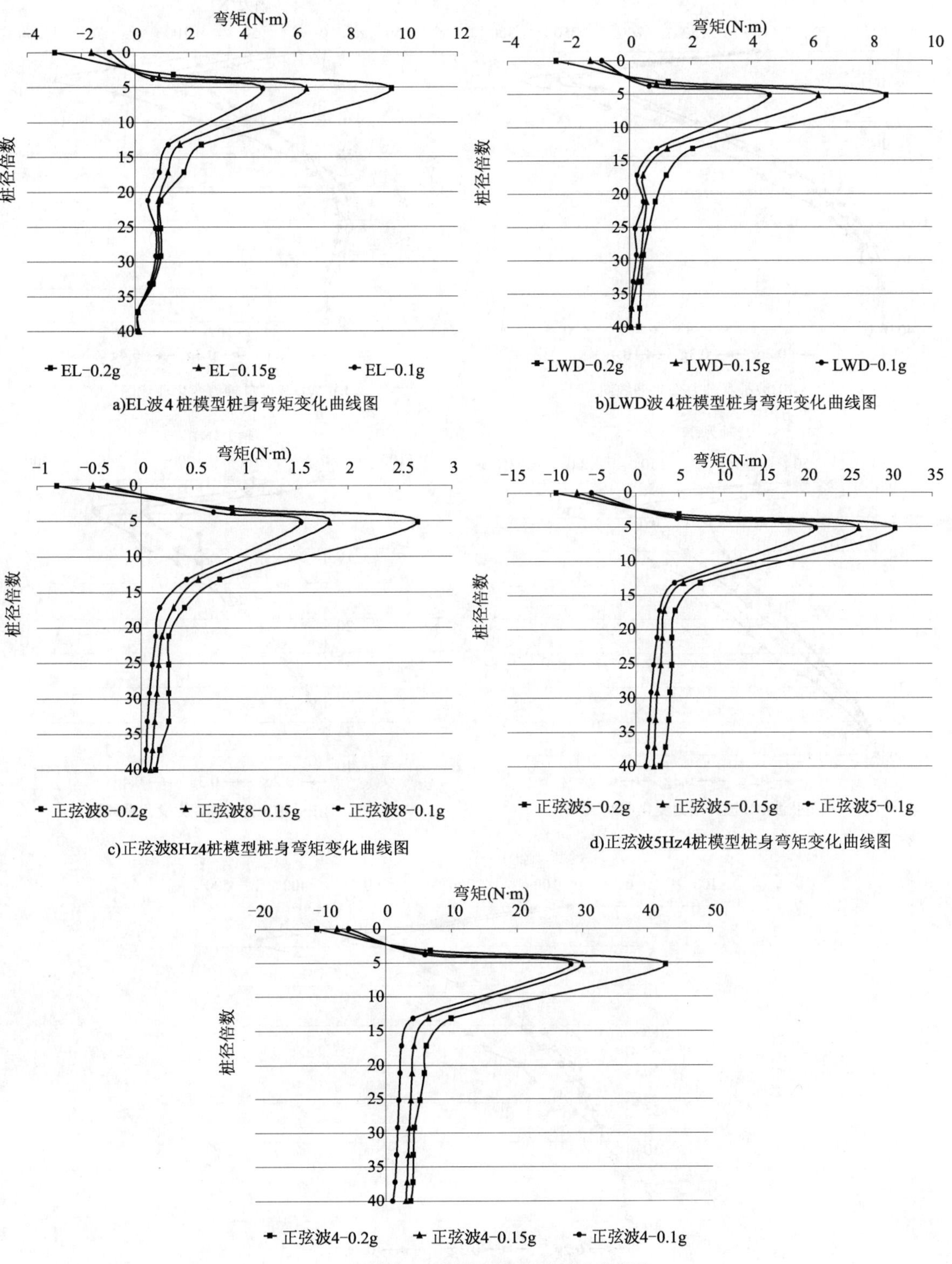

a)EL波4桩模型桩身弯矩变化曲线图

b)LWD波4桩模型桩身弯矩变化曲线图

c)正弦波8Hz4桩模型桩身弯矩变化曲线图

d)正弦波5Hz4桩模型桩身弯矩变化曲线图

e)正弦波4Hz4桩模型桩身弯矩变化曲线图

图7-36　正弦波作用下不同桩基形式桩身弯矩对比图

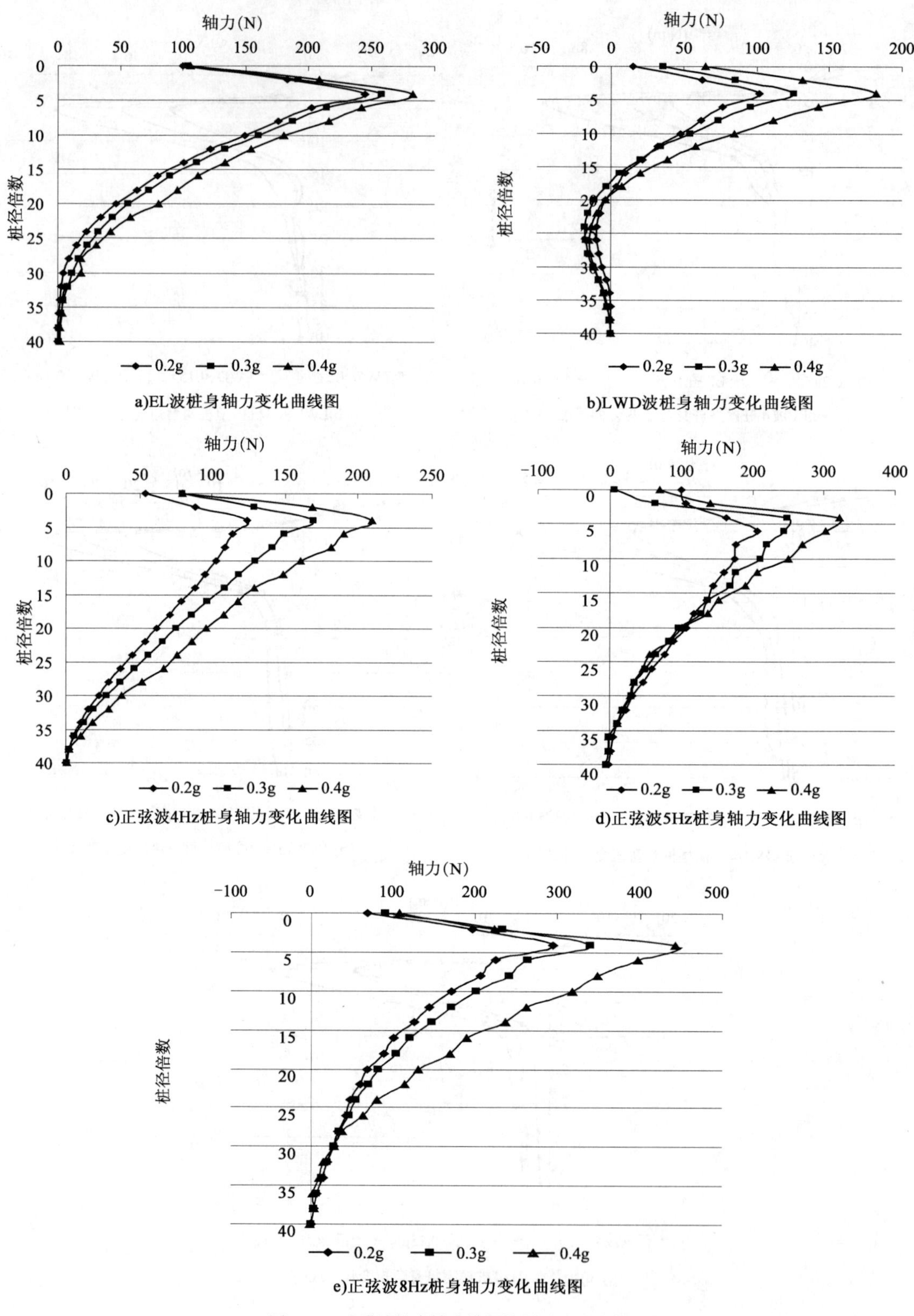

a)EL波桩身轴力变化曲线图

b)LWD波桩身轴力变化曲线图

c)正弦波4Hz桩身轴力变化曲线图

d)正弦波5Hz桩身轴力变化曲线图

e)正弦波8Hz桩身轴力变化曲线图

图 7-37　地震波桩身轴力模拟结果对比试验结果

可以看出，地震波与正弦波作用下的桩身轴力分布规律基本相同，4 桩桩身的轴力产生的最大应变位置约在距离桩顶 4～5 倍桩径的位置；桩身轴力在桩顶到距离桩顶 4～5 倍桩径的区域沿桩身向下逐渐增大，在 5 倍桩径以下到桩底区域桩身轴力沿桩身在不断减小，在桩底附近区域轴力几乎很小。4 桩的轴力变化规律同桩身弯矩变化类似。各工况下的轴力随着地震波加速度数值的增大而增大。

在振动台试验数值模型基础上，通过修改已建立的数值模型完成了改变桩基形式、不同加速度峰值地震波加载、修改桩身材料对预应力混凝土管桩抗震性能影响的讨论，通过数值模型的分析，不难发现：

(1)随着桩数量的减少，桩体加速度峰值放大系数、桩身位移、桩身弯矩在增大，单桩的加速度放大系数、桩身位移、桩身弯矩要远远大于群桩的值。

(2)弹性模量小的管桩在同一地震波作用下，其加速度峰值放大系数、桩身位移、桩身弯矩都要比弹性模量大的桩大。

(3)通过分析可以发现，平行于振动方向布置的桩体加速度放大系数、位移、弯矩值小于垂直于振动方向布置的桩体，说明桩布置形式对于桩基整体抗震性能有很大的影响。

(4)不同桩型的模型其桩身加速度放大系数在一定深度内随着深度的增大而减小，随着桩数量减少，或桩身弹性模量的减小；这个深度在加大；桩身最大加速度放大系数出现在桩底部。

(5)经分析各种数值模型计算得到的桩身位移都会出现反向位移的区间，随着桩数量的减少，或桩身弹性模量的减小，反向位移的区域在扩大；沿着桩身深度的增加桩身位移在逐步增大，在增加到一定深度时呈现出稳定的状态，随着桩数量的减少或桩身弹性模量的减小，这个深度在增加，即沿着桩身向下移动；桩身最大位移出现在桩底位置；桩顶处的位移不可忽略，且 EL 波的反应大于 LWD 波反应。

(6)从地震作用下弯矩沿桩身的分布规律可以看出在桩顶附近出现负弯矩，随着桩数量的减少，或桩身弹性模量的减小，负弯矩的范围在逐步加大；各不同桩型出现最大弯矩的位置不同，随着桩数量的减少，或桩身弹性模量的降低最大弯矩出现的位置沿着桩身向下移动；随着桩数量减少，桩身开裂区(破坏区)的范围在增大；EL 波作用下的弯矩反应比 LWD 波的大。

7.7　本章小结

通过计算机数值模拟预应力混凝土管桩振动台试验的全过程，对比试验测试结果与数值模拟结果，不难发现：

(1)通过将数值模拟得到的各测试量模拟结果与原始试验的测试结果对比，发现数值模拟的桩身加速度放大系数、桩身位移、桩身弯矩都比试验测试值大，但两者的误差在可接受的范围内，因此预应力混凝土管桩振动台试验的数值模型是可靠正确的。

(2)通过数值模拟发现，随着加载地震波能量的增大，实验值与测试值之间的误差越来越大。试验中由于地震波加速度峰值的提高，使得测试时对桩身加速度传感器及应变片的干扰越来越多，测试的精确度难以保证。

(3)试验中并没有测试模型管桩的桩身加速度放大系数、位移、弯矩沿桩身变化的最大包络线，只是完成了一个时间点上的测试，当只进行针对某一时刻进行测试时，得到的桩身变化规律是混乱的，这种测试是不完整的。当借助数值模型完成了对各测试量的最大包络线分析后，找到了整个地震时程中的最不利值，发现了各测试量明显的规律性，这对分析管桩的抗震性能具有实际指导意义。

(4)通过分析最大包络线图得到的桩身放大系数、桩身位移、桩身弯矩时程最大值递变规律。加速度放大系数沿着桩身有先减小后增大的规律，在9倍桩径的位置出现了转折；桩身在桩顶到距离桩顶2.2倍桩径的位置出现了反向位移，随着深度的增大桩身位移在增大，在15倍桩径的位置处位移基本处于稳定状态；桩顶、桩底处的位移不能忽略；桩顶到距离桩顶2.5倍桩径的位置出现负弯矩；随着深度的增大桩身弯矩在迅速增大，5～10倍桩径的范围内弯矩都比较大，在5倍桩径的位置出现了最大值，之后迅速减小；桩顶处的弯矩不应忽略；随着地震波加速度峰值的增大，桩身位移、弯矩在增加，桩身加速度放大系数在减小。

第8章　高地震烈度区预应力混凝土管桩的抗震性能

管桩桩基在地震作用下的内力和位移的计算方法可以归纳为4大类：极限地基反力法、复合地基反力法、弹性理论法和弹性地基反力法。其中，弹性地基反力法又分为线弹性地基反力法和非线性地基反力法。之后在各自基础上又逐渐衍生出了m法、$p-y$曲线法、NL法，每种计算方法都有各自的优缺点及适用范围。

对比各种桩基的计算方法，由于m法简单实用，因此在国内外得到广泛应用。我国现行《建筑桩基础技术规范》(JGJ 94—2008)推荐采用m法计算桩的水平承载力、水平位移和桩身弯矩。m法属于线弹性地基反力法，假定桩埋置于各向同性的半无限弹性体中，用梁的弯曲理论来求桩的水平抗力，通过导出桩的弯曲微分方程来得出桩身的挠度沿着深度方向的分布关系。

目前，国内外一般规定桩在地表面的允许水平位移为6～10mm。在这样的水平位移下，桩身任意一点的土抗力与桩身侧向位移之间可近似视为线性关系，即可采用线弹性地基反力法中的m法。也即桩土之间的相互作用力与桩变位成正比，水平地基抗力系数随深度呈线性增加。深度z处的水平抗力为：

$$\sigma_x = k_x x \tag{8-1}$$

$$k_x x = mz \tag{8-2}$$

式中：σ_x——地基土的水平抗力(MPa)；

k_x——深度z处地基土的水平地基系数(MPa/m)；

x——地基土的水平位移(m)；

m——水平地基系数随深度增加的比例系数(MPa/m^2)；

z——地基土自地面或局部冲刷线以下的深度(m)。

此时忽略桩土之间的摩阻力对水平抗力的影响以及邻桩的影响。地基水平抗力系数的分布和大小，将直接影响挠曲微分方程的求解和桩身截面内力的变化。通过m值的查询进而可以求出桩身位移与深度的关系，并利用数学方法求出最大弯矩值以及最大弯矩产生的位置。

8.1　桩基抗震设计的计算方法

8.1.1　计算参数

单桩在水平荷载作用下所引起的桩周土的抗力不仅与荷载大小有关，还与桩的截面形状有关，计算时简化为平面受力，取桩的截面计算宽度 b_0（单位为 m）如下。

方形截面桩：当实际宽度 $b>1$m 时，$b_0=b+1$；

当实际宽度 $b\leqslant 1$m 时，$b_0=1.5b+0.5$。

圆形截面桩：当桩径 $d>1$m 时，$b_0=0.9(d+1)$；

当桩径 $d\leqslant 1$m 时，$b_0=0.9(1.5d+0.5)$。

计算桩身抗弯刚度 EI 时，桩身的弹性模量 E，对于混凝土桩，可采用混凝土的弹性模量 E_c 的 0.85 倍（$E=0.85E_c$）。

按 m 法计算时，地基水平抗力系数的比例常数 m 可依据《建筑桩基技术规范》(JGJ 94—2008)的表 5.7.5 所列数值查询。

8.1.2 计算方法

1）确定桩顶荷载 N_0、H_0、M_0

单桩的桩顶荷载可分别按下列各式确定：

$$N_0=\frac{F+G}{n} \tag{8-3}$$

$$H_0=\frac{H}{n} \tag{8-4}$$

式中：n——同一承台中的桩数，具体计算方法见《建筑桩基技术规范》(JGJ 94—2008)附录 C。

2）桩的挠曲微分方程

单桩在桩顶荷载 H_0、M_0 和地基水平抗力 σ_x 作用下产生挠曲。取图 8-1 所示的坐标系，根据材料力学中梁的挠曲微分方程得到：

$$EI\frac{\mathrm{d}^4x}{\mathrm{d}z^4}=-k_x x b_0 \tag{8-5}$$

进而推出：

$$\frac{\mathrm{d}^4x}{\mathrm{d}z^4}+\frac{k_x b_0}{EI}x=0 \tag{8-6}$$

将 m 法的假定 $k_x=mz$ 代入式(8-6)得到：

$$\frac{\mathrm{d}^4x}{\mathrm{d}z^4}+\frac{mb_0}{EI}zx=0 \tag{8-7}$$

令 $\sigma=\sqrt{\frac{mb_0}{EI}}$，$\alpha$ 称为桩的水平变形系数，其单位是 1/m。

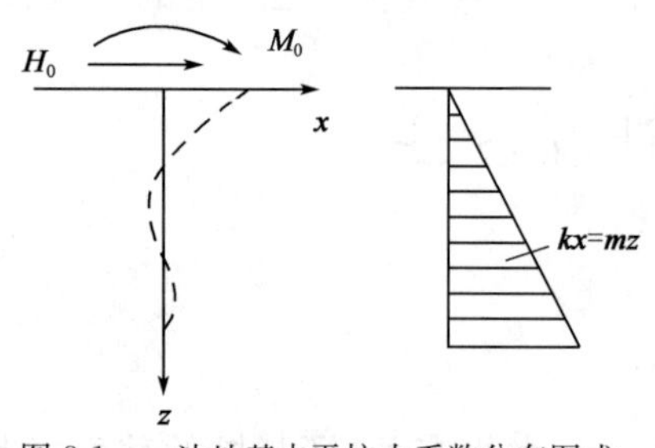

图 8-1 m 法地基水平抗力系数分布图式

则微分方程写为：

$$\frac{\mathrm{d}^4x}{\mathrm{d}z^4}+\alpha^5 zx=0 \tag{8-8}$$

利用幂级数积分后可以得到式(8-8)的解答，从而可以解得桩身各截面的内力 M、V 和位移 x、φ 以及土的水平抗力 σ_x。在计算时可以查询规范中已编制的系数表。

3)桩身最大弯矩及其位置

设计承受水平荷载的单桩时,为了计算截面配筋,设计者最关心的是桩身最大弯矩值和最大弯矩截面的位置。为了简化,可根据桩顶荷载 H_0、M_0 以及桩的水平变形系数 α 计算如下系数:

$$C_{\mathrm{I}} = \alpha \frac{M_0}{H_0} \tag{8-9}$$

由系数 C_1 查表可得相应的换算深度 $\bar{h}(\bar{h}=\alpha z)$,则桩身最大弯矩的深度 $z_{\max}$ 为:

$$z_{\max} = \frac{\bar{h}}{\alpha} \tag{8-10}$$

同时,由系数 C_1 或换算深度 $\bar{h}$ 从《建筑桩基技术规范》(JGJ 94—2008)附表 C.0.3-5 查得相应的系数 C_{II},则桩身的最大弯矩 $M_{\max}$ 为:

$$M_{\max} = C_{\mathrm{II}} M_0 \tag{8-11}$$

桩顶刚接于承台的桩,其桩身所产生的弯矩和剪力的有效深度为 $z=4.0/\alpha$,在这个深度以下,桩身的内力 M、V 实际上可忽略不计,只需要按构造配筋或不配筋。

8.2　桩基抗震设计的相关规范

管桩基础抗震设计应符合现行国家标准《建筑结构荷载设计规范》(GB 50009—2012)、《建筑地基基础设计规范》(GB 50007—2011)、《建筑抗震设计规范》(GB 50011—2010)、《混凝土结构耐久性设计规范》(GB/T 50476—2008)和《建筑桩基技术规范》(JGJ 94—2008)等要求,及相应引用标准图集的有关规定,必要时采取相应的构造措施。

预应力高强混凝土管桩(PHC 管桩)是当前建设工程中常用的桩基材料,近年来在我国沿海地区得到了越来越广泛的应用。但是,PHC 管桩属薄壁混凝土杆件,抵抗弯曲荷载的能力较差,桩身破坏引发的工程质量事故时有发生。世界各国均颁布了桩基设计的相关规范。日本、美国预应力混凝土管桩标准规定:剪力的计算可按日本工业标准《先张法离心成型高强混凝土管桩》(JISA 5337)编制说明中介绍的管桩抗剪强度公式进行设计或验算;弯矩值、抗弯强度的设计可按《混凝土结构设计规范》(GBJ 50010—2010)中有关公式计算。我国管桩基础设计的相关规范有《建筑桩基技术规范》(JGJ 94—2008)、《先张法预应力混凝土管桩工艺技术规程》(GB 13476)、《混凝土结构设计规范》(GB 50010—2010)及《高强混凝土结构设计与施工指南》(HSCC 93)等。

8.2.1　相关规范对桩基设计的一般规定

(1)《建筑桩基技术规范》(JGJ 94—2008)中规定,桩基础应按下列两类极限状态设计:

①承载能力极限状态。桩基达到最大承载能力、整体失稳或发生不适于继续承载的变形。

②正常使用极限状态。桩基达到建筑物正常使用所规定的变形限值或达到耐久性要求的某项限值。

(2)根据建筑规模、功能特征、对差异变形的适应性、场地地基和建筑物体型的复杂性以及由于桩基问题可能造成建筑破坏或影响正常使用的程度,将管桩基础设计分为 3 个等级,按

表 8-1确定。

建筑桩基设计等级 表 8-1

设计等级	建筑类型
甲级	(1)重要的建筑； (2)30 层以上或高度超过 100m 的高层建筑； (3)体型复杂且层数相差超过 10 层的高低层(含纯地下室)连体建筑； (4)20 层以上框架一核心筒结构及其他对差异沉降有特殊要求的建筑； (5)场地和地基条件复杂的 7 层以上的一般建筑及坡地、岸边建筑； (6)对相邻既有工程影响较大的建筑
乙级	除甲级、丙级以外的建筑
丙级	场地和地基条件简单、荷载分布均匀的 7 层及 7 层以下的一般建筑

(3)桩基设计时，所采用的作用效应组合与相应的抗力应符合下列规定：

①确定桩数和布桩时，应采用传至承台底面的荷载效应标准组合；相应的抗力应采用基桩或复合基桩承载力特征值。

②计算荷载作用下的桩基沉降和水平位移时，应采用荷载效应准永久组合；计算水平地震作用、风载作用下的桩基水平位移时，应采用水平地震作用、风载效应标准组合。

③验算坡地、岸边建筑桩基的整体稳定性时，应采用荷载效应标准组合；抗震设防区，应采用地震作用效应和荷载效应的标准组合。

④在计算桩基结构承载力、确定桩基尺寸和配筋时，应采用传至承台顶面的荷载效应基本组合；当进行承台和桩身裂缝控制验算时，应分别采用荷载效应标准组合和荷载效应准永久组合。

⑤桩基结构设计安全等级、结构设计使用年限和结构重要性系数 γ_0 应按现行有关建筑结构规范的规定采用，除临时性建筑外，重要性系数 γ_0 不应小于 1.0。

⑥当桩基结构进行抗震验算时，其承载力调整系数 γ_{RE} 应按现行国家标准《建筑抗震设计规范》(GB 50011—2010)的规定采用。

⑦当考虑地震作用验算桩身抗拔承载力时，应根据现行国家标准《建筑抗震设计规范》(GB 50011—2010)的规定，对作用于桩顶的地震作用效应进行调整。

(4)对受水平荷载较大，或对水平位移有严格限制的建筑桩基，应计算其水平位移。

(5)应根据桩基所处的环境类别和相应的裂缝控制等级，验算桩和承台正截面的抗裂和裂缝宽度。

(6)对于受水平荷载和地震作用的管桩，其桩身受弯承载力和受剪承载力的验算应符合《建筑桩基技术规范》(JGJ 94—2008)中的下列规定：

①对于桩顶固接的桩，应验算桩顶正截面的抗弯能力；对于桩顶自由或铰接的桩，应验算桩身最大弯矩截面处的正截面抗弯能力；

②应验算桩顶斜截面的受剪承载力；

③桩身所承受的最大弯矩和水平剪力，可按《建筑桩基技术规范》附录 C 计算；

④桩身正截面受弯承载力和斜截面受剪承载力，应按现行国家标准《混凝土结构设计规范》(GB 50010—2010)执行；

⑤当考虑地震作用验算桩身正截面受弯和斜截面受剪承载力时，应根据现行国家标准《建

筑抗震设计规范》(GB 50011—2010)的规定，对作用于桩顶的地震作用效应进行调整。

(7)抗震设防区桩基的设计原则应符合下列规定：

①桩进入液化土层以下稳定土层的长度(不包括桩尖部分)应按计算确定；对于碎石土，砾、粗、中砂，密实粉土，坚硬黏性土尚不应小于2～3倍桩身直径，对其他非岩石土尚不宜小于4～5倍桩身直径；

②承台和地下室侧墙周围应采用灰土、级配砂石、压实性较好的素土回填，并分层夯实，也可采用素混凝土回填；

③当承台周围为可液化土或地基承载力特征值小于40kPa(或不排水抗剪强度小于15kPa)的软土，且桩基水平承载力不满足计算要求时，可将承台外每侧1/2承台边长范围内的土进行加固；

④对于存在液化扩展的地段，应验算桩基在土流动的侧向作用力下的稳定性。

8.2.2　桩顶作用效应计算

(1)对于一般建筑物和受水平力(包括力矩与水平剪力)较小的高层建筑群桩基础，应按下列公式计算柱、墙、核心筒群桩中基桩或复合基桩的桩顶作用效应。

①轴心竖向力作用下：

$$N_k = \frac{F_k + G_k}{n} \tag{8-12}$$

②偏心竖向力作用下：

$$N_{ik} = \frac{F_k + G_k}{n} \pm \frac{M_{xk} y_i}{\sum y_j^2} \pm \frac{M_{yk} x_i}{\sum x_j^2} \tag{8-13}$$

③水平力作用下：

$$H_{ik} = \frac{H_k}{n} \tag{8-14}$$

式中：　F_k——荷载效应标准组合下作用于承台顶面的竖向力；

G_k——桩基承台和承台上土自重力标准值，对稳定的地下水位以下部分应扣除水的浮力；

N_k——荷载效应标准组合轴心竖向力作用下，基桩或复合基桩的平均竖向力；

N_{ik}——荷载效应标准组合偏心竖向力作用下，第 i 基桩或复合基桩的竖向力；

M_{xk}、M_{yk}——荷载效应标准组合下，作用于承台底面，绕通过桩群形心的 x、y 主轴的力矩；

x_i、x_j、y_i、y_j——第 i、j 基桩或复合基桩至 y、x 轴的距离；

H_k——荷载效应标准组合下，作用于桩基承台底面的水平力；

H_{ik}——荷载效应标准组合下，作用于第 i 基桩或复合基桩的水平力；

n——桩基中的桩数。

(2)对于主要承受竖向荷载的抗震设防区低承台桩基，在同时满足下列条件时，桩顶作用效应计算可不考虑地震作用。

①按现行国家标准《建筑抗震设计规范》(GB 50011—2010)规定可不进行桩基抗震承载力验算的建筑物；

②建筑场地位于建筑抗震的有利地段。

(3)属于下列情况之一的桩基,计算各基桩的作用效应、桩身内力和位移时,宜考虑承台(包括地下墙体)与基桩协同工作和土的弹性抗力作用,其计算方法可按《建筑桩基技术规范》(JGJ 94—2008)附录C进行。

①位于8度和8度以上抗震设防区和其他受较大水平力的高层建筑,当其桩基承台刚度较大或由于上部结构与承台协同作用能增强承台的刚度时;

②受较大水平力及8度和8度以上地震作用的高承台桩基。

8.2.3 桩基竖向承载力计算

(1)桩基竖向承载力计算应符合下列要求:

①荷载效应标准组合:

轴心竖向力作用下

$$N_k \leqslant R \tag{8-15}$$

偏心竖向力作用下除满足式(8-15)外,尚应满足下式的要求:

$$N_{k\max} \leqslant 1.2R \tag{8-16}$$

②地震作用效应和荷载效应标准组合:

轴心竖向力作用下

$$N_{Ek} \leqslant 1.25R \tag{8-17}$$

偏心竖向力作用下,除满足式(8-17)外,尚应满足下式的要求:

$$N_{Ek\max} \leqslant 1.5R \tag{8-18}$$

式中:N_k——荷载效应标准组合轴心竖向力作用下,基桩或复合基桩的平均竖向力;

$N_{k\max}$——荷载效应标准组合偏心竖向力作用下,桩顶最大竖向力;

N_{Ek}——地震作用效应和荷载效应标准组合下,基桩或复合基桩的平均竖向力;

$N_{Ek\max}$——地震作用和荷载效应标准组合下,基桩或复合基桩的最大竖向力;

R——基桩或复合基桩竖向承载力特征值。

(2)单桩竖向承载力特征值 R_a 应按下式确定:

$$R_a = Q_{uk}/K \tag{8-19}$$

式中:Q_{uk}——单桩竖向极限承载力标准值;

K——安全系数,取 $K=2$。

(3)对于端承型桩基、桩数少于4根的摩擦型柱下独立桩基、或由于地层土性、使用条件等因素不宜考虑承台效应时,基桩竖向承载力特征值应取单桩竖向承载力特征值。

(4)对于符合下列条件之一的摩擦型桩基,宜考虑承台效应确定其复合基桩的竖向承载力特征值:

①上部结构整体刚度较好、体型简单的建(构)筑物;

②对差异沉降适应性较强的排架结构和柔性构筑物;

③按变刚度调平原则设计的桩基刚度相对弱化区;

④软土地基的减沉复合疏桩基础。

(5)考虑承台效应的复合基桩竖向承载力特征值可按下列公式确定:

不考虑地震作用时

$$R = R_a + \eta_c f_{ak} A_c \tag{8-20}$$

考虑地震作用时

$$R = R_a + \frac{\xi_a}{1.25} \eta_c f_{ak} A_c \tag{8-21}$$

$$A_c = (A - nA_{ps})/n \tag{8-22}$$

式中：η_c——承台效应系数，可按《建筑桩基技术规范》(JGJ 94—2008)表 5.2.5 取值；

f_{ak}——承台下 1/2 承台宽度且不超过 5m 深度范围内各层土的地基承载力特征值取厚度的加权平均值；

A_c——计算基桩所对应的承台底净面积；

A_{ps}——桩身截面面积；

A——承台计算域面积，对于柱下独立桩基，为承台总面积；对于桩筏基础，A 为柱、墙筏板的 1/2 跨距和悬臂边 2.5 倍筏板厚度所围成的面积；桩集中布置于单片墙下的桩筏基础，取墙两边各 1/2 跨距围成的面积，按条基计算 η_c；

ξ_a——地基抗震承载力调整系数，应按现行国家标准《建筑抗震设计规范》(GB 50011—2010)采用。

当承台底为可液化土、湿陷性土、高灵敏度软土、欠固结土、新填土时，沉桩引起超孔隙水压力和土体隆起时，不考虑承台效应，取 $\eta_c=0$。

8.2.4　桩基水平承载力与位移计算

1)单桩基础

受水平荷载的一般建筑物和水平荷载较小的高大建筑物单桩基础和群桩中基桩应满足下式要求：

$$H_{ik} \leqslant R_h \tag{8-23}$$

式中：H_{ik}——在荷载效应标准组合下，作用于基桩桩顶处的水平力；

R_h——单桩基础或群桩中基桩的水平承载力特征值，对于单桩基础，可取单桩的水平承载力特征值 R_{ha}。

单桩的水平承载力特征值的确定应符合下列规定：

(1)对于受水平荷载较大的设计等级为甲级、乙级的建筑桩基，单桩水平承载力特征值应通过单桩水平静载试验确定，试验方法可按现行行业标准《建筑基桩检测技术规范》(JGJ 106—2003)执行。

(2)对于钢筋混凝土预制桩、钢桩、桩身正截面配筋率不小于 0.65%的灌注桩，可根据静载试验结果取地面处水平位移为 10mm(对于水平位移敏感的建筑物取水平位移 6mm)所对应的荷载的 75%为单桩水平承载力特征值。

(3)对于桩身配筋率小于 0.65%的灌注桩，可取单桩水平静载试验的临界荷载的 75%为单桩水平承载力特征值。

(4)当缺少单桩水平静载试验资料时，可按下列公式估算桩身配筋率小于 0.65%的灌注桩的单桩水平承载力特征值：

$$R_{ha} = \frac{0.75\alpha\gamma_m f_t W_0}{\mu_m}(1.25 + 22\rho_g)\left(1 \pm \frac{\xi_N \cdot N}{\gamma_m f_t A_n}\right) \tag{8-24}$$

式中：α——桩的水平变形系数，按《建筑桩基技术规范》(JGJ 94—2008)第 5.7.5 条确定；

R_{ha}——单桩水平承载力特征值，±号根据桩顶竖向力性质确定，压力取"+"，拉力取"－"；

γ_m——桩截面模量塑性系数，圆形截面 $\gamma_m=2$，矩形截面 $\gamma_m=1.75$；

f_t——桩身混凝土抗拉强度设计值；

W_0——桩身换算截面受拉边缘的截面模量，

圆形截面为：

$$W_0=\frac{\pi d}{32}[d^2+2(\alpha_E-1)\rho_g d_0{}^2] \tag{8-25}$$

方形截面为：

$$W_0=\frac{b}{6}[b^2+2(\alpha_E-1)\rho_g b_0{}^2] \tag{8-26}$$

其中：d——桩直径；

d_0——扣除保护层厚度的桩直径；

b——方形截面边长；

b_0——扣除保护层厚度的桩截面宽度；

α_E——钢筋弹性模量与混凝土弹性模量的比值；

μ_m——桩身最大弯矩系数，按《建筑桩基技术规范》(JGJ 94—2008)表 5.7.2 取值；当单桩基础和单排桩基纵向轴线与水平力方向相垂直时，按桩顶铰接考虑；

ρ_g——桩身配筋率。

圆形截面为：

$$A_n=\frac{\pi d^2}{4}[1+(\alpha_E-1)\rho_g] \tag{8-27}$$

方形截面为：

$$A_n=b^2[1+(\alpha_E-1)\rho_g] \tag{8-28}$$

ξ_N——桩顶竖向力影响系数，竖向压力取 0.5；竖向拉力取 1.0；

N——在荷载效应标准组合下桩顶的竖向力(kN)。

(5)对于混凝土护壁的挖孔桩，计算单桩水平承载力时，其设计桩径取护壁内直径。

(6)当桩的水平承载力由水平位移控制，且缺少单桩水平静载试验资料时，可按下式估算预制桩、钢桩、桩身配筋率不小于 0.65%的灌注桩单桩水平承载力特征值：

$$R_{ha}=0.75\frac{\alpha^3 EI}{\mu_x}X_{0a} \tag{8-29}$$

式中：EI——桩身抗弯刚度，对于钢筋混凝土桩，$EI=0.85E_cI_0$；

I_0——桩身换算截面惯性矩，圆形截面为 $I_0=W_0d_0/2$；矩形截面为 $I_0=W_0b_0/2$；

x_{0a}——桩顶允许水平位移；

μ_x——桩顶水平位移系数，按《建筑桩基技术规范》(JGJ 94—2008)表 5.7.2 取值，取值方法同 μ_M。

(7)验算永久荷载控制的桩基的水平承载力时，应将上述②～⑤款方法确定的单桩水平承载力特征值乘以调整系数 0.80；验算地震作用桩基的水平承载力时，宜将按上述②～⑤款方法确定的单桩水平承载力特征值乘以调整系数 1.25。

2)群桩基础

(1)群桩基础(不含水平力垂直于单排桩基纵向轴线和力矩较大的情况)的基桩水平承载力特征值应考虑由承台、桩群、土相互作用产生的群桩效应,可按下列公式确定:

$$R_h = \eta h R_{ha} \tag{8-30}$$

考虑地震作用且 $s_a/d \leqslant 6$ 时:

$$\eta h = \eta_i \eta_r + \eta l \tag{8-31}$$

$$\eta_i = \frac{(s_a/d)^{0.015n_2+0.45}}{0.15n_1 + 0.10n_2 + 1.9} \tag{8-32}$$

$$\eta_l = \frac{m \cdot x_{0a} \cdot B'_c \cdot h_c^2}{2 \cdot n_1 \cdot n_2 \cdot R_{ha}} \tag{8-33}$$

$$x_{0a} = \frac{R_{ha} \cdot \nu_x}{\alpha^3 \cdot EI} \tag{8-34}$$

其他情况:

$$\eta_h = \eta_i \eta_r + \eta_l + \eta_b \tag{8-35}$$

$$\eta_b = \frac{\mu \cdot p_c}{n_1 \cdot n_2 \cdot R_h} \tag{8-36}$$

$$B'_c = B_c + 1(m) \tag{8-37}$$

$$P_c = \eta_c f_{ak}(A - nA_{ps}) \tag{8-38}$$

式中:η_h——群桩效应综合系数;

η_i——桩的相互影响效应系数;

η_r——桩顶约束效应系数(桩顶嵌入承台长度 50~100mm 时),按《建筑桩基技术规范》(JGJ 94—2008)表 5.7.3-1 取值;

η_l——承台侧向土抗力效应系数(承台侧面回填土为松散状态时取 $\eta_l=0$);

η_b——承台底摩阻效应系数;

s_a/d——沿水平荷载方向的距径比;

n_1、n_2——分别为沿水平荷载方向与垂直水平荷载方向每排桩中的桩数;

m——承台侧面土水平抗力系数的比例系数,当无试验资料时可按《建筑桩基技术规范》(JGJ 94—2008)表 5.7.5 取值;

x_{0a}——桩顶(承台)的水平位移允许值,当以位移控制时,可取 $x_{0a}=10$mm(对水平位移敏感的结构物取 $x_{0a}=6$mm);当以桩身强度控制(低配筋率灌注桩)时,可近似按式(8-34)确定;

B_c——承台受侧向土抗力一边的计算宽度(m);

B——承台宽度(m);

h_c——承台高度(m);

μ——承台底与基土间的摩擦系数,可按《建筑桩基技术规范》(JGJ 94—2008)表 5.7.3-2取值;

P_c——承台底地基土分担的竖向总荷载标准值;

η_c——按《建筑桩基技术规范》(JGJ 94—2008)第 5.2.5 条确定;

A——承台总面积(m^2);

A_{ps}——桩身截面面积(m^2)。

(2)计算水平荷载较大和水平地震作用、风载作用的带地下室的高大建筑物桩基的水平位移时，可考虑地下室侧墙、承台、桩群、土共同作用，按《建筑桩基技术规范》附录C方法计算基桩内力和变位，与水平外力作用平面相垂直的单排桩基础可按《建筑桩基技术规范》(JGJ 94—2008)附录C中表C-2计算。

8.2.5 桩身承载力与裂缝计算

(1)钢筋混凝土轴心受压桩正截面受压承载力应符合下列规定：

当桩顶以下$5d$范围的桩身螺旋式箍筋间距不大于100mm，且符合《建筑桩基技术规范》(JGJ 94—2008)第4.1.1条规定时：

$$N \leqslant \psi_c f_c A_{ps} + 0.9 f'_y A'_s \tag{8-39}$$

当桩身配筋不符合上述规定时：

$$N \leqslant \psi_c f_c A_{ps} \tag{8-40}$$

式中：N——荷载效应基本组合下的桩顶轴向压力设计值；

ψ_c——基桩成桩工艺系数，按《建筑桩基技术规范》(JGJ 94—2008)第5.8.3条规定取值；

f_c——混凝土轴心抗压强度设计值；

f'_y——纵向主筋抗压强度设计值；

A'_s——纵向主筋截面面积。

(2)基桩成桩工艺系数ψ_c应按下列规定取值：

①混凝土预制桩、预应力混凝土空心桩：$\psi_c=0.85$；

②干作业非挤土灌注桩：$\psi_c=0.90$；

③泥浆护壁和套管护壁非挤土灌注桩、部分挤土灌注桩、挤土灌注桩：$\psi_c=0.7\sim0.8$；

④软土地区挤土灌注桩：$\psi_c=0.6$。

计算轴心受压混凝土桩正截面受压承载力时，一般取稳定系数$\varphi=1.0$。对于高承台基桩、桩身穿越可液化土或不排水抗剪强度小于10kPa的软弱土层的基桩，应考虑压屈影响，可按《建筑桩基技术规范》(JGJ 94—2008)式(5.8.2-1)、式(5.8.2-2)计算所得桩身正截面受压承载力乘以φ折减。其稳定系数可根据桩身压屈计算长度l_c和桩的设计直径d(或矩形桩短边尺寸b)确定。桩身压屈计算长度可根据桩顶的约束情况、桩身露出地面的自由长度l_o、桩的入土长度h、桩侧和桩底的土质条件应按《建筑桩基技术规范》(JGJ 94—2008)表5.8.4-1确定。桩的稳定系数φ可按《建筑桩基技术规范》(JGJ 94—2008)表5.8.4-2确定。

计算偏心受压混凝土桩正截面受压承载力时，可不考虑偏心距增大的影响，但对于高承台基桩、桩身穿越可液化土或不排水抗剪强度小于10kPa的软弱土层的基桩，应考虑桩身在弯矩作用平面内的挠曲对轴向力偏心距的影响，应将轴向力对截面重心的初始偏心矩e_i乘以偏心矩增大系数η，偏心距增大系数η的具体计算方法可按现行国家标准《混凝土结构设计规范》(GB 50010—2010)执行。

(3)钢筋混凝土轴心抗拔桩的正截面受拉承载力应符合下式规定：

$$N \leqslant f_y A_s + f_{py} A_{py} \tag{8-41}$$

式中：N——荷载效应基本组合下桩顶轴向拉力设计值；

f_y、f_{py}——普通钢筋、预应力钢筋的抗拉强度设计值；

A_s、A_{py}——普通钢筋、预应力钢筋的截面面积。

(4)对于抗拔桩的裂缝计算应符合下列规定：

①对于严格要求不出现裂缝的一级裂缝控制等级预应力混凝土基桩，在荷载效应标准组合下混凝土不应产生拉应力，应符合下式要求：

$$\sigma_{ck} - \sigma_{pc} \leqslant 0 \tag{8-42}$$

②对于一般要求不出现裂缝的二级裂缝控制等级预应力混凝土基桩，在荷载效应标准组合下的拉应力不应大于混凝土轴心受拉强度标准值，应符合下列公式要求：

在荷载效应标准组合下

$$\sigma_{ck} - \sigma_{pc} \leqslant f_{tk} \tag{8-43}$$

在荷载效应准永久组合下

$$\sigma_{cq} - \sigma_{pc} \leqslant 0 \tag{8-44}$$

式中：σ_{ck}、σ_{cq}——荷载效应标准组合、准永久组合下正截面法向应力；

σ_{pc}——扣除全部应力损失后，桩身混凝土的预应力；

f_{tk}——混凝土轴心抗拉强度标准值。

③对于允许出现裂缝的三级裂缝控制等级基桩，按荷载效应标准组合计算的最大裂缝宽度应符合下列规定：

$$w_{\max} \leqslant w_{\lim} \tag{8-45}$$

式中：$w_{\max}$——按荷载效应标准组合计算的最大裂缝宽度，可按现行国家标准《混凝土结构设计规范》(GB 50010—2010)计算；

$w_{\lim}$——最大裂缝宽度限值，按《建筑桩基技术规范》(JGJ 94—2008)表3.5.3取用。

8.3　不同桩基形式对预应力混凝土管桩抗震性能的影响

8.3.1　数值模型的建立

对比群桩与单桩在地震作用下的反应，是目前研究预应力混凝土管桩桩基领域的热点问题。由于试验经费有限，试验中并没有设计其他桩基的桩型进行测试，忽略了对预应力混凝土管桩为单桩及其他桩型时桩身抗震性能的讨论。上一章已说明数值模型在模拟原始试验时的正确性，因此，通过改变桩基数量得到的数值模型同样能反映真实测试结果。

预应力混凝土管桩振动台试验原始的数值模型为4根管桩，在此基础上，又建立了多组其他桩基形式的数值模型，在计算机平台上的运算相当于进行了多组测试。分析研究中又建立了3根管桩的基础形式、两根管桩的基础形式、单根管桩的基础形式，其中两根管桩的基础形式又分为桩排列平行于振动方向和垂直于振动方向两种情况。

各组模型的建立方法如前所述，所有模型都不改变单元类型，仍采用C3D8R单元，数值模型中桩长2000mm，桩径50mm，壁厚4mm。所有新建数值模型中各部件的材料属性和原始4桩模型的取值一致，具体取值情况见表8-2所示。接触单元、边界条件、荷载施加都和原始的4

桩模型一样，在模型底部施加不同的地震波进行测试。

根据抗震规范中提供的抗震设防烈度和设计基本地震加速度值的对应关系(表 8-3)，8 度区、9 度区的设计基本地震加速度值为 0.2g、0.3g、0.4g，而我国还有大部分地区处于 6 度区和 7 度区，设计基本地震加速度值为 0.05g、0.1g、0.15g，这样看来，试验中使用的地震加速度峰值为 0.2g、0.3g、0.4g，的地震波远远不能说明普遍问题。为了能更全面地分析预应力混凝土管桩在实际工程中的应用，数值模型在模拟时改进了这一点，补充了地震波加速度峰值为 0.1g、0.15g 的分析，更全面地揭示了预应力混凝土管桩在不同地区的抗震性能，因此针对 3、4 桩模型分析了群桩在地震加速度峰值为 0.1g、0.15g 地震波作用下的反应情况，具体工况见表 8-4 所示。

不同模型各部件材料属性 表 8-2

模型零部件名称	物理参数	3 桩模型	双桩(垂直振动)模型	双桩(平行振动)模型	单桩模型
管桩	密度 ρ(kg/m^3)	1200	1200	1200	1200
	弹性模量(MPa)	2000	2000	2000	2000
土体	密度 ρ(kg/m^3)	1730	1730	1730	1730
	压缩模量(MPa)	8	8	8	8
	内摩擦角(°)	24.47	24.47	24.47	24.47
	黏聚力(MPa)	1.3	1.3	1.3	1.3
承台	密度 ρ(kg/m^3)	2000	2000	2000	2000
	弹性模量(MPa)	1000	1000	1000	1000
上部结构及支承	密度 ρ(kg/m^3)	5340	5340	5340	5340
	弹性模量(MPa)	10000	10000	10000	10000

抗震设防烈度和设计基本地震加速度值的对应关系 表 8-3

抗震设防烈度	6	7	8	9
设计基本地震加速度值	0.05g	0.10g(0.15g)	0.20g(0.30g)	0.40g

不同模型数值模拟进行的工况 表 8-4

<table>
<tr><td colspan="4" rowspan="2">4 桩 模 型</td><td colspan="6">3 桩 模 型</td></tr>
<tr><td colspan="6">双桩(垂直振动方向)模型</td></tr>
<tr><td colspan="4" rowspan="2">3 桩模型</td><td colspan="6">双桩(平行振动方向)模型</td></tr>
<tr><td colspan="6">单桩模型</td></tr>
<tr><td rowspan="5">0.1g</td><td>EL-0.1g</td><td rowspan="5">0.15g</td><td>EL-0.15g</td><td rowspan="5">0.2g</td><td>EL-0.2g</td><td rowspan="5">0.3g</td><td>EL-0.3g</td><td rowspan="5">0.4g</td><td>EL-0.4g</td></tr>
<tr><td>LWD-0.1g</td><td>LWD-0.15g</td><td>LWD-0.2g</td><td>LWD-0.3g</td><td>LWD-0.4g</td></tr>
<tr><td>正弦波 8Hz-0.1g</td><td>正弦波 8Hz-0.15g</td><td>正弦波 8Hz-0.2g</td><td>正弦波 8Hz-0.3g</td><td>正弦波 8Hz-0.4g</td></tr>
<tr><td>正弦波 5Hz-0.1g</td><td>正弦波 5Hz-0.15g</td><td>正弦波 5Hz-0.2g</td><td>正弦波 5Hz-0.3g</td><td>正弦波 5Hz-0.4g</td></tr>
<tr><td>正弦波 4Hz-0.1g</td><td>正弦波 4Hz-0.15g</td><td>正弦波 4Hz-0.2g</td><td>正弦波 4Hz-0.3g</td><td>正弦波 4Hz-0.4g</td></tr>
</table>

8.3.2　地震加速度峰值放大系数

经数值计算，利用 ABAQUS 有限元软件提取桩身测试点加速度放大系数得到各不同桩基形式下的桩身加速度峰值放大系数递变规律，分析得到的各桩基模型加速度云图如图 8-2 所示。结合之前分析的 4 桩模型得到地震波作用下各数值模型的对比情况（图 8-3、图 8-4）。所有数值模型计算得到的各工况中桩身加速度峰值放大系数见表 8-5 所示。

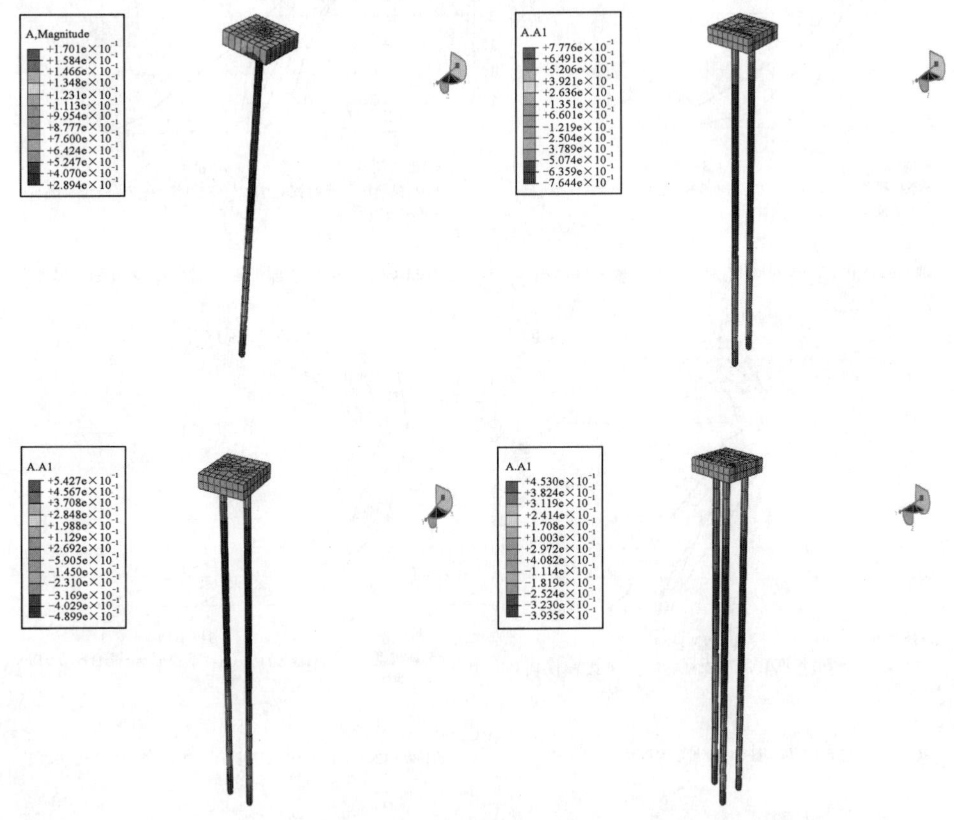

图 8-2　不同桩基类型的地震加速度云图

由数值模型的模拟结果可以看出：

（1）不同桩型的模型可以发现桩身加速度放大系数在一定深度内随着深度的增大而减小，在这个深度之下桩身加速度放大系数随着深度的增大而增大，对于单桩模型来说这个深度为 11.5 倍桩径，双桩垂直振动方向模型为 11 倍桩径，双桩平行振动方向模型为 10 倍桩径，3 桩模型为 9.5 倍桩径，4 桩模型为 9 倍桩径。

（2）桩身最大加速度放大系数出现在桩底部，量值随着桩数量的减少而增大，单桩的反应明显大于群桩。

（3）对于同一桩型模型来说，随着加载地震波加速度峰值的增大，桩身各位置的加速度放大系数减小，在桩底部这种变化最明显；对于同样地震荷载作用下，平行于振动方向桩体加速度峰值放大系数小于垂直于振动方向桩体加速度峰值放大系数。

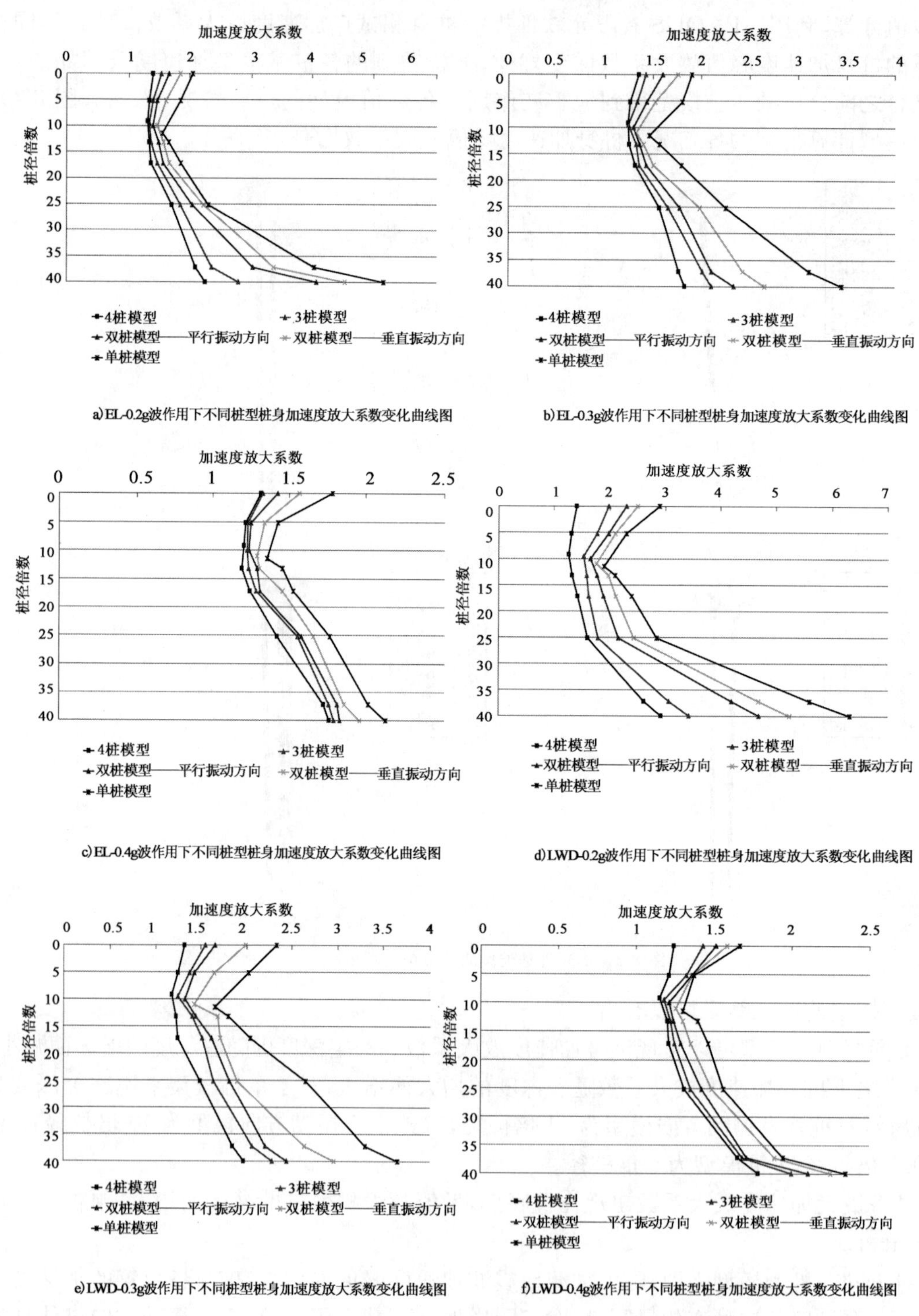

图 8-3　地震波作用下不同桩基形式的加速度放大系数对比

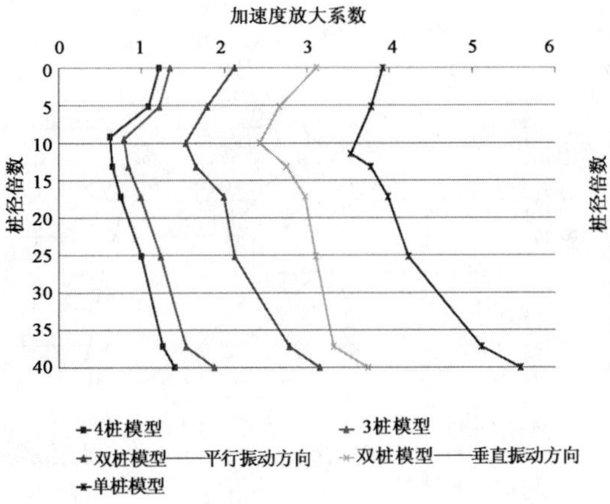

加速度放大系数

桩径倍数

4桩模型　3桩模型　双桩模型——平行振动方向　双桩模型——垂直振动方向　单桩模型

a) 正弦波8Hz-0.2g波作用下不同桩型桩身加速度放大系数变化曲线图

加速度放大系数

桩径倍数

4桩模型　3桩模型　双桩模型——平行振动方向　双桩模型——垂直振动方向　单桩模型

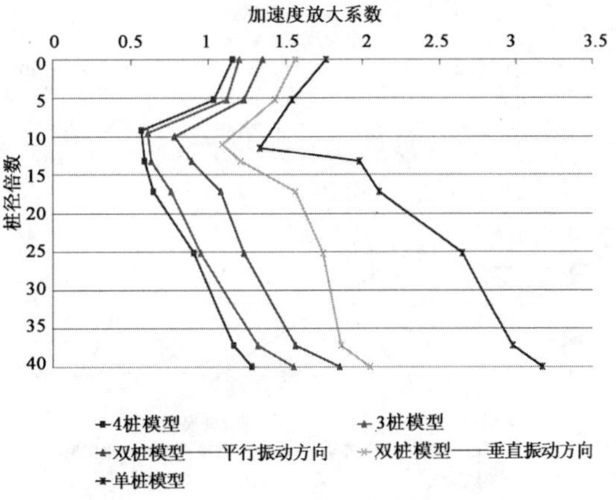

b) 正弦波8Hz-0.3g波作用下不同桩型桩身加速度放大系数变化曲线图

加速度放大系数

桩径倍数

4桩模型　3桩模型　双桩模型——平行振动方向　双桩模型——垂直振动方向　单桩模型

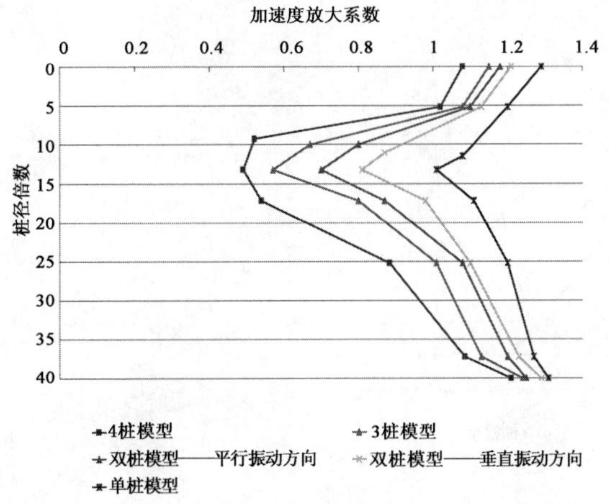

c) 正弦波8Hz-0.4g波作用下不同桩型桩身加速度放大系数变化曲线图

加速度放大系数

桩径倍数

4桩模型　3桩模型　双桩模型——平行振动方向　双桩模型——垂直振动方向　单桩模型

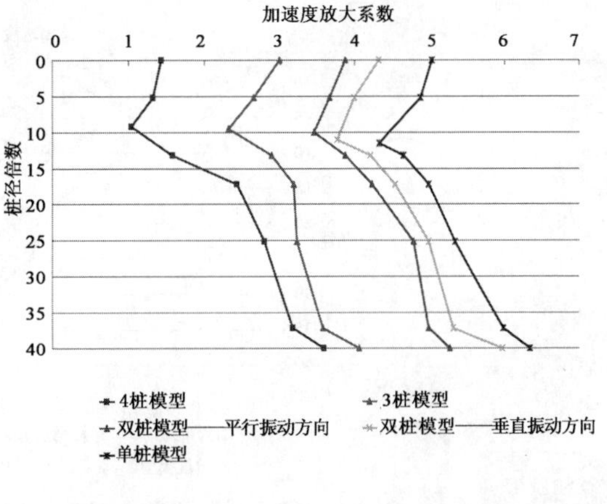

d) 正弦波5Hz-0.2g波作用下不同桩型桩身加速度放大系数变化曲线图

加速度放大系数

桩径倍数

4桩模型　3桩模型　双桩模型——平行振动方向　双桩模型——垂直振动方向　单桩模型

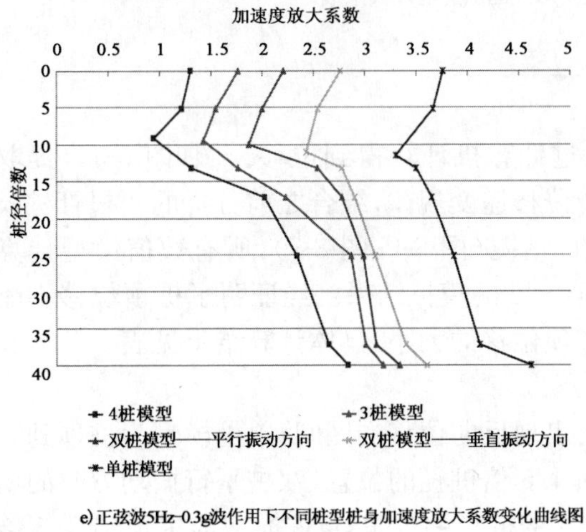

e) 正弦波5Hz-0.3g波作用下不同桩型桩身加速度放大系数变化曲线图

加速度放大系数

桩径倍数

4桩模型　3桩模型　双桩模型——平行振动方向　双桩模型——垂直振动方向　单桩模型

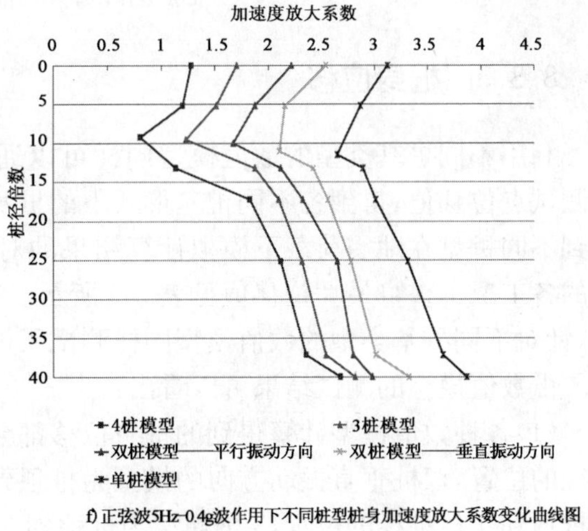

f) 正弦波5Hz-0.4g波作用下不同桩型桩身加速度放大系数变化曲线图

图　8-4

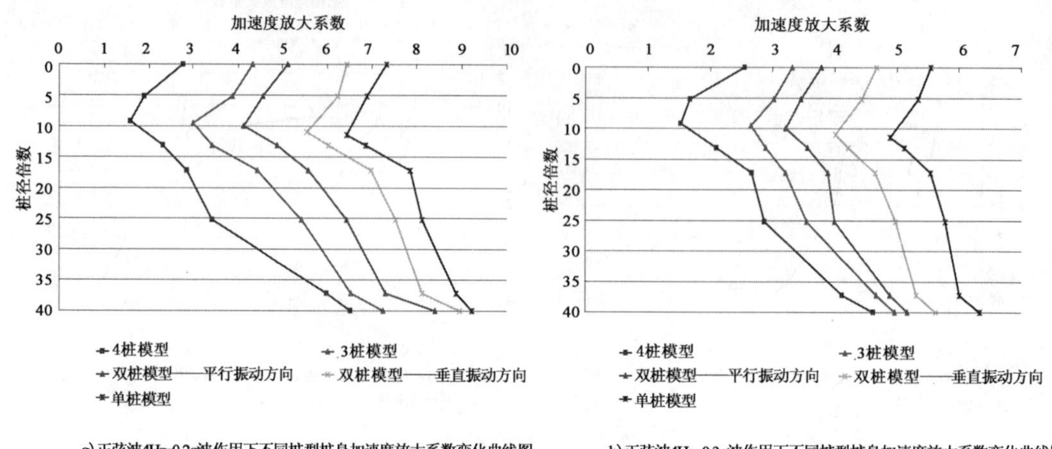

g）正弦波4Hz-0.2g波作用下不同桩型桩身加速度放大系数变化曲线图

h）正弦波4Hz-0.3g波作用下不同桩型桩身加速度放大系数变化曲线图

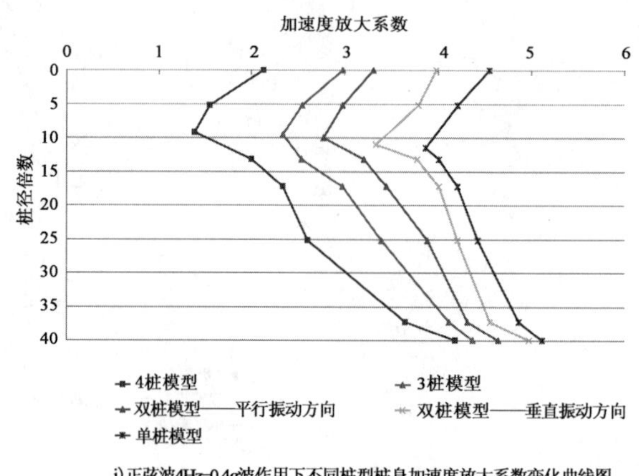

i）正弦波4Hz-0.4g波作用下不同桩型桩身加速度放大系数变化曲线图

图 8-4　正弦波作用下不同桩基形式的加速度放大系数对比

8.3.3　桩身位移

利用不同桩基类型的数值模型同样可以通过计算机计算得到位移云图（图 8-5），提取桩身测试点位移值，得到各不同桩基形式下的桩身位移递变规律，结合之前分析的 4 根管桩模型得到不同桩型在地震荷载下模拟计算结果的对比情况（图 8-6、图 8-7），所有数值模型计算得到的各工况下桩身最大位移值见表 8-6 所示。第 3 章的模拟结果已经证明了桩顶位移不能忽视，针对不同桩基类型的数值模型同样测试了桩顶位移的大小，具体计算结果见表 8-7 所示。

由数值模型的测试结果可以看出：

（1）各种数值模型计算得到的桩身位移都会出现反向位移的区间，单桩模型为桩顶到 5 倍桩径的位置，双桩垂直振动方向的模型为桩顶到 4.5 倍桩径的位置，双桩平行振动方向的模型为桩顶到 4 倍桩径的位置，3 桩模型为桩顶到 3.5 倍桩径的位置，4 桩模型为桩顶到 2.5 倍桩径的位置。

(2)沿着桩身深度的增加桩身位移在逐步增大，在增加到一定深度时呈现出稳定的状态，单桩模型的深度为20倍桩径位置，双桩垂直振动方向模型为19倍桩径，双桩平行振动方向模型为17.5倍桩径，3桩模型为16倍桩径，4桩模型为15倍桩径。

(3)桩身最大位移出现在桩底位置，桩顶处的位移不可忽略；对于同一种桩基类型来说，桩身位移随着施加地震波加速度峰值的提高而增大；EL波的反应大于LWD波反应。随着桩数量的减少桩身整体位移反应呈现出增大的趋势，单桩的反应明显大于群桩的反应；在同样地震荷载作用下，平行于振动方向布置的桩体位移值小于垂直于振动方向布置的桩体。

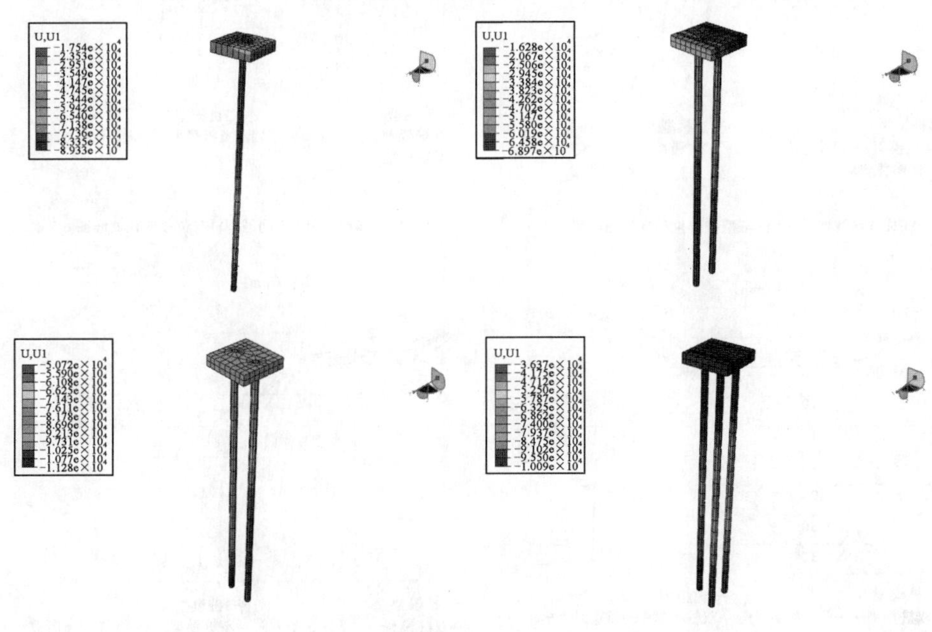

图8-5　不同桩基类型的位移云图

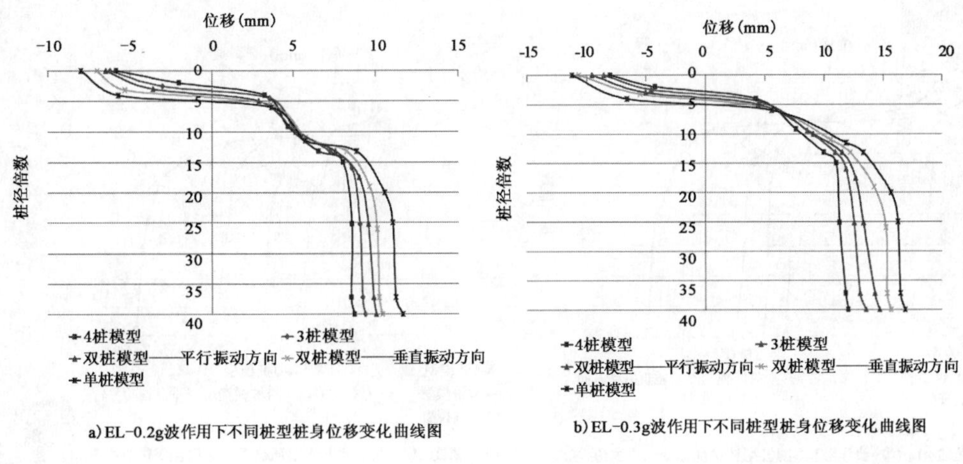

a) EL-0.2g波作用下不同桩型桩身位移变化曲线图

b) EL-0.3g波作用下不同桩型桩身位移变化曲线图

图　8-6

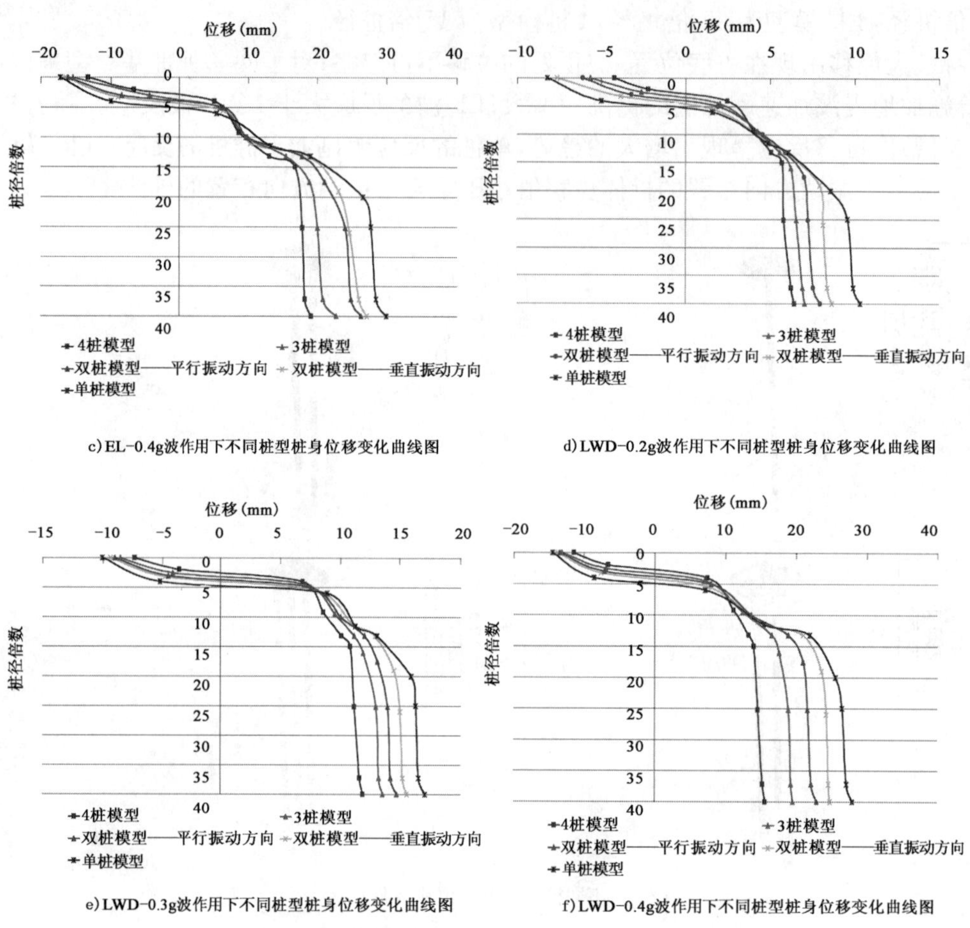

c) EL-0.4g波作用下不同桩型桩身位移变化曲线图

d) LWD-0.2g波作用下不同桩型桩身位移变化曲线图

e) LWD-0.3g波作用下不同桩型桩身位移变化曲线图

f) LWD-0.4g波作用下不同桩型桩身位移变化曲线图

图 8-6 地震波作用下不同桩基形式的桩身位移对比

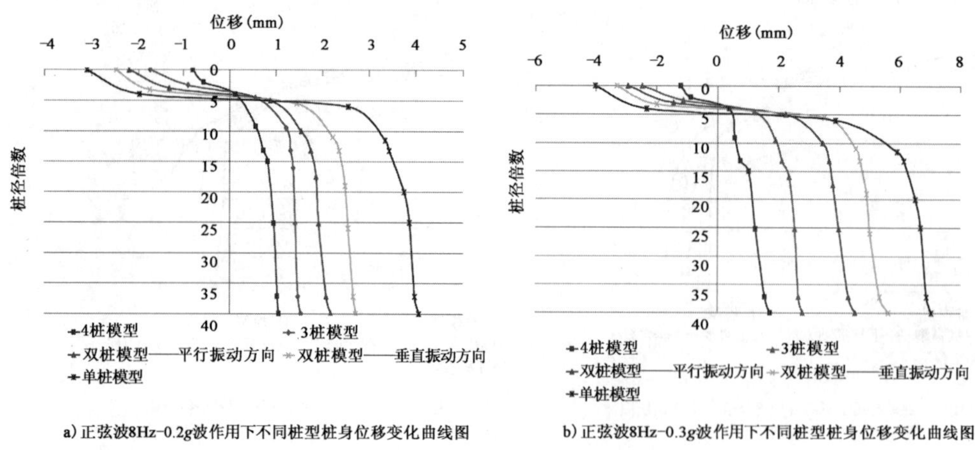

a) 正弦波8Hz-0.2g波作用下不同桩型桩身位移变化曲线图

b) 正弦波8Hz-0.3g波作用下不同桩型桩身位移变化曲线图

图 8-7

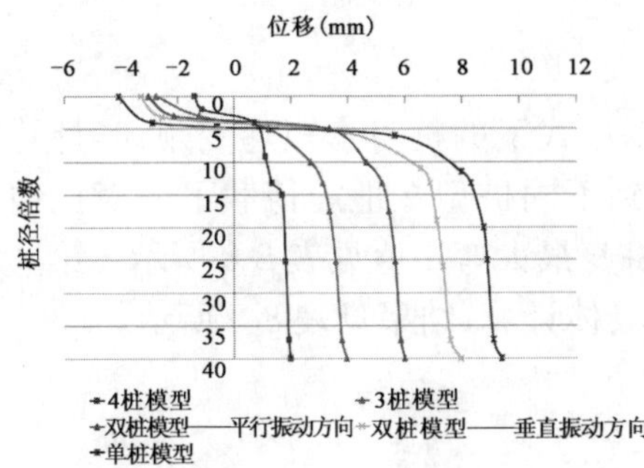

c)正弦波8Hz-0.4 g波作用下不同桩型桩身位移变化曲线图

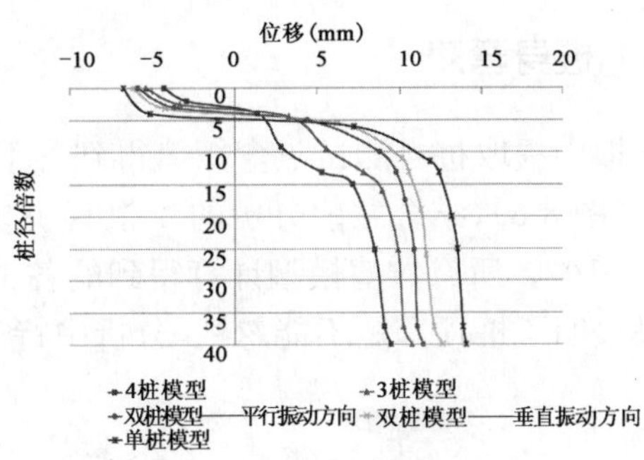

d)正弦波5Hz-0.2 g波作用下不同桩型桩身位移变化曲线图

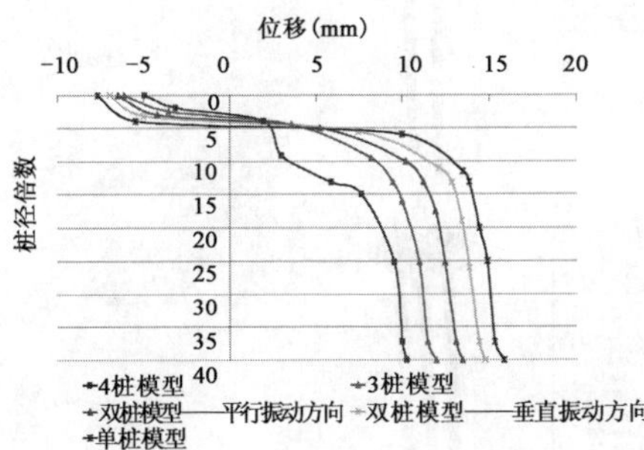

e)正弦波5Hz-0.3 g波作用下不同桩型桩身位移变化曲线图

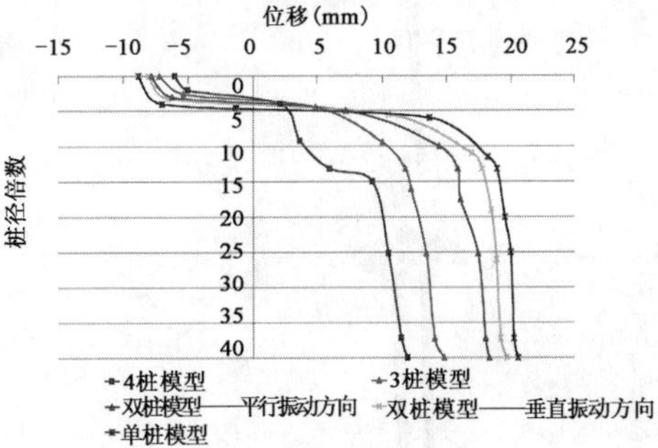

f)正弦波5Hz-0.4 g波作用下不同桩型桩身位移变化曲线图

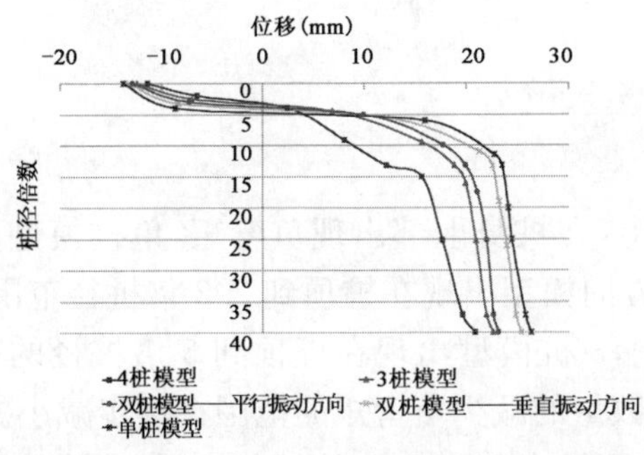

g)正弦波4Hz-0.2g波作用下不同桩型桩身位移变化曲线图

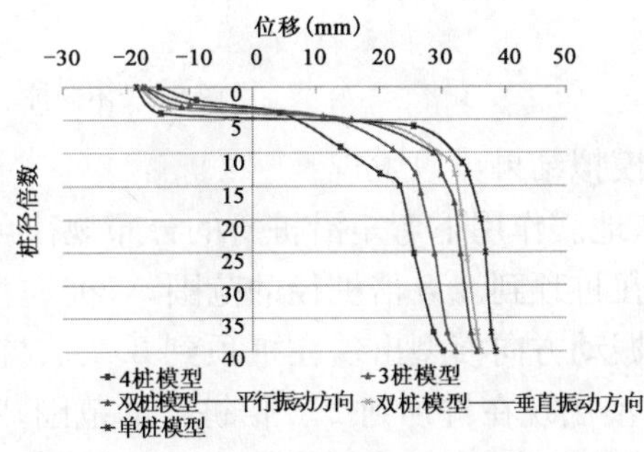

h)正弦波4Hz-0.3 g波作用下不同桩型桩身位移变化曲线图

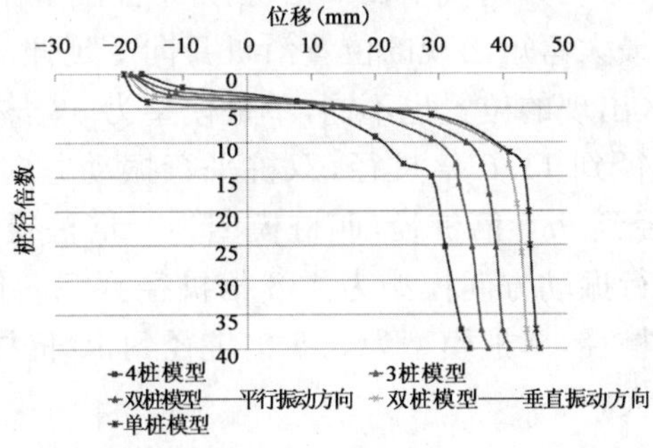

i)正弦波4Hz-0.4 g波作用下不同桩型桩身位移变化曲线图

图 8-7　正弦波作用下不同桩基形式的桩身位移对比

8.3.4 桩身弯矩

数值模拟中提取桩身测试点弯矩值得到各不同桩基形式下的桩身弯矩递变规律，计算得到应变云图(图 8-8)，结合之前分析的 4 根管桩模型得到不同桩型在地震荷载下的对比情况(图 8-9、图 8-10)。所有数值模型计算得到的各工况下桩身最大弯矩值见表 8-8 所示。第 3 章的模拟结果表明了桩顶弯矩不能忽视，分析中特进行了具体计算，结果见表 8-9 所示。

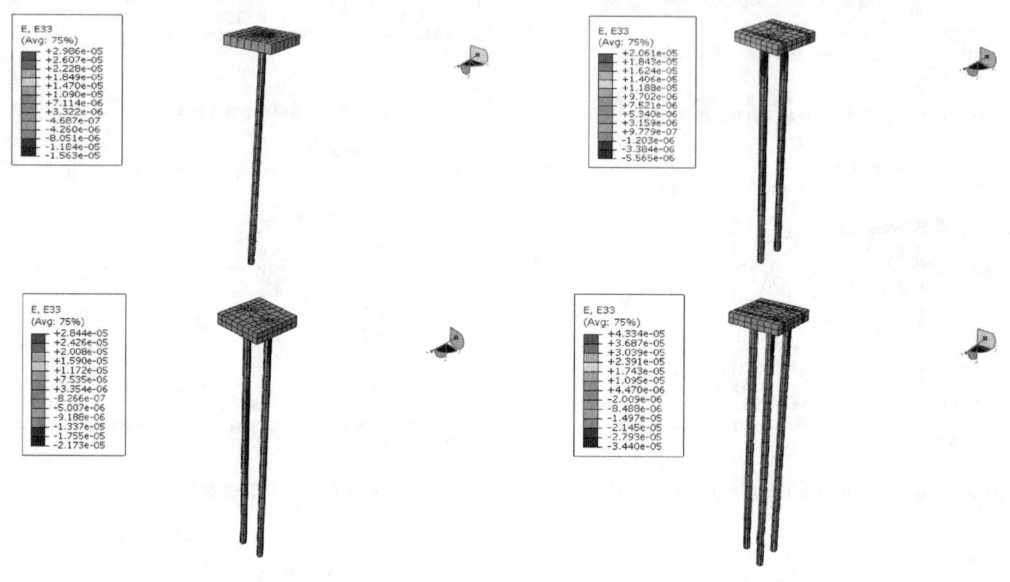

图 8-8 不同桩基类型的应变云图

通过模拟结果可以发现：

(1)从地震作用下弯矩沿桩身的分布规律可以看出，在桩身上部出现负弯矩，单桩模型负弯矩出现在桩顶到 3.8 倍桩径的范围，双桩垂直振动方向模型出现在桩顶到 3.3 倍桩径范围，双桩平行振动方向模型出现在桩顶到 3.2 倍桩径范围，3 桩模型出现在桩顶到 3 倍桩径的范围，4 桩模型出现在桩顶到 2.5 倍桩径的范围；随着桩数量的减少负弯矩的范围在逐步减小。

(2)各不同桩型出现最大弯矩的位置不同，单桩模型最大值在 7.5 倍桩径，双桩垂直振动方向模型在 6.5 倍桩径，双桩平行振动方向模型在 6 倍桩径，3 桩模型在 5.5 倍桩径，4 桩模型在 5 倍桩径；随着桩数量的减小，最大弯矩出现的位置沿桩身向下延伸。

(3)地震作用下各桩型开裂区出现的位置也不同，单桩模型为 5 倍桩径到 13.5 倍桩径，双桩垂直振动方向模型为 4.5 倍桩径到 11.5 倍桩径，双桩平行振动方向模型为 4.5 倍桩径到 10.5 倍桩径，3 桩模型为 4 倍桩径到 9.5 倍桩径，四桩模型为 4 倍桩径到 9 倍桩径(其中 3、4 桩模型没有出现破坏区)，双桩平行振动方向模型为 4.8 倍桩径到 7.8 倍桩径，双桩垂直振动方向模型为 5.2 倍桩径到 8.9 倍桩径，单桩模型为 5.5 倍桩径到 10 倍桩径。随着桩数量减少桩身开裂区(破坏区)的范围在增大。

(4)同一桩型中，随着地震波加速度峰值的增大，桩顶弯矩值、桩身最大弯矩值在增加；EL 波作用下的弯矩反应比 LWD 波的大，平行于振动方向布置的桩型桩身弯矩值要小于垂直于振动方向布置的桩型。

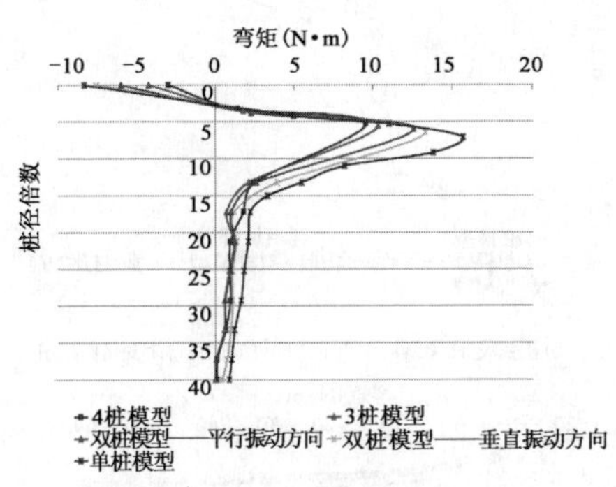

a)EL-0.2g波作用下不同桩型桩身弯矩变化曲线图

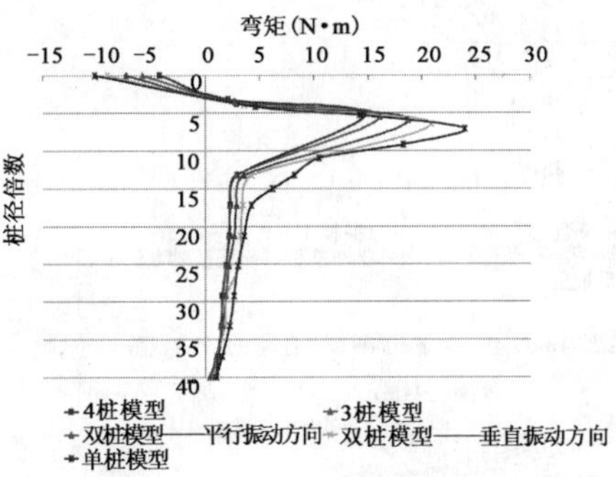

b)EL-0.3g波作用下不同桩型桩身弯矩变化曲线图

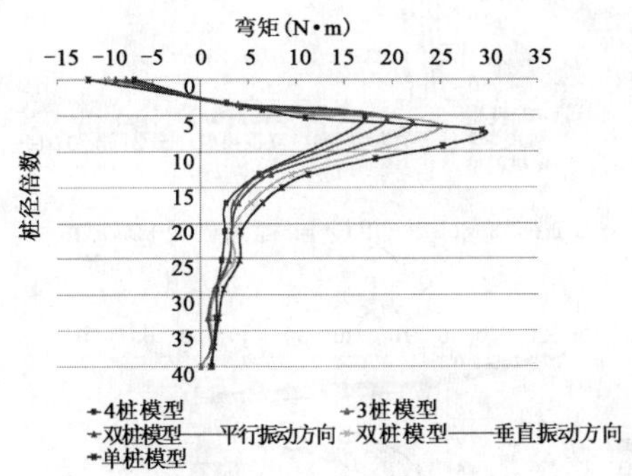

c)EL-0.4g波作用下不同桩型桩身弯矩变化曲线图

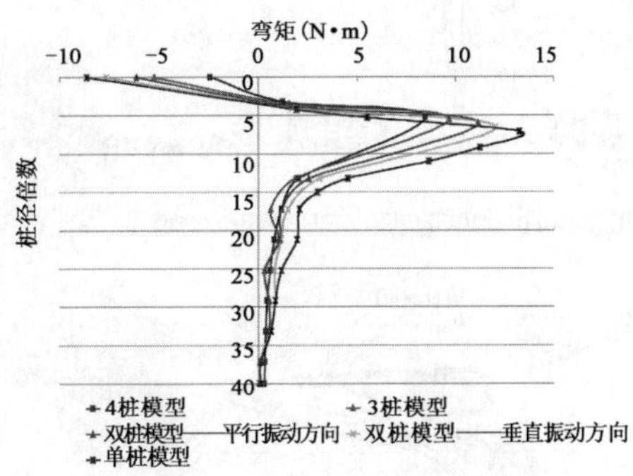

d)LWD-0.2g波作用下不同桩型桩身弯矩变化曲线图

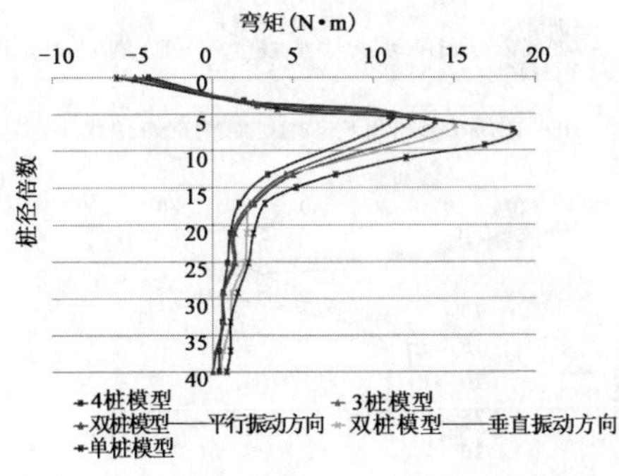

e)LWD-0.3g波作用下不同桩型桩身弯矩变化曲线图

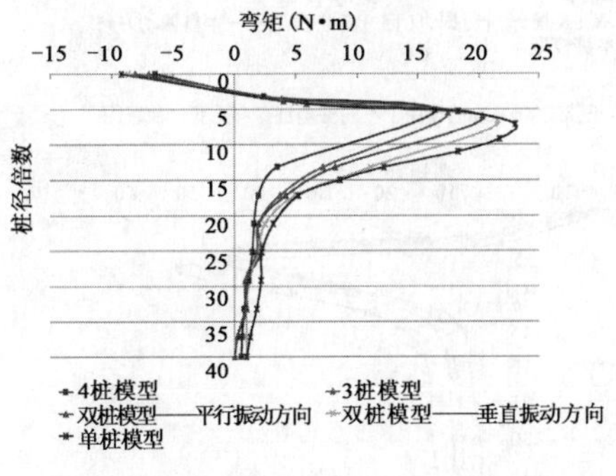

f)LWD-0.4g波作用下不同桩型桩身弯矩变化曲线图

图 8-9　地震波作用下不同桩基形式的桩身弯矩对比

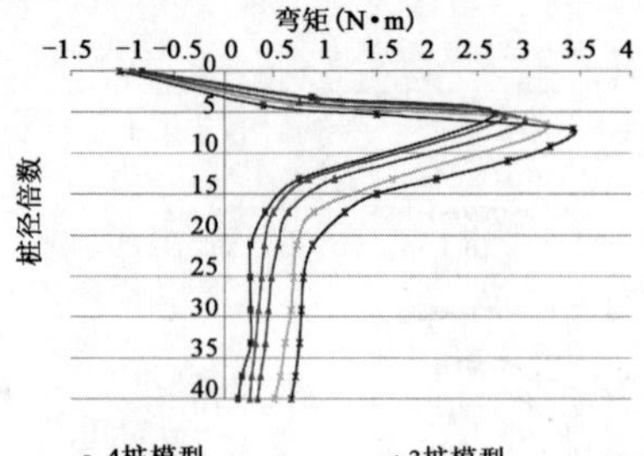

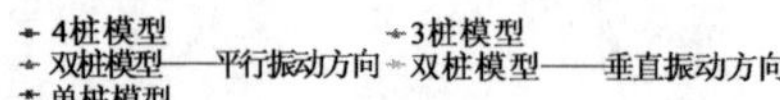

a) 正弦波8Hz-0.2g波作用下不同桩型桩身弯矩变化曲线图

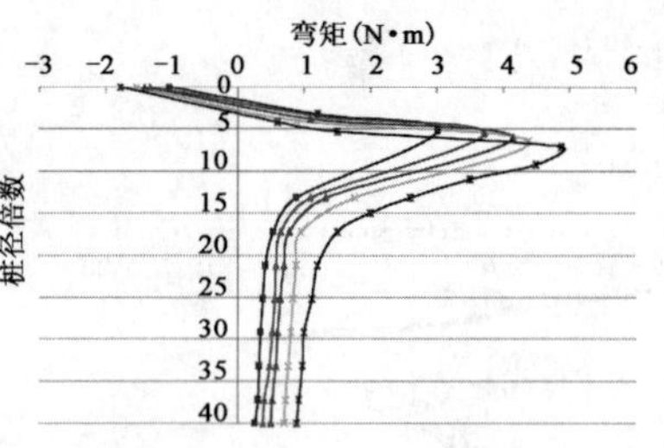

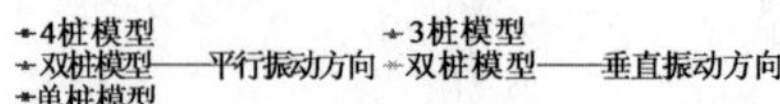

b) 正弦波8Hz-0.3g波作用下不同桩型桩身弯矩变化曲线图

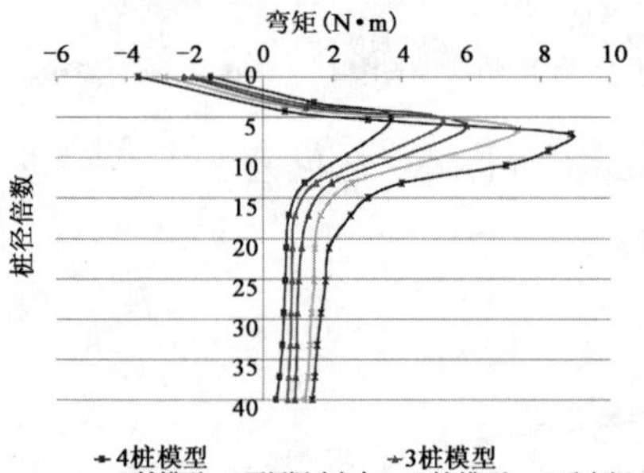

c) 正弦波8Hz-0.4g波作用下不同桩型桩身弯矩变化曲线图

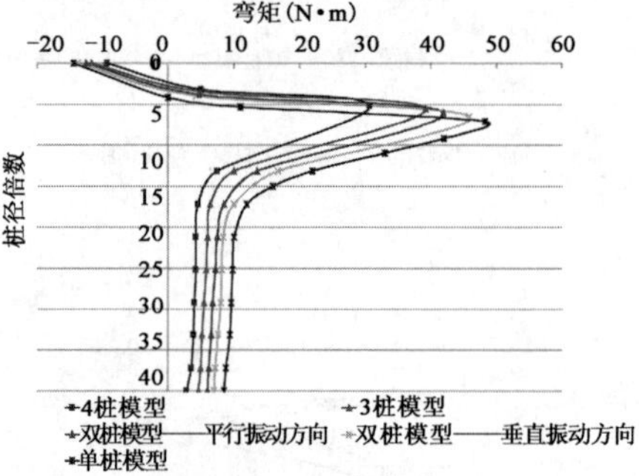

d) 正弦波8Hz-0.2g波作用下不同桩型桩身弯矩变化曲线图

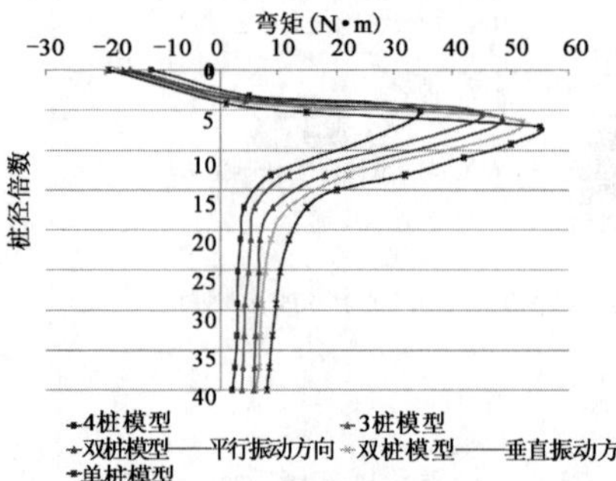

e) 正弦波5Hz-0.3g波作用下不同桩型桩身弯矩变化曲线图

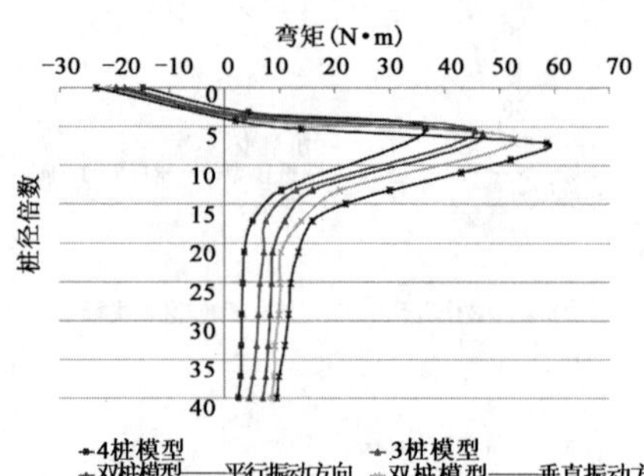

f) 正弦波5Hz-0.4g波作用下不同桩型桩身弯矩变化曲线图

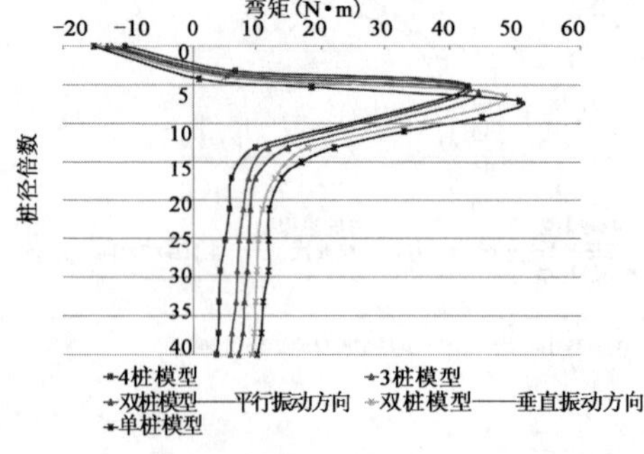

g) 正弦波4Hz-0.2g波作用下不同桩型桩身弯矩变化曲线图

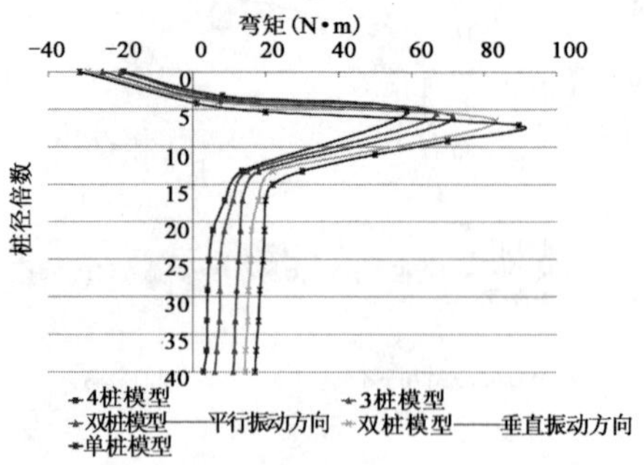

h) 正弦波4Hz-0.3g波作用下不同桩型桩身弯矩变化曲线图

图 8-10

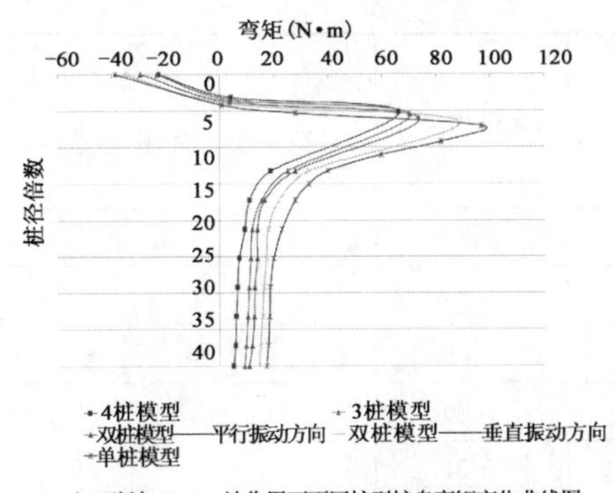

i)正弦波4Hz-0.4g波作用下不同桩型桩身弯矩变化曲线图

图 8-10　正弦波作用下不同桩基形式的桩身弯矩对比

8.3.5 小结

改变预应力混凝土管桩的数量及布置方式进行的数值模拟振动台试验,通过分析可以发现:

(1)随着桩数量的减少,桩体地震加速度峰值放大系数、桩身位移、桩身弯矩在增大,单桩的地震加速度放大系数、桩身位移、桩身弯矩要远远大于群桩的值。

(2)通过分析可以发现,平行于振动方向布置的桩体地震加速度放大系数、位移、弯矩值小于垂直于振动方向布置的桩体,说明桩布置形式对于桩基整体抗震性能有很大的影响。

(3)不同的桩基模型桩身地震加速度放大系数在一定深度内随着深度的增大而减小,随着桩数量的减少,这个深度在加大;桩身最大地震加速度放大系数出现在桩底部。

(4)经分析,各种数值模型计算得到的桩身位移都会出现反向位移的区间,随着桩数量的减少反向位移的区域在扩大,沿着桩身深度的增加桩身位移在逐步增大,但增加到一定深度时呈现出稳定的状态,随着桩数量的减少这个深度在增加;桩身最大地震位移出现在桩底位置,桩顶处的位移不可忽略,EL 波的反应大于 LWD 波反应。

(5)从地震波作用下弯矩沿桩身的分布规律可以看出,在桩顶附近出现负弯矩,随着桩数量的减少负弯矩的范围在逐步增大;各不同桩型出现最大弯矩的位置不同,随着桩数量的减少,最大弯矩出现的位置沿桩身向下延伸;随着桩数量减少桩身开裂区(破坏区)的范围在增大;EL 波作用下的弯矩反应比 LWD 波的大。

各数值模型计算得到的桩身最大地震加速度峰值放大系数　　表 8-5

工况	模型种类	4 桩模型	3 桩模型	双桩(平行振动方向)模型	双桩(垂直振动方向)模型	单桩模型
0.1g	EL-0.1g	2.71	4.14	—	—	—
	LWD-0.1g	3.47	4.81	—	—	—
	正弦波 8Hz-0.1g	1.89	3.27	—	—	—
	正弦波 5Hz-0.1g	4.02	5.22	—	—	—
	正弦波 4Hz-0.1g	7.04	8.36	—	—	—

续上表

工况	模型种类	4桩模型	3桩模型	双桩（平行振动方向）模型	双桩（垂直振动方向）模型	单桩模型
0.15g	EL-0.15g	2.36	3.58	—	—	—
	LWD-0.15g	3.19	4.13	—	—	—
	正弦波8Hz-0.15g	1.64	2.58	—	—	—
	正弦波5Hz-0.15g	3.75	4.80	—	—	—
	正弦波4Hz-0.15g	6.79	7.71	—	—	—
0.2g	EL-0.2g	2.26	2.79	4.07	4.53	5.17
	LWD-0.2g	2.93	3.43	4.69	5.24	6.32
	正弦波8Hz-0.2g	1.40	1.87	3.15	3.74	5.58
	正弦波5Hz-0.2g	3.58	4.06	5.27	5.97	6.33
	正弦波4Hz-0.2g	6.52	7.26	8.42	8.96	8.71
0.3g	EL-0.3g	1.83	2.11	2.34	2.66	3.45
	LWD-0.3g	1.97	2.29	2.45	2.96	3.66
	正弦波8Hz-0.3g	1.28	1.55	1.85	2.05	3.17
	正弦波5Hz-0.3g	2.84	3.18	3.34	3.61	4.62
	正弦波4Hz-0.3g	4.62	4.97	5.17	5.63	6.34
0.4g	EL-0.4g	1.76	1.79	1.83	1.96	2.13
	LWD-0.4g	1.79	2.004	2.11	2.12	2.35
	正弦波8Hz-0.4g	1.21	1.24	1.25	1.29	1.31
	正弦波5Hz-0.4g	2.68	2.82	2.82	2.84	2.67
	正弦波4Hz-0.4g	4.19	4.38	4.41	4.31	4.32

各数值模型计算得到的桩身最大位移 表8-6

工况	模型种类	4桩模型(mm)	3桩模型(mm)	双桩(平行振动方向)模型(mm)	双桩(垂直振动方向)模型(mm)	单桩模型(mm)
0.1g	EL-0.1g	6.42	7.37	—	—	—
	LWD-0.1g	4.22	5.43	—	—	—
	正弦波8Hz-0.1g	0.42	1.13	—	—	—
	正弦波5Hz-0.1g	7.43	8.54	—	—	—
	正弦波4Hz-0.1g	16.69	19.03	—	—	—
0.15g	EL-0.15g	7.84	8.37	—	—	—
	LWD-0.15g	5.52	6.31	—	—	—
	正弦波8Hz-0.15g	0.77	1.35	—	—	—
	正弦波5Hz-0.15g	8.39	9.57	—	—	—
	正弦波4Hz-0.15g	18.81	20.87	—	—	—

续上表

工况		4 桩模型(mm)	3 桩模型(mm)	双桩(平行振动方向)模型(mm)	双桩(垂直振动方向)模型(mm)	单桩模型(mm)
0.2g	EL-0.2g	8.72	9.37	10.03	10.42	11.65
	LWD-0.2g	6.42	7.03	7.94	8.65	10.33
	正弦波 8Hz-0.2g	1.06	1.54	2.17	2.71	4.07
	正弦波 5Hz-0.2g	9.45	10.76	11.46	12.64	14.06
	正弦波 4Hz-0.2g	20.88	22.65	23.16	25.39	26.37
0.3g	EL-0.3g	12.08	13.56	14.67	15.64	16.84
	LWD-0.3g	11.85	13.56	14.75	15.57	17.06
	正弦波 8Hz-0.3g	1.72	2.79	4.52	5.61	7.04
	正弦波 5Hz-0.3g	10.25	11.95	13.46	14.78	15.85
	正弦波 4Hz-0.3g	30.26	32.16	35.48	36.05	38.46
0.4g	EL-0.4g	19.15	22.73	26.31	27.13	30.02
	LWD-0.4g	15.62	19.52	22.92	24.76	27.95
	正弦波 8Hz-0.4g	1.21	3.96	6.01	7.98	9.39
	正弦波 5Hz-0.4g	11.95	14.84	18.32	19.67	20.54
	正弦波 4Hz-0.4g	34.78	37.61	40.93	44.04	45.79

各数值模型计算得到的桩顶位移　　表 8-7

工况		4 桩模型(mm)	3 桩模型(mm)	双桩(平行振动方向)模型(mm)	双桩(垂直振动方向)模型(mm)	单桩模型(mm)
0.1g	EL-0.1g	4.15	5.03	—	—	—
	LWD-0.1g	3.03	4.78	—	—	—
	正弦波 8Hz-0.1g	0.77	1.85	—	—	—
	正弦波 5Hz-0.1g	2.58	3.87	—	—	—
	正弦波 4Hz-0.1g	9.11	10.12	—	—	—
0.15g	EL-0.15g	5.32	5.57	—	—	—
	LWD-0.15g	3.53	5.13	—	—	—
	正弦波 8Hz-0.15g	0.83	2.07	—	—	—
	正弦波 5Hz-0.15g	3.74	5.06	—	—	—
	正弦波 4Hz-0.15g	10.17	11.77	—	—	—
0.2g	EL-0.2g	5.85	6.23	6.5	7.02	7.99
	LWD-0.2g	5.58	6.71	7.18	7.57	8.12
	正弦波 8Hz-0.2g	0.79	1.75	2.21	2.48	3.10
	正弦波 5Hz-0.2g	4.24	5.38	5.85	6.15	6.75
	正弦波 4Hz-0.2g	11.35	12.41	12.91	13.21	13.78

续上表

工况		4桩模型(mm)	3桩模型(mm)	双桩(平行振动方向)模型(mm)	双桩(垂直振动方向)模型(mm)	单桩模型(mm)
0.3g	EL-0.3g	8.02	8.57	9.55	10.68	11.22
	LWD-0.3g	7.41	8.60	9.06	9.41	10.08
	正弦波8Hz-0.3g	1.21	2.48	2.96	3.32	4.02
	正弦波5Hz-0.3g	4.96	6.13	6.48	6.94	7.67
	正弦波4Hz-0.3g	14.71	16.89	17.31	17.71	18.38
0.4g	EL-0.4g	13.28	15.41	16.13	16.48	17.22
	LWD-0.4g	11.48	13.21	13.48	13.79	14.53
	正弦波8Hz-0.4g	1.39	2.76	3.03	3.29	4.08
	正弦波5Hz-0.4g	6.01	7.22	7.81	8.07	8.85
	正弦波4Hz-0.4g	16.41	17.96	18.17	18.51	19.21

各数值模型计算得到的桩身最大弯矩 表8-8

工况		4桩模型(N·m)	3桩模型(N·m)	双桩(平行振动方向)模型(N·m)	双桩(垂直振动方向)模型(N·m)	单桩模型(N·m)
0.1g	EL-0.1g	4.78	6.97	—	—	—
	LWD-0.1g	4.6	5.10	—	—	—
	正弦波8Hz-0.1g	1.55	1.96	—	—	—
	正弦波5Hz-0.1g	26.21	35.58	—	—	—
	正弦波4Hz-0.1g	28.28	38.03	—	—	—
0.15g	EL-0.15g	6.41	8.84	—	—	—
	LWD-0.15g	6.23	7.05	—	—	—
	正弦波8Hz-0.15g	1.82	2.25	—	—	—
	正弦波5Hz-0.15g	26.14	37.36	—	—	—
	正弦波4Hz-0.15g	29.97	40.07	—	—	—
0.2g	EL-0.2g	9.57	10.33	12.58	13.30	15.69
	LWD-0.2g	8.48	9.68	11.14	12.02	13.21
	正弦波8Hz-0.2g	2.67	2.76	2.96	3.17	3.43
	正弦波5Hz-0.2g	30.64	39.25	41.95	45.85	48.32
	正弦波4Hz-0.2g	42.77	42.08	44.42	48.49	50.84
0.3g	EL-0.3g	14.69	16.06	18.74	20.88	23.97
	LWD-0.3g	11.27	12.3	13.8	15.11	18.66
	正弦波8Hz-0.3g	3.01	3.72	4.15	4.39	4.88
	正弦波5Hz-0.3g	34.59	45.14	48.47	52.03	55.11
	正弦波4Hz-0.3g	58.78	56.94	71.5	83.13	89.59

续上表

工况 \ 模型种类		4桩模型(N·m)	3桩模型(N·m)	双桩(平行振动方向)模型(N·m)	双桩(垂直振动方向)模型(N·m)	单桩模型(N·m)
0.4g	EL-0.4g	17.21	19.44	22.17	24.94	29.32
	LWD-0.4g	16.4	17.4	20.27	21.53	22.98
	正弦波8Hz-0.4g	3.68	5.21	5.89	7.34	8.91
	正弦波5Hz-0.4g	36.54	45.59	46.99	52.86	58.57
	正弦波4Hz-0.4g	66.34	58.11	73.47	88.55	97.21

各数值模型计算得到的桩顶弯矩　　表8-9

工况 \ 模型种类		4桩模型(N·m)	3桩模型(N·m)	双桩(平行振动方向)模型(N·m)	双桩(垂直振动方向)模型(N·m)	单桩模型(N·m)
0.1g	EL-0.1g	0.95	1.39	—	—	—
	LWD-0.1g	0.91	1.02	—	—	—
	正弦波8Hz-0.1g	0.32	0.31	—	—	—
	正弦波5Hz-0.1g	5.21	7.23	—	—	—
	正弦波4Hz-0.1g	5.66	7.68	—	—	—
0.15g	EL-0.15g	1.62	2.21	—	—	—
	LWD-0.15g	1.29	2.17	—	—	—
	正弦波8Hz-0.15g	0.46	0.58	—	—	—
	正弦波5Hz-0.15g	6.87	9.50	—	—	—
	正弦波4Hz-0.15g	7.48	10.08	—	—	—
0.2g	EL-0.2g	2.97	4.22	5.99	7.56	8.33
	LWD-0.2g	2.40	2.54	2.87	2.98	3.35
	正弦波8Hz-0.2g	0.81	0.89	0.92	0.95	1.03
	正弦波5Hz-0.2g	9.33	11.78	12.59	13.75	14.51
	正弦波4Hz-0.2g	10.55	12.63	13.31	14.58	15.33
0.3g	EL-0.3g	4.21	6.03	7.31	9.08	10.24
	LWD-0.3g	3.99	4.31	4.83	5.57	6.02
	正弦波8Hz-0.3g	1.03	1.32	1.41	1.54	1.78
	正弦波5Hz-0.3g	12.11	15.81	16.99	18.21	19.33
	正弦波4Hz-0.3g	18.98	19.93	25.03	29.09	31.36
0.4g	EL-0.4g	6.89	7.81	8.87	9.81	11.77
	LWD-0.4g	6.41	6.95	8.07	8.620	9.19
	正弦波8Hz-0.4g	1.58	2.12	2.36	2.94	3.68
	正弦波5Hz-0.4g	14.88	18.24	19.81	21.15	23.43
	正弦波4Hz-0.4g	22.76	23.25	29.41	35.42	38.89

8.4 不同桩身材料对预应力混凝土管桩抗震性能的影响

8.4.1 数值模型的建立

预应力混凝土管桩振动台试验中模拟的原型管桩是预应力高强混凝土管桩，其桩身采用C80的混凝土。但在实际的生产建设和工程实例中桩身还会使用不同强度等级的混凝土材料，为了说明不同混凝土材料管桩在地震作用下的反应情况，应用数值模型分析了群桩不同桩身材料预应力混凝土管桩在地震作用下的反应情况。在3、4桩模型的基础上改变了混凝土桩身材料属性值，又模拟分析了C60和C45混凝土材料的预应力混凝土管桩。

建立数值模型的过程与之前的数值模型基本相同，但由于要模拟C60、C45的混凝土管桩，因此通过相似常数的计算，在数值模型中将桩身材料属性进行了修改，其他部分不变，如前述模型，具体各部分材料属性见表8-10所示。为了使分析结果更具有实用性，加载地震波选择了加速度峰值为0.1g、0.15g、0.2g的EL波、LWD波，具体工况见表8-11所示。

不同桩身材料模型各部件的材料属性值 表8-10

模型零部件名称	物理参数	C80 3、4桩模型	C60 3、4桩模型	C45 3、4桩模型
管桩	密度 ρ(kg/m^3)	1200	1200	1200
	弹性模量(MPa)	2000	1870	1750
土体	密度 ρ(kg/m^3)	1730	1730	1730
	压缩模量(MPa)	8	8	8
	内摩擦角(°)	24.47	24.47	24.47
	黏聚力(MPa)	1.3	1.3	1.3
承台	密度 ρ(kg/m^3)	2000	2000	2000
	弹性模量(MPa)	1000	1000	1000
上部结构及支承	密度 ρ(kg/m^3)	5340	5340	5340
	弹性模量(MPa)	10000	10000	10000

不同模型C45、C60、C80各3和4桩数值模拟中选择的工况 表8-11

C45 3、4桩模型	C60 3、4桩模型	C80 3、4桩模型	工况序号	工况名称	工况序号	工况名称	工况序号	工况名称
			1	EL-0.1g	6	EL-0.15g	11	EL-0.2g
			2	LWD-0.1g	7	LWD-0.15g	12	LWD-0.2g
			3	正弦波8Hz-0.1g	8	正弦波8Hz-0.15g	13	正弦波8Hz-0.2g
			4	正弦波5Hz-0.1g	9	正弦波5Hz-0.15g	14	正弦波5Hz-0.2g
			5	正弦波4Hz-0.1g	10	正弦波4Hz-0.15g	15	正弦波4Hz-0.2g

8.4.2 加速度峰值放大系数

在数值模型分析中，修正了3桩、4桩的数值模型，模拟了原型为C60、C45预应力混凝土管桩的反应，得到了不同桩身材料管桩在不同地震荷载作用下的加速度峰值放大系数。图8-

11～图 8-14 列出了地震波和正弦波作用下不同桩身材料模型管桩在加速度峰值为 0.1g、0.15g、0.2g 下的加速度放大系数对比情况。各工况分析得到的桩身最大加速度放大系数见表 8-12 所示。通过数据分析结果可知，在地震波作用下，桩身加速度放大系数沿桩身同样出现变化转折点，C80 的出现在 9 倍桩径处，C60 的出现在 9.6 倍桩径处，C45 的出现在 9.8 倍桩径处。分析表明，桩身弹性模量小的模型管桩加速度峰值放大系数大。

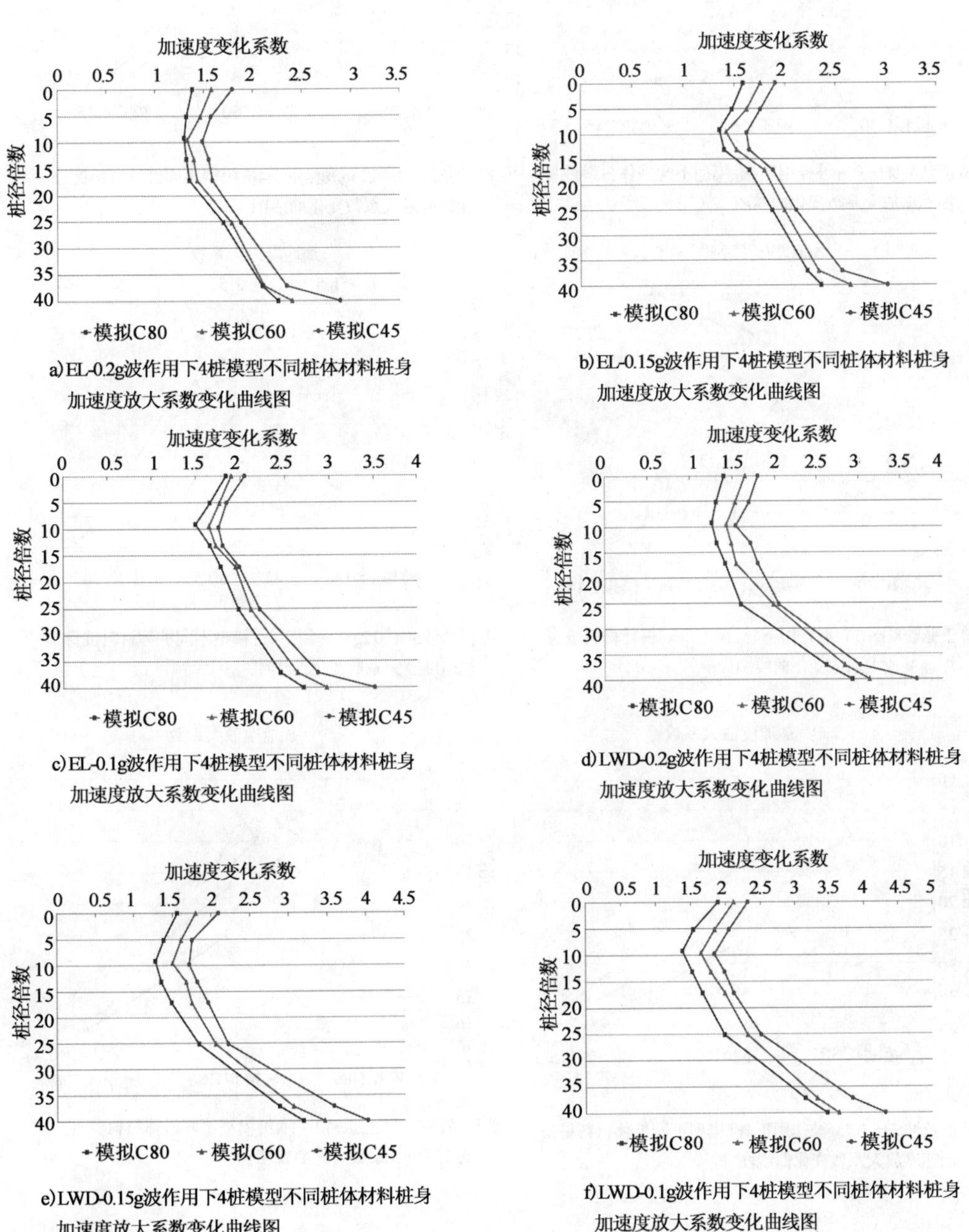

a) EL-0.2g波作用下4桩模型不同桩体材料桩身加速度放大系数变化曲线图

b) EL-0.15g波作用下4桩模型不同桩体材料桩身加速度放大系数变化曲线图

c) EL-0.1g波作用下4桩模型不同桩体材料桩身加速度放大系数变化曲线图

d) LWD-0.2g波作用下4桩模型不同桩体材料桩身加速度放大系数变化曲线图

e) LWD-0.15g波作用下4桩模型不同桩体材料桩身加速度放大系数变化曲线图

f) LWD-0.1g波作用下4桩模型不同桩体材料桩身加速度放大系数变化曲线图

图 8-11　地震波作用下 4 桩模型不同桩身材料桩身加速度峰值放大系数

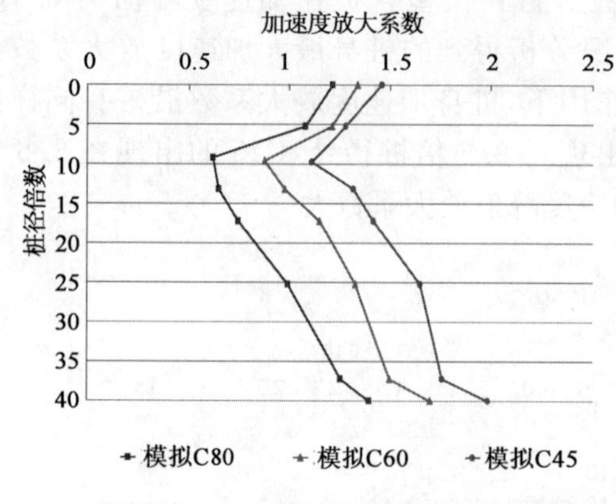

a) 正弦波8Hz-0.2g波作用下4桩模型不同桩体材料桩身加速度放大系数变化曲线图

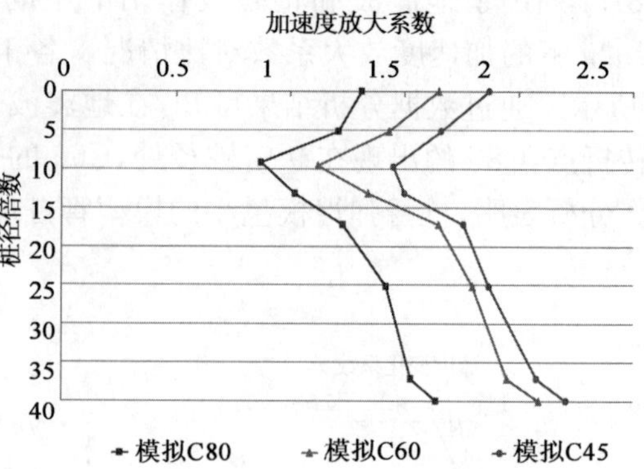

b) 正弦波8Hz-0.15g波作用下4桩模型不同桩体材料桩身加速度放大系数变化曲线图

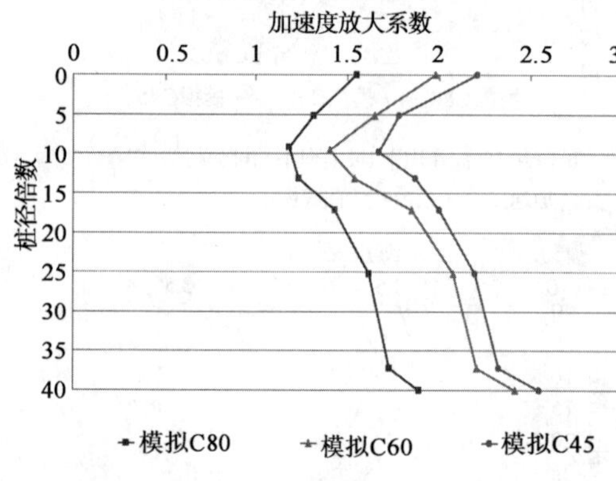

c) 正弦波8Hz-0.1g波作用下4桩模型不同桩体材料桩身加速度放大系数变化曲线图

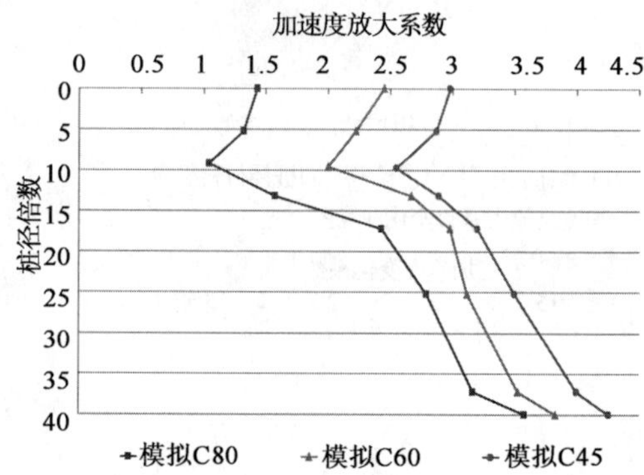

d) 正弦波5Hz-0.2g波作用下4桩模型不同桩体材料桩身加速度放大系数变化曲线图

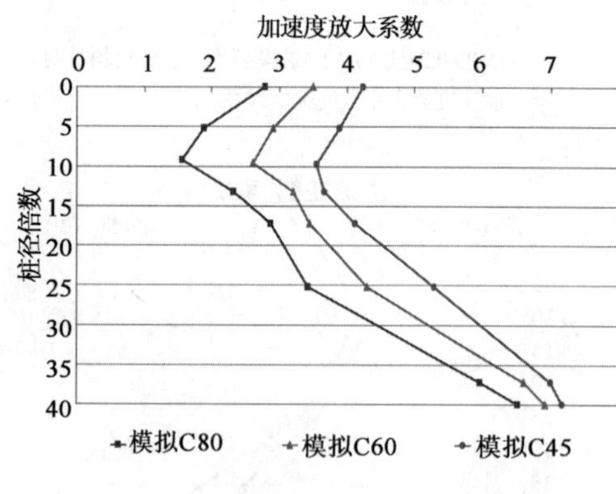

e) 正弦波5Hz-0.15g波作用下4桩模型不同桩体材料桩身加速度放大系数变化曲线图

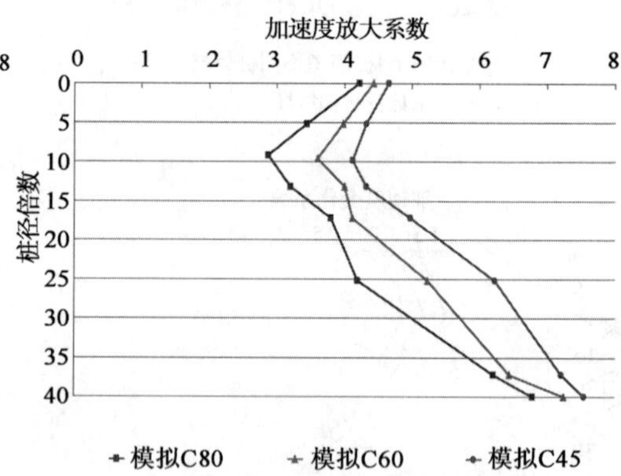

f) 正弦波5Hz-0.1g波作用下4桩模型不同桩体材料桩身加速度放大系数变化曲线图

图 8-12

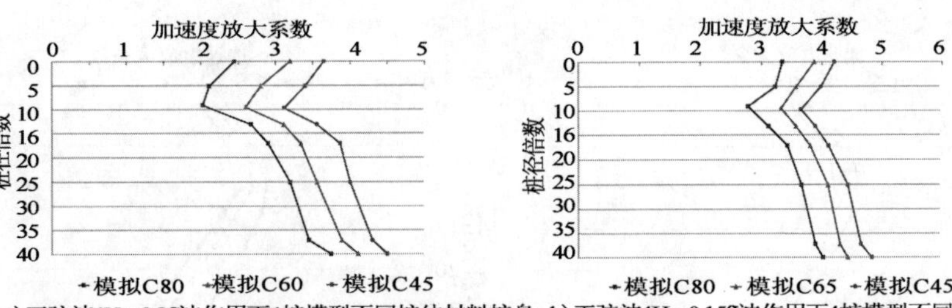

g)正弦波4Hz-0.2g波作用下4桩模型不同桩体材料桩身加速度放大系数变化曲线图

h)正弦波4Hz-0.15g波作用下4桩模型不同桩体材料桩身加速度放大系数变化曲线图

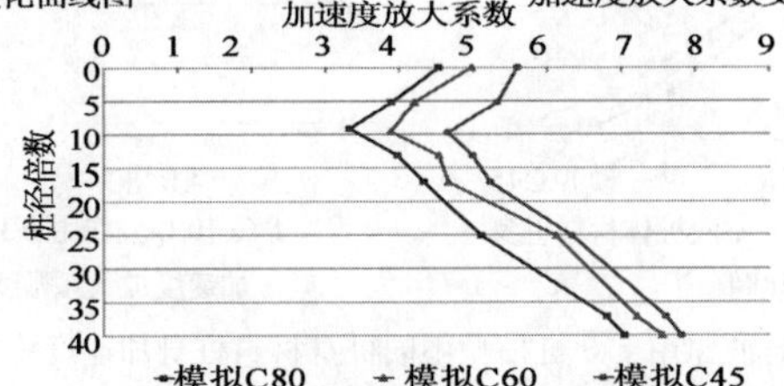

i)正弦波4Hz-0.1g波作用下4桩模型不同桩体材料桩身加速度放大系数变化曲线图

图 8-12　正弦波作用下 4 桩模型不同桩身材料桩身加速度峰值放大系数

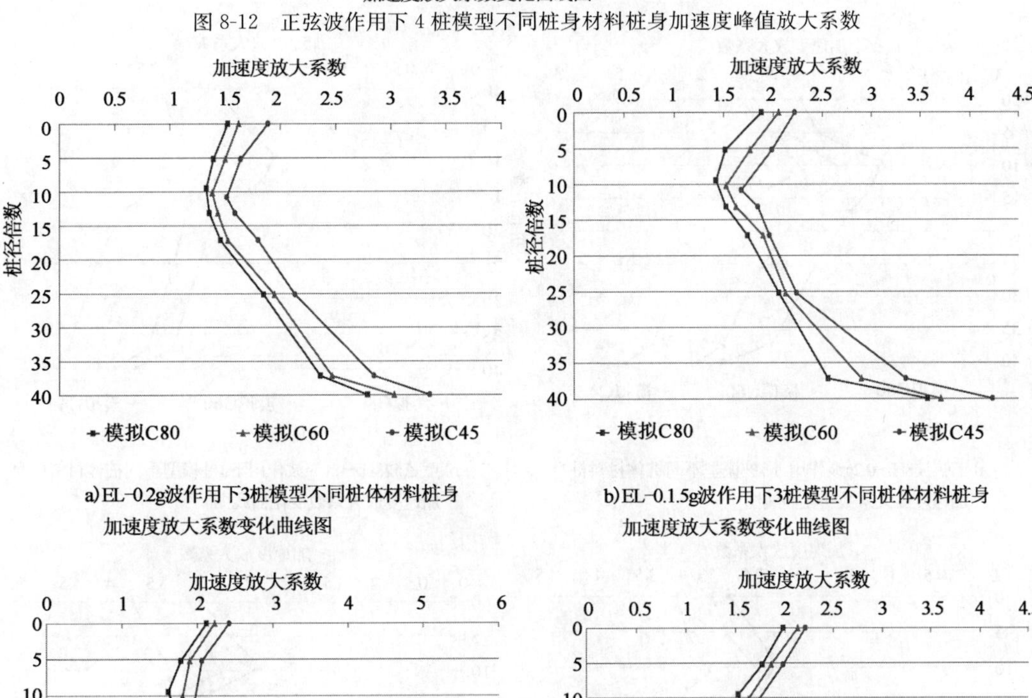

a)EL-0.2g波作用下3桩模型不同桩体材料桩身加速度放大系数变化曲线图

b)EL-0.15g波作用下3桩模型不同桩体材料桩身加速度放大系数变化曲线图

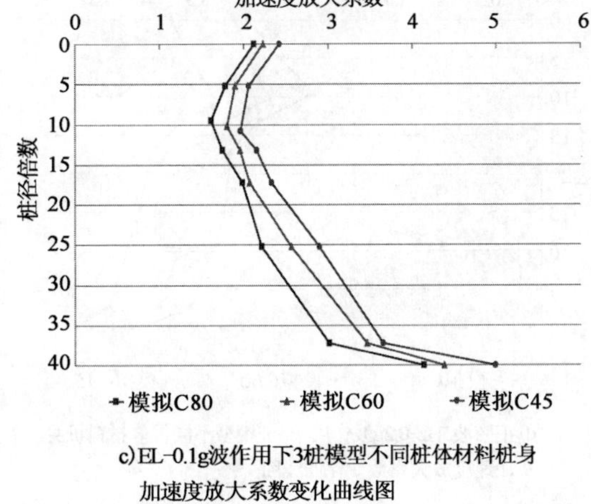

c)EL-0.1g波作用下3桩模型不同桩体材料桩身加速度放大系数变化曲线图

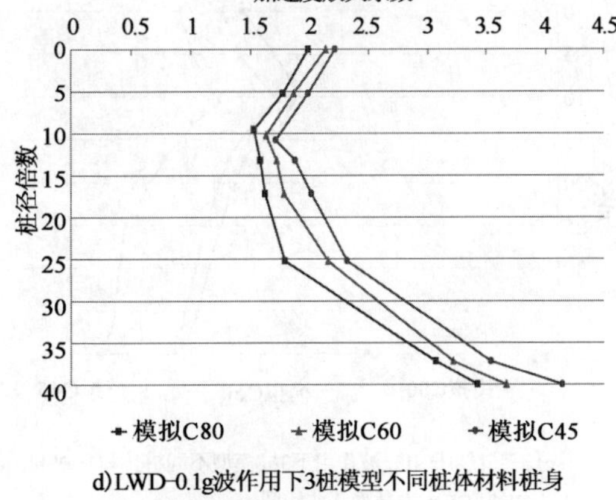

d)LWD-0.1g波作用下3桩模型不同桩体材料桩身加速度放大系数变化曲线图

图　8-13

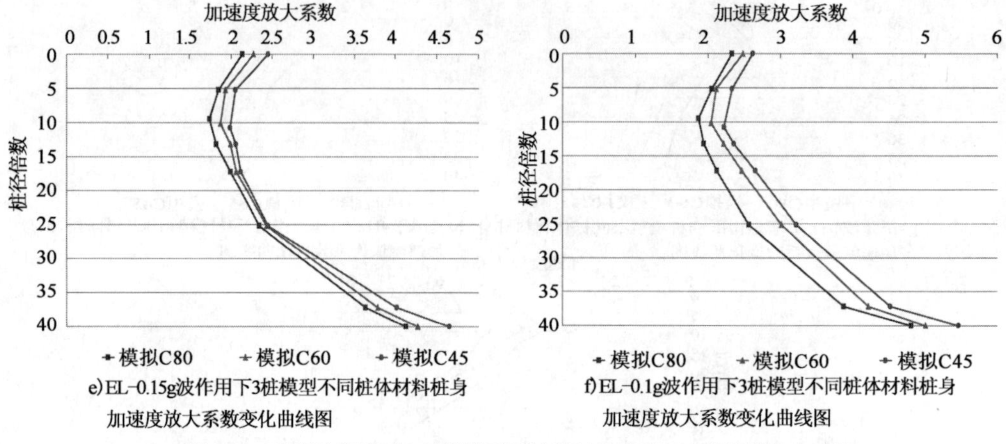

e) EL-0.15g波作用下3桩模型不同桩体材料桩身加速度放大系数变化曲线图

f) EL-0.1g波作用下3桩模型不同桩体材料桩身加速度放大系数变化曲线图

图 8-13　地震波作用下 3 桩模型不同桩身材料桩身加速度峰值放大系数

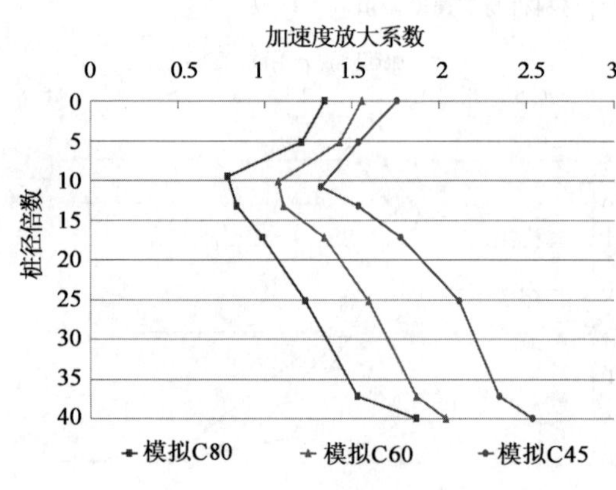

a) 正弦波8Hz-0.2g波作用下3桩模型不同桩体材料桩身加速度放大系数变化曲线图

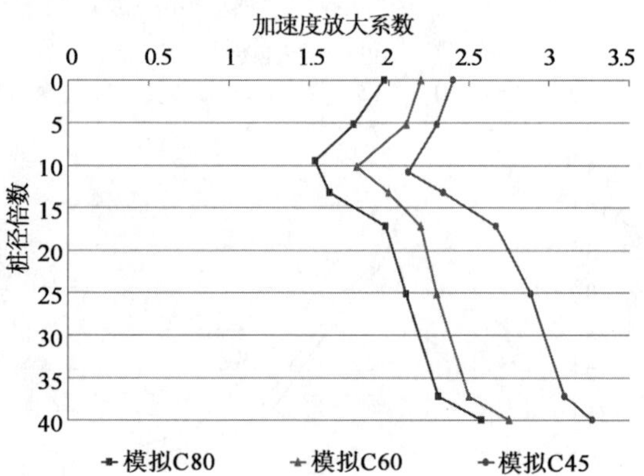

b) 正弦波8Hz-0.15g波作用下3桩模型不同桩体材料桩身加速度放大系数变化曲线图

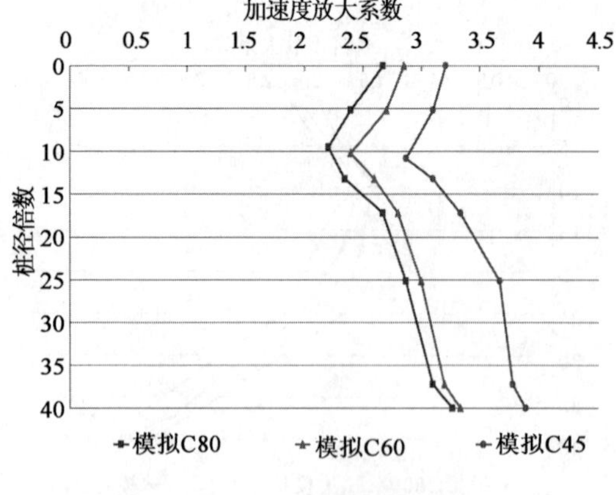

c) 正弦波8Hz-0.1g波作用下3桩模型不同桩体材料桩身加速度放大系数变化曲线图

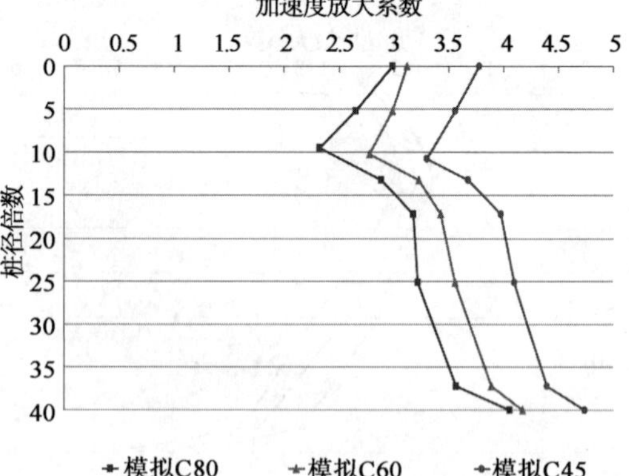

d) 正弦波5Hz-0.2g波作用下3桩模型不同桩体材料桩身加速度放大系数变化曲线图

图　8-14

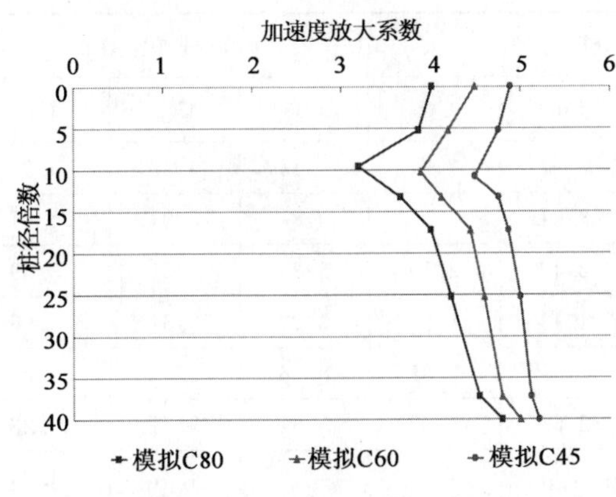

e) 正弦波5Hz-0.15g波作用下3桩模型不同桩体材料桩身加速度放大系数变化曲线图

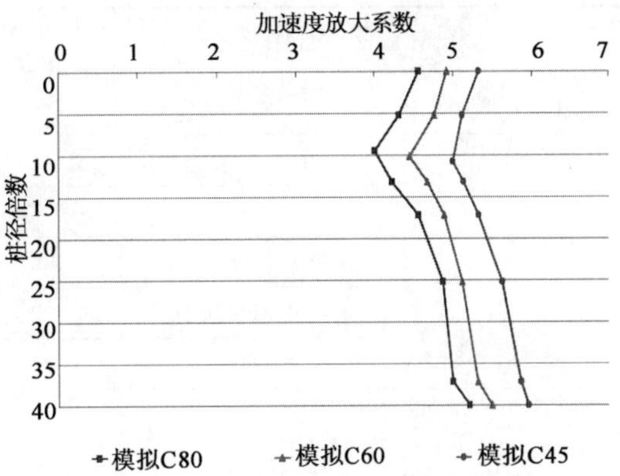

f) 正弦波5Hz-0.1g波作用下3桩模型不同桩体材料桩身加速度放大系数变化曲线图

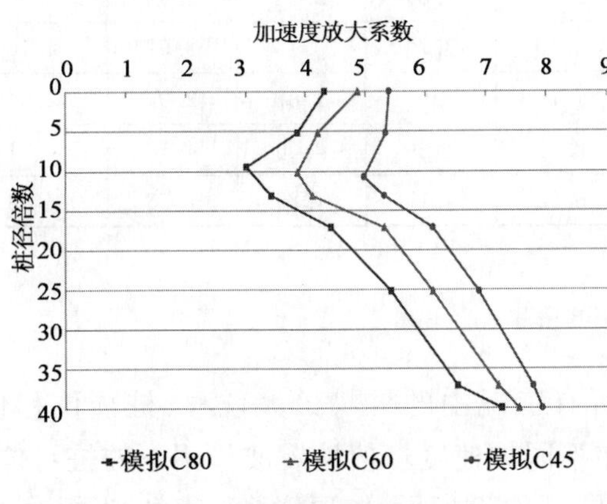

g) 正弦波4Hz-0.2g波作用下3桩模型不同桩体材料桩身加速度放大系数变化曲线图

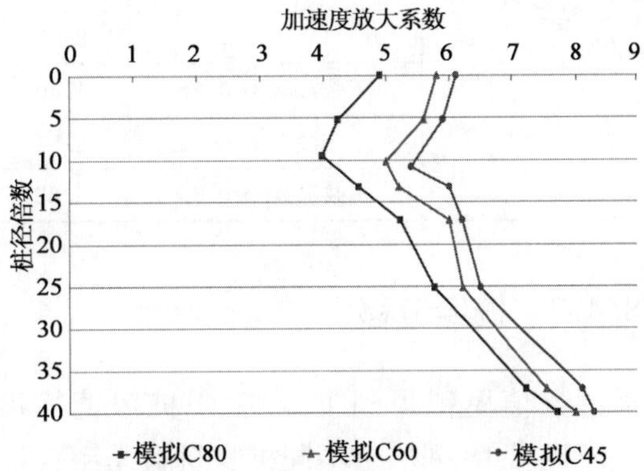

h) 正弦波4Hz-0.15g波作用下3桩模型不同桩体材料桩身加速度放大系数变化曲线图

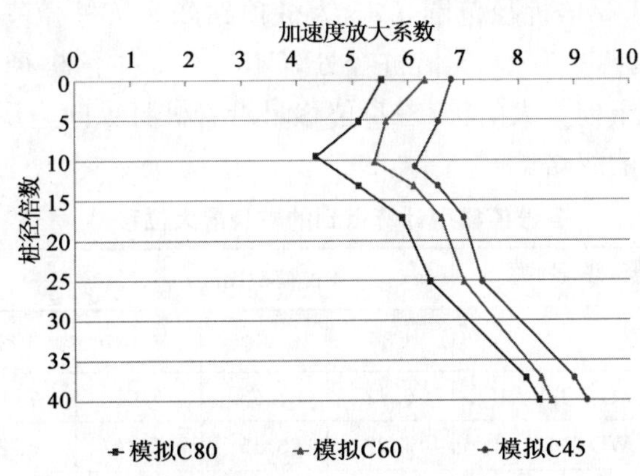

i) 正弦波4Hz-0.1g波作用下3桩模型不同桩体材料桩身加速度放大系数变化曲线图

图 8-14　正弦波作用下 3 桩模型不同桩身材料桩身加速度峰值放大系数

各数值模型计算得到的桩身最大加速度峰值放大系数　　表 8-12

工况 \ 模型种类		4 桩模型			3 桩模型		
		C80	C60	C45	C80	C60	C45
0.1g	EL-0.1g	2.71	2.97	3.51	4.14	4.38	4.99
	LWD-0.1g	3.47	3.64	4.31	4.81	5.01	5.47
	正弦波 8Hz-0.1g	1.89	2.42	2.55	3.27	3.34	3.89
	正弦波 5Hz-0.1g	4.02	4.43	4.83	5.22	5.51	5.96
	正弦波 4Hz-0.1g	7.04	7.55	7.81	8.36	8.58	9.23
0.15g	EL-0.15g	2.36	2.65	3.02	3.58	3.71	4.23
	LWD-0.15g	3.19	3.46	4.02	4.13	4.27	4.65
	正弦波 8Hz-0.15g	1.64	2.09	2.21	2.58	2.75	3.27
	正弦波 5Hz-0.15g	3.75	4.11	4.50	4.80	4.83	5.21
	正弦波 4Hz-0.15g	6.79	7.25	7.55	7.71	7.99	8.29
0.2g	EL-0.2g	2.26	2.40	2.89	2.79	3.03	3.35
	LWD-0.2g	2.93	3.13	3.70	3.43	3.67	4.14
	正弦波 8Hz-0.2g	1.40	1.70	1.99	1.87	2.04	2.54
	正弦波 5Hz-0.2g	3.58	3.83	4.26	4.06	4.18	4.74
	正弦波 4Hz-0.2g	6.82	6.92	7.17	7.26	7.33	7.93

8.4.3 桩身位移

通过数值模拟得到了 3 桩、4 桩数值模型所有工况中的桩身最大位移、桩顶位移值，图 8-15～图 8-18 列出了不同桩身材料模型管桩在不同加速度峰值地震波作用下的桩身位移对比情况。各工况分析得到的桩身最大桩身位移见表 8-13 所示，桩顶位移见表 8-14 所示。

分析地震波作用下的桩身位移反应情况，同样出现了反向位移区域，C80 为桩顶到 2.5 倍桩径范围，C60 为桩顶到 3.5 倍桩径范围，C45 为桩顶到 3.8 倍桩径范围；出现位移值稳定的位置，C80 为 15 倍桩径处，C60 为 15.8 倍桩径处，C45 为 16.4 倍桩径处。通过比较发现，弹性模量小的桩身位移量大于模量大的桩，桩身位移量沿着桩身纵向呈现非线性增大，最大位移出现在桩底。桩顶位移不能忽略。

各数值模型计算得到的桩身最大位移　　表 8-13

工况 \ 模型种类		4 桩模型(mm)			3 桩模型(mm)		
		C80	C60	C45	C80	C60	C45
0.1g	EL-0.1g	6.42	7.25	8.09	7.37	8.32	9.72
	LWD-0.1g	4.22	5.15	6.41	5.43	6.56	7.55
	正弦波 8Hz-0.1g	0.42	1.08	1.39	1.13	1.32	2.52
	正弦波 5Hz-0.1g	7.43	7.96	9.73	8.54	9.32	10.66
	正弦波 4Hz-0.1g	16.69	17.49	18.97	19.03	19.014	20.71

续上表

工　况	模型种类	4 桩模型(mm)			3 桩模型(mm)		
		C80	C60	C45	C80	C60	C45
0.15g	EL-0.15g	7.84	8.62	9.97	8.37	10.04	11.55
	LWD-0.15g	5.52	6.14	7.66	6.31	7.79	8.41
	正弦波 8Hz-0.15g	0.77	1.38	1.87	1.35	1.72	3.16
	正弦波 5Hz-0.15g	8.39	10.02	11.13	9.57	11.31	12.56
	正弦波 4Hz-0.15g	18.81	20.06	20.59	20.87	21.36	22.21
0.2g	EL-0.2g	8.72	10.45	11.33	9.37	11.77	13.47
	LWD-0.2g	6.42	7.31	9.09	7.03	8.72	10.34
	正弦波 8Hz-0.2g	1.06	1.78	2.29	1.54	2.67	3.62
	正弦波 5Hz-0.2g	9.45	10.67	11.81	10.76	11.54	13.71
	正弦波 4Hz-0.2g	20.88	21.67	23.28	22.65	23.95	25.66

各数值模型计算得到的桩顶位移　　表 8-14

工　况	模型种类	4 桩模型(mm)			3 桩模型(mm)		
		C80	C60	C45	C80	C60	C45
0.1g	EL-0.1g	4.15	4.73	5.17	5.03	5.73	6.38
	LWD-0.1g	3.03	4.24	5.07	4.78	5.43	6.09
	正弦波 8Hz-0.1g	0.77	1.35	1.76	1.85	2.52	3.21
	正弦波 5Hz-0.1g	2.58	3.20	3.63	3.87	4.22	4.81
	正弦波 4Hz-0.1g	9.11	9.68	10.10	10.12	10.85	11.46
0.15g	EL-0.15g	5.32	6.17	6.70	5.57	6.66	8.42
	LWD-0.15g	3.53	4.88	6.48	5.13	6.23	8.12
	正弦波 8Hz-0.15g	0.83	1.74	2.20	2.07	3.15	3.92
	正弦波 5Hz-0.15g	3.74	4.62	5.13	5.06	6.21	6.98
	正弦波 4Hz-0.15g	10.17	11.06	11.57	11.77	12.93	13.68
0.2g	EL-0.2g	5.85	7.02	8.36	6.23	7.67	9.23
	LWD-0.2g	4.23	6.33	7.52	5.65	6.48	8.13
	正弦波 8Hz-0.2g	0.93	2.47	3.24	2.12	4.46	5.11
	正弦波 5Hz-0.2g	4.53	6.02	6.80	5.85	8.12	8.73
	正弦波 4Hz-0.2g	11.59	13.18	13.86	12.91	15.22	15.85

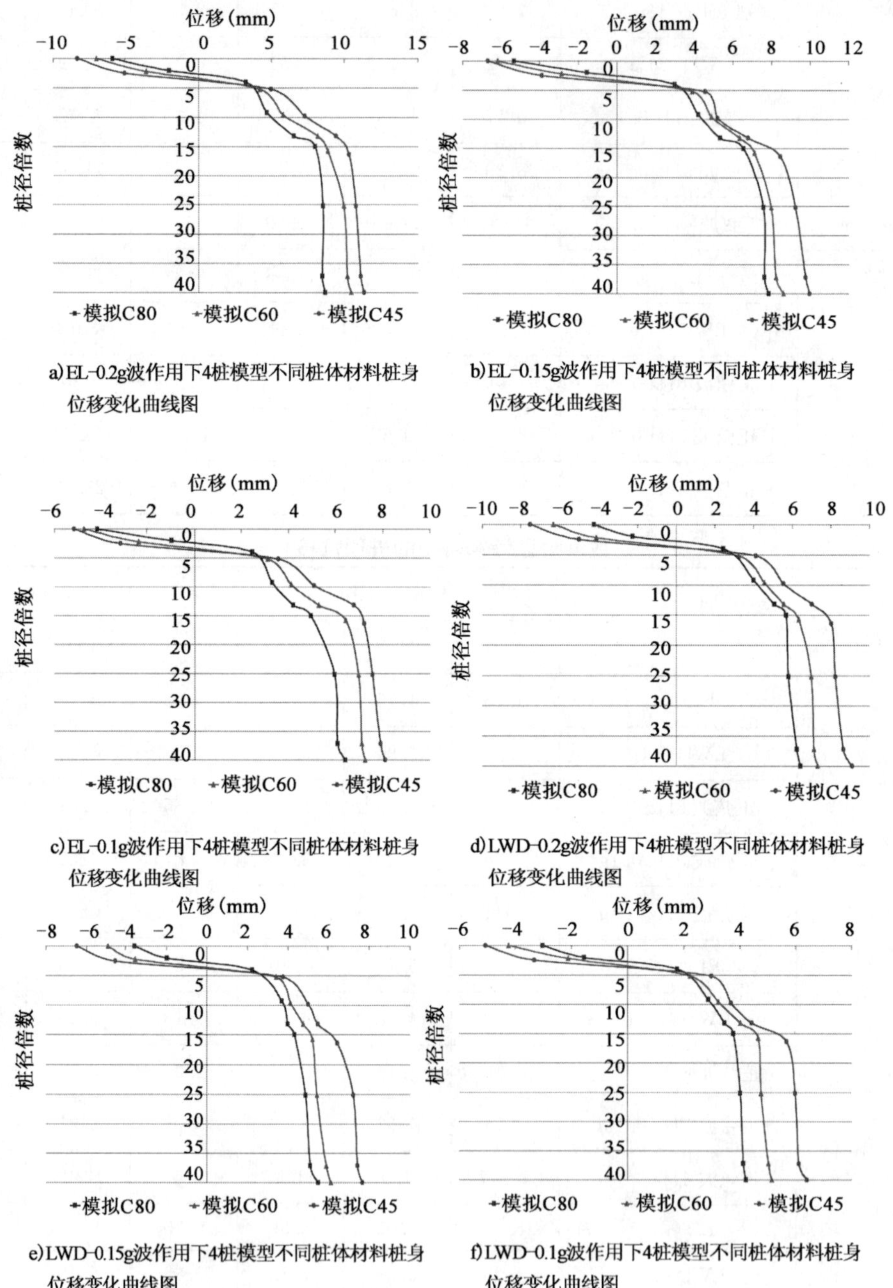

图 8-15　地震波作用下 4 桩模型不同桩身材料桩身位移

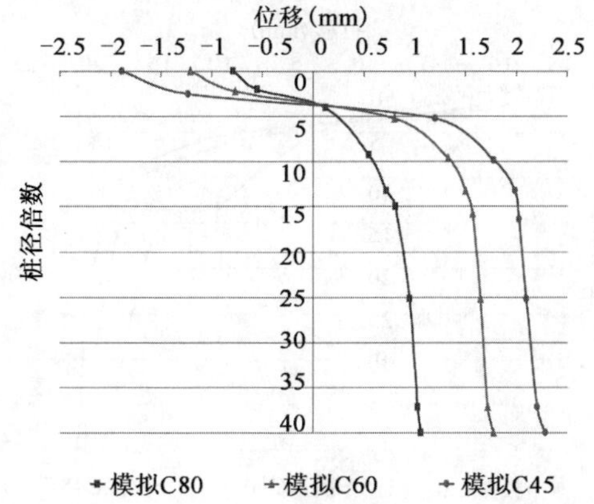

a) 正弦波8Hz-0.2g波作用下4桩模型不同桩体材料桩身位移变化曲线图

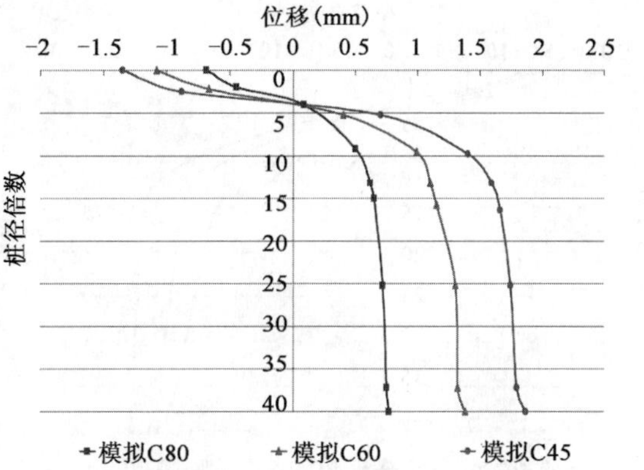

b) 正弦波8Hz-0.15g波作用下4桩模型不同桩体材料桩身位移变化曲线图

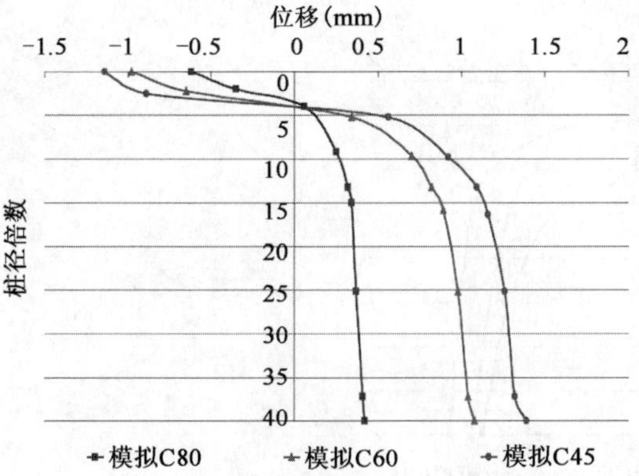

c) 正弦波8Hz-0.1g波作用下4桩模型不同桩体材料桩身位移变化曲线图

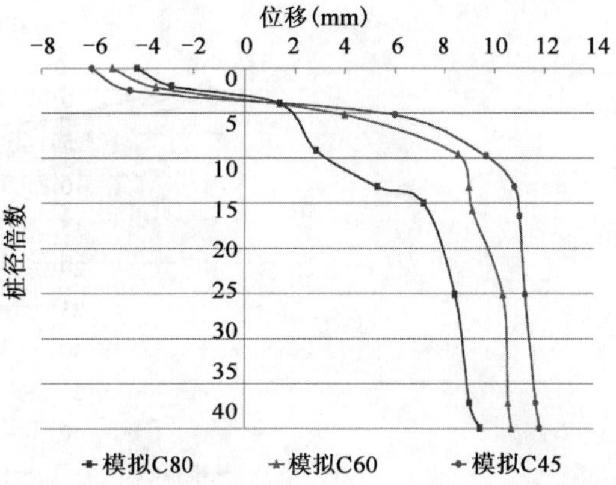

d) 正弦波5Hz-0.1g波作用下4桩模型不同桩体材料桩身位移变化曲线图

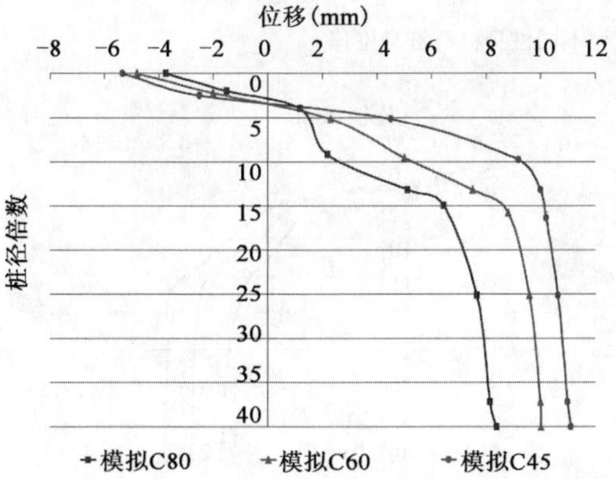

e) 正弦波5Hz-0.15g波作用下4桩模型不同桩体材料桩身位移变化曲线图

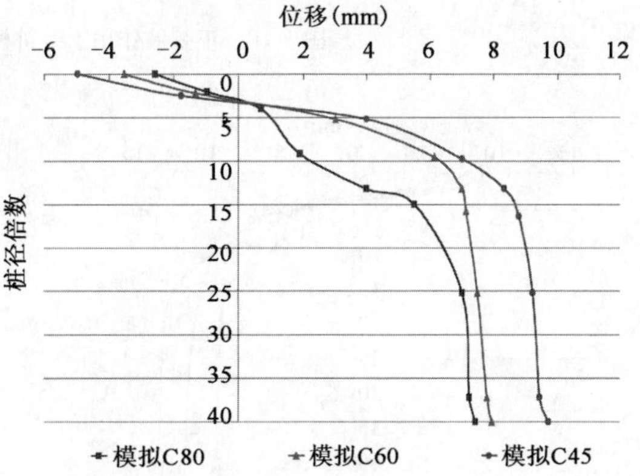

f) 正弦波5Hz-0.1g波作用下4桩模型不同桩体材料桩身位移变化曲线图

图　8-16

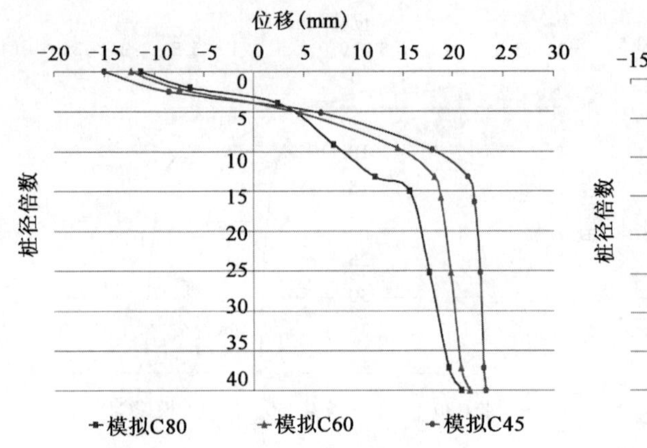

g)正弦波4Hz-0.2g波作用下4桩模型不同桩体材料桩身位移变化曲线图

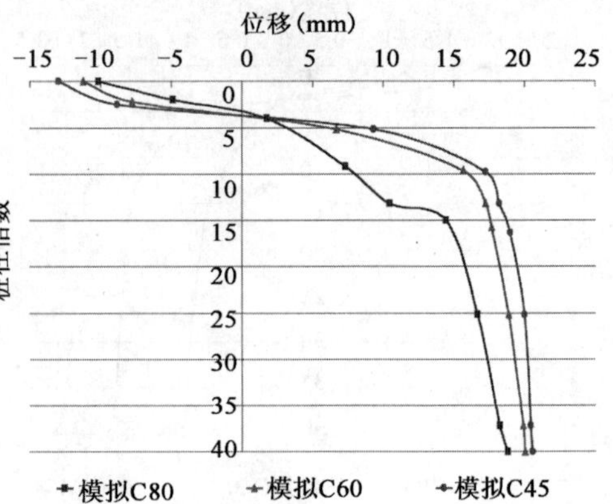

h)正弦波4Hz-0.15g波作用下4桩模型不同桩体材料桩身位移变化曲线图

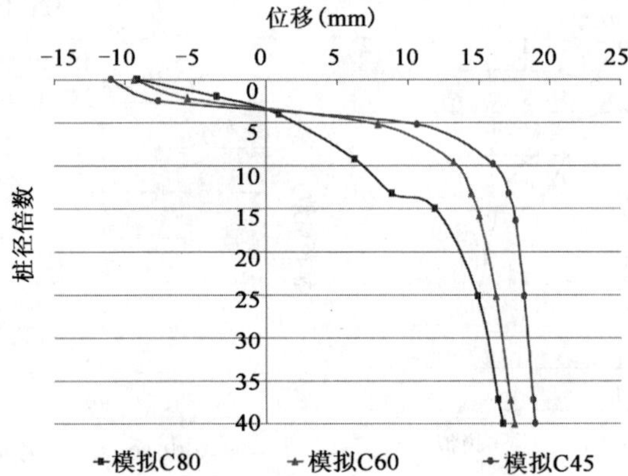

i)正弦波4Hz-0.1g波作用下4桩模型不同桩体材料桩身位移变化曲线图

图 8-16 正弦波作用下 4 桩模型不同桩身材料桩身位移

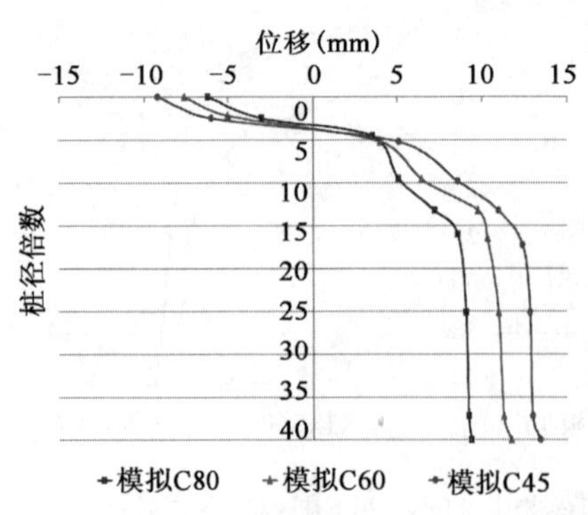

a)EL-0.2g波作用下3桩模型不同桩体材料桩身位移变化曲线图

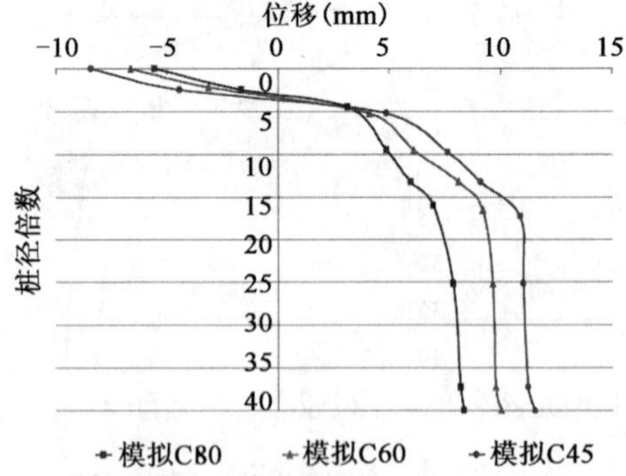

b)EL-0.15g波作用下3桩模型不同桩体材料桩身位移变化曲线图

图 8-17

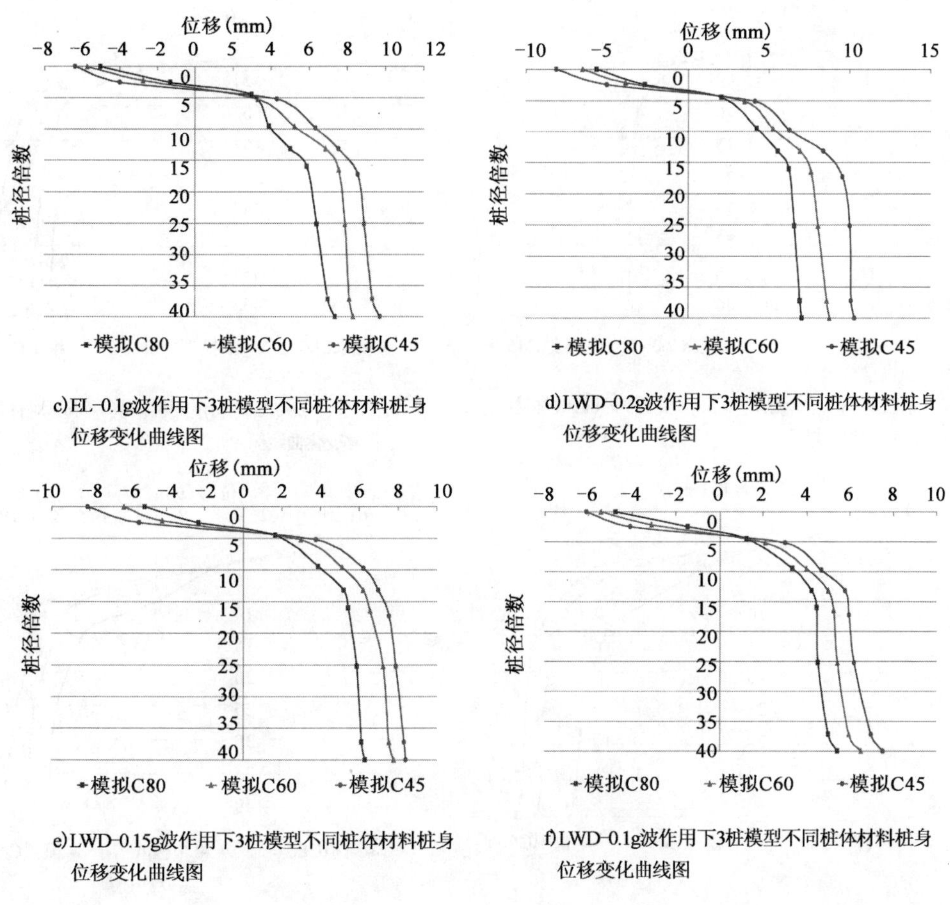

c) EL-0.1g波作用下3桩模型不同桩体材料桩身位移变化曲线图

d) LWD-0.2g波作用下3桩模型不同桩体材料桩身位移变化曲线图

e) LWD-0.15g波作用下3桩模型不同桩体材料桩身位移变化曲线图

f) LWD-0.1g波作用下3桩模型不同桩体材料桩身位移变化曲线图

图 8-17　地震波作用下 3 桩模型不同桩身材料桩身位移

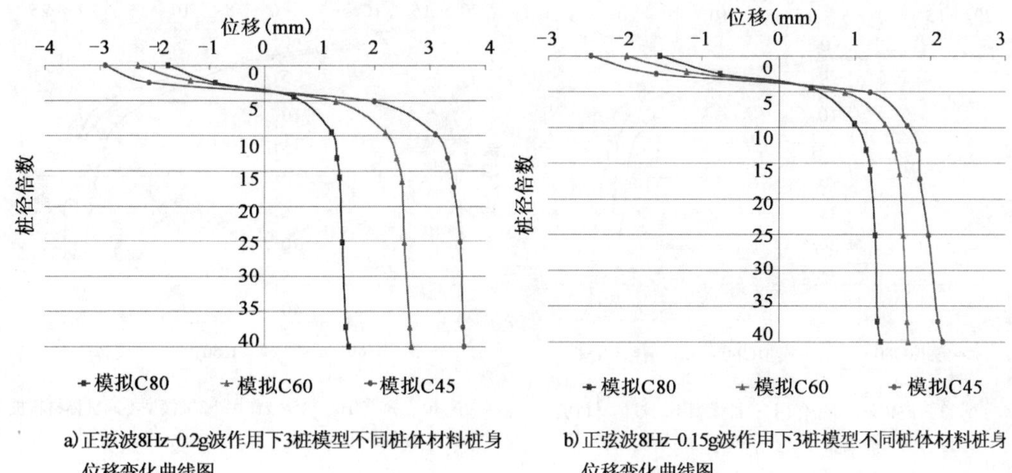

a) 正弦波8Hz-0.2g波作用下3桩模型不同桩体材料桩身位移变化曲线图

b) 正弦波8Hz-0.15g波作用下3桩模型不同桩体材料桩身位移变化曲线图

图　8-18

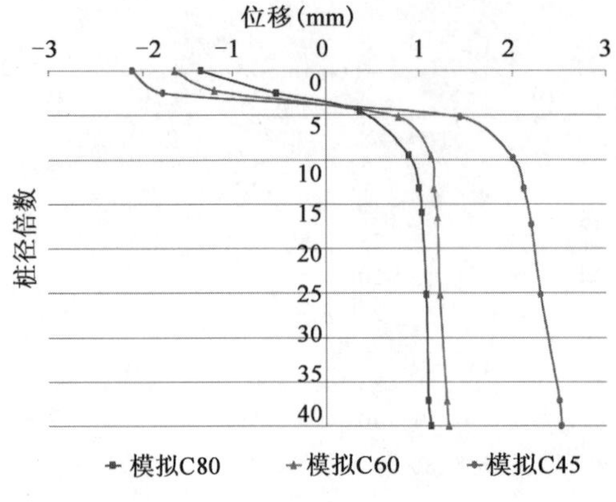

c)正弦波8Hz-0.1g波作用下3桩模型不同桩体材料桩身位移变化曲线图

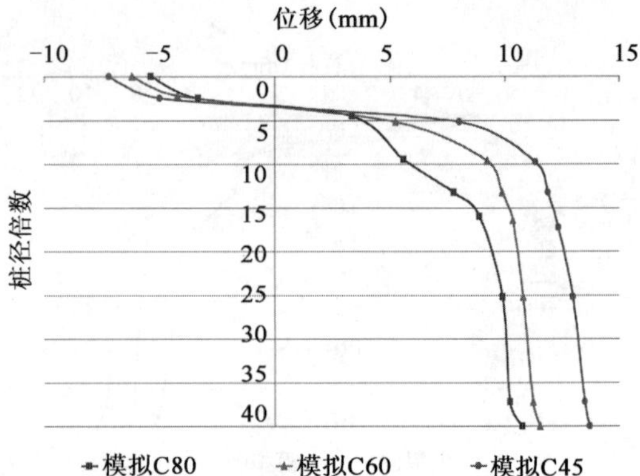

d)正弦波5Hz-0.2g波作用下3桩模型不同桩体材料桩身位移变化曲线图

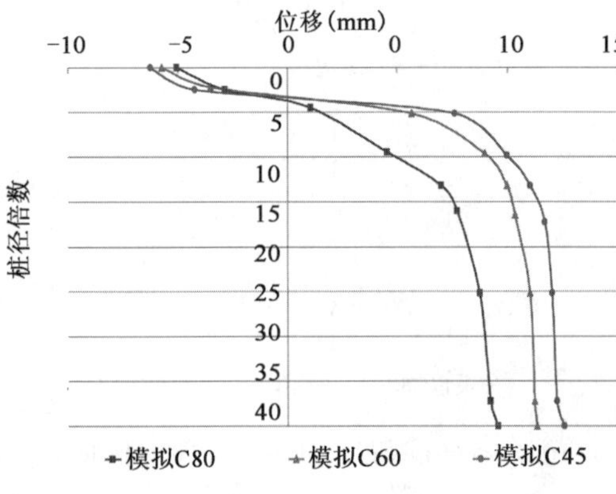

e)正弦波5Hz-0.15g波作用下3桩模型不同桩体材料桩身位移变化曲线图

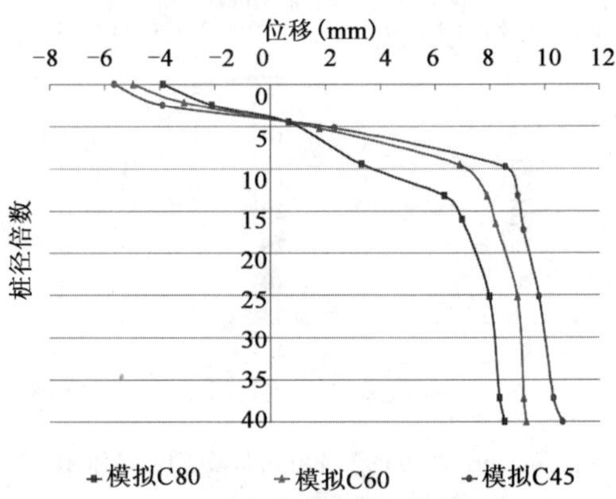

f)正弦波5Hz-0.1g波作用下3桩模型不同桩体材料桩身位移变化曲线图

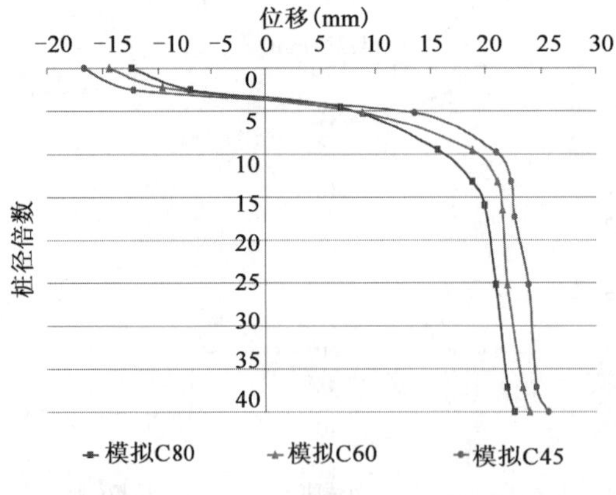

g)正弦波4Hz-0.2g波作用下3桩模型不同桩体材料桩身位移变化曲线图

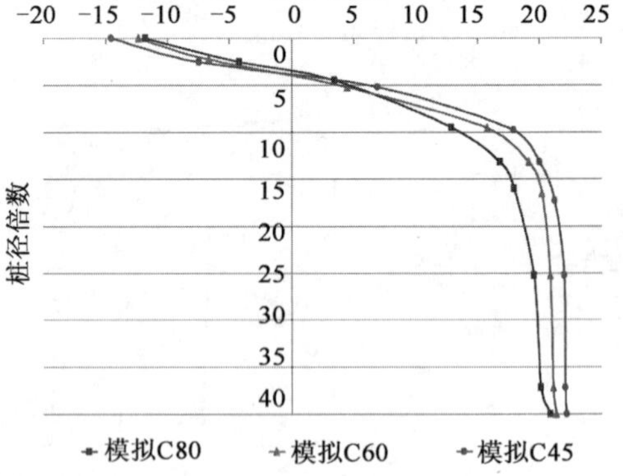

h)正弦波4Hz-0.15g波作用下3桩模型不同桩体材料桩身位移变化曲线图

图 8-18

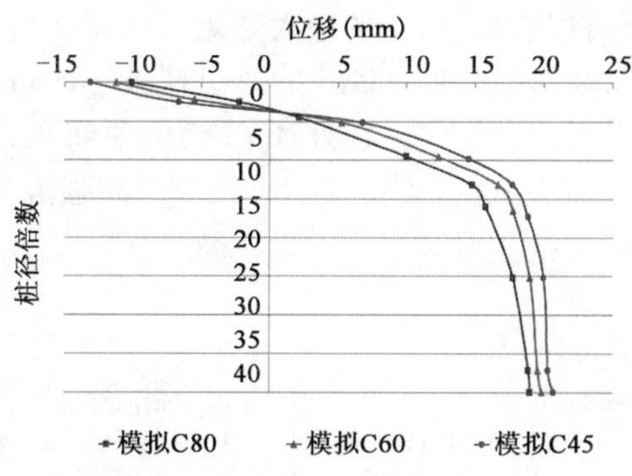

i) 正弦波4Hz-0.1g波作用下3桩模型不同桩体材料桩身位移变化曲线图

图 8-18　正弦波作用下 3 桩模型不同桩身材料桩身位移

8.4.4　桩身弯矩

桩身弯矩的反应情况是整个数值分析的核心部分，弯矩大小直接决定着桩身的开裂与破坏，直接关系到管桩的安全性和适用性。图 8-19～图 8-22 列出了部分不同桩材料在地震波作用下的弯矩数值模拟对比结果。各工况分析得到的桩身最大弯矩见表 8-15 所示，桩顶弯矩值见表 8-16 所示。

各数值模型计算得到的桩身最大弯矩　　表 8-15

工况	模型种类	4 桩模型(N·m)			3 桩模型(N·m)		
		C80	C60	C45	C80	C60	C45
0.1g	EL-0.1g	4.78	7.65	9.57	6.97	10.74	12.28
	LWD-0.1g	4.6	7.71	9.27	5.10	8.71	10.17
	正弦波 8Hz-0.1g	1.55	3.71	6.17	1.96	4.39	6.53
	正弦波 5Hz-0.1g	26.21	29.42	31.02	35.58	39.47	40.79
	正弦波 4Hz-0.1g	28.28	31.37	33.04	38.03	42.11	43.51
0.15g	EL-0.15g	6.41	8.81	10.72	8.84	11.73	13.95
	LWD-0.15g	6.23	7.16	9.28	7.05	9.45	11.68
	正弦波 8Hz-0.15g	1.82	4.02	6.20	2.25	4.86	7.13
	正弦波 5Hz-0.15g	26.14	28.54	20.81	37.36	40.38	42.44
	正弦波 4Hz-0.15g	29.97	32.58	34.84	40.07	43.32	45.34
0.2g	EL-0.2g	9.57	11.48	13.39	10.33	12.97	14.99
	LWD-0.2g	8.48	10.23	12.15	9.68	11.14	12.91
	正弦波 8Hz-0.2g	2.67	4.55	6.49	2.76	5.47	7.77
	正弦波 5Hz-0.2g	30.64	32.64	34.42	39.25	42.14	44.15
	正弦波 4Hz-0.2g	34.08	35.89	37.93	42.08	45.23	47.35

通过考察数值分析的结果可以看出，C80 的最大弯矩值出现在桩顶向下 5 倍桩径处。C60 的在 5.3 倍桩径处，C45 的在 5.8 倍桩径处。C45 的会出现破坏区域；C80 出现的负弯矩范围为桩顶到 2.5 倍桩径处，C60 为桩顶到 3 倍桩径处，C45 为桩顶到 3.2 倍桩径处。通过分析发现，弹性模量小的管桩其弯矩能力大，这也直接证明了预应力高强混凝土管桩在实际工程中可以有效地减小内力分布，有很好的抗震效果。

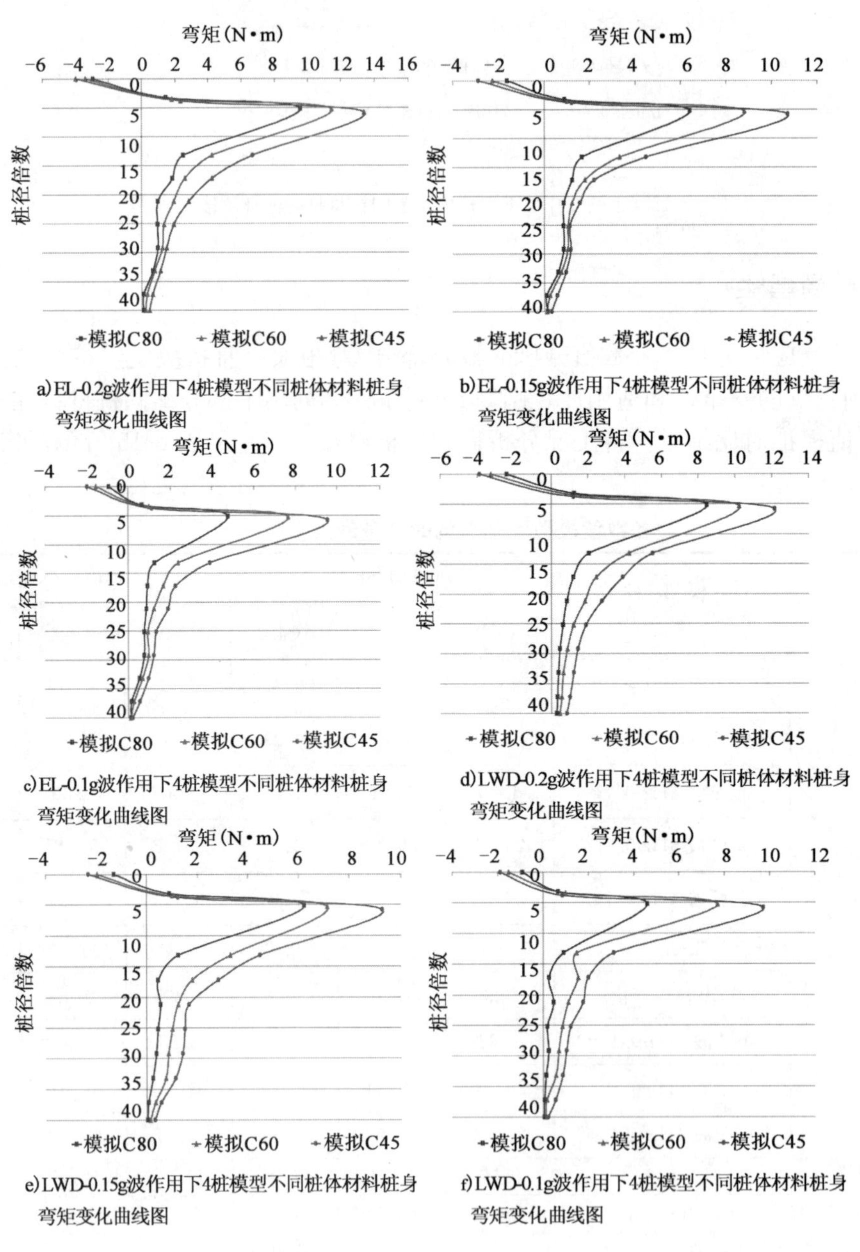

a) EL-0.2g波作用下4桩模型不同桩体材料桩身弯矩变化曲线图

b) EL-0.15g波作用下4桩模型不同桩体材料桩身弯矩变化曲线图

c) EL-0.1g波作用下4桩模型不同桩体材料桩身弯矩变化曲线图

d) LWD-0.2g波作用下4桩模型不同桩体材料桩身弯矩变化曲线图

e) LWD-0.15g波作用下4桩模型不同桩体材料桩身弯矩变化曲线图

f) LWD-0.1g波作用下4桩模型不同桩体材料桩身弯矩变化曲线图

图 8-19　地震波作用下 4 桩模型不同桩身材料桩身弯矩

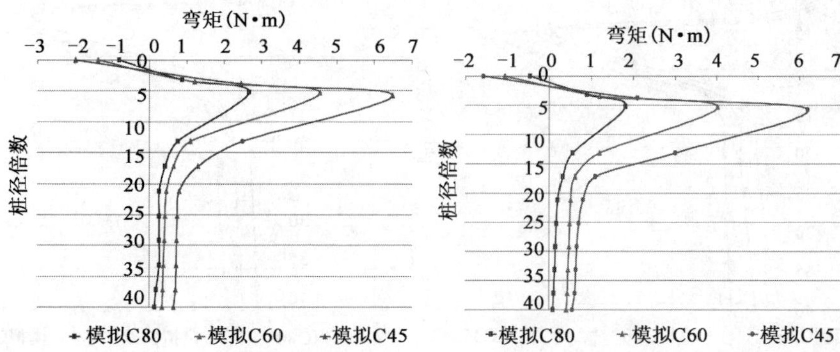

a)正弦波8Hz-0.2g波作用下4桩模型不同桩体材料桩身弯矩变化曲线图

b)正弦波8Hz-0.15g波作用下4桩模型不同桩体材料桩身弯矩变化曲线图

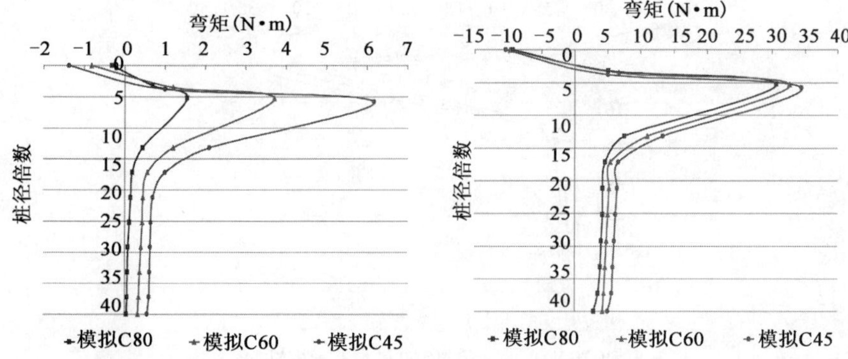

c)正弦波8Hz-0.1g波作用下4桩模型不同桩体材料桩身弯矩变化曲线图

d)正弦波5Hz-0.2g波作用下4桩模型不同桩体材料桩身弯矩变化曲线图

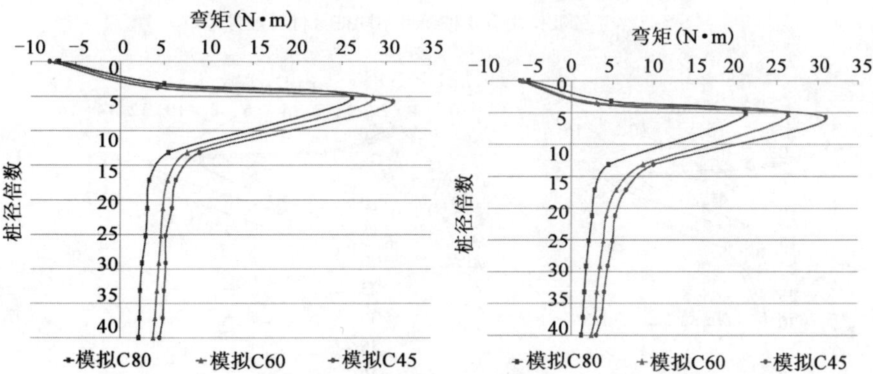

e)正弦波5Hz-0.15g波作用下4桩模型不同桩体材料桩身弯矩变化曲线图

f)正弦波5Hz-0.1g波作用下4桩模型不同桩体材料桩身弯矩变化曲线图

图 8-20

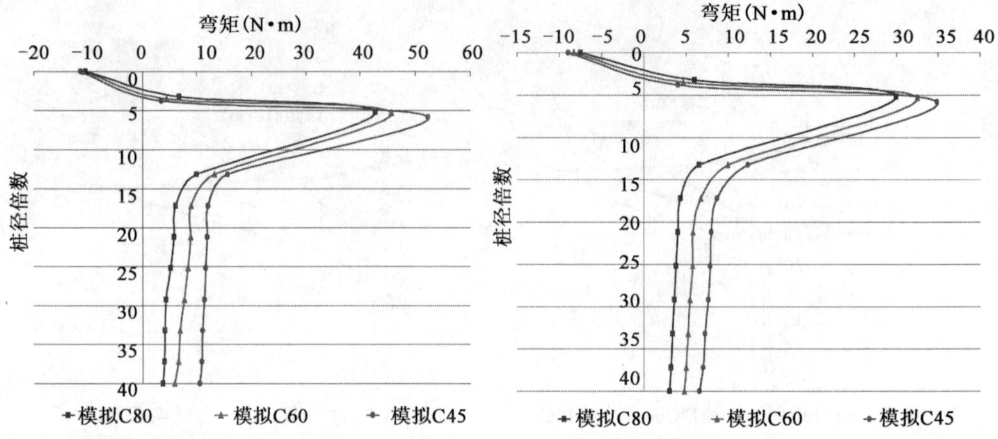

g)正弦波4Hz-0.2g波作用下4桩模型不同桩体材料桩身弯矩变化曲线图

h)正弦波4Hz-0.15g波作用下4桩模型不同桩体材料桩身弯矩变化曲线图

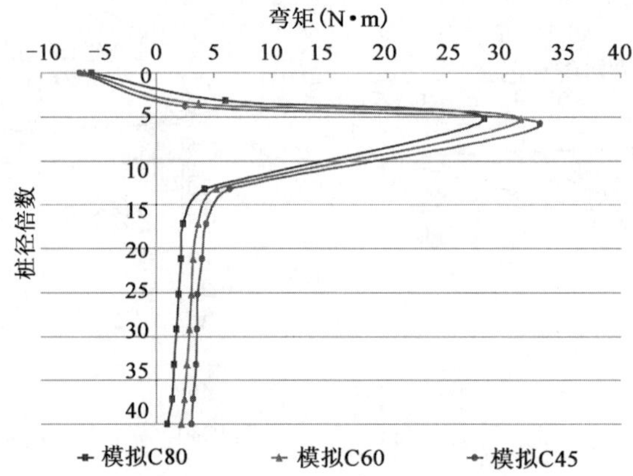

i)正弦波4Hz-0.1g波作用下4桩模型不同桩体材料桩身弯矩变化曲线图

图 8-20 正弦波作用下 4 桩模型不同桩身材料桩身弯矩

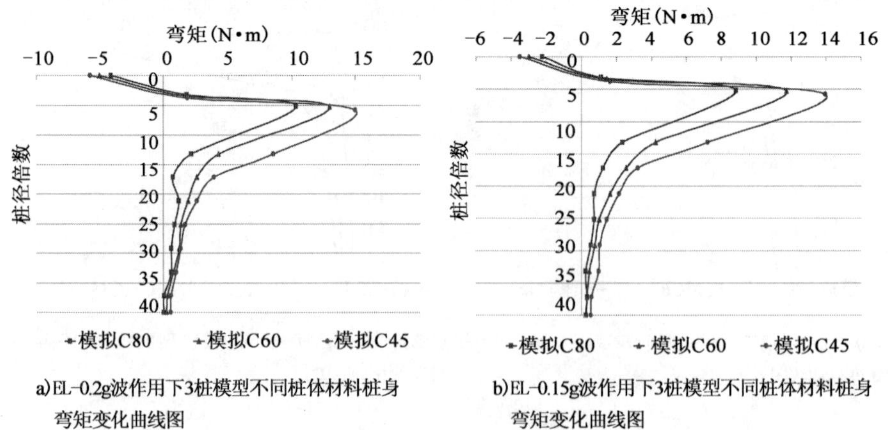

a)EL-0.2g波作用下3桩模型不同桩体材料桩身弯矩变化曲线图

b)EL-0.15g波作用下3桩模型不同桩体材料桩身弯矩变化曲线图

图 8-21

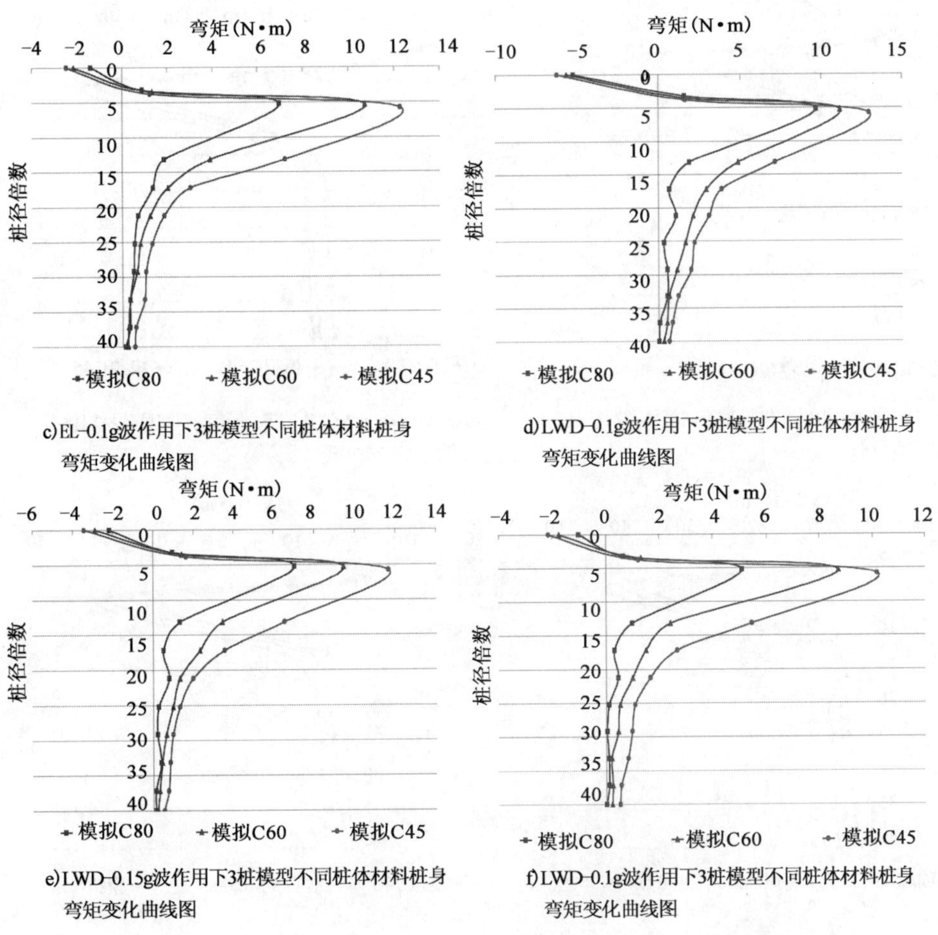

c)EL-0.1g波作用下3桩模型不同桩体材料桩身弯矩变化曲线图

d)LWD-0.1g波作用下3桩模型不同桩体材料桩身弯矩变化曲线图

e)LWD-0.15g波作用下3桩模型不同桩体材料桩身弯矩变化曲线图

f)LWD-0.1g波作用下3桩模型不同桩体材料桩身弯矩变化曲线图

图 8-21　地震波作用下 3 桩模型不同桩身材料桩身弯矩

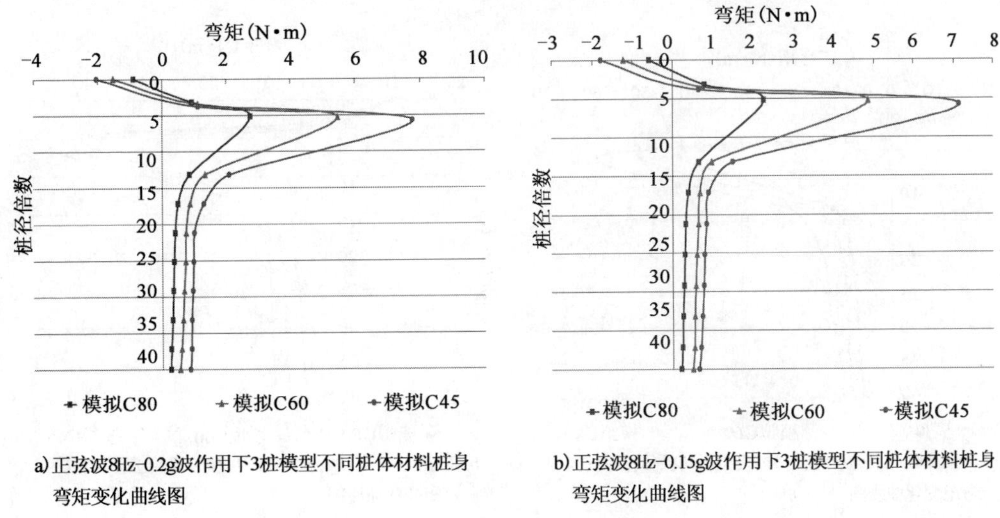

a)正弦波8Hz-0.2g波作用下3桩模型不同桩体材料桩身弯矩变化曲线图

b)正弦波8Hz-0.15g波作用下3桩模型不同桩体材料桩身弯矩变化曲线图

图　8-22

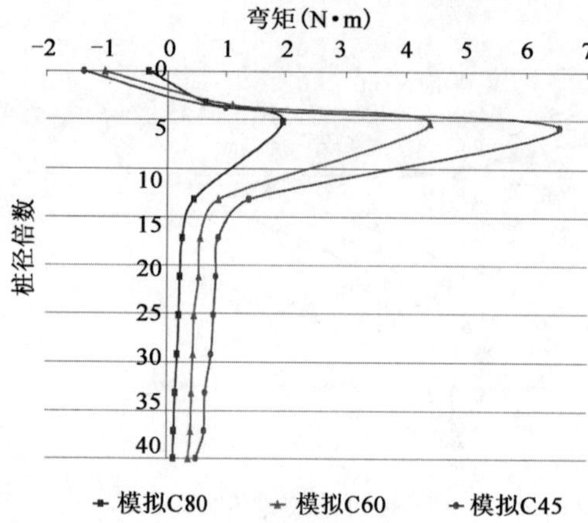

c)正弦波8Hz-0.1g波作用下3桩模型不同桩体材料桩身弯矩变化曲线图

d)正弦波5Hz-0.2g波作用下3桩模型不同桩体材料桩身弯矩变化曲线图

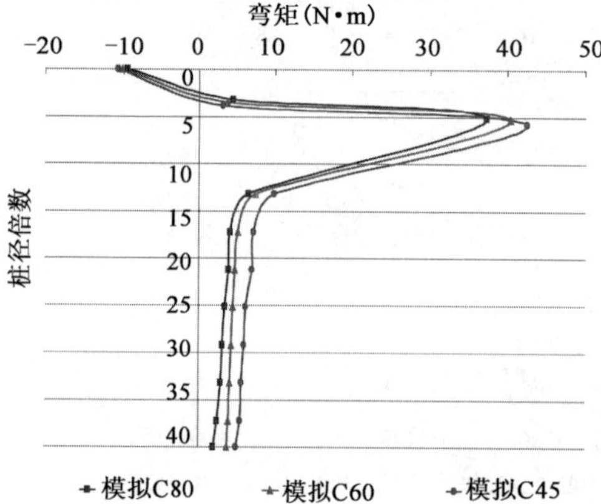

e)正弦波5Hz-0.15g波作用下3桩模型不同桩体材料桩身弯矩变化曲线图

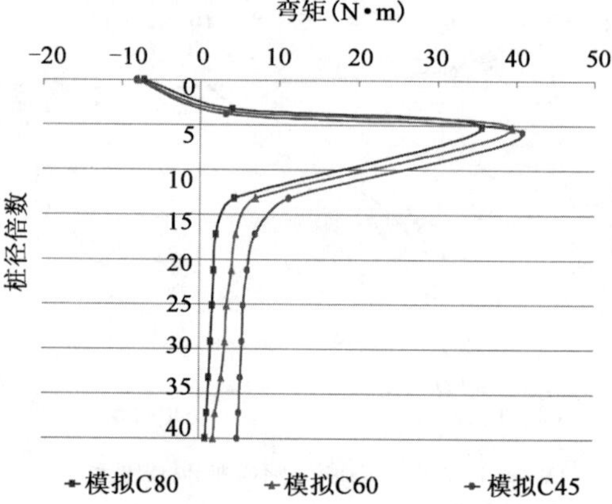

f)正弦波5Hz-0.1g波作用下3桩模型不同桩体材料桩身弯矩变化曲线图

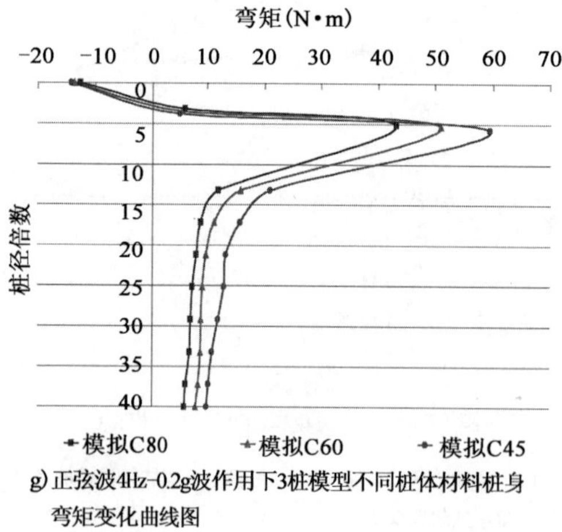

g)正弦波4Hz-0.2g波作用下3桩模型不同桩体材料桩身弯矩变化曲线图

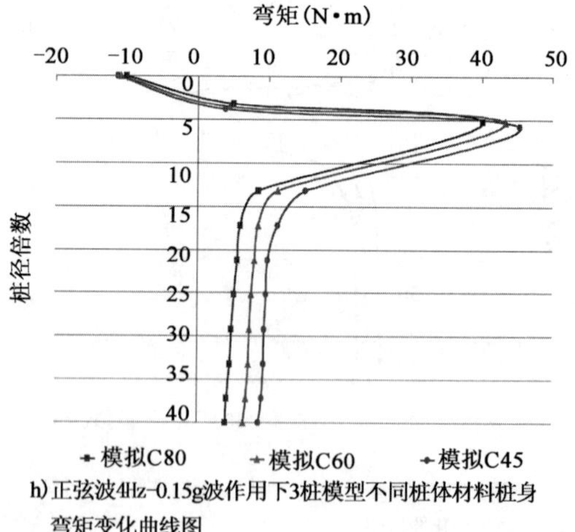

h)正弦波4Hz-0.15g波作用下3桩模型不同桩体材料桩身弯矩变化曲线图

图 8-22

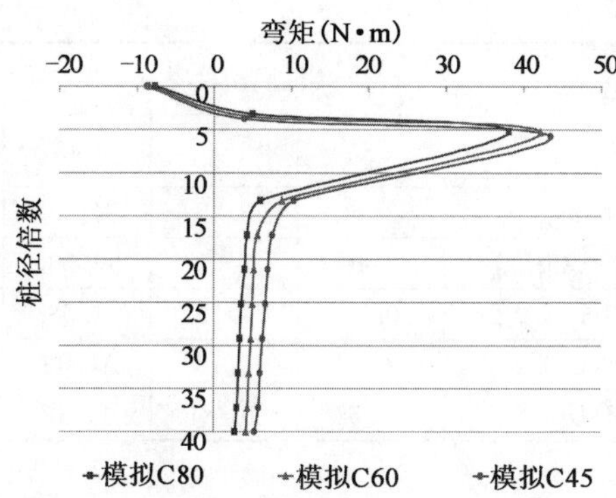

i)正弦波4Hz-0.1g波作用下3桩模型不同桩体材料桩身弯矩变化曲线图

图 8-22 正弦波作用下 3 桩模型不同桩身材料桩身弯矩

8.4.5 小结

通过改变预应力混凝土模型管桩的桩体材料可以发现：

(1)弹性模量小的管桩在同一地震波作用下，其加速度峰值放大系数、桩身位移、桩身弯矩都要比弹性模量大的桩大。

(2)桩身加速度放大系数沿桩身向下先减小后增大，变化规律上存在转折点，这个转折点的位置随桩身弹性模量的减小而向下延伸。

(3)桩身位移在桩顶附近存在反向位移的区域，这个区域随着桩身弹性模量的减小而扩大，位移值随着桩身深度的增加而增加，在一定位置出现变化稳定区，随着桩身弹性模量的减小，这个位置沿着桩身向下移动。

(4)桩身出现最大弯矩的位置随着桩身弹性模量的降低而沿着桩身向下移动，桩顶附近出现负弯矩区域，这个区域随着桩身弹性模量的减小而加大(表 8-16)。

各数值模型计算得到的桩顶弯矩　　表 8-16

工况 \ 模型种类		4 桩模型(N·m)			3 桩模型(N·m)		
		C80	C60	C45	C80	C60	C45
0.1g	EL-0.1g	0.95	1.58	2.01	1.39	2.15	2.47
	LWD-0.1g	0.91	1.51	1.89	1.02	1.74	2.13
	正弦波 8Hz-0.1g	0.32	0.82	1.38	0.31	1.03	1.38
	正弦波 5Hz-0.1g	5.21	5.88	6.23	7.23	7.99	8.23
	正弦波 4Hz-0.1g	5.66	6.27	6.68	7.68	8.4	8.71
0.15g	EL-0.15g	1.62	2.27	2.88	2.21	2.98	3.48
	LWD-0.15g	1.29	1.97	2.34	2.17	2.87	3.42
	正弦波 8Hz-0.15g	0.46	1.07	1.58	0.58	1.22	1.79
	正弦波 5Hz-0.15g	6.87	7.23	7.89	9.50	10.09	10.68
	正弦波 4Hz-0.15g	7.48	8.27	8.97	10.08	10.88	11.35

续上表

工况	模型种类	4 桩模型(N·m)			3 桩模型(N·m)		
		C80	C60	C45	C80	C60	C45
0.2g	EL-0.2g	2.97	3.45	4.02	4.22	5.11	5.84
	LWD-0.2g	2.40	3.27	3.88	5.23	5.66	6.23
	正弦波 8Hz-0.2g	0.81	1.38	1.98	0.89	1.52	2.04
	正弦波 5Hz-0.2g	9.33	9.78	10.44	11.78	12.65	13.88
	正弦波 4Hz-0.2g	10.55	10.81	11.42	12.63	13.67	14.22

8.5 不同桩基形式桩—土动力 p-y 曲线

评价水平地震荷载作用下桩土相互作用的方法有很多种，其中 p-y 曲线法在工程中应用最广泛和最适用，同时它能反映桩—土相互作用的弹塑性过程。p-y 曲线法被美国石油协会(API)海洋平台规范中的桩基础设计规程所采用，它最适于分析横向荷载作用下的桩基结构，同时它能充分体现土的非线性、分层性以及荷载类别等影响因素。

8.5.1 p-y 曲线法介绍

p-y 曲线法(p 为桩身某点处的土体抗力，y 为研究点处桩身侧向变形)是国内外分析侧向受荷单桩应用最广泛的方法(图 8-23)。

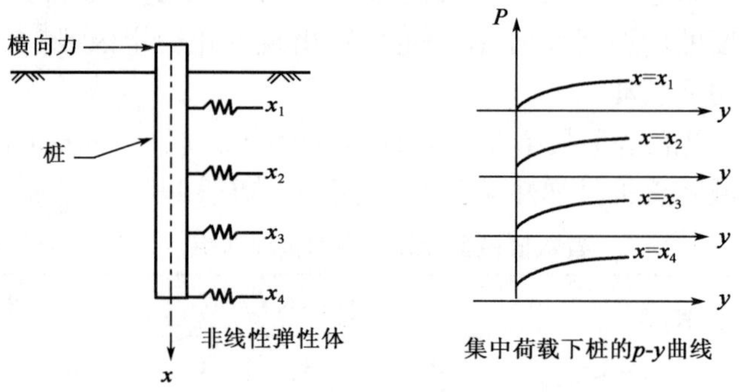

图 8-23　侧向荷载作用下桩的 p-y 曲线图

Winkler 地基梁法又称为基床反力法。Hetenyi(1946)首先引入弹性地基梁的概念，忽略地基土的连续性，把土体看成一系列相互之间没有联系的线性弹簧，认为作用在某一深度的侧向土压力 p 依赖该处产生的挠度 y，而且 p 与 y 是通过地基反力模量联系在一起的。

利用 Winkler 非线性地基梁模型描述桩土之间的相互作用，土的抗力 p、桩的位移 y 与桩身弯矩之间的关系可以用下式表达：

$$p(z) = \frac{\mathrm{d}^2}{\mathrm{d}z^2}M(z) \tag{8-46}$$

$$\frac{\mathrm{d}^2}{\mathrm{d}z^2}y_{pile} = \frac{M(Z)}{EL} \tag{8-47}$$

则桩身的侧向位移 y 可以由桩身弯矩两次积分求得：

$$y(z)=\iint \frac{M(z)}{EI}\mathrm{d}z^2 \tag{8-48}$$

水平承载桩的工作性能是桩土相互作用的问题。桩是利用桩周土的抗力来承担水平荷载。本文分别对预应力管桩单桩到4桩在水平地震荷载作用下 p-y 曲线法的研究。为了更便于研究，结合本文以上研究的桩身位移和桩身弯矩曲线结论，在桩身取定具有代表性的5点，分别为桩顶处，沿桩身向下5.2D处、13.2D处、25.2D处以及桩底处，见图8-24。桩身所受水平力作用采用最常见的工程波EL0.15g和0.2g。

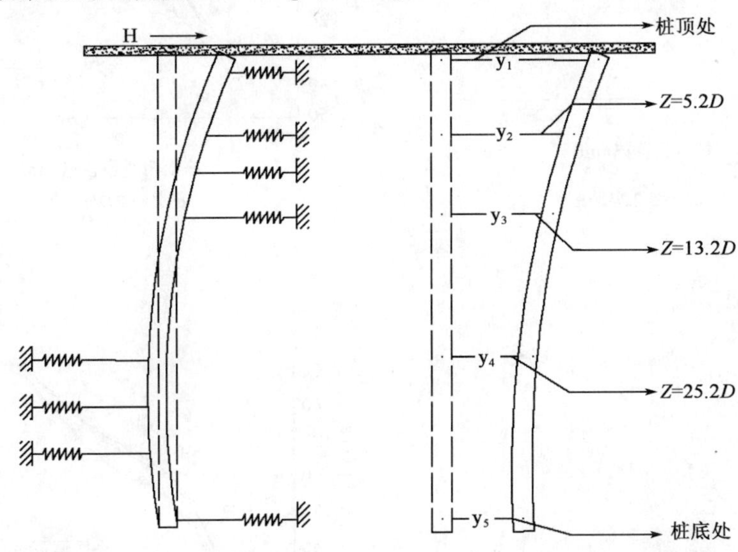

图8-24　水平地震荷载作用下桩身水平位移图

8.5.2　p-y 曲线结果分析

1)单桩

(1)EL—0.15gp-y 曲线

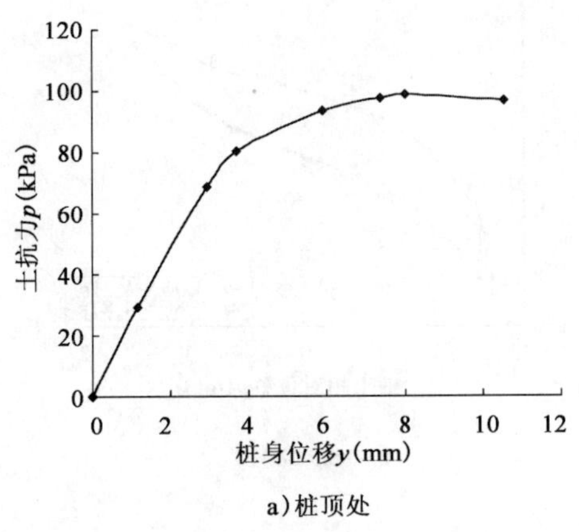

a)桩顶处

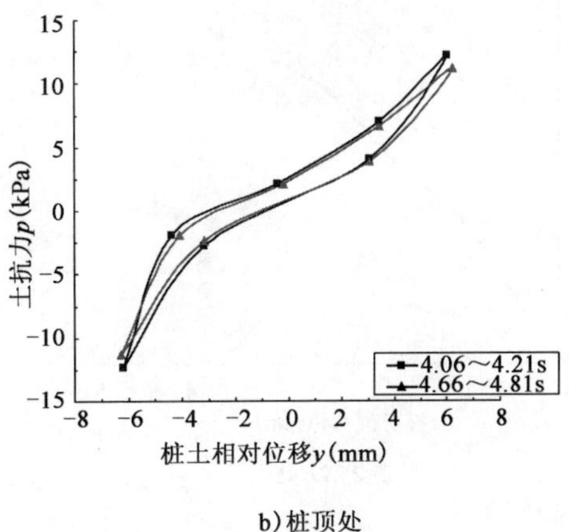

b)桩顶处

图　8-25

土抗力p(kPa)
桩身位移y(mm)
c) Z=5.2D处
土抗力p(kPa)
桩土相对位移y(mm)
4.06～4.21s
4.66～4.81s
d) Z=5.2D处
土抗力p(kPa)
桩身位移y(mm)
e) Z=13.2D处
土抗力p(kPa)
桩土相对位移y(mm)
4.06～4.21s
4.66～4.81s
f) Z=13.2D处
土抗力p(kPa)
桩身位移y(mm)
g) Z=25.2D处
土抗力p(kPa)
桩土相对位移y(mm)
4.06～4.21s
4.66～4.81s
h) Z=25.2D处

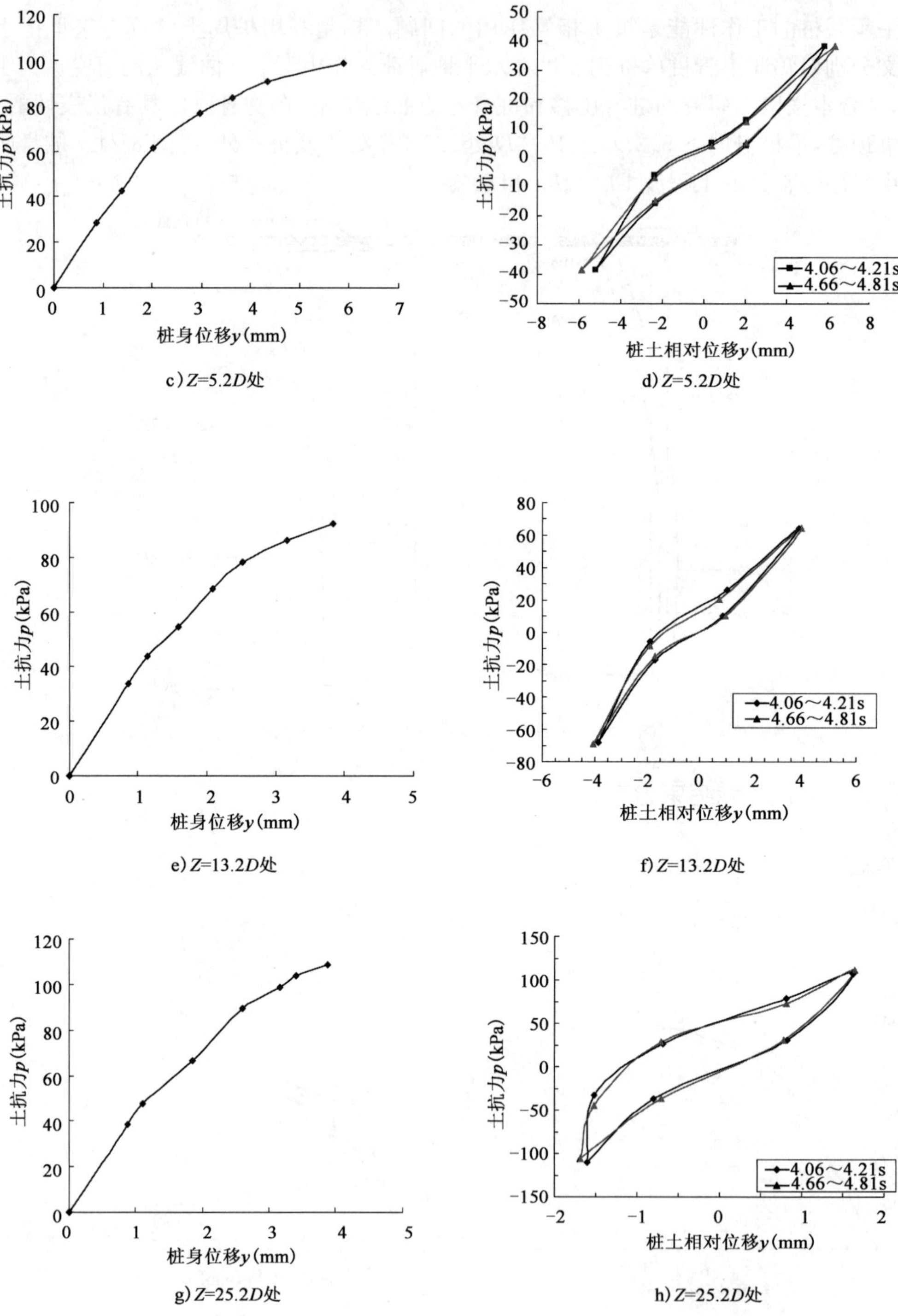

图 8-25

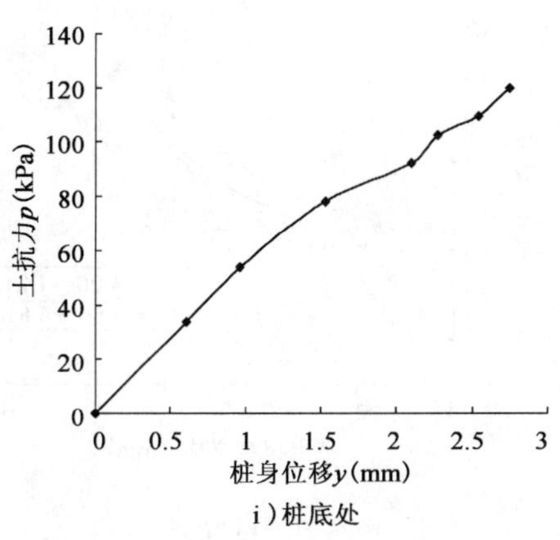

i)桩底处

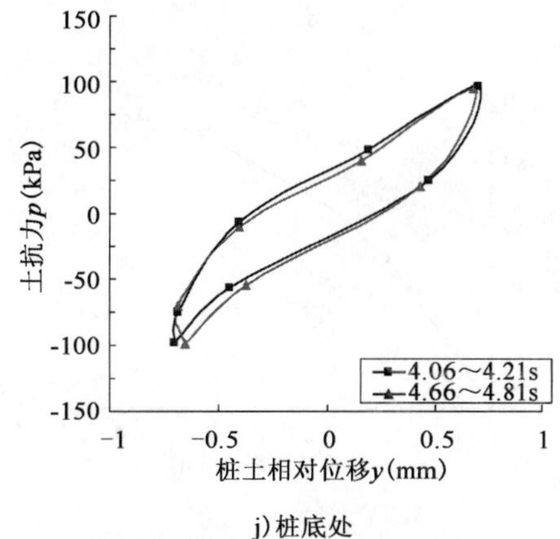

j)桩底处

图 8-25　EL-0.15g 波作用下单桩 p-y 曲线图

图 8-25 为 EL-0.15g 波作用下单桩 p-y 曲线图。在桩顶处，桩身在水平位移达到 4mm 时就发生塑性变形，此时土抗力达到 80kPa，在此抗力值之后，随着水平荷载增大，桩顶开始出现塑性屈服，在荷载增加缓慢的情况下变形却很大。到土体埋深为 5.2D 处时，桩身水平位移达到 4mm 时桩身没有发生塑性屈服，随之在土体埋深为 13.2D 和 25.2D 处土体基本为弹性变形。在桩底处，土体在整个水平地震作用的过程中，水平位移基本很小，最大为 2.8mm，为弹性压缩。p-y 滞回曲线在桩顶处、埋深 5.2D 及 13.2D 处扁平，在埋深 25.2D 至桩底处慢慢变成梭形，说明桩身从桩顶至桩底地震能量吸收能力越来越强。

(2)EL-0.2g 作用下 p-y 曲线

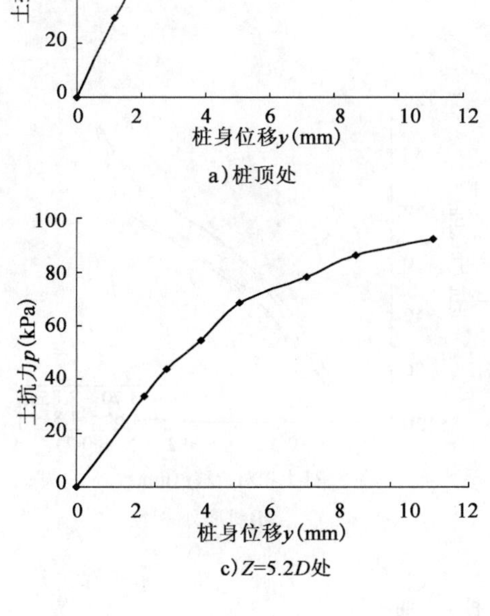

a)桩顶处

c)Z=5.2D处

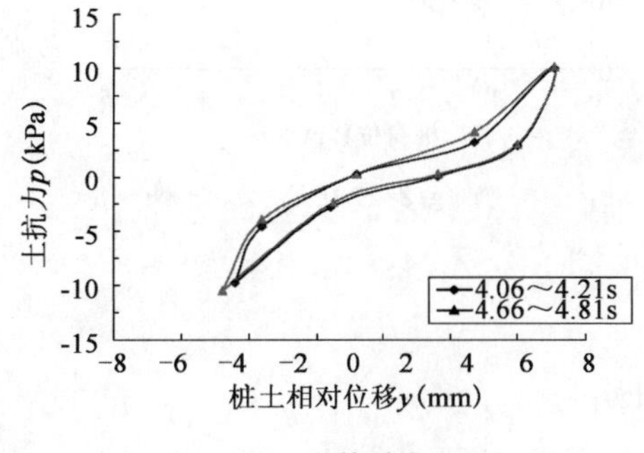

b)桩顶处

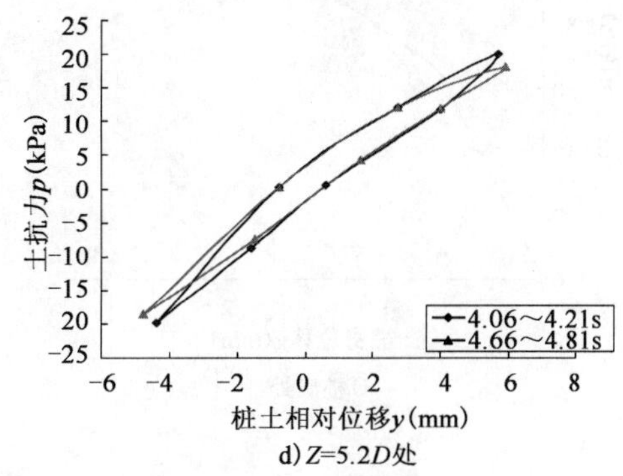

d)Z=5.2D处

图　8-26

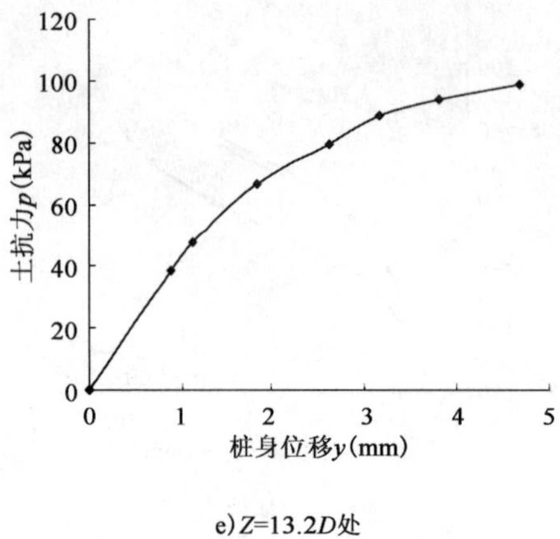

e) Z=13.2D处

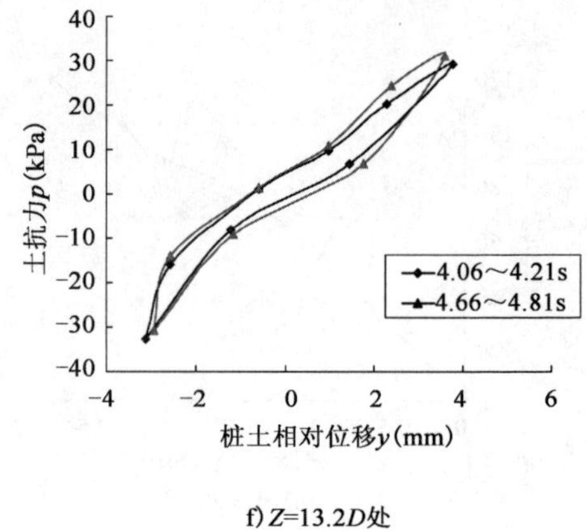

f) Z=13.2D处

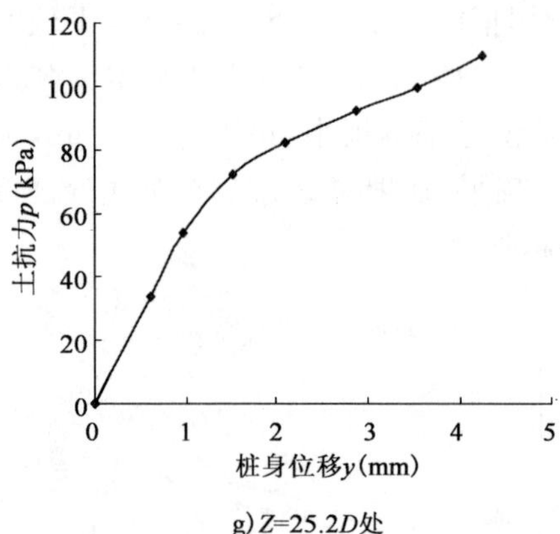

g) Z=25.2D处

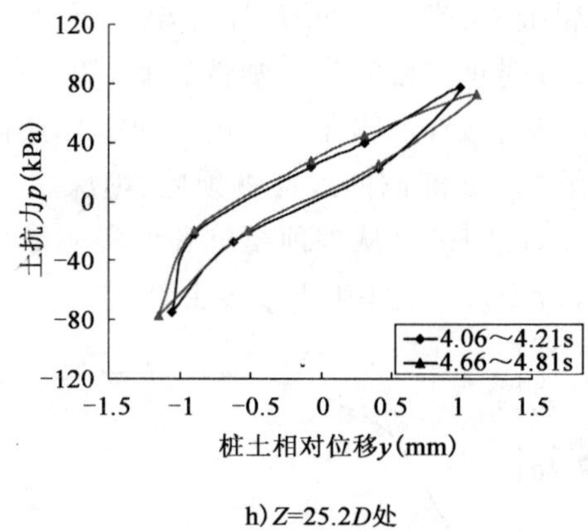

h) Z=25.2D处

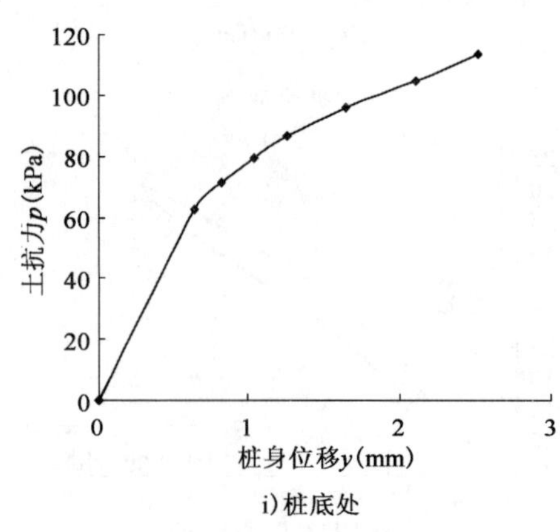

i) 桩底处

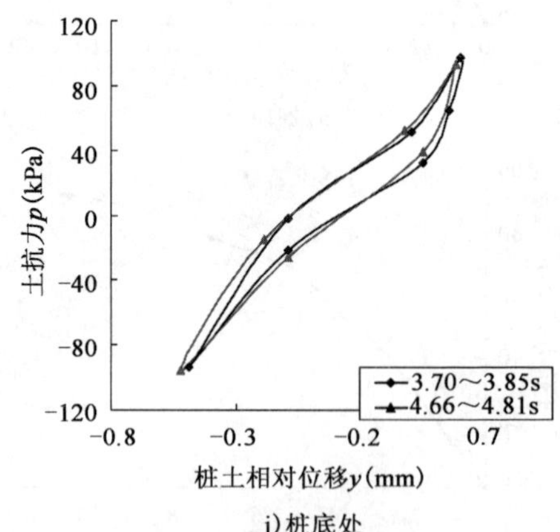

j) 桩底处

图 8-26　EL-0.2g 波作用下单桩 p-y 曲线图

图 8-26 为 EL-0.2g 波作用下单桩 p-y 曲线图。在桩顶处，桩身在水平位移达到 4mm 时就发生塑性变形，此时土抗力达到 80kPa。在此抗力值之后，随着水平荷载增大，桩顶也开始出现塑性屈服，但是相比 EL-0.15g 波水平位移变化，EL-0.2g 波水平位移增长速度稍快，可能是因为地震波激振强度大，桩侧土体发生屈服的速度加快。同样，到土体埋深为 5.2D 处时，桩身水平位移达到 4mm 时桩身没有发生塑性屈服。随之在土体埋深为 13.2D 至桩底处土体基本为弹性变形，水平位移基本很小，最大为 3mm，为弹性压缩。p-y 滞回曲线在桩顶处、埋深5.2D及 13.2D 处扁平，在埋深 25.2D 处慢慢变成梭形，说明桩身从桩顶至桩底地震能量吸收能力越来越强。但是在桩底处，滞回曲线又变得扁平，原因可能是由于单桩在强震作用条件下，桩底发生暂时刺入破坏，导致桩—土变形过大。

2)双桩

(1)EL-0.15g 波作用下 p-y 曲线

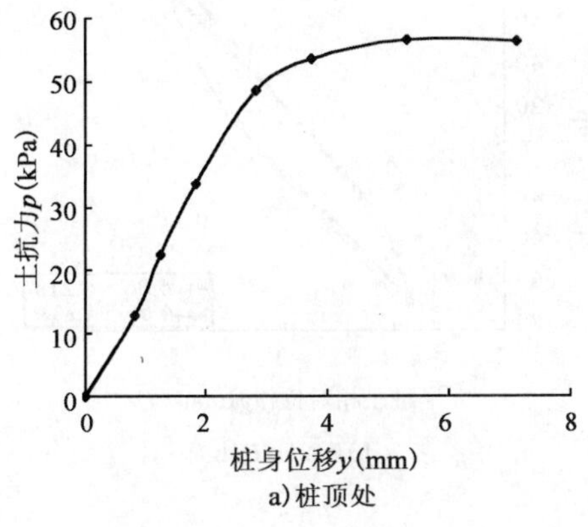

a)桩顶处

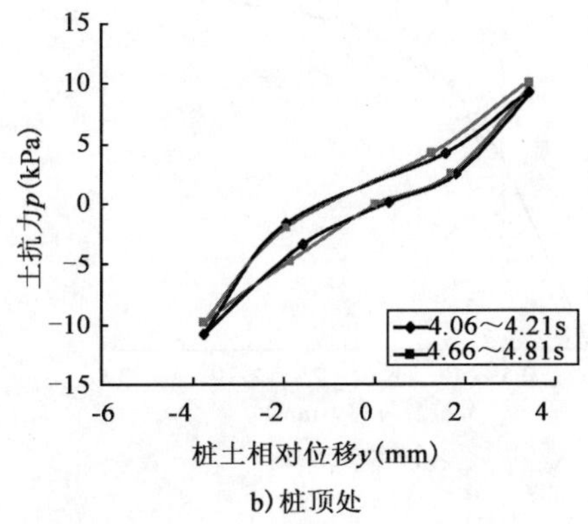

b)桩顶处

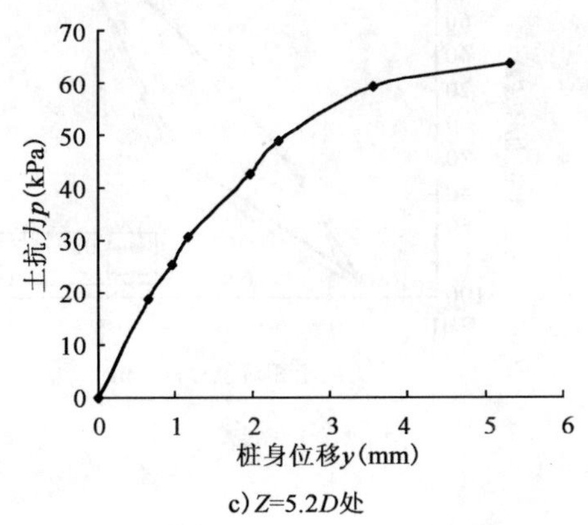

c) Z=5.2D处

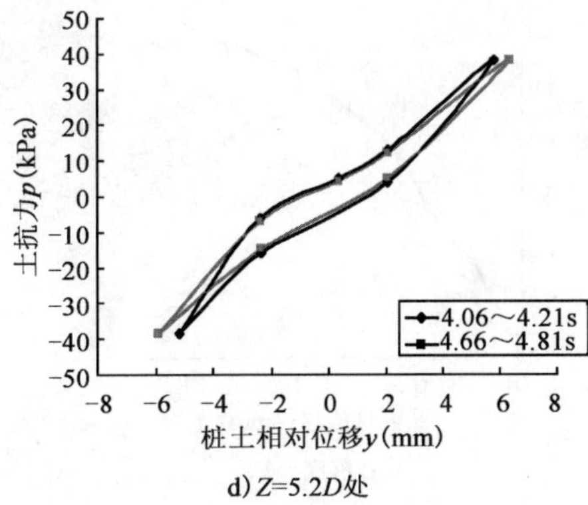

d) Z=5.2D处

图　8-27

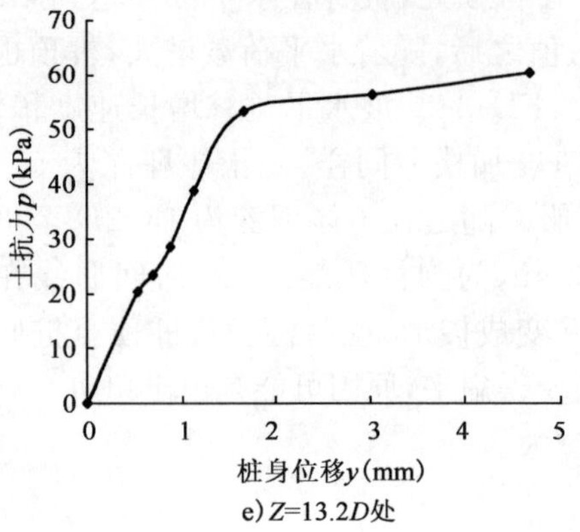

e) Z=13.2D处

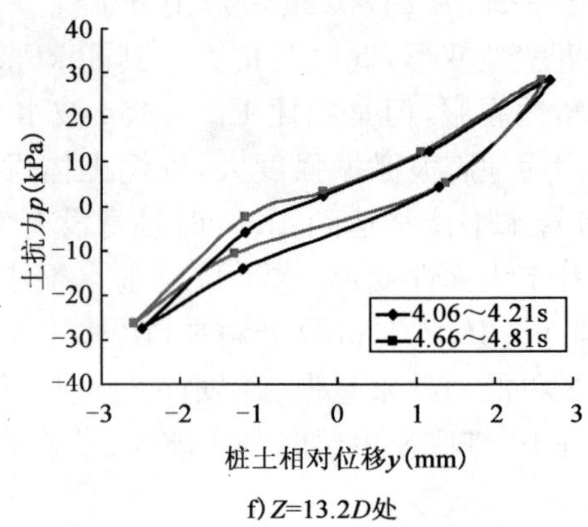

f) Z=13.2D处

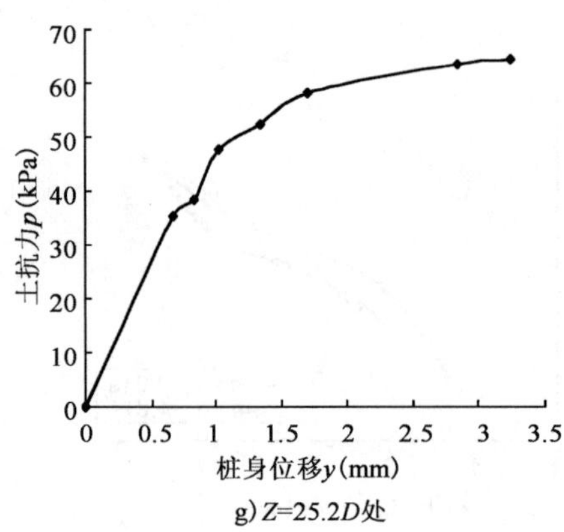

g) Z=25.2D处

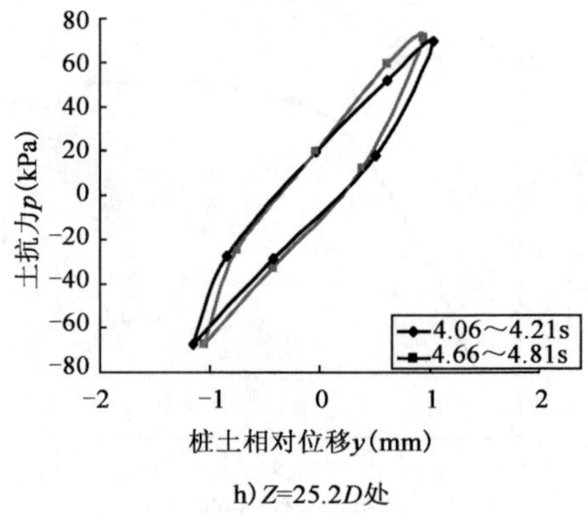

h) Z=25.2D处

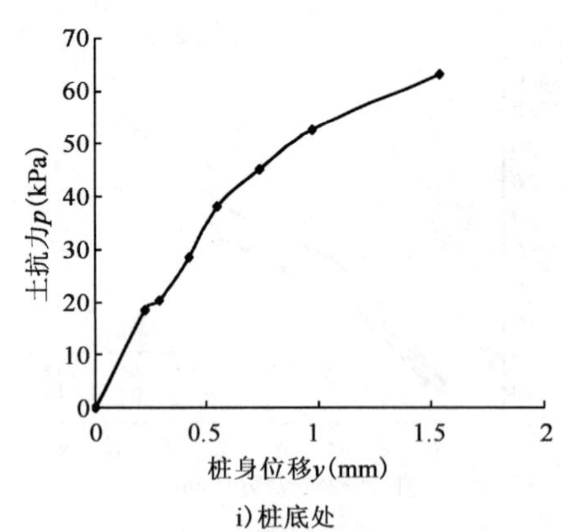

i) 桩底处

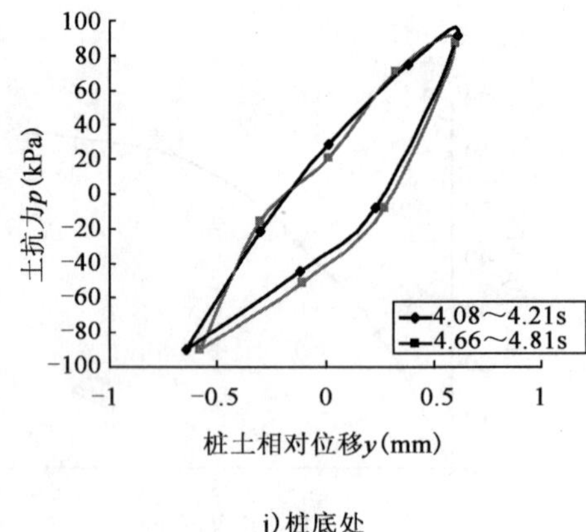

j) 桩底处

图 8-27　EL-0.15g 波作用下双桩 p-y 曲线图

图 8-27 为 EL-0.15g 波作用下双桩 p-y 曲线图。在桩顶处，桩身在水平位移达到 4mm 时就发生塑性变形，此时土抗力达到 55kPa。在此抗力值之后，随着水平荷载增大，桩顶开始出现塑性屈服，在荷载增加缓慢的情况下变形很大。这比单桩发生塑性变形抗力小，可能是由于双桩之间由于桩间距很小，桩与桩之间的土体受到挤压，提前发生塑性屈服。到桩体埋深为 5.2D 处时，桩身水平位移达到 4mm 时桩身没有发生塑性屈服，随之在桩体埋深为 13.2D 至桩底处，与单桩类似，土体基本为弹性变形。但是在相同荷载条件下，双桩桩身变形略大。p-y滞回曲线滞回圈面积也是随着土体埋深而增大，地震波吸收能量的能力增强。

(2)EL-0.2g 波作用下 p-y 曲线

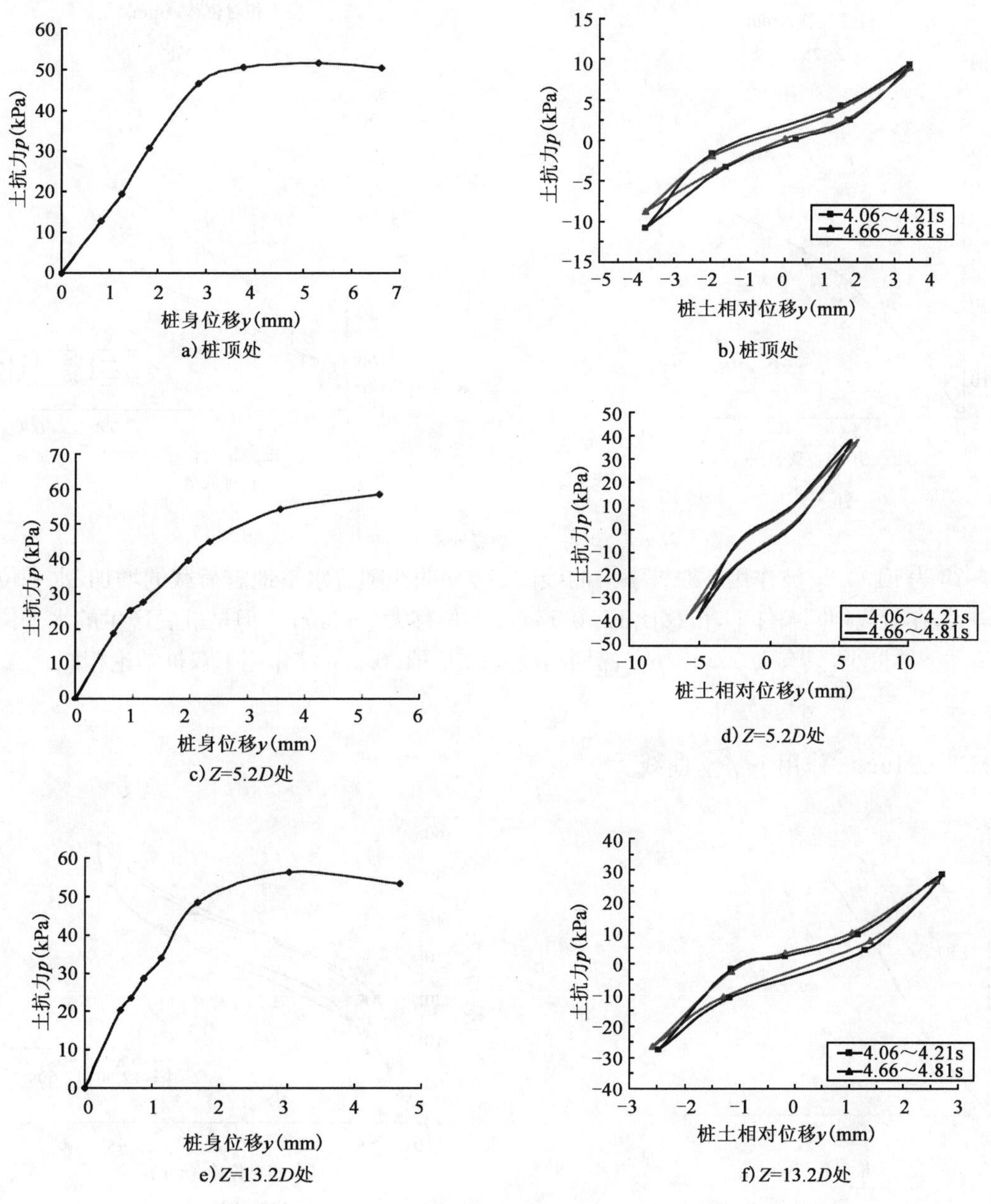

图　8-28

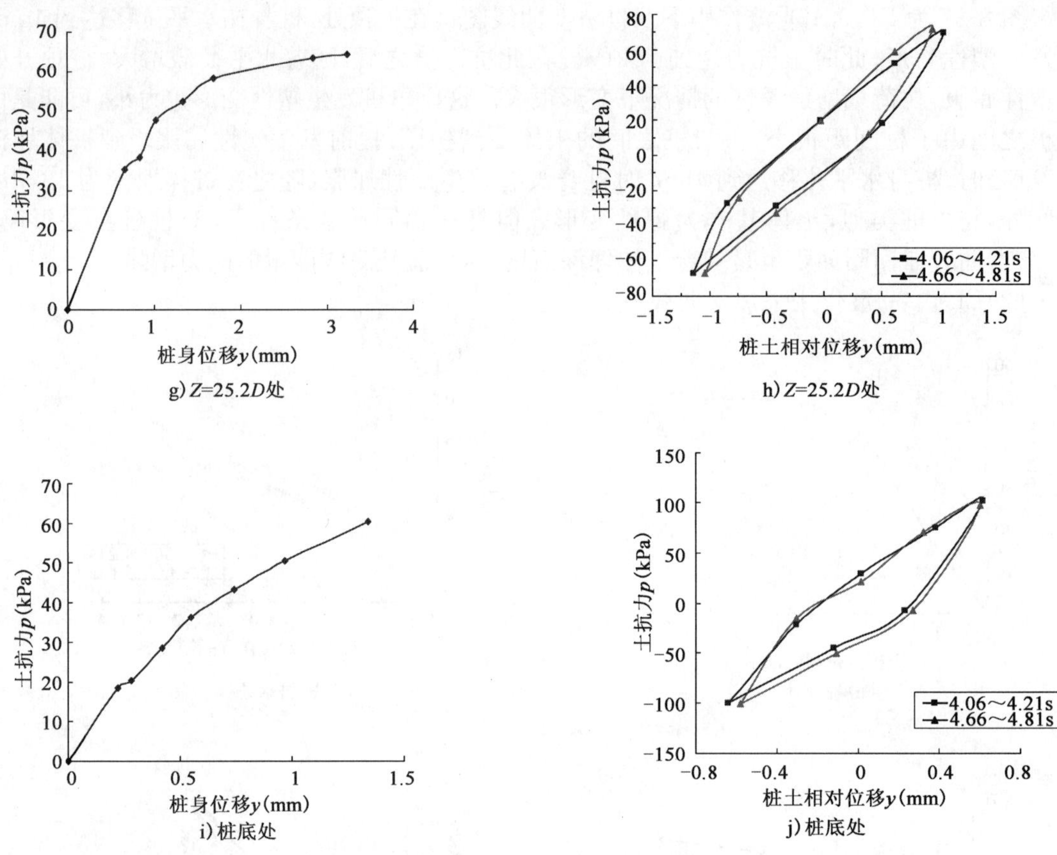

图 8.28 EL-0.2g 波双桩底处双 p-y 曲线图

图 8-28 为 EL-0.2g 波作用下双桩 p-y 曲线图。p-y 曲线随着水平地震荷载的增加，水平位移也逐渐增大，在荷载相同条件下，位移比 EL-0.15g 波的位移大 2～3mm。但是桩底产生的水平位移比同等条件下单桩小，只有 1.5mm。p-y 滞回曲线同以上 EL-0.15g 波作用下双桩结论相似。

3) 3 桩

(1) EL-0.15g 波作用下 p-y 曲线

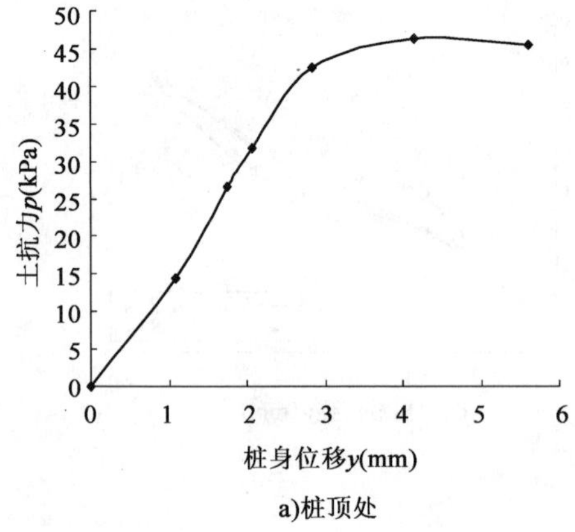

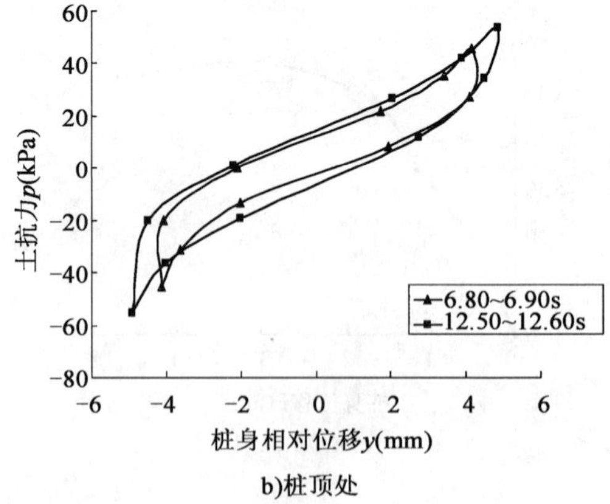

图 8-29

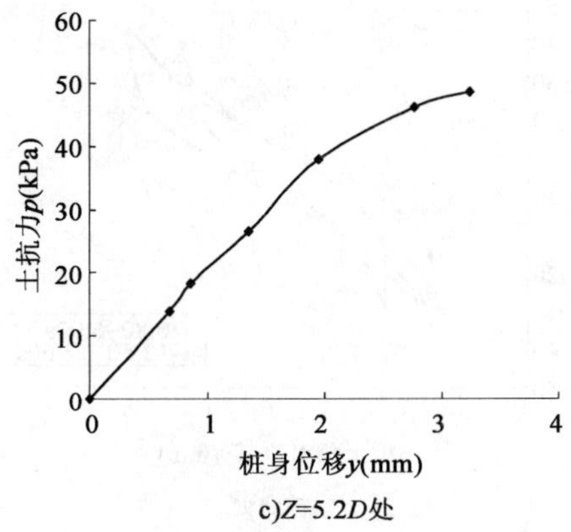

c)Z=5.2D处

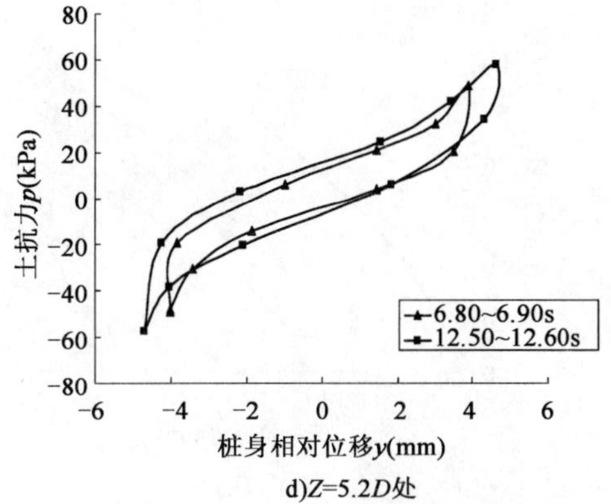

d)Z=5.2D处

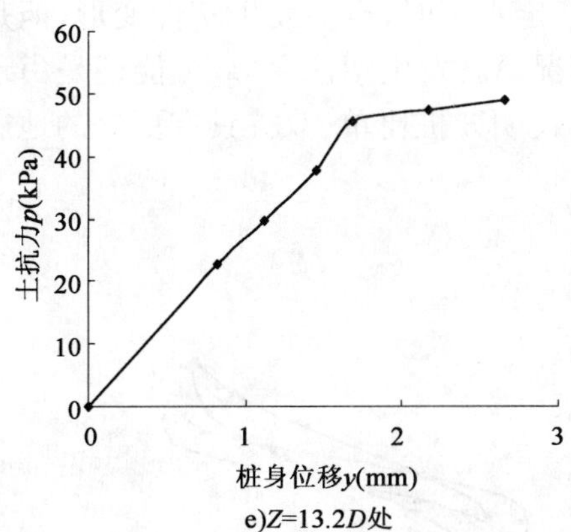

e)Z=13.2D处

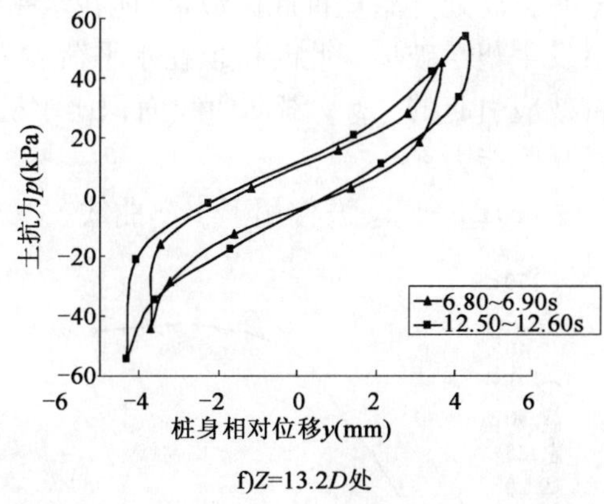

f)Z=13.2D处

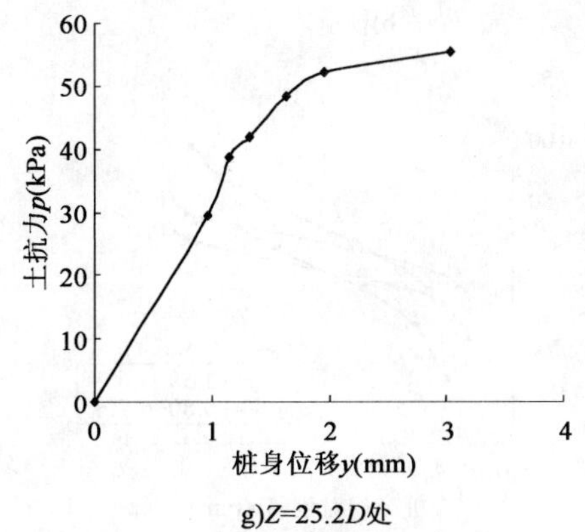

g)Z=25.2D处

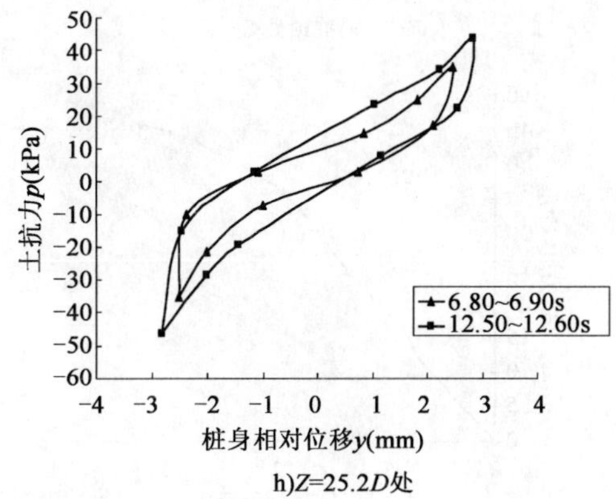

h)Z=25.2D处

图　8-29

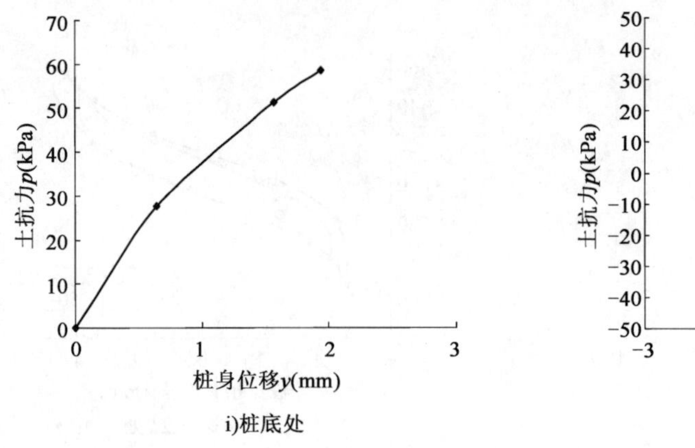

i)桩底处

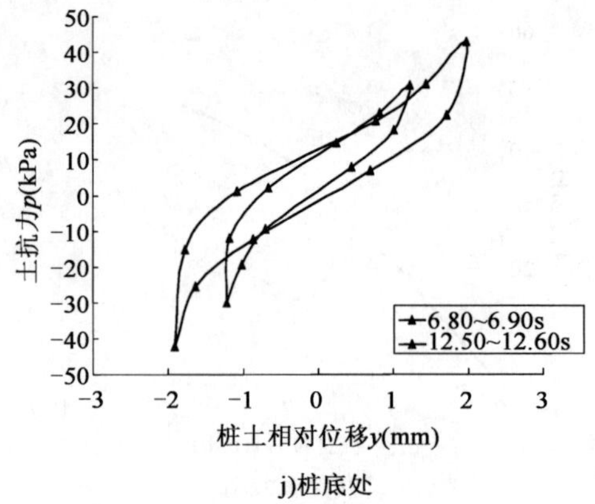

j)桩底处

图 8-29　EL-0.15g 波作用下 3 桩 p-y 曲线图

图 8-29 为 EL-0.15g 波作用下 3 桩 p-y 曲线图。3 桩 p-y 曲线不同于单桩和双桩，3 桩桩身水平位移在荷载增大的情况下弹性变形较明显，在桩顶变化不是很明显，尤其是从桩体埋深 $z=5.2D$ 处开始至桩底区域，可能在水平荷载增大到一定水平时，也会发生塑性变形，但是不会发生塑性破坏。此时桩顶在水平荷载为 45kPa 的情况下就发生塑性变形，可能还是由于群桩效应引起的。p-y 滞回曲线面积比单桩和双桩均大，说明 3 桩比单、双桩具有更好的地震能量吸收能力。

(2)EL-0.2g 波作用下 p-y 曲线

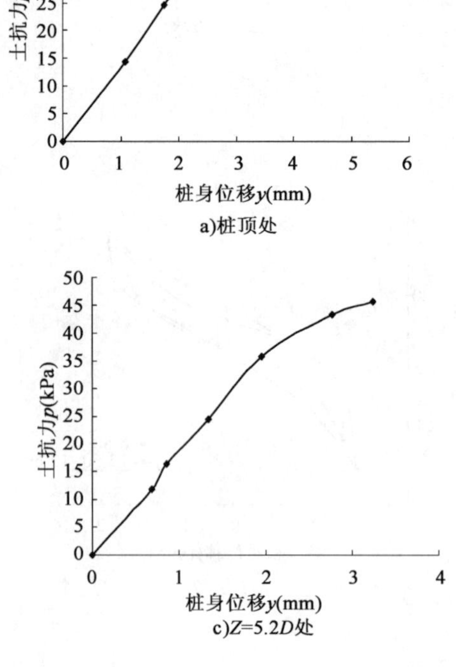

a)桩顶处

c)$Z=5.2D$处

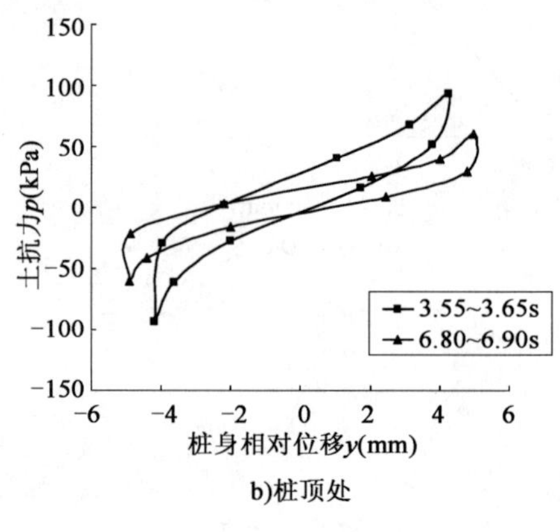

b)桩顶处

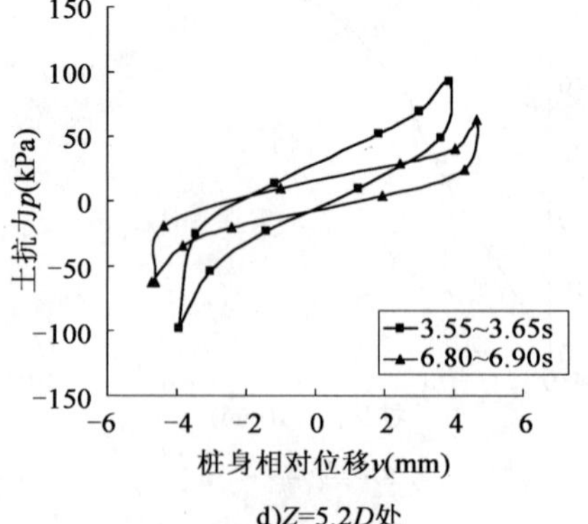

d)$Z=5.2D$处

图　8-30

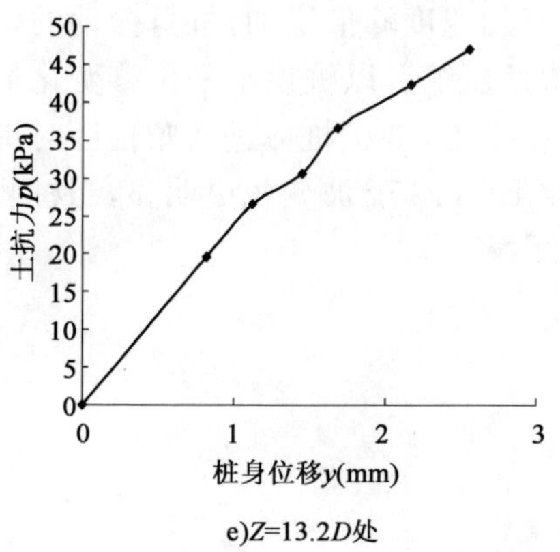

e)Z=13.2D处

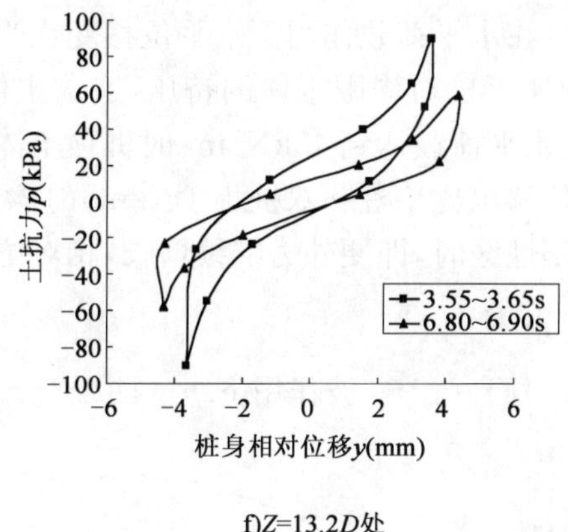

f)Z=13.2D处

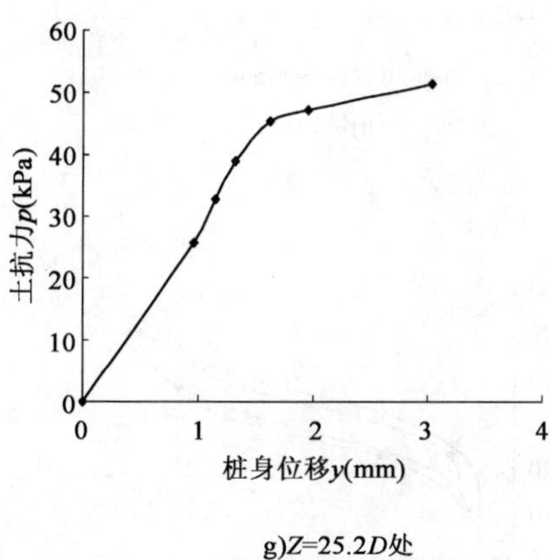

g)Z=25.2D处

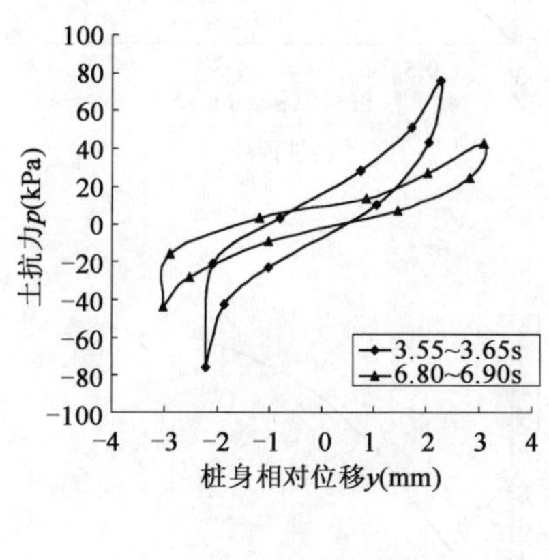

h)Z=25.2D处

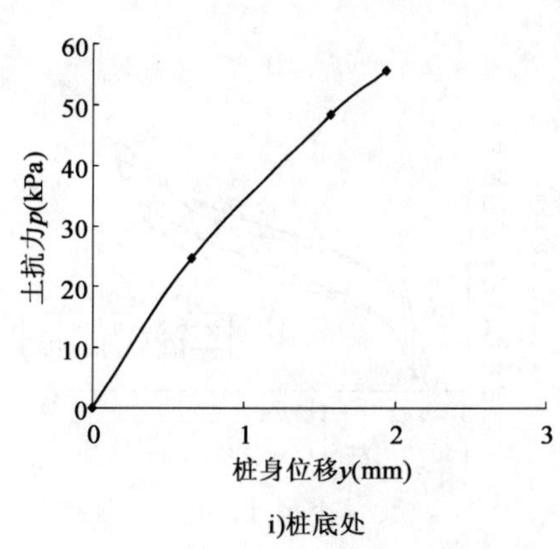

i)桩底处

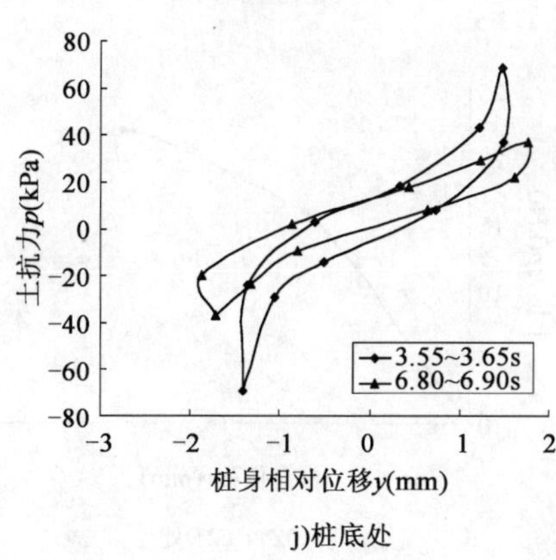

j)桩底处

图 8-30 EL－0.2g 波作用下 3 桩 p-y 曲线图

图 8-30 为 EL-0.2g 波作用下 3 桩 p-y 曲线图。图中的曲线斜率比 EL-0.15g 波略小，说明桩身在水平荷载作用下水平位移变化明显。这是由于加速度峰值增加，桩身摆动的幅度增大，加速了桩对周围土体的挤压，造成土体提前达到塑性压缩。以桩顶水平位移变化最为明显，在水平荷载达到 45kN/m^2 时桩顶土体就开始出现塑性区。3 桩桩体进入塑性区时桩身的水平位移也比单桩和双桩小 1～2mm。p-y 滞回曲线比 EL-0.15g 波变化更明显，当桩侧土体达到塑性区时，即便外力继续增长，相对位移变化增长缓慢。

4)4 桩

(1)EL-0.15g 波作用下 p-y 曲线

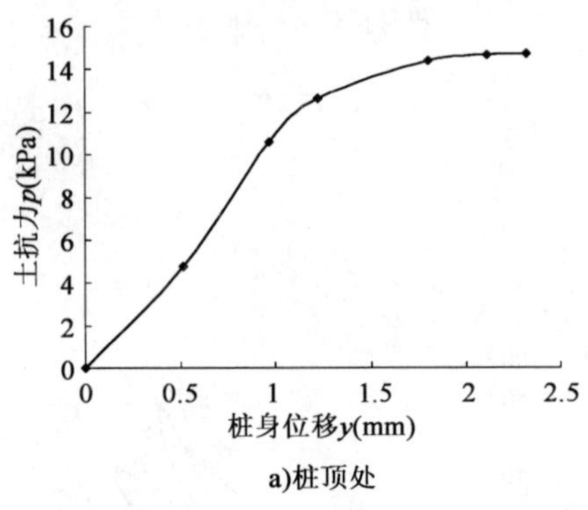

a)桩顶处

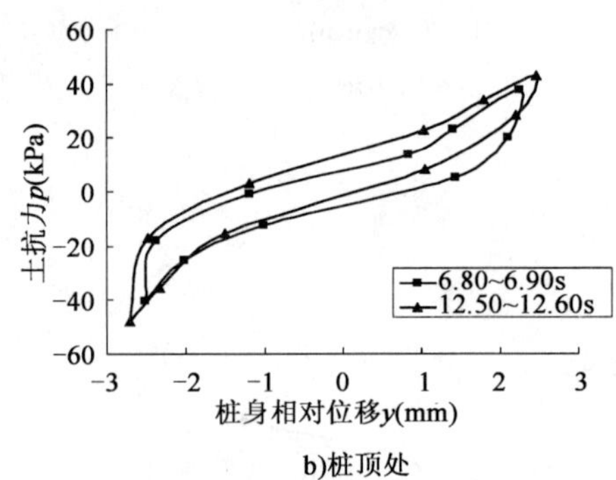

b)桩顶处

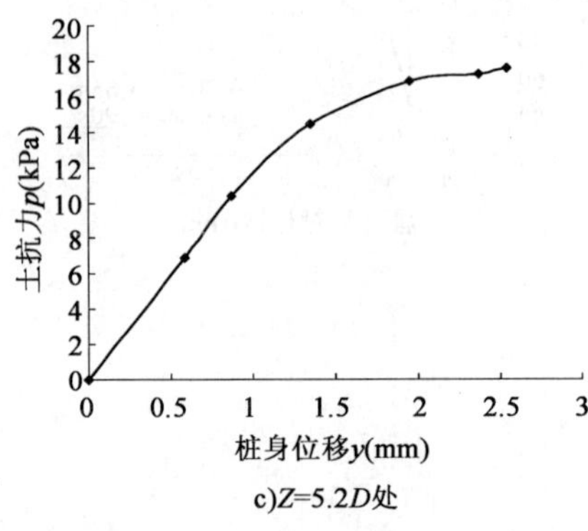

c)Z=5.2D处

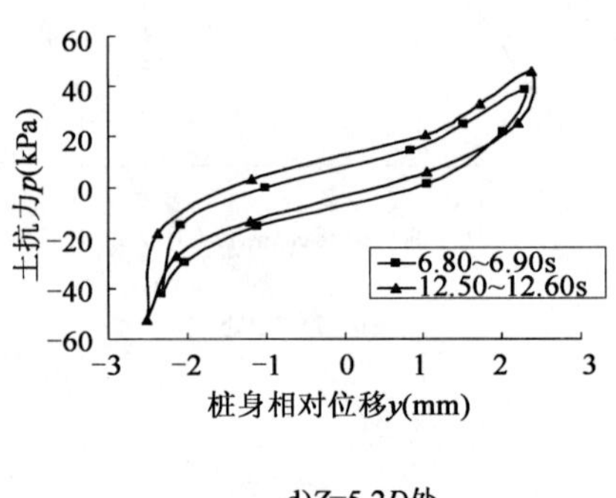

d)Z=5.2D处

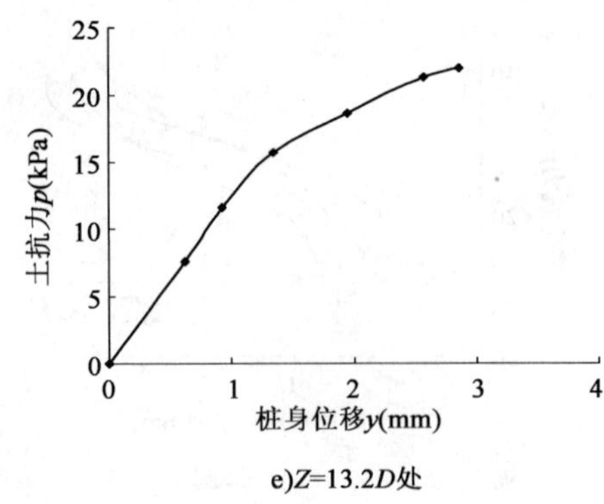

e)Z=13.2D处

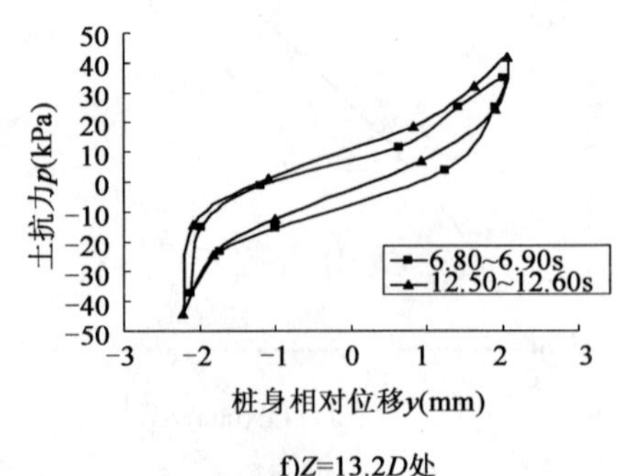

f)Z=13.2D处

图 8-31

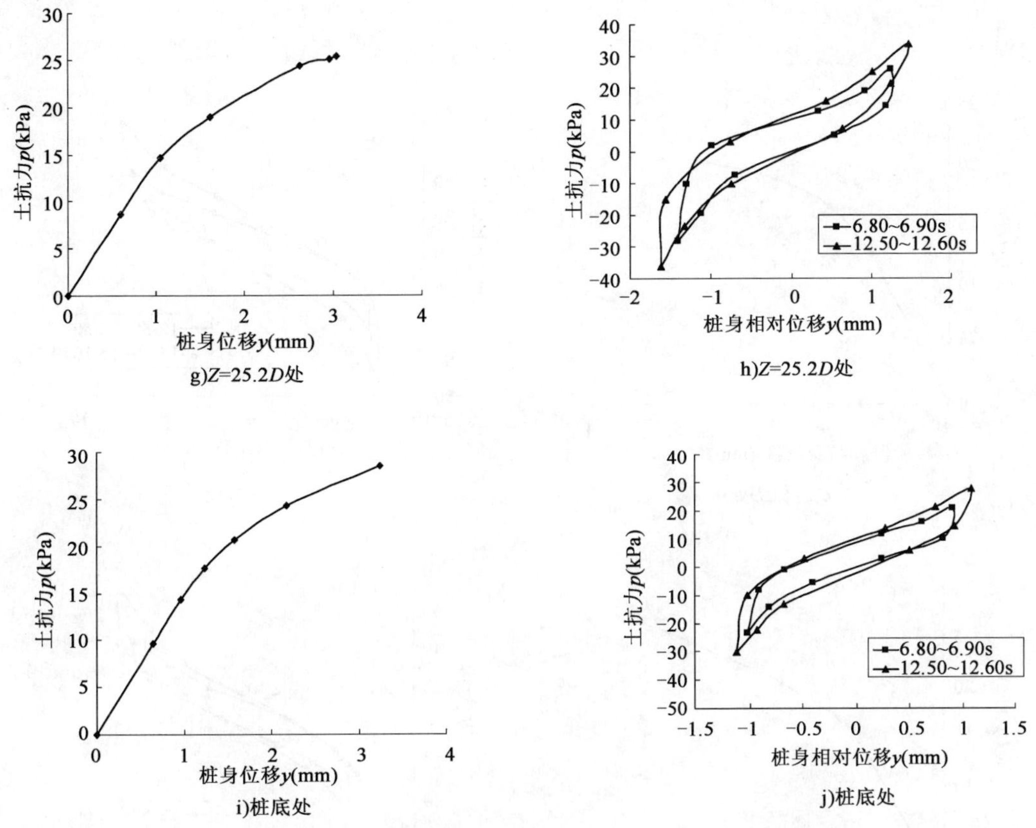

图 8-31 EL-0.15g 波作用下 4 桩 p-y 曲线图

图 8-31 为 EL-0.15g 波作用下 4 桩 p-y 曲线图。4 桩 p-y 曲线斜率比同等条件下单桩、双桩、3 桩曲线斜率都小，说明 4 桩模型在水平地震作用条件下，小间距桩距的群桩效应（桩土共同作用）更大。例如在桩顶，在水平荷载达到 16kN/m^2 时，桩身水平位移达到 2mm 时，土体就进入塑性变形，比 3 桩还小 1mm。从 $Z=5.2D$ 至桩底位移变化都比 3 桩显著，滞回曲线也比 3 桩更饱满。

(2)EL—0.2g 波作用下 p-y 曲线

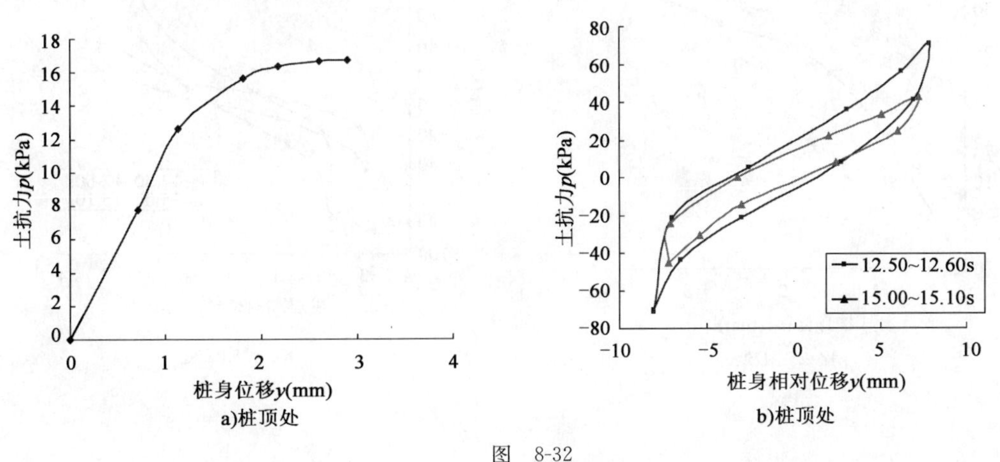

图 8-32

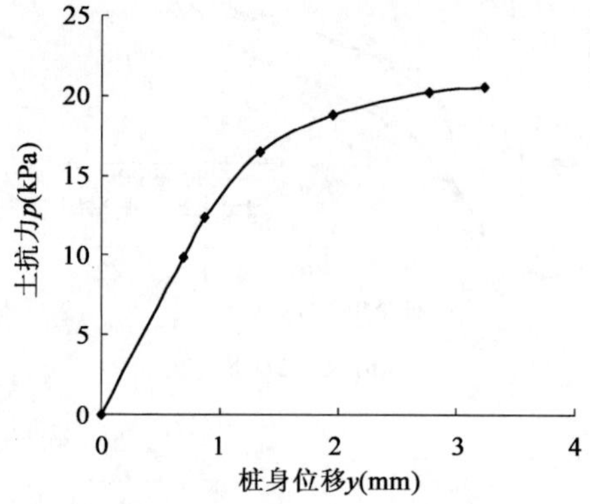

c)Z=5.2D处

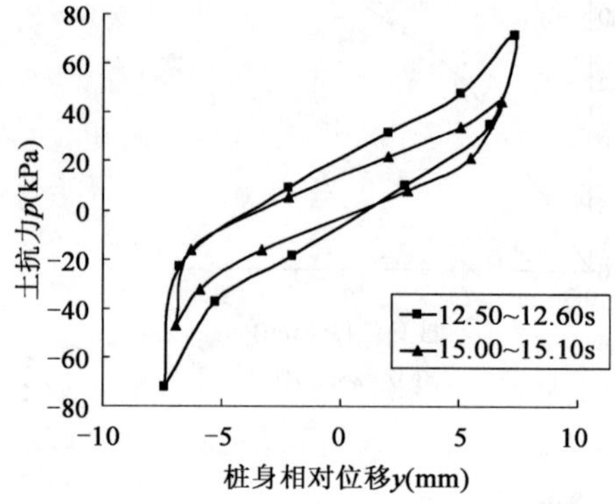

d)Z=5.2D处

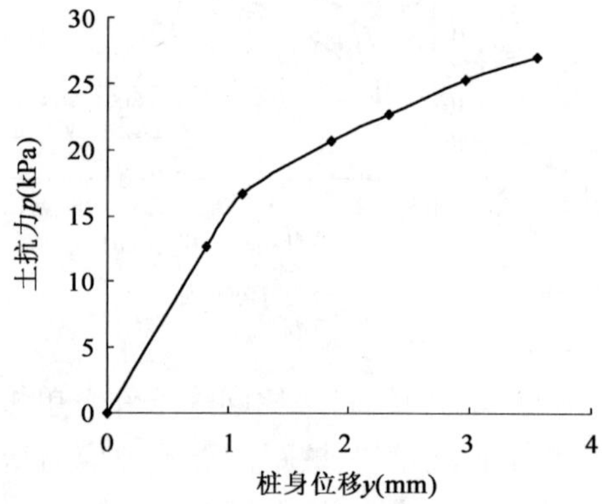

e)Z=13.2D处

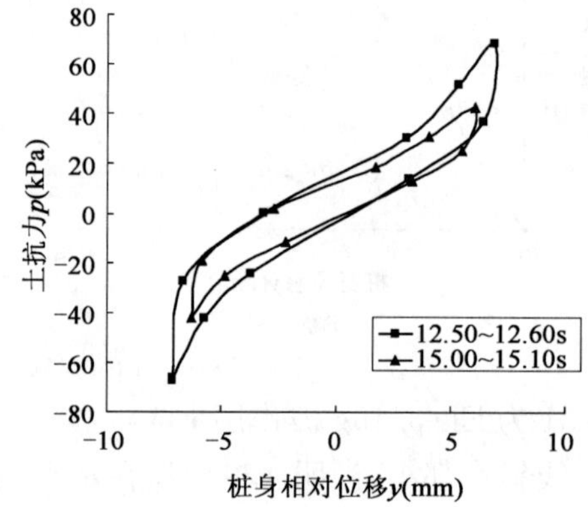

f)Z=13.2D处

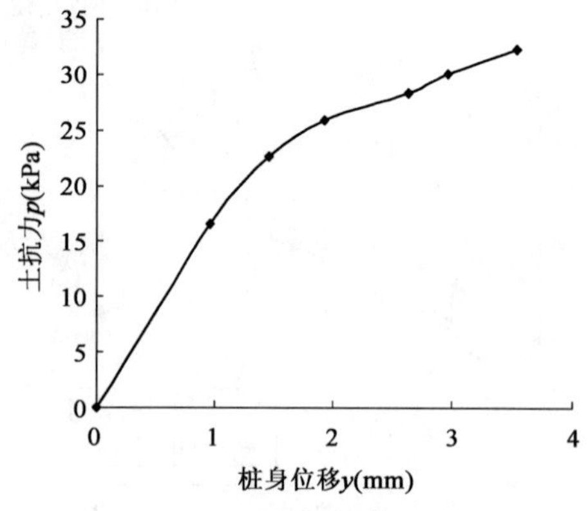

g)Z=25.2D处

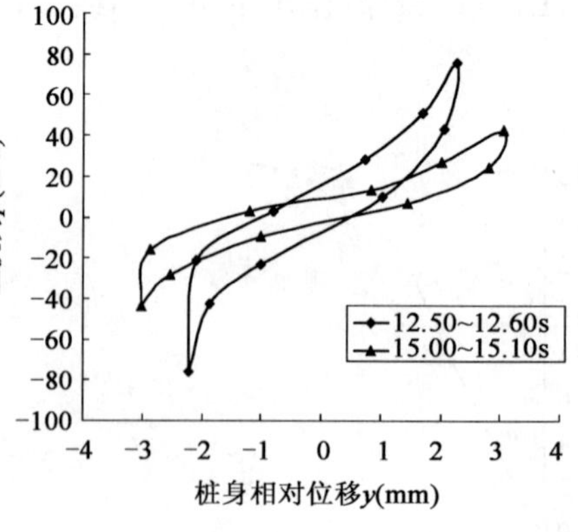

h)Z=25.2D处

图 8-32

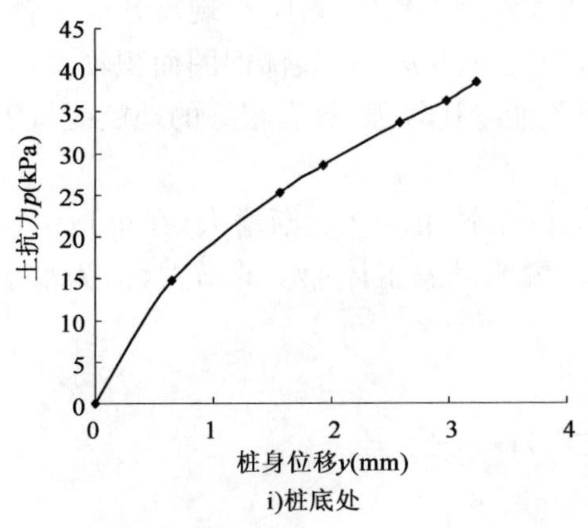

i)桩底处

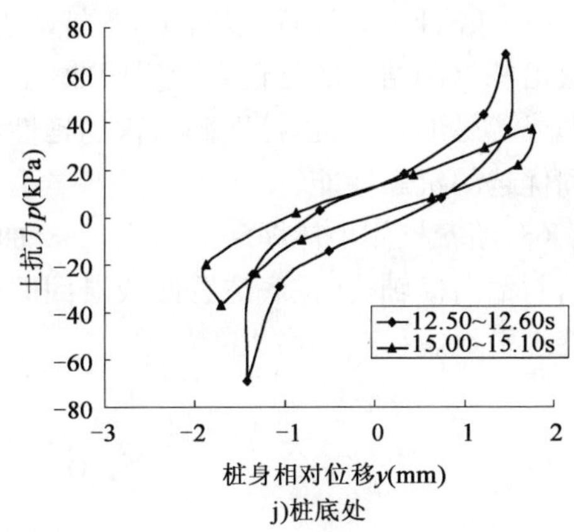

j)桩底处

图 8-32　EL-0.2g 波作用下 4 桩 p-y 曲线图

图 8-32 为 EL-0.2g 波作用下 4 桩 p-y 曲线图。4 桩 p-y 曲线斜率比同等条件下单桩、双桩、3 桩曲线斜率都小，也同样说明 4 桩模型在水平地震作用条件下，小间距桩距的群桩效应（桩—土共同作用）影响更大。桩身水平位移变化规律同 EL-0.15g 波类似，位移增长比 EL-0.15g波显著。滞回曲线也比 EL-0.15g 波扁平，说明在较强地震作用条件下，整个结构吸收地震能量的能力都在下降，曲线的偏转角度也在变小。

8.5.3　小结

本节通过对图 8-29～图 8-32 不同桩型在地震波加速度峰值为 0.15g、0.2g 的桩身 p-y 曲线进行对比分析，总结如下：

(1)桩身在较小的水平地震荷载作用下，各桩型土体抗力和桩身位移呈线性变化趋势，表现出相同的变形特征，此时这一抗力由靠近地面的土来提供，桩侧土体表现为弹性压缩。

(2)随着水平地震荷载的增大，桩身上部位移呈现非线性增大趋势，当荷载增加到一定值时，上部桩侧土体开始出现局部塑性区甚至局部塑性屈服，从而使水平荷载向更深处的土层传递。随着荷载的慢慢增大，桩身位移变化加大，塑性区也不断扩展，浅层土体可能会产生塑性破坏，而深层桩侧土体还处于弹性压缩状态。

(3)随着桩侧土体深度的增加，桩侧的土体抗力也越来越大，但是位移增长却比较缓慢，到桩底位置位移变化很小。

(4)比较单桩和双桩、3 桩、4 桩的 p-y 曲线可以看出，双桩、3 桩、4 桩随着水平荷载的增大桩身水平位移变化较单桩大，在相同水平地震荷载作用下，桩数越多，水平位移变化越大。其中双桩和 3 桩位移变化规律接近，可能是因为桩间距的缩小造成的群桩效应引起的。

(5)对于同一种桩型来说，地震波加速度峰值不同，桩身位移也不相同。在桩侧土抗力相同的条件下，加速度峰值为 0.2g 产生的桩身水平位移略大于加速度峰值为 0.15g 产生的位移，这是因为桩身在较强的地震水平荷载作用下，上部土体提前出现塑性屈服，从而导致土体对桩侧的抗力减小。

(6)针对每一单桩 p-y 曲线而言，不同深度桩身位移随水平荷载变化也不相同，随着桩体埋深的增大，$p\text{-}y$ 曲线的初始斜率也在变大。

(7)从滞回曲线图可以看出，各桩的上部 $p\text{-}y$ 曲线滞回圈面积较小，呈现反 S 形或者 Z 形，反映出桩上部结构的延性和地震吸收能量比较差，而桩下部 $p\text{-}y$ 曲线滞回圈面积较大，呈现出梭形或者弓形，反映出桩下部结构的延性和地震吸收能量比较强，具有很好的地震能量吸收能力和优越的抗震性能。

(8)随着桩侧土体埋深的增大，$p\text{-}y$ 曲线滞回圈的偏转角度在逐渐增大，在桩顶位置曲线滞回圈偏向横轴，在桩底位置曲线滞回圈偏向纵轴，说明随着土体深度的增大，桩侧水平位移随着水平地震荷载的增大变化很小。

8.6 本章小结

本章介绍了桩基抗震设计的计算方法，现行的《建筑桩基技术规范》(JGJ 94-2008)是将建筑在基础处产生的荷载作用于基桩的顶部，以 m 法为基础，计算桩的最大弯矩及其位置。本章还介绍了现行相关规范对桩基设计的计算方法，如桩顶作用效应计算方法；桩基竖向承载力计算方法；桩基水平承载力与位移计算方法；及桩身承载力与裂缝计算方法。

在振动台试验数值模型基础上，通过修改已建立的数值模型讨论了改变桩基形式、加载不同加速度峰值地震波、修改桩身材料对预应力混凝土管桩抗震性能的影响。通过数值模型的分析不难发现：

(1)随着桩数量的减少，桩体加速度峰值放大系数、桩身位移、桩身弯矩在增大，单桩的加速度放大系数、桩身位移、桩身弯矩要远远大于群桩的值。

(2)弹性模量小的管桩在同一地震波作用下，其加速度峰值放大系数、桩身位移、桩身弯矩都要比弹性模量大的桩大。

(3)通过分析可以发现，平行于振动方向布置的桩体加速度放大系数、位移、弯矩值小于垂直于振动方向布置的桩体，说明桩布置形式对于桩基整体抗震性能有很大的影响。

(4)不同桩型的模型试验表明，桩身加速度放大系数在一定深度内随着深度的增大而减小，随着桩数量减少，或桩身弹性模量的减小，这个深度在加大，桩身最大加速度放大系数出现在桩底部。

(5)经分析，各种数值模型计算得到的桩身位移都会出现反向位移的区间，随着桩数量的减少，或桩身弹性模量的减小，反向位移的区域在扩大。沿着桩身深度的增加桩身位移在逐步增大，在增加到一定深度时呈现出稳定的状态，随着桩数量的减少这个深度在增加，随着桩身弹性模量的减小，这个深度沿着桩身向下移动。桩身最大位移出现在桩底位置，桩顶处的位移不可忽略，EL 波的反应大于 LWD 波的反应。

(6)从地震作用下弯矩沿桩身的分布规律可以看出在桩顶附近出现负弯矩，随着桩数量的减少，或桩身弹性模量的减小，负弯矩的范围在逐步加大，各不同桩型出现最大弯矩的位置不同，随着桩数量的减少，最大弯矩出现的位置沿桩身位置在向下增大，随着桩身弹性模量的降低而沿着桩身向下移动；随着桩数量减少桩身开裂区破坏区的范围在增大；EL 波作用下的弯矩反应比 LWD 波的大。

(7)桩身在较小的水平地震荷载作用下，各桩型土体抗力和桩身位移呈线性变化趋势，表

现出相同的变形特征，此时这一抗力由靠近地面的土来提供，桩侧土体表现为弹性压缩；随着水平地震荷载的增大，桩身上部位移呈现非线性增大趋势，当荷载增加到一定值时，上部桩侧土体开始出现局部塑性区甚至局部产生塑性屈服，从而使水平荷载向更深处的土层传递，随着荷载的慢慢增大，桩身位移变化加大，塑性区也不断扩展，浅层土体可能会产生塑性破坏，而深层桩侧土体还处于弹性压缩状态。

(8)比较单桩和双桩、3 桩、4 桩的 p-y 曲线可以看出，随着水平荷载的增大，双桩、3 桩、4 桩桩身水平位移变化较单桩大，在相同水平地震荷载作用下，桩数越多，水平位移变化越大。同等条件下，EL-0.2g 波产生的桩身水平位移大于 EL-0.15g 波产生的位移。

(9)从 p-y 滞回曲线图可以得出，各桩的上部 p-y 曲线滞回圈面积较小，呈现反 S 形或者 Z 形，反映出桩上部结构的延性和地震能量吸收比较差；而桩下部 p-y 曲线滞回圈面积较大，呈现出梭形或者弓形，反映出桩下部结构的延性和地震能量吸收比较强，具有很好的地震能量吸收能力和优越的抗震性能。

第9章 场地类别Ⅲ、Ⅳ类区预应力混凝土管桩抗震性能分析

9.1 概 述

实验室管桩振动台试验只是针对原型桩进行了测试，得到的也只是关于管桩抗震性能的初步结论。在试验基础上建立的数值模型就可以很好地补充试验结论，能说明各种因素对于管桩抗震性能的影响。但仅仅通过数值分析只是从试验的角度对管桩的抗震性能做了研究，不具有普遍性，只有当管桩的数值模型应用于实际问题时，才能真正了解预应力混凝土管桩的抗震性能。

天津地处我国沿海地区，大部分地区是退海形成的，属于滨海软土地区，具有典型的强震区软土特点，非常适合应用管桩。在21世纪初，天津地区就已经大量生产并使用预应力高强混凝土管桩了，时至今日已有了丰富的经验，取得了长足的发展。针对能代表天津地区的3个具体工程，借助振动台试验管桩的数值模型，运用数值分析方法来模拟实际工程中预应力混凝土管桩在地震作用下的反应情况。

9.2 强震软土区预应力混凝土管桩数值模型的建立

9.2.1 强震软土区工程概述

天津地区抗震设防烈度为7度，设计基本地震加速度峰值为0.15g。为分析强震软土区预应力混凝土管桩的抗震性能，针对天津地区的特点，特选取了3个有代表性的工程，分别位于滨海新区的仁信公司厂房项目、天津一汽丰田汽车有限公司第三工厂项目、开发区一汽丰田天津皇冠项目厂房。这些工程所在场地都是典型的退海还陆地区，典型软土地质。

9.2.2 数值模型的建立

以实验室预应力混凝土管桩振动台试验为基础建立的4桩数值模型，参考其边界设置、接触单元设置、网格划分等模型基本要素来建立实际工程的数值模型。实际工程数值模型中模型管桩、模型承台具体尺寸、材料属性见表9-1，建立好的实际工程管桩模型如图9-1～图9-3所示。模型中使用的土体与真实工程完全一致，采用分层土体，数值模型中土体属性值的选取见表9-2～表9-4，建立好的场地土模型见图9-4～图9-6所示。由于实际项目位于天津，属于7度区，基本地震加速度值为0.15g，所以选取加速度峰值为0.1g、0.15g、0.2g的地震波EL

波、LWD波进行测试，分别代表小震、中震、大震的情况。具体工况及加载地震波见表9-5所列。

工程模型中管桩、模型承台具体尺寸及材料属性　　表9-1

部件名称	模型管桩					模型承台				
参数 / 模型	长 (m)	外径 (mm)	壁厚 (mm)	密度 (kg/m³)	模量 (MPa)	长 (m)	宽 (m)	厚 (m)	密度 (kg/m³)	模量 (MPa)
仁信工厂	13	400	95	2550	38000	3.6	3.6	0.7	2550	38000
一汽三厂	13	400	95	2550	38000	3.6	3.6	0.7	2550	38000
皇冠项目	26	400	95	2550	38000	3.6	3.6	0.7	2550	38000

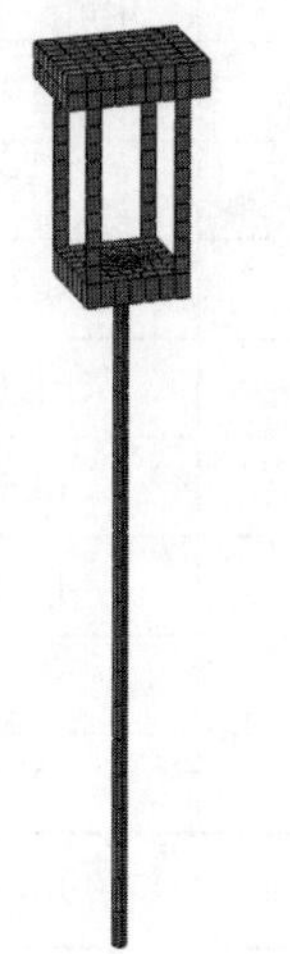

图9-1　单桩模型

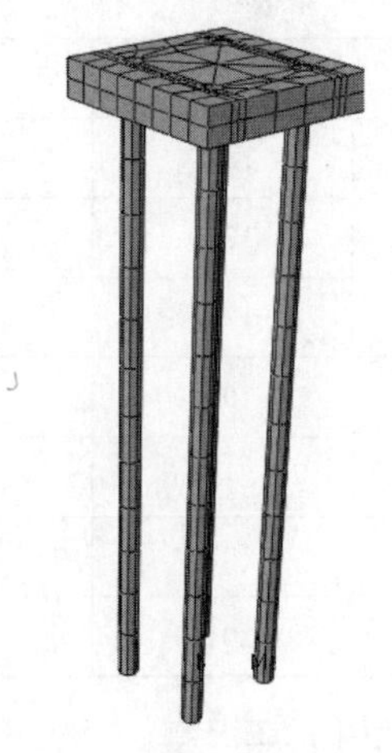

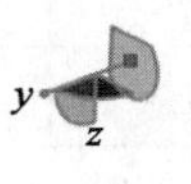

图9-2　桩长13m的模型

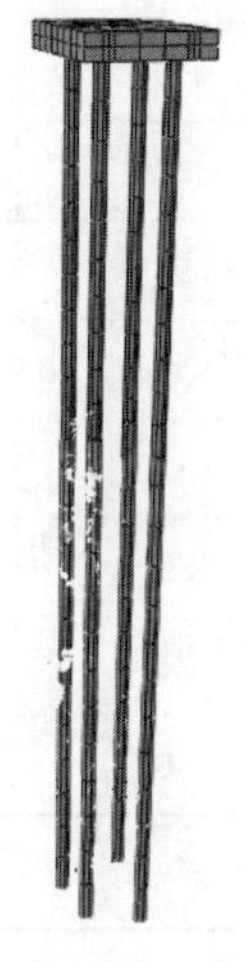

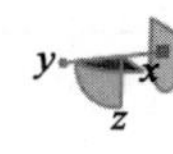

图9-3　桩长26m的模型

仁信厂房数值模型各分层土体材料属性　　表9-2

每层厚度 (m)	距地表距离 (m)	土体种类	压缩模量 (MPa)	密度 (kg/m³)	黏聚力 (kN/m²)	内摩擦角 (°)
0.9	0.9	素填土	3.03	1840	26	6.3
1.3	2.2	黏土	3.10	1850	31	3.0
6.8	9	淤泥	2.46	1730	7	5.1
7	16	粉土	18.00	1920	27	23.0
2.6	18.6	粉质黏土	4.26	1870	10	6.4
1.4	20	粉土	16.45	2000	11	26.2

一汽丰田汽车有限公司第三工厂项目数值模型各分层土体材料属性　　表9-3

每层厚度 (m)	距地表距离 (m)	土体种类	压缩模量 (MPa)	密度 (kg/m³)	黏聚力 (kN/m²)	内摩擦角 (°)
1.3	1.3	素填土	2.69	1816	28	8.2
1.7	3	黏土	2.78	1800	40	5.5
7.3	10.3	淤泥质黏土	2.88	1760	8	3.5

续上表

每层厚度(m)	距地表距离(m)	土体种类	压缩模量(MPa)	密度(kg/m³)	黏聚力(kN/m²)	内摩擦角(°)
2.3	12.6	粉土	15.04	1970	13	28.0
3.7	16.3	粉质黏土	5.10	2020	26	5.1
3.7	20	粉土	13.87	2000	11	31.5

开发区一汽丰田天津皇冠项目厂房数值模型各分层土体材料属性 表 9-4

每层厚度(m)	距地表距离(m)	土体种类	压缩模量(MPa)	密度(kg/m³)	黏聚力(kN/m²)	内摩擦角(°)
1.2	1.2	素填土	2.83	1820	23	9.0
0.8	2	黏土	3.03	1880	21	6.0
8	10	淤泥质黏土	2.50	1750	10	3.8
5.8	15.8	粉土	11.44	1980	29	21.0
2.4	18.2	粉质黏土	9.66	1960	43	15.5
1.8	20	粉土	29.20	2130	26	44.0
4	24	粉质黏土	8.20	1950	38	18.5
6	30	粉土	18.20	2010	19	32.0

不同实际工程数值模型中的工况 表 9-5

工况序号	工况名称	工况序号	工况名称	工况序号	工况名称
1	EL-0.1g	6	EL-0.15g	11	EL-0.2g
2	LWD-0.1g	7	LWD-0.15g	12	LWD-0.2g
3	正弦波 8Hz-0.1g	8	正弦波 8Hz-0.15g	13	正弦波 8Hz-0.2g
4	正弦波 5Hz-0.1g	9	正弦波 5Hz-0.15g	14	正弦波 5Hz-0.2g
5	正弦波 4Hz-0.1g	10	正弦波 4Hz-0.15g	15	正弦波 4Hz-0.2g

图 9-4 仁信厂房场地数值模型

图 9-5 丰田三厂场地数值模型

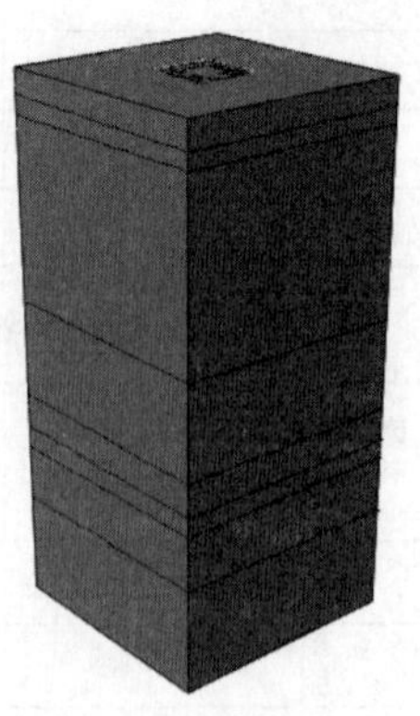

图 9-6 皇冠项目场地数值模型

9.3 单桩抗震性能分析

9.3.1 单桩水平承载力计算

管桩基础的单桩水平承载力特征值与管桩的规格品种、桩周土质条件、桩顶水平位移允许值和桩顶的嵌固情况等因素有关，宜通过现场单桩水平荷载试验确定。满足桩最小中心距的同一承台中的多桩或群桩的水平承载力特征值可视为各单桩水平承载力之和[40]。

当缺少单桩水平荷载试验资料时，单桩的水平承载力由水平位移来控制，可以按式(9-1)来估算管桩基础单桩水平承载力特征值：

$$R_{ha} = 0.75\frac{\alpha^3 EI}{V_x}\cdot X_{oa} \tag{9-1}$$

式中：EI——管桩桩身抗弯刚度(kN·m³)，$EI=0.85E_C I_0$；

E_C——桩身混凝土弹性模量；

I_0——桩身换算截面惯性矩，管桩的 $I_0=(2W_0\cdot d)^{-1}$；

d——管桩的外径；

W_0——桩身换算截面受拉边缘的截面模量，

$$W_0=\frac{\pi d}{32}\left[d^2+2(\alpha_E-1)\rho_g d_0^2\frac{d^2-d_1^2}{d^2}\right]-\frac{\pi d_1^4}{32d} \tag{9-2}$$

d_0——预应力钢筋分布图直径；

d_1——管桩内径；

α_E——预应力钢筋弹性模量与混凝土弹性模量之比；

ρ_g——管桩配筋率；

X_{oa}——表示管桩桩顶允许水平位移值(m)；

V_x——表示管桩桩顶水平位移系数，可查表取值；

α——表示管桩的水平变形系数(m^{-1})，

$$\alpha=\left(\frac{mb_0}{E_C I}\right)^{1.5} \tag{9-3}$$

其中：m——表示土的水平抗力系数的比例系数(MN/m⁴)，可查表选用；

b_0——表示管桩桩身计算深度(m)，当桩径 $d\leqslant 1.0$m 时，$b_0=0.9(1.5d+0.5)$，当桩径 $d>1.0$m 时，$b_0=0.9(d+1)$。

9.3.2 不同场地下单桩抗震性能数值分析

运用有限元软件 Abaqus 进行模拟，分别选取了仁信开发区、天津一汽丰田汽车有限公司、一汽丰田试桩项目 3 个场地土层进行建模，基础采用单根预应力混凝土管桩，桩径为 400mm，壁厚 95mm，型号为 AB 型，在模型中输入地震波，从而模拟管桩基础在地震作用下桩体的反应。以下分别列出了 3 个场地中的土层分布情况以及所涉及到的土性参数，见表 9-6～表 9-8。

仁信开发区土性参数 表 9-6

土的名称	土层厚度(m)	距离地表的距离(m)	密度(kg/m^3)	压缩模量(MPa)	黏聚力(kN/m^2)	内摩擦角(°)
素填土	0.9	0.9	1840	3.03	26	6.3
黏土	1.3	2.2	1850	3.10	31	3.0
淤泥	6.8	8.8	1730	2.46	7	5.1
粉土	7.0	15.8	1920	18.00	27	23.0
粉质黏土	2.6	18.4	1870	4.26	10	6.4
粉土	1.4	19.8	2000	16.45	11	26.2

天津一汽丰田汽车公司土性参数 表 9-7

土的名称	土层厚度(m)	距离地表的距离(m)	密度(kg/m^3)	压缩模量(MPa)	黏聚力(kN/m^2)	内摩擦角(°)
素填土	1.3	1.3	1816	2.69	28	8.2
黏土	1.7	3.0	1800	2.78	40	5.5
淤泥	7.3	10.3	1760	2.88	8	3.5
粉土	2.3	12.6	1970	15.04	13	28.0
粉质黏土	3.7	16.3	2020	5.10	26	5.1
粉土	3.7	20.0	2000	13.87	11	31.5

一汽丰田试桩项目土性参数 表 9-8

土的名称	土层厚度(m)	距离地表的距离(m)	密度(kg/m^3)	压缩模量(MPa)	黏聚力(kN/m^2)	内摩擦角(°)
素填土	1.2	1.2	1820	2.83	23	9.0
黏土	0.8	2.0	1880	3.03	21	6.0
淤泥	8.0	10.0	1750	2.50	10	3.8
粉土	5.8	15.8	1980	11.44	29	21.0
粉质黏土	2.4	18.2	1960	9.66	43	15.5
粉土	1.8	20.0	2130	29.20	26	44.0
粉质黏土	4.0	24.0	1950	8.20	38	18.5
粉土	6.0	30.0	2010	18.20	19	32.0

天津地区的地震设防烈度为 7 度，地震加速度为 0.15g，所以本次模拟选取了 EL 波和 LWD 波两种地震波，地震加速度取值为 0.15g 和 0.2g，因此可以得到 4 种不同的工况，即加速度为 0.15g 的 EL 波、加速度为 0.2g 的 EL 波、加速度为 0.15g 的 LWD 波、加速度为 0.2g 的 LWD 波。

桩身位移是反映管桩地震反应的重要参数，通过有限元软件模拟可以得到预应力管桩在地震作用下桩的身位移值数据。以下列出不同场地下预应力管桩在加速度为 0.2g 的 EL 地震波作用下桩顶的位移时程曲线和土体表面的时程曲线，见图 9-7～图 9-12 所示。

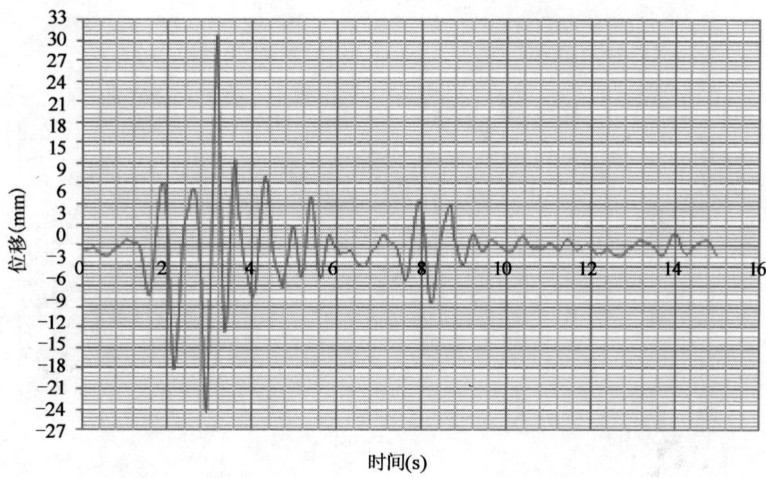

图 9-7　仁信开发区桩顶位移时程曲线

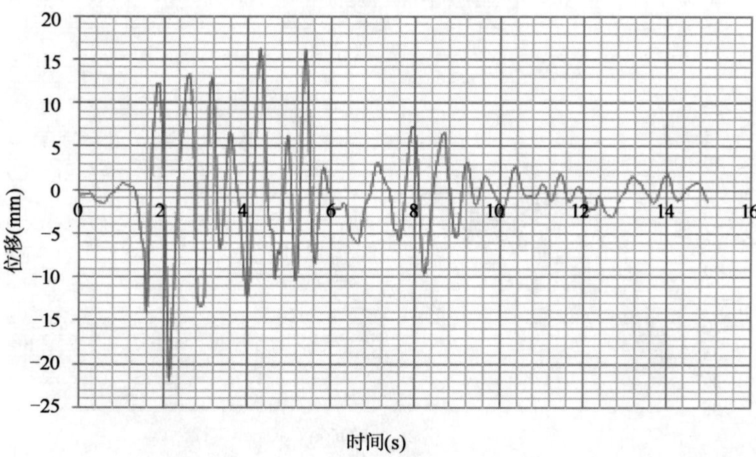

图 9-8　仁信开发区土表位移时程曲线

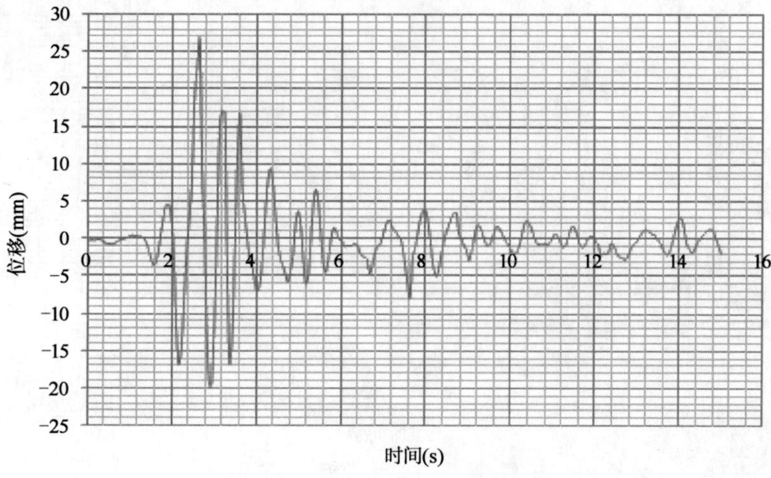

图 9-9　天津一汽丰田汽车有限公司桩顶位移时程曲线

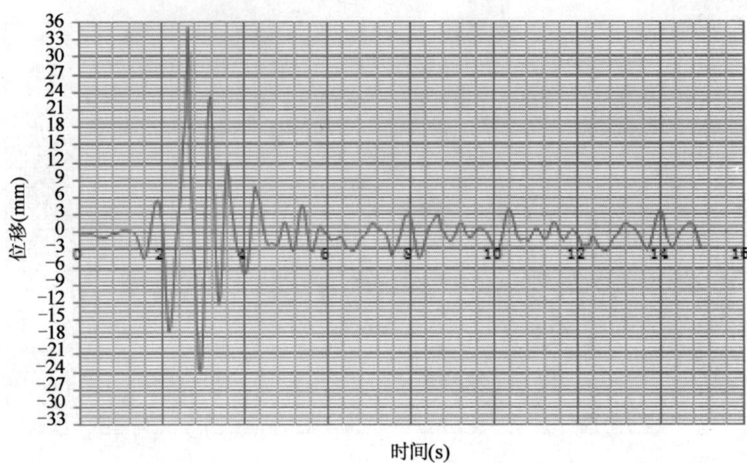

图 9-10　天津一汽丰田汽车有限公司土表位移时程曲线

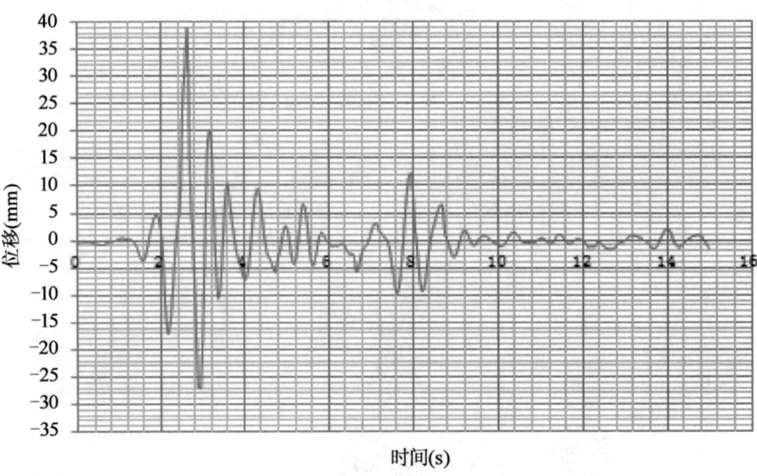

图 9-11　一汽丰田试桩项目桩顶位移时程曲线

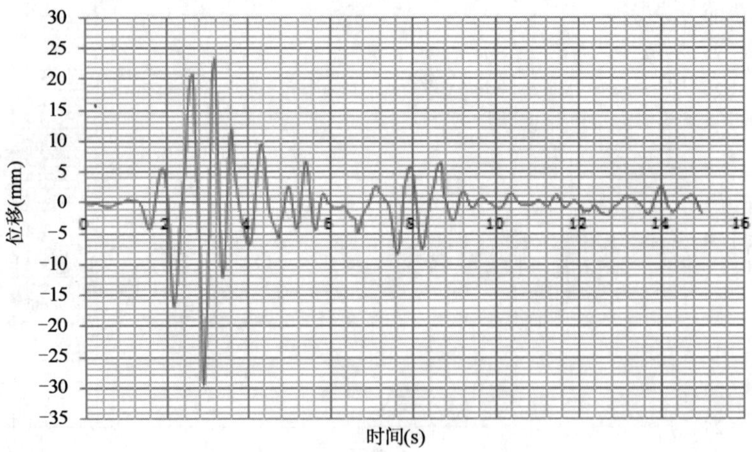

图 9-12　一汽丰田试桩项目土表位移时程曲线

从位移时程曲线中可以得出在不同地震波作用下不同场地中预应力管桩桩顶的最大绝对位移值和土体表面的最大位移值，从而可以计算出桩顶的相对位移值。为了能直观地分析模拟结果，将结果列于表9-9中。

不同工况下桩顶最大位移 表9-9

工况		仁信开发区			天津一汽丰田汽车公司			一汽丰田试桩项目		
		桩顶绝对水平位移(mm)	土表绝对水平位移(mm)	桩顶(相对土)水平位移(mm)	桩顶绝对水平位移(mm)	土表绝对水平位移(mm)	桩顶(相对土)水平位移(mm)	桩顶绝对水平位移(mm)	土表绝对水平位移(mm)	桩顶(相对土)水平位移(mm)
EL波	0.15g	27.04	19.66	7.38	23.15	30.21	7.06	33.50	25.99	7.51
	0.2g	30.69	21.97	8.72	26.58	35.01	8.43	38.15	29.30	8.85
LWD波	0.15g	22.82	16.11	6.71	19.39	25.80	6.41	30.31	23.47	6.84
	0.2g	28.53	20.48	8.05	24.81	32.65	7.84	34.62	26.25	8.37

通过分析表中列出的数据，可以得出以下结论：

(1)当模型中输入的地震波相同，地震加速度取值不同时，在桩顶所产生的最大水平位移值会随着地震加速度的增大而增大。

(2)当模型中输入的地震波不同，地震加速度取值相同时，在LWD波作用下桩顶所产生的最大水平位移值均小于EL波作用下桩顶所产生的最大位移值。

(3)在地震加速度为0.15g和0.2g的地震波作用下，预应力管桩桩顶所产生的最大水平位移值的范围在6.41～8.85mm的范围内，均没有超出规范中规定的桩顶面允许水平位移值的范围6～10mm，证明预应力管桩在7度抗震设防区的水平位移值能够满足规范要求。

由位移数据也可以绘出在不同加速度峰值、不同地震波工况下桩身位移的包络曲线，见图9-13～图9-24。

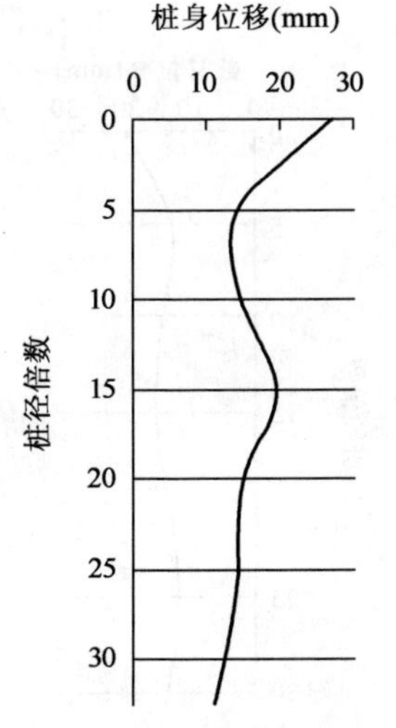

图9-13 仁信开发区桩身位移包络图(EL-0.15g)

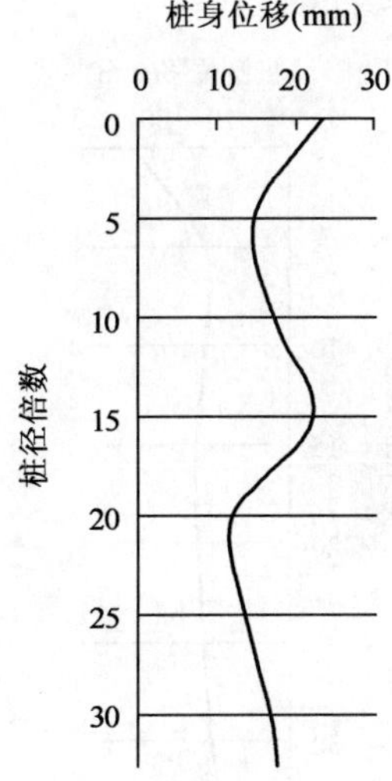

图9-14 天津一汽丰田汽车有限公司桩身位移包络图(EL-0.15g)

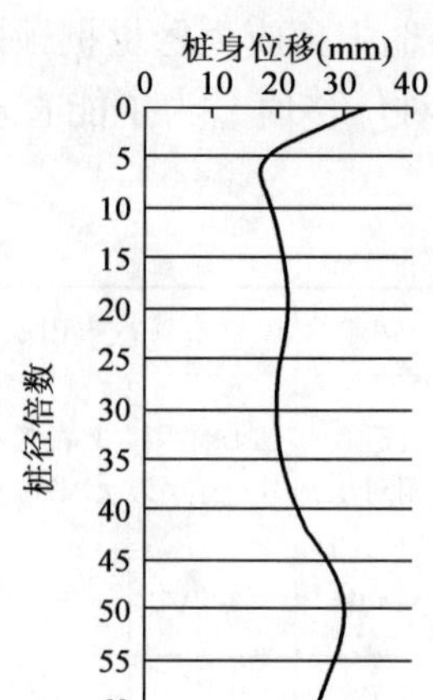

图 9-15 一汽丰田试桩项目桩身位移包络图(EL-0.15g)

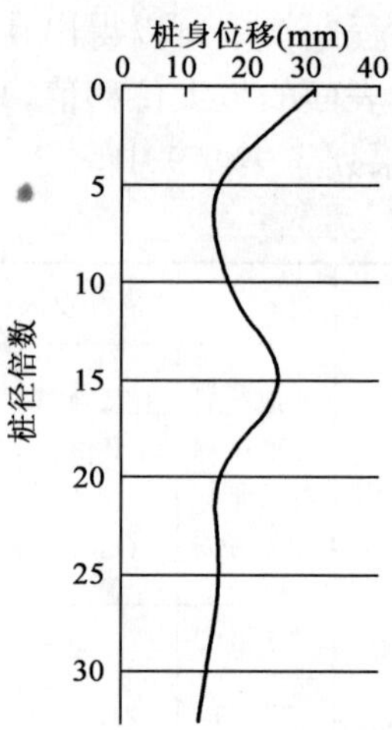

图 9-16 仁信开发区桩身位移包络图(EL-0.2g)

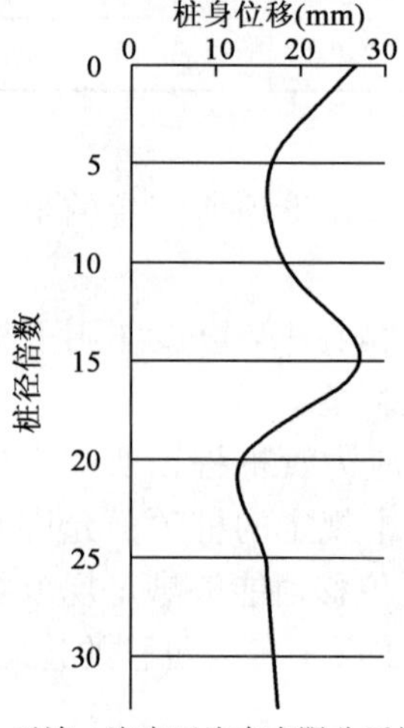

图 9-17 天津一汽丰田汽车有限公司桩身位移包络图(EL-0.2g)

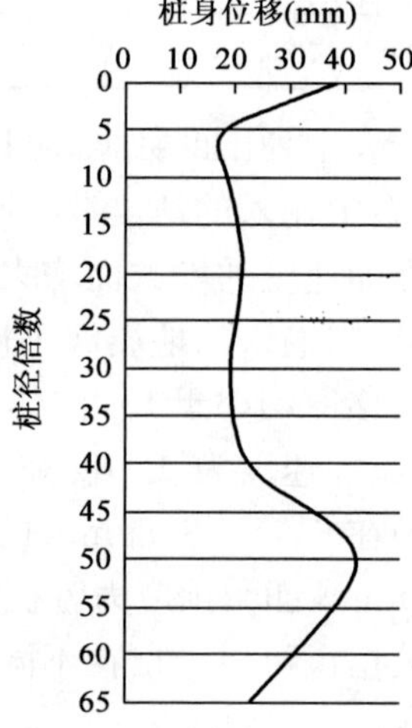

图 9-18 一汽丰田试桩项目桩身位移包络图(EL-0.2g)

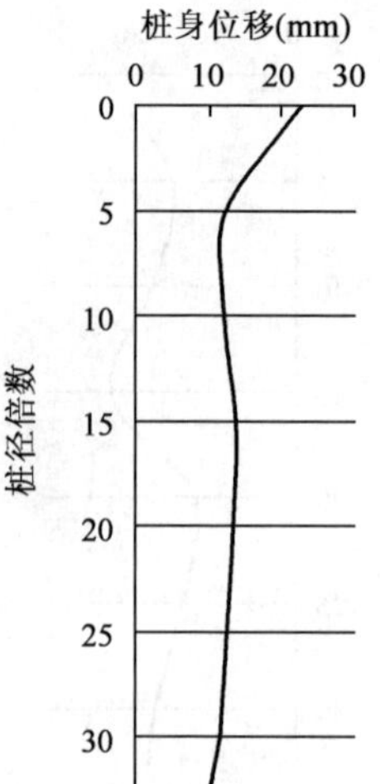

图 9-19 仁信开发区桩身位移包络图(LWD-0.15g)

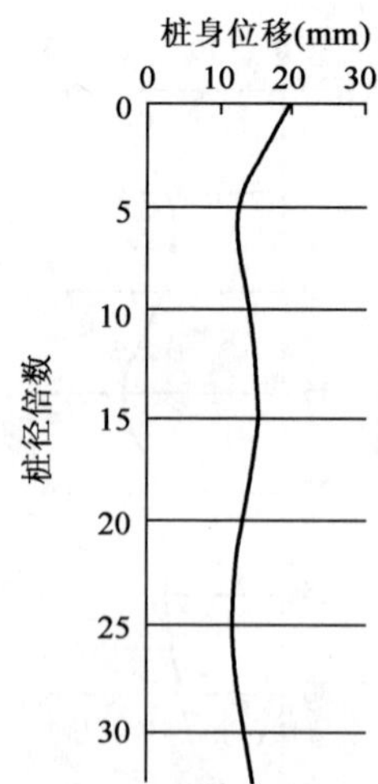

图 9-20 天津一汽丰田汽车有限公司桩身位移包络图(LWD-0.15g)

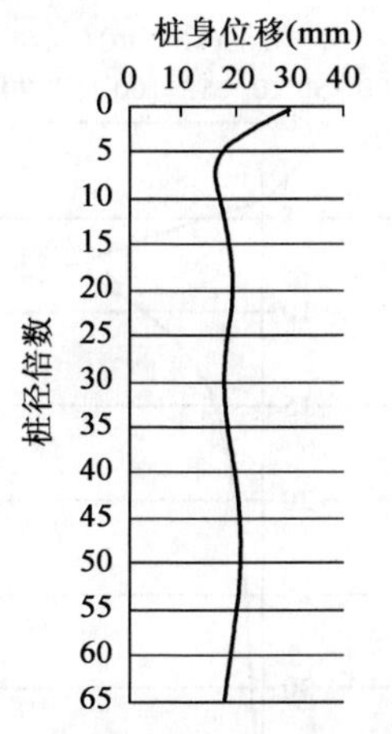

图 9-21　一汽丰田试桩项目桩身位移包络图(LWD-0.15g)

图 9-22　仁信开发区桩身位移包络图(LWD-0.2g)

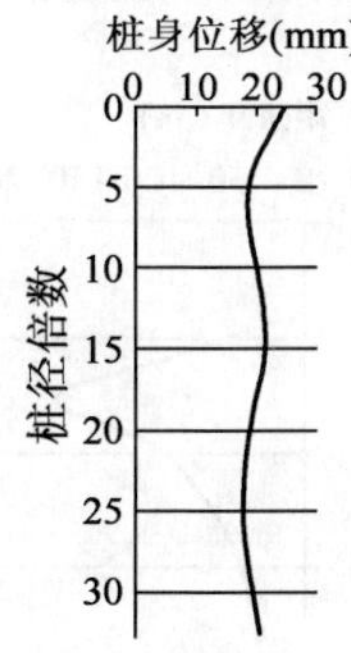

图 9-23　天津一汽丰田汽车有限公司桩身位移包络图(LWD-0.2g)

图 9-24　一汽丰田试桩项目桩身位移包络图(LWD-0.2g)

通过观察以上各图,可以总结得出以下结论:

(1)EL 波和 LWD 波工况下,桩身的水平位移最大值出现在桩顶位置,而桩身水平位移的最小值出现位置并不固定,在距离桩顶 5～6 倍桩径处桩身水平位移较小。

(2)预应力管桩桩身水平位移会随着地震波加速度峰值的增大而增大。

(3)在 EL 波工况下预应力管桩桩身水平位移值比 LWD 波工况下的水平位移要大。

以下列出了预应力管桩在不同地震波作用下桩身的弯矩分布情况,见图 9-25～图 9-36 所示。

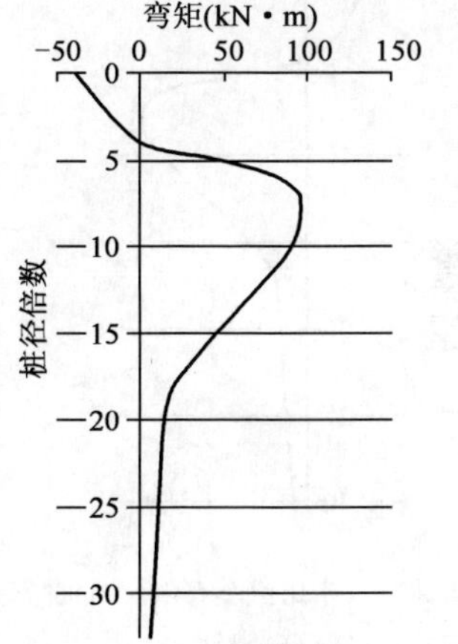

图 9-25　仁信开发区桩身弯矩包络图(EL-0.15g)

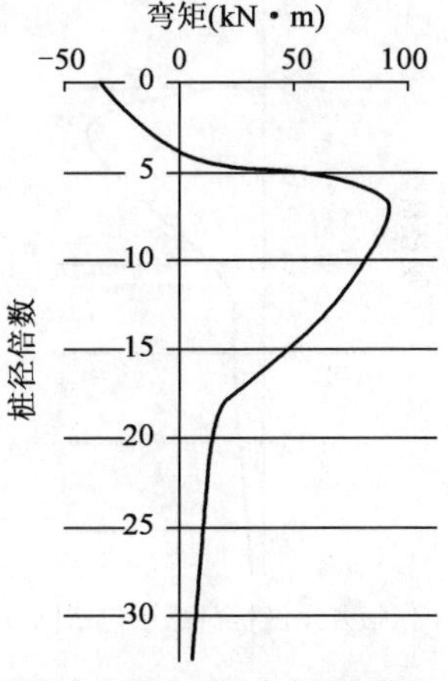

图 9-26　天津一汽丰田汽车有限公司桩身弯矩包络图(EL-0.15g)

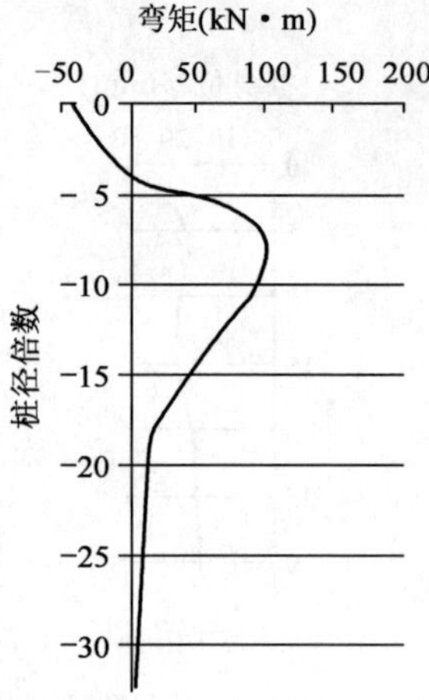

图 9-27 一汽丰田试桩项目桩身弯矩包络图(EL-0.15g)

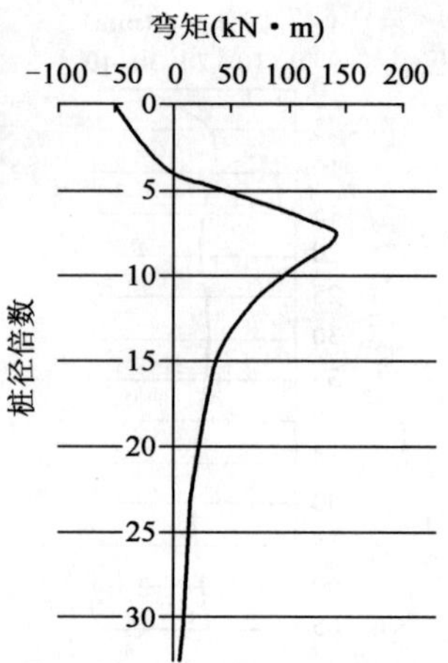

图 9-28 仁信开发区桩身弯矩包络图(EL-0.2g)

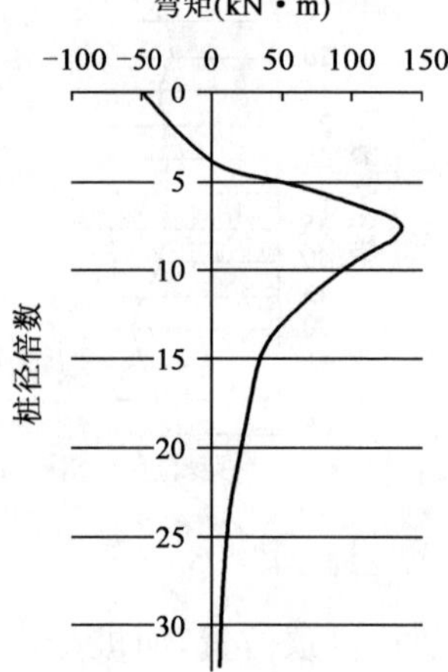

图 9-29 天津一汽丰田汽车有限公司桩身弯矩包络图(EL-0.2g)

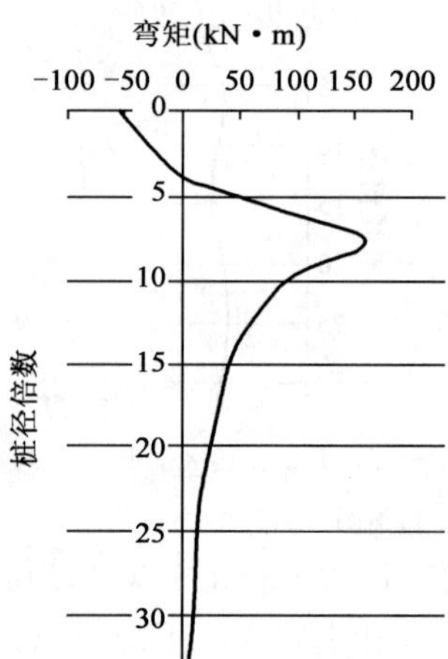

图 9-30 一汽丰田试桩项目桩身弯矩包络图(EL-0.2g)

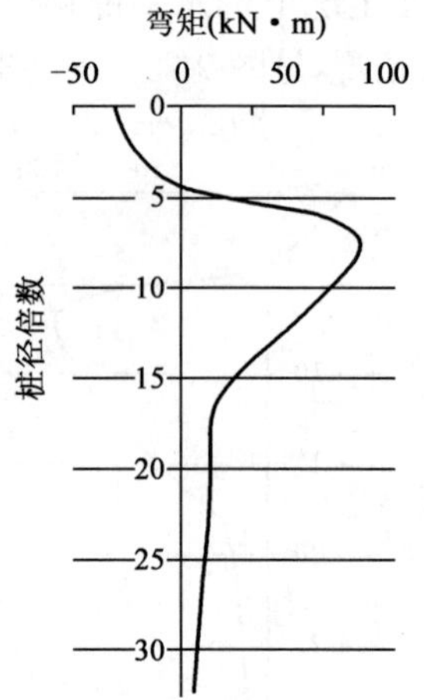

图 9-31 仁信开发区桩身弯矩包络图(LWD-0.15g)

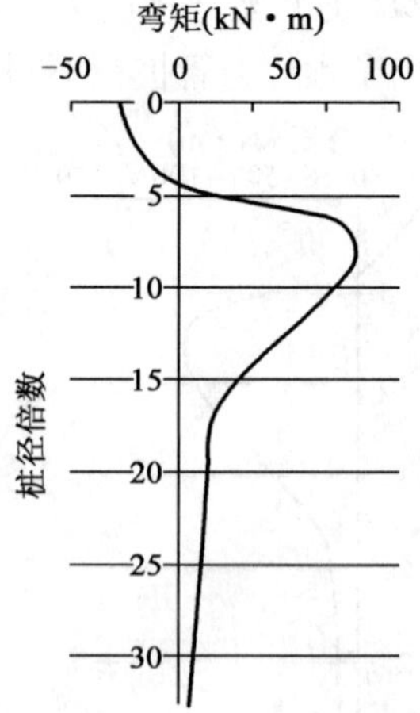

图 9-32 天津一汽丰田汽车有限公司桩身弯矩包络图(LWD-0.15g)

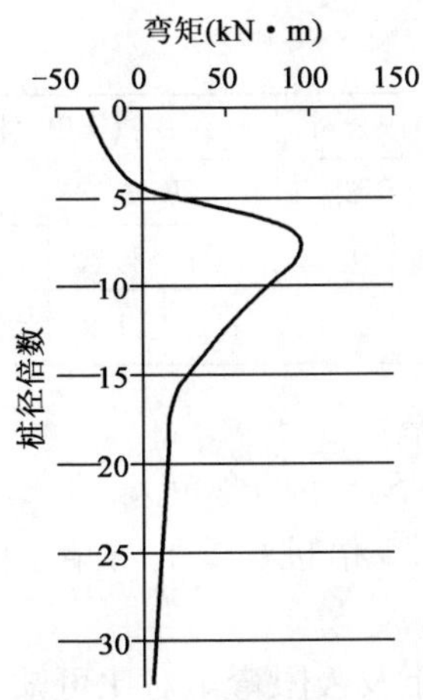

图 9-33　一汽丰田试桩项目桩身弯矩包络图(LWD-0.15g)

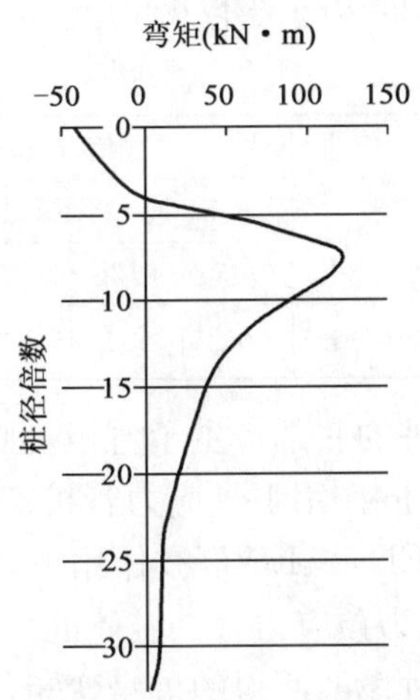

图 9-34　仁信开发区桩身弯矩包络图(LWD-0.2g)

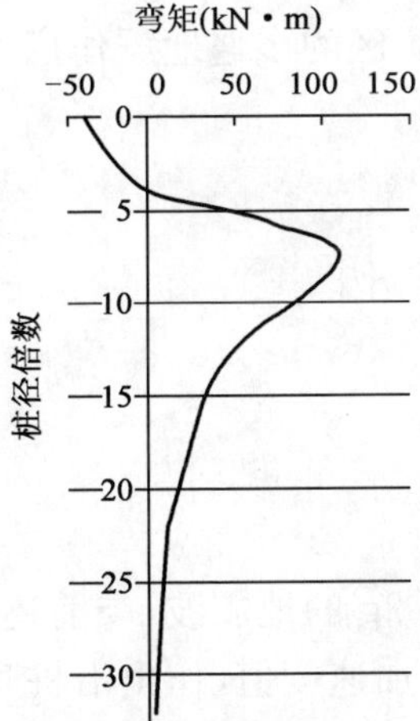

图 9-35　天津一汽丰田汽车有限公司桩身弯矩包络图(LWD-0.2g)

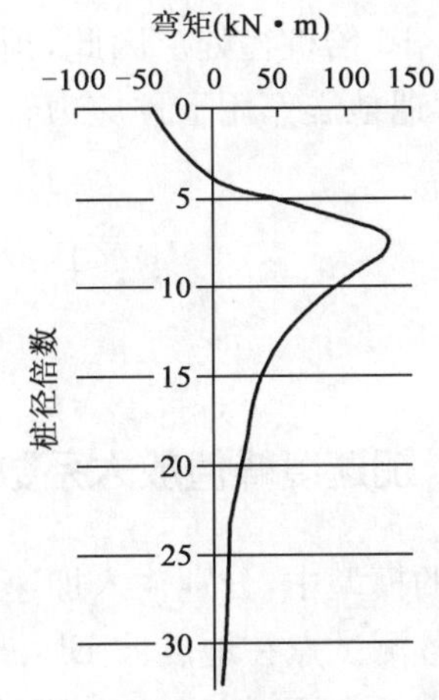

图 9-36　一汽丰田试桩项目桩身弯矩包络图(LWD-0.2g)

为了能直观地分析桩身的弯矩情况，表 9-10 中给出了规范中规定的常用管桩的开裂弯矩和极限弯矩，并且将模拟所得的不同工况下的桩身弯矩值列于表 9-11 中。

管桩的开裂弯矩及极限弯矩　　表 9-10

管桩外径(mm)	桩　型	壁厚(mm)	开裂弯矩(kN・m)	极限弯矩(kN・m)
400	A	95	54	81
	AB		64	106
	B		74	132
	C		88	176

分析以上列出的预应力管桩在不同地震波作用下桩身的弯矩分布图，可以得出如下结论：

(1)不同场地下各工况中产生的弯矩沿桩身的分布形式基本上是相同的。

(2)预应力管桩桩身的弯矩最大值的位置约为距离桩顶 7.5 倍桩径的位置。

(3)在桩顶的位置产生了负弯矩，范围在 28～57kN・m，不可忽略，分析是由于上部结构的振动使得桩头处产生了弯矩。

不同工况下桩身最大弯矩值　　表 9-11

工　况	仁信开发区				天津一汽丰田汽车有限公司				一汽丰田试桩项目			
	EL 波		LWD 波		EL 波		LWD 波		EL 波		LWD 波	
	0.15g	0.2g	0.15g	0.2g	0.15g	0.2g	0.15g	0.2g	0.15g	0.2g	0.15g	0.2g
桩身最大弯矩(kN·m)	96	141	85	126	91	134	82	122	101	159	94	131

(4)管桩的底部产生了弯矩,但数值非常小,基本可以忽略。

(5)EL 波作用下预应力管桩产生的弯矩比 LWD 波作用下产生的弯矩大。

(6)在 EL 波、LWD 波作用下,随着加速度峰值的增加,7.5 倍桩径处的弯矩也随之增大,可判断此处为预应力管桩桩体的最危险截面。

(7)通过模拟所得的桩身弯矩值与规范中规定的开裂弯矩及极限弯矩对比可知,在加速度峰值为 0.15g 的地震波作用下桩身均出现开裂,开裂在 5.4～13 倍桩径范围内;所有的桩在加速度峰值为 0.2g 的地震波作用下均被破坏,桩身开裂出现在 5～13.5 倍桩径处,桩身的破坏出现在 5.5～10 倍桩径处。因此,预应力管桩在 7 度抗震设防区的多遇地震作用下桩身不会破坏,而在罕遇地震作用下预应力管桩会被破坏。

9.4　4 桩抗震性能分析

9.4.1　加速度峰值放大系数

在建立的模型中,分别输入加速度峰值为 0.1g、0.15g、0.2g 的地震波,与前述方法一样,沿桩身提取各测试点在地震波 EL 波、LWD 波时程内的最大加速度值,作出沿桩身变化的加速度峰值放大系数图,如图 9-37 所示。强震软土区实际工程数值模型各工况中桩身最大加速度放大系数结果见表 9-12 所示。

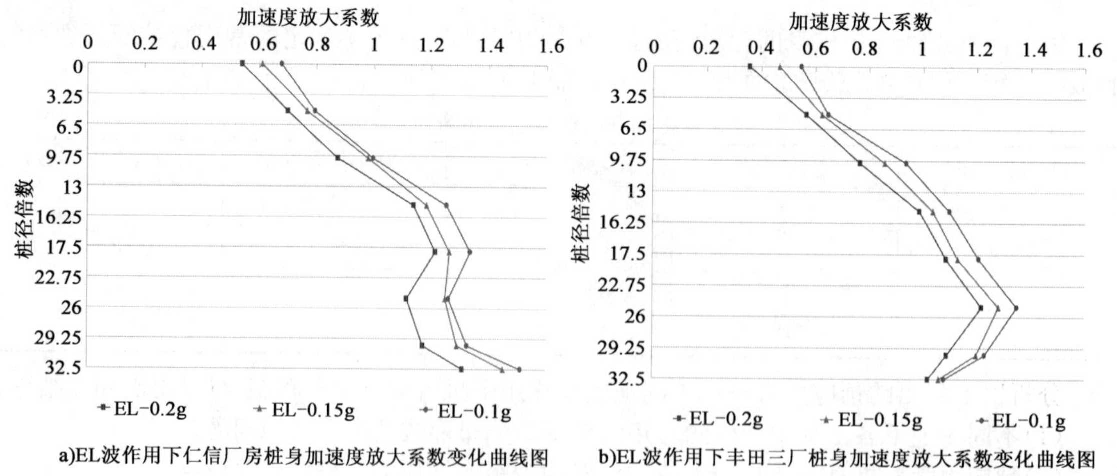

a)EL波作用下仁信厂房桩身加速度放大系数变化曲线图　b)EL波作用下丰田三厂桩身加速度放大系数变化曲线图

图　9-37

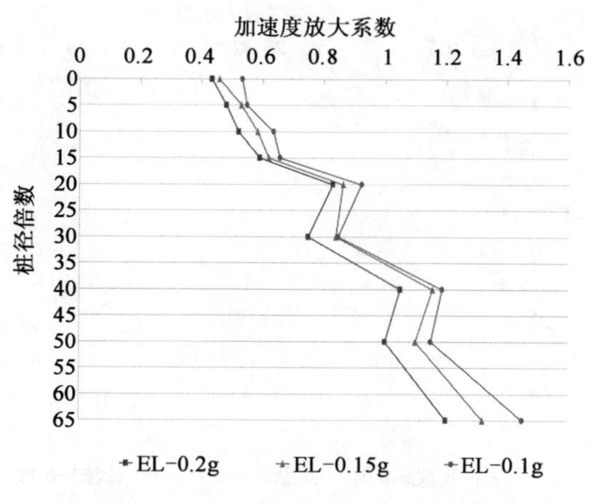

c)EL波作用下皇冠项目桩身加速度放大系数变化曲线图

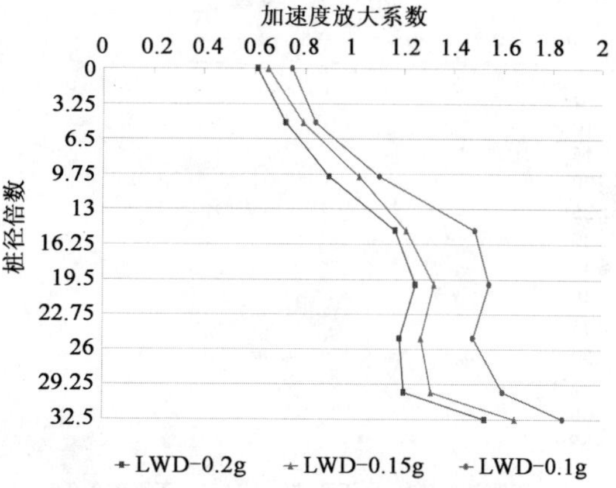

d)LWD波作用下仁信厂房桩身加速度放大系数变化曲线图

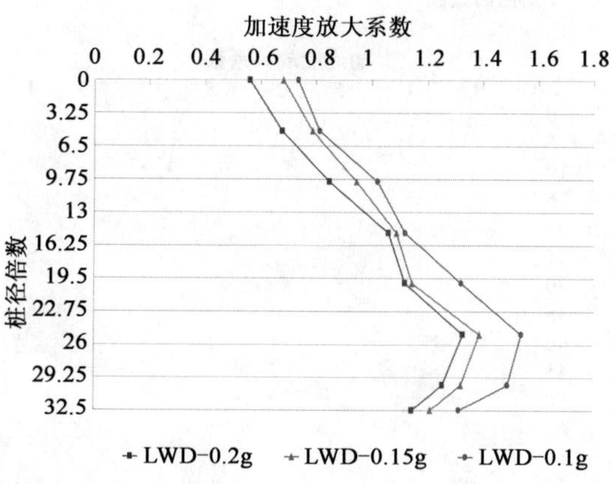

e)LWD波作用下丰田三厂桩身加速度放大系数变化曲线图

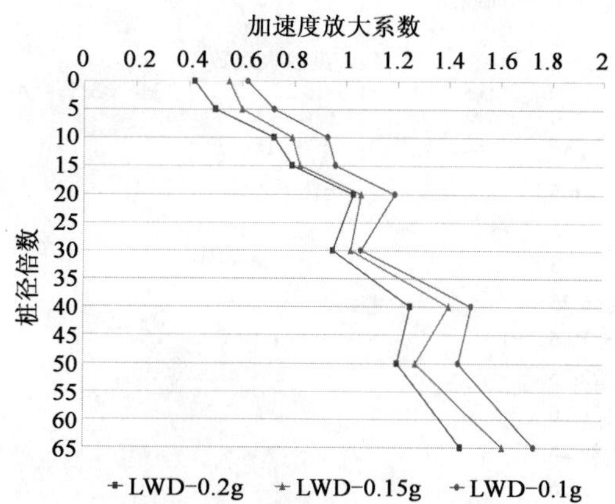

f)LWD波作用下皇冠项目桩身加速度放大系数变化曲线图

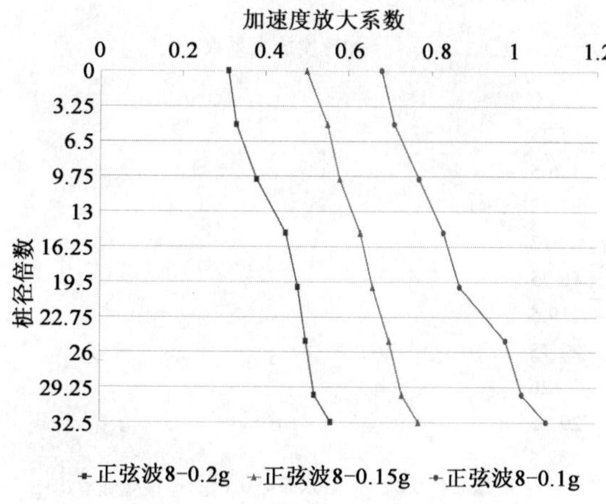

g)正弦波8Hz作用下仁信厂房桩身加速度放大系数变化曲线图

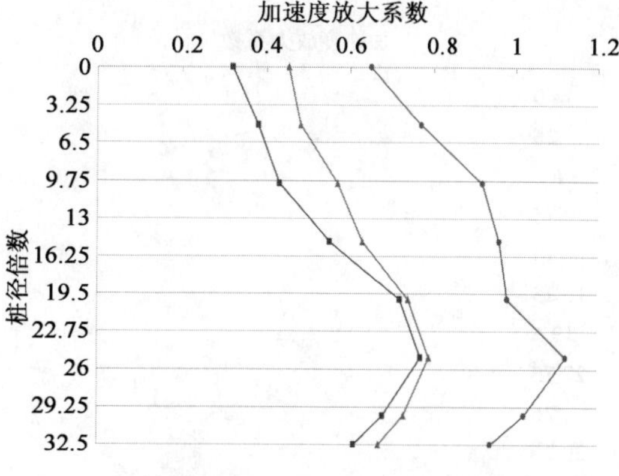

h)正弦波8Hz作用下丰田三厂桩身加速度放大系数变化曲线图

图　9-37

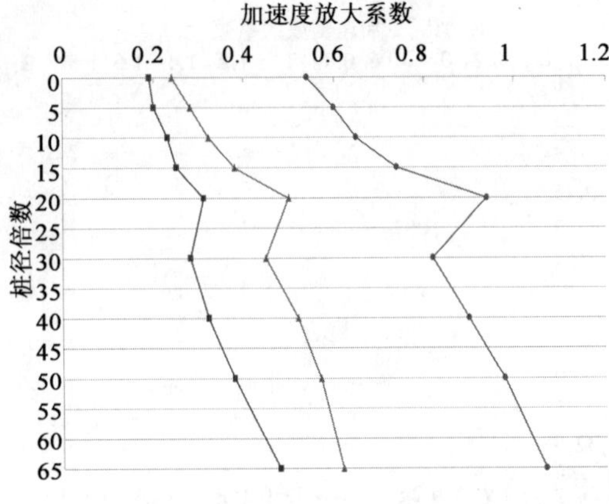

i)正弦波8Hz作用下z波皇冠项目桩身加速度放大系数变化曲线图

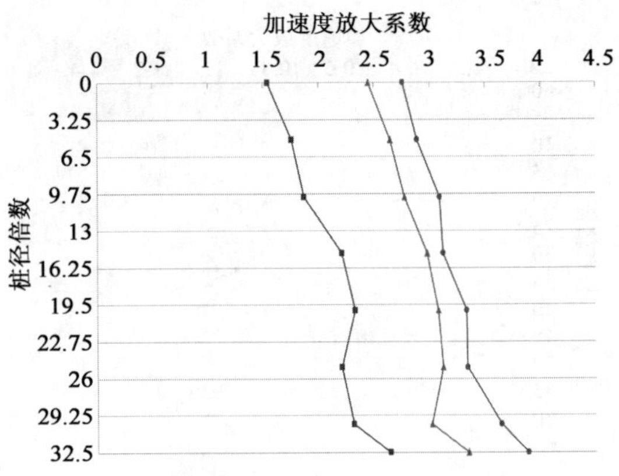

j)正弦波8Hz作用下仁信厂房桩身加速度放大系数变化曲线图

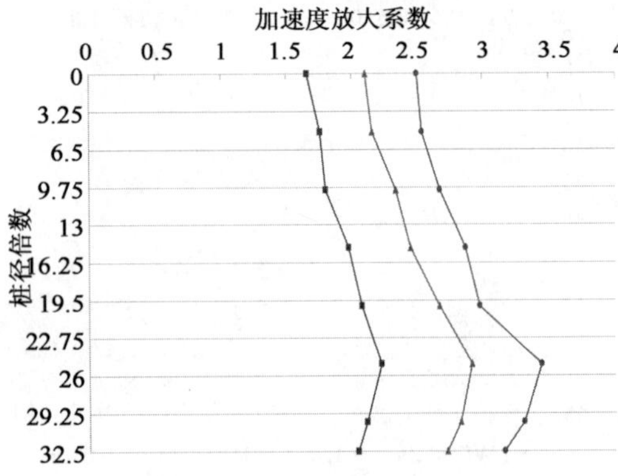

k)正弦波5Hz作用下丰田三厂桩身加速度放大系数变化曲线图

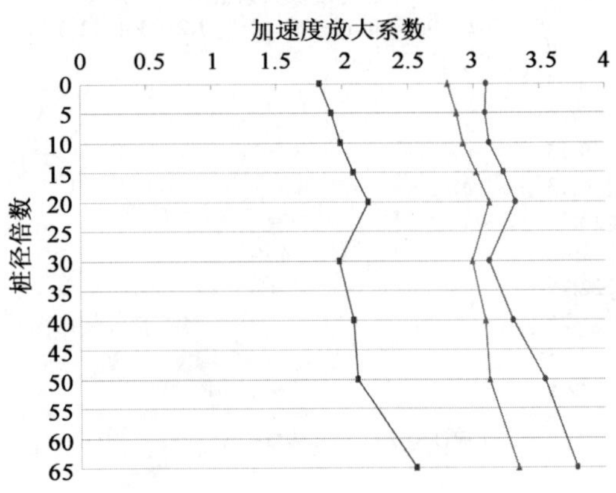

l)正弦波5Hz作用下皇冠项目桩身加速度放大系数变化曲线图

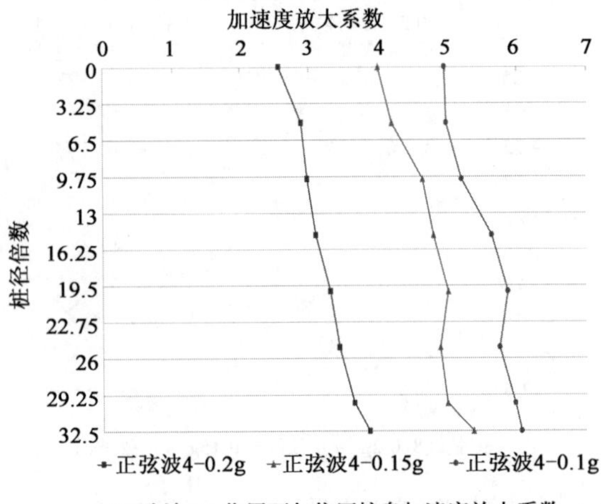

m)正弦波4Hz作用下仁信厂桩身加速度放大系数变化曲线图

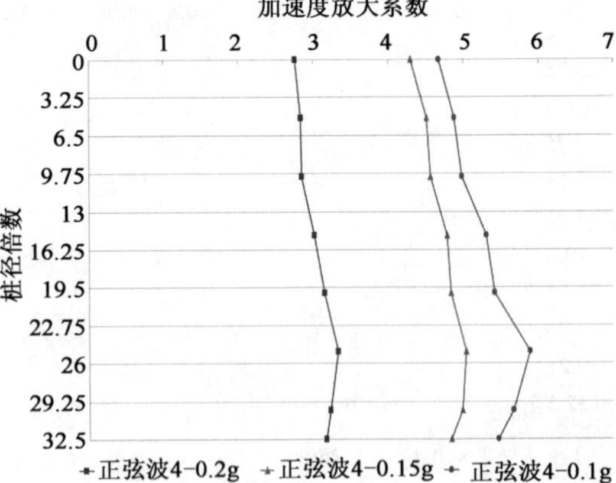

n)正弦波4Hz作用下丰田三厂桩身加速度放大系数变化曲线图

图 9-37

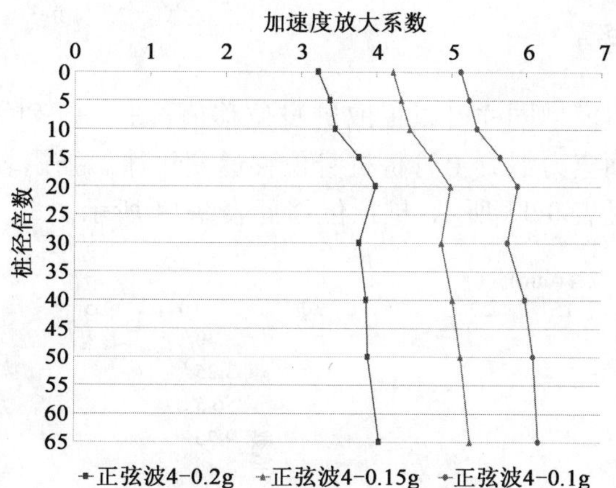

o)正弦波4Hz作用下皇冠项目桩身加速度放大系数变化曲线图

图 9-37　强震软土区桩身加速度放大系数变化规律

数值模型计算得到的桩身最大加速度放大系数　　表 9-12

工况	模型名称	丰田三厂模型	仁信厂房模型	皇冠项目模型
0.1g	EL-0.1g	1.35	1.51	1.45
	LWD-0.1g	1.54	1.85	1.73
	正弦波 8Hz-0.1g	0.94	1.08	1.07
	正弦波 5Hz-0.1g	3.17	3.89	3.79
	正弦波 4Hz-0.1g	4.96	6.07	6.17
0.15g	EL-0.15g	1.28	1.45	1.32
	LWD-0.15g	1.39	1.65	1.61
	正弦波 8Hz-0.15g	0.67	0.77	0.62
	正弦波 5Hz-0.15g	2.73	3.35	3.34
	正弦波 4Hz-0.15g	4.83	5.39	5.26
0.2g	EL-0.2g	1.22	1.31	1.20
	LWD-0.2g	1.33	1.53	1.45
	正弦波 8Hz-0.2g	0.61	0.56	0.48
	正弦波 5Hz-0.2g	2.05	2.65	2.56
	正弦波 4Hz-0.2g	3.17	3.88	4.05

通过模拟的结果可以发现：

(1)在强震软土区中，随着地震波加速度峰值的增加，桩身加速度峰值放大系数在减小。

(2)当地震波在强震软土区中传播时，预应力混凝土管桩在经过粉土等压缩模量较大土质时会把加速度放大系数放大，在经过黏土等压缩模量较小土质时会把加速度放大系数缩小。

(3)当预应力混凝土管桩处于同一性质的土质中时，随着桩身埋深的增大，加速度放大系数也增大，这个规律和之前的分析相同。

9.4.2 桩身位移

根据建立好的数值模型同样可以提取桩身位移值，图 9-38 列举出了地震波 EL 波、LWD 波强震作用下软土区预应力混凝土管桩桩身位移递变规律。强震软土区实际工程数值模型各工况中桩身最大位移见表 9-13 所示，桩顶位移见表 9-14 所示。

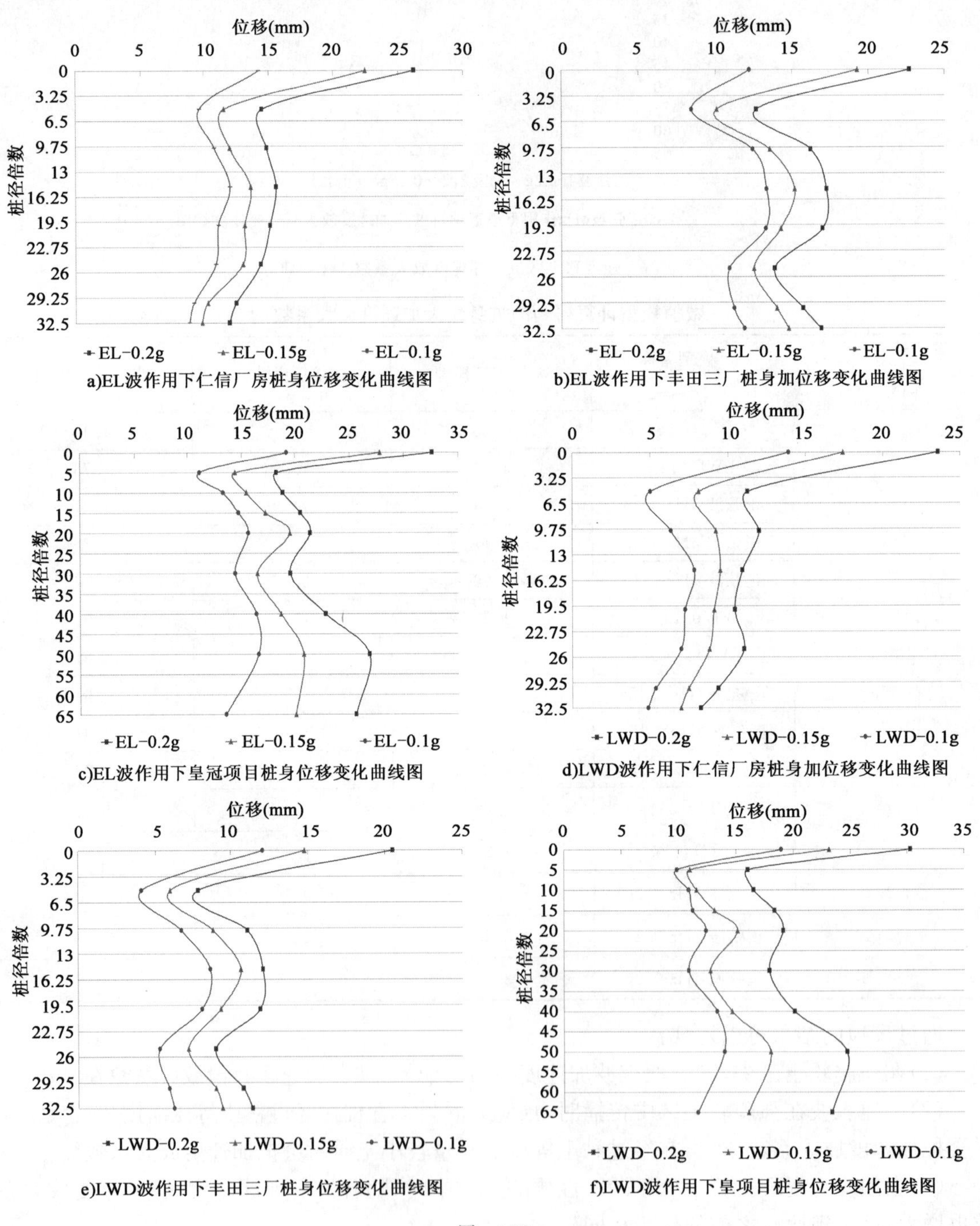

图 9-38

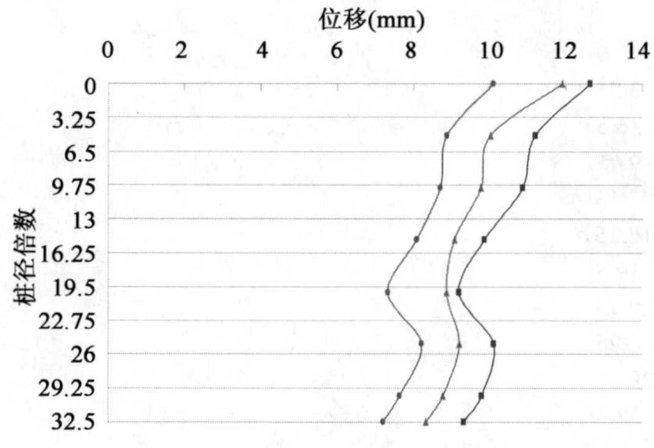

g)正弦波8Hz作用下仁信厂房桩身位移变化曲线图

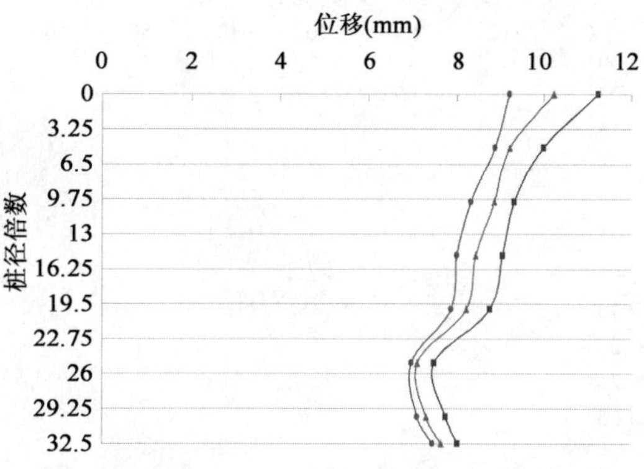

h)正弦波8Hz作用下丰田三厂桩身位移变化曲线图

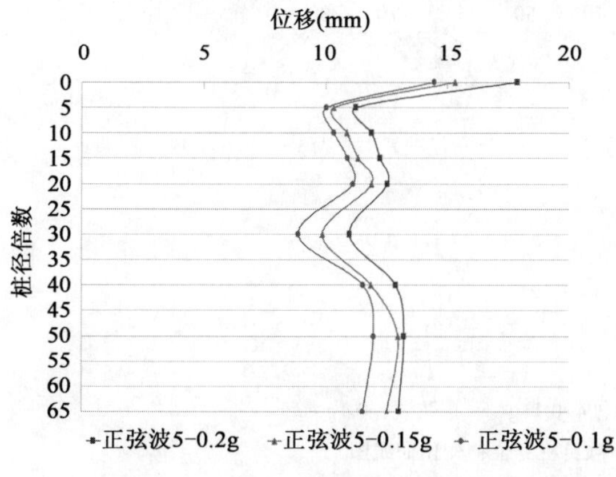

i)正弦波8Hz作用下皇冠项目桩身位移变化曲线图

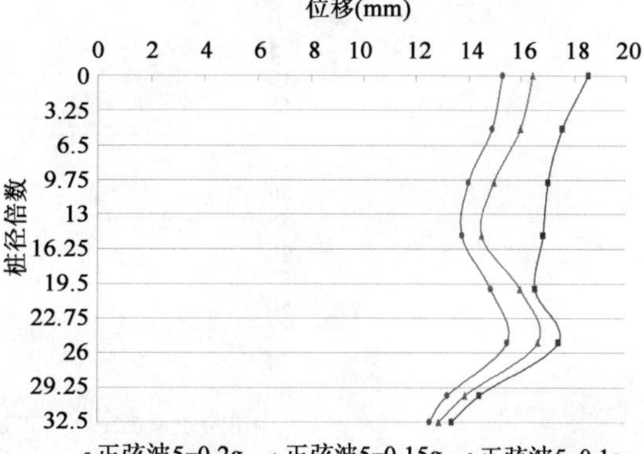

g)正弦波5Hz作用下仁信厂房桩身位移变化曲线图

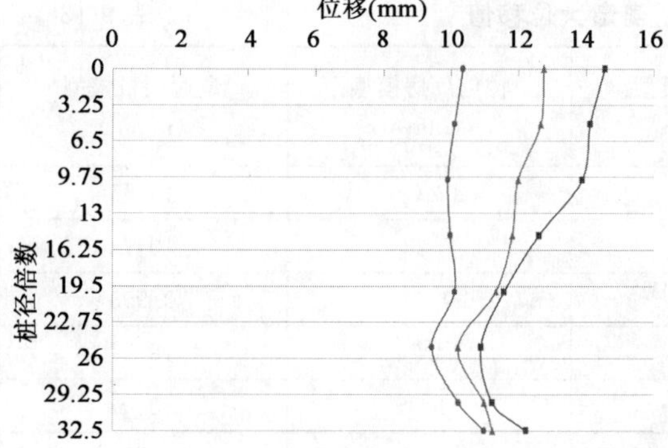

k)正弦波5Hz作用下丰田三厂桩身位移变化曲线图

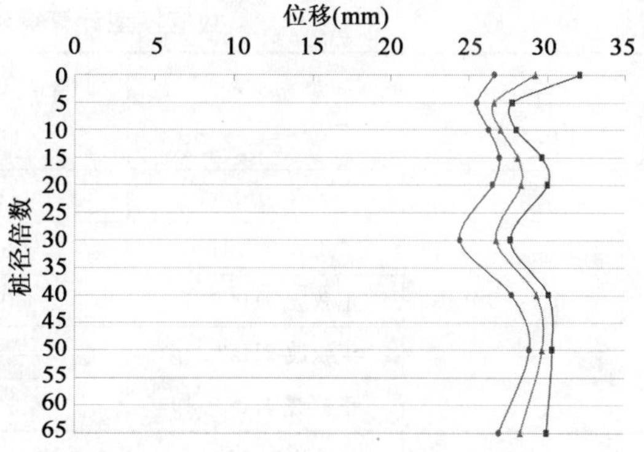

l)正弦波5Hz作用下皇冠项目桩身位移变化曲线图

图 9-38

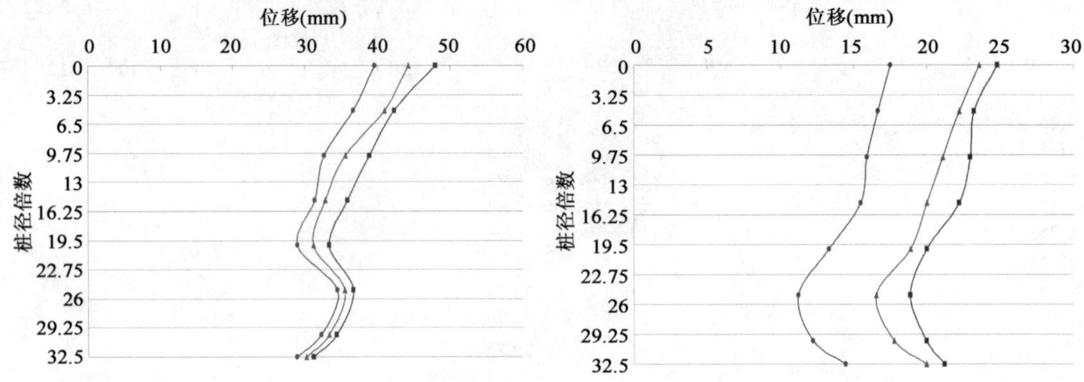

正弦波 4-0.2g　正弦波4-0.15g　正弦波4-0.1g

m)正弦波4Hz作用下仁信厂房桩身位移变化曲线图

正弦波4-0.2g　正弦波4-0.15g　正弦波4-0.1g

n)正弦波4Hz作用下丰田三厂桩身位移变化曲线图

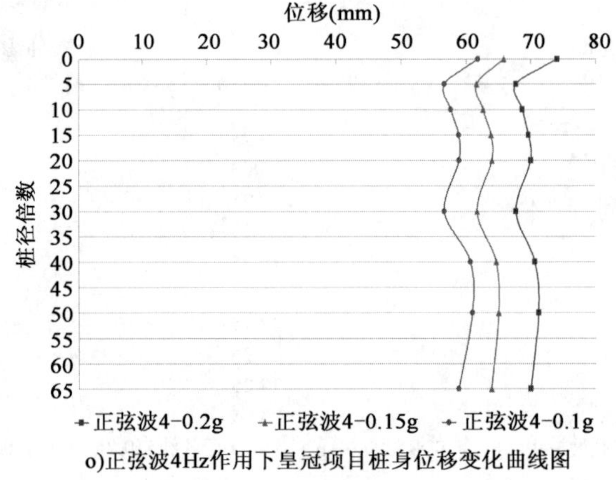

o)正弦波4Hz作用下皇冠项目桩身位移变化曲线图

图 9-38　强震软土区桩身位移变化规律

数值模型计算得到的桩身最大位移值　　表 9-13

工况	模型名称	丰田三厂模型(mm)	仁信厂房模型(mm)	皇冠项目模型(mmm)
0.1g	EL-0.1g	13.34	12.05	16.55
	LWD-0.1g	8.67	7.83	10.78
	正弦波 8Hz-0.1g	0.81	0.73	0.993
	正弦波 5Hz-0.1g	15.21	13.74	18.87
	正弦波 4Hz-0.1g	34.68	31.35	43.01
0.15g	EL-0.15g	15.16	13.56	20.79
	LWD-0.15g	10.62	9.49	14.55
	正弦波 8Hz-0.15g	1.44	1.29	1.98
	正弦波 5Hz-0.15g	16.22	14.51	22.25
	正弦波 4Hz-0.15g	36.69	32.82	48.58

续上表

工况	模型名称	丰田三厂模型（mm）	仁信厂房模型（mm）	皇冠项目模型（mmm）
0.2g	EL-0.2g	17.25	15.59	26.88
	LWD-0.2g	12.06	10.91	18.82
	正弦波 8Hz-0.2g	2.07	1.87	3.23
	正弦波 5Hz-0.2g	18.61	16.84	29.03
	正弦波 4Hz-0.2g	39.63	35.86	61.82

数值模型计算得到的桩顶位移　　表 9-14

工况	模型名称	丰田三厂模型（mm）	仁信厂房模型（mm）	皇冠项目模型（mmm）
0.1g	EL-0.1g	12.21	14.22	19.22
	LWD-0.1g	12.03	13.89	18.95
	正弦波 8Hz-0.1g	11.89	8.98	12.87
	正弦波 5Hz-0.1g	10.34	15.31	19.32
	正弦波 4Hz-0.1g	17.50	19.61	24.71
0.15g	EL-0.15g	19.25	22.49	27.86
	LWD-0.15g	14.79	17.41	23.12
	正弦波 8Hz-0.15g	9.11	11.91	17.92
	正弦波 5Hz-0.15g	12.75	15.44	21.20
	正弦波 4Hz-0.15g	23.60	26.37	31.81
0.2g	EL-0.2g	22.71	26.22	32.6
	LWD-0.2g	20.51	23.58	30.27
	正弦波 8Hz-0.2g	9.05	12.46	17.87
	正弦波 5Hz-0.2g	14.55	18.54	22.09
	正弦波 4Hz-0.2g	24.82	28.03	34.11

通过模拟的结果可以发现：

（1）随着加载地震波加速度峰值的增加，桩身位移值以非线性递增的形式增大，3 个实际工程模拟得到的最大位移均发生在桩顶位置。

（2）预应力混凝土管桩通过不同土层时，呈现出的普遍规律是，在通过粉土等压缩模量较大的土层时，桩身的位移量会减小许多，反之，在通过淤泥、黏土等压缩模量较小的土层时，桩身的位移量会增大。

（3）预应力混凝土管桩通过同一种土层时，桩身下部的位移量要大于上部的位移量，且这种变化是呈非线性趋势变化的。

9.4.3　桩身弯矩

桩身弯矩直接决定了管桩的安全性。通过数值模型分析，强震软土区预应力混凝土管桩弯矩递变规律对实际设计施工有着指导性的意义。强震软土区实际工程预应力混凝土管桩在地震作用下的桩身弯矩变化情况见图 9-39 所示。强震软土区工程数值模型各工况中桩身最大弯矩见表 9-15 所示，桩顶弯矩见表 9-16 所示。

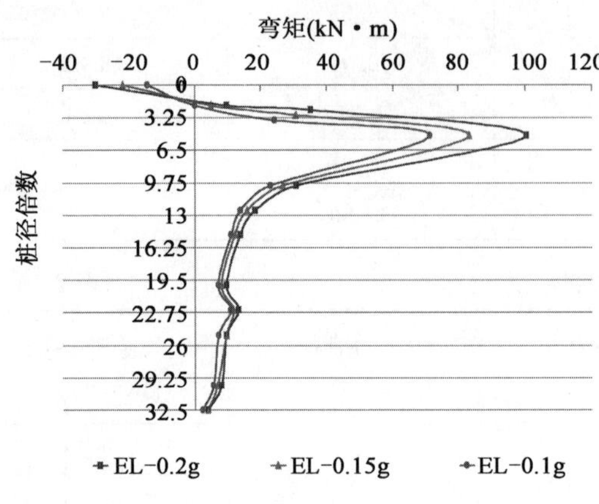

a)EL波作用下仁信厂房桩身弯矩变化曲线图

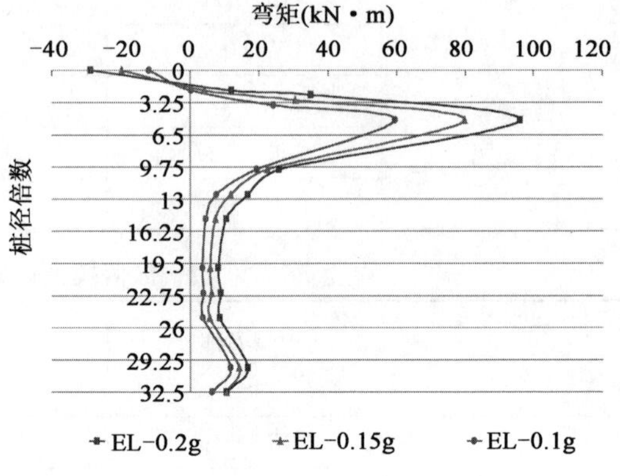

b)EL波作用下丰田三厂桩身弯矩变化曲线图

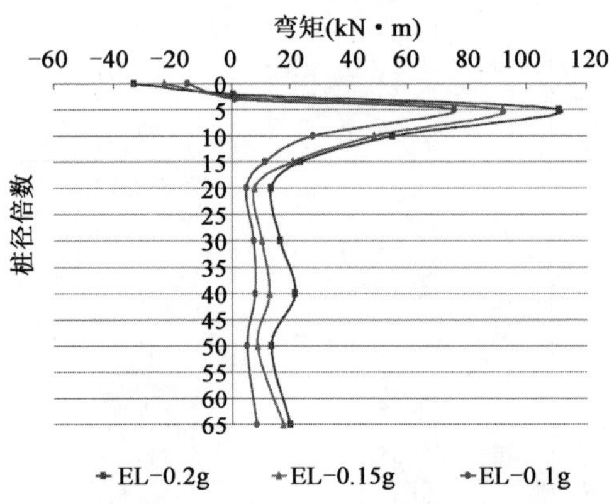

c)EL波作用下皇冠项目桩身弯矩变化曲线图

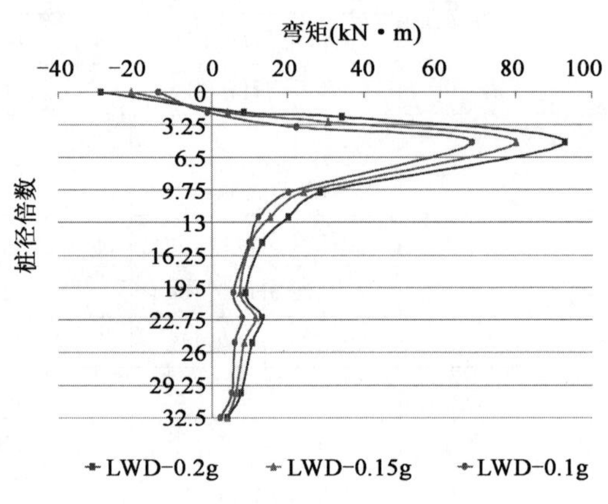

d)LWD波作用下仁信厂房桩身弯矩变化曲线图

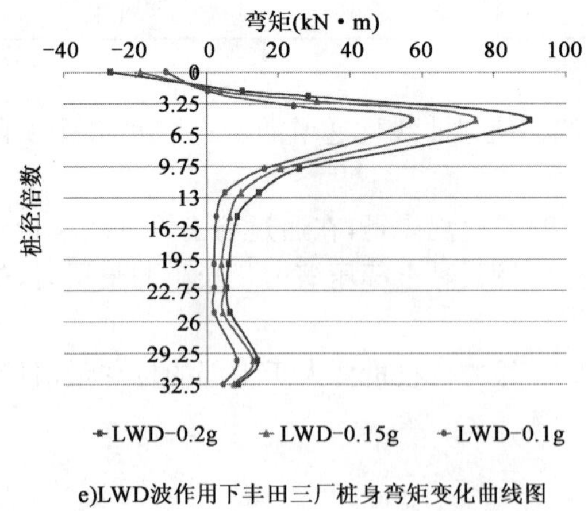

e)LWD波作用下丰田三厂桩身弯矩变化曲线图

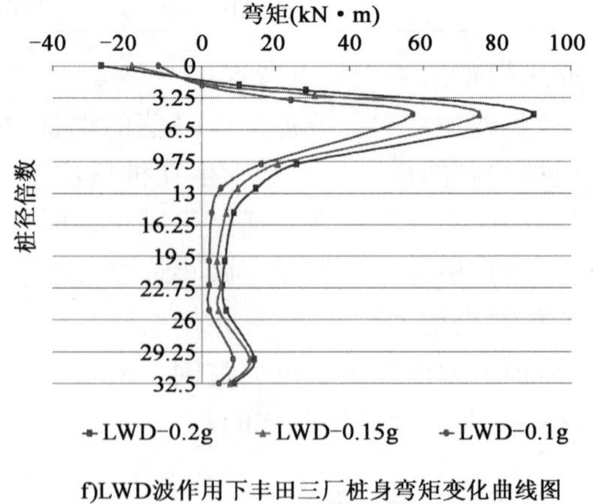

f)LWD波作用下丰田三厂桩身弯矩变化曲线图

图 9-39

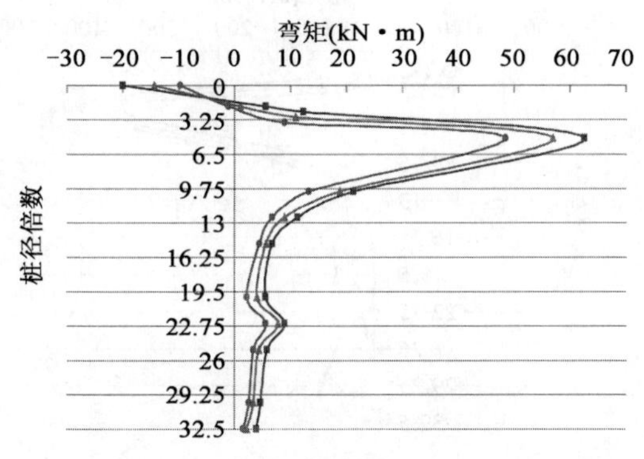

g)正弦波8Hz作用下仁信厂房桩身弯矩变化曲线图

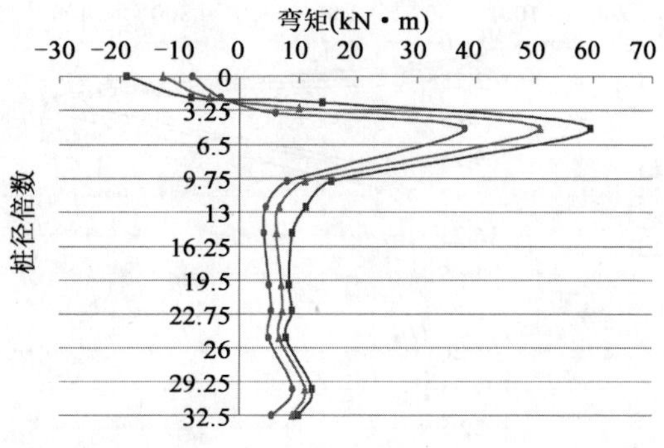

h)正弦波8Hz作用下丰田三厂桩身弯矩变化曲线图

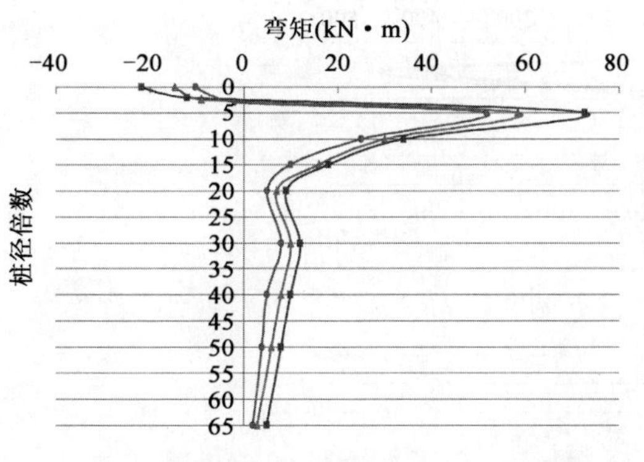

i)正弦波8Hz作用下皇冠项目桩身弯矩变化曲线图

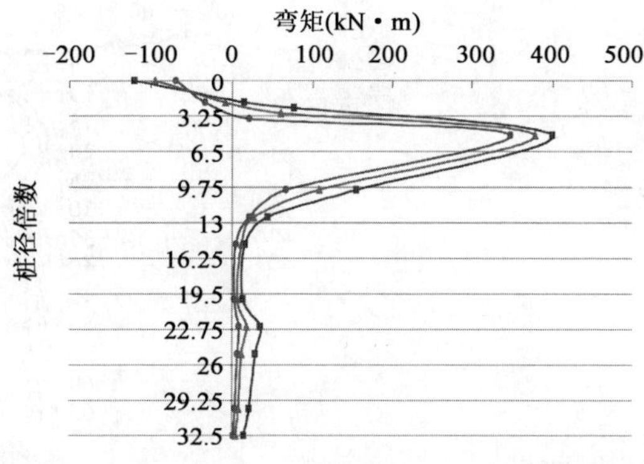

j)正弦波5Hz作用下仁信厂房桩身弯矩变化曲线图

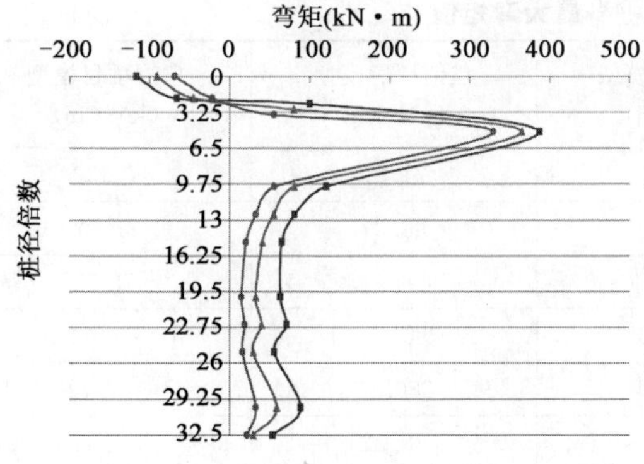

k)正弦波5Hz作用下丰田三厂桩身弯矩变化曲线图

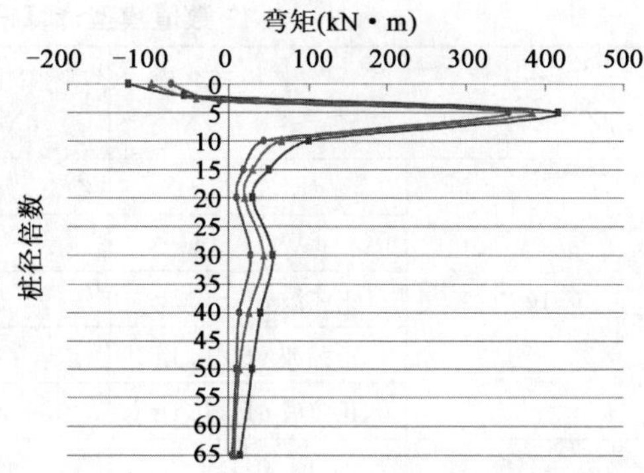

l)正弦波5Hz作用下皇冠项目桩身弯矩变化曲线图

图　9-39

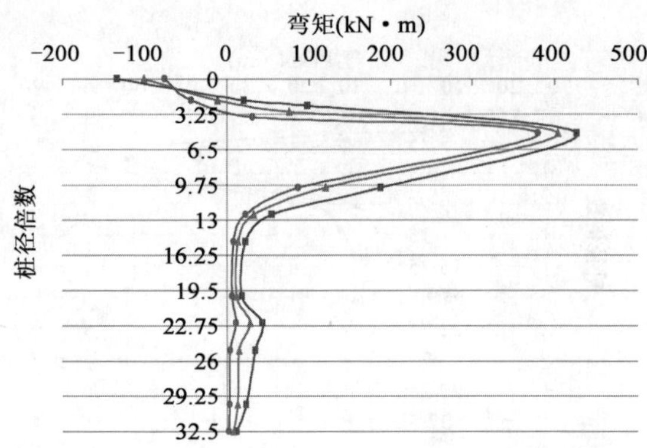

m)正弦波4Hz作用下信厂房桩身弯矩变化曲线图

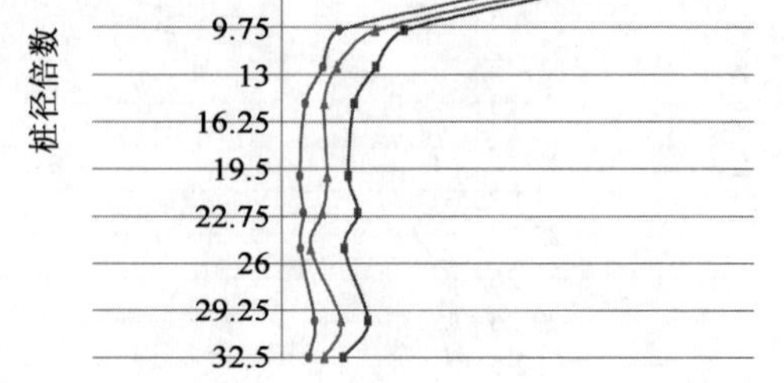

n)正弦波4Hz作用下丰田三厂桩身弯矩变化曲线图

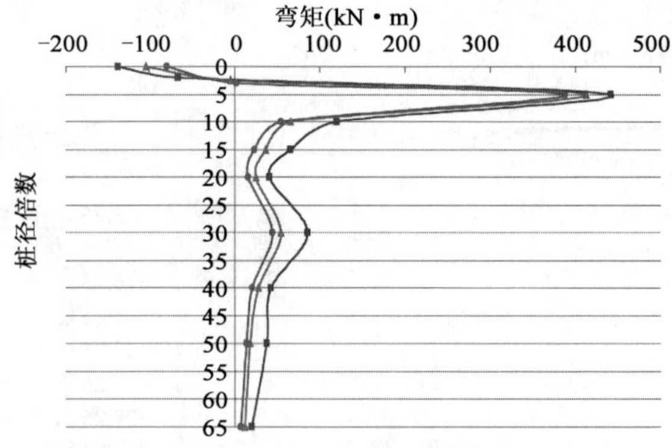

o)正弦波4Hz作用下皇冠项目桩身弯矩变化曲线图

图 9-39　强震软土区桩身弯矩变化规律

数值模型计算得到的桩身最大弯矩值　　表 9-15

工况	模型名称	丰田三厂模型(kN·m)	仁信厂房模型(kN·m)	皇冠项目模型(kN·m)
0.1g	EL-0.1g	59.62	71.27	75.32
	LWD-0.1g	57.12	68.37	71.92
	正弦波 8Hz-0.1g	38.22	48.47	51.72
	正弦波 5Hz-0.1g	329.72	347.77	354.72
	正弦波 4Hz-0.1g	360.39	380.07	387.72
0.15g	EL-0.15g	79.81	88.32	91.94
	LWD-0.15g	75.11	82.92	86.04
	正弦波 8Hz-0.15g	50.91	56.92	58.44
	正弦波 5Hz-0.15g	365.01	378.72	384.14
	正弦波 4Hz-0.15g	391.21	404.02	412.84

续上表

工况＼模型名称		丰田三厂模型（kN·m）	仁信厂房模型（kN·m）	皇冠项目模型（kN·m）
0.2g	EL-0.2g	96.15	100.38	110.77
	LWD-0.2g	90.05	92.98	102.97
	正弦波 8Hz-0.2g	59.55	62.58	72.67
	正弦波 5Hz-0.2g	387.25	399.78	416.17
	正弦波 4Hz-0.2g	417.55	426.18	441.67

数值模型计算得到的桩顶弯矩　　表 9-16

工况＼模型名称		丰田三厂模型（kN·m）	仁信厂房模型（kN·m）	皇冠项目模型（kN·m）
0.1g	EL-0.1g	11.81	14.55	15.11
	LWD-0.1g	11.57	13.89	14.47
	正弦波 8Hz-0.1g	7.81	9.69	10.27
	正弦波 5Hz-0.1g	68.55	69.54	71.92
	正弦波 4Hz-0.1g	75.44	76.47	78.86
0.15g	EL-0.15g	19.87	22.01	22.99
	LWD-0.15g	18.82	20.99	21.82
	正弦波 8Hz-0.15g	12.77	14.31	14.67
	正弦波 5Hz-0.15g	91.34	95.51	96.62
	正弦波 4Hz-0.15g	97.88	101.02	103.97
0.2g	EL-0.2g	28.87	30.12	33.28
	LWD-0.2g	27.02	28.91	30.99
	正弦波 8Hz-0.2g	18.81	19.99	21.82
	正弦波 5Hz-0.2g	116.21	119.94	124.88
	正弦波 4Hz-0.2g	128.07	133.55	138.21

通过观测分析可知：

(1)强震软土区预应力混凝土管桩与之前的数值模型分析一样，桩身上部出现负弯矩，通过和真实管桩的开裂弯矩及极限弯矩(表 9-17)对比可以得到桩身的开裂弯矩区、极限弯矩区，各工况中负弯矩范围区、开裂弯矩区、破坏区如表 9-18 所示。

(2)在强震软土区的真实场地中，当预应力混凝土管桩在穿越粉土等压缩模量比较大的土层时桩身弯矩会放大，但桩身弯矩值的变化趋势是，实际工程模型中最大弯矩值出现在 5 倍桩径的位置，之后弯矩值随着管桩埋置深度的增大而迅速减小。

数值模型在地震波的选择上，使用了相对天津地区来说的大震、中震及小震，通过上述分析对比不难发现，预应力混凝土管桩在类似天津地区这种强震软土区实际应用时，在地震荷载作用下不会破坏，但极有可能开裂。

实际工程中管桩的常用开裂弯矩及极限弯矩　　表 9-17

	开裂弯矩(kN·m)		极限弯矩(kN·m)	
	桩型	壁厚 95mm	桩型	壁厚 95mm
管桩外径(400mm)	A	54	A	81
	AB	64	AB	106
	B	74	B	132
	C	88	C	176

实际工程桩顶弯矩部位、超出允许开裂弯矩的部位、超出极限弯矩的部位　　表 9-18

工　况		超出允许开裂弯矩的部位	超出极限弯矩的部位	桩顶弯矩部位
仁信厂房	EL-0.1g	4.5d～6.2d	—	0～2d
	EL-0.15g	3.8d～7d	—	0～1.8d
	EL-0.2g	3.2d～8d	—	0～1.5d
	LWD-0.1g	4.5d～6d	—	0～2.1d
	LWD-0.15g	3.8d～7d	—	0～1.7d
	LWD-0.2g	3.2d～7.5d	—	0～1.5d
丰田三厂	EL-0.1g	—	—	0～2d
	EL-0.15g	3.8d～6.8d	—	0～1.8d
	EL-0.2g	3.2d～7.5d	—	0～1.5d
	LWD-0.1g	—	—	0～2d
	LWD-0.15g	4d～6.5d	—	0～1.8d
	LWD-0.2g	3.5d～7.5d	—	0～1.5d
皇冠项目	EL-0.1g	4.5d～7d	—	0～3d
	EL-0.15g	3.8d～9.5d	—	0～2.5d
	EL-0.2g	3.5d～10.2d	—	0～2d
	LWD-0.1g	4.5d～6.5d	—	0～3d
	LWD-0.15g	4d～8.5d	—	0～2.5d
	LWD-0.2g	3.5d～9.2d	—	0～2d

9.5　预应力管桩现场水平荷载试验

9.5.1　PHC-AB600(130)-8 和 PHC-A600(130)-15a 水平荷载试验

1)现场布置

本场地考虑设置两个桩基试验场。1 号试验场布置 3 根试验桩，直径 600mm，桩长 23m，桩顶高程 2.20m，管桩型号为 PHC-AB600(130)-8 和 PHC-A600(130)-15a。2 号试验场布置

3根试验桩，直径600mm，桩长24m，桩顶高程2.20m，管桩型号为PHC-AB600(130)-9和PHC-A600(130)-15a。试验日期和加载见表9-19、表9-20。

1号试验场参数表　　　表9-19

桩　号	成桩日期	试验日期	最大加载值(kN)
1-1号	2008.2.25	2008.3.13	46
1-2号	2008.2.25	2008.3.15	
1-3号	2008.2.25	2008.3.17	

2号试验场参数表　　　表9-20

桩　号	成桩日期	试验日期	最大加载值(kN)
2—1号	2008.2.23	2008.3.7	46
2—2号	2008.2.23	2008.3.9	
2—3号	2008.2.23	2008.3.11	

2)地层分布及相关参数

场地地层为第四系海相沉积层(包括③-1淤泥质黏土、③-2淤泥质粉土、③-3淤泥质黏土、③-4粉土)；海陆交互相沉积层(包括⑤-1粉质黏土、⑥-1黏性土粉土、⑥-1夹层粉质黏土、⑥-2粉土夹粉砂、⑥-3粉质黏土)；湖沼相沉积层(包括⑦-1黏土)；陆相沉积层(包括⑧-1粉砂、⑧-2黏土)，根据土层的沉积成因、物理力学性质，将本次勘测所揭露的土层自上而下分为6大层，各土层性质分述如下：

①-1层，压实填土：土黄色、灰黄色，稍密状，稍湿，主要由黏性土组成，偶见贝壳碎屑，局部见粉土团块，属风机平台施工碾压后而成，静探孔锥尖阻力q_c=0.28～2.03MN/m²，平均值0.81MN/m²，侧摩阻力f_s=20.0～82.3kN/m²，平均值47.2kN/m²；标贯实测锤击数为3.0～6.0击，平均4.5击，属中等偏高压缩性土层。该层层厚1.50～3.70m，勘探孔内均有分布，f_{ak}=90kPa。

②-2层，淤泥质填土：灰色，流塑，主要成分为淤泥、淤泥质黏土，含黑色有机质；摇振反应无，切面光滑，干强度中等，韧性中等；属近期潮水浸没吹填而成；静探孔锥尖阻力q_c=0.19～0.53MN/m²，平均值0.29MN/m²，侧摩阻力f_s=5.7～25.1kN/m²，平均值14.9kN/m²；该层工程性能差，属高压缩性土层；层顶高程1.10～0.16m，层厚0.50～1.80m；勘探孔内仅在5号、7号、8号、11号、19号、20号风机分布；另此层在鱼塘、虾池内均有分布，f_{ak}=60kPa。

③-1层，淤泥质黏土：灰色，流塑，含有机质、云母，摇振反应无，切面较光滑，干强度中等，韧性中等，局部夹有粉砂团块；静探孔锥尖阻力q_c=0.13～1.61MN/m²，平均值0.65MN/m²，侧摩阻力f_s=6.8～20.0kN/m²，平均值12.7kN/m²；标贯实测锤击数为1.0～5.0击，平均2.2击，属高压缩性土层；层顶高程1.23～－1.64m，层厚1.20～6.40m，全场分布，f_{ak}=70kPa。

③-2层，淤泥质粉土：灰色，稍密，湿，属冲海相沉积，含少量贝壳碎屑，摇振反应中等，光泽反应无，干强度低，韧性低，静探孔锥尖阻力q_c=1.82～8.27MN/m²，平均值3.67MN/m²，侧摩阻力f_s=18.6～105.5kN/m²，平均值38.1kN/m²；标贯实测锤击数为6.0～12.0击，平均9.2击，属中等压缩性土层；层顶高程－1.19～－5.72m，层厚0.50～4.10m，部分分布，f_{ak}=100kPa。

③-3层，淤泥质黏土：灰色，流塑，夹粉砂薄层或粉砂团块，含少量贝壳碎屑，摇振反应无，

切面较光滑，干强度中等，韧性中等，底部夹有10～20cm泥炭层，静探孔锥尖阻力q_c＝0.49～1.00MN/m^2，平均值0.73MN/m^2，侧摩阻力f_s＝9.7～21.1kN/m^2，平均值14.1kN/m^2；标贯实测锤击数为1.0～5.0击，平均2.8击，属高压缩性土层；层顶高程－1.99～－6.83m，层厚8.40～12.80m，全场分布，f_{ak}＝90kPa。

③-4层，粉土：灰色，稍密～中密，湿，属冲海相沉积；摇振反应迅速，光泽反应无，干强度低，韧性低，静探锥尖阻力q_c＝2.38～14.59MN/m^2，平均值7.27MN/m^2，侧摩阻力f_s＝36.2～239.6kN/m^2，平均值81.0kN/m^2；标贯实测锤击数为7.0～25.0击，平均16.0击，属中等压缩性土层；层顶高程－16.09～－13.71m，该层层厚0.30～2.40m，1号、12号、14号风机处缺失，f_{ak}＝90kPa。

⑤-1层，粉质黏土：灰黄色，软塑～可塑，局部夹粉土、粉砂及含少量贝壳碎屑，摇振反应无，切面较光滑，干强度中等，韧性中等，静探锥尖阻力q_c＝0.67～2.44MN/m^2，平均值1.14MN/m^2，侧摩阻力f_s＝14.2～48.7kN/m^2，平均值26.8kN/m^2；标贯实测锤击数为5.0～12.0击，平均值6.7击，属高偏中压缩性土层；层顶高程－14.51～－18.14m，层厚1.8～5.1m，全场分布。

⑥-1层，含黏性土粉土：灰黄、褐黄色，很湿，粉土呈中密状，黏性土呈软塑～可塑状，含细砂，摇振反应无，切面稍粗糙，干强度、韧性较低，静探锥尖阻力q_c＝2.71～8.41MN/m^2，平均值4.85MN/m^2，侧摩阻力f_s＝76.3～188.8kN/m^2，平均值110.1kN/m^2；标贯实测锤击数为9.0～28.0击，平均值15.9击，属中等压缩性土层；层顶高程－18.25～－26.14m，层厚1.2～11.6m，部分风机处缺失。

⑥-1夹层，粉质黏土：褐黄色，可塑，摇振反应无，切面较光滑，干强度中等，韧性中等，静探锥尖阻力q_c＝0.81～2.17MN/m^2，平均值1.45MN/m^2，侧摩阻力f_s＝25.2～86.7kN/m^2，平均值47.4kN/m^2；标贯实测锤击数为6.0～17.0击，平均值12.3击，属中等压缩性土层；层顶高程－48.15～－61.42m，层厚0.30～1.50m，部分风机分布。

3）实验结果及曲线

(1)编制水平静载试验结果汇总表9-21～表9-26。

①-1号单桩水平静载试验结果汇总表 表9-21

级别	荷载(kN)	时间(min)		位移(mm)	
		本级	累计	每级增量	本级
1	4.6	30	30	0.1	0.1
2	9.2	30	60	0.19	0.29
3	13.8	30	90	0.25	0.54
4	18.4	30	120	0.38	0.92
5	23	30	150	0.42	1.34
6	27.6	30	180	0.46	1.8
7	32.2	30	210	0.5	2.3
8	36.8	30	240	0.58	2.88
9	41.4	30	270	0.81	3.69
10	46	30	300	0.85	4.54

①-2 号单桩水平静载试验结果汇总表　　表 9-22

级　别	荷载(kN)	时间(min)		位移(mm)	
		本　级	累　计	每级增量	本　级
1	4.6	30	30	0.15	0.15
2	9.2	30	60	0.24	0.39
3	13.8	30	90	0.34	0.73
4	18.4	30	120	0.35	1.08
5	23	30	150	0.37	1.45
6	27.6	30	180	0.47	1.92
7	32.2	30	210	0.55	2.47
8	36.8	30	240	0.64	3.11
9	41.4	30	270	0.88	3.99
10	46	30	300	0.98	4.97

①-3 号单桩水平静载试验结果汇总表　　表 9-23

级别	荷载(kN)	时间(min)		位移(mm)	
		本　级	累　计	每级增量	本　级
1	4.6	30	30	0.21	0.21
2	9.2	30	60	0.11	0.32
3	13.8	30	90	0.2	0.52
4	18.4	30	120	0.23	0.75
5	23	30	150	0.41	1.16
6	27.6	30	180	0.43	1.59
7	32.2	30	210	0.76	2.35
8	36.8	30	240	0.82	3.17
9	41.4	30	270	0.84	4.01
10	46	30	300	1.09	5.1

②-1 号单桩水平静载试验结果汇总表　　表 9-24

级　别	荷载(kN)	时间(min)		沉降(mm)	
		本　级	累　计	每级增量	本　级
1	4.6	30	30	0.19	0.19
2	9.2	30	60	0.26	0.45
3	13.8	30	90	0.27	0.72
4	18.4	30	120	0.37	1.09
5	23	30	150	0.41	1.5
6	27.6	30	180	0.62	2.12
7	32.2	30	210	0.7	2.82
8	36.8	30	240	0.89	3.71
9	41.4	30	270	1.01	4.72
10	46	30	300	1.32	6.04

②-2 号单桩水平静载试验结果汇总表

表 9-25

级　别	荷载(kN)	时间(min)		沉降(mm)	
		本　级	累　计	每级增量	本级
1	4.6	30	30	0.18	0.18
2	9.2	30	60	0.21	0.39
3	13.8	30	90	0.32	0.71
4	18.4	30	120	0.38	1.09
5	23	30	150	0.45	1.54
6	27.6	30	180	0.52	2.06
7	32.2	30	210	0.61	2.67
8	36.8	30	240	0.81	3.48
9	41.4	30	270	0.87	4.35
10	46	30	300	0.95	5.3

②-3 号单桩水平静载试验结果汇总表

表 9-26

级　别	荷载(kN)	时间(min)		沉降(mm)	
		本　级	累　计	每 级 增 量	本　级
1	4.6	30	30	0.06	0.06
2	9.2	30	60	0.09	0.15
3	13.8	30	90	0.14	0.29
4	18.4	30	120	0.22	0.51
5	23	30	150	0.23	0.74
6	27.6	30	180	0.2	0.94
7	32.2	30	210	0.28	1.22
8	36.8	30	240	0.48	1.7
9	41.4	30	270	0.59	2.29
10	46	30	300	0.77	3.06

(2)绘制 $H\text{-}t\text{-}y_0$、$H\text{-}\Delta y_0/\Delta H$、$H\text{-}m$、$y_0\text{-}m$ 曲线，见图 9-40～9-63 所示。

4)实验结果

本次 6 点单桩水平静载试验均在工程桩上进行，为破坏性试验。按照试验大纲及 JGJ 106—2003 的有关规定，取单向多循环加载法 $H\text{-}t\text{-}y_0$ 曲线产生明显陡降的前一级荷载值和取 $H\text{-}\Delta y_0/\Delta H$ 曲线上第二拐点对应的水平荷载值为极限荷载。取单向多循环加载法 $H\text{-}t\text{-}y_0$ 曲线出现拐点的前一级水平荷载值和取 $H\text{-}\Delta y_0/\Delta H$ 曲线上第一拐点对应的水平荷载值为临界荷载，试验结果见表 9-27。

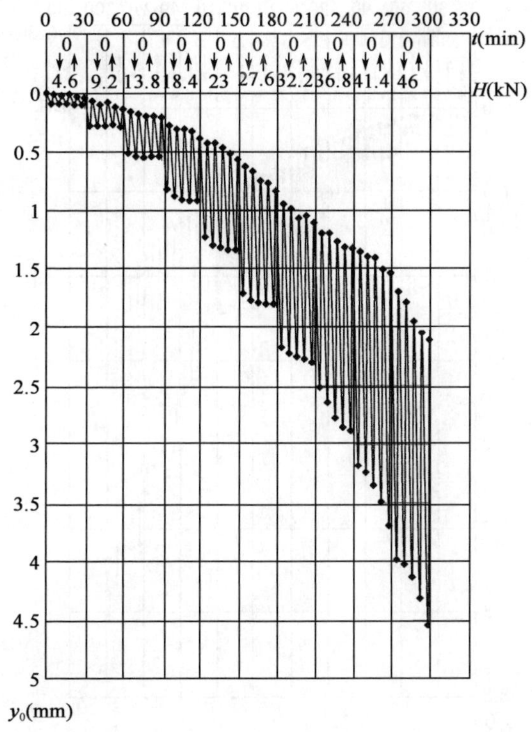

图 9-40 ①-1号 H-t-y_0 曲线

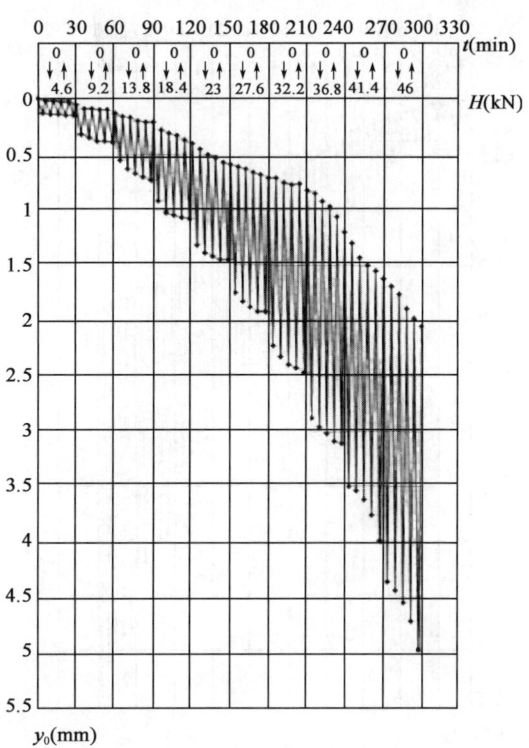

图 9-41 ①-2号 H-t-y_0 曲线

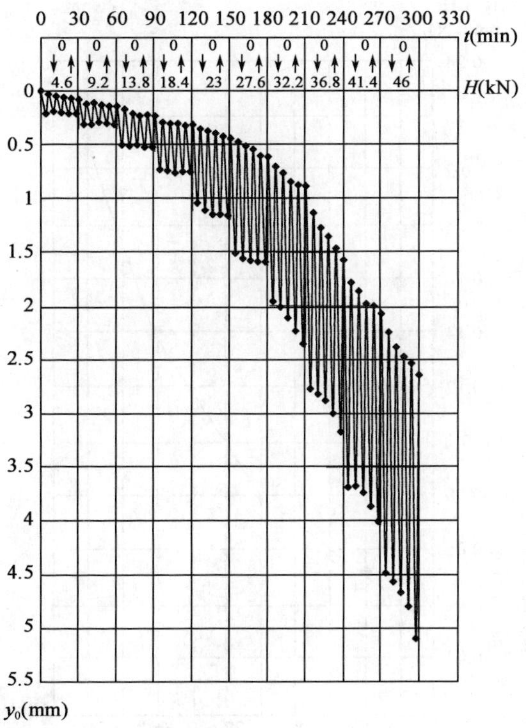

图 9-42 ①-3号 H-t-y_0 曲线

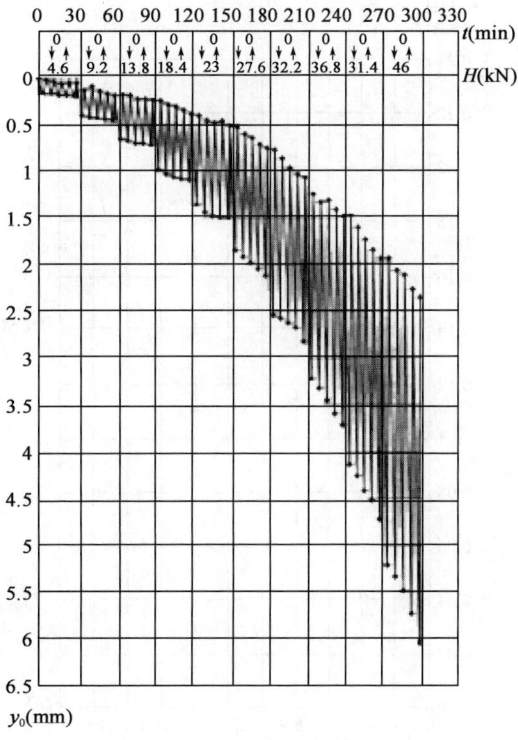

图 9-43 ②-1号 H-t-y_0 曲线

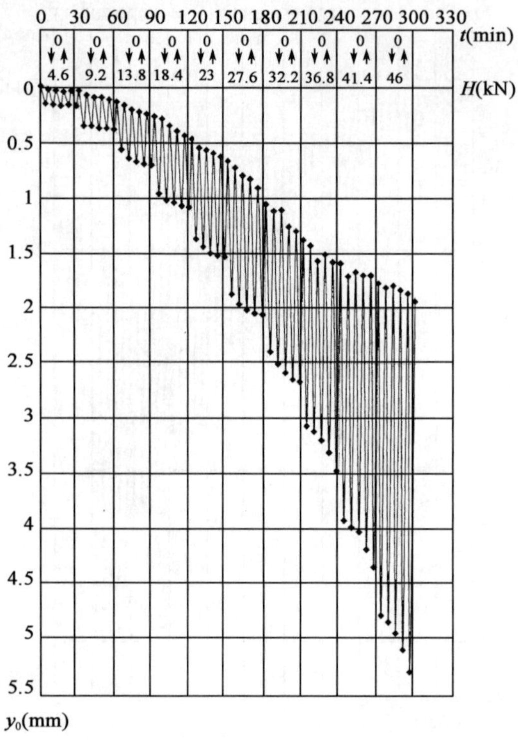

图 9-44 ②-2 号 H-t-y_0 曲线

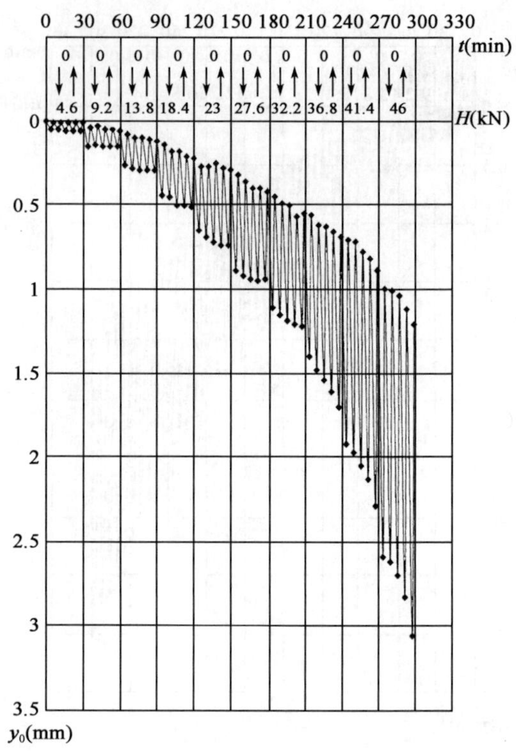

图 9-45 ②-3 号 H-t-y_0 曲线

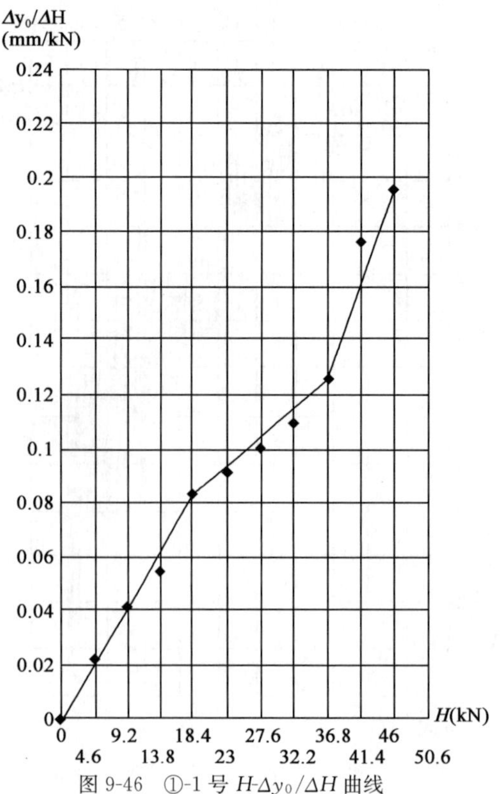

图 9-46 ①-1 号 H-$\Delta y_0/\Delta H$ 曲线

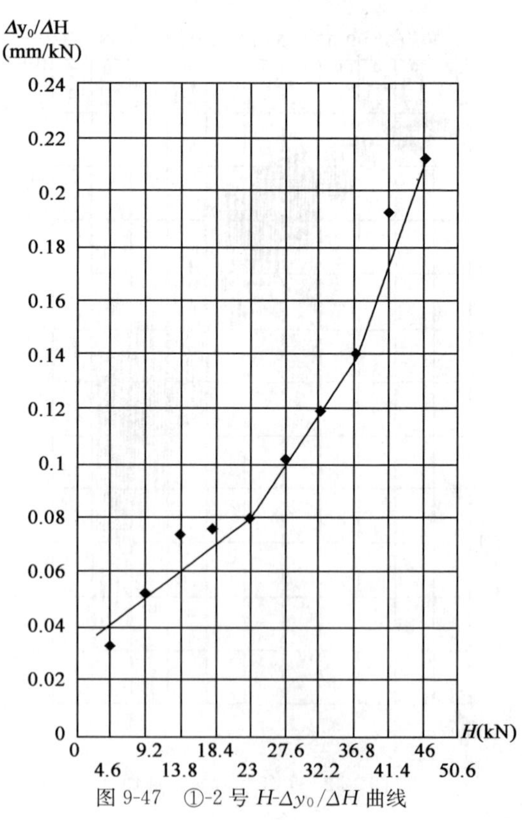

图 9-47 ①-2 号 H-$\Delta y_0/\Delta H$ 曲线

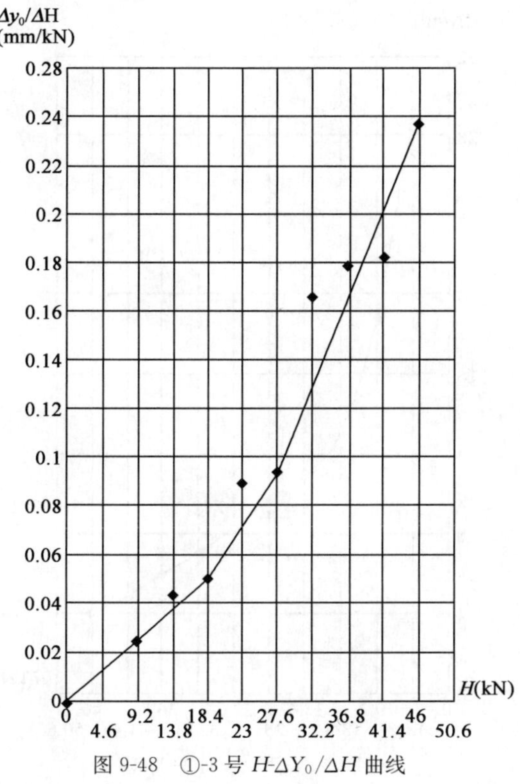

图 9-48　①-3 号 H-$\Delta Y_0/\Delta H$ 曲线

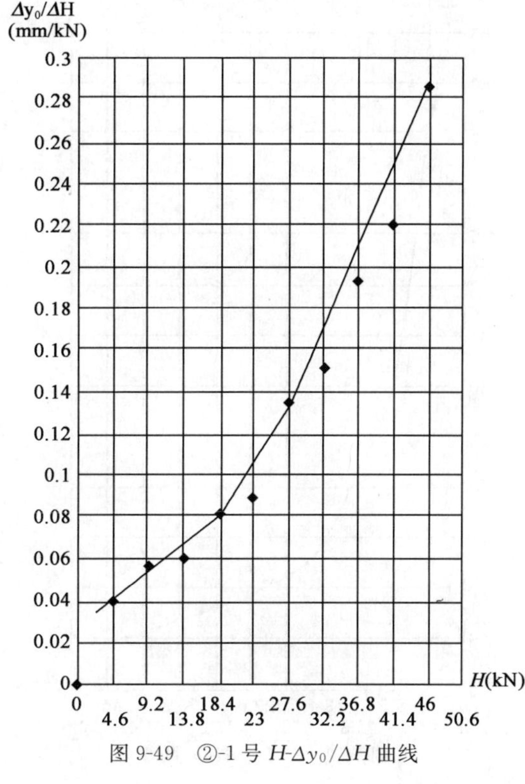

图 9-49　②-1 号 H-$\Delta y_0/\Delta H$ 曲线

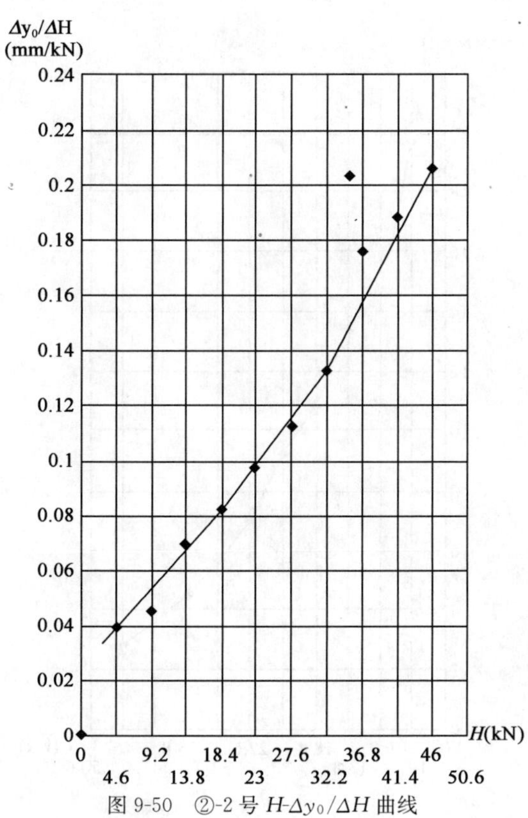

图 9-50　②-2 号 H-$\Delta y_0/\Delta H$ 曲线

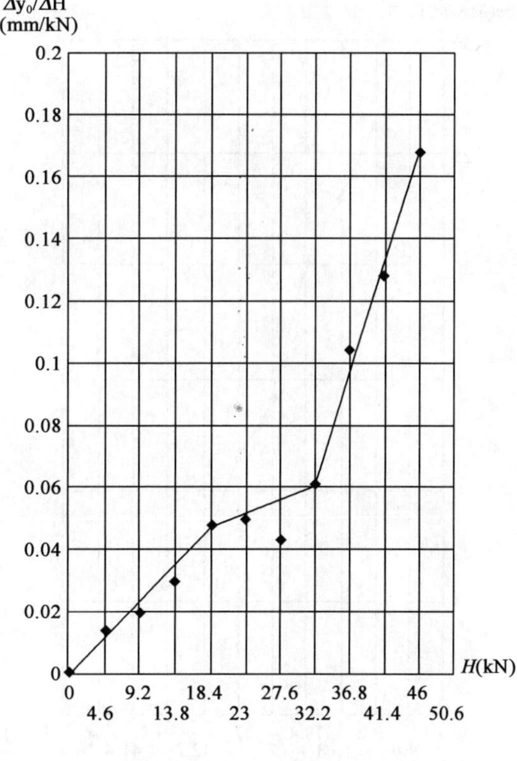

图 9-51　②-3 号 H-$\Delta y_0/\Delta H$ 曲线

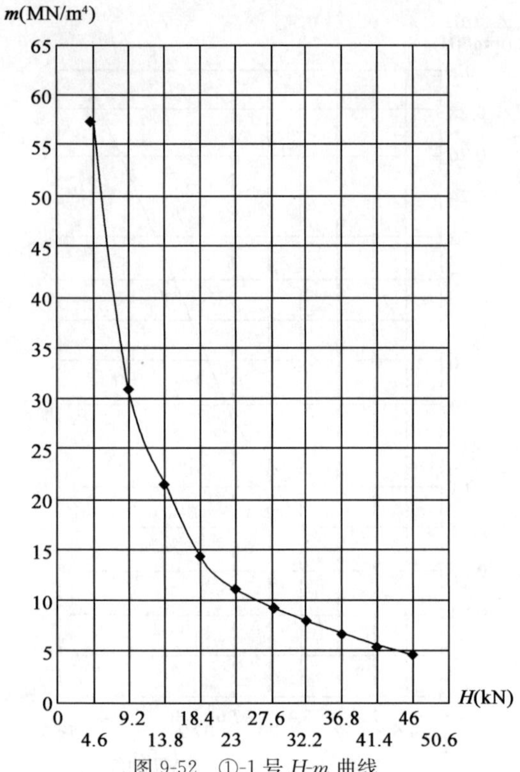

图 9-52 ①-1 号 H-m 曲线

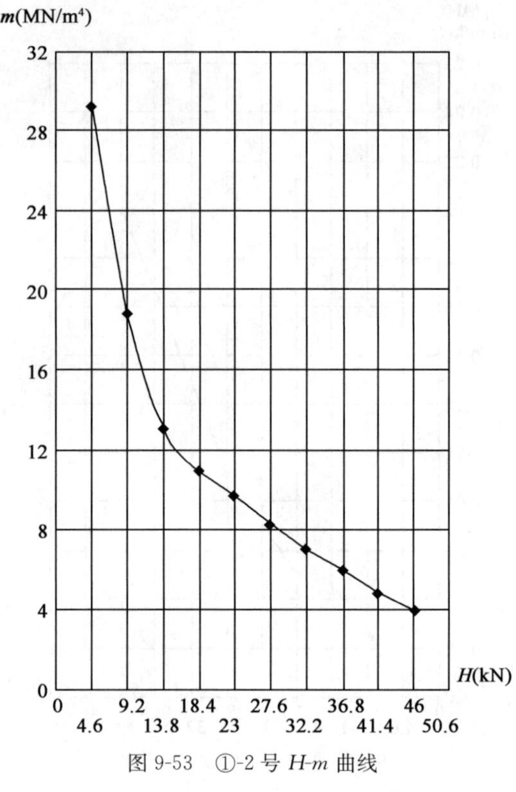

图 9-53 ①-2 号 H-m 曲线

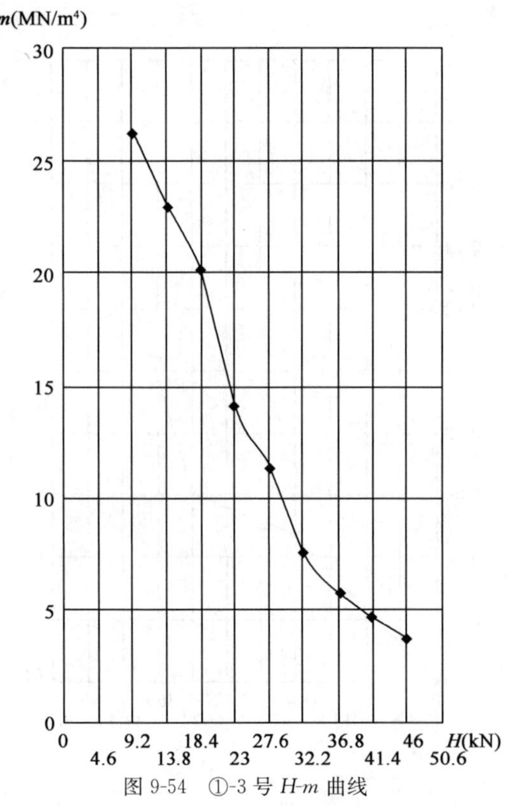

图 9-54 ①-3 号 H-m 曲线

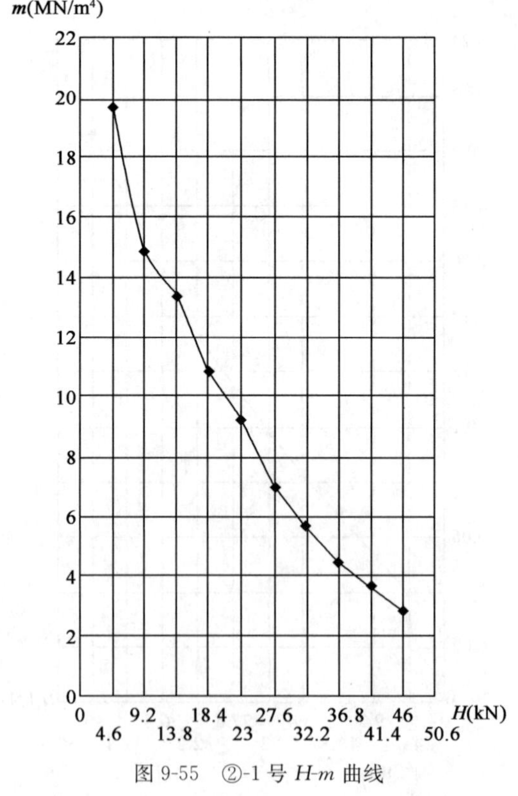

图 9-55 ②-1 号 H-m 曲线

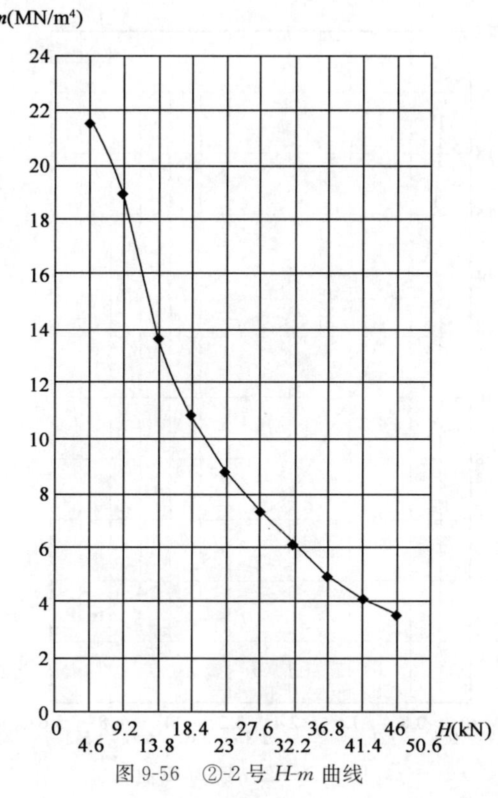

图 9-56　②-2 号 H-m 曲线

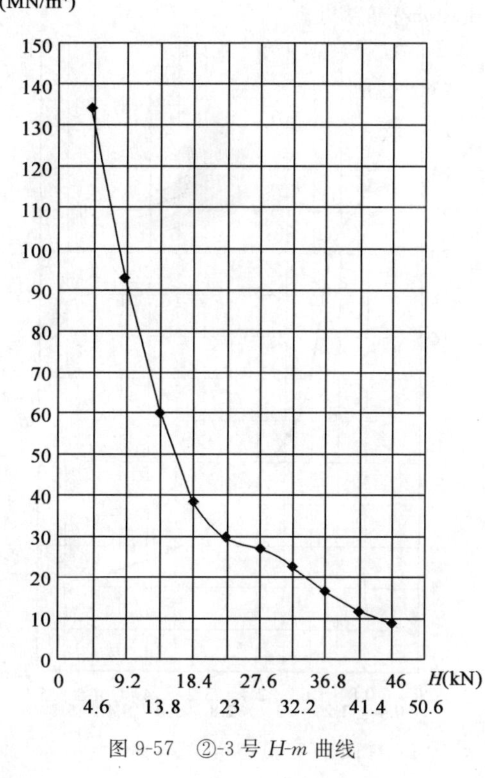

图 9-57　②-3 号 H-m 曲线

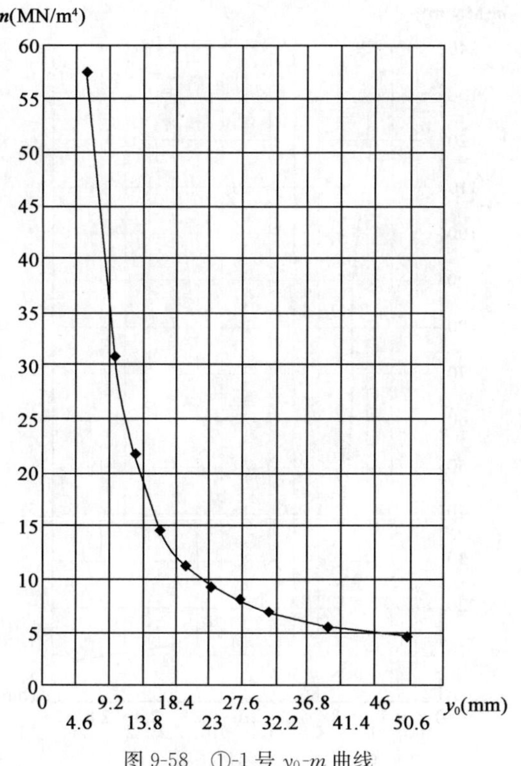

图 9-58　①-1 号 y_0-m 曲线

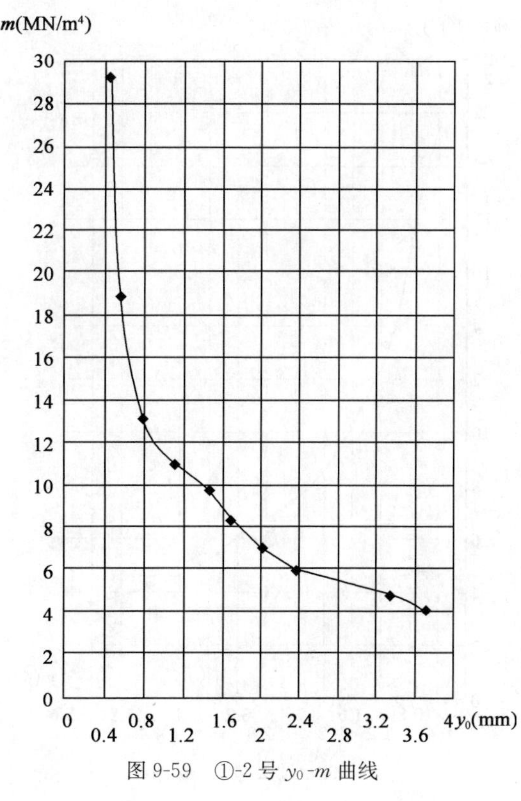

图 9-59　①-2 号 y_0-m 曲线

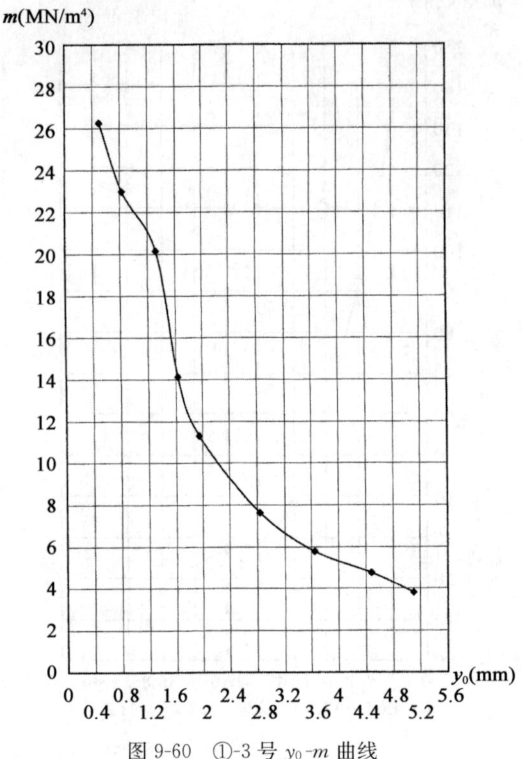

图 9-60 ①-3 号 y_0-m 曲线

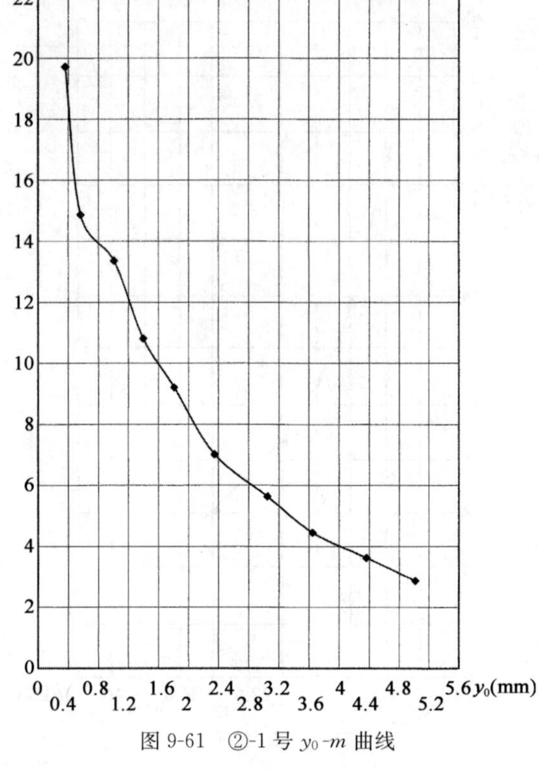

图 9-61 ②-1 号 y_0-m 曲线

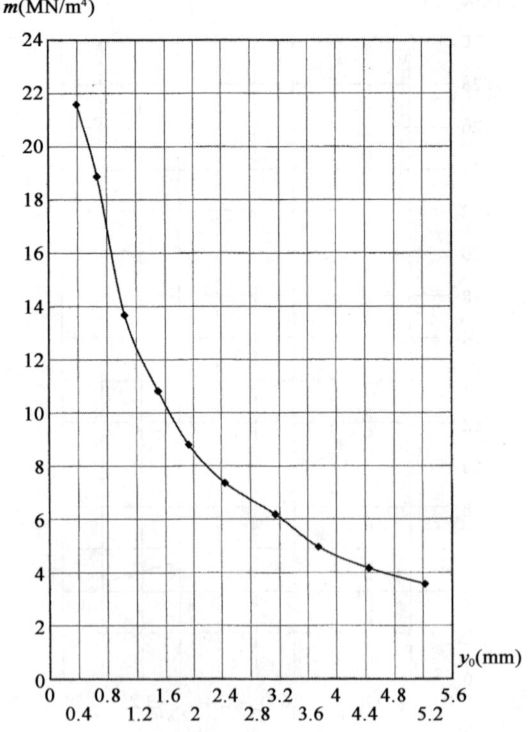

图 9-62 ②-2 号 y_0-m 曲线

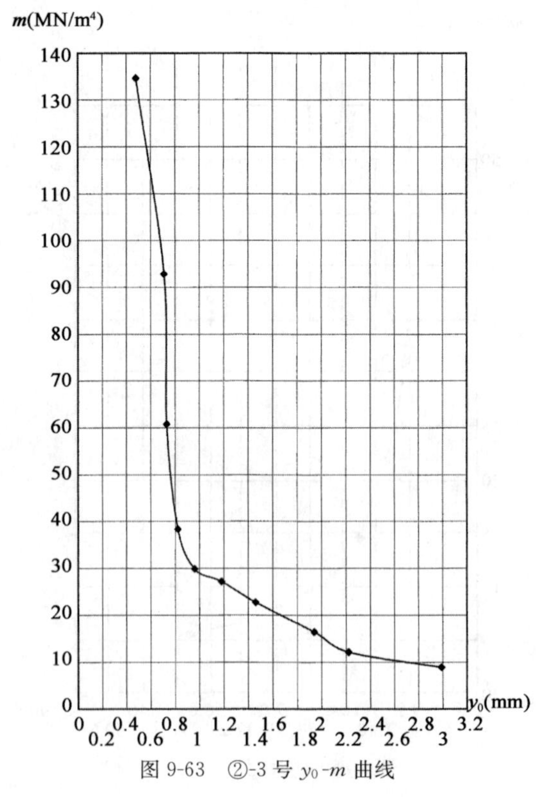

图 9-63 ②-3 号 y_0-m 曲线

单桩水平承载力极限值确定表　　表 9-27

试验桩号	单桩水平承载力极限值(kN)	最大加载值(kN)	单桩水平临界荷载值(kN)
①-1 号	36.8	46	18.4
①-2 号	36.8	46	23
①-3 号	27.6	46	18.4
②-1 号	27.6	46	18.4
②-2 号	32.2	46	18.4
②-3 号	32.2	46	18.4

经分析 1 号试验场单桩水平临界荷载统计值为 19.93kN，单桩水平承载力特征值为 15.95kN。2 号试验场单桩水平临界荷载统计值为 18.4kN，单桩水平承载力特征值为 14.72kN。

9.5.2　PHC-AB600 水平荷载试验

1)现场布置

本场地分别对 3 根桩进行了单桩水平静荷载试验，桩直径 600mm，预应力钢筋混凝土管桩，桩长 42.0m(从自然地面起算)，桩身混凝土强度等级为 C80，型号为 AB 型、试验参数见表 9-28。

单桩水平静荷载试验参数表　　表 9-28

桩号	成桩时间	试验开始时间	试验历时(min)	位移(mm)	水平极限承载力(kN)
M7	2006-09-06	2006-11-15	2400	41.94	450
M8	2006-09-06	2006-11-17	2760	40.36	450
M9	2006-09-04	2006-11-19	2580	40.81	450

2)地层分布及相关参数

根据场地勘探，本区在 0～60m 深度范围内的地层主要由第四系全新统海相沉积和第四系上更新统海陆交互沉积的黏性土和砂类土层组成，自上而下分为 6 大层，分别叙述如下：

(1)第四系全新统海相沉积(Q_4^m)层

①吹填土：浅灰～灰色，很湿～饱和，松散～稍密状态；主要成分为粉、细砂，局部存在少量的土质成分，偶见贝壳碎片；无韧性，无光泽，干强度低，摇振反应迅速。

本层分布于整个场地，其厚度为 4.10～5.50m，底板高程－1.95～－0.58m。

②粉质黏土：本层在该试桩场地零星分布，只在 B5 勘探孔出现，其厚度为 0.00～1.30m，底板高程为－3.18～－1.88m。

③细砂：灰黑色，饱和，呈稍密～中密状态。砂质不纯净，分选性一般，磨圆较好，含贝壳碎片和少量的粉质黏土细层，主要矿物成分为石英、长石等。

本层分布于整个场地，其厚度为 3.00～5.90m，层底埋深为 6.80～10.00m，层底高程为－6.48～－3.18m。

④-1 粉质黏土：灰～深灰色，呈软塑状态，土质不均匀，含有机质及贝壳碎片，具腥臭味，

含有粉细砂夹层；无摇振反应，稍有光泽，干强度及韧性中等，其压缩系数 $a_{1-2}=0.449\text{MPa}^{-1}$，属中压缩性土。

本层分布广泛，其厚度为 13.60～15.00m，层底埋深为 23.10～24.50m，层底高程为 −21.05～−19.60m。

④-2 粉土：浅灰色，湿，呈中密状态，土质不均匀，含少量有机质及贝壳碎片；摇振反应迅速，切面粗糙无光泽，干强度及韧性低，其压缩系数 $a_{1-2}=0.275\text{MPa}^{-1}$，属中压缩性土。

本层分布连续，其最大厚度为 2.80～4.20m，夹④-1 间层。

经统计分析，上述第四系全新统海相沉积层（包括①、②、③、④-1、④-2 层）的沉积厚度一般为 23.10～24.50m，层底埋深为 23.10～24.50m，层底高程为 −21.05～−19.60m。

(2)第四系上更新统海陆交互相沉积（Q_3^{mc}）层

⑤粉质黏土：褐黄色，可塑状态，土质较均匀，具细层理，含锈斑，局部有互层状的粉土和粉砂分布；无摇振反应，切面光泽明显，干强度及韧性较高，压缩系数 $a_{1-2}=0.360\text{MPa}^{-1}$，属中压缩性土。

本层分布广泛，其厚度为 8.40～11.20m，层底埋深为 38.00～41.70m，层底高程为 −38.25～−34.53m。

⑥粉细砂：本层岩性以粉砂和细砂为主，局部含粉质黏土夹层。本层分布广泛，其中：

⑥-1 粉砂：褐黄色，饱和，呈密实状态；砂质不纯净，分选性一般，磨圆较好，局部混有少量黏性土成分，主要成分为石英、长石等。本层局部缺失，最大厚度为 7.20m；⑥-1 粉质黏土夹层，灰色，可塑状态，其压缩系数 $a_{1-2}=0.410\text{MPa}^{-1}$，属中压缩性土，厚度为 3.90～4.40m。

⑥-2 细砂：浅灰色，饱和，呈密实状态，砂质纯净，分选性好，磨圆较好，混有少量贝壳碎片，主要成分为石英、长石等，偶见黏性土薄夹层。本层分布广泛，厚度较大，勘探时最大勘探深度为 60.0m，没有揭穿。

3)地层分布及相关参数

本次试验的单桩水平静荷载试验成果表见表 9-29～表 9-31，静荷载试验曲线见插图 9-64～图 9-72。

水平试验桩 M7 单桩水平静载荷试验汇总表 表 9-29

序号	荷载(kN)	历时(min)		沉降(mm)	
		本级	累计	本级	累计
0	0	0	0	0.00	0.00
1	50	150	150	1.34	1.34
2	100	150	300	1.52	2.86
3	150	150	450	2.19	5.05
4	200	150	600	2.66	7.71
5	250	150	750	2.93	10.64
6	300	180	930	3.48	14.12
7	350	270	1200	4.55	18.67
8	400	270	1470	6.91	25.58
9	450	300	1770	8.22	33.80

续上表

序　号	荷载(kN)	历时(min)		沉降(mm)	
		本级	累计	本级	累计
10	500	150	1920	8.14	41.94
11	400	60	1980	−2.09	39.85
12	300	60	2040	−3.44	36.41
13	200	60	2100	−3.98	32.43
14	100	60	2160	−6.70	25.73
15	0	240	2400	−9.23	16.50
最大沉降量:41.94mm　最大回弹量:25.44mm　回弹率:60.66%					

水平试验桩 M8 单桩水平静荷载试验汇总表　　表 9-30

序　号	荷载(kN)	历时(min)		沉降(mm)	
		本级	累计	本级	累计
0	0	0	0	0.00	0.00
1	50	150	150	1.27	1.27
2	100	150	300	1.45	2.72
3	150	150	450	2.09	4.81
4	200	150	600	2.53	7.34
5	250	210	810	2.98	10.32
6	300	240	1050	3.23	13.55
7	350	300	1350	4.30	17.85
8	400	270	1620	6.51	24.36
9	450	450	2070	8.48	32.84
10	500	210	2280	7.52	40.36
11	400	60	2340	−1.84	38.52
12	300	60	2400	−2.84	35.68
13	200	60	2460	−3.64	32.04
14	100	60	2520	−6.17	25.87
15	0	240	2760	−11.08	14.79
最大沉降量:40.36mm　最大回弹量:25.57mm　回弹率:63.35%					

水平试验桩 M9 单桩水平静荷载试验汇总表　　表 9-31

序　号	荷载(kN)	历时(min)		沉降(mm)	
		本级	累计	本级	累计
0	0	0	0	0.00	0.00
1	50	150	150	1.83	1.83
2	100	150	300	2.07	3.90

续上表

序　号	荷载(kN)	历时(min)		沉降(mm)	
		本级	累计	本级	累计
3	150	210	510	2.57	6.47
4	200	150	660	2.58	9.05
5	250	210	870	3.14	12.19
6	300	210	1080	3.56	15.75
7	350	330	1410	5.10	20.85
8	400	300	1710	5.76	26.61
9	450	240	1950	6.51	33.12
10	500	150	2100	7.69	40.81
11	400	60	2160	−1.49	39.32
12	300	60	2220	−3.30	36.02
13	200	60	2280	−4.76	31.26
14	100	60	2340	−6.55	24.71
15	0	240	2580	−7.96	16.75
最大沉降量:40.81mm　最大回弹量:24.06mm　回弹率:58.96%					

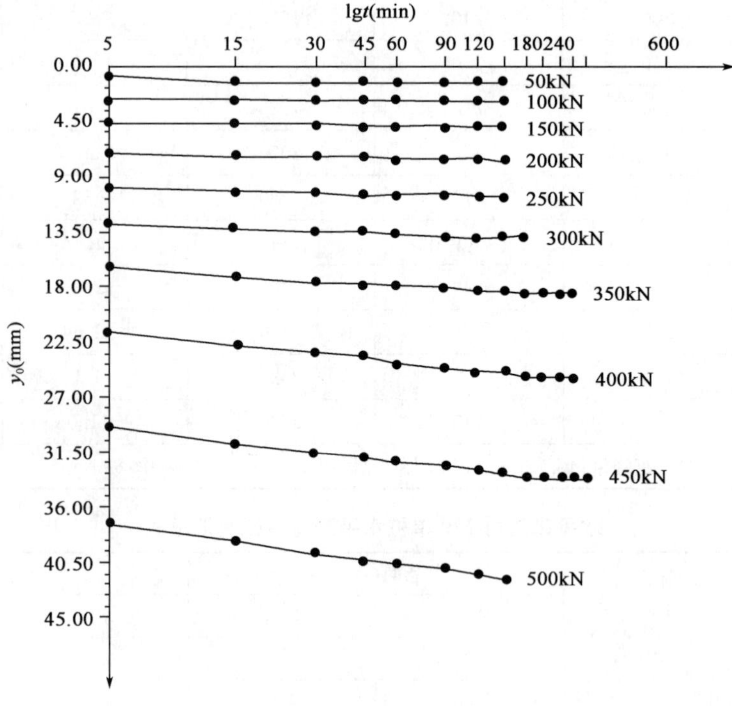

图 9-64　水平试验桩 M7 y_0-lg$t$ 曲线

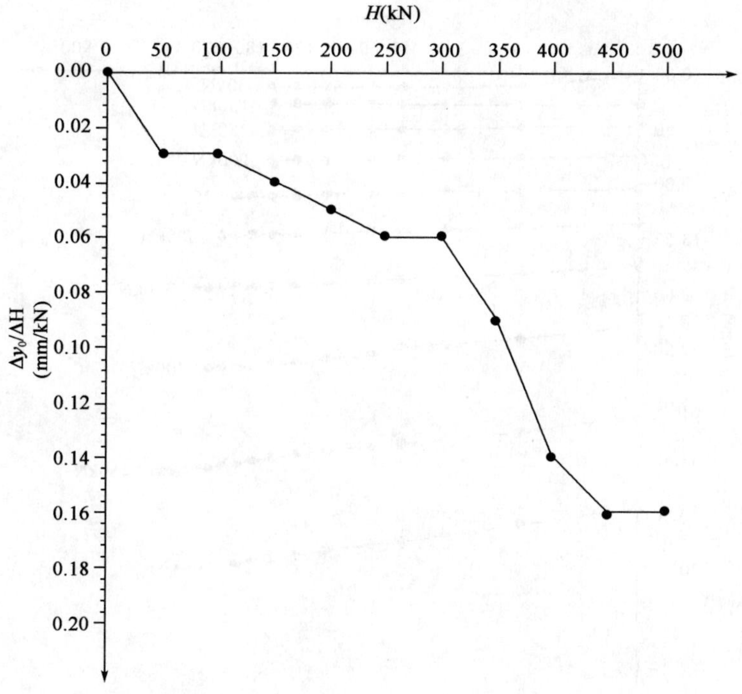

图 9-65　水平试验桩 M7 $H\text{-}\Delta y_0/\Delta H$ 曲线

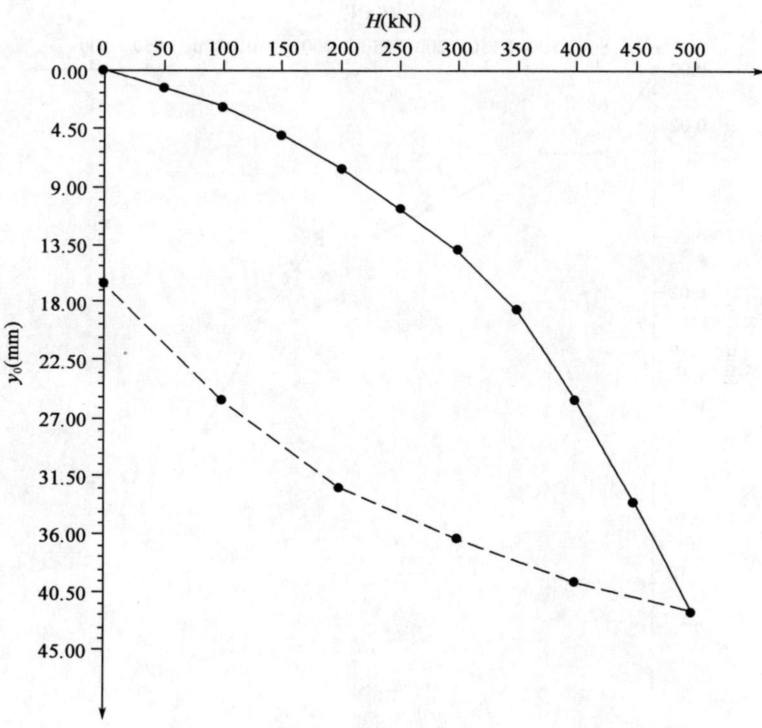

图 9-66　水平试验桩 M7 $H\text{-}y_0$ 曲线

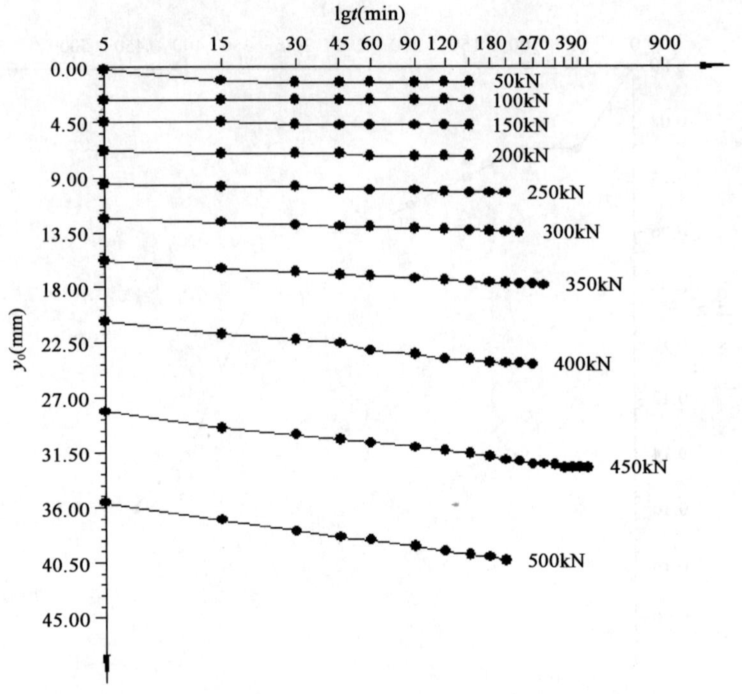

图 9-67 水平试验桩 M8 y_0-lg$t$ 曲线

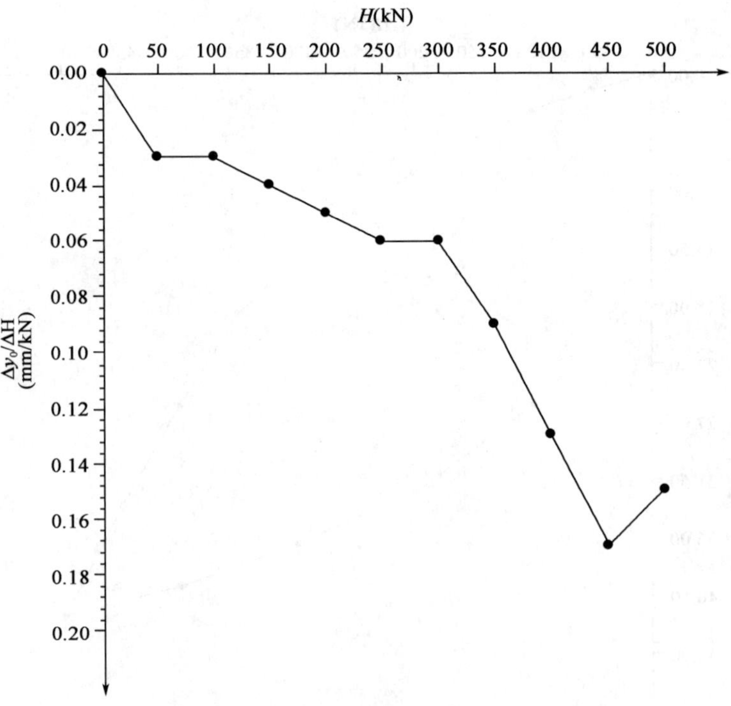

图 9-68 水平试验桩 M8 H-$\Delta y_0/\Delta H$ 曲线

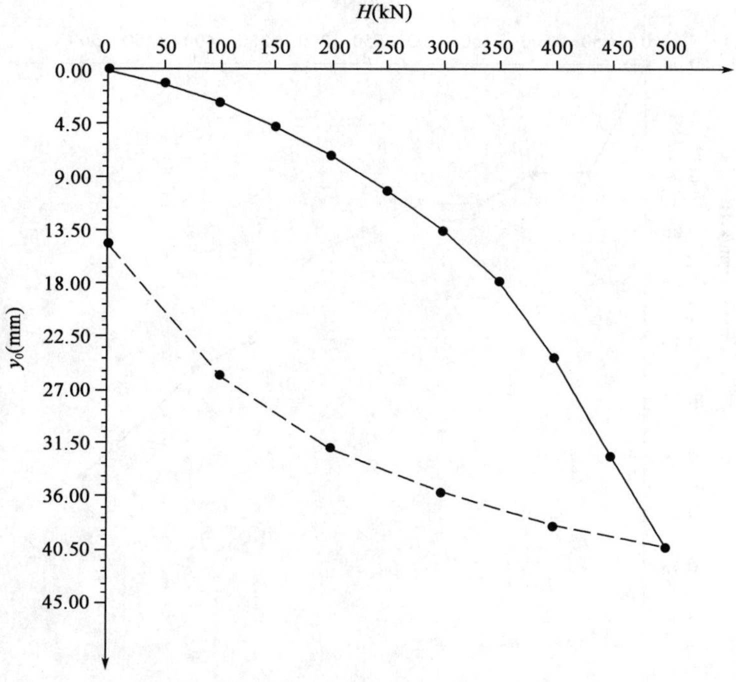

图 9-69　水平试验桩 M8 H-y_0 曲线

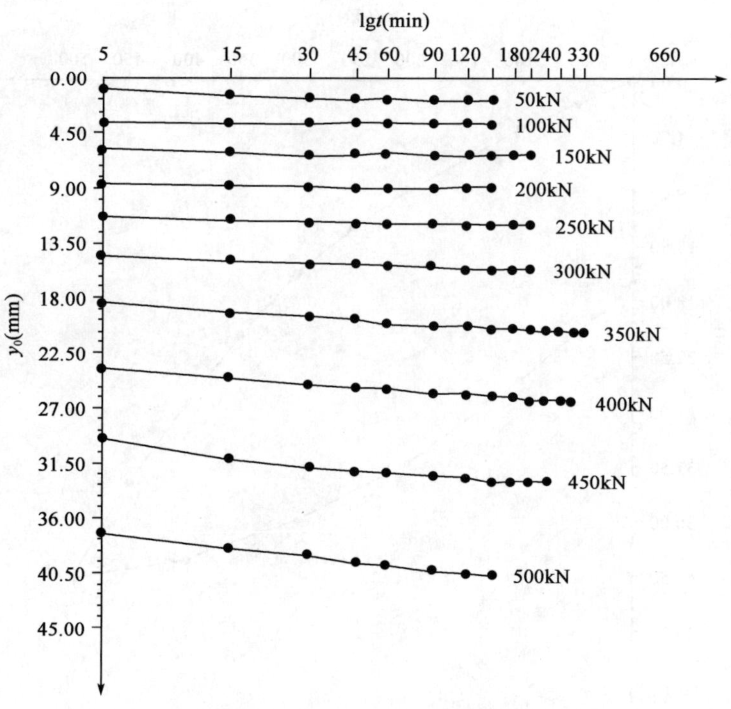

图 9-70　水平试验桩 M9 y_0-lg$t$ 曲线

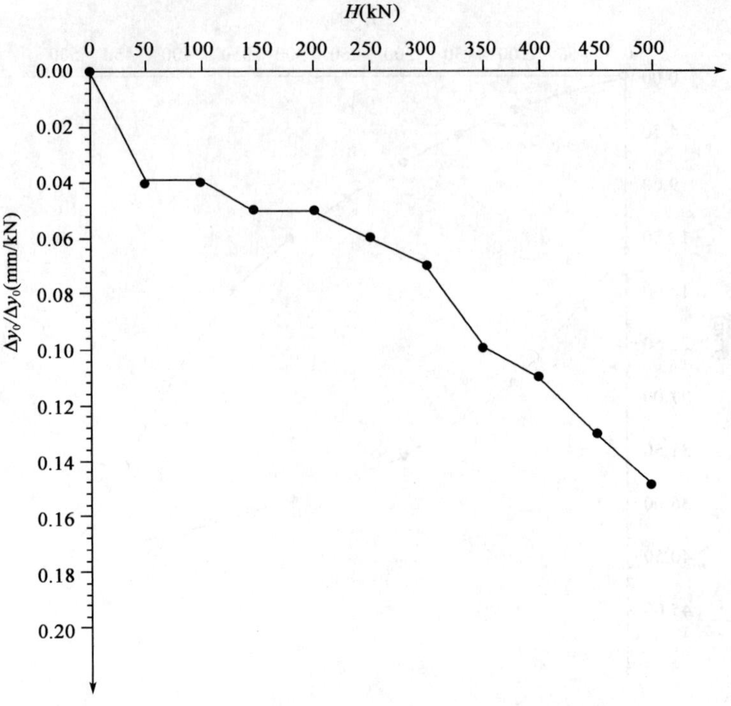

图 9-71　水平试验桩 M9 $H\text{-}\Delta y_0/\Delta H$ 曲线

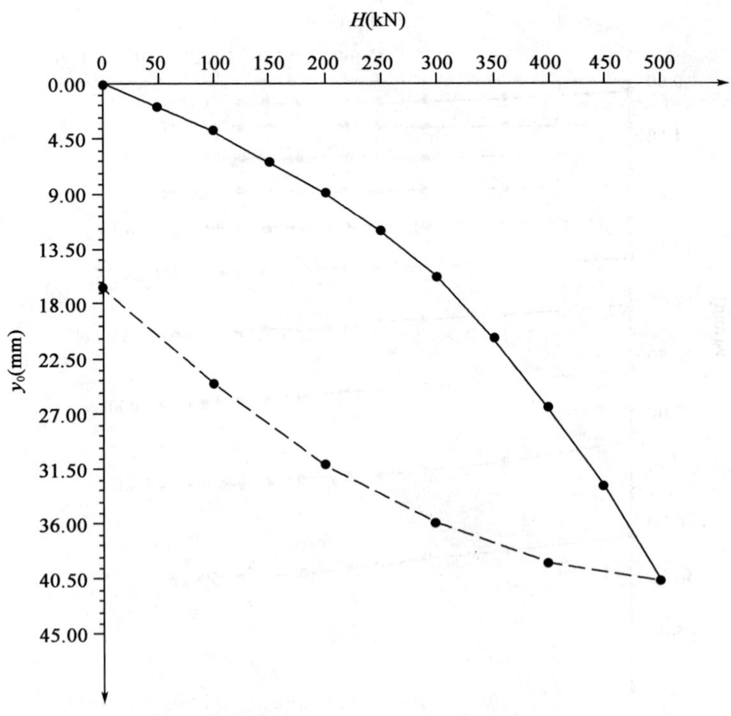

图 9-72　水平试验桩 M9 $H\text{-}y_0$ 曲线

4)现场布置

根据《建筑基桩检测技术规范》(JGJ 106—2003)、《建筑桩基技术规范》(JGJ 94—94)等有关规定，本次单桩水平静荷载试验共计3根桩，按最大位移(40.0mm)对应荷载的前一级荷载取水平极限承载力，3根试验桩的水平极限承载力都为450kN，其水平承载力特征值为225kN，试验结果见表9-32。

单桩水平静荷载试验结果统计表 表9-32

桩号	成桩时间	试验开始时间	试验历时(min)	位移(mm)	水平极限承载力(kN)	水平承载力特征值(kN)	单桩水平承载力特征值(kN)
M7	2006-09-06	2006-11-15	2400	41.94	450	225	225
M8	2006-09-06	2006-11-17	2760	40.36	450	225	
M9	2006-09-04	2006-11-19	2580	40.81	450	225	

9.5.3 PHC-AB600和PHC-AB400水平荷载试验

1)现场布置

本场地共完成ϕ600mm试验桩3根，ϕ400mm试验桩1根。ϕ600mm的PHC桩桩长为32.0m；ϕ400mm的PHC桩桩长为30.0m，桩型均为AB型。试验于2011年06月13日开始，至2011年9月26日结束作业，试验参数见表9-33。

单桩水平静载试验参数表 表9-33

桩　型	桩　号	试验开始时间	试验历时(min)
ϕ600mm	5号	2011-9-21	270
	6号	2011-9-20	330
	7号	2011-9-19	300
	平均	—	—
ϕ400mm	13号	2011-9-22	300

2)地层分布及相关参数

试桩场地所在区域上覆地层为第四系冲洪积夹有湖沼相沉积的堆积物，岩性主要为灰色、灰黄色、黄褐色的黏性土、粉土和砂土等。根据本次勘测，将本场地0.00～45.50m深度范围内的地层依岩性、分布深度及物理力学性质自上而下分为7大层，分别叙述如下：

①粉土：黄褐～褐黄色，稍湿，中密状态，土质不均匀，摇振反应不明显，干强度及韧性低，局部可见粉砂薄夹层。本层土压缩系数平均值$a_{1\sim2}=0.129\text{MPa}^{-1}$，为中偏低压缩性土。本层分布较普遍，层底埋深2.20～2.50m，层厚2.20～5.50m，层底高程7.70～7.94m。

②粉质黏土：灰褐～灰黑色，可塑(局部为软塑～流塑)状态，土质不均匀(局部有黏土夹层，厚度1.50～3.00m)，中等黏性，局部有机质含量较大，偶见粉砂、粉土薄夹层。本层土压缩系数平均值$a_{1\sim2}=0.459\text{MPa}^{-1}$，为中等偏高压缩性土。

本层分布较普遍，层底埋深10.00～11.00m，层厚7.50～8.70m，层底高程-0.99～0.20m。

③粉砂：灰褐～灰黄色，饱和，中密状态，砂质不纯，含粉土较多，主要矿物成分为长石、石英，局部有少量粉土薄夹层。本层砂土为中等压缩性土。

本层分布较普遍，层底埋深 11.70～12.60m，层厚 0.70～2.60m，层底高程－2.40～－1.56m。

④粉土：灰褐色，很湿，中密状态，土质不均匀，局部粘粒含量偏高，与粉质黏土(或黏土)呈互层状，摇振反应较明显，无光泽，干强度及韧性低。本层土压缩系数平均值 $a_{1\sim2}=0.377\text{MPa}^{-1}$，为中等压缩性土。

本层分布较普遍，层底埋深 16.60～19.80m，层厚 4.00～8.10m，层底高程－9.79～－6.40m。

⑤粉土：褐黄～黄褐色，湿，密实状态，土质不均匀，局部夹粉质黏土薄层或含粉细砂成分；摇振反应明显，无光泽，干强度及韧性低，含少量铁锰质结核。本层土压缩系数平均值 $a_{1\sim2}=0.332\text{MPa}^{-1}$，为中等压缩性土。

本层分布较普遍，层底埋深 23.40～24.50m，厚度 4.70～7.40m，层底高程－14.49～－13.16m。

⑥粉质黏土：灰黄～灰褐色，可塑状态。土质不均匀，中等黏性，无摇振反应，稍有光泽，干强度及韧性中等，含较多铁锰质结核。局部含黏土或粉细砂夹薄层。本层土压缩系数平均值 $a_{1\sim2}=0.337\text{MPa}^{-1}$，为中等偏高压缩性土。

本层分布较普遍，层底埋深 29.70～31.00m，厚度 6.00～7.00m，层底高程－20.98～－19.46m。

⑦层：包括粉细砂和粉土两层(局部分布有少量的粉质黏土夹层)，一般顶部为粉细砂，下部为粉土。

⑦-1 粉细砂：灰黄色，湿，密实状态，主要矿物成分为长石、石英，砂质较纯净，颗粒较均匀，分选性较好，偶见黏性土或粉土薄夹层。该层砂土分布较普遍，厚度为 2.00～3.10m。本层土压缩系数平均值 $a_{1\sim2}=0.191\text{MPa}^{-1}$，为中等压缩性土。

⑦－2 粉土：灰黄色，湿，密实状态，土质不均匀，局部含粉细砂或粉质黏土夹层，无光泽，干强度及韧性低，含少量铁锰质结核。本层分布较普遍，揭露厚度 12.10～12.50m。本层土压缩系数平均值 $a_{1\sim2}=0.255\text{MPa}^{-1}$，为中等压缩性土。

本次勘探本层(⑦层)未揭穿，最大揭露厚度为 15.60m，层顶高程－20.98～－19.46m。

3)试验结果及曲线

本次试验的单桩水平静荷载试验成果表见表 9-34，水平荷载试验曲线见图 9-73～图 9-80。

单桩水平静荷载试验结果统计表 表 9-34

桩型	桩号	试验开始时间	试验历时 (min)	位移 (mm)	水平临界荷载 (kN)	水平极限荷载 (kN)
ϕ600mm	5 号	2011-9-21	270	54.55	160	240
	6 号	2011-9-20	330	53.24	180	300
	7 号	2011-9-19	300	53.70	160	270
	平均	—	—	—	167	270
ϕ400mm	13 号	2011-9-22	300	41.32	80	120

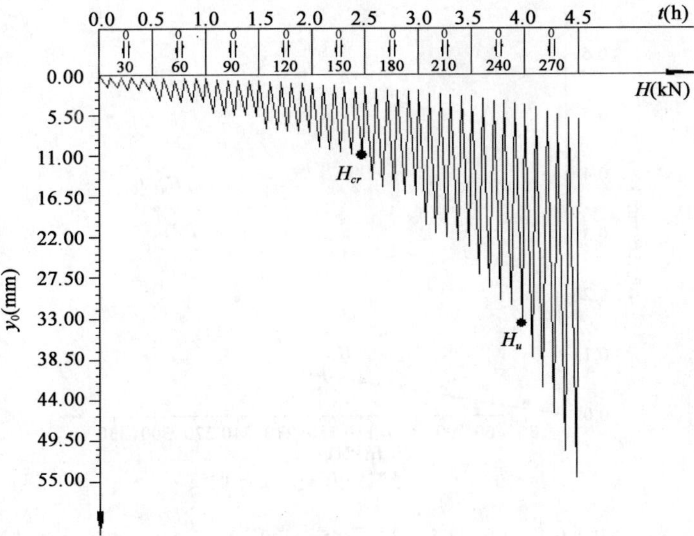

图 9-73　5 号试桩 $H\text{-}t\text{-}y_0$ 曲线

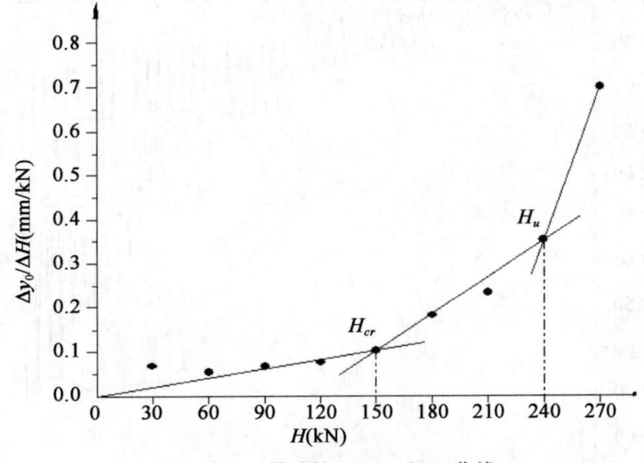

图 9-74　5 号试桩 $H\text{-}t\text{-}y_0/\Delta H$ 曲线

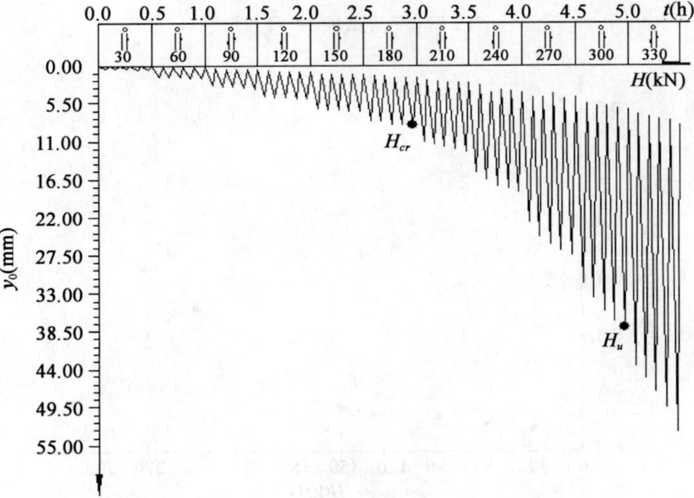

图 9-75　6 号试桩 $H\text{-}t\text{-}y_0$ 曲线

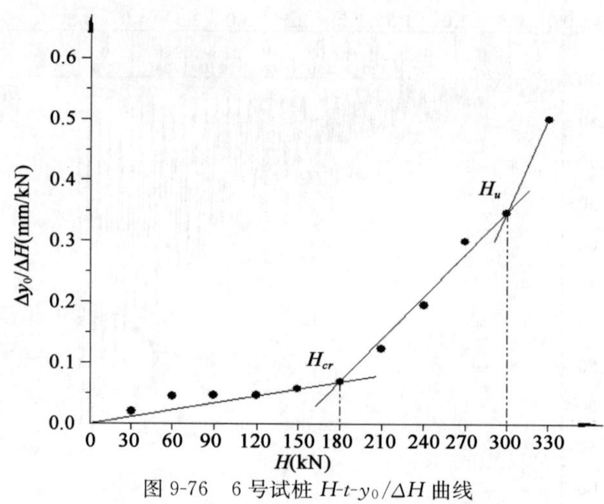

图 9-76　6 号试桩 H-t-$y_0/\Delta H$ 曲线

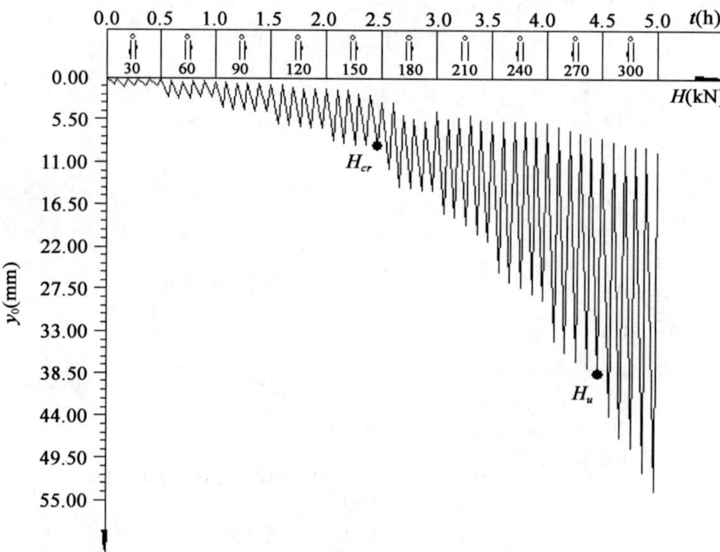

图 9-77　7 号试桩 H-t-y_0 曲线

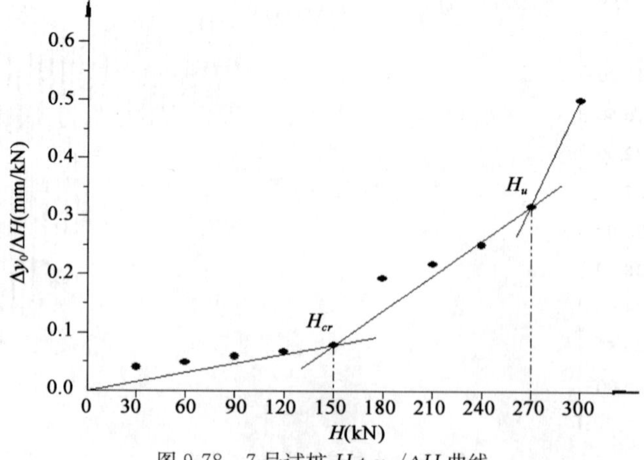

图 9-78　7 号试桩 H-t-$y_0/\Delta H$ 曲线

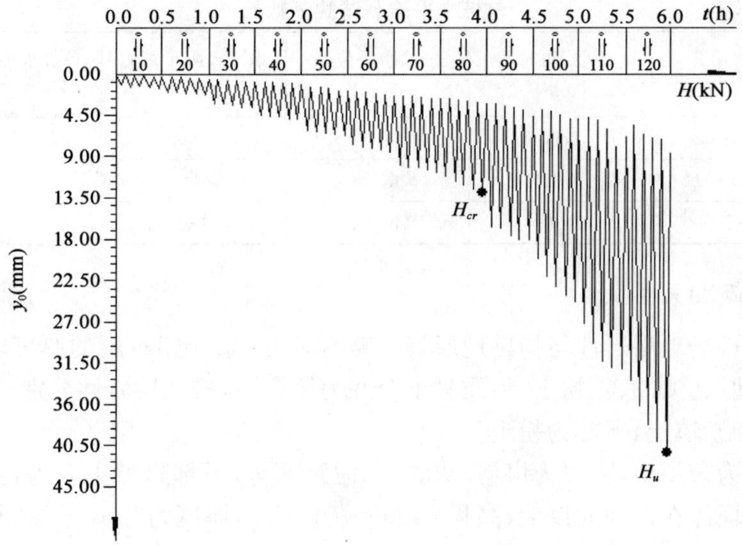

图 9-79 13 号试桩 $H\text{-}t\text{-}y_0$ 曲线

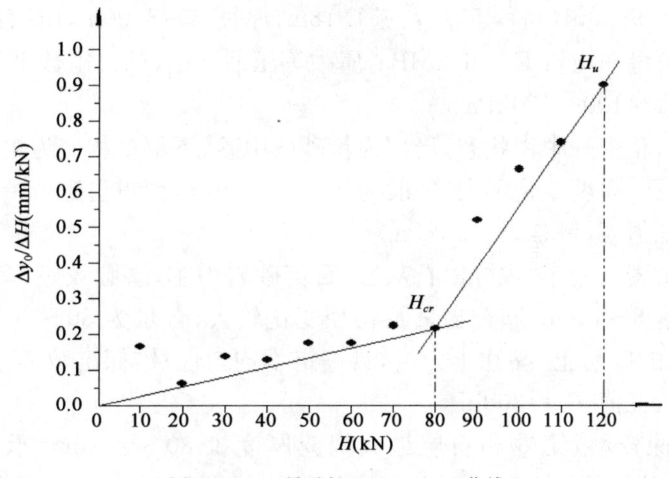

图 9-80 13 号试桩 $H\text{-}t\text{-}y_0/\Delta H$ 曲线

4)试验结果

单桩水平荷载试验结果见前表 9-34。

根据相关规范判断 ϕ600mm 试桩单桩水平极限承载力基本值分别为 240kN、300kN、270kN,单桩水平极限承载力平均值 270kN;确定 ϕ400mm 试桩 13 号单桩水平极限承载力为 120kN。

9.5.4 PHC-AB600—110 水平荷载试验

1)现场布置

单桩水平静荷载试验于 2008 年 1 月 2 日开始,分别对 3 根(PHC AB 600-110)试验桩 S6、S7、S8 进行了单桩水平静荷载试验。桩径 600mm,桩型为 AB 型,试验参数见表 9-35。

单桩水平静载试验参数表　　表 9-35

试桩桩号	试验开始时间	试验历时(min)	桩顶水平位移(mm)	水平极限承载力(kN)	单桩水平极限承载力平均值(kN)
S6	2008-01-02	2760	44.51	180	193
S7	2008-01-04	5310	43.74	220	
S8	2008-01-08	2460	40.35	180	

2)地层分布及相关参数

钻孔揭示试桩场地层岩性与初勘地层资料略有差异,第⑥卵石层的厚度较薄。为了便于静探资料对比,地层②、③、④粉土、粉质黏土合并为综合层,按地层岩性分别叙述如下:

①层:上部为素填土,下部为粉土。

素填土表层为杂填土,主要为煤屑、灰渣,水泥路面等,下部素填土多为粉土或灰土,结构松散,极不均匀,埋深在试验面以上,高程 64.05～64.15m,厚度为 2.10～2.30m。

②、③、④为粉土、粉质黏土:褐黄色,湿,土质较软,软塑状态,含铁锈色渲染;中下部含少量砂粒及零星姜石。

层底埋深 9.20～9.50m,高程 56.77～57.18m,厚度 6～7.00m,压缩系数平均值 $a_{1-2}=0.336\text{MPa}^{-1}$,压缩模量平均值 $E_s=6.2\text{MPa}$,属中等压缩性土,标贯击数平均值 $N=3.7\sim5.2$ 击,承载力特征值 $f_{ak}=100\sim120\text{kPa}$。

⑤细砂:褐黄色,稍密～中密状态,局部为粉砂或中砂,下部多相变为粗砾砂,砂质不纯,含土质成分,局部含姜石,厚度变化不大,一般为 2.00～2.60m,标贯击数 $N=10\sim14$ 击,平均值为 12 击,承载力特征值 $f_{ak}=120\sim130\text{kPa}$。

⑥卵石:杂色,中密～密实,成分以石灰岩、石英砂岩为主,磨圆较好,多呈浑圆状,粒径一般为 2～6cm,大者达 8～12cm;卵石含量及粒径变化较大,含量为 30～60%不等。充填物有的以中粗砂为主,有的以粉土、黏性土为主,具一定不均匀性;锥探击数 N 为 12～39 击,平均值为 25 击,承载力特征值 $f_{ak}=300\text{kPa}$。

根据试桩场勘探资料,第⑥卵石层最大揭露厚度 1.80～2.80m,承载力特征值 $f_{ak}=300\text{kPa}$,是本次试验的桩基持力层。但该层岩性不均匀,卵石含量和充填物在不同地段和垂向分布上相差较大(M2、M3 钻孔孔间距 8.00m)。第⑥卵石层厚度 1.8～1.90m 相近,取样卵石粒径大小不一。钻孔 M2 卵石粒径 2～3cm 占 80%,大于 5～8cm 含量较少,锥探击数为 12～19 击不等,承载力特征值 $f_{ak}=200\sim350\text{kPa}$。而钻孔 M3 卵石粒径 5～7cm 占 80%,最大粒径 8～12cm,锥探击数为 32～39 击,承载力特征值 $f_{ak}>400\text{kPa}$。

⑦黏土岩:为第三系地层,以黏土岩为主,夹砂岩或未成岩的粉土、细砂、卵石等。其中黏土岩,褐红色,坚硬状态,中间夹砂岩薄层,顶部个别地段为硬塑,岩心呈柱状,为半胶结黏性土。该层胶结程度差异较大,有的已胶结成黏土岩、砂岩或砾岩,有的呈坚硬的黏土或密实的粉细砂和卵砾石,最大揭露厚度 18.30m。黏土岩(胶结砂岩)承载力特征值 $f_{ak}=330\text{kPa}$。但部分钻孔显示,顶部一般强度较下部略低。粉土及细砂夹层承载力特征值 $f_{ak}=280\text{kPa}$。

3)试验结果及曲线

本次试验的单桩水平静荷载试验成果表见表 9-36～表 9-38,静荷载试验曲线见图 9-81～

图 9-89。

水平试验桩 S6 单桩水平静荷载试验汇总表　　表 9-36

荷载(kN)	0	30	60	90	120	150	180	210
本级沉降(mm)	0.01	1.50	2.32	3.65	4.07	8.24	12.61	12.11
累计沉降(mm)	0.01	1.51	3.83	7.48	11.55	19.79	32.40	44.51

水平试验桩 S7 单桩水平静荷载试验汇总表　　表 9-37

荷载(kN)	0	20	40	60	80	100	120	140	160	180	200	220	240	260	280
本级沉降(mm)	0.00	0.39	0.79	0.84	1.05	2.21	1.56	2.90	3.97	5.78	8.31	8.59	7.35	4.08	8.08
累计沉降(mm)	0.00	0.39	1.18	2.02	3.07	5.28	6.84	9.74	13.71	19.49	27.80	36.39	43.74	47.82	55.90

水平试验桩 S8 单桩水平静荷载试验汇总表　　表 9-38

荷载(kN)	0	60	90	120	150	180	210
本级沉降(mm)	0.00	3.98	2.95	4.06	7.70	8.96	12.70
累计沉降(mm)	0.00	3.98	6.93	10.99	18.69	27.65	40.35

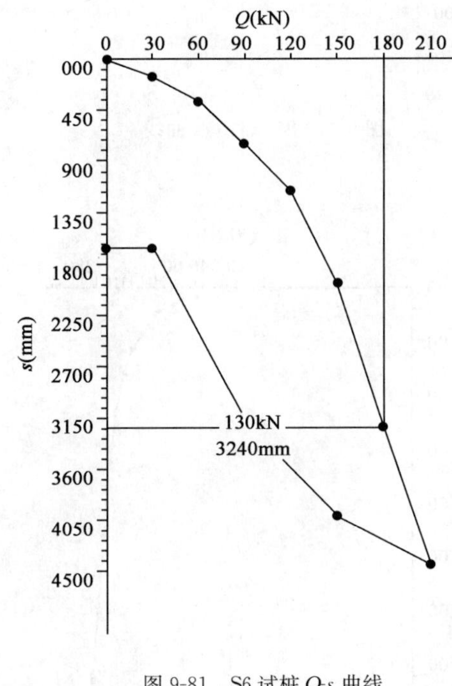

图 9-81　S6 试桩 Q-s 曲线

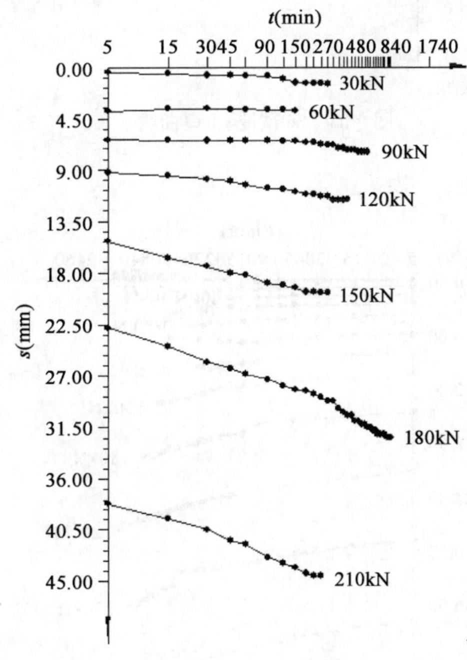

图 9-82　S6 试桩 s-lg$t$ 曲线

4)试验结果

根据《建筑基桩检测技术规范》(JGJ 106—2003)、《建筑桩基技术规范》(JGJ 94—94)等有关规定,本次单桩水平静荷载试验共计 3 根桩,按最大位移(40.0mm)对应荷载的前一级荷载取水平极限承载力,3 根试验桩的水平极限承载力分别为 180kN、220kN、180kN,平均值为 193kN,级差小于 30%,安全系数 $k=2$,计算得其水平承载力特征值为 97kN,具体每根桩的试验结果见表 9-39。

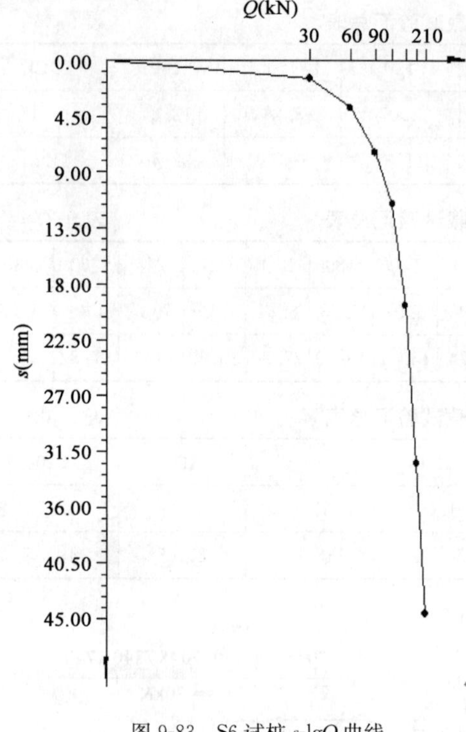

图 9-83　S6 试桩 s-lgQ 曲线

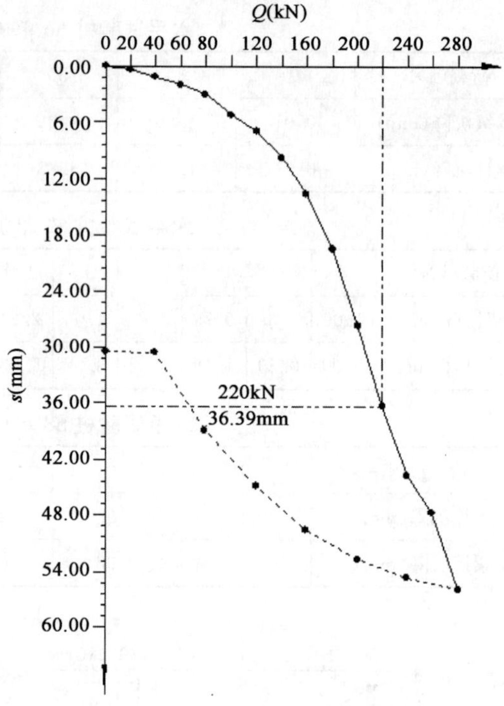

图 9-84　S7 试桩 Q-s 曲线

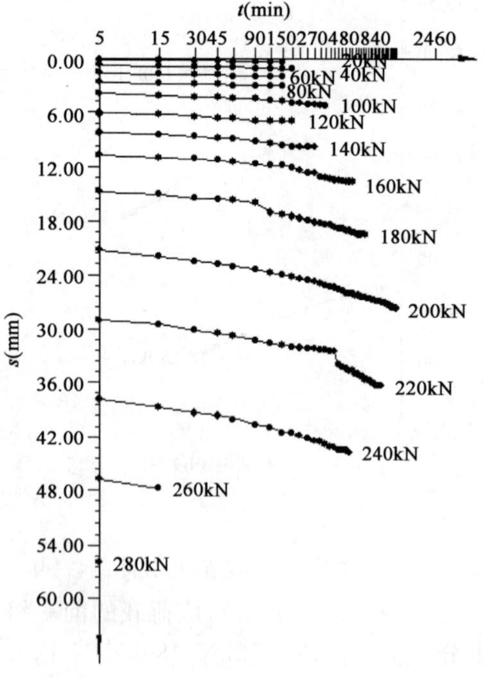

图 9-85　S7 试桩 s-lgt 曲线

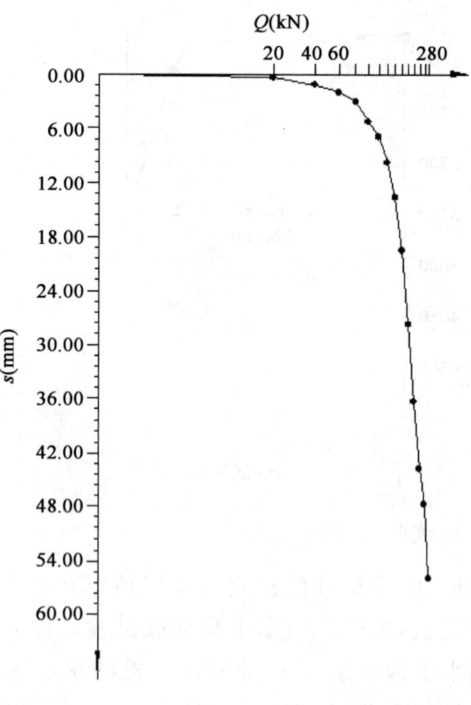

图 9-86　S7 试桩 s-lgQ 曲线

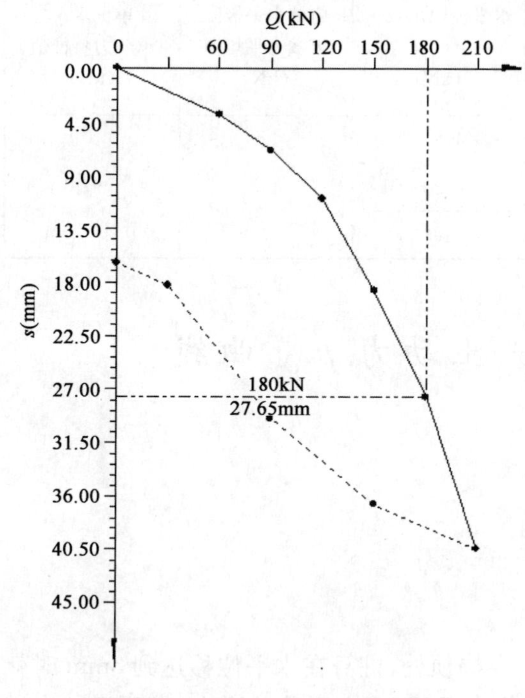

图 9-87　S8 试桩 Q-s 曲线

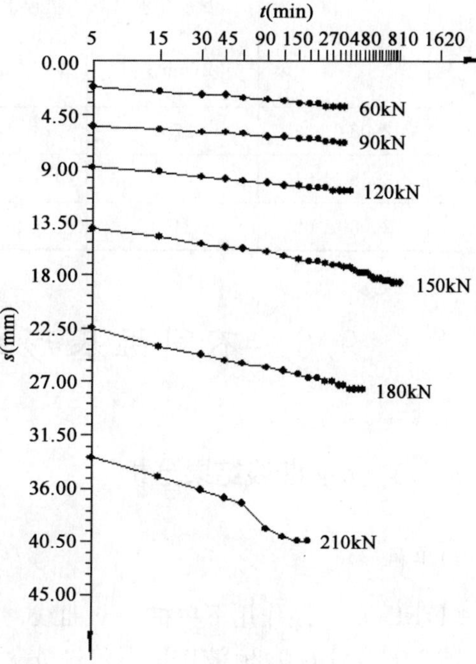

图 9-88　S8 试桩 s-lg$t$ 曲线

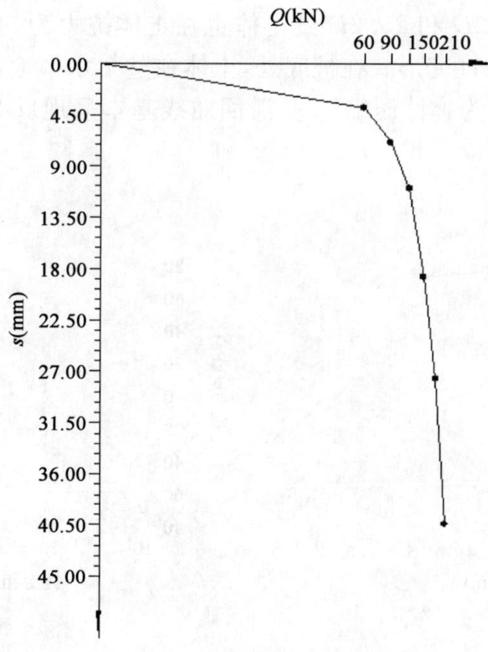

图 9-89　S8 试桩 s-lg$Q$ 曲线

单桩水平静荷载试验成果表 表 9-39

试桩桩号	试验开始时间	试验历时（min）	桩顶水平位移（mm）	水平极限承载力（kN）	单桩水平极限承载力平均值（kN）	单桩水平承载力特征值（kN）
S6	2008-01-02	2760	44.51	180	193	97
S7	2008-01-04	5310	43.74	220		
S8	2008-01-08	2460	40.35	180		

9.6 不同桩基形式桩—土动力 *p*-*y* 曲线

9.6.1 *p*-*y* 曲线结果分析

1）单桩

（1）EL-0.2g 波作用下单桩 *p*-*y* 曲线

图 9-90 为 EL-0.2g 波作用下单桩 *p*-*y* 曲线图，在桩顶处，桩身在水平位移达到 3mm 时就达到塑性变形，此时土抗力达到 45kPa。在此抗力值之后，随着水平荷载增大，桩顶开始出现塑性屈服，在荷载增加缓慢的情况下变形却很大。与同等条件下粉土土体发生塑性变形的土体抗力相比小了 44%。到桩体埋深为 5.2*D* 处时，桩身水平位移达到 2mm 时桩身也发生塑性变形，随之在桩体埋深为 13.2*D* 和 25.2*D* 处土体也在土体抗力为 50kPa 左右时发生塑性变形，而同等条件下粉土仅是弹性变形。在桩底处，土体在整个水平地震作用的过程中，水平位移基本很小，最大为 0.9mm，为弹性压缩；*p*-*y* 滞回曲线基本呈现反 S 形，滞回圈的面积也是从桩顶到桩底逐渐变大。

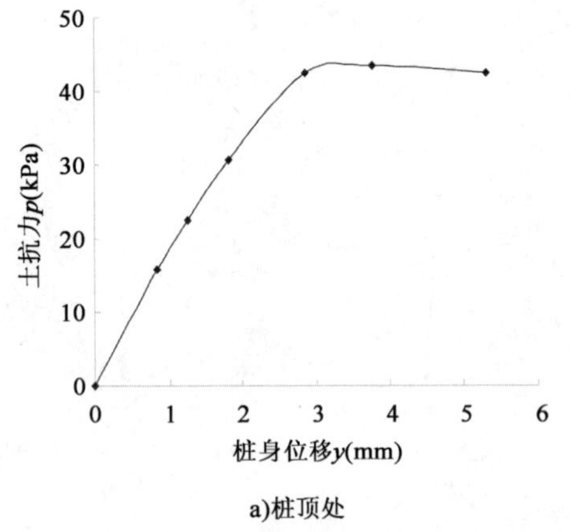

a)桩顶处

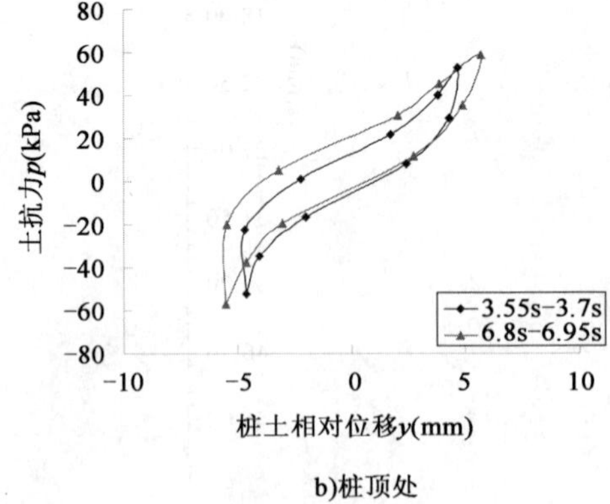

b)桩顶处

图 9-90

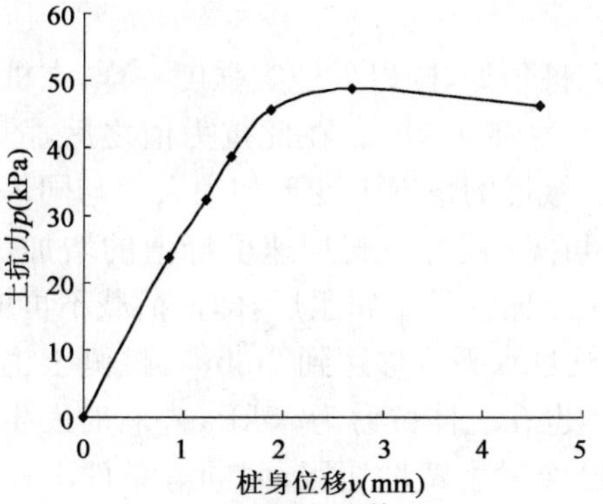

c) Z=5.2D处

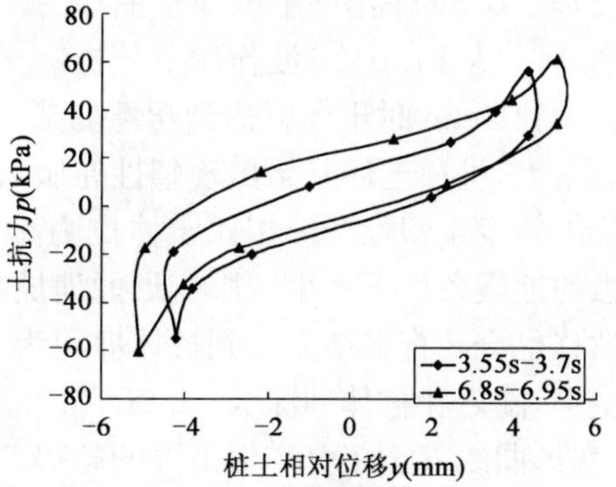

d) Z=5.2D处

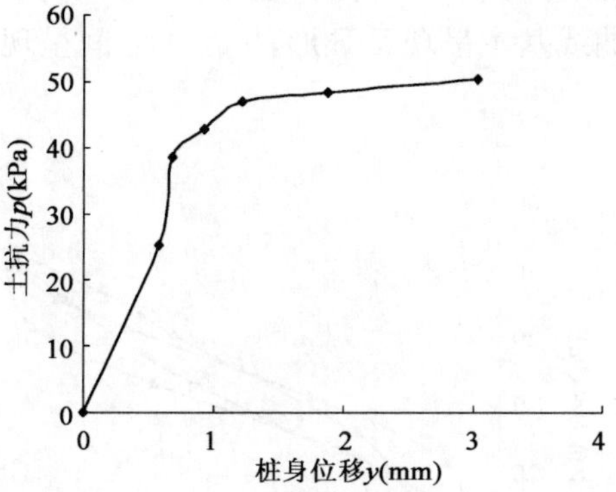

e) Z=13.2D处

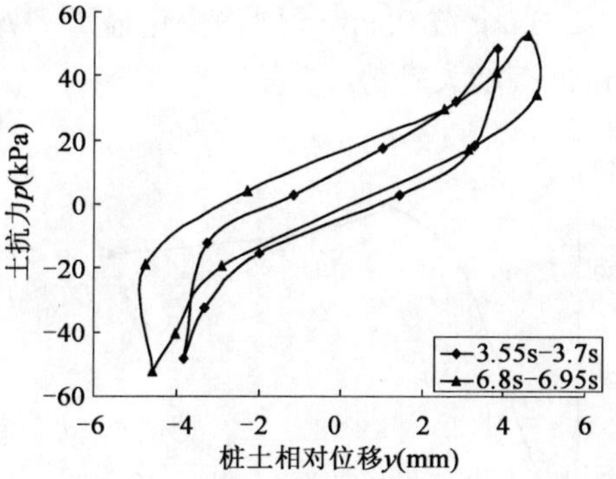

f) Z=13.2D处

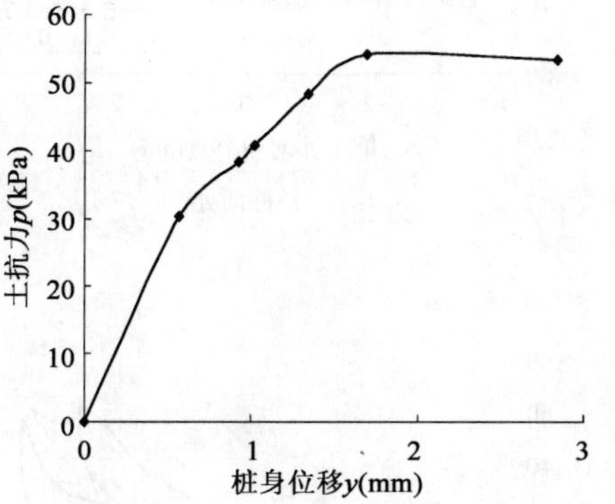

g) Z=25.2D处

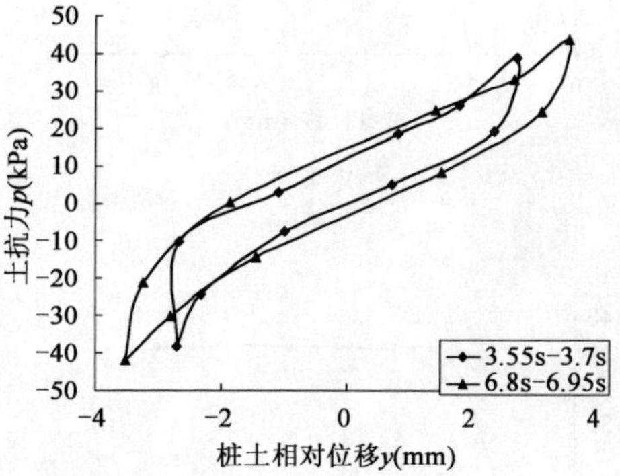

h) Z=25.2D处

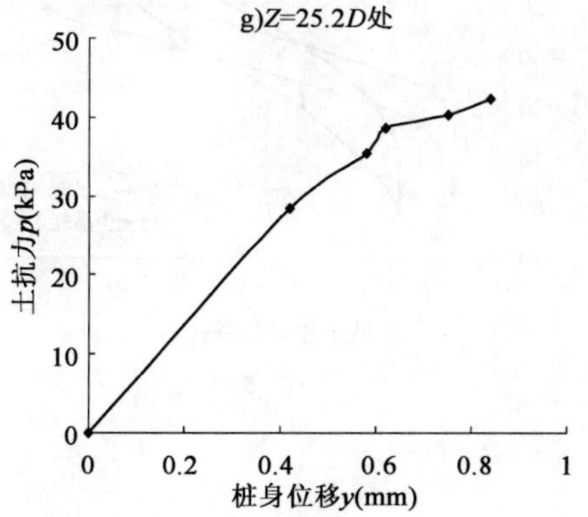

i) 桩底处

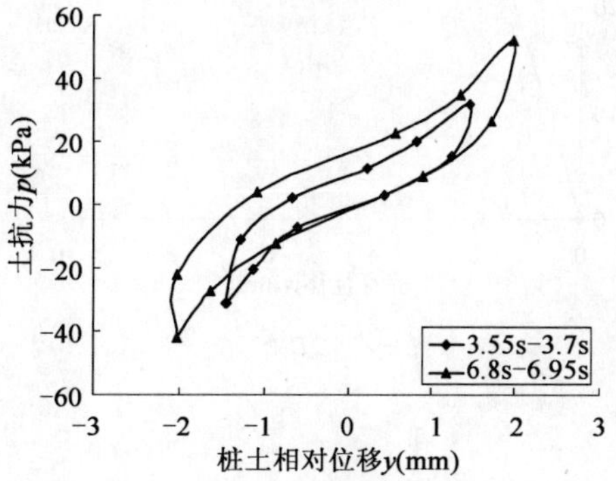

j) 桩底处

图 9-90　EL-0.2g 波作用下单桩 p-y 曲线图

(2)EL-0.3g 作用下单桩 p-y 曲线

图 9-91 为 EL-0.3g 波作用下单桩 p-y 曲线图,在桩顶处,同以上地震强度一样,在桩身水平位移达到 3mm 时土体就达到塑性变形,此时土抗力达到 35kPa。在此抗力值之后,随着水平荷载增大,桩顶土体开始出现塑性屈服,在荷载增加缓慢的情况下变形却很大。与同等条件下粉土土体发生塑性变形相比土体抗力小了 56%。可见,随着地震加速度峰值的增加,土体在较强的地震条件下产生屈服变形的地域减小。甚至土体在发生屈服后,即使荷载不再增大,水平位移也会一直在增大。到桩体埋深为 5.2D 处,桩身水平位移达到 2mm 时桩侧土也发生塑性变形,随之在桩体埋深为 13.2D 和 25.2D 处土体也在土体抗力为 35kPa 左右时发生塑性变形,变形曲线甚至还会产生下降的趋势,表明土体已经发生塑性屈服;而同等条件下粉土仅是弹性变形。在桩底处,土体在整个水平地震作用的过程中,水平位移也很大,最大为 4mm,相比 EL-0.2g 波 0.9mm 位移变化显著。p-y 滞回曲线基本呈现反 S 形,桩—土之间呈现的相对位移也有增大趋势。

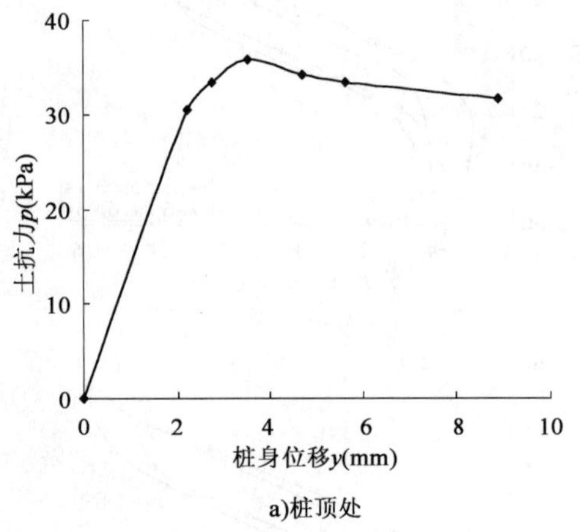

a)桩顶处

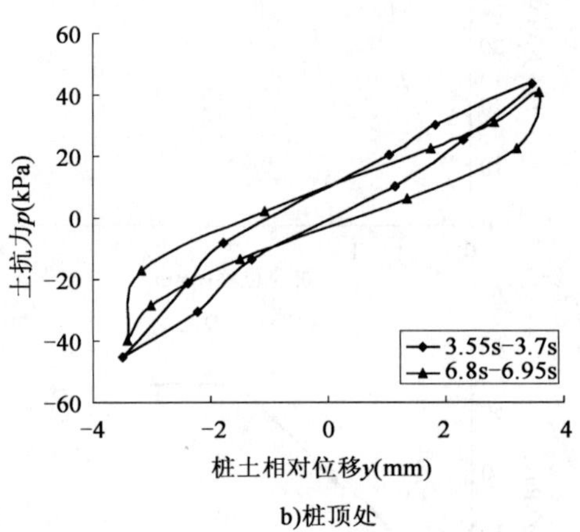

b)桩顶处

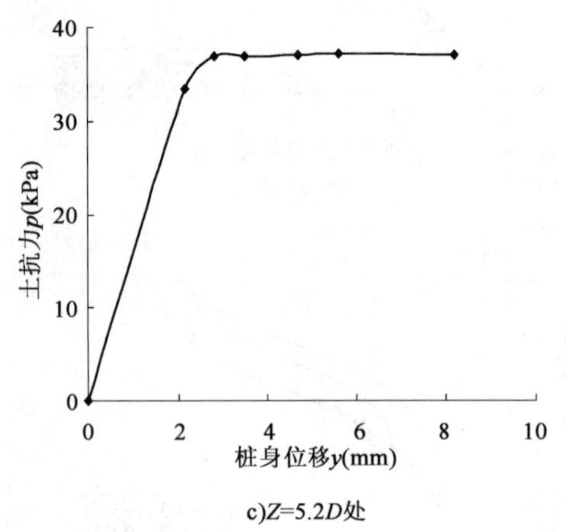

c)Z=5.2D处

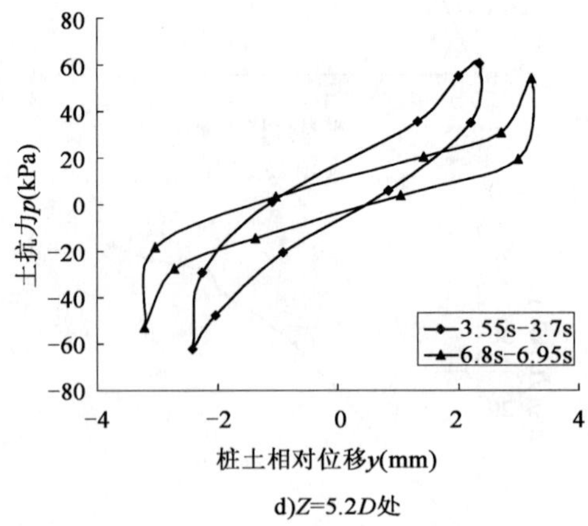

d)Z=5.2D处

图 9-91

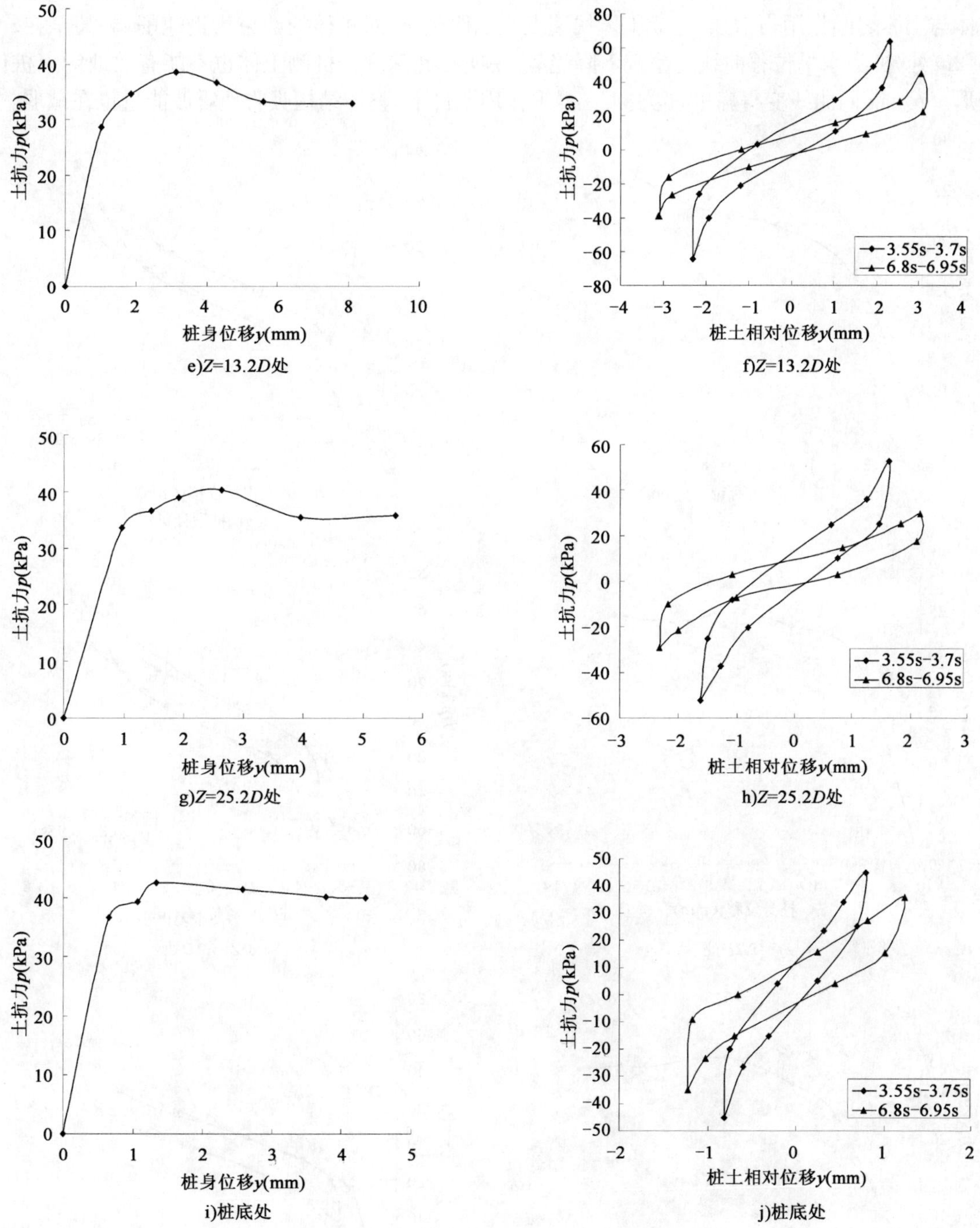
土抗力p(kPa)
桩身位移y(mm)
e)Z=13.2D处
桩土相对位移y(mm)
3.55s-3.7s
6.8s-6.95s
f)Z=13.2D处
g)Z=25.2D处
h)Z=25.2D处
3.55s-3.75s
i)桩底处
j)桩底处

图 9-91 EL-0.3g 波作用下单桩 p-y 曲线图

(3)EL-0.4g 波作用下单桩 p-y 曲线

图 9-92 为 EL-0.4g 波作用下单桩 p-y 曲线图。在桩顶处,同 EL-0.2g 波一样,在桩身水平位移达到 3mm 时土体就达到塑性变形,此时土抗力达到 35kPa。在此抗力值之后,随着水平荷载增大,桩顶土体开始出现塑性屈服破坏,在荷载增加缓慢的情况下变形却很大。与同等条

件下粉土土体发生塑性变形相比土体抗力小了 56%。在 EL—0.4g 波条件下,土体变形不稳定,桩体与土体之间作用力增强,造成土体快速发生屈服破坏,对桩体的约束力迅速削弱,甚至在 $z=25.2D$ 处,桩身水平位移曲线还呈现下降趋势,说明在此深度处桩侧土体也不能有效地约束桩体变形。p-y 滞回曲线变得扁平,也表明在强震作用条件下,整体结构吸收地震波能量也在减弱。

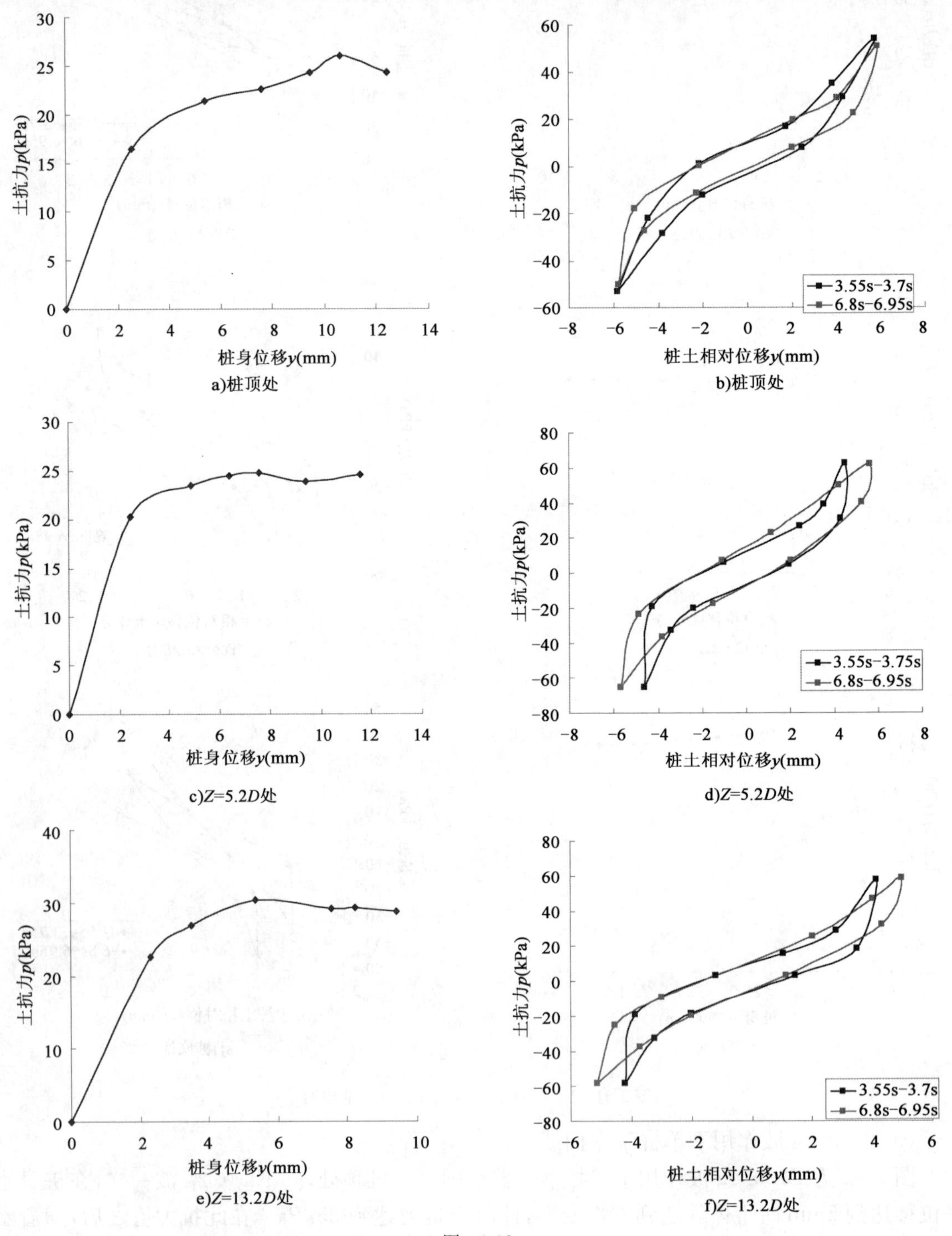

图 9-92

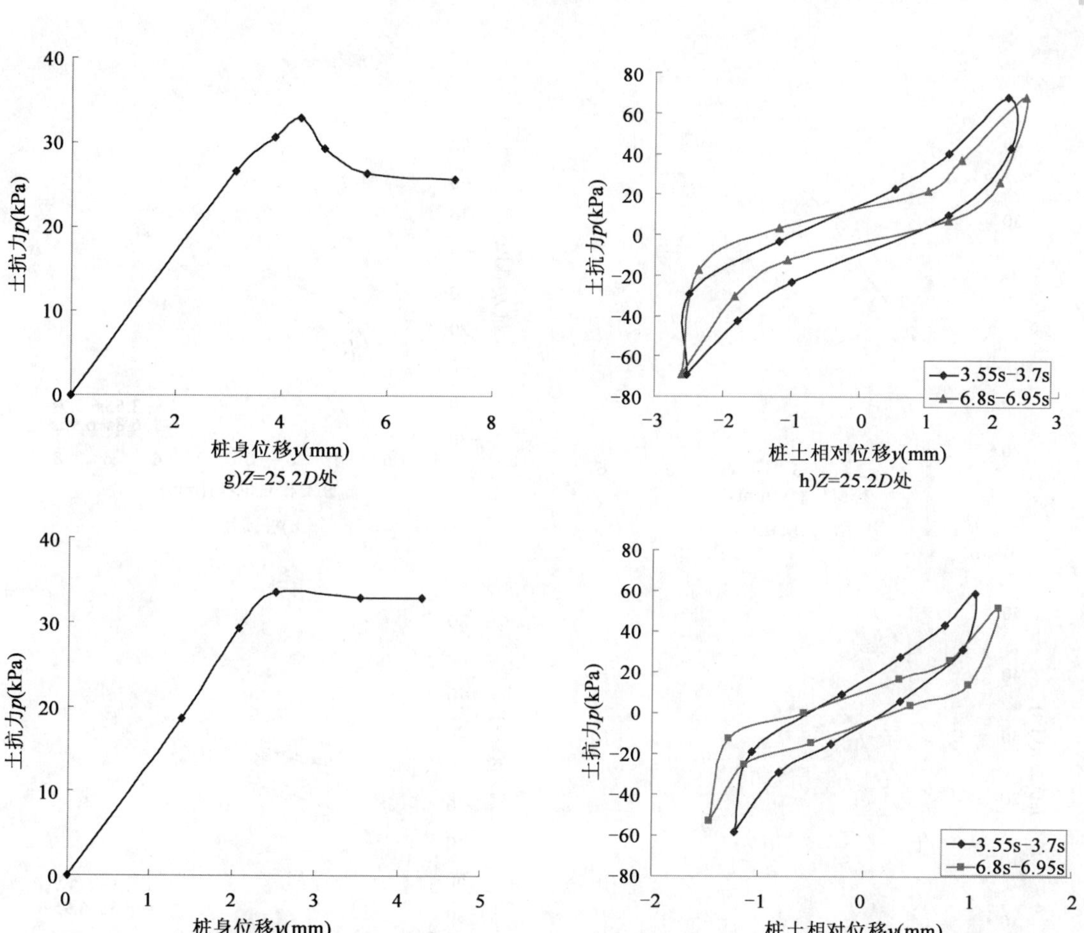

图 9-92 EL-0.4g 波作用下单桩 p-y 曲线图

2)双桩

(1)EL-0.2g 波作用下双桩 p-y 曲线

图 9-93 为 EL-0.2g 波作用下双桩 p-y 曲线图，在桩顶处，同单桩 EL-0.2g 波一样，在桩身水平位移达到 3mm 时土体就达到塑性变形，此时土抗力也达到 35kPa。在此抗力值之后，随着水平荷载增大，桩顶土体开始出现塑性屈服，在荷载增加缓慢的情况下变形却很大。与同等条件下单桩土体发生塑性变形时相比桩身位移略有增大。但是从 $z=5.2D$ 处至桩底处 p-y 曲线看出，双桩比单桩在开始段表现出具有更强的弹性变形，但是随着荷载的增大，塑性变形规律也同单桩类似。p-y 滞回曲线由桩顶到桩底逐渐由扁平状变为梭形状，滞回圈面积在增大，也表明双桩比单桩具有较强的地震波能量吸收能力。

(2)EL-0.3g 波作用下双桩 p-y 曲线

图 9-94 为 EL-0.3g 波作用下双桩 p-y 曲线图，可以看出，在强震作用条件下，双桩桩身水平位移致使桩土之间的挤压更明显，加之土体强度较低，比单桩极易发生土体屈服。就桩顶水平位移变化来说，在 20kN/m^2 作用力条件下，土体就发生屈服破坏变形，可能是因为双桩的桩距过小，桩与桩之间受力影响土体受力，造成了土体应力叠加。

土抗力p(kPa)
桩身位移y(mm)
a)桩顶处
土抗力p(kPa)
桩土相对位移y(mm)
3.55s-3.7s
6.8s-6.95s
b)桩顶处
土抗力p(kPa)
桩身位移y(mm)
c)Z=5.2D处
土抗力p(kPa)
桩土相对位移y(mm)
3.55s-3.7s
6.8s-6.95s
d)Z=5.2D处
土抗力p(kPa)
桩身位移y(mm)
e)Z=13.2D处
土抗力p(kPa)
桩土相对位移y(mm)
3.55s-3.7s
6.8s-6.95s
f)Z=13.2D处

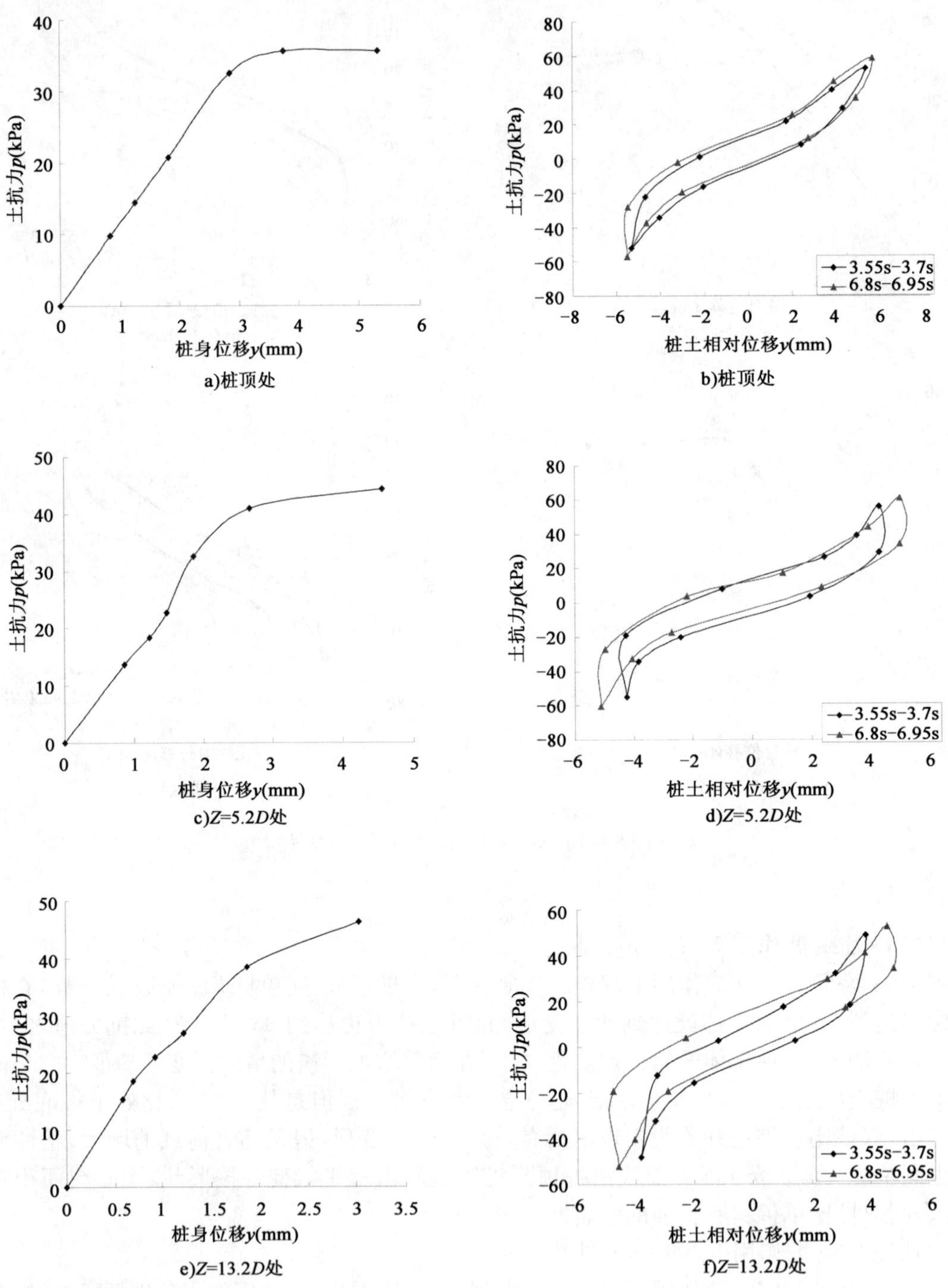

图 9-93

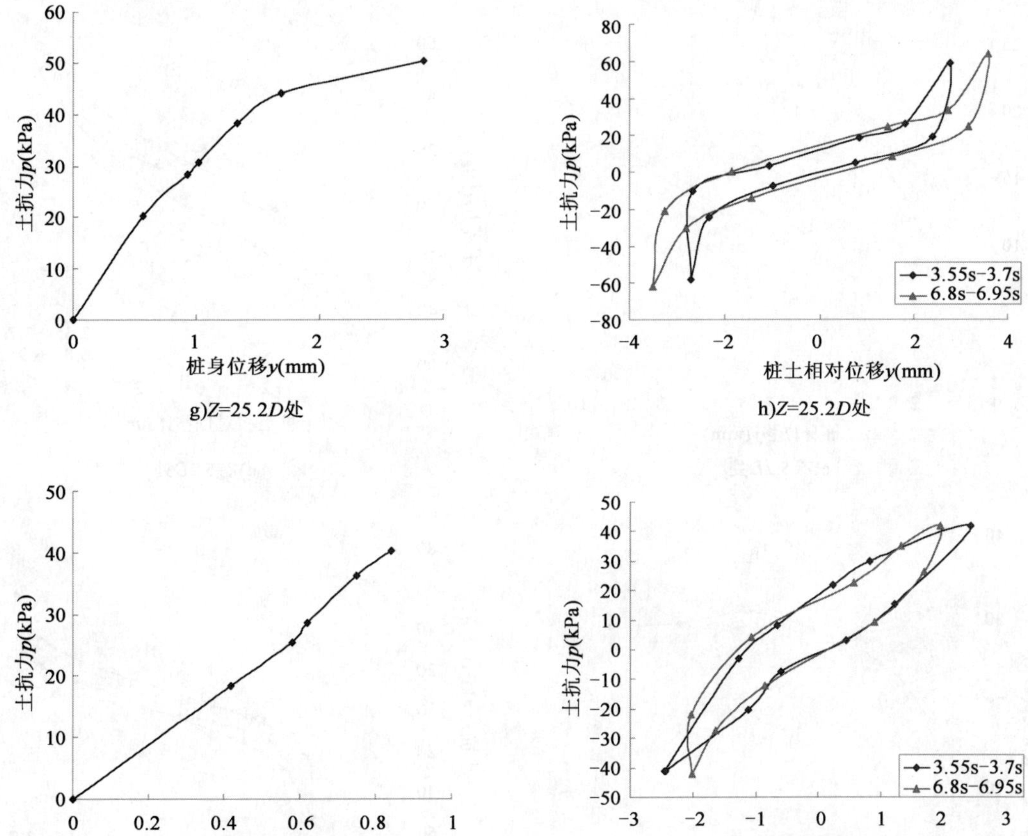

图 9-93　EL-0.2g 波作用下双桩 p-y 曲线图

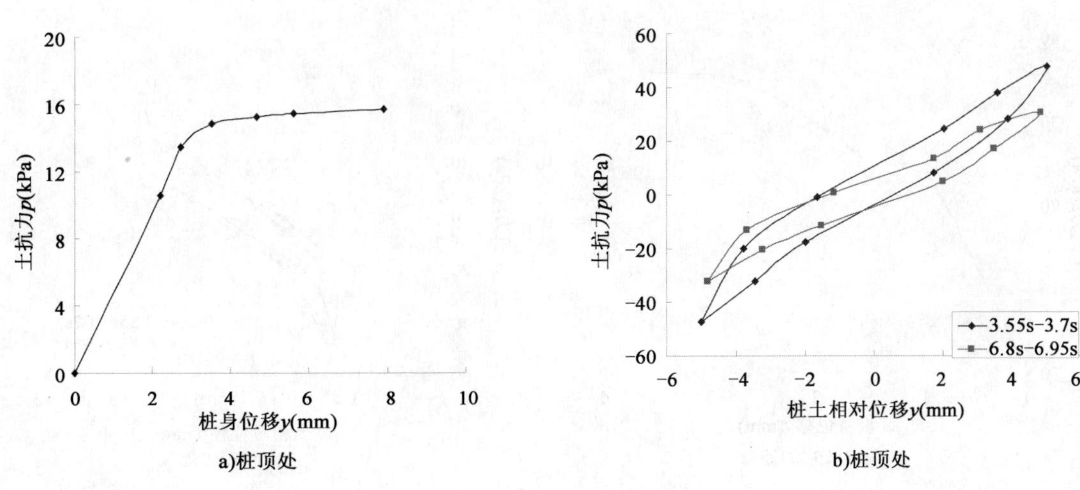

图　9-94

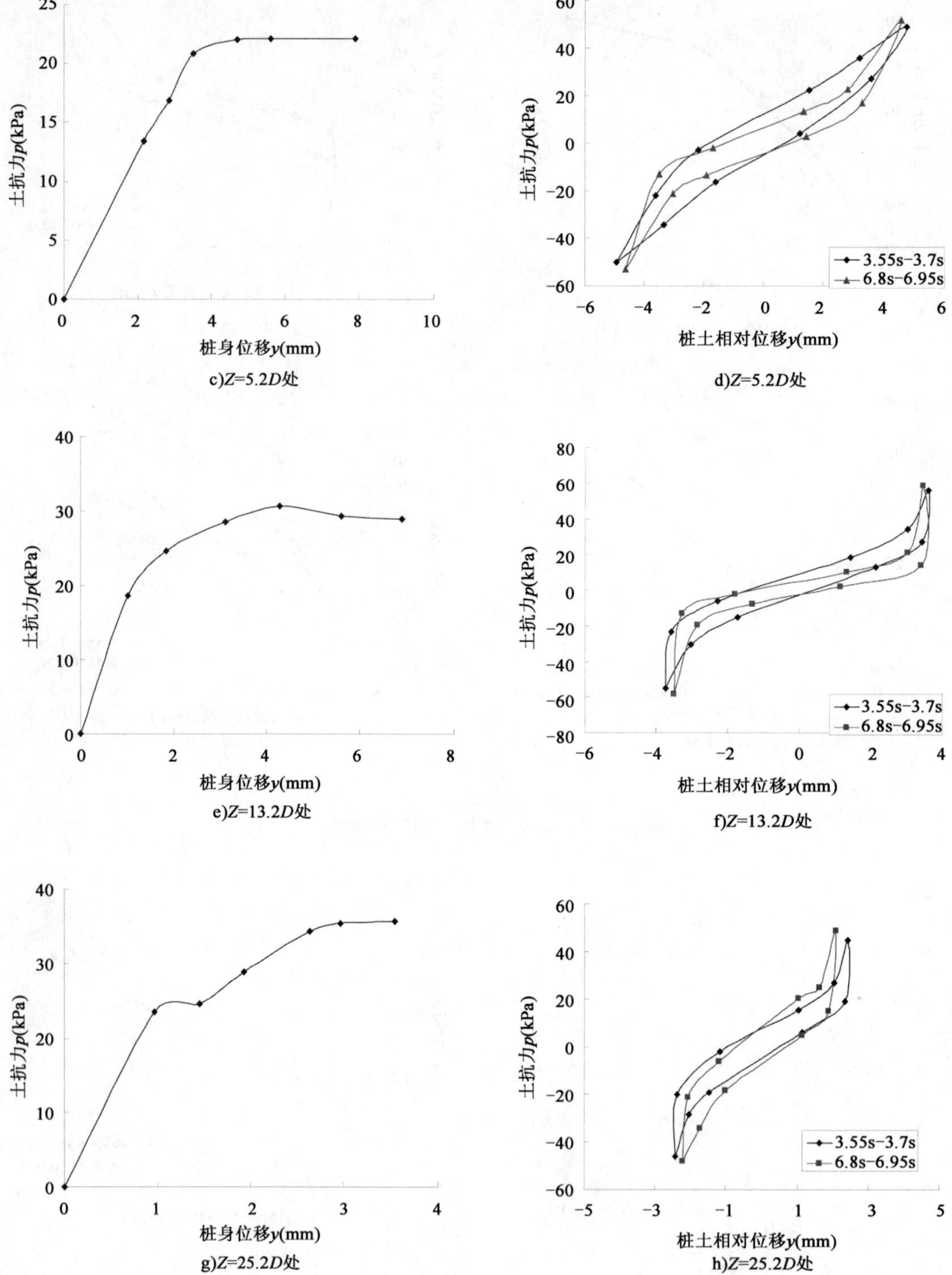

图 9-94

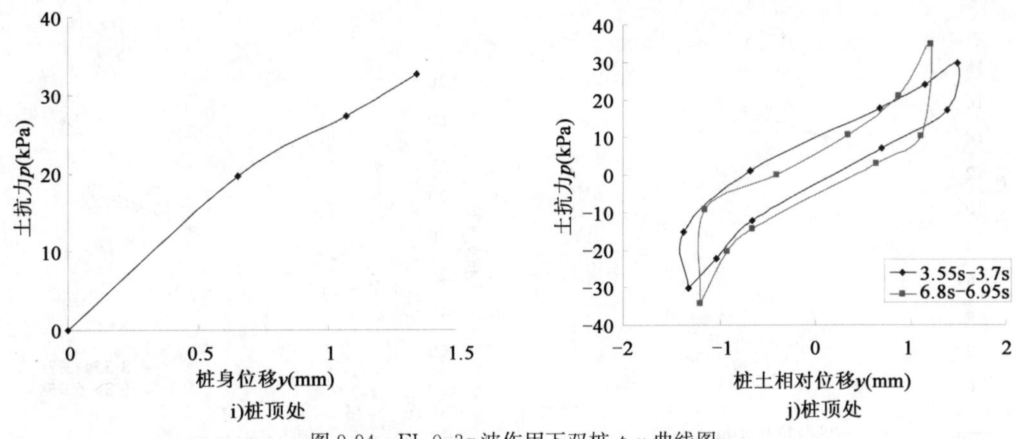

图 9-94　EL-0.3g 波作用下双桩 p-y 曲线图

(3)EL-0.4g 波作用下双桩 p-y 曲线

图 9-95 为 EL-0.4g 波作用下双桩 p-y 曲线图，可以看出，在强震作用力条件下，双桩桩身水平位移致使桩土之间的挤压更明显，加之土体强度较低，桩侧土体很快就发生了塑性破坏。就桩顶水平位移变化来说，也同样在 12kPa 作用力条件下土体就发生屈服变形，位移增大到 5mm，表明软土在强震荷载作用下几乎很快失去了抗力（发生屈服）；同样就桩底位移而言，在 22kPa 作用力条件下土体位移都达到了 4mm，可见双桩在强震条件下也不能有效承受上部荷载。

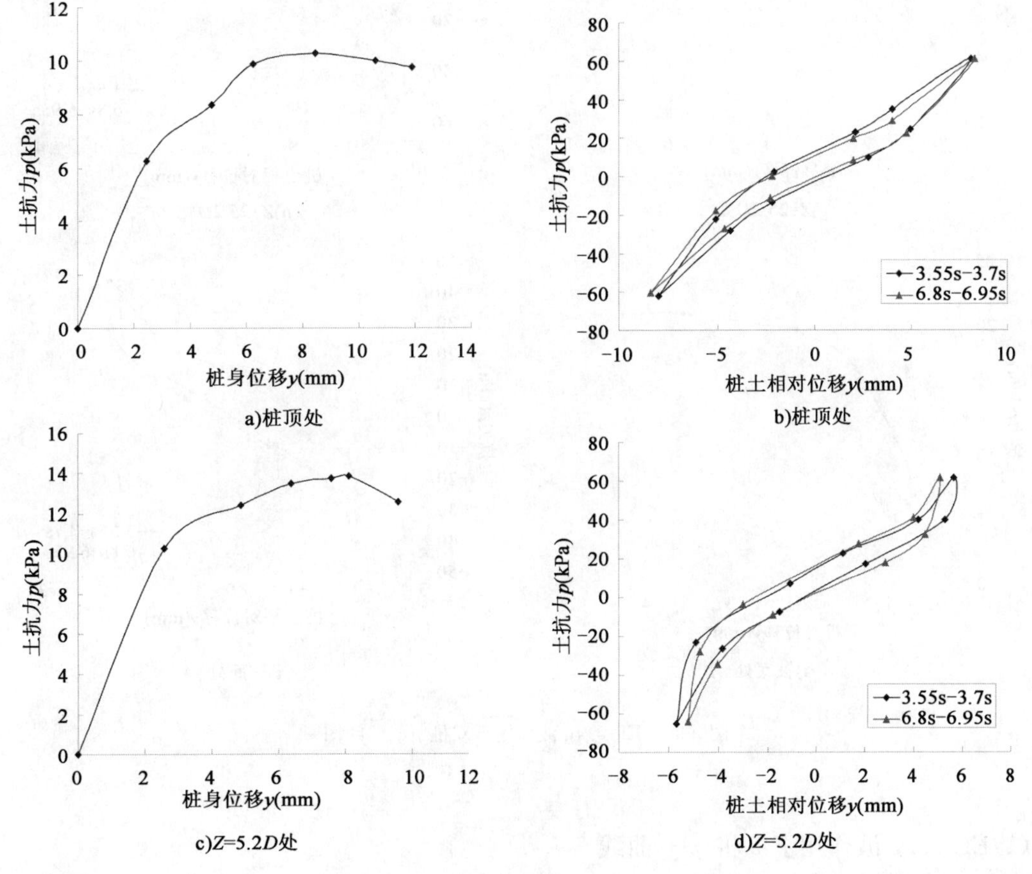

图　9-95

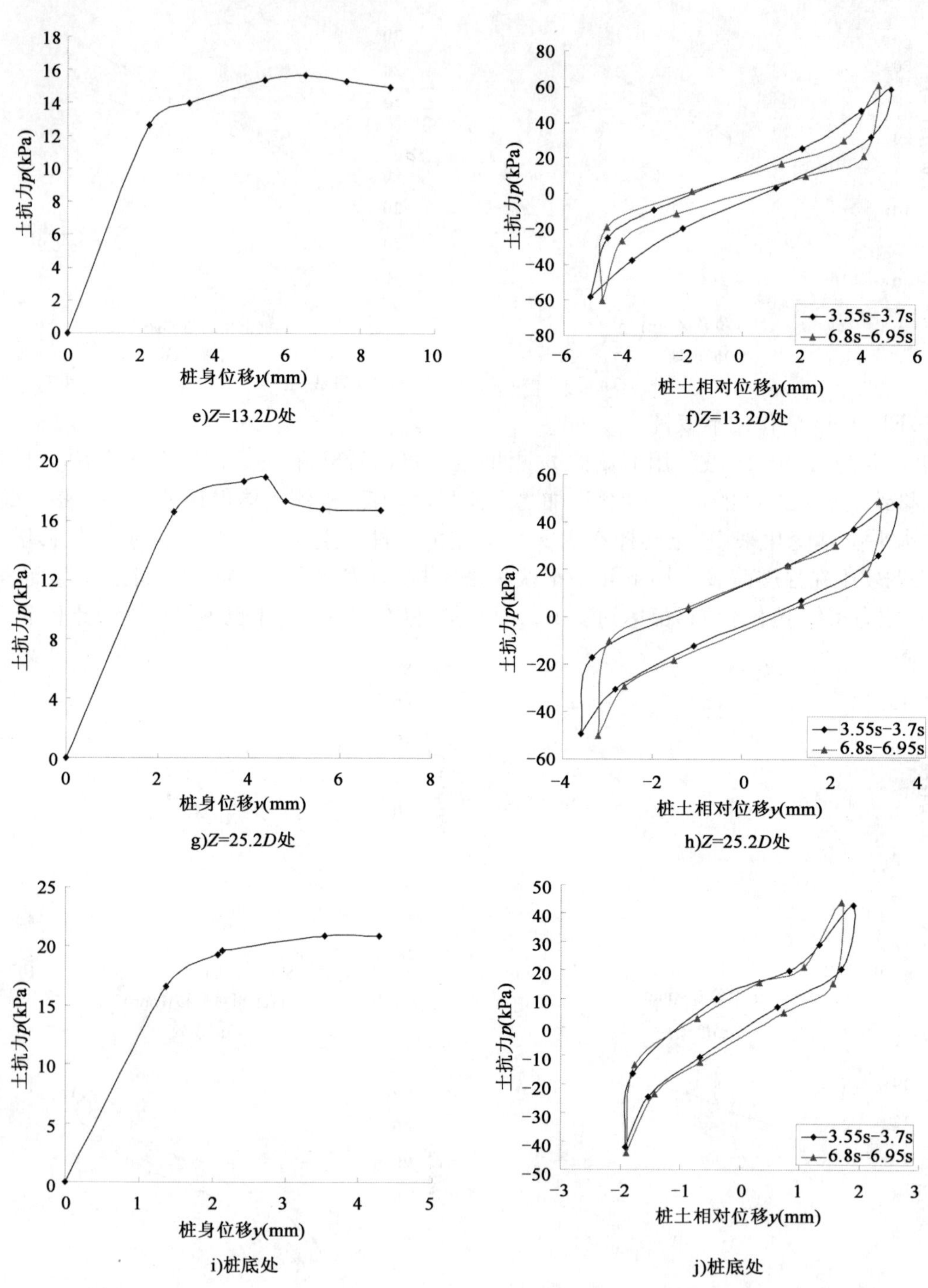

图 9-95　EL-0.4g 波作用下双桩 p-y 曲线图

3)三桩

(1)EL-0.2g 波作用下 3 桩 p-y 曲线

图 9-96 为 EL-0.2g 波作用下 3 桩 p-y 曲线图，由于群桩作用的影响，EL-0.2g 波作用下，

3 桩水平位移较同等条件下单桩和双桩变形都显著，从桩顶至桩底处曲线斜率都明显偏小。但是随着水平荷载的增大，土体也同单桩、双桩一样发生塑性破坏。p-y 滞回曲线比单桩和双桩面积变大，偏转角度也比单桩和双桩小。

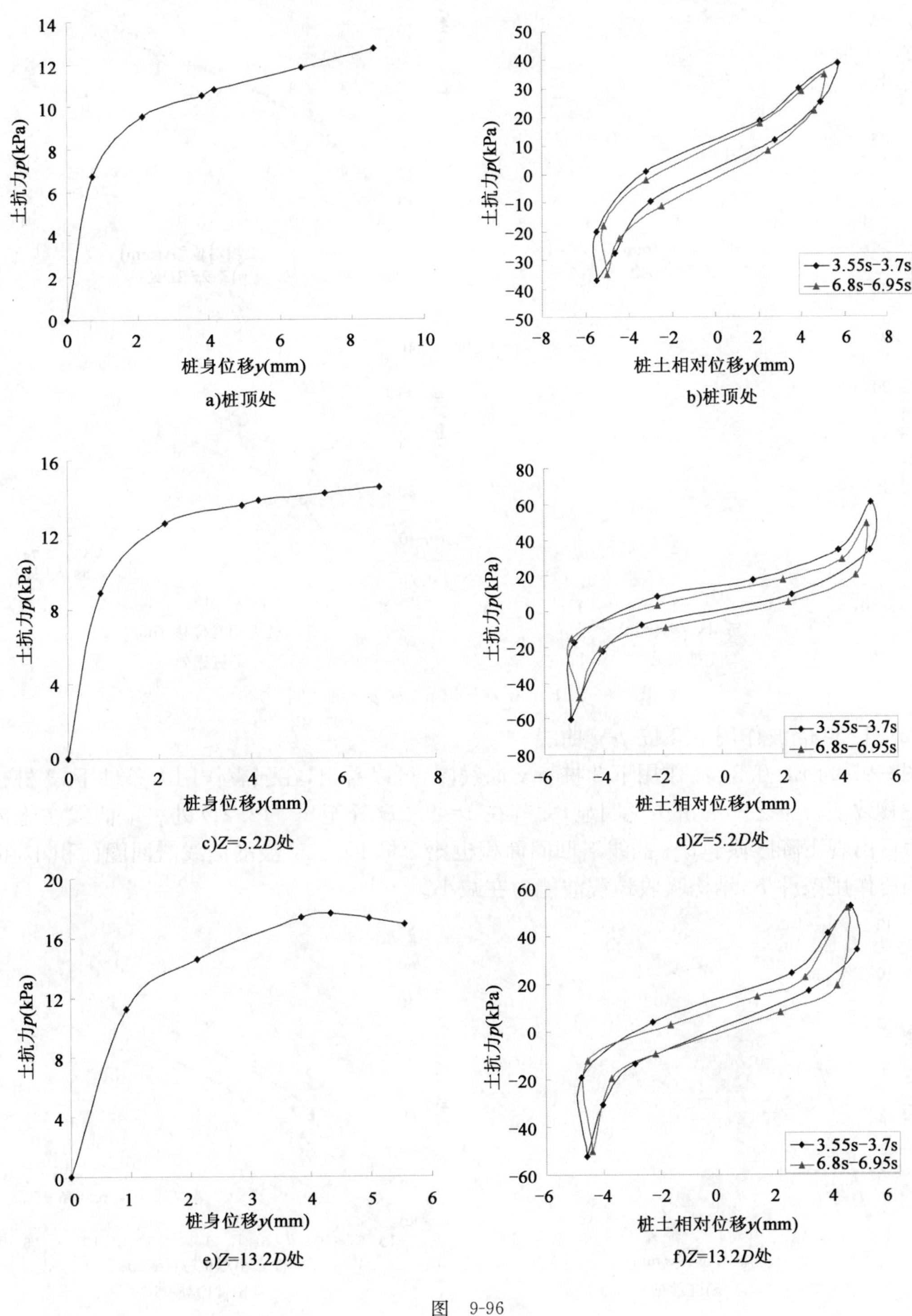

图　9-96

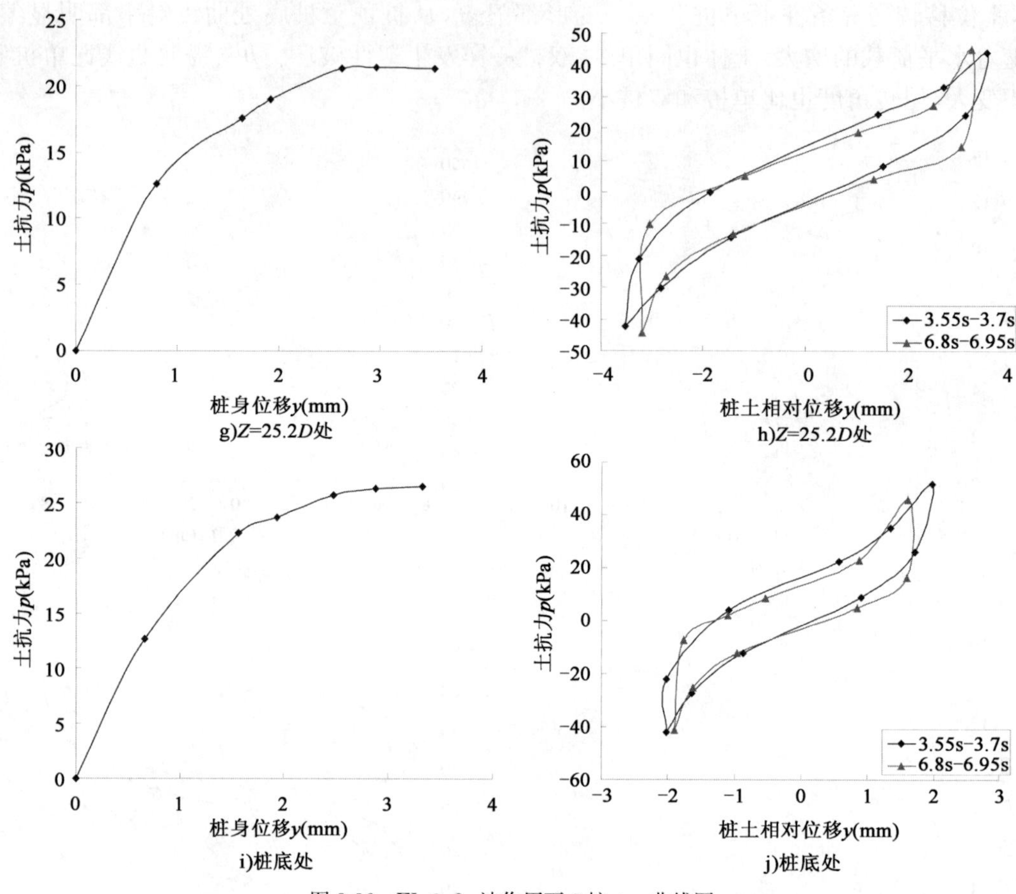

图 9-96　EL-0.2g 波作用下 3 桩 p-y 曲线图

（2）EL-0.3g 波作用下 3 桩 p-y 曲线

图 9-97 为 EL-0.3g 波作用下 3 桩 p-y 曲线图，可以看出，在强震作用力条件下，3 桩桩身水平位移致使桩土之间的挤压更明显，尤其在 $z=5.2D$ 处至 $z=13.2D$ 处 p-y 曲线在土体发生屈服后出现下降区段。p-y 曲线滞回圈面积也比 3 桩 EL-0.2 波的曲线滞回圈面积小，也说明在强震作用条件下，结构吸收地震波能力在减小。

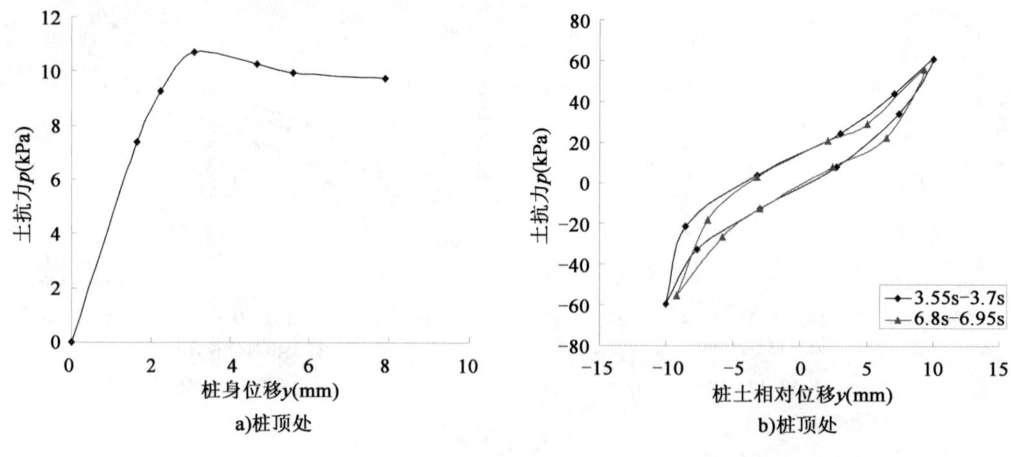

图　9-97

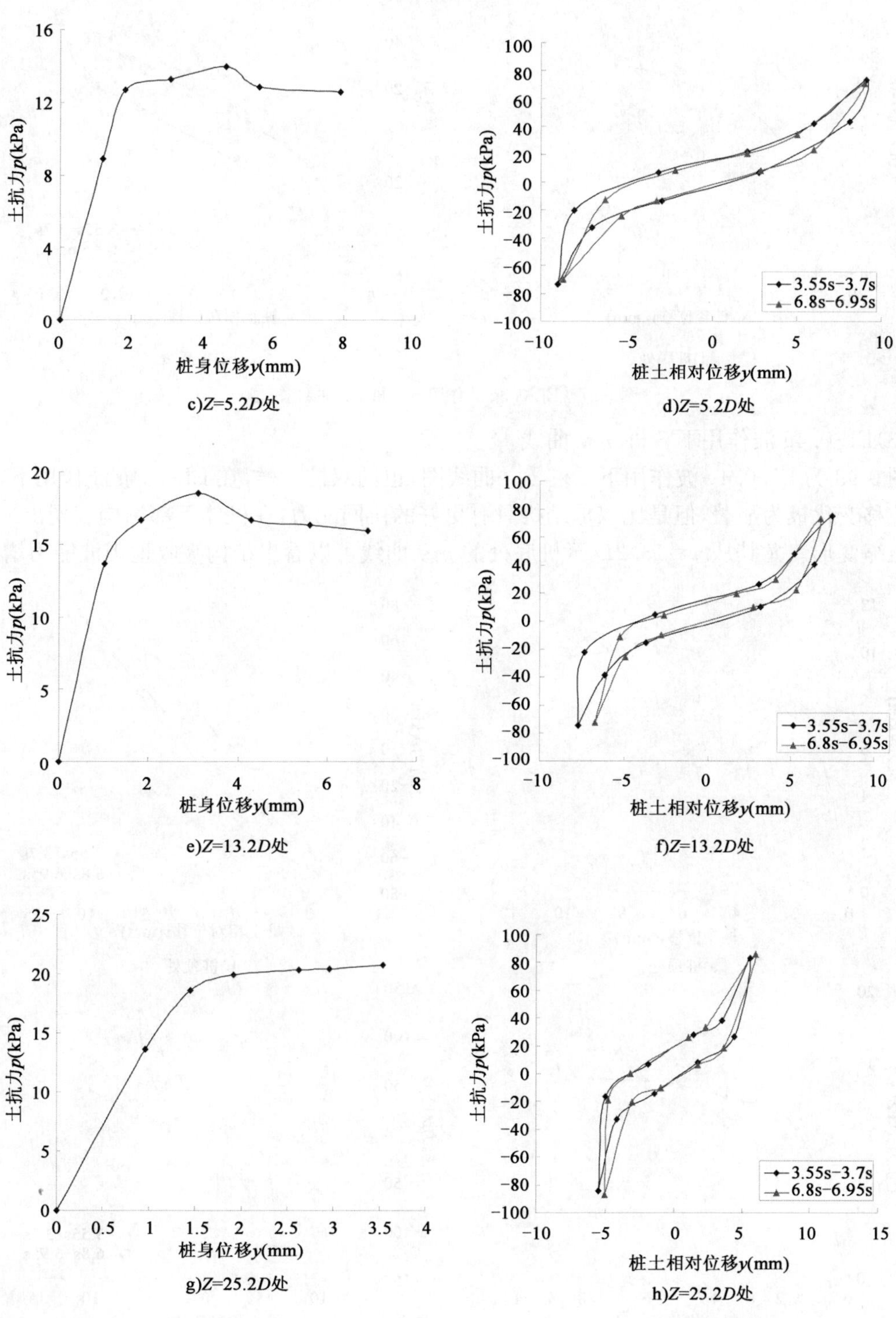

c)Z=5.2D处　　d)Z=5.2D处

e)Z=13.2D处　　f)Z=13.2D处

g)Z=25.2D处　　h)Z=25.2D处

图　9-97

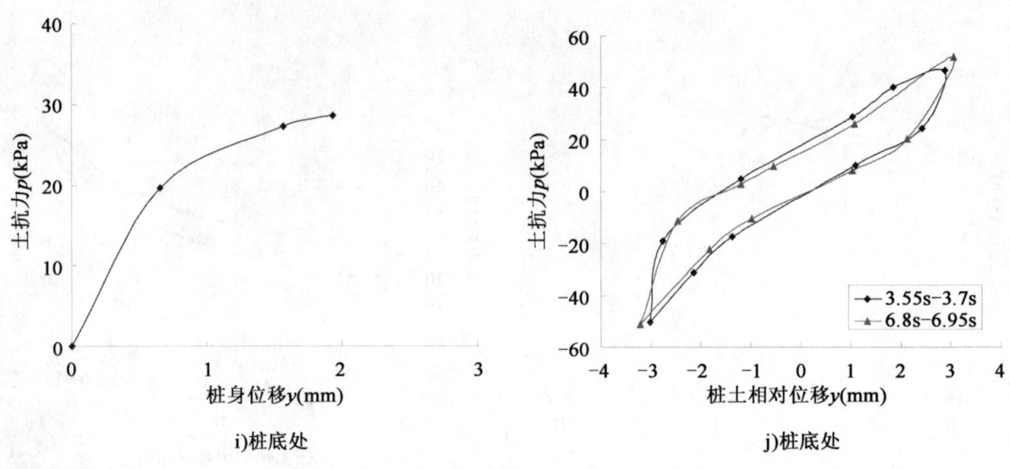

图 9-97　EL-0.3g 波作用下 3 桩 p-y 曲线图

(3)EL-0.4g 波作用下 3 桩 p-y 曲线

图 9-98 为 EL-0.4g 波作用下 3 桩 p-y 曲线图，也同双桩一样，在 EL-0.4g 波作用下，桩身水平位移变化极为显著，但是比双桩结构具有更好的协同能力，在桩体下部结构表现出一定的弹性压缩变形。尤其从 $z=13.2D$ 至桩底处的 p-y 曲线可以看出结构吸收地震波能力增强。

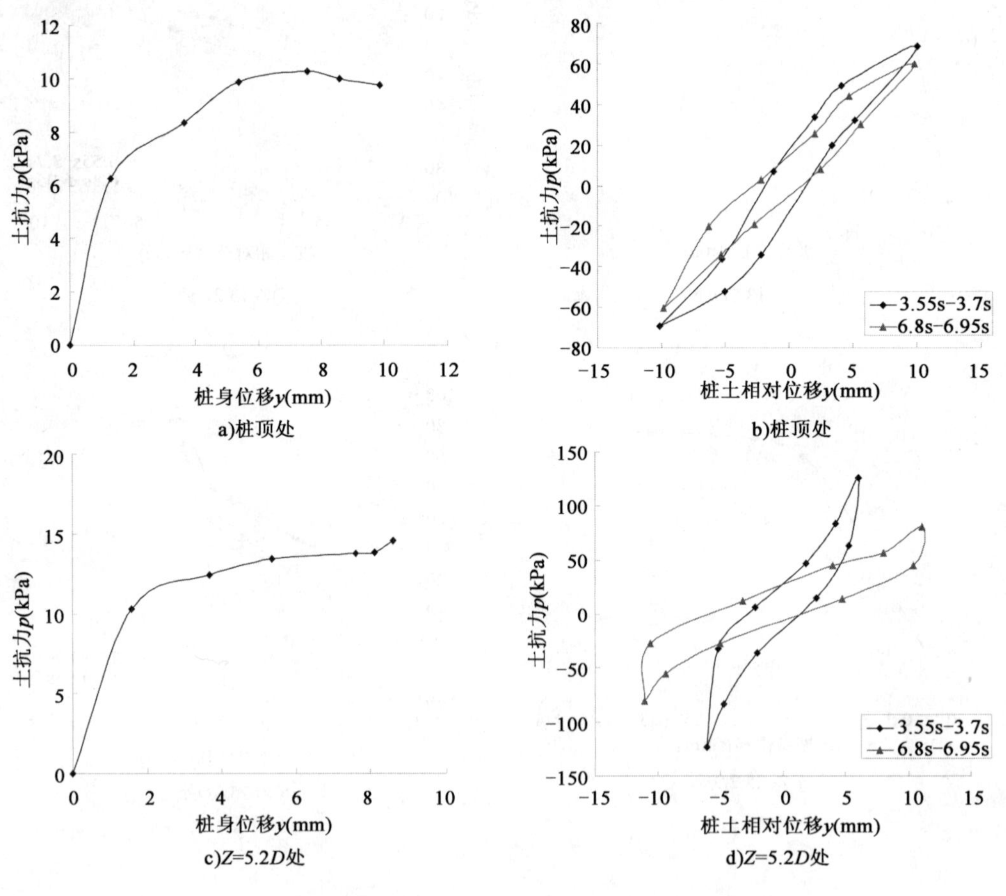

图　9-98

土抗力p(kPa)
桩身位移y(mm)

e)Z=13.2D处

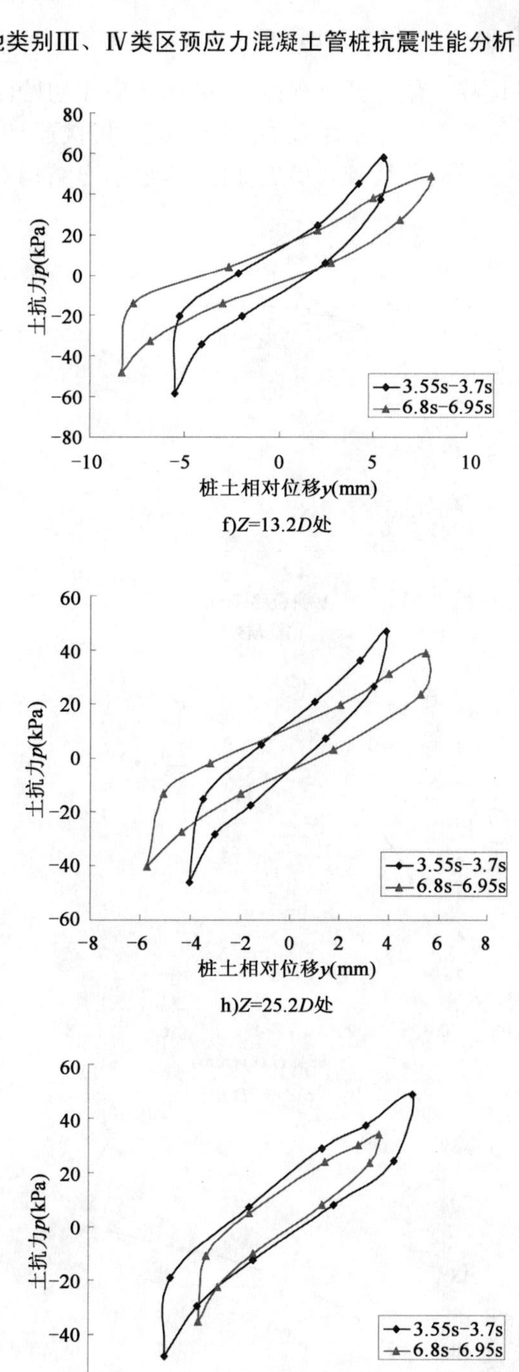

f)Z=13.2D处

g)Z=25.2D处

h)Z=25.2D处

i)桩底处

j)桩底处

图 9-98　EL-0.4g 波作用下 3 桩 p-y 曲线图

4)4 桩

(1)EL-0.2g 波作用下 4 桩 p-y 曲线

图 9-99 为 EL-0.2g 波作用下 4 桩 p-y 曲线图，从中可以看出，4 桩较单桩、双桩、3 桩桩身

水平位移变化更具有规律性，曲线斜率在初始段更加接近线性，表明 4 桩结构协同受力能力增强。桩侧土体发生屈服的区域也同 3 桩接近，但是发生屈服后土体变形相对稳定。同时 4 桩的 p-y 滞回曲线较 3 桩更加饱满，显示出结构对地震波能量吸收能力更强。

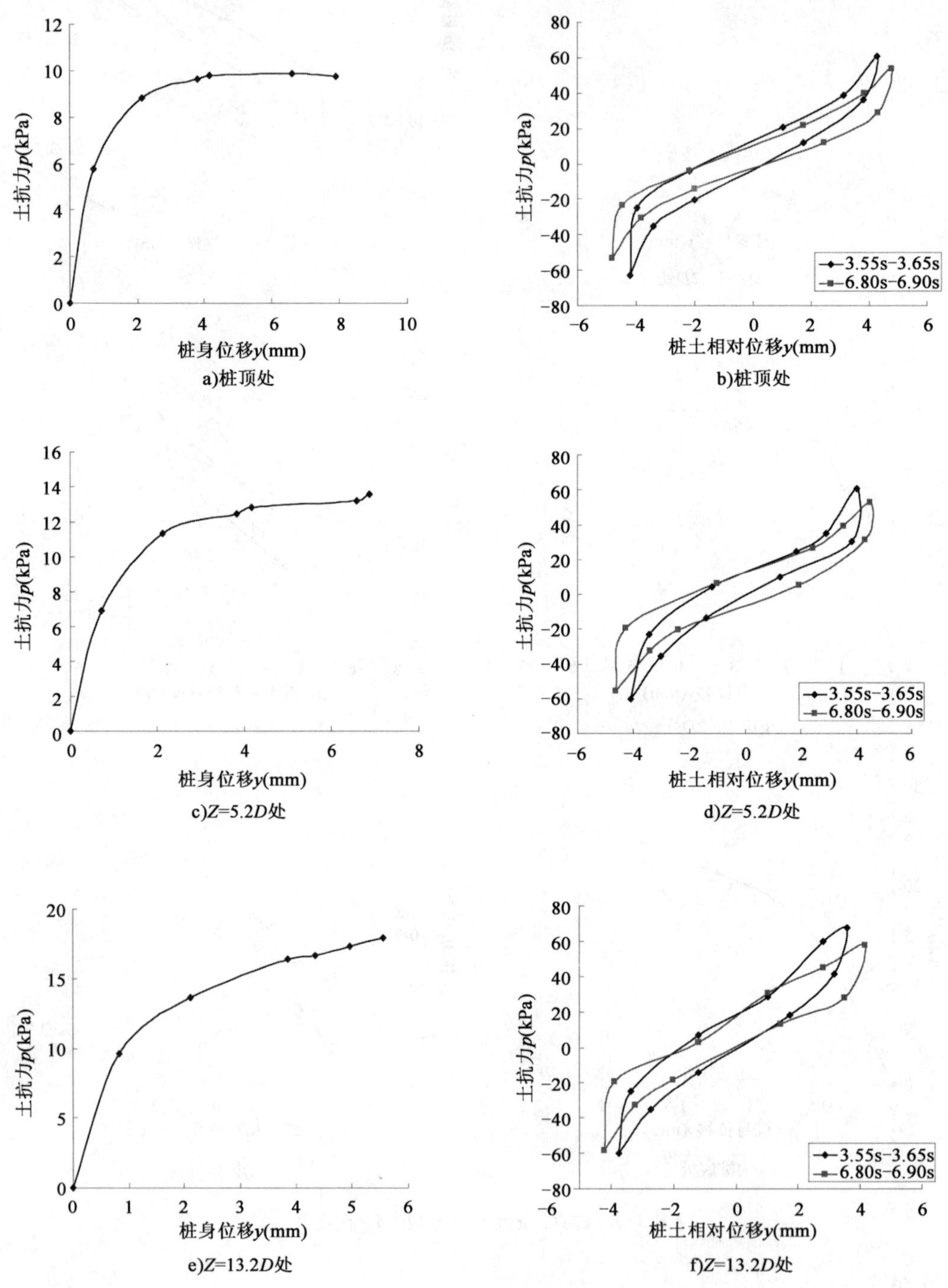

图 9-99

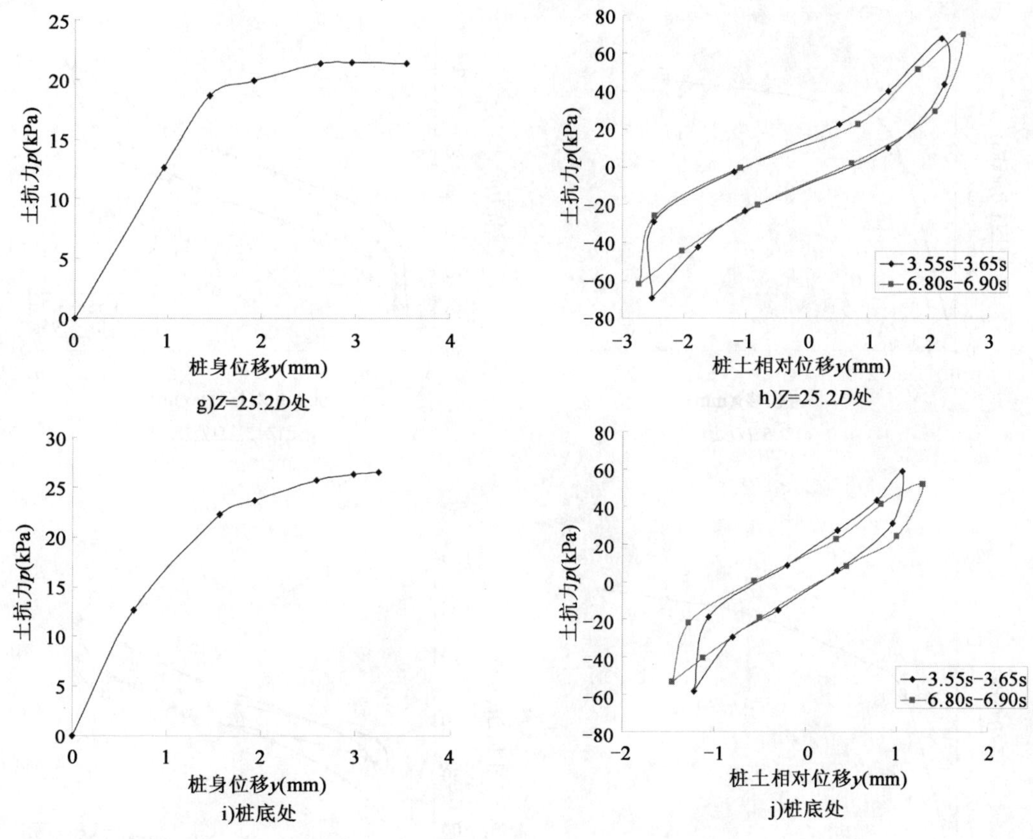

图 9-99 EL-0.2g 波作用下 4 桩 p-y 曲线图

(2)EL-0.3g 波作用下 4 桩 p-y 曲线

图 9-100 为 EL-0.3g 波作用下 4 桩 p-y 曲线图，从中可以看出，相对于 4 桩 EL-0.2g 波，桩身水平位移显著增大，在桩顶处将近 10kPa 土体就发生了塑性变形，在桩底位置土体也发上了略微的塑性变形，再一次证明在强震条件下群桩效应对周围土体受力造成影响。在桩底，桩身位移都达到了 3.5mm，说明从桩顶至桩底土体都已塑性屈服。

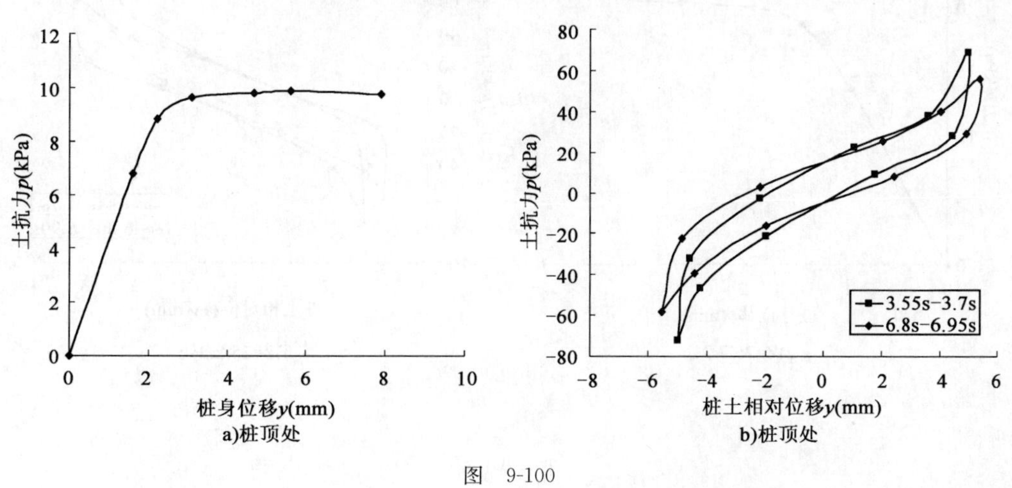

图 9-100

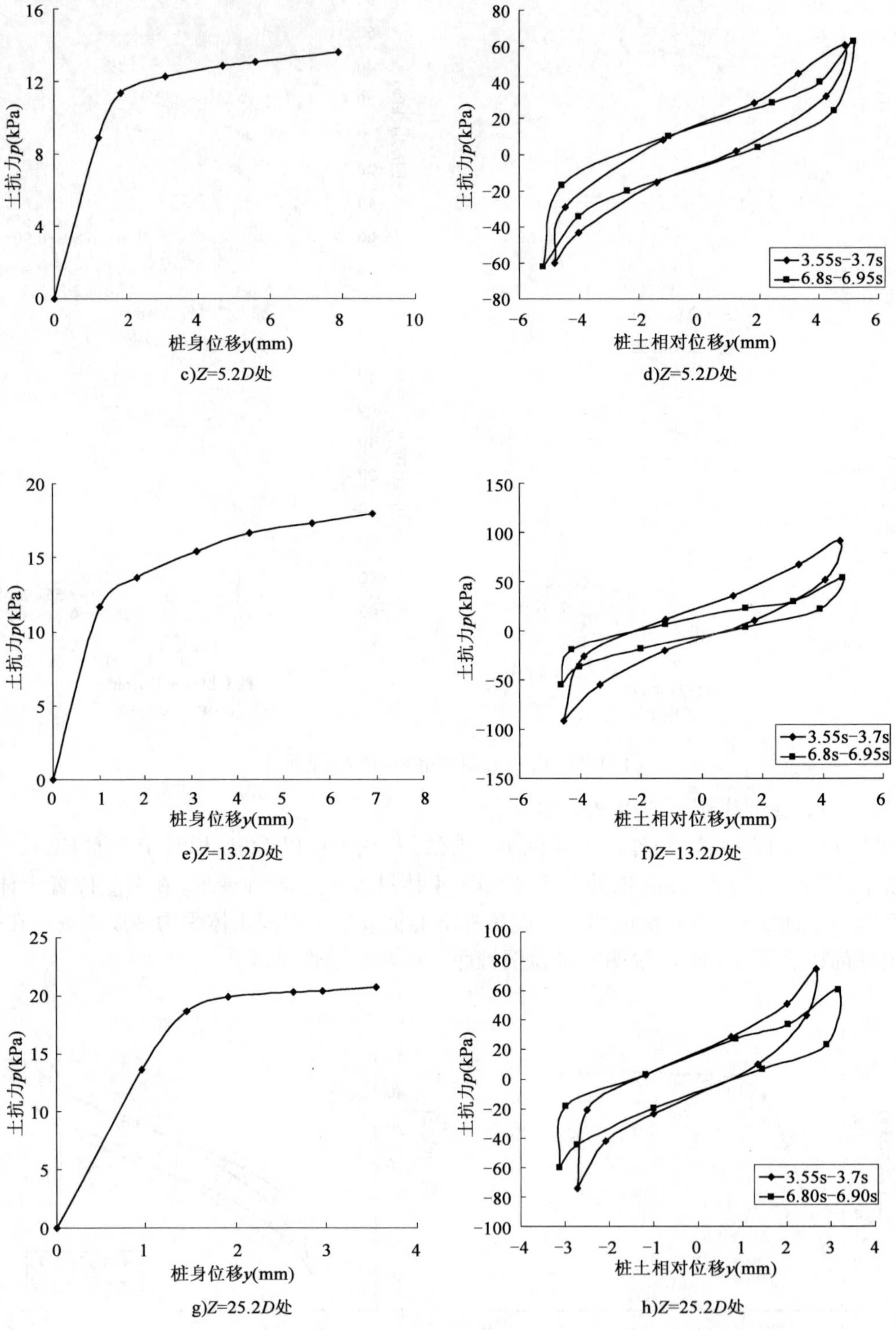

c)Z=5.2D处

d)Z=5.2D处

e)Z=13.2D处

f)Z=13.2D处

g)Z=25.2D处

h)Z=25.2D处

图 9-100

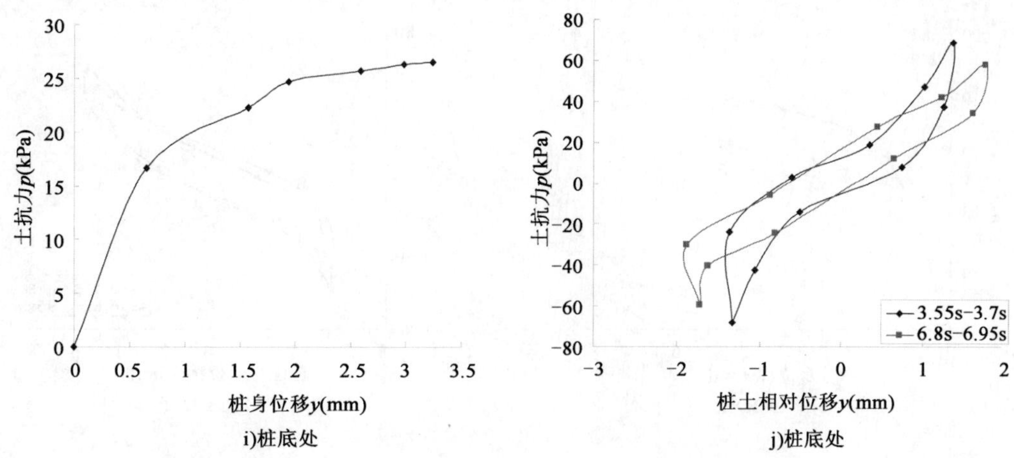

图 9-100　EL-0.3g 波作用下 4 桩 p-y 曲线图

(3)EL-0.4g 波作用下 4 桩 p-y 曲线

图 9-101 为 EL-0.4g 波作用下 4 桩 p-y 曲线图，从中可以看出，4 桩在强震水平荷载作用下，桩底水平位移最大值也达到了 3.3mm。虽然在桩顶及桩身土体也发生塑性屈服，但是比起单桩、双桩及 3 桩具有更强的地震能量吸收性能，更能体现出群桩的良好协同抗震能力。

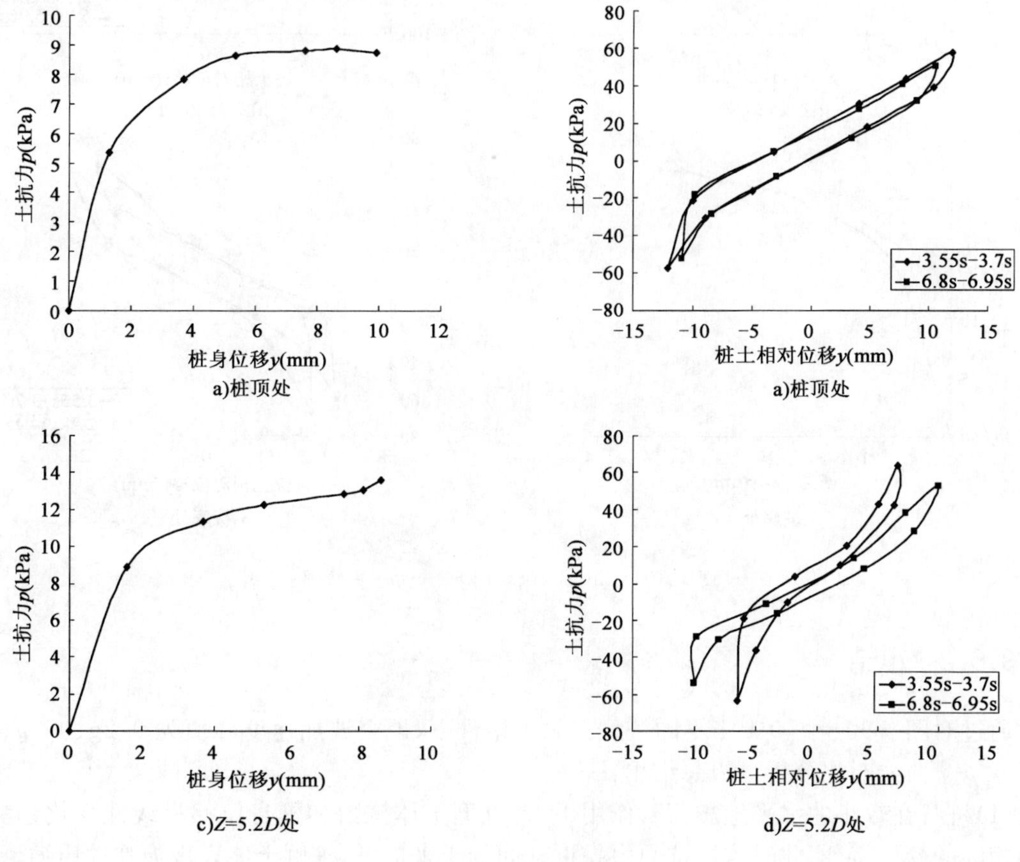

图　9-101

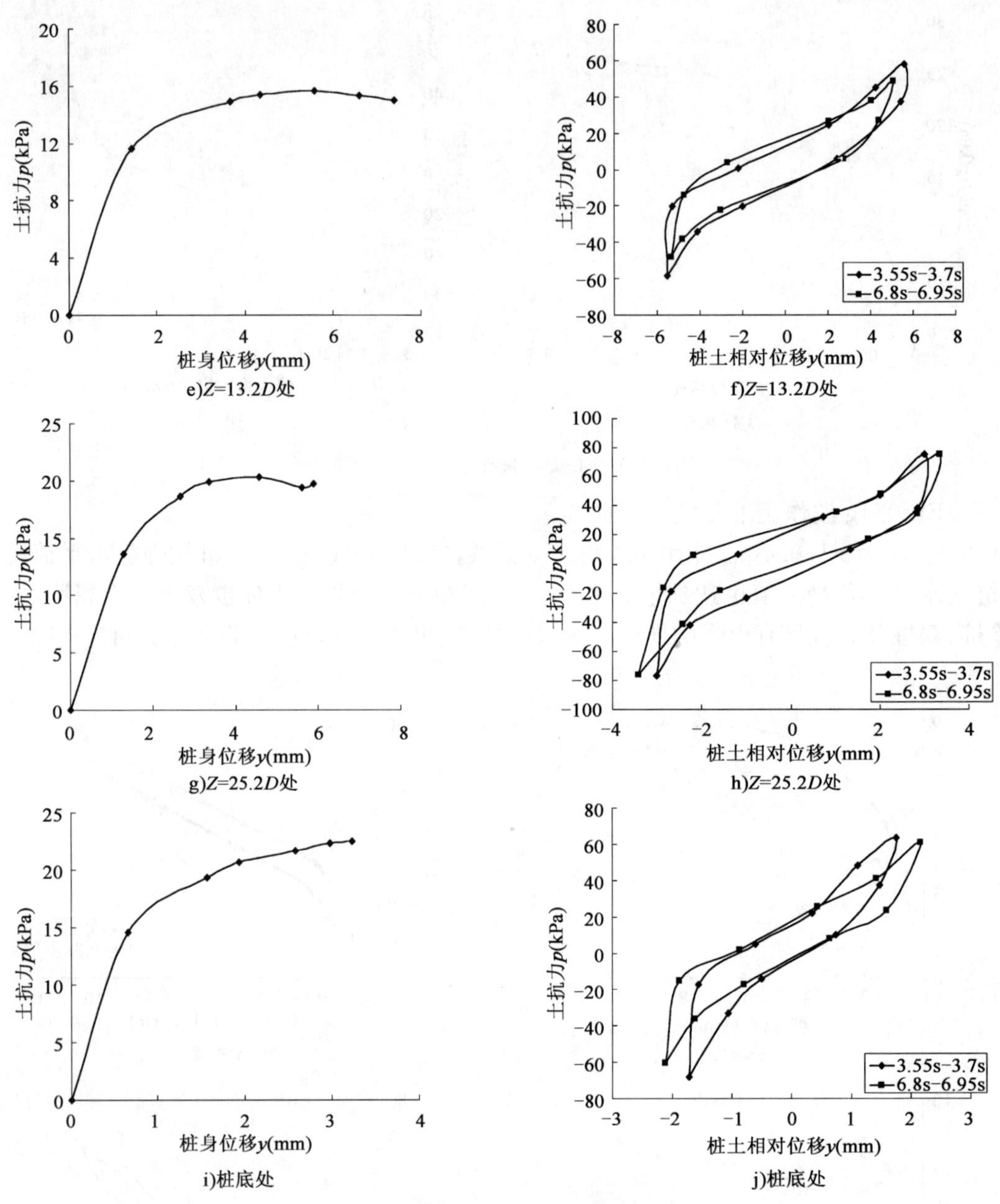

图 9-101　EL-0.4g 波作用下 4 桩 p-y 曲线图

9.6.2　小结

通过对图 9-90～图 9-101 不同桩型在软土条件下、地震波加速度峰值为 0.2g、0.3g、0.4g 的桩身 p-y 曲线对比分析可以总结出：

(1)桩身在较小的水平地震荷载作用下，各桩型土体抗力和桩身位移呈线性变化趋势，表现出相同的变形特征，此时这一抗力由靠近地面的土来提供，桩侧土体表现为弹性压缩。

(2)随着水平地震荷载的增大，桩身上部土体位移呈现非线性增大趋势。当荷载增加到一定值时，上部桩侧土体开始出现局部塑性区甚至局部可能产生塑性屈服，从而使水平荷载向更深处的土层传递。随着荷载的慢慢增大，桩身位移变化加大，土体塑性区也不断扩展，浅层土体可能会产生塑性破坏，而深层桩侧土体还处于弹性压缩状态。软土发生塑性破坏的深度比粉土发生塑性破坏的深度小。

(3)随着桩侧土体深度的增加，桩侧的土体抗力也越来越大，但是位移增长却比较缓慢，到桩底位置位移基本变化很小。但是当地震加速度峰值达到 0.4g 条件下，软土的桩底水平位移比粉土大约 1～2mm。

(4)比较单桩、双桩、3 桩、4 桩的 p-y 曲线可以看出，双桩、3 桩、4 桩桩身水平位移随着水平荷载的增大变化较单桩大。在相同水平地震荷载作用下，桩数越多，水平位移变化越大，其中双桩和 3 桩位移变化规律接近，可能是因为桩间距的影响造成群桩效应引起的。相对粉土而言，软土引起的群桩效应反应略小。

(5)对于同一种桩型来说，地震波加速度峰值不同，桩身出现的位移也不相同，在桩侧土抗力相同的条件下，地震加速度峰值为 0.4g 产生的桩身水平位移大于加速度峰值为 0.2g、0.3g 产生的位移，这是因为桩身在较强的地震水平荷载作用下，上部土体提前出现塑性屈服，从而导致土体对桩侧的抗力减小。尤其在加速度峰值为 0.4g 作用条件下，桩身水平位移值达到 13mm，说明桩侧土体早已发生塑性破坏，桩身也可能发生了裂缝破坏。

(6)针对每一单桩 p-y 曲线而言，不同深度桩身位移随水平荷载变化也不相同，随着桩体埋深的增大，p-y 曲线的初始斜率也在变大，但是在同等深度条件下，软土的斜率还是比粉土小很多。

(7)从滞回曲线图可以得出，各桩上部 p-y 曲线滞回圈面积较小，呈现反 S 形或者 Z 形，反映出上部结构的延性和地震吸收能量比较差，而桩下部 p-y 曲线滞回圈面积较大，呈现出梭形或者弓形，反映出下部结构的延性和地震吸收能量比较强，具有很好的地震能量吸收能力和优越的抗震性能。

(8)随着桩侧土体埋深的增大，p-y 曲线滞回圈的偏转角度在逐渐增大，在桩顶位置曲线滞回圈偏向横轴(桩土相对位移)，在桩底位置曲线滞回圈偏向纵轴(土抗力)，说明随着土体深度的的增大，桩侧水平位移随着水平地震荷载的增大变化很小。但是相对比粉土来说，软土的 p-y 曲线滞回圈的偏转角度比粉土更偏向横轴(桩土相对位移)。

(9)通过对比软土条件与粉土条件下的 p-y 曲线可知，在相同荷载条件下，软土区桩身水平位移较大。并且在 0.4g 强震作用条件下，当水平荷载超过土体塑性区最大值时，水平位移随着荷载减小仍会出现暂时的变大。

(10)在软土条件下，对比各桩型的桩身不同深度滞回曲线可以发现，软土条件下的桩—土相对位移比粉土大很多，说明软土的桩侧土体在水平地震荷载作用条件下极易发生塑性屈服。尤其是在 0.4g 强震作用条件下，土体抗力远不及粉土，吸收地震的能量较差。

9.7　本章小结

通过管桩抗震模型在强震软土区实际工程中的应用，可以得到以下结论：

(1)在强震软土区中，地震作用下管桩的加速度峰值放大系数随着地震波加速度峰值的增大而减小，桩身位移、桩身弯矩随着地震波加速度峰值的增大而增大，且这种变化呈现出明显的非线性。这个规律与从实验室管桩振动台数值模型的分析中得到的规律相同。

(2)桩身弯矩在距离桩顶 5 倍桩径的位置出现最大值，这个位置的弯矩值直接决定管桩的安全性、适用性。通过对实际工程的分析，可以发现预应力混凝土管桩在强震软土区使用时，一般不会破坏，但极有可能开裂。

(3)不同的场地会使桩身对地震波的反应出现很大的差异，通过大量模拟测试研究可以发现，当预应力混凝土管桩桩身通过粉土等压缩模量较大的土体时，桩身加速度放大系数、弯矩会放大，位移会缩小；同样，当通过淤泥、黏土等压缩模量较小的土体时，桩身加速度放大系数、弯矩会减小，位移会放大。当桩身位于同一种类型的土层中时，加速度放大系数、位移会随着预应力混凝土管桩埋深的增大而增大。

(4)在强震软土区中，对比各桩型的桩身不同深度 p-y 曲线可以发现，软土条件下的桩身侧向位移及桩—土相对位移都比粉土大很多，说明软土的桩侧土体在水平地震荷载作用下极易发生塑性屈服，尤其在 0.4g 强震作用条件下，土体屈服破坏更加显著。同时，软土发生塑性破坏的深度比粉土发生塑性破坏的深度小。

第 10 章　预应力管桩基础竖向承载力可靠性分析

10.1　静荷载试验确定单桩竖向极限承载力的原则

10.1.1　有完整 P-s 曲线情况下单桩承载力确定方法

(1)当 P-s 曲线为缓变型(无陡降段)时,则根据桩顶沉降量确定极限承载力,一般桩可取 $s=40\sim60$mm 对应的荷载值;大直径桩可取 $s=(0.03\sim0.06)D$(D 为桩端直径)对应的荷载值;对于细长桩($l/d>80$)可取 $s=60\sim80$mm 对应的荷载值。

(2)P-s 曲线明显转折法(拐点法)。此法实质是根据 P-s(或 s-lg$P$)、lg$s$-lg$P$ 曲线的明显转折点所对应的荷载值为极限承载力。以 P-s 曲线为例,一根完整的 P-s 曲线应当由 3 段曲线组成,即初始线、中间曲线及末端陡降直线。该法是依据极限承载力的定义,曲线明显陡降的始点(称为第二拐点)对应的荷载作为极限承载力的值,这点标志着土体对桩侧摩擦力已达极限,桩尖土体塑性变形开始剧增,超过此点桩顶沉降将急剧增加。此类方法确定极限承载力在很大程度上受 P-s 曲线比例尺的影响,人为因素较大。

(3)沉降速率法(s-lg$t$ 曲线)。s-lg$t$ 曲线形状能较灵敏地反映桩与周围土的工作状态。s-lg$t$ 曲线斜率反映桩顶沉降速率,间接地说明某级荷载下桩周围土的塑性变形或挤出的发展程度。当恒载未达到极限时,各点群可近似连成一直线,其坡度大致相同。当荷载超过极限值,其坡度变陡,不成直线,曲线尾部向下弯曲。取曲线尾部出现明显向下弯曲的前一级荷载为极限荷载[39]。

10.1.2　试桩未达破坏时单桩承载力估算方法

确定试桩的极限承载力是静载试验的主要目的,前面介绍的几种确定试桩极限承载力的方法,要求试桩的 P-s 曲线比较完整。本文所搜集的试桩本身为工程桩,静载试验不能达到破坏荷载,得到的是不完整的 P-s 曲线,但可以检验是否达到工程设计容许荷载要求。对于此类静载试验资料,利用 P-s 曲线表达式(解析法)来估算其极限承载力。

影响桩承载力的因素很多,也很难定量分析,但是由于静载试桩是在现场原位进行的,其静载试验结果的 P-s 曲线能综合反映各种因素对桩的影响,因而采用那些满足 P-s 曲线物理边界条件(如 $P=0,s=0;s\to\infty,P\to$极限荷载),并通过最小误差拟合原理而确定的 P-s 关系表达式来分析和推算桩的承载力是可行的。此法人为干扰小,取值标准统一,误差可量化,便于采用计算机来分析试桩资料,从而大大减少了工作量和计算时间。表 10-1 为几种典型的试桩极限承载力 P_u 的计算模型。

P_u 的计算模型　　表 10-1

计算模型	P_u 极值点	P_u
双曲线模型	极值点	$1/b$
$P=s/(a+bs)$	最大曲率点	$(1-\sqrt{a})/b$
无量纲指数模型	极值点	P_m
$P/P_m=[1-\exp(-s/\delta_s)]$	最大曲率点	$P_m-\delta_s/\sqrt{2}$
灰色理论模型	极值点	b/a
$P=(P_1-b/a)\exp[-a(s-s_1)]+b/a$	最大曲率点	$b/a-1/\sqrt{2}a$

注：P_u 代表极限承载力；a、b 为模型参数；P_m 为极值点处荷载，δ_s 为基准位移量；P_1、s_1 为桩顶第一级荷载及相应沉降。这几个模型都只有两个待定参数，它们都自然满足 P-s 关系边界情况，即当 $s=0$ 时，$P=0$（或 $s=s_1$，$P=P_1$）；当 $s\to\infty$ 时，P 趋于一个较大的稳定值，即极限荷载 P_u。

10.2 预应力管桩基础承载力计算的随机场模型

通过方差衰减函数 $\Gamma^2(h)$，随机场理论将土的点方差和空间均方差联系起来。然而，方差衰减函数 $\Gamma^2(h)$ 与土的相关距离 δ 和 $\Gamma^2(l_i)=\delta_i/l_i$ 有关。文中将根据土层划分，通过土层 i 的 c-p-t 曲线取样。对每一土层 X_i，先按等间距 $\Delta z\approx\delta_i$ 取样，得到相应土层 X_i 点特性 μ 和 σ^2。

点均值

$$\mu=\frac{1}{n}\sum_{i=1}^{n}f_{si}(z_i) \tag{10-1}$$

点方差

$$\sigma^2=\frac{1}{n-1}\sum_{i=1}^{n}[f_{si}(z_i)-\mu]^2 \tag{10-2}$$

应用随机场理论，若该土层的厚度为 l_i，则其空间特性为：

空间均值

$$E(\bar{x}_i)=\mu \tag{10-3}$$

空间方差

$$D(\bar{x}_i)=\sigma^2\Gamma^2(l_i)=\sigma^2\delta_i/l_i \tag{10-4}$$

根据以上的结果，预应力管桩极限承载力的统计参数均值

$$\overline{Q}_{uk}=\overline{Q}_{sk}+\overline{Q}_{pk}=u\sum l_i\cdot\beta_i\cdot\bar{f}_{si}+\alpha\cdot\bar{q}_c\cdot A_p \tag{10-5}$$

方差

$$D(\overline{Q}_{uk})=u^2\sum l_i^2\cdot\beta_i^2\cdot D(\bar{f}_{si})+\alpha^2\cdot A_p^2\cdot D(\bar{q}_c) \tag{10-6}$$

变异系数

$$\delta_{Q_{uk}}=\frac{\sqrt{D(\overline{Q}_{uk})}}{\overline{Q}_{uk}} \tag{10-7}$$

10.3 随机变量的统计分析

静荷载试验是获取单桩极限承载力最可靠的方法，将静载试验值视为极限承载力的真实值，将土质、几何尺寸的影响通过计算参数反映，计算模式的不确定性用计算承载力与实测承

载力的比值来确定，那么试验值与计算值之比(试计比)的统计变异性就反映了单桩极限承载力计算标准值的变异性。单桩竖向承载力的计算值由桩基规范推荐的经验公式计算得出，从而用试计比作可靠度分析就间接地反映了规范经验公式法承载力参数表的可靠度水准。

10.3.1　试计比 λ_R 的统计

本文收集了天津地区 144 根预应力管桩竖向静载试验的试桩资料，以下列出了部分桩的试桩资料，见图 10-1～图 10-3。试验是参照《建筑桩基检测技术规范》(JGJ 106—2003)中单桩

工程名称：仁信变电室								试验桩号：12		
测试日期：2003-08-18			桩长：13.0m					桩径 ：400mm		
荷载(kN)	0	132	198	264	330	396	462	528	594	660
累计沉降(mm)	0.00	0.74	1.36	2.18	2.93	4.04	5.50	7.12	8.84	10.63

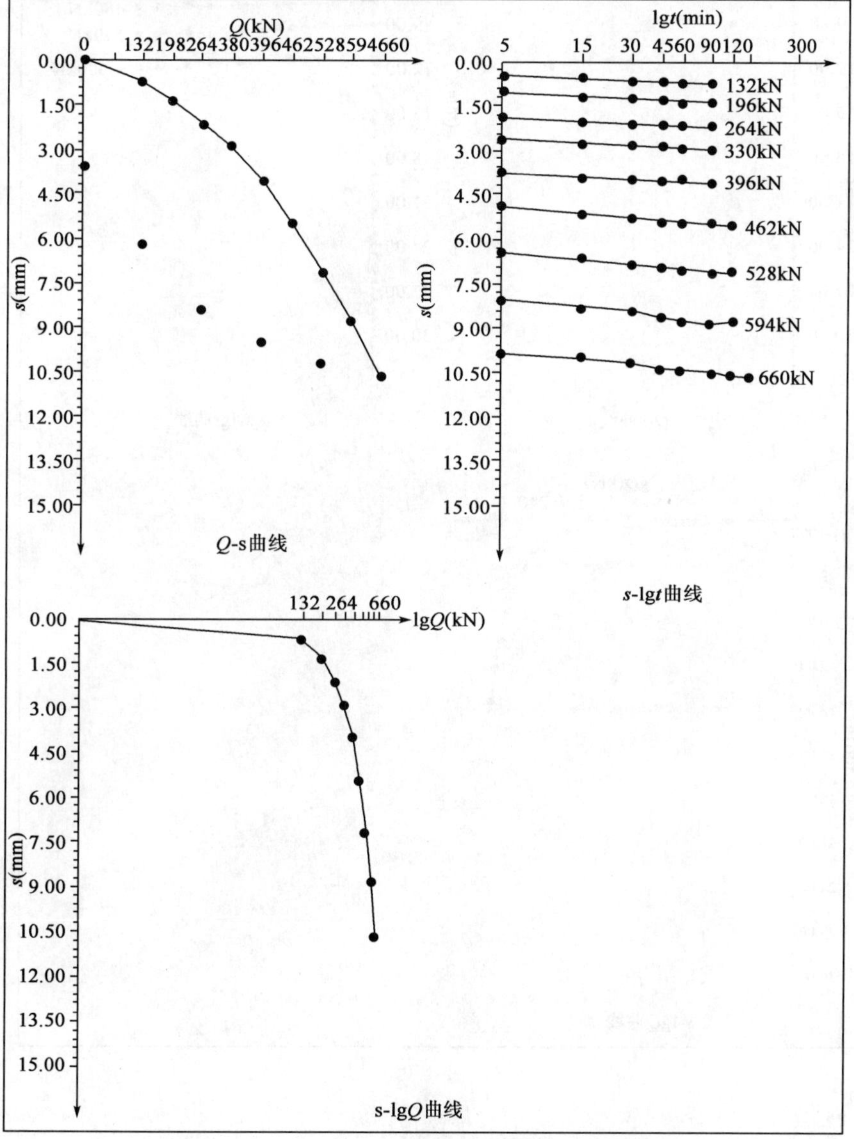

Q-s曲线

s-lgt曲线

s-lgQ曲线

图 10-1　仁信开发区 12 号桩竖向静载试验分析曲线

竖向抗压静载试验有关要求进行的，加载采用慢速维持荷载法(堆载法)。预应力管桩的桩径均为400mm，最长的桩长为26m，最短的桩长为10.9m，其中大部分桩的桩长为13m。

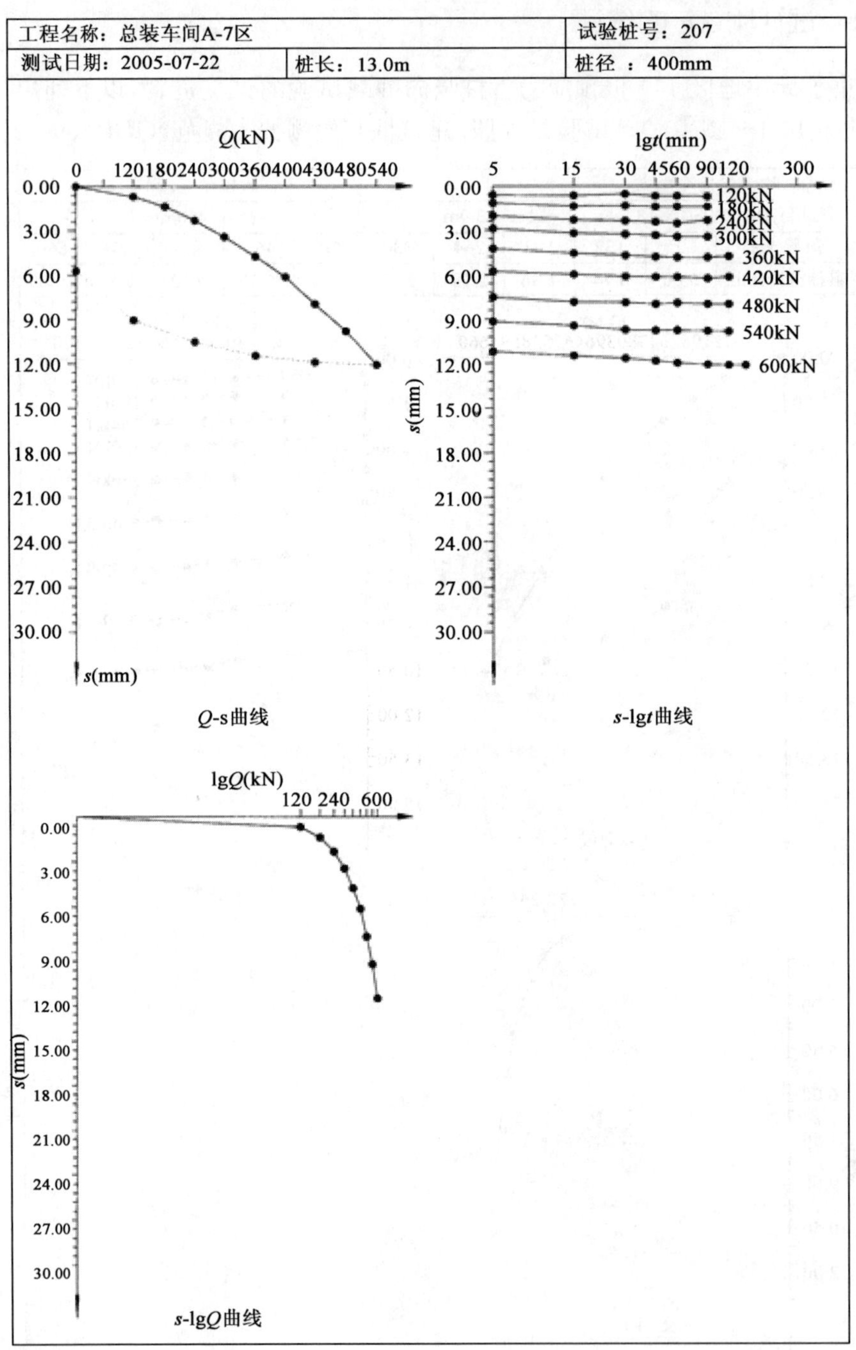

图 10-2　天津一汽丰田汽车有限公司207号桩竖向静载试验分析曲线

工程名称：一汽丰田天津皇冠项目		试验桩号：DG1
测试日期：2003-01-23	桩长：13.0m	桩径 ：ϕ400mm

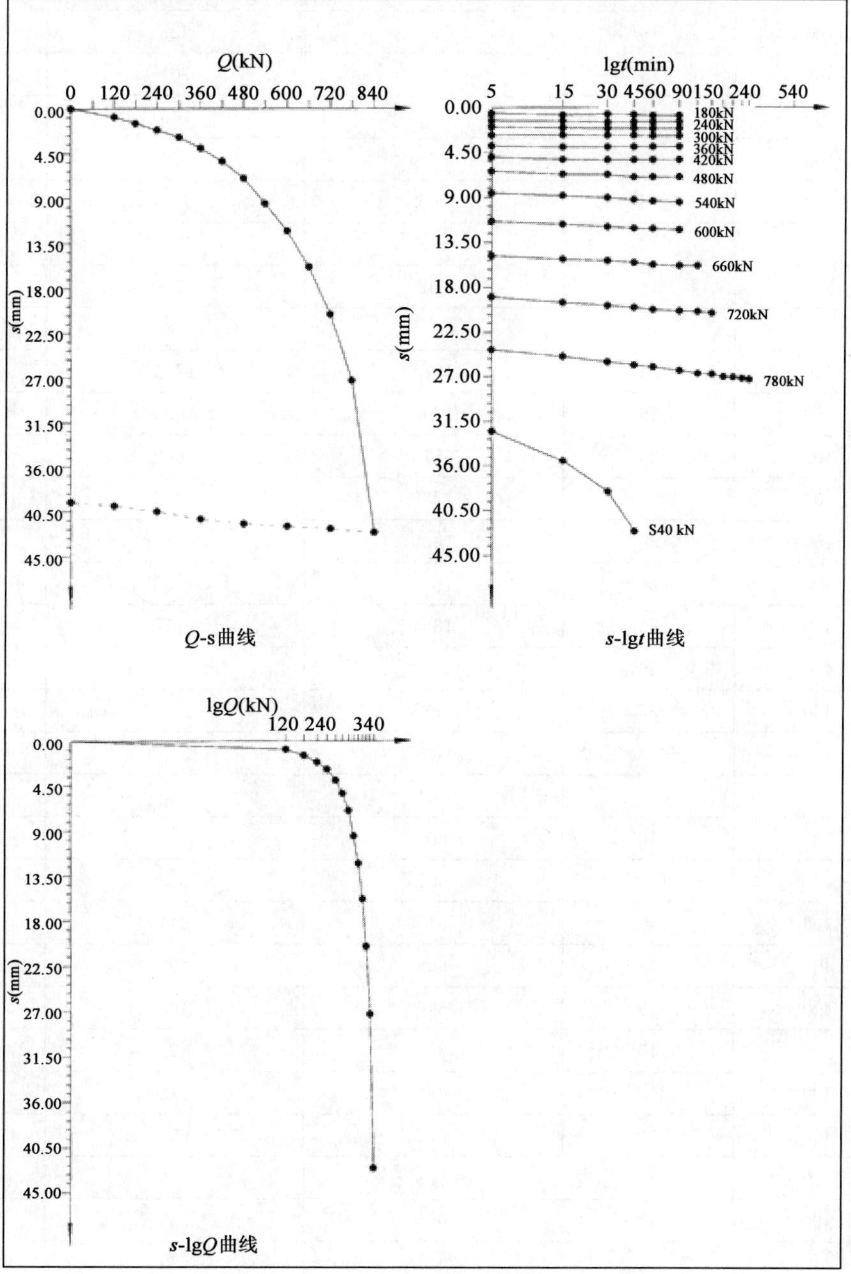

Q(kN)

0 120 240 360 480 600 720 840

s(mm)

0.00 4.50 9.00 13.50 18.00 22.50 27.00 31.50 36.00 40.50 45.00

Q-s曲线

lgt(min)

5 15 30 4560 90150 240 540

s(mm)

0.00 4.50 9.00 13.50 18.00 22.50 27.00 31.50 36.00 40.50 45.00

180kN 240kN 300kN 360kN 420kN 480kN 540kN 600kN 660kN 720kN 780kN S40 kN

s-lgt曲线

lgQ(kN)

120 240 340

s(mm)

0.00 4.50 9.00 13.50 18.00 22.50 27.00 31.50 36.00 40.50 45.00

s-lgQ曲线

图 10-3　一汽丰田试桩项目 DG1 号桩竖向静载试验分析曲线

无量纲随机变量 λ_R（试计比）的统计结果见表 10-2。

试计比 λ_R 统计结果　　表 10-2

序号	桩径(mm)	桩长(m)	实测桩的极限承载力(kN)	计算桩的极限承载力(kN)	试 计 比
1	400	13	602	835	0.721
2	400	13	594	925	0.642
3	400	13	655	701	0.934
4	400	13	652	709	0.919
5	400	13	663	654	1.014
6	400	13	705	716	0.984
7	400	13	643	773	0.832
8	400	13	642	815	0.788
9	400	13	954	930	1.026
10	400	26	1875	1756	1.068
11	400	26	1790	1692	1.058
12	400	26	1873	1602	1.169
13	400	26	1788	1706	1.048
14	400	26	1820	1699	1.071
15	400	26	1832	1253	1.462
16	400	26	1854	1712	1.083
17	400	26	1853	1609	1.152
18	400	26	1783	2466	0.723
19	400	13	648	516	1.257
20	400	13	654	755	0.866
21	400	13	669	794	0.843
22	400	10.9	602	888	0.678
23	400	10.9	611	641	0.953
24	400	11.1	608	495	1.228
25	400	13	646	465	1.389
26	400	13	649	622	1.044
27	400	13	631	613	1.029
28	400	12	621	611	1.016
29	400	12	623	449	1.387
30	400	12	641	591	1.085
31	400	12	631	611	1.033
32	400	12	620	784	0.791
33	400	13	664	926	0.717
34	400	11.5	619	597	1.037
35	400	11.6	630	587	1.073

续上表

序号	桩径(mm)	桩长(m)	实测桩的极限承载力(kN)	计算桩的极限承载力(kN)	试 计 比
36	400	13	668	796	0.839
37	400	13	639	655	0.975
38	400	13	666	632	1.054
39	400	13	609	749	0.813
40	400	13	605	571	1.059
41	400	13	629	829	0.759
42	400	13	618	708	0.873
43	400	13	636	605	1.051
44	400	13	665	654	1.017
45	400	13	605	555	1.091
46	400	13	642	586	1.095
47	400	13	653	658	0.992
48	400	13	662	812	0.815
49	400	13	641	625	1.026
50	400	13	672	684	0.983
51	400	13	677	709	0.955
52	400	13	640	499	1.283
53	400	13	681	659	1.033
54	400	13	664	499	1.331
55	400	13	630	466	1.352
56	400	13	698	558	1.251
57	400	13	664	617	1.076
58	400	13	713	584	1.221
59	400	13	684	599	1.141
60	400	13	853	764	1.116
61	400	13	651	554	1.175
62	400	13	690	607	1.137
63	400	13	683	527	1.296
64	400	13	674	665	1.013
65	400	13	694	514	1.349
66	400	13	674	593	1.137
67	400	13	687	752	0.914
68	400	13	675	496	1.362
69	400	13	642	474	1.355
70	400	13	703	577	1.218

续上表

序号	桩径 (mm)	桩长 (m)	实测桩的极限承载力 (kN)	计算桩的极限承载力 (kN)	试 计 比
71	400	13	683	724	0.943
72	400	13	685	661	1.037
73	400	13	619	633	0.978
74	400	13	680	552	1.231
75	400	13	702	752	0.933
76	400	13	717	637	1.126
77	400	13	693	606	1.143
78	400	13	685	477	1.436
79	400	13	709	676	1.049
80	400	13	683	628	1.087
81	400	13	649	529	1.228
82	400	13	692	634	1.091
83	400	13	684	557	1.227
84	400	13	681	654	1.041
85	400	13	653	573	1.139
86	400	13	667	631	1.057
87	400	13	721	673	1.071
88	400	13	639	868	0.736
89	400	13	671	726	0.924
90	400	13	654	797	0.821
91	400	13	683	702	0.973
92	400	13	666	499	1.336
93	400	13	639	679	0.941
94	400	13	650	543	1.196
95	400	13	660	559	1.181
96	400	13	682	480	1.421
97	400	13	706	589	1.198
98	400	13	694	566	1.226
99	400	13	645	562	1.148
100	400	13	662	565	1.171
101	400	13	671	758	0.885
102	400	13	684	513	1.334
103	400	13	693	598	1.158
104	400	13	669	586	1.141
105	400	13	605	734	0.824

续上表

序号	桩径 (mm)	桩长 (m)	实测桩的极限承载力 (kN)	计算桩的极限承载力 (kN)	试　计　比
106	400	13	658	660	0.997
107	400	13	598	629	0.951
108	400	13	609	741	0.822
109	400	13	591	602	0.982
110	400	13	671	562	1.195
111	400	13	649	650	0.998
112	400	13	670	631	1.061
113	400	13	701	588	1.192
114	400	13	714	685	1.043
115	400	13	694	536	1.295
116	400	13	682	613	1.112
117	400	13	669	659	1.015
118	400	13	658	591	1.114
119	400	13	692	554	1.248
120	400	13	704	683	1.031
121	400	13	654	573	1.142
122	400	13	656	506	1.296
123	400	13	704	696	1.012
124	400	13	716	483	1.481
125	400	13	698	709	0.984
126	400	13	660	576	1.146
127	400	13	629	742	0.848
128	400	13	642	543	1.182
129	400	13	706	694	1.018
130	400	13	694	653	1.062
131	400	13	682	697	0.978
132	400	13	671	676	0.992
133	400	13	667	778	0.857
134	400	13	662	673	0.983
135	400	13	639	596	1.072
136	400	13	609	622	0.979
137	400	13	599	622	0.963
138	400	13	702	646	1.086
139	400	13	719	674	1.066
140	400	13	669	689	0.971

续上表

序号	桩径(mm)	桩长(m)	实测桩的极限承载力(kN)	计算桩的极限承载力(kN)	试 计 比
141	400	13	685	647	1.058
142	400	13	691	721	0.959
143	400	13	660	517	1.277
144	400	13	658	722	0.911

由表 10-2 可知，无量纲随机变量 λ_R 的最大值为 1.481，最小值为 0.642，平均值为 1.063，标准差为 0.170，变异系数为 0.160。图 10-4 为试计比 λ_R 的统计直方图。

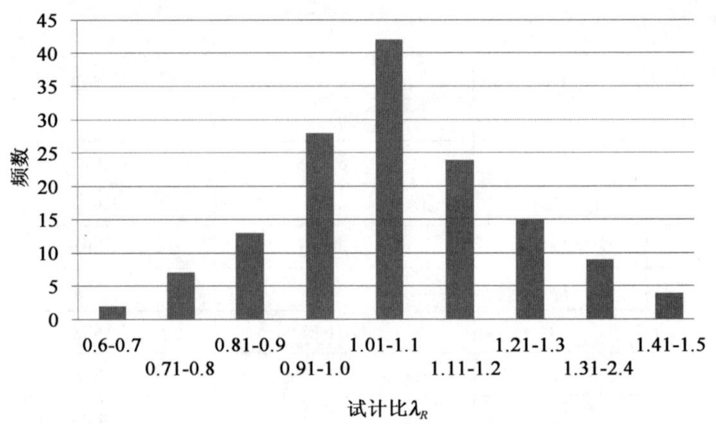

图 10-4 试计比 λ_R 统计直方图

10.3.2 λ_R 的概率分布

在岩土工程可靠度分析中，抗力和各种荷载等随机变量的概率分布规律一般是未知的，而要知道随机变量的概型分布，就需要对所假设的分布进行假设检验。进行分布的假设检验，首先要建立统计假设 H_0，然后在规定显著性水平上判断所选择的某个统计量与规定的限值是否存在显著差异。若此统计量大于规定的限值)则拒绝原假设 H_0(即原假设不成立)；如果统计量没有大于规定的限值，则没有理由拒绝原假设，这就是分布类型的假设检验。目前经常作为分布假设检验的手段主要有两种：χ^2 检验法和柯尔莫哥洛夫检验法。

1)χ^2 检验

设$(x_1,x_2,\cdots x_n)$是取自母体的一个容量为 n 的子样，根据子样值的范围，把数轴分成 m 个区间，记 υ_k 为第 k 个区间(a_{k-1},a_k)内子样频数，则 υ_k/n 表示子样落在该区间内的频率。又设 P_k 是按照假设 H_0 确定的分布 $F(x)$计算的概率，即

$$P_k = P(a_{k-1} < x < a_k) = F(a_k) - F(a_{k-1}) \tag{10-8}$$

这样，差值$(\upsilon_k/n - p_k)$就表示在第 k 个区间内子样频率与相应的按 $F(x)$计算的概率之间的偏差。统计量 $D=\sum\limits_{k=1}^{m}C_k\left(\frac{\upsilon_k}{n}-P_k\right)^2$ 能很好反映总的偏差，并证明了当 $C_k=n/p_k$，且当 $n\rightarrow\infty$时，与 $F(x)$的形式无关，所得的总偏差统计量

$$D=\sum_{k=1}^{m}\frac{(\upsilon_k-nP_k)^2}{nP_k} \tag{10-9}$$

的分布将趋于服从参数为 $m-r-l$ 的 χ^2 分布，因此当 n 比较大时，就可以利用统计量 D 来检验分布的假设。其中 r 是分布 $F(x)$ 中用子样估计的参数个数。

2)柯尔莫哥洛夫检验

柯尔莫哥洛夫检验方法是根据柯尔莫哥洛夫的定理提供的，他利用子样的经验分布 $F_n(x)$ 和假设的母体分布 $F(x)$ 作比较建立统计量：

$$D_n=\sup_{-\infty<x<+\infty}|F_n(x)-F(x)|=\max_{1<k<n}\{|F_n(x_k)-F(x_k)|,|F_n(x_{k-1})-F(x_k)|\} \tag{10-10}$$

定理给出统计量$\sqrt{n}D_n$，当 $n\rightarrow\infty$时的极限分布为

$$Q(\lambda)=P(\sqrt{n}D_n<\lambda)=\begin{cases}\sum\limits_{k=-\infty}^{+\infty}(-1)^k\exp(-2k^2\lambda^2) & \lambda>0\\ 0 & \lambda\leqslant 0\end{cases} \tag{10-11}$$

斯米儿诺夫对两个子样是否一致的问题也得到相同的极限分布，因此，利用统计量$\sqrt{n}D_n$检验分布的方法也称为柯尔莫哥洛夫—斯米儿诺夫检验，简称 K-S 检验。

本文就利用 χ^2 检验方法对试计比 λ_R 的概型分布进行拟合检验，针对正态分布、对数正态分布和极值Ⅰ型分布，利用收集到的数据对所假设的三种分布作统计假设检验，结果如表10-3。

λ_R 的拟合检验结果($\alpha=5\%$) 表 10-3

假设理论分布	统计量 D	临界值 $\chi^2_{0.05}$
正态分布	3.0341	9.488
对数正态分布	2.7724	9.488
极值Ⅰ型分布	10.8121	9.488

由表 10-4 可知，λ_R 的 χ^2 分布检验结果对 λ_R 为正态分布、对数分布都不拒绝，对极值Ⅰ型分布假定有拒绝情况发生。根据频率直方图为非对称、统计量最小为最优，假定 λ_R 为对数正态分布较合理。统计参数如表 10-4。

λ_R 的统计参数 表 10-4

λ_R			分布类型		
均值	方差	变异系数	正态分布	对数正态分布	极值Ⅰ型分布
1.0631	0.1696	0.1595	接受	接受	拒绝

10.3.3 随机变量统计参数

在计算可靠指标时，要考虑不同荷载组合情况。工程设计中，常遇到的是恒载与一种可变荷载组合的简单情况，即恒载 G+办公楼活载 $Q_{办}$、恒载 G+住宅楼面活载 $Q_{住}$、恒载 G+风荷载 $W_{风}$。在只有一种可变荷载参与组合的情况下，楼面荷载和风荷载均取设计基准期最大荷载随机变量。可以假定荷载 Q 与荷载效应 S 之间存在简单的线性关系，那么就可以用荷载的统计规律来代替荷载效应的统计规律，即荷载的统计特性可以用于荷载效应，并且传到基础底

面各项荷载的统计特征参数不变，因此可借用《建筑结构可靠度设计统一标准》(GB 50068—2001)中对荷载统计分析结果。现将各随机变量的统计参数列于表 10-5 中。

随机变量统计参数 表 10-5

随机变量	概型分布	均值	标准差	变异系数
$\lambda_G=G/G_K$	正态分布	1.060	0.074	0.070
$\lambda_Q=Q_{办}/G_K$	极值Ⅰ型分布	0.700	0.203	0.290
$\lambda_Q=Q_{任}/G_K$	极值Ⅰ型分布	0.860	0.178	0.230
$\lambda_Q=W_{风}/W_K$	极值Ⅰ型分布	0.999	0.193	0.193
$\lambda_R=R/R_K$	对数正态分布	1.063	0.170	0.160

10.4 预应力管桩竖向承载力可靠指标的计算及分析

10.4.1 极限状态方程

在计算可靠指标时，首先要建立承载力极限状态方程，并确定其基本随机变量。桩基础承载力极限状态的基本方程为

$$Z = R - G - Q = 0 \tag{10-12}$$

式中：R——桩的极限承载力，由试桩静载荷试验确定；

G、Q——分别为恒载效应和活载效应。

这三个基本变量都是独立的随机变量。

单桩竖向极限承载力 R_K 的标准值为

$$R_k = K(G_k + Q_k) \tag{10-13}$$

式中：G_k、Q_k——恒载效应和活载效应的标准值；

K——安全系数，取值为 2。

令 $\rho=Q_k/G_k$，即活载效应与恒载效应的比值，称为荷载效应比，则式(10-2)变成：

$$R_k = K(1+\rho)G_k \tag{10-14}$$

由式(10-1)和式(10-3)，得：

$$\frac{R}{R_k} - \frac{G}{K(1+G_k)\cdot G_k} - \rho\frac{Q}{K(1+\rho)\cdot Q_k} = 0 \tag{10-15}$$

一般上式中，R 可取为单桩静荷载试验所得的极限承载力，R_k 可取为根据双桥探头静力触探资料确定的极限承载力标准值，按下式确定：

$$Q_{uk} = Q_{sk} + Q_{pk} = u\sum l_i \cdot \beta_i \cdot f_{si} + \alpha \cdot q_c \cdot A_p \tag{10-16}$$

令试桩结果与计算结果之比为 $\lambda_R=R/R_k$，$\lambda_G=G/G_k$，$\lambda_Q=Q/Q_k$，则式(10-15)可化成：

$$\lambda_R = \frac{1}{K(1+\rho)}\lambda_G - \frac{\rho}{K(1+\rho)}\lambda_Q = 0 \tag{10-17}$$

这样就得到了只含有无量纲随机变量 λ_R、λ_G、λ_Q 的极限状态方程，并且可靠指标 β 仅与 λ_R、λ_G、λ_Q 的统计参数及荷载效应比 ρ、安全系数 K 有关。

10.4.2　可靠指标的计算

根据前面所建立的极限状态方程和各随机变量的统计参数就可以计算单桩竖向承载力的可靠指标 β。计算可靠指标的方法主要有中心点法、验算点法(JC 法)、蒙特卡洛法等。其中，JC 法是国际安全度联合委员会所推荐的方法，我国《建筑结构设计统一标准》也规定采用此法进行结构可靠度计算。本文采用 Matlab 编制的验算点法程序对三种基本组合和不同 ρ 值的情况进行计算，结果列于表 10-6。以下列出了相应的 Matlab 程序：

不同荷载组合和不同 ρ 值时可靠指标 β 的计算结果($K=2.00$)　　表 10-6

ρ \ 荷载组合		$G+Q_{办}$ (kN)	$G+Q_{住}$ (kN)	$G+W_{风}$ (kN)
0.25	考虑随机场	4.83	4.75	4.58
	不考虑随机场	3.96	3.72	3.61
0.50	考虑随机场	4.61	4.52	4.40
	不考虑随机场	3.89	3.65	3.53
0.75	考虑随机场	4.38	4.32	4.21
	不考虑随机场	3.82	3.54	3.42
1.00	考虑随机场	4.22	4.14	4.03
	不考虑随机场	3.75	3.48	3.35
1.25	考虑随机场	4.10	3.98	3.81
	不考虑随机场	3.63	3.40	3.26
1.50	考虑随机场	3.99	3.88	3.70
	不考虑随机场	3.54	3.31	3.18
1.75	考虑随机场	3.89	3.80	3.61
	不考虑随机场	3.42	3.22	3.09
2.00	考虑随机场	3.78	3.72	3.53
	不考虑随机场	3.31	3.14	2.98
2.25	考虑随机场	3.69	3.66	3.47
	不考虑随机场	3.20	3.02	2.89
2.5	考虑随机场	3.63	3.59	3.41
	不考虑随机场	3.01	2.91	2.80
总均值	考虑随机场		4.01	
	不考虑随机场		3.37	

```
function bbeta=JC_3(muX,cvX)
sigmaX=cvX.*muX;
```

```
sLn=sqrt(log(1+(sigmaX(1)/muX(1))^2));mLn=log(muX(1))-sLn^2/2;
aEv=sqrt(6)*sigmaX(3)/pi;uEv=-psi(1)*aEv-muX(3);
muX1=muX;sigmaX1=sigmaX;
x=muX;normX=eps;
while abs(norm(x)-normX)/normX>1e-6
    normX=norm(x);
    g=x(1)-x(2)-x(3);
    gX=[1;-1;-1];
    cdfX=[logncdf(x(1),mLn,sLn);1-evcdf(-x(3),uEv,aEv)];
    pdfX=[lognpdf(x(1),mLn,sLn);evpdf(-x(3),uEv,aEv)];
    nc=norminv(cdfX);
    sigmaX1(1:2:3)=normpdf(nc)./pdfX;
    muX1(1:2:3)=[x(1:2:3)-nc.*sigmaX1(1:2:3)];
    gs=gX.*sigmaX1;alphaX=-gs/norm(gs);
    bbeta=(g+gX'*(muX1-x))/norm(gs);
    x=muX1+bbeta*sigmaX1.*alphaX;
end
PF=normcdf(-bbeta)
```

根据表 10-6 中的数据可以得出如下结论：

(1)在考虑 $G+Q_{办}$、$G+Q_{住}$、$G+W_{风}$ 三种荷载组合形式的情况下，当荷载效应比一定时，$G+Q_{办}$ 荷载组合下桩基的可靠指标最大，即可靠性最高；$G+W_{风}$ 荷载组合下桩基的可靠指标最小，即可靠性最低。

(2)当荷载组合一定时，可靠指标 β 会随着荷载效应比 ρ 的增大而减小，即活荷载在总的荷载作用中所占的比例越大，桩基的可靠性越低。当荷载效应比 ρ 足够大时，可靠指标 β 随 ρ 的变化会很小。

(3)应用随机场理论计算所得的可靠指标值均大于不考虑随机场理论计算所得的可靠指标值，在考虑随机场理论的情况下计算所得可靠指标的均值为 4.01，而未考虑随机场理论时所得的可靠指标均值为 3.37，二者相差较大。

表 10-7 列出了《建筑结构设计统一标准》中提出的关于结构构件的目标可靠指标的建议值，表 10-8 中列出了国际岩土工程标准讨论搞中的可靠指标建议值。由计算所得的可靠指标值可知，现在规范中所采用的设计方法具有较大的安全储备，当总的安全系数值定为 2.0 时，在可靠指标的计算结果中，取最不利的荷载效应比为 2.5 时，可靠指标的值为 3.41，其可靠度要高于《建筑结构设计统一标准》中规定的安全等级为二级的延性破坏情况下的可靠度，同时也超过了国际岩土工程标准中安全等级为二级的情况下所建议的可靠指标值。而且应用随机场理论计算所得的可靠指标普遍大于没有应用随机场理论的计算结果，其可靠指标均值为 4.01，均超过了以上两个标准中所提出的可靠指标值，因此，应用随机场理论进行可靠性设计是更加科学、更加符合实际的，同时也能降低工程造价，建议在今后的桩基础设计中考虑应用随机场理论。

《建筑结构可靠度设计统一标准》建议的目标可靠指标值　　表 10-7

破坏类型	安全等级					
	一级		二级		三级	
	β	p_f	β	p_f	β	p_f
延性破坏	3.7	1.1×10^{-4}	3.2	6.9×10^{-4}	2.7	3.5×10^{-4}
脆性破坏	4.2	1.3×10^{-5}	3.7	1.1×10^{-4}	3.2	6.9×10^{-4}

国际岩土工程标准的可靠指标建议值　　表 10-8

安全等级	一级	二级	三级
可靠指标	3.6	3.4	3.2

10.5 本章小结

本章介绍了静荷载试验确定单桩竖向极限承载力的基本原则，建立了预应力管桩基础承载力计算的随机场理论模型，计算并统计出了天津地区 144 根预应力管桩基础竖向承载力的试计比，并确定其分布概型，建立了无量纲极限状态方程，应用验算点法(JC 法)对单桩竖向承载力可靠指标进行了计算，并将结果进行了对比分析。最后利用有限元软件建立模型，分析了预应力管桩基础在地震作用下所产生的桩顶位移值，从而对预应力管桩单桩水平承载力进行评价。

第11章 结　　论

众所周知，2010年9月1日国家标准图集《预应力混凝土管桩》(10G409)修改了原国家标准图集《预应力混凝土管桩》(03SG409)规定的适用范围——为非抗震地区和抗震设防烈度为6、7度地区。若将PHC管桩使用于抗震烈度为8度的地区则需另行验算。规定的适用范围“为非抗震地区和抗震设防烈度小于等于8度地区的工业与民用建筑、构筑物等工程的低承台桩基础，抗震设防烈度为8度且建筑场地类别是Ⅲ、Ⅳ类时慎用”。至于如何进行“另行验算”，标准图集和相应的规程规范没有给出相应的说明。

另一方面，结构抗震设计是建筑物抵抗地震破坏作用的必要手段，在地震作用下，土—桩—结构之间有相互作用发生。抗震规范规定，在设防烈度下考虑相互作用的结构，剪力和层间位移可以进行折减。但折减方法是基于地基弹性条件下提出的。同时抗震规范又要求在罕遇地震作用下，必须进行结构弹塑性变形验算，但简化的弹塑性变形验算方法是在地基刚性假定下得出的。如何确保在高地震烈度地区、场地类别是Ⅲ、Ⅳ类环境下预应力混凝土管桩(PHC)的安全使用，已是曹妃甸等类似地区亟待解决的工程技术难题。

但是对在高地震烈度地区，场地类别是Ⅲ、Ⅳ类环境下预应力混凝土管桩(PHC)的抗震性能的相关研究极少，尤其对抗震风险评定方面的研究更少，因此对高地震烈度区(场地类别是Ⅲ、Ⅳ类)预应力混凝土管桩(PHC)的地震风险分析是一个非常重要的研究课题。

课题组经过6年的研究，完成了对预应力混凝土管桩(PHC)的结构性能测试、单及多桩基础的振动台试验、现场水平承载力试验、高地震烈度的时程分析以及抗震风险分析研究工作，发表研究论文11篇(其中EI检索4篇)，主持并编制了河北省工程建设标准《预应力混凝土管桩基础技术规程》(DB13(J)/T 105—2010)，出版研究专著一部，得出以下结论：

(1)针对预应力混凝土管桩(PHC)的破坏形态进行的足尺寸抗弯和抗剪承载力试验表明，在水平力荷载作用和正常使用状态下预应力混凝土管桩(PHC)的破坏形态是压弯破坏，而不是剪切破坏，预应力混凝土管桩(PHC)的抗剪破坏滞后于弯曲破坏，预应力混凝土管桩(PHC)的应用应提高抗弯承载力并采取必要措施加强对预应力混凝土管桩(PHC)水平位移的限制；结合预应力混凝土管桩(PHC)结构的受力特征，首次提出预应力混凝土管桩(PHC)在静力状态下的斜截面抗剪承载力的抗震调整系数γ_{RE}建议取0.85，混凝土强度影响调整系数γ_{RC}建议取0.6，轴向力影响调整系数γ_{RN}建议取0.8，为预应力混凝土管桩(PHC)受水平力荷载下的基础设计提供了依据，并为预应力混凝土管桩(PHC)抗震验算提供了参考。

(2)针对高地震烈度地区预应力混凝土管桩(PHC)单及多桩基础的振动台试验结果表明，在各工况中预应力混凝土管桩(PHC)桩身弯矩最大值的产生位置约为距离桩顶5～6倍的桩径，该截面直接决定了预应力混凝土管桩(PHC)是否处于正常工作状态，桩身弯矩最大处是管桩在抗震设计时的危险截面，在此处应该加强配筋或做出相应的抗震设防；在高地震烈度区，当上部结构自振频率与场地的卓越周期相近时，在预应力混凝土管桩(PHC)内会增加几十倍的弯矩；反推原型(PHC 500—AB100)发现，在El-centro地震波作用下，0.2g时尚未发生最危险截面的破坏，但是到0.3g、0.4g时最大弯矩值都超过了极限弯矩值；在LWD地震波下，只有达到0.4g的时候才发生最危险截面的破坏；在El-centro波0.2g工况下桩顶(相对土)最大水平位移为0.501mm；在LWD波0.2g工况下桩顶(相对土)最大水平位移为0.827mm。

(3)由应变数据推出桩身内力分布图。试验测出桩的最大弯矩位置在4～6倍桩径处，桩上部弯矩的第一个零点位置大约在8～12倍桩径处，在15～20倍桩径以下基本没有弯矩的影响。同一种地震波作用下，随着其加速度峰值的增大，桩身位移值、桩身弯矩值在增加，桩身加速度放大系数在减小。随着桩数量的减少，桩体加速度峰值放大系数、桩身位移、桩身弯矩在增大，证明桩数量直接决定桩基的抗震性能。混凝土强度等级低的管桩在同一地震波作用下，其加速度峰值放大系数、桩身位移、桩身弯矩都要比混凝土强度等级高的桩大，证明了高强预应力混凝土管桩的优越性。

(4)在振动台试验的基础上，通过有限元软件ABAQUS建立了预应力混凝土管桩(PHC)时程分析的数值模型，运用计算机模拟技术对振动台试验结果进行了补充与完善，验证了预应力混凝土管桩(PHC)的抗震性能。

①在高地震烈度软土地区桩最大弯矩值出现在地面以下5倍的桩径处，其值已经接近预应力混凝土管桩(PHC)的极限弯矩值，并已造成预应力混凝土管桩(PHC)的开裂。

②当预应力混凝土管桩(PHC)桩身通过粉土等压缩模量较大的土体时，桩身弯矩会放大；当通过淤泥、黏土等压缩模量较小的土体时，桩身位移会放大。

③在高地震烈度软土地基中软弱夹层的存在会增大地表位移反应，减小加速度反应，增加地表地震反应，使桩土相对位移增加。

④软弱夹层所在处，层间位移峰值会发生突变。

⑤土体中桩体运动表现为剪切型特性，土体越软，桩体的水平相对位移越大。

(5)随着桩身弹性模量的降低，桩最大弯矩位置沿着桩身向下移动；随着桩数量减少桩身开裂区(破坏区)的范围在增大；EL波作用下的弯矩反应比LWD波大。在强震软土区工程实例分析中，5倍桩径的位置出现最大弯矩值，通过各工况的计算发现预应力混凝土管桩在强震软土区使用时，极有可能开裂；当预应力混凝土管桩通过淤泥、黏土等压缩模量较小的土体时，桩身位移会放大。当桩身位于同一种类型的土层中时，加速度放大系数、桩身位移会随着预应力混凝土管桩埋置深度的增大而增大。

(6)桩身在较小的水平地震荷载作用下，各桩型土体抗力和桩身位移呈线性变化趋势，表现出相同的变形特征，此时这一抗力由靠近地面的土来提供，桩侧土体表现为弹性压缩；随着水平地震荷载的增大，桩身上部位移呈现非线性增大趋势，当荷载增加到一定值时，上部桩侧土体开始出现局部塑性区甚至局部产生塑性屈服，从而使水平荷载向更深处的土层传递，随着荷载的慢慢增大，桩身位移变化加大，塑性区也不断扩展，浅层土体可能会产生塑性破坏，而深层桩侧土体还处于弹性压缩状态。所以在桩身上部位移变化较大，桩下部位移变化相对较小。

(7)各桩型的桩上部 p-y 曲线滞回圈面积较小，呈现反S形或者Z形，反映出上部结构的延性和地震吸收能量比较差，而桩下部 p-y 曲线滞回圈面积较大，呈现出梭形或者弓形，反映出下部结构的延性和地震吸收能量比较强，具有很好的地震能量吸收能力和优越的抗震性能。

在强震软土区中，由于场地条件较差，桩侧土体在水平地震荷载作用下更易发生塑性屈服破坏。

(8)根据天津地区 144 根预应力管桩基础竖向承载力的试计比统计分析，首次校核了当总体安全系数值定为 2.0 时，在可靠指标的计算结果中，取最不利的荷载效应比为 2.5 时，可靠指标的值为 3.41，高于《建筑结构设计统一标准》中规定的安全等级为二级的延性破坏情况下的可靠度指标，同时也超过了国际岩土工程标准中安全等级为二级的情况下所建议的可靠指标值；统计结果也表明，设计选用的桩承载力值，桩身强度仅发挥不足 50%。

参考文献

[1] 阮起楠主编.预应力混凝土管桩.北京:中国建材工业出版社,2000.2.
[2] 徐至钧,李智宇.预应力混凝土管桩设计施工及应用实例.北京:中国建筑工业出版社,2009.
[3] 年会主题报告.中国预应力混凝土管桩的发展状况及同日本管桩的差距.中国硅酸盐学会钢筋混凝土制品专业委员会2007～2008年会论文集,2008,1～2,1～11.
[4] 中国建筑科学研究院主编.建筑基桩检测技术规范(JGJ 106—2003),北京:中国建筑工业出版社,2003.7.
[5] 本书编委会.汶川地震建筑震害与灾后重建分析报告,北京:中国建筑工业出版社,2008.
[6] 朱勇.预应力管桩承载力现场试验及数值研究.合肥:合肥工业大学,2007.
[7] 蒋元海,我国管桩行业值得研发的一些技术问题.中国硅酸盐学会钢筋混凝土制品专业委员会2007～2008年会论文集,2008,1～2,33～34.
[8] 先张法预应力混凝土管桩(GB 13476—1999),北京:中国建筑工业出版社,1999.
[9] 苏州中材建筑建材设计研究院主编.预应力混凝土管桩(03SG409).北京:中国建筑标准设计研究院出版,2003.7.
[10] 福建省建筑标准设计.先张法预应力高强混凝土管桩(DBJ T13—57).
[11] 湖北省工程建设地方标准.预应力混凝土管桩基础技术规程(DB 42/489—2008).
[12] 浙江省工程建设地方标准.先张法预应力混凝土管桩基础技术规程(DB 33/1016—2004).
[13] 辽宁省质量技术监督局.预应力混凝土管桩基础技术规程(DB 21/T1565—2007).
[14] 天津市建设管理管理委员会.预应力混凝土管桩技术规程(DBJ 10487—2004).
[15] 福建省工程建设地方标准.预应力混凝土管桩机械快速连接接头施工及验收规程(DBJ 13-58—2004).
[16] 广东省标准.预应力混凝土管桩基础技术规程(DB J/T15-22-98).广东省建设委员会,1998.
[17] 蒋元海.先张法预应力混凝土薄壁管桩.标准化,2003(5).
[18] 天津市建工集团建筑设计有限公司主编.先张法预应力混凝土管桩(02G10,2000).
[19] 江苏省地方图集.先张法预应力混凝土管桩图集.苏G03-2002.
[20] DB13(J),T 105-2010.预应力混凝土管桩基础技术规程.北京:中国建材工业出版社,2010.
[21] 蒋元海,匡红杰.国标GB 13476—1999修订应注意的几个问题.中国硅酸盐学会钢筋混凝土制品专业委员会2007～2008年会论文集,2008,1～2,88～93.
[22] 中国工程建设标准化协会化工分会主编.工业建筑防腐蚀设计规范(GB 50046—2008).北京:中国计划出版社,2008.8.
[23] 富文权.预应力混凝土管桩的抗震问题[J].混凝土与水泥制品,1995,(1):34-38.

[24] 梁炯筠. 锚固与注浆技术手册(中国岩石力学与工程学会岩石锚固与注浆技术专业委员会编). 北京:中国电力出版社,1999. 9.
[25] 预应力混凝土摩擦桩(日本专利号 特公平 9-2645643). 国外混凝土制品技术资料(中国水泥制品工业协会预制混凝土桩专业委员会苏州混凝土水泥制品研究院),2001. 10.
[26] 制造竹节 PC 桩用钢模(日本专利号 特公平 9-2615097). 国外混凝土制品技术资料(中国水泥制品工业协会预制混凝土桩专业委员会苏州混凝土水泥制品研究院),2001. 10.
[27] 适于提高承载力的预应力混凝土桩及其插入法(日本专利号特公平 10-54031). 国外混凝土制品资料(中国水泥制品工业协会预制混凝土桩专业委员会苏州混凝土水泥制品研究院),2001. 10.
[28] Super Twin Jet Method,日本ヒユーム管株式会社.
[29] Testifying Systematic Rotary Method, 日本ヒユーム管株式会社.
[30] High Frictional Organization Method,日本ヒユーム管株式会社.
[31] Kneading Wall Method,日本ヒユーム管株式会社.
[32] High Reliability Vibration and Noise Free Pile Driving Method,日本ヒユーム管株式会社.
[33] Cement-Milk Method,日本ヒユーム管株式会社.
[34] 中掘打擊工法,日本ヒユーム管株式会社.
[35] Noise Free Pile Driving Method 工法,日本ヒユーム管株式会社.
[36] Vickars, Robert A. ; Clemence, Samuel P. , Performance of helical piles with grouted shafts, Geotechnical Special Publication n 100 ASCE, Reston, VA, USA. 2000. p 327-341.
[37] Parker, Eric J. ; Jardine, Richard J. ; et al, Jet grouting to improve offshore pile capacity: GOPAL project, Proceedings of the Annual Offshore Technology Conference Vol. 1 1999. 415-420.
[38] 代国忠,王忠生等. 灌注桩后注浆法作用机理和施工工艺的研究. 长春工程学院学报(自然科学版),2004,5(3).
[39] 邱砚秀. 钻孔灌注桩桩端后注浆施工技术,铁道标准设计,1999(12).
[40] 绳钦柱,刘序鹏等. 钻孔灌注桩后注浆法桩端地基加固技术. 施工技术,2004(1).
[41] 赵边平,赵立斌. 后注浆工艺在扩桩中的应用. 低温建筑技术,1999(2).
[42] 魏列钰. 孔底后注浆法在工程中的应用及分析. 化工施工技术,2000,22(6).
[43] 姚海林,陈露春. 钻孔后注浆灌注桩承载力试验研究. 岩土力学,1998(2).
[44] 滕尚东. 华宇大厦桩底后注浆法课题研究. 科技情报开发与经济,2004. 14(8).
[45] 黄良根,毛学军. 后注浆法在钻孔灌注桩中的应用. 矿产与地质,2004(8).
[46] 黄生根,刘萍. 桩底后注浆技术研究. 地质科学情报,1999,S1.
[47] 赵春风,卢隆宾. 管桩竖向承载力的分项系数研究. 岩土工程学报 2003(3).
[48] 郑桂心. 桩端后注浆提高单桩承载力性状研究及应用. 福建建筑,2000,S2.
[49] 陈友德. 钻孔灌注桩桩底后压浆施工技术. 广州:中国建设第四工程局,1998.
[50] Bruce D A. Enhancing the performance of large diameter piles by grouting(II)[J]. Ground Engineering,1986(6):11-19.

[51] Fleming W G K. The understanding of continuous fight ouger piling, its monitoring and control[J]. International Geotachnical Engineering, 1995, 113(3): 157-165.

[52] 薛韬.灌浆法——一种提高桩基承载力的有效方法[J].地基处理,1992,3(4):43-48.

[53] 刘金砺,祝经成.泥浆护壁灌注桩后注浆技术及其应用[J].建筑科学,1996(2):13-18.

[54] 沈保汉.桩侧压力注浆桩[J],施工技术,2000,12(29):49-51.

[55] 傅旭东.灌浆法提高钻孔灌注桩承载力的工艺及机理分析[D].成都:西南交通大学地下工程及岩土工程系,1994.

[56] 黄吉龙,陈锦剑,王建华等,桩端后注浆灌注桩竖向承载性能的数值分析.上海交通大学学报,2006年,第40卷,第12期.

[57] 朱伟,闫思泉等.后压浆法与普通灌注桩承载力对比分析.黄河规划设计,2008,4.

[58] 中国建筑科学研究院主编.建筑桩基技术规范(JGJ 94—2008).北京:中国建筑工业出版社,2008.4.

[59] 鲁祖统.软黏土地基中静力压桩挤土效应的数值模拟.杭州:浙江大学博士学位论文,1998.

[60] Banerjee P. K, Fathallah R C, Eulerian Formulation of the Finite Element Method for Predicting the Stresses and Pore Water Pressure around a Driven Pile, SAE Preprints 1979, (3): 1053～1060.

[61] 刘祖德.显微镜位移跟踪法在土工模型试验中的应用.岩土工程学报,1989,11(3):1～10.

[62] 周健.沉桩挤土效应的模型试验研究.岩土力学,2000,21(3).

[63] 王士恩,刘超常等.管桩注浆增强承载力的试验研究.岩土工程学报,1998,20(3)87～89.

[64] 李法尧.锤击法施打管桩的成形问题.广东七建集团管桩基础有限公司.

[65] 王离.预应力混凝土管桩施工技术现状.全国桩基施工与监理学术研讨会议论文,杭州泛华设计院,1998:371～386.

[66] 黄建华,张玉淡.后压浆技术在PHC管桩工程中的应用,福建工程学院学报,2006,4(1),16～20.

[67] 岑伟超,李晖.缺陷管桩的桩基处理技术.广州大学学报,2003,2(5),486～488.

[68] 孔清华,吴才德等.桩底注浆高承载力预应力混凝土管桩研究与实践。岩土工程界,2006,11.

[69] 编委会.汶川地震建筑震害与灾后重建分析报告.北京:中国建筑工业出版社,2008.

[70] 张星宇,柳炳康等.预应力混凝土管桩与承台结合部抗剪承载力的试验研究.建筑结构,2008(04).

[71] 夏春,董腾飞.预应力高性能混凝土管桩螺旋箍筋受力研究.土工基础,2004,18(2).

[72] 阮起楠.地震区预应力混凝土管桩设计探讨.混凝土与水泥制品,2000(4).

[73] 阮起楠.再论按抗剪强度设计预应力混凝土管桩基础.中国硅酸盐学会钢筋混凝土制品专业委员会2003～2004年会论文集,2004,1～2.

[74] 富文权.预应力混凝土管桩的抗震问题.混凝土与水泥制品,1995(1):34-38.

[75] 顾祥林.地震作用下钢筋混凝土圆形截面柱的抗剪强度.同济大学.

[76] 张志强.混凝土管桩在昆明8度抗震区的设计和应用.建筑结构,2004(4):45-47.

[77] 中国建筑科学研究院主编. 混凝土结构设计规范(GB 50010—2002). 北京:中国建筑工业出版社,2002.2.
[78] 汪加蔚,裘涛等. 预应力混凝土管桩结构抗拉强度的试验研究. 混凝土与水泥制品,2004,3(6),24~27.
[79] 王离. 抗拔管桩的承载力及结构构造. 中国硅酸盐学会钢筋混凝土制品专业委员会2007~2008年会论文集,2008,1~2,113~121.
[80] 叶文英,李礼仁等. 预应力混凝土管桩作为抗拔管桩的设计应用. 中国硅酸盐学会钢筋混凝土制品专业委员会2007~2008年会论文集,2008,1~2,131~135.
[81] 李先平,张雷顺等. 预应力混凝土管桩与桩帽连接接点抗拔性能原型试验研究[J]. 土木工程学报,2005,38(7).
[82] 王洪国,范浩,葛天英. 关于预应力混凝土管桩的抗拔设计. 低温建筑技术,2007,1,109~110.
[83] 王振领,林拥军,钱永久. 新老混凝土结合面抗剪性能试验研究. 西南交通大学学报,2005.
[84] 唐景山. 关于预应力钢筋焊接接头的几个问题[J];建筑技术;1983年03期;43-45.
[85] 钟肇鸿,胡仲明. 预应力混凝土管桩快速接头技术[J]. 广东土木与建筑,2001年12期.
[86] 徐伟. 先张法预应力钢筋混凝土预制管桩端板的生产[J]. 新型建筑材料,2004年03期.
[87] 王平. 桩—土—承台体系动力相互作用的数值模拟. 天津:河北工业大学,2006.
[88] 刘慧珊. 桩基震害及原因分析——日本阪神大地震的启示. 工程抗震,1999,1:37-43.
[89] 郭璇,李亮. 1995年日本国兵库县南部地震桩基础典型破坏模式的分析. 世界地震工程,2004,20(3):100-108.
[90] 陈跃庆. 结构—地基动力相互作用体系振动台试验研究. 上海:同济大学,2001.
[91] Kobayashi K, Yao S, Yoshida N. Dynamic compliance of pile group considering nonlinear behavior around piles. Proceedings of 2nd International Conference on Recent Advances in Geotechnical Earthquake Engineering and Soil Dynamics, St. Louis, Missouri, 1991, 785-792.
[92] Nomura S, Shamoto Y, Tokimatsu K. Soil-pile-structure interaction during liquefaction. Proceedings of 2nd International Conference on Recent Advances in Geotechnical Earthquake Engineering and Soil Dynamics, St. Louis, Missouri. 1991, 743-750.
[93] Makris, Tazok, Fill. Prediction of the Measured Response of a Scaled Superstructure-Soil-Pile System, Soil Dynamic and Earthquake Engineering, 1997, 16(1): 113-124.
[94] Wilson D W. Soil-pile-superstructure interaction in liquefying sand and soft clay: [Dissertation]. California: University of California at Davis, 1998.
[95] Meymand P J. Shaking table scale model tests of nonlinear soil-pile-superstructure interaction in soft clay: [Dissertation]. California: University of California at Berkeley, 1998.
[96] 楼梦麟,王文剑,马恒春. 土—桩—结构相互作用体系的振动台模型试验. 同济大学学报,2001,29(7):763-768.
[97] 陈国兴,左熹,庄海洋. 地铁车站结构大型振动台试验与数值模拟的比较研究. 地震工程与工程振动,2008,28(1):157-164.

[98] 吴薪柳,姜忻良.结构—桩—土振动台试验桩土地震反应规律分析.工程力学,2011,28(1):201-210.

[99] Berger E, Mahin S ASimplified method for evaluating soil-pile-structureinteraction effects[A]. Proceedings of 9th Offshore Technology Conference,1977,589-601.

[100] Angelides D C,Roesset J M. Nonlinear lateral dynamics tiffness of piles. Journal of the Geotechnical Engineering Division,ASCE,1981,107(GTl1):1015-1032.

[101] 姜忻良,黄艳,丁学成.相邻建筑物—桩基—土相互作用[J].土木工程学报,1995,28(5):32-37.

[102] 张崇文,赵剑明.桩—土作用的动力非线性反应层元法。岩土工程学报,1996,18(4):1-10.

[103] 赵振东,傅铁铭.桩头侧向集中荷载作用下桩—土系统的非线性动力性能分析,地震工程与工程振动,1997,17(3):47-59.

[104] 雷国辉,赵维炳,施建勇.锤击打入桩与土的共同作用分析,河海大学学报,1999,27(2):55-59.

[105] 肖晓春,迟世春,林皋.横向荷载作用下柔性桩桩—土相互作用的有限元分析.第七届全国岩土力学数值分析与解析方法讨论会文集.大连:大连理工大学出版社,2001,102-106.

[106] 刘宁.预应力混凝土管桩水平承载力现场试验及数值模拟.太原:太原理工大学,2011.